Lecture Notes in Mathematics

Edited by A. Dold and B. Eckmann

497

Analyse Harmonique sur les Groupes de Lie

Séminaire Nancy Strasbourg 1973-75

Edité par P. Eymard, J. Faraut, G. Schiffmann, et R. Takahashi

Springer-Verlag
Berlin · Heidelberg · New York 1975

Editors
Pierre Eymard
Reiji Takahashi
Département de Mathématiques
Université de Nancy I
Case Officielle 140
F-54037 Nancy

Jacques Faraut
Gérard Schiffmann
Département de Mathématiques
7, rue René Descartes
F-67084 Strasbourg

Library of Congress Cataloging in Publication Data
Main entry under title:

Analyse harmonique sur les groupes de Lie.

(Lecture notes in mathematics ; 497)
Bibliography: p.
Includes index.
1. Lie groups—Congresses. 2. Harmonic analysis—Congresses. I. Eymard, Pierre. II. Series: Lecture notes in mathematics (Berlin) ; 497.
QA3.L28 no. 497 [QA387] 510'.8s [512'.55] 75-41429

AMS Subject Classifications (1970): 22-02, 22D10, 22E25, 22E30, 22E35, 43-02, 43A75, 43A85, 60J15

ISBN 3-540-07537-2 Springer-Verlag Berlin · Heidelberg · New York
ISBN 0-387-07537-2 Springer-Verlag New York · Heidelberg · Berlin

Printed in Germany
Offsetdruck: Julius Beltz, Hemsbach/Bergstr.

Dans le cadre des activités régionales de la Société Mathématique de France et durant les années universitaires 1973-74 et 1974-75, un séminaire hebdomadaire a réuni les mathématiciens de Nancy et de Strasbourg intéressés par l'analyse harmonique sur les groupes de Lie. Ce séminaire s'est tenu alternativement à Nancy et à Strasbourg. Un certain nombre de collègues d'autres universités ont accepté d'y participer ; nous les en remercions vivement.

Le présent fascicule contient les rédactions détaillées d'un certain nombre d'exposés faits dans le cadre de ce séminaire. Les exposés non rédigés sont ceux pour lesquels une publication aurait fait double emploi avec d'autres références.

Nous avons bénéficié du soutien financier des Départements de Mathématiques de Nancy et de Strasbourg. La frappe a été assurée par le secrétariat de Strasbourg et notamment par Mesdames Greulich, Koehly et Rumberger ; le lecteur pourra apprécier la qualité de leur travail.

P. EYMARD et R. TAKAHASHI
Département de Mathématiques
Université de Nancy I
Case officielle 140
54 037 NANCY Cédex

J. FARAUT et G. SCHIFFMANN
Institut de Recherche
Mathématique avancée
Université Louis Pasteur
7, Rue René Descartes
67 084 STRASBOURG Cédex

TABLE DES MATIERES

SYNTHESES DES SPHERES
POUR L'ALGEBRE DE SOBOLEV

de

Georges BOHNKE

§ 1. INTRODUCTION.

Soit G un groupe localement compact et K un sous-groupe compact de G. Soit X l'espace homogène G/K. On se propose d'étudier par une méthode de "radialisation" (cf. [11]) les isomorphismes locaux qui existent entre des algèbres de fonctions $A(X)$ définies sur X, invariante par l'action du groupe K, et des algèbres de fonctions définies sur la droite réelle $\mathbb{R}$. Il en résultera, notamment, que tout résultat de synthèse harmonique pour le point, dans $A(\mathbb{R})$, aura son analogue pour les orbites de X suivant K dans l'algèbre $A(X)$. Dans le cas où $X = \mathbb{R}^n$ et $K = SO(n)$, nous avons obtenu, par cette méthode, le théorème de synthèse pour les sphères euclidienne dans l'algèbre de Sobolev $L^p_\alpha(\mathbb{R}^n)$:

Soit $\alpha > \frac{n}{p}$. Les sphères sont de synthèse dans l'algèbre $L^p_\alpha(\mathbb{R}^n)$ si et seulement si $\alpha \leq \frac{n}{p}+1$.

§ 2. GENERALITES SUR LES ALGEBRES DE FONCTIONS.

Soit X un espace topologique localement compact. Soit $C_o(X)$ l'espace des fonctions continues sur X et qui tendent vers zéro à l'infini. Dans toute la suite, $A(X)$ désigne une algèbre de Banach pour le produit ordinaire des fonctions, régulières, dont le spectre de Gelfand est homéomorphe à X, et qui est continûment plongée dans $C_o(X)$.

Notations.

Soit E un sous-ensemble de X (non nécessairement fermé). On note :

- $A'(X)$ le dual de $A(X)$;

- $\mathring{A}(E)$ l'algèbre (c'est en fait un idéal) des fonctions de $A(X)$, à support dans E, munie de la norme induite ;

- $I(E)$ l'idéal des fonctions qui s'annulent sur E ;

- $J(E)$ l'idéal des fonctions qui s'annulent au voisinage de E ;

- $A(E)$ l'algèbre de Banach des restrictions des fonctions de $A(X)$ à E munie de la norme quotient : pour toute $f \in A(E)$, $\|f\|_{A(E)} = \inf \|\tilde{f}\|_{A(X)}$, la borne inférieure étant prise suivant tous les prolongements $\tilde{f}$ à $A(X)$ de f.

Remarque : L'application de $\frac{A(X)}{I(X)}$ dans $A(E)$, qui à la classe d'équivalence $\dot{g}$ associe la restriction $g|E$ pour toute $g \in A(X)$, est un isomorphisme isométrique d'algèbres, ce qui justifie la terminologie "norme quotient" employée ci-dessus.

LEMME 2.1. Soit E_1 un compact de X. Soit E_2 un fermé de X dont l'intersection avec E_1 soit vide. L'application qui au couple $(f_1,f_2) \in \mathring{A}(E_1) \times \mathring{A}(E_2)$ associe $f_1 + f_2 \in \mathring{A}(E_1 \cup E_2)$ est bijective et bicontinue.

Démonstration : L'application est évidemment injective. Elle est surjective, car, si $f \in \mathring{A}(E_1 \cup E_2)$, il existe, puisque E_1 est compact et que $A(X)$ est régulière ([5], th. 39.15, p. 492), une fonction $\tau \in A(X)$, identique à 1 sur E_1 et à 0 sur E_2 d'où la décomposition $f = f_1 + f_2$ avec $f_1 = \tau \cdot f \in \mathring{A}(E_1)$ et $f - f_1 = f_2 \in \mathring{A}(E_2)$. L'application est continue car

$$\|f_1 + f_2\|_{\mathring{A}(E_1 \cup E_2)} \leq \|f_1\|_{\mathring{A}(E_1)} + \|f_2\|_{\mathring{A}(E_2)} = \|f_1, f_2\|_{\mathring{A}(E_1) \times \mathring{A}(E_2)} .$$

Elle est donc bicontinue d'après un théorème de Banach.

LEMME 2.2. Soit Ω un ouvert relativement compact de X. Soit Ω_o un ouvert tel que $\overline{\Omega}_o \subset \Omega$. Soit $f \in A(\Omega)$ et soit f_1 son prolongement par zéro à X.

Alors, si le support de f est inclus dans Ω_o, f_1 appartient à $A(X)$. De plus, il existe deux constantes c_1 et c_2 positives, telles que $c_1\|f_1\|_{A(X)} \le \|f\|_{A(\Omega)} \le c_2\|f_1\|_{A(X)}$, pour toute f de $A(\Omega)$ à support dans Ω_o.

Démonstration : Soient Ω_1 et Ω_2 deux ouverts tels que $\bar{\Omega}_o \subset \Omega_1 \subset \bar{\Omega}_1 \subset \Omega_2 \subset \bar{\Omega}_2 \subset \Omega$. Puisque $A(X)$ est régulière, il existe ([5], corollaire 39.16, p. 493) deux fonctions χ_1 et χ_2 telles que $\chi_1 \equiv 1$ sur $\bar{\Omega}_o$ et $\equiv 0$ sur $X-\Omega_1$; $\chi_2 \equiv 1$ sur $\bar{\Omega}_2$ et $\equiv 0$ sur $X-\Omega$. Soit $f \in A(\Omega)$, à support inclus dans Ω_o. Pour tout prolongement $\tilde{f}$ de f à $A(X)$, on a l'égalité $\tilde{f} = \chi_1.\tilde{f} + (1-\chi_2)\tilde{f}$. Les fonctions $\chi_1.\tilde{f}$ et $\tilde{f}-\chi_2\tilde{f}$ sont dans $A(X)$ et le prolongement par zéro f_1 de f est égal à $\chi_1.\tilde{f}$, d'où la première assertion du lemme. De plus, d'après le choix des ouverts Ω_1 et Ω_2, $\mathrm{supp}(f_1) \subset \bar{\Omega}_1$ et $\mathrm{supp}(f_2) \subset X-\Omega_2$. Il en résulte, d'après le lemme 2.1, qu'il existe deux constantes c_1 et c_2 strictement positives, ne dépendant que de $\bar{\Omega}_1$ et $\bar{\Omega}_2$, telles que :

$$c_1(\|f_1\|_{A(X)} + \|f_2\|_{A(X)}) \le \|\tilde{f}\|_{A(X)} \le c_2(\|f_1\|_{A(X)} + \|f_2\|_{A(X)}) .$$

En passant à la borne inférieure suivant tous les prolongements de f, on obtient :

$$c_1\|f_1\|_{A(X)} \le \|f\|_{A(\Omega)} \le c_2\|f_1\|_{A(X)} .$$

COROLLAIRE 2.3. Soit Ω un ouvert relativement compact de X. Soit Ω_o un ouvert tel que $\bar{\Omega}_o \subset \Omega$. Soit $\mathring{A}_X(\Omega_o)$ (resp. $\mathring{A}_\Omega(\Omega_o)$) la sous-algèbre de $A(X)$ (resp. de $A(\Omega)$) des fonctions à support dans Ω_o.

L'application qui à $f \in \mathring{A}_\Omega(\Omega_o)$ associe son prolongement par zéro $f_1 \in \mathring{A}_X(\Omega_o)$ est un isomorphisme d'algèbres de Banach.

DEFINITION 2.4. Soit $A'(X)$ le dual de l'algèbre $A(X) \subset C_o(X)$. Le support de $\varphi \in A'(X)$ est, par définition, le complémentaire du plus grand ouvert où s'annule φ.

Remarque : Lorsque X est une variété indéfiniment différentiable et que

$\mathcal{D}(X) \subset A(X) \subset C_o(X)$, les injections étant denses et continues, le support de φ au sens précédent est identique au support de φ au sens des distributions.

LEMME 2.5. Soit X un espace topologique localement compact. Soit E un compact de X . Soit Ω un voisinage relativement compact de E . Soit Ω_o un ouvert tel que $\bar{\Omega}_o \subset \Omega$. Soit $W_X(E)$ (resp. $W_\Omega(E)$) le sous-module de $A'(X)$ (resp. de $A'(\Omega)$) des formes à support dans E . Soit χ une fonction de $A(X)$ à support dans Ω_o et qui vaut 1 au voisinage de E . Alors $W_X(E)$ s'identifie à $W_\Omega(E)$ par la formule :

$$< \varphi, f > = < \varphi, \chi . f > \text{, pour toute } \varphi \in W_X(E) \text{ et toute } f \in A(X) .$$

Démonstration : Soit ω_o un ouvert tel que $E \subset \omega_o \subset \bar{\omega}_o \subset \Omega_o$ et soit $\chi \in A(X)$ qui vaut 1 sur $\bar{\omega}_o$ et 0 sur $X - \Omega_o$. Puisque, pour toute $\varphi \in W_X(E)$ (resp. $\in W_\Omega(E)$) et toute $f \in A(X)$ (resp. $\in A(\Omega)$), on a $< \varphi, f > = < \varphi, \chi . f >$, le sous-module $W_X(E)$ (resp. $W_\Omega(E)$) est aussi le sous-module des formes $\varphi \in (\mathring{A}_X(\bar{\Omega}_o))'$ (resp. $\in (\mathring{A}_\Omega(\bar{\Omega}_o))'$) à support dans E . On a donc, dans la dualité entre $\mathring{A}_X(\bar{\Omega}_o)$ et son dual (resp. entre $\mathring{A}_\Omega(\bar{\Omega}_o)$ et son dual) les relations d'orthogonalité :

$$W_X(E) = [J_X(E) \cap \mathring{A}_X(\bar{\Omega}_o)]^\perp \quad (\text{resp. } W_\Omega(E) = [J_\Omega(E) \cap \mathring{A}_\Omega(\Omega_o)]^\perp).$$

De plus, dans l'isomorphisme qui à $f \in \mathring{A}_\Omega(\bar{\Omega}_o)$ associe son prolongement par zéro $f_1 \in \mathring{A}_X(\bar{\Omega}_o)$, l'idéal $J_\Omega(E) \cap \mathring{A}_\Omega(\bar{\Omega}_o)$ a pour image $J_X(E) \cap \mathring{A}_X(\bar{\Omega}_o)$, donc $W_X(E)$ a pour image $W_\Omega(E)$ dans l'isomorphisme transposé, c'est-à-dire que $< \varphi, f > = < \varphi_1, f_1 >$ pour toute $\varphi_1 \in W_X(E)$ et toute $f \in \mathring{A}_\Omega(\bar{\Omega}_o)$.

COROLLAIRE 2.6. Soit E un compact de X . Soit Ω un voisinage relativement compact de E . Alors E est de synthèse pour l'algèbre $A(X)$ si et seulement si E est de synthèse pour l'algèbre $A(\Omega)$.

Tout d'abord, remarquons que l'algèbre $A(\Omega)$ est régulière et que son spectre de Gelfand est homéomorphe à $\bar{\Omega}$ ([5], p. 489, th. 39.12), ce qui donne un sens à l'énoncé.

Démonstration : E est de synthèse pour l'algèbre $A(X)$ si et seulement si $I(E) = J(E)$, ce qui équivaut, par dualité, à $W(E) = I(E)^{\perp}$, c'est-à-dire à $< \varphi, f > = 0$ pour toute $\varphi \in W(E)$ et toute $f \in I(E)$. Le corollaire 2.6 est alors une conséquence immédiate du lemme 2.5 et du corollaire 2.3, puisque E est de synthèse pour $A(X)$ (resp. pour $A(\Omega)$) si et seulement si E est de synthèse pour $\mathring{A}_X(\bar{\Omega}_o)$ (resp. pour $\mathring{A}_{\Omega}(\bar{\Omega}_o)$).

§ 3. ORDRE RADIAL DES DISTRIBUTIONS DE $A'(\mathbb{R}^n) \cap \mathcal{E}'(S_{n-1})$. CONDITION NECESSAIRE ET SUFFISANTE POUR QUE LA SPHERE S_{n-1} SOIT DE SYNTHESE POUR $A(\mathbb{R}^n)$. APPLICATION AUX ALGEBRES DE SOBOLEV $L^p_\alpha(\mathbb{R}^n)$.

Soit $A(\mathbb{R}^n)$ une algèbre de Banach pour le produit ordinaire des fonctions telle que $\mathcal{D}(\mathbb{R}^n) \subset A(\mathbb{R}^n) \subset C_o(\mathbb{R}^n)$, les injections étant denses et continues. Cette algèbre est alors nécessairement régulière et à spectre homéomorphe à $\mathbb{R}^n$. Nous supposons, en outre, que l'hypothèse d'homogénéité suivante est satisfaite :

(H) Le groupe G des déplacements opère continûment dans $A(\mathbb{R}^n)$; suivant la formule $f_g(x) = f(g.x)$ pour tout $x \in \mathbb{R}^o$, tout $g \in G$ et toute $f \in A$.

Soit f une fonction définie sur une couronne $\Omega = \{x/a < |x| < b\}$ (qui peut être $\mathbb{R}^n$ tout entier), continue et bornée. (On pourrait prendre des hypothèses plus faibles mais celles-ci seront suffisantes pour la suite.) Définissons $r(f) = \mathring{f}$ par la formule $\mathring{f}(x) = \int_{SO(n)} f(k.x)\, dk$, pour tout $x \in \Omega$, avec dk = mesure de Haar normalisée du groupe compact $SO(n)$ des rotations euclidiennes. D'après les critères d'existence des intégrales vectorielles ([2], chap. III, § 3, corollaire 1) si $f \in A(\mathbb{R}^n)$, alors $\mathring{f}$ existe et appartient à $A(\mathbb{R}^n)$. De plus, r est un projecteur continu de $A(\mathbb{R}^n)$ sur $r.A(\mathbb{R}^n)$, algèbre des <u>fonctions radiales</u> de A. Cette algèbre est isomorphe, par transport de structure, à l'algèbre $A_1(\mathbb{R}^+)$ des fonctions f_1 définies par $f_1(\rho) = \mathring{f}(x)$ où $\rho = |x| = (x_1^2 + \dots + x_n^2)^{\frac{1}{2}}$. On notera p cet isomorphisme (isomorphisme "profil").

Soit T une distribution de $A'(\mathbb{R}^n)$ à support inclus dans S_{n-1}. D'après un théorème de structure des distributions ([8], p. 101-102, th. XXXVII), T <u>non nulle</u> se décompose d'une manière unique sous forme d'une somme de dérivées transversales d'extensions à $\mathbb{R}^n$ de distributions de S_{n-1} :

$$(1) \qquad T = \bar{T}_o + \frac{\partial \bar{T}_1}{\partial \rho} + \dots + \frac{\partial^k \bar{T}_k}{\partial \rho^k} \quad \text{avec} \quad T_k \neq 0 \quad \text{et} \quad \langle \bar{T}_i, \varphi \rangle = \langle T_i, \varphi|S_{n-1} \rangle$$

pour toute $\varphi \in \mathcal{D}(\mathbb{R}^n)$ et $i = 0,\dots,k$. ($\varphi|S_{n-1}$ = restriction de φ à S_{n-1}.) Rappelons ([1], p. 233) que la hauteur d'une algèbre $A(\mathbb{R}^n)$ dont le dual est un espace de distributions est, par définition, l'ordre maximum des dérivées des mesures de Dirac δ_a appartenant à ce dual. (Si la condition (H) est satisfaite, cet ordre ne dépend pas de $a \in \mathbb{R}^n$.)

<u>Notations</u>.

1) Soit $a > 0$. Soit $I =]a,b[$, $b > 1 > a$. Soit Ω la couronne correspondante $\{x \in \mathbb{R}^n / a < |x| < b\}$.

2) Pour toute $f_1 \in A_1(\mathbb{R}^+)$ (resp. $\in A_1(I)$), soit $(f_1)_n$ son image par l'isomorphisme réciproque p^{-1} dans $r.A(\mathbb{R}^n)$ (resp. dans $r.A(\Omega)$).

3) Pour toute distribution $T \in \mathcal{D}'(\Omega)$ soit T_1 la distribution de $\mathcal{D}'(I)$ définie (par transposition) suivant la formule $\langle T_1, f_1 \rangle = \langle T, (f_1)_n \rangle$, pour toute $f_1 \in \mathcal{D}(I)$.

<u>Remarque</u> : Les espaces $r.\mathcal{D}(\Omega)$ et $\mathcal{D}(I)$ sont isomorphes topologiquement. Ceci résulte des formules $\frac{\partial \rho}{\partial x_i} = \frac{x_i}{\rho}$ et $\frac{\partial f}{\partial \rho} = \sum_{i=1}^{n} \frac{\partial f}{\partial x_i} \frac{\partial x_i}{\partial \rho}$ et des formules analogues obtenues par récurrence pour les dérivations $D^i f$, ($i = (i_1,\dots,i_n)$ multi-indice quelconque) et $\frac{\partial^k f}{\partial \rho^k}$, (k entier quelconque). Notons que la <u>condition</u> $a > 0$ intervient d'une <u>manière essentielle</u> dans cet isomorphisme.

LEMME 3.1. <u>Les espaces</u> $r.A(\Omega)$ <u>et</u> $A_1(I)$ <u>sont isomorphes algébriquement et topologiquement</u>.

Il est immédiat de vérifier que le diagramme

$$\begin{array}{ccc} \mathring{f} & \longmapsto & \mathring{f}|\Omega \\ \downarrow & & \downarrow \\ (\mathring{f})_1 & \longmapsto & (\mathring{f}|\Omega)_1 \end{array}$$

est commutatif. Le lemme en résulte aussitôt. En effet, l'isomorphisme $p : r.A(\mathbb{R}^n) \to A_1(\mathbb{R}^+)$ induit un isomorphisme entre $r.A(\Omega)$ et $A_1(I)$ car, pour toute $g \in r.A(\Omega)$, les prolongements $\tilde{g}$ à $\mathbb{R}^n$ correspondent bijectivement aux prolongements $\tilde{g}_1$ à $\mathbb{R}^+$ de g_1 suivant la formule $(\tilde{g})_1 = \tilde{g}_1$.

DEFINITION 3.2. *Soit* $\mathcal{E}'(S_{n-1})$ *l'espace des distributions de* $\mathcal{D}'(\mathbb{R}^n)$ *à support inclus dans* S_{n-1}. *Soit* $T \in \mathcal{E}'(S_{n-1})$ *non nulle. On appelle ordre radial de* T *l'entier* k *qui apparaît dans la décomposition* $T = \bar{T}_o + \dots + \dfrac{\partial^k \bar{T}_k}{\partial \rho^k}$ *où* $T_k \neq 0$.

THEOREME 3.3. *L'ordre radial maximum des distributions non nulles de* $A'(\mathbb{R}^n) \cap \mathcal{E}'(S_{n-1})$ *est égal à la hauteur de l'algèbre* $A_1(\mathbb{R}^+)$.

Démonstration : *Soit* h *la hauteur de* $A_1(\mathbb{R}^+)$.

1) Soit $T \in A'(\mathbb{R}^n) \cap \mathcal{E}'(S_{n-1})$ non nulle. Soit k son ordre radial. On a donc $T = \bar{T}_o + \dots + \dfrac{\partial^k T_k}{\partial \rho}$ avec $T_k \neq 0$. Montrons que $k \leq h$. Puisque $T_k \neq 0$, il existe $\varphi_1 \in \mathcal{D}(S_{n-1})$ telle que $< T_k, \varphi_1 > \neq 0$. A tout $x \in \mathbb{R}^n - \{0\}$, on associe le couple $(\rho, \theta) \in (\mathbb{R}^+ - \{0\}) \times S_{n-1}$ où $\rho = |x|$ et où θ est l'unique point de S_{n-1} homothétique de x dans le rapport d'homothétie positif $\dfrac{1}{|x|}$. L'application Θ ainsi définie est un difféomorphisme ("passage en coordonnées polaires"). Soit $\psi \in \mathcal{D}(\mathbb{R}^+)$ identique à 1 au voisinage de 1. La fonction telle que $\varphi(x) = \varphi_1(\theta) . \psi(\rho)$ appartient à $\mathcal{D}(\mathbb{R}^n)$ et donc $\varphi.T \in A'(\mathbb{R}^n) \cap \mathcal{E}'(S_{n-1}) = W_{\mathbb{R}^n}(S_{n-1})$. Elle appartient aussi à $A'(\Omega) \cap \mathcal{E}'(S_{n-1})$ d'après le lemme 2.3. Il en résulte que $(\varphi.T)_1$ qui à toute f_1 de $A(I)$ associe $< \varphi.T, (f_1)_n >$, (et qui est évidemment dans $\mathcal{E}'(\{1\})$, espace des distributions de $\mathcal{D}'(\mathbb{R}^+)$ à support $\subset \{1\}$), appartient, d'après les lemmes 2.3 et 3.1 à $W_{\mathbb{R}^+}(\{1\}) = A^1(\mathbb{R}^+) \cap \mathcal{E}'(\{1\})$. De plus, d'après le choix de φ, on a

$$(1) \quad < (\varphi.T)_1, f_1 > = < \varphi.T, (f_1)_n > = < T, \varphi.(f_1)_n > = \sum_{i=0}^{k} < \frac{\partial^i T_i}{\partial \rho^i}, \varphi.(f_1)_n >$$

$$= \sum_{i=0}^{k} < T_i, \varphi.\frac{\partial^i (f_1)_n}{\partial \rho^i} > = \sum_{i=0}^{k} < T_i, \varphi_1 >.\frac{\partial^i (f_1)_n}{\partial \rho^i}$$

ou encore

$$< (\varphi.T)_1, f_1 > = \sum_{i=0}^{k} c_i < \delta_1^{(i)}, f_1 > \quad \text{où} \quad c_i = < T_i, \varphi_1 > , \ i = 0, \ldots, k .$$

Autrement dit, $(\varphi.T)_1 = \sum_{i=0}^{k} c_i \, \delta_1^{(i)}$ avec $c_k = < T_k, \varphi_1 > \neq 0$ par hypothèse, donc $k \leq h$.

2) Réciproquement, pour achever la démonstration du théorème 3.3, il faut montrer qu'il existe des distributions de $A'(\mathbb{R}^n) \cap \mathcal{E}'(S_{n-1})$ d'ordre exactement égal à h .

Pour cela, considérons la distribution $\frac{\partial^h \sigma}{\partial_\rho h}$, où σ est la mesure lebesguienne induite sur S_{n-1} par la mesure $dx_1, \ldots, dx_n$ de $\mathbb{R}^n$ et normalisée de telle sorte que $\int_{S_{n-1}} d\sigma(\theta) = 1$. Comme cette mesure est invariante par les rotations, il en résulte que l'on a, pour toute $f \in A(\mathbb{R}^n)$,
$\int_{SO(n)} f(k.x) \, dk = \int_{S_{n-1}} f(\rho.\theta) \, d\sigma(\theta)$.

D'où, par un calcul immédiat, $(\frac{\partial^h \sigma}{\partial \rho^h})_1 = (-1)^h \, \delta_1^{(h)}$. Mais, puisque $\delta_1^{(h)} \in A^1(\mathbb{R}^+)'$, on en déduit, par application des lemmes, que
$\frac{\partial^h \sigma}{\partial \rho^h} \in A'(\mathbb{R}^n) \cap \mathcal{E}'(S_{n-1})$.

COROLLAIRE 3.4. Soit $1 < p < \infty$. Soit $\alpha > \frac{n}{p}$. La sphère S_{n-1} est de synthèse pour l'algèbre de Sobolev $L^p_\alpha(\mathbb{R}^n)$ si et seulement si $\frac{n}{p} < \alpha \leq \frac{1}{p} + 1$.

Tout d'abord, rappelons que l'espace de Sobolev est défini comme l'ensemble des convolutions $G_\alpha * f$ où f parcourt $L^p(\mathbb{R}^n)$ et où G_α est le noyau de Bessel dont la transformée de Fourier est $\frac{1}{(1+|t|^2)^{\alpha/2}}$. Lorsque $\alpha > \frac{n}{p}$, cet espace, (de Banach pour la norme transportée : $\|G_\alpha * f\|_{L^p_\alpha} = \|f\|_p$, pour toute $f \in L^p_\alpha$), est, en fait, une algèbre pour le produit ordinaire des fonctions ([10], p. 1047), et l'on a $\mathcal{D}(\mathbb{R}^n) \subset L^p_\alpha(\mathbb{R}^n) \subset C_o(\mathbb{R}^n)$. La hauteur de l'algèbre L^p (qui vérifie la condition d'homogénéité (H)) est égale au plus grand entier strictement plus petit que $\alpha - \frac{n}{p}$ ([1], p. 238) .

<u>Démonstration du corollaire 3.4</u> : Il suffit d'appliquer le théorème 3.3 et le lemme suivant :

LEMME 3.5. <u>Dans le complémentaire de l'origine les algèbres</u> $r.L^p_\alpha(\mathbb{R}^n)$ <u>et</u> $L^p_\alpha(\mathbb{R}^+)$ <u>sont localement isomorphes.</u>

<u>Démonstration</u> : Soit $a > 0$ et choisissons b tel que $b > 1 > a$. Notons I l'intervalle $]a,b[$ et Ω la couronne correspondante. On va montrer, par interpolation, que les espaces $r.L^p_\alpha(\Omega)$ et $L^p_\alpha(I)$ sont isomorphes topologiquement et algébriquement, ce qui équivaut à l'assertion du lemme.

Soit $W^p_2(\Omega)$ l'espace des distributions u sur Ω telles que $D^k u \in L^p(\Omega)$ pour $|k| \leq 2$, normées par $\|u\|_{W^p_2(\Omega)} = [\sum_{|k|<2} \|D^k u\|^p_{L^p(\Omega)}]^{1/p}$.
Soit $\mathcal{D}(\bar\Omega)$ l'espace des fonctions indéfiniment différentiables dans $\bar\Omega$ et à support dans $\bar\Omega$ (adhérence de Ω dans $\mathbb{R}^n$). Soit $L^p_\alpha(\Omega)$ l'espace des restrictions de $L^p_\alpha(\mathbb{R}^n)$ à Ω . D'après [10], p. 1052, corollaire 1.6, (voir aussi [9], théorème 5, p. 181 et suivantes, pour des démonstrations détaillées), $L^p_\alpha(\Omega)$ coïncide avec $[W^p_2(\Omega), W^p_o(\Omega)]_\zeta$ interpolé, par la méthode complexe de Calderon, des espaces $W^p_2(\Omega)$ et $W^p_o(\Omega) = L^p(\Omega)$. De plus, puisque Ω est un ouvert régulier, $\mathcal{D}(\bar\Omega)$ est dense dans $W^p_2(\Omega)$ ([6], p. 53, prop. 2.5). En utilisant l'égalité ensembliste évidente $p.r(\mathcal{D}(\bar\Omega)) = \mathcal{D}(\bar I)$ et des calculs élémentaires, on montre facilement que $r.W^p_o(\Omega)$ (resp. $r.W^p_2(\Omega)$) est isomorphe à $W^p_o(\Omega)$ (resp. $W^p_2(I)$), mais r est un projecteur continu dans $W^p_2(\Omega)$ et $W^p_o(\Omega)$ ([10], p. 1046, th. 5.4), on a donc :

$$r.L^p_\alpha(\Omega) = [r.W^p_2(\Omega), r.W^p_o(\Omega)]_\zeta \approx [W^p_2(I), W^p_o(I)]_\zeta = L^p_\alpha(I) .$$

§ 4. GENERALISATION AU CAS D'UN ESPACE HOMOGENE X .

Soit X une variété indéfiniment différentiable de dimension n , dénombrable à l'infini. Soit G un groupe opérant continûment et transitivement sur X . Soit σ un point de X . On suppose que le groupe d'isotropie K de σ est compact.

Soit $\mathcal{E}$ l'espace des orbites de X sous l'action de K muni de sa topologie quotient. $\mathcal{E}$ est homéomorphe à $K\backslash G/K$, ([3], th. 8, p. 235). Supposons de plus, que toutes les orbites (sauf {0}) sont des sous-variétés indéfiniment différentiables de dimension n-1 et que $\mathcal{E}$ est homéomorphe à un intervalle I de $\mathbb{R}$ dans un homéomorphisme Λ .

Soit $\Theta_{n-1} \in \mathcal{E}$. Soit $\mathcal{E}'(\Theta_{n-1})$ l'espace des distributions de $\mathcal{D}'(X)$ à support inclus dans Θ_{n-1} . D'après [8], th. XXXVII, p. 101-102, on a le critère suivant de transversalité :

(T) Soit Θ_{n-1} une orbite de X différente de {0} . Pour tout $x \in \Theta_{n-1}$, il existe une carte locale α_x qui se lit $(\rho-\rho_o, x_2, \ldots, x_n)$, ρ_o étant le paramètre fixant l'orbite Θ_{n-1} de x dans l'homéomorphisme Λ . De plus, les coordonnées $(x_2, \ldots, x_n)$ constituent une carte locale autour de x dans la sous-variété Θ_{n-1} , et, dans le voisinage V(x) , domaine de définition de α_x , toute distribution $T \in \mathcal{E}'(\Theta_{n-1})$ non nulle admet la décomposition suivante :

(2) $$\bar{T}_o + \frac{\partial \bar{T}_1}{\partial \rho} + \cdots + \frac{\partial^k \bar{T}_k}{\partial \rho^k} \quad \text{avec} \quad T_k \in \mathcal{D}'(\alpha_x(V_x) \cap \Theta_{n-1})$$

non nulle.

DEFINITION 4.1. Soit Θ_{n-1} une orbite de X . Soit $T \in \mathcal{E}'(\Theta_{n-1})$. Puisque Θ_{n-1} est compact, il existe un recouvrement de Θ_{n-1} par un nombre fini de voisinages V(x) . L'ordre k maximum de la décomposition (2) est donc fini et on l'appelle, par définition, l'ordre transversal de la distribution T .

Soit, maintenant, A(X) une algèbre de Banach de fonctions définies sur X à valeurs dans $\mathbb{C}$. La multiplication dans A est la multiplication ordinaire des fonctions et $\mathcal{D}(X) \subset A(X) \subset C_o(X)$, les injections étant denses et continues. On suppose que K opère continûment dans $A(X)$ par l'application $f \mapsto f_k$ où $f_k(x) = f(k.x)$, $f \in A$, $k \in K$, $x \in X$. Définissons m, opérateur de moyennisation par $m(f)(x) = \overset{\circ}{f}(x) = \int_K f(k.x)\, dk$ pour toute $f \in A(X)$ et tout $x \in X$.

D'après les critères d'existence des intégrales vectorielles ([2], intégration, chap. III, § 3, corollaire 1) $m(f)$ appartient à $A(X)$ et m est un projecteur continu de $A(X)$ sur $m(A(X))$. On notera $A_1(I)$ l'algèbre de Banach isomorphe à $m.(A(X))$ obtenue par transport de structure par l'application $\rho : \overset{\circ}{f} \mapsto f_1$ où $f_1(\rho) = \overset{\circ}{f}(x)$, ρ étant le point de I image de l'orbite $K.x$ par Λ.

PROPOSITION 4.2. <u>Soit</u> Θ_{n-1} <u>une orbite différente de</u> $\{0\}$. <u>Soit</u> $T \in A'(X) \cap \mathcal{E}'(\Theta_{n-1})$ <u>non nulle. Soit</u> k <u>son ordre transversal. Alors</u> $k \leq h$ <u>où</u> h <u>est l'ordre de dérivation maximum de la distribution de Dirac au point</u> $\rho_o = \Lambda(\Theta_{n-1})$ <u>pour lequel la distribution correspondante</u> $\delta\rho_o^{(h)}$ <u>appartient au dual</u> A_1' <u>de</u> A_1.

<u>Démonstration</u> : Soit $V(x)$ un voisinage (d'un point $x \in \Theta_{n-1}$) où T atteint son ordre transversal maximum k. Pour toute $f \in \mathcal{D}(V(x))$, on notera $\tilde{f}$ la fonction $f \circ \alpha_x^{-1}$ définie sur $\tilde{V}(x) = \alpha_x(V(X))$. Puisque T_k est $\neq 0$, il existe $\varphi_1 \in \mathcal{D}(V(x) \cap \Theta_{n-1})$ telle que $< T_k, \tilde{\varphi}_1 > \neq 0$. Soit $\psi \in \mathcal{D}(\mathbb{R}^+)$ identique à 1 au voisinage de $\rho_o = \Lambda(\Theta_{n-1})$. Soit φ la fonction de $\mathcal{D}(V(x))$ définie par $\varphi \circ \alpha_x^{-1}(\rho, x_2, \ldots, x_n) = \tilde{\varphi}_1(x_2, \ldots, x_n).\psi(\rho)$. Pour tout $f_1 \in A_1(I)$, soit $(f_1)_n$ son antécédent par l'application $p : m.A(X) \to A_1(I)$, définie par $p(\overset{\circ}{f})(\rho) = f_1(\rho) = \overset{\circ}{f}(x)$ où $\rho = \Lambda(K.x)$. La formule $< (\varphi.T)_1, f_1 > = < \varphi.T, (f_1)_n >$ définit $(\varphi.T)_1$ par transposition et $(\varphi.T)_1 \in A_1'$. On a alors :

$$< \varphi.T, (f_1)_n > = < T, \varphi.(f_1)_n > = < \sum_{i=0}^{n} \frac{\partial^i \widetilde{T_i}}{\partial \rho^i}, \widetilde{\varphi.(f_1)_n} >$$

$$= \sum_{i=0}^{n} < \overline{T}_i, \frac{\partial^i}{\partial\rho^i}(\varphi.(\tilde{f}_1)_n) >$$

$$\sum_{i=0}^{n} < \overline{T}_i, \tilde{\varphi}.\frac{\partial^i}{\partial\rho^i}(\tilde{f}_1)_n > \quad \text{(par la formule de Leibniz)}$$

$$= \sum_{i=0}^{n} < \overline{T}_i, \tilde{\varphi}_1(x_2,\ldots,x_n).\psi(\rho).\frac{\partial^i}{\partial\rho^i}(\tilde{f}_1)_n(\rho,x_2,\ldots,x_n) >$$

$$= \sum_{i=0}^{n} < T_i, \tilde{\varphi}_1(x_2,\ldots,x_n).\psi(\rho_o).\frac{d^i}{d\rho^i}(f_1)(\rho_o) > = \sum_{i=0}^{n} < T_i, \tilde{\varphi}_1 >.\delta_{\rho_o}^{(i)}(f_1) .$$

Soit encore $(\varphi.T)_1 = \sum_{i=0}^{n} c_i \delta_{\rho_o}^{(i)}$ avec $c_k = < T_k, \varphi_1 > \neq 0$, par hypothèse, donc $k \leq h$.

Réciproquement, par analogie avec le cas euclidien, il s'agit de "relever" la distribution $\delta_{\rho_o}^{(h)}$ en une distribution de $A'(X) \cap \mathcal{E}'(\mathcal{O}_{n-1})$ d'ordre transversal h . Pour ce faire, on peut supposer X riemannien et, partant, l'existence de formes volumes sur X et $\mathcal{O}_{n-1}$. En toute généralité, cela nécessite une préparation technique assez importante ([4], th. 2.11) . Nous nous contenterons de faire une réciproque dans le cas où il existe un difféomorphisme ψ de X sur $I \times K$. Plus précisément, ayant choisi, pour tout $\rho \in I$, un $x_\rho \in \mathcal{O}_{n-1}(\rho)$, on suppose que l'hypothèse suivante est vérifiée :

(H) L'application $\psi : x = k.x_\rho \mapsto (\rho,k)$ est un difféomorphisme compatible avec la dérivation transversale, c'est-à-dire que l'on a

$$\frac{\partial^h\tilde{\varphi}}{\partial\rho^h}(\rho,x_2,\ldots,x_n) = \frac{\partial^h \varphi\circ\psi}{\partial\rho^h}(\rho,k) \quad \text{pour toute } \varphi \in \mathcal{D}(V_x) .$$

PROPOSITION 4.3. Soit $\mathcal{O}_{n-1} \neq \{0\}$. Si (H) est vérifiée, il existe une distribution de $A'(X)$ à support inclus dans $\mathcal{O}_{n-1}$ dont l'ordre transversal est égal la la hauteur h de l'algèbre $A_1(I)$.

Soit $\mathcal{O}_{n-1} \neq \{\sigma\}$ de représentant x_{ρ_o} . Soit θ l'application $k.x_{\rho_o} \in \mathcal{O}_{n-1} \mapsto k \in K$. Soit Σ la mesure image de la mesure de Haar de K par cette application. Montrons que $\frac{\partial^h\Sigma}{\partial\rho^h} \in A'(X)$. On a, pour toute $\varphi \in \mathcal{D}(X)$:

$$< \frac{\partial^h \Sigma}{\partial \rho^h}, \varphi > = (-1)^h < \Sigma, \frac{\partial^h(\varphi \circ \psi)}{\partial \rho^h}(\rho,k) >$$

$$= (-1)^h < \Sigma, [\frac{\partial^h(\varphi \circ \psi)}{\partial \rho^h}](\psi(k.x_{\rho_o})) >$$

$$= (-1)^h \int_K \frac{\partial^h(\varphi \circ \psi)}{\partial \rho^h}(\rho_o,k)\, dk$$

$$= (-1)^h \frac{\partial^h}{\partial \rho^h} [\int_K (\varphi \circ \psi)(\rho,k)\, dk](\rho_o)$$

$$= (-1)^h \frac{\partial^h}{\partial \rho^h} [\int_K \varphi(k.x_\rho)\, dk]\, (\rho_o)$$

$$= (-1)^h \frac{\partial^h}{\partial \rho^h} (\mathring{\varphi}(k.x_\rho))(\rho_o) = (-1)^h \frac{d^h \varphi_1}{d\rho^h}(\rho_o) = (-1)^h < \delta_{\rho_o}^{(h)}, \varphi_1 >$$

donc, d'après les lemmes 2.5 et 3.1, puisque $\delta_{\rho_o}^{(h)} \in A_1'$ par hypothèse, on a aussi $\frac{\partial^h \Sigma}{\partial \rho^h} \in A'(X)$.

C.Q.F.D.

Exemples : 1) $G = SO(3)$ (groupe spécial orthogonal), $X = S_2$ (sphère euclidienne unité de $\mathbb{R}^2$), $K = SO(2)$. On a les homéomorphismes :

$$\frac{SO(3)}{SO(2)} \approx S_2 \quad \text{et} \quad SO(2)\backslash SO(3)/SO(2) \approx [-1,+1] .$$

2) $G = SL(2,\mathbb{R})$ (groupe spécial linéaire des matrices 2×2 de déterminant 1), $X = \mathcal{P} = \{z = x+iy \in \mathbb{C} / y > 0\}$ (demi-plan de Poincaré), $K = SO(2)$. On a les homéomorphismes : $\mathcal{P} \approx \frac{SL(2,\mathbb{R})}{SO(2)}$ et $SO(2)\backslash SL(2,\mathbb{R})/SO(2) \approx [0,\infty[$.

3) $G = SO_o(1,n)$ (groupe propre de Lorentz), $X = \mathcal{H} = \{x \in \mathbb{R}^{n+1} / x_o^2 - x_1^2 \dots x_n^2 = 1 \text{ et } x_o > 0\}$, $K = SO(n)$. On a les homéomorphismes :

$$\mathcal{H} \approx \frac{SO_o(1,n)}{SO(n)} \quad \text{et} \quad SO(n)\backslash SO_o(1,n)/SO(n) \approx [0,\infty[.$$

Problème.

Définir pour les exemples 1), 2) et 3) des opérateurs (sur X) de dérivation fractionnaire analogue aux opérateurs de convolution G_α de Bessel du cas euclidien.

Notamment, en utilisant le noyau R_α de Marcel RIESZ du cas hyperbolique ([7]), définir un analogue de l'espace de Sobolev $L^p_\alpha(\mathbb{R}^n)$. (Pour $p=2$, on peut essayer d'utiliser le domaine du prolongement fermé de l'opérateur non borné R_α de $L^2(X)$.)

BIBLIOGRAPHIE

[1] G. BOHNKE — Sur les idéaux primaires fermés stables par les automorphismes linéaires. Studia Math. 48, 1973, 233-244.

[2] N. BOURBAKI — Intégration. Hermann, Paris, 1965 (2me édition).

[3] S.A. GAAL — Linear Analysis and Representation Theory. Springer-Verlag, 1973.

[4] S. HELGASON — Analysis on Lie groups and Homogeneous Spaces. Conf. board of Math. sc. 14, 1972.

[5] E. HEWITT, K.A. ROSS — Abstrect Harmonic Analysis, tome II. Springer-Verlag, 1970.

[6] J.L. LIONS, E. MAGENES — Problemi ai limiti non omogenei III. Ann. della Scuo. Norm. Sup. Pisa, 15, 1961, 39-101.

[7] M. RIESZ — L'intégrale de Riemann-Liouville et le problème de Cauchy. Acta Math. 81, 1949, 1-223.

[8] L. SCHWARTZ — Théorie des distributions. Hermann, Paris, 1966, (2me édition).

[9] E.M. STEIN — Singular Integrals and Differentiability Properties of Functions. Princeton, 1970.

[10] R.S. STRICHARTZ — Multipliers on Fractional Sobolev Spaces. Jour. of Math. and Mech. 16, 1967, 1031-1060.

[11] N. Th. VAROPOULOS — Spectral Synthesis on spheres. Proc. Cambridge philos. Soc. 62, 1966, 379-387.

QUELQUES THEOREMES DE CONVERGENCE POUR L'ANALYSE HARMONIQUE DE SU(2)

par

Jean-Louis CLERC

1. L'analyse harmonique de SU(2) : théorie L^2 .

$G = SU(2)$ désigne l'ensemble des matrices (2×2) à coefficients complexes unitaires et de déterminant 1

$$G = \left\{ \begin{pmatrix} \alpha & \beta \\ -\bar{\beta} & \bar{\alpha} \end{pmatrix}, |\alpha|^2 + |\beta|^2 = 1 \right\} .$$

C'est un groupe de Lie connexe, compact, de dimension 3 .

Soit T le sous-groupe des matrices diagonales :

$$T = \left\{ e(\theta) = \begin{pmatrix} e^{i\theta} & 0 \\ 0 & e^{-i\theta} \end{pmatrix} \right\} .$$

C'est un sous-groupe commutatif, et tout élément de $SU(2)$ est conjugué par un automorphisme intérieur d'un élément de T .

Les représentations unitaires irréductibles de $SU(2)$ sont indexées classiquement par un demi-entier positif ou nul ℓ ; la valeur du caractère χ_ℓ sur T , qui suffit à déterminer (à équivalence près) la représentation est donnée par :

$$\chi_\ell(e(\theta)) = \frac{\sin(2\ell+1)\theta}{\sin\theta} .$$

La dimension est $d_\ell = \chi_\ell(e(\theta)) = 2\ell+1$.

Le théorème de Peter-Weyl affirme alors que

$$f \sim \sum_{\ell=0}^{+\infty} d_\ell \chi_\ell * f ,$$

la convergence ayant lieu au sens de L^2 (pour ce résultat, voir par exemple [3],ch.1).

Dans la suite, on étudie la convergence en moyenne d'ordre p et presque partout de ce développement, en recourant à des procédés de sommation classiques.

2. Calcul du noyau des Φ - moyennes.

Soit Φ une fonction définie sur $[0,+\infty)$, telle que $\Phi(0) = 1$, et continue à droite en 0 . On pose, pour $R > 0$,

$$S_R^\Phi(f) = \sum_\ell \Phi\left(\frac{2\ell+1}{R}\right)(2\ell+1)\chi_\ell * f .$$

Lorsque R tend vers l'infini, et si la décomposition de f ne fait intervenir qu'un nombre fini d'indices ℓ , alors $S_R^\Phi f \to f$, dans L^2 . Si Φ est bornée, il s'en suit que l'on a ainsi construit une approximation de l'identité dans L^2 . Dans la suite, nous supposerons que Φ tend vers 0 à l'infini suffisamment rapidement pour que la série

$$s_R^\Phi(e(\theta)) = \sum_\ell \Phi\left(\frac{2\ell+1}{R}\right)(2\ell+1)\chi_\ell(e(\theta))$$

soit absolument convergente (il suffit que $\Phi(t) \le C.t^{-3-\varepsilon}$) . Alors

$S_R^\Phi f = s_R^\Phi * f$.

$$s_R^{\Phi}(e(\theta)) = \sum_{\ell=0}^{+\infty} (2\ell+1)\Phi\left(\frac{2\ell+1}{R}\right) \frac{\sin(2\ell+1)\theta}{\sin\theta}$$

$$= \frac{1}{2i\sin\theta} \cdot \sum_{\ell=0}^{+\infty} (2\ell+1)\Phi\left(\frac{2\ell+1}{R}\right)\left(e^{i(2\ell+1)\theta} - e^{-i(2\ell+1)\theta}\right)$$

$$= \frac{1}{2\,i\sin\theta} \sum_{k\in\mathbb{Z}} k\,\Phi\left(\frac{|k|}{R}\right) e^{ik\theta}$$

$$= \frac{1}{2\sin\theta}\frac{d}{d\theta}\left(\sum_{k\in\mathbb{Z}} \Phi\left(\frac{|k|}{R}\right) e^{ik\theta}\right).$$

Soit encore Φ la fonction paire sur $(-\infty, +\infty)$ qui coïncide avec Φ sur $[0,+\infty)$, et soit $\hat{\Phi}$ sa transformée de Fourier. Supposons que Φ et $\hat{\Phi}$ satisfassent aux estimations suivantes :

$$|\Phi(t)| \leq C.t^{-1-\varepsilon} \qquad |\hat{\Phi}(s)| \leq C\,s^{-1-\varepsilon}$$

$$|\Phi'(t)| \leq C.t^{-1-\varepsilon} \qquad |\hat{\Phi}'(s)| \leq C.s^{-1-\varepsilon}, \text{ avec } \varepsilon > 0,$$

alors la formule de Poisson permet d'écrire

$$\sum_{k\in\mathbb{Z}} \Phi\left(\frac{|k|}{R}\right) e^{ik\theta} = R. \sum_{m\in\mathbb{Z}} \hat{\Phi}(R(\theta+2\pi m)),$$

d'où par dérivation

$$s_R^{\Phi}(e(\theta)) = \frac{1}{2\sin\theta} \cdot R^2 \cdot \sum_{m\in\mathbb{Z}} (\hat{\Phi})'(R(\theta+2\pi m)).$$

3. Estimations des sommes de Riesz.

Pour $\delta \geq 0$, on pose $\Phi_\delta(t) = (1-t^2)^\delta$ pour $0 \leq t \leq 1$, et 0 pour $t \geq 1$. Les moyennes correspondantes, notées $S_R^\delta f$ s'appellent les sommes de Riesz d'indice δ de f ; elles constituent une généralisation des sommes partielles (cas $\delta = 0$).

On sait que $\hat{\Phi}_\delta(s) = C_\delta |s|^{-1/2-\delta} J_{1/2+\delta}(|s|)$, (voir par exemple [4] p. 154) , où J_ν désigne la fonction de Bessel d'indice ν . On en déduit aisément grâce aux formules de récurrence sur les dérivées des fonctions de Bessel, le développement suivant ($\delta > 0$, afin que les conditions du paragraphe précédent soient satisfaites) :

$$s_R^\delta(e(\theta)) = C_\delta \frac{R^3}{\sin\theta} \sum_{m\in\mathbb{Z}} (\theta+2\pi m) \, | R(\theta+2\pi m) |^{-3/2-\delta} J_{3/2+\delta}(R(\theta+2\pi m)) .$$

PROPOSITION 1.- s_R^δ <u>satisfait les majorations suivantes</u> ($\delta > 0$)

$$0 \le \theta \le \frac{1}{R} \qquad |s_R^\delta(e(\theta))| \le C.R^3$$

$$\frac{1}{R} \le \theta \le \frac{\pi}{2} \qquad |s_R^\delta(e(\theta))| \le C\, R^{1-\delta} \, |\theta|^{-2-\delta}$$

$$\frac{\pi}{2} \le \theta \le \pi - \frac{1}{R} \qquad |s_R^\delta(e(\theta))| \le C\, R^{1-\delta} |\pi-\theta|^{-1}$$

$$\pi - \frac{1}{R} \le \theta \le \pi \qquad |s_R^\delta(e(\theta))| \le C\, R^{2-\delta} .$$

Pour la première inégalité, le plus simple est d'écrire que

$$|\chi_\ell(e(\theta))| \le 2\ell+1 \text{ , d'où } |s_R^\delta(e(\theta))| \le C. \sum_{2\ell+1 \le R} (2+1)^2 \le CR^3 .$$

Pour la deuxième, on majore d'abord le terme correspondant à $m = 0$ dans le développement obtenu, soit $C_\delta . R^3 . \frac{\theta}{\sin\theta} . (R\theta)^{-3/2-\delta} J_{3/2+\delta}(R\theta)$, en utilisant le fait que $J_\nu(t) = O(t^{-1/2})$, $t \to \infty$. Pour les termes complémentaires, on note que $m \ne 0 \Rightarrow |2m\pi + \theta| \approx |m|$, d'où une majoration par

$$C.R^3.\theta^{-1}. \sum_{m\ne 0} |m|.R^{-3/2-\delta} |m|^{-3/2-\delta} |m|^{-1/2} R^{-1/2}$$

$$\le C.R^{1-\delta}.\theta^{-1} \le C.R^{1-\delta}\, \theta^{-2-\delta} .$$

Pour la troisième, on note que $\sin\theta \approx |\pi - \theta|^{-1}$, et on majore les termes comme ci-dessus, en notant que $|2m\pi + \theta| \approx 1 + |m|$. Enfin pour la quatrième, on écrit que si $m \le 0$, $\theta + 2m\pi = -2(-m-1)\pi + (\theta - 2\pi)$. D'où

$$s_R^\delta(e(\theta)) = C \cdot \frac{R^3}{\sin\theta} \cdot \sum_{n=1}^{+\infty} H(\theta + 2n\pi) - H((2\pi - \theta) + 2n\pi) ,$$

avec
$$H(t) = t(R|t|)^{-3/2-\delta} J_{3/2+\delta}(R|t|) .$$

Par application de la formule des accroissements finis, on voit que

$$|H(\theta + 2n\pi) - H((2\pi - \theta) + 2n\pi)| \le C.|\pi - \theta|.R^{-1-\delta}|n|^{-1-\delta} .$$

D'où
$$|s_R^\delta(e(\theta))| \le C.R^3.R^{-1-\delta} \sum_{n \ge 1} |n|^{-1-\delta} .$$

4. Théorèmes de convergence.

THEOREME 1.- Si $\delta > 1$ $S_R^\delta f \to f$ dans L^p $(1 \le p < +\infty)$.

En effet,
$$\int_{SU(2)} |s_R^\delta(g)| dg = \int_0^\pi |s_R^\delta(e(\theta))| \sin^2\theta . d\theta$$

$$\le C. \int_0^{1/R} R^3.\sin^2\theta.d\theta + C. \int_{1/R}^{\pi/2} R^{1-\delta}|\theta|^{-2-\delta}.\theta^2 d\theta + \text{termes analogues}$$

$\le C$, uniformément en R si $\delta > 1$.

Par suite les opérateurs S_R^δ sont uniformément bornés dans L^p $(1 \le p \le +\infty)$; comme on sait déjà qu'il y a convergence pour un sous-espace dense (sauf si $p = \infty$) , on en déduit le théorème.

THEOREME 2. Si $\delta > 1$, $S_R^\delta f \to f$ presque partout pour $f \in L^p$ $(1 \le p < +\infty)$.

On se ramène à estimer l'opérateur (non-linéaire) maximal :

$$S_*^\delta f(g) = \sup_{R > 0} |S_R^\delta f(g)| .$$

Introduisons la fonction maximale de Hardy-Littlewood sur SU(2) ,

$$Mf(g) = \sup_{r>0} \frac{1}{|B(g,r)|} \int_{B(g,r)} |f(h)|dh$$

B(g,r) désigne la boule de centre g et de rayon r , associée à une métrique riemanienne sur SU(2) invariante par l'action (à gauche et à droite) du groupe. On montre, comme dans le cas de R^n , que

$$|\{g | Mf(g) > \alpha\}| \leq C/\alpha \|f\|_1$$

$$\int |Mf(g)|^p dg \leq C_p \int |f(g)|^p dg \qquad 1 < p < +\infty .$$

Soit φ_R^δ la fonction sur $]0,+\infty)$ définie par

$$\varphi_R^\delta(t) = ((R^3)^2 + (R^{1-\delta} t^{-2-\delta})^2)^{1/2} ,$$

et soit χ la fonction centrale sur SU(2) telle que $\chi(e(\theta)) = |\pi - \theta|^{-1}$, pour $0 \leq \theta \leq \pi$. Les majorations obtenues au paragraphe 3 entraînent que

$$|s_R^\delta(e(\theta))| \leq C.\varphi_R^\delta(|\theta|) + C.\chi(e(\theta)) .$$

Notons que φ_R^δ est une fonction décroissante de t , et que

$$\int_{SU(2)} \chi(g)dg = \int_0^\pi |\pi - \theta|^{-1} \sin^2 \theta d\theta < +\infty .$$

PROPOSITION 2.- <u>Soit</u> $\delta > 1$. <u>Alors</u>

$$S_*^\delta f(g) \leq C.Mf(g) + C.\chi * |f|(g) .$$

Soit $\tilde{\varphi}_R^\delta$ la fonction centrale sur SU(2) telle que $\tilde{\varphi}_R^\delta(e(\theta)) = \varphi_R^\delta(|\theta|)$ pour $0 \leq \theta \leq \pi$. La proposition sera démontrée si on prouve que

$$(\tilde{\varphi}_R^\delta * |f|)(g) \leq C.Mf(g) .$$

On peut supposer $g = e$, quitte à remplacer f par une translatée. Alors,

$$I = \int_{SU(2)} \tilde{\varphi}_R^{\delta}(g^{-1})|f(g)|dg = \int_0^{\pi} \varphi_R^{\delta}(\theta)\left(\int_{S_\theta} |f(g)|d\sigma(g)\right)\sin^2\theta d\theta ,$$

où S_ρ est la "sphère" définie par $S_\rho = \{g \in SU(2), g \text{ conjugué de } e(\rho)\}$, et $d\sigma$ la mesure invariante par $SU(2)$ et de masse 1 sur S_ρ .

Intégrant par parties, il vient

$$I \le C \int_0^{+\infty} \left(\int_0^{\theta} \int_{S_\varphi} |f(g)|d\sigma(g)\right)\sin^2\varphi\, d\varphi(-\varphi_R^{\delta'}(\theta))d\theta$$

$$\le C \int_0^{+\infty} Mf(e)\left(\int_0^{\theta} \sin^2\varphi\, d\varphi\right)(-\varphi_R^{\delta'}(\theta))d\theta$$

et par une nouvelle intégration par parties,

$$I \le CMf(e) \int_0^{+\infty} \varphi_R^{\delta}(\theta)\sin^2\theta\, d\theta \le CMf(e) , \text{ puisque } \delta > 1 .$$

De la proposition on déduit que l'opérateur S_*^{δ} satisfait les inégalités

$$\left\{g \mid S_*^{\delta} f(g) < \alpha\right\} \le C/\alpha . \|f\|_1$$

$$\|S_*^{\delta} f\|_p \le C_p \|f\|_p \qquad 1 < p < +\infty .$$

Le théorème 2 est alors une conséquence facile.

5. Résultat de localisation.

THEOREME 3.- Soit $f \in L^1$, f identiquement nulle au voisinage d'un point g_o de $SU(2)$; alors $S_R^{\delta} f(g_o) \to 0$, lorsque $\delta \ge 2$.

On peut toujours supposer que $g_o = e$, et que $f(g) = 0$ si

$g \in B(e,r_o)$

$$S_R^\delta f(e) = \int_{SU(2)} s_R^\delta(g)\, f(g)\, dg \leq \|f\|_1 \cdot \sup_{B(e,r_o)} |s_R^\delta(g)| \;.$$

Or pour $\delta \geq 2$, il résulte des majorations du paragraphe 3 que cette borne supérieure est bornée indépendamment de R . Approchant alors f par des fonctions de classe C^∞ , pour lesquelles la convergence ponctuelle des sommes partielles (a fortiori des sommes de Riesz) est bien connue, on en déduit le résultat.

Ce théorème signifie que dès lors que $\delta \geq 2$, le comportement des sommes de Riesz en un point ne dépend que des valeurs de la fonction au voisinage du point en question.

6. Résultats négatifs.

Les indices 1 et 2 qui sont apparus dans les théorèmes 1 et 3 sont en fait critiques.

PROPOSITION 3.- Soit $\delta \leq 1$, alors il existe une fonction $f \in L^1(SU(2))$, telle que $S_R^\delta f$ ne converge pas dans $L^1(SU(2))$.

PROPOSITION 4.- Soit $\delta < 2$, alors il existe une fonction $f \in L^1(SU(2))$, nulle au voisinage du centre et telle que $S_R^\delta f(e)$ ne tende pas vers zéro.

Pour démontrer la proposition 3, on peut se ramener au cas des sommes de Riesz dans R^3 , au moyen d'un résultat de "passage" entre multiplicateurs de $\mathfrak{F}L^p(SU(2))$ et multiplicateurs radiaux de $\mathfrak{F}L^p(R^3)$. Plus précisément, soit m une fonction définie sur $[0,+\infty)$, bornée et continue à droite en tout point. Pour chaque $\varepsilon > 0$, soit M_ε l'opérateur de $L^2(SU(2))$ défini par $M_\varepsilon f = \sum_\ell m(\varepsilon \ell) d_\ell \chi_\ell * f$, et soit M l'opérateur de $L^2(R^3)$

défini par $\widehat{Mf}(\xi) = m(|\xi|)\hat{f}(\xi)$.

THEOREME 4.- <u>Supposons que</u> $M_\varepsilon f$ <u>opère continûment sur</u> $L^p(SU(2))$, <u>et que la norme de cet opérateur soit uniformément bornée par rapport à</u> ε . <u>Alors</u> M <u>est un opérateur continu de</u> $L^p(R^3)$.

Pour une démonstration, voir [1] ou [2] .

Pour R^3 , et $m(\rho) = (1-\rho^2)_+^\delta$, on voit que si les sommes de Riesz sont uniformément bornées sur $L^p(SU(2))$, alors $m(|\xi|)$ est un multiplicateur de $\mathcal{F}L^p(R^3)$. Si $p = 1$, il est connu que ceci exige $\delta > 1$.

Pour la proposition 4 , et d'après le théorème de Banach-Steinhaus, il nous suffit de montrer que si $\delta < 2$, alors $\sup_{R>0} |s_R^\delta(e(\pi))| = +\infty$.

$$\text{Or} \quad \chi_\ell(e(\pi)) = \lim_{\theta\to\pi} \frac{\sin(2\ell+1)\theta}{\sin\theta} = (-1)^{2\ell}(2\ell+1) .$$

$$\text{D'où} \quad s_R^\delta(e(\pi)) = -\sum_{k\le R} (-1)^k k^2 \left(1-\frac{k^2}{R^2}\right)^\delta$$

$$= \frac{1}{2}\cdot\frac{d^2}{d\theta^2}\Big(\sum_{|k|\le R} \left(1-\frac{k^2}{R^2}\right)^\delta e^{ik\theta}\Big)\Big|_{\theta=\pi} .$$

Utilisant la formule de Poisson comme au paragraphe 2 , on trouve aisément que

$$s_R^\delta(e(\pi)) = C.R^3 \Big[\sum_{m\in\mathbb{Z}} (R|2m+1|\pi)^{-3/2-\delta} J_{3/2+\delta}(R|2m+1|\pi)$$

$$+ \sum_{m\in\mathbb{Z}} (R|2m+1|\pi)^{-1/2-\delta} J_{5/2+\delta}(R|2m+1|\pi)\Big] .$$

Mais $J_\alpha(t) = \sqrt{\frac{2}{\pi t}}\cos\left(t-\frac{\pi\alpha}{2}-\frac{\pi}{4}\right) + O(t^{-3/2})$, lorsque $t\to+\infty$.

Par suite

$$R^3 \sum_{m\in\mathbb{Z}} (R|2m+1|\pi)^{-3/2-\delta} J_{3/2+\delta}(R|2m+1|\pi) = O(R^{1-\delta}) ,$$

$$R^3(R|2m+1|\pi)^{-1/2-\delta}\, J_{5/2+\delta}(R|2m+1|\pi) =$$

$$c_\delta . R^{2-\delta}|2m+1|^{-1-\delta}\sin(R|2m+1|\pi - \delta\,\pi/2) + |2m+1|^{-2-\delta}O(R^{1-\delta}) .$$

Supposons R entier pair, alors $\sin(R|2m+1|\pi - \delta\pi/2) = -\sin\frac{\delta\pi}{2} \neq 0$ si $0<\delta<2$. d'où facilement dans ce cas $s_R^\delta(e(\pi)) = c'_\delta R^{2-\delta} + O(R^{1-\delta})$, avec $c'_\delta \neq 0$.

Ce résultat de non-localisation dans $L^1(G)$, lors même que $\delta > 1$, n'a pas son analogue dans la théorie commutative ; comme la démonstration le montre, ce phénomène est lié au comportement du noyau des sommes de Riesz au point "antipodal".

La plupart des résultats exposés ici s'étendent au cas des groupes de Lie compacts. On peut aussi obtenir des théorèmes de multiplicateurs de L^p (voir [2]) .

BIBLIOGRAPHIE.

[1] BONAMI A. et CLERC J.L. Sommes de Cesaro et multiplicateurs des développements en harmoniques sphériques. Trans. Amer.Math.Soc.183(1973), 223-263.

[2] CLERC J.L. Sommes de Riesz et multiplicateurs sur un groupe de Lie compact. Ann. Inst. Fourier 24 (1974), 149-172.

[3] COIFMAN R. et WEISS G. Analyse harmonique non-commutative sur certains espaces homogènes. Lecture Notes in Math. 242, Springer Verlag (1971).

[4] STEIN E.M. and WEISS G. Introduction to Fourier analysis on euclidean spaces. Princeton University Press (1971).

REPRESENTATIONS IRREDUCTIBLES
DES GROUPES SEMI-SIMPLES COMPLEXES

par

Michel DUFLO

Introduction.

Le but de cet exposé est de présenter la classification des représentations continues complètement irréductibles d'un groupe de Lie semi-simple complexe, à valeurs dans un espace de Banach, à équivalence infinitésimale près.

Voici un historique sommaire de la question.

Le premier travail fondamental est la description par Gelfand et Naimark /3/ des séries principales unitaires des groupes classiques, et la démonstration de leur irréductibilité pour les groupes $SL(n,\mathbb{C})$.

Harish-Chandra a montré que la classification des représentations continues complètement irréductibles d'un groupe de Lie connexe semi-simple réel linéaire G se ramène à la classification de ce que nous appellerons ici les modules d'Harish-Chandra irréductibles. Soient K un compact maximal de G , $\underline{g}$ et $\underline{k}$ leurs algèbres de Lie. Un module d'Harish-Chandra associé à G est un $\underline{g}$ -module complexe qui est somme directe de sous-k-modules irréductibles de dimensions finies, obtenus par dérivation à partir de K-modules irréductibles. Si r est une représentation continue complètement irréductible de G dans un espace de Banach H , le sous-ensemble H' formé des vecteurs K-finis est un module d'Harish-Chandra irréductible, et l'application $H \to H'$ induit un isomorphisme de l'ensemble des classes d'équivalence infinitésimale de représentations continues complètement irréductibles de G sur l'ensemble des classes d'équivalences de modules d'Harish-Chandra irréductibles associés à G .

D'autre part, on définit des séries principales (non nécessairement unitaires) de modules d'Harish-Chandra associés à G . Harish-Chandra a montré que tout module d'Harish-Chandra irréductible associé à G est isomorphe à un sous-quotient d'un élément d'une série principale. Pour classer les représentations continues complètement irréductibles de G , il suffit donc de décrire un système de représentants des classes d'équivalences des sous-quotients irréductibles des éléments des séries principales (pour tout ceci, voyez par exemple /13/ chapitres 3 et 5).

Voici donc une manière d'aborder le problème de la classification des représentations de G . On détermine quels sont les éléments irréductibles des séries principales. Pour les autres, on choisit certains sous-quotients irréductibles. On détermine toutes les équivalences entre les modules d'Harish-Chandra irréductibles ainsi obtenus. On montre enfin qu'on a un système complet de représentants des classes d'équivalence de modules d'Harish-Chandra irréductibles.

F. Bruhat a démontré que presque tous les éléments des séries principales unitaires sont irréductibles, et déterminé leurs équivalences (cf./1/).

Parthasarathy, Ranga Rao et Varadarajan ont décrit les critères d'irréductibilité des éléments des séries principales sphériques pour un groupe semi-simple complexe /9/. Ces résultats ont été étendus au cas des groupes réels par Kostant /6/. Indépendamment, Wallach et Zelobenko en ont déduit les critères d'irréductibilité pour toutes les séries principales des groupes semi-simples complexes (cf./11/ et /15/).

Parthasarathy, Ranga Rao et Varadarajan /9/ et Zelobenko /16/ ont décrit certains sous-quotients irréductibles des séries principales des groupes semi-simples complexes et déterminé leurs équivalences. Le fait qu'on obtienne ainsi un système complet de représentants des modules d'Harish-Chandra pour les groupes semi-simples complexes est dû à Zelobenko /16/ .

Récemment, R.P. Langlands /7/ a décrit une partition de l'espace des classes de représentations d'un groupe semi-simple réel en sous-ensembles finis qui, lorsque le groupe est complexe, redonne la classification de Zelobenko.

Dans cet exposé, je ne considère que des groupes semi-simples complexes. Voici une des raisons de ce choix. Les groupes semi-simples complexes forment une classe simple de groupes pour lesquels les résultats sont complètement connus, faciles à décrire, avec des démonstrations homogènes évitant les vérifications cas par cas. Les résultats sont d'ailleurs trop simples pour permettre de se faire à partir d'eux une idée valable de la situation pour un groupe semi-simple réel quelconque.

Une autre raison est que les modules d'Harish-Chandra associés à un groupe semi-simple complexe G d'algèbre de Lie complexe $\underline{g}$ ont une signification particulière. On peut en effet les considérer comme des modules sur $\underline{g} \times \underline{g}$, finis sous l'action de la diagonale. Voyez une application de ce principe dans /2/ 9.6.12 .

Ce texte contient une démonstration complète de la classification des modules d'Harish-Chandra associés à un groupe semi-simple complexe. On ne suppose du lecteur que la connaissance des résultats classiques sur la structure des groupes et des algèbres de Lie semi-simples complexes, et leurs représentations de dimension finie.

Cependant, on ne reproduira pas la démonstration des résultats contenus dans le livre de J. Dixmier /2/, que nous prendrons comme ouvrage de référence. D'autre part, dans le dernier paragraphe, nous renvoyons au livre de G. Warner /13/ .

Le lecteur trouvera plus de détails sur le contenu de ces notes dans la table des matières. Je signale cependant que les principaux théorèmes sont énoncés au chapitre I, et que les autres chapitres sont consacrés à leur démonstration.

La contribution de l'auteur est essentiellement la démonstration du théorème 1.4.2., obtenue avec l'aide de N. Wallach, et la simplification de la démonstration du théorème 1.4.5.

TABLE DES MATIERES.

I. ENONCE DES RESULTATS PRINCIPAUX.

1. Notations.

1.1. Dans toute la suite, $\underline{\underline{g}}$ est une algèbre de Lie semi-simple complexe, $\underline{\underline{h}}$ une sous-algèbre de Cartan, $\Delta \subset \underline{\underline{h}}^*$ l'ensemble des racines non nulles, Δ^+ un ensemble de racines positives, $\Sigma = \alpha_1, \ldots, \alpha_n$ l'ensemble de racines simples correspondant, P le réseau des poids, P^+ l'ensemble des poids dominants, $\delta_1, \ldots, \delta_n$ l'ensemble des poids fondamentaux.

Soit $\alpha \in \Delta$. On note $\underline{\underline{n}}_\alpha$ le sous-espace radiciel correspondant. Pour chaque $\alpha \in \Delta$ on choisit un élément non nul $X_\alpha \in \underline{\underline{n}}_\alpha$, et $H_\alpha \in \underline{\underline{h}}$ de telle sorte que l'on ait $[X_\alpha, X_{-\alpha}] = H_\alpha$, $[H_\alpha, X_\alpha] = 2X_\alpha$, $[H_\alpha, X_{-\alpha}] = -2X_{-\alpha}$ d'autre part si $\alpha, \beta, \alpha+\beta$ sont des racines, on a $[X_\alpha, X_\beta] = N_{\alpha\beta} X_{\alpha+\beta}$ où les $N_{\alpha\beta}$ sont des nombres réels tels que $N_{-\alpha,-\beta} = -N_{\alpha\beta}$. On note $X \to \overline{X}$ la conjugaison par rapport à la forme réelle de $\underline{\underline{g}}$ engendrée par les X_α et les H_α, on note $X \to {}^tX$ l'anti automorphisme de $\underline{\underline{g}}$ tel que ${}^tH = H$ si $H \in \underline{\underline{h}}$ et ${}^tX_\alpha = X_{-\alpha}$. On note $\underline{k}$ l'ensemble des $X \in \underline{g}$ tels que $X = -{}^t\overline{X}$. C'est une forme réelle compacte de $\underline{g}$. On pose $\underline{m} = \underline{k} \cap \underline{\underline{h}}$.

On note $\underline{\underline{n}}$ la sous-algèbre complexe de $\underline{\underline{g}}$ engendrée par les X_α, $\alpha \in \Delta^+$ et $\underline{\underline{n}}^-$ celle engendrée par les $X_{-\alpha}$, $\alpha \in \Delta^+$.

On note $\underline{g}$, $\underline{h}$ etc... les algèbres de Lie réelles obtenues à partir de $\underline{\underline{g}}$, $\underline{\underline{h}}$ ... en oubliant la structure complexe. Par exemple $\dim \underline{n}_{-\alpha} = 2$. On note $\underline{a}$ la sous-algèbre de $\underline{g}$ engendrée par les H_α. On sait que $\underline{m} \oplus \underline{a} = \underline{h}$ et que $\underline{k} \oplus \underline{a} \oplus \underline{n}$ est une décomposition d'Iwasawa de $\underline{g}$.

1.2. Lorsque V est un espace vectoriel réel, nous noterons V_C son compléxifié. Il existe des isomorphismes canoniques $\underline{k}_C \to \underline{\underline{g}}$ et $\underline{m}_C \to \underline{\underline{h}}$. On note G un groupe de Lie simplement connexe d'algèbre $\underline{g}$ (G est donc considéré comme réel). Nous utiliserons parfois l'existence sur G d'une structure complexe déduite de $\underline{\underline{g}}$. On note K, A, M, N, N^- les sous-groupes analytiques d'algèbres

$\underline{k}$, $\underline{a}$,... Soit $\mu \in \underline{h}^*$. Alors μ est la différentielle d'un caractère de M si et seulement si $\mu \in P$. Dans ce cas nous noterons ce caractère $m \to m^{\mu}$. On identifie ainsi $\hat{M}$ et P . Soit $\delta \in P^+$. Nous noterons d^{δ} la représentation unitaire irréductible de K de poids dominant δ . Elle opère dans un espace de Hilbert E^{δ} . Si $\mu \in P$ nous noterons $E^{\delta}(\mu)$ le sous-espace de E^{δ} formé des vecteurs de poids μ . Nous noterons encore d^{δ} la représentation holomorphe de G de poids dominant δ , ainsi que les représentations correspondantes de $\underline{k}$ et $\underline{g}$.

1.3 Description de $\underline{g}_{\mathbb{C}}$. Il existe un isomorphisme unique $\underline{g}_{\mathbb{C}} \to \underline{g} \times \underline{g}$ tel que $X \to (X, \bar{X})$ si $X \in \underline{g}$. Nous identifierons dans la suite $\underline{g}_{\mathbb{C}}$ et $\underline{g} \times \underline{g}$. Une représentation de dimension finie de $\underline{g}$ dans un espace vectoriel complexe est holomorphe (pour la structure complexe $\underline{g}$) si et seulement si la représentation de $\underline{g}_{\mathbb{C}}$ déduite par extension du corps de base s'annule sur $\{0\} \times \underline{g}$. Comme sous-algèbre de $\underline{g}_{\mathbb{C}}$, $\underline{k}_{\mathbb{C}}$ s'identifie à la sous algèbre de $\underline{g} \times \underline{g}$ des éléments de la forme $(X, -{}^{t}X)$.

1.4. Description du dual de $\underline{h} = \underline{m} \oplus \underline{a}$. Il existe un unique isomorphisme $\underline{h}_{\mathbb{C}} \to \underline{h} \times \underline{h}$ tel que $H \to (H, \bar{H})$ si $H \in \underline{h}$. L'espace $\underline{h}_{\mathbb{C}}^*$ est donc isomorphe à $\underline{h}^* \times \underline{h}^*$. Soient p, q des éléments de $\underline{h}^*$. Nous noterons (p,q) l'élément de $\underline{h}_{\mathbb{C}}^*$ tel que

$$(p,q)(H) = p(H) + q(\bar{H}) \quad \text{si} \quad H \in \underline{h} .$$

En particulier $(p,q)(H) = p(H) + q(H)$ si $H \in \underline{a}$ et $(p,q)(H) = p(H) - q(H)$ si $H \in \underline{m}$.

D'autre part, $\underline{h} = \underline{m} \oplus \underline{a}$, et donc $\underline{h}_{\mathbb{C}}^* = \underline{m}_{\mathbb{C}}^* \oplus \underline{a}_{\mathbb{C}}^*$. Les injections de $\underline{m}$ et $\underline{a}$ dans $\underline{h}$ se prolongent en des isomorphismes de $\underline{m}_{\mathbb{C}}$ et $\underline{a}_{\mathbb{C}}$ sur $\underline{h}$. Soient μ, λ des éléments de $\underline{h}^*$. Nous noterons $\mu \oplus \lambda$ l'élément de $\underline{h}_{\mathbb{C}}^*$ tel que

$$\mu \oplus \lambda\, (H + H') = \mu(H) + \lambda(H') \quad \text{si} \quad H \in \underline{m} \quad \text{et} \quad H' \in \underline{a} .$$

Nous disposons de deux manières de décrire le dual de $\underline{h}$. Nous verrons que suivant les cas, l'une ou l'autre est plus avantageuse. Il est facile de passer de l'une à l'autre. Supposons $(p,q) = \mu \oplus \lambda$. On a

$$p+q = \lambda \quad \text{et} \quad p-q = \mu \text{ ; ou encore}$$

$$p = \frac{1}{2}(\mu+\lambda) \quad \text{et} \quad q = \frac{1}{2}(\lambda-\mu) .$$

Nous noterons σ l'élément de $\underline{\underline{h}}^*$ demi-somme des racines positives, et nous poserons $\rho = (\delta,\delta) = 0 \oplus 2\delta$. Si $H \in \underline{h}$, on a

$$\rho(H) = \frac{1}{2} \operatorname{tr} \operatorname{ad}_{\underline{n}}(H) .$$

Le groupe MA est un sous-groupe de Cartan de G. Le groupe M est connexe et A est simplement connexe. Un caractère de MA (c'est-à-dire un homorphisme continu de MA dans $\mathbb{C}-\{0\}$) est déterminé par sa différentielle qui est un élément de $\underline{h}_{\mathbb{C}}^*$. L'élément $(p,q) = \mu \oplus \lambda$ est la différentielle d'un tel caractère si et seulement si $\mu = p-q$ est un poids, c'est-à-dire si $\mu(H_\alpha) \in \mathbb{Z}$ pour toute racine α. Dans ce cas, le caractère correspondant de MA sera noté $ma \to m^\mu a^\lambda$ $(m \in M, a \in A)$.

1.5. Action des groupes de Weyl. On note M' le normalisateur de $\underline{a}$ dans K. Le groupe $W = M'/M$ opère dans $\underline{\underline{h}}, \underline{h}, \underline{m}, \underline{a}$, ainsi que dans les espaces de formes linéaires. Comme groupe d'automorphismes de $\underline{\underline{h}}$, W est le groupe de Weyl de la paire $(\underline{\underline{g}}, \underline{\underline{h}})$, et comme groupe d'automorphisme de $\underline{a}$, de la paire $(\underline{g}, \underline{a})$.

Rappelons que, comme groupe d'automorphismes de $\underline{\underline{h}}$, W est engendré par les réflexions par rapport aux racines simples. Soit $\alpha \in \Delta$. Pour tout $\lambda \in \underline{\underline{h}}^*$, on pose $\lambda_\alpha = \lambda(H_\alpha)$. On note w_α la symétrie définie par α :

$$w_\alpha(\lambda) = \lambda - \lambda_\alpha \alpha \qquad (\alpha \in \Delta, \lambda \in \underline{\underline{h}}^*) .$$

Si α_i est une racine simple $(i = 1,\ldots,n)$ on écrit

$$\lambda_{\alpha_i} = \lambda_i \quad \text{et} \quad w_{\alpha_i} = w_i \; .$$

Le groupe $W \times W$ opère dans $\underline{\underline{h}} \times \underline{\underline{h}}$. C'est le groupe de Weyl de la paire $(\underline{\underline{g}} \times \underline{\underline{g}}, \underline{\underline{h}} \times \underline{\underline{h}})$. Grâce à l'isomorphisme $\underline{h}_C \to \underline{\underline{h}} \times \underline{\underline{h}}$, il opère dans $\underline{h}_C$ et donc dans $\underline{h}_C^*$. Voici quelques formules décrivant cette action. Soient $(p,q) = \mu \oplus \lambda \in \underline{h}_C^*$ et $\alpha \in \Delta$. On a

$$(w_\alpha, 1)(p,q) = (w_\alpha p, q) \quad \text{et} \quad (1, w_\alpha)(p,q) = (p, w_\alpha q)$$

ou encore :

$$(w_\alpha, 1)\, \mu \oplus \lambda = \mu' \oplus \lambda' \; , \text{ avec } \; \mu' = \mu - p_\alpha \alpha \, , \; \lambda' = \lambda - p_\alpha \alpha \, ,$$

$$(1, w_\alpha)\, \mu \oplus \lambda = \mu'' \oplus \lambda'' \; , \text{ avec } \; \mu'' = \mu + q_\alpha \alpha \, , \; \lambda'' = \lambda - q_\alpha \alpha \, .$$

1.6. Sous-groupes simples de dimension trois de G .

Considérons le cas particulier $G = SL(2,C)$, $\underline{\underline{g}} = sl(2,C)$. La conjugaison et la transposition ont leur signification habituelle ; on pose :

$$H = \begin{pmatrix} 1 & 0 \\ 0 & -1 \end{pmatrix} \quad X = \begin{pmatrix} 0 & 1 \\ 0 & 0 \end{pmatrix} \quad Y = \begin{pmatrix} 0 & 0 \\ 1 & 0 \end{pmatrix} \quad m = \begin{pmatrix} 0 & -1 \\ 1 & 0 \end{pmatrix} .$$

L'algèbre $\underline{\underline{h}}$ est engendrée par H . La racine positive α est telle que $\alpha(H) = 2$. On a $H = H_\alpha$, $X = X_\alpha$, $Y = X_{-\alpha}$. On a $\sigma(H) = 1$, $\rho(H) = 2$. Le groupe K est le groupe des matrices unitaires.

L'élément non trivial de W est représenté par m .

Revenons au cas général. Soit $\alpha \in \Delta$. On note $\underline{\underline{g}}_\alpha$ la sous-algèbre de $\underline{\underline{g}}$ engendrée par $X_\alpha, X_{-\alpha}, H_\alpha$, et G_α le sous-groupe analytique de G correspondant. Il existe un unique homomorphisme $j_\alpha : SL(2,C) \to G_\alpha$ dont la différentielle envoie X sur X_α, Y sur $X_{-\alpha}$, H sur H_α . Le groupe $K_\alpha = G_\alpha \cap K$ est l'image du groupe unitaire, et $j_\alpha(m) = m_\alpha$ représente la symétrie $w_\alpha \in W$. Si $\alpha = \alpha_i$ est une racine simple, on pose $G_i = G_{\alpha_i}$, $m_i = m_{\alpha_i}$, etc...

2. Modules d'Harish-Chandra.

2.1. Algèbres enveloppantes. Si s est une algèbre de Lie, on note $U(s)$ son algèbre enveloppante. Si s est un espace vectoriel, on note $S(s)$ son algèbre symétrique, c'est-à-dire l'algèbre des fonctions polynômiales sur s^*. On aura par exemple à utiliser les algèbres $U(\underline{k}_C)$, $U(\underline{g})$, etc... Nous poserons $U = U(\underline{g}_C)$. Cette algèbre est particulièrement importante, car toute représentation de $\underline{g}$ dans un espace vectoriel complexe V fait naturellement de V un U-module. On note $u \to \check{u}$ l'anti-automorphisme de $U(s)$ tel que $\check{X} = -X$ si $X \in s$.

Soient $\delta \in P^+$ et d^δ la représentation irréductible de dimension finie de $\underline{k}$ de plus haut poids δ, dans l'espace E^δ. Alors E^δ devient un $U(\underline{k}_C)$-module et l'on note J^δ son annulateur.

2.2. Modules d'Harish-Chandra. Soient V un U-module et $\delta \in P^+$. On note V^δ la somme des sous $\underline{k}$-modules de V isomorphes à E^δ. C'est aussi le sous-espace de V annulé par l'idéal J^δ de $U(\underline{k}_C)$.

On dit que V est un module d'Harish-Chandra si $V = \bigoplus_{\delta \in P^+} V^\delta$.

Le but de ces notes est d'obtenir une paramétrisation de l'ensemble des classes de modules d'Harish-Chandra irréductibles.

2.3. L'algèbre U^K. Le groupe G opère dans $\underline{g}$ et donc dans U par la représentation adjointe. On note U^K la sous-algèbre de U des éléments K-invariants, ou, si l'on préfère, qui commutent aux éléments de $\underline{k}$.

Soient V un U-module et $\delta \in P^+$. L'algèbre U^K laisse stable V^δ, et V^δ et l'espace $\varepsilon = \mathrm{Hom}_{\underline{k}}(E^\delta, V^\delta)$ sont des U^K-modules.

THEOREME.- 1. On suppose que V est simple et que V^δ est non nul. Alors ε est un U^K-module simple dont l'annulateur contient $U^K \cap UJ^\delta$.

2. L'application $V \to \varepsilon$ induit une bijection de l'ensemble des classes de U-modules simples V tels que V^δ soit non nul sur l'ensemble des classes de U^K-modules simples annulés par $U^K \cap UJ^\delta$.

(cf./2/ p.281).

3. La série principale.

3.1. Les espaces $L^\infty(\mu,\lambda)$, $L^\infty(\mu)$. Soient $\mu \in P$ et $\lambda \in \underline{\underline{h}}^*$. On note $L^\infty(\mu,\lambda)$ l'espace des fonctions φ C^∞ sur G qui vérifient $\varphi(gman) = m^{-\mu}a^{-\lambda-\rho}\varphi(g)$ ($g \in G$, $m \in M$, $a \in A$, $n \in N$). On définit une représentation $r^\infty_{\mu\lambda}$ de G dans $L^\infty(\mu,\lambda)$ par la formule.

$$r^\infty_{\mu\lambda}(g)\varphi(h) = \varphi(g^{-1}h) \quad (g,h \in G,\ \varphi \in L^\infty(\mu,\lambda)).$$

En différentiant, on obtient une représentation de $\underline{g}$ dans $L^\infty(\mu,\lambda)$, et donc une structure de U-module sur $L^\infty(\mu,\lambda)$. Nous noterons $r^\infty_{\mu\lambda}$ la représentation correspondante de U dans $L^\infty(\mu,\lambda)$. Pour la décrire, rappelons que U est isomorphe à l'algèbre des distributions sur G de support 1. Alors on a :

$$r^\infty_{\mu\lambda}(u)\varphi = u * \varphi \quad (u \in U,\ \varphi \in L^\infty(\mu,\lambda)),$$

où $*$ désigne le produit de convolution.

On note $L^\infty(\mu)$ l'espace des fonctions φ C^∞ sur K qui vérifient $\varphi(km) = m^{-\mu}\varphi(k)$ ($k \in K$, $m \in M$). A cause de la décomposition d'Iwasawa $G = KAN$, l'opération de restriction est un isomorphisme de $L^\infty(\mu,\lambda)$ sur $L^\infty(\mu)$. Nous noterons encore $r^\infty_{\mu\lambda}$ les représentations de G et de U dans $L^\infty(\mu)$ obtenues par cet isomorphisme. Ce sont les représentations dites de la série principale.

3.2. Les espaces $L(\mu,\lambda)$ et $L(\mu)$. Nous noterons $L(\mu,\lambda)$ le sous-espace des éléments K-finis de $L^{\infty}(\mu,\lambda)$, c'est-à-dire des éléments φ tel que $r^{\infty}_{\mu\lambda}(K)\varphi$ engendre un espace vectoriel de dimension finie. On définit de même le sous-espace $L(\mu)$ formé des éléments K-finis de $L^{\infty}(\mu)$. L'opération de restriction est un isomorphisme de $L(\mu,\lambda)$ sur $L(\mu)$. Le groupe K et l'algèbre $\underline{k}$ laissent stable $L(\mu)$. On notera que la restriction de $r^{\infty}_{\mu\lambda}$ à K ou à $\underline{k}$ ne dépend pas de λ. La structure de $\underline{k}$-module de $L(\mu)$ est facile à décrire. Cette description est importante dans la suite.

Soit $\delta \in P^{+}$. On note δ' le plus haut poids de la représentation contragrédiente, c'est-à-dire $\delta' = -w_o\delta$, où w_o est l'unique élément du groupe de Weyl qui transforme les racines positives en racines négatives. On note $E^{\delta'}(-\mu)$ le sous-espace de $E^{\delta'}$ formé des éléments de poids $-\mu$. Si $f \in E^{\delta'}$, et $k \in K$ (ou $u \in U(\underline{k}_C)$) nous écrirons $kf = d^{\delta'}(k)f$ et $uf = d^{\delta'}(u)f$ lorsque cela ne risque pas d'entraîner de confusion.

Soient $e \in E^{\delta}$, $f \in E^{\delta'}$. On pose $c_{ef}(k) = \langle e, kf\rangle$ pour $k \in K$. Lorsque $f \in E^{\delta'}(-\mu)$, l'élément c_{ef} est dans $L(\mu)$. L'assertion suivante est une conséquence immédiate du théorème de réciprocité de Frobenius.

Pour tout $f \in E^{\delta'}(-\mu)$, l'application $e \to c_{ef}$ est dans $\mathrm{Hom}_{\underline{k}}(E^{\delta}, L(\mu))$, et l'on obtient ainsi une bijection de $E^{\delta'}(-\mu)$ sur $\mathrm{Hom}_{\underline{k}}(E^{\delta}, L(\mu))$.

On note $L^{\delta}(\mu)$ la somme des sous-k-modules isomorphes à E^{δ}. Alors $L(\mu)$ est somme directe des espaces $L^{\delta}(\mu)$, et la structure de chaque $L^{\delta}(\mu)$ comme $\underline{k}$-module est déterminée par l'énoncé ci-dessus.

3.3. Les modules d'Harish-Chandra $L(\mu,\lambda)$. Les espaces $L(\mu,\lambda)$ ne sont pas stables sous l'action de G. On a cependant :

PROPOSITION.- Soit $u \in U$. L'opérateur $r^{\infty}_{\mu\lambda}(u)$ laisse $L(\mu,\lambda)$ (ou bien $L(\mu)$) invariant.

<u>Démonstration</u> : Soient V un sous-espace de dimension finie de U contenant u stable sous la représentation adjointe, et W un sous-espace de dimension finie de $L(\mu)$ contenant $r^{\infty}_{\mu\lambda}(K)f$ (où f est un élément donné de $L(\mu)$) . Alors $r^{\infty}_{\mu\lambda}(K)r^{\infty}_{\mu\lambda}(u)f$ est contenu dans $r^{\infty}_{\mu\lambda}(V)W$ qui est de dimension finie.

Nous noterons $r_{\mu\lambda}(u)$ la restriction de $r^{\infty}_{\mu\lambda}(u)$ à $L(\mu,\lambda)$ ou $L(\mu)$. Munis de la représentation $r_{\mu\lambda}$ de U , $L(\mu,\lambda)$ et $L(\mu)$ sont des modules d'Harish-Chandra isomorphes.

3.4. <u>Définition des modules</u> $V(\mu,\lambda)$ <u>et des représentations</u> $\hat{r}_{\mu\lambda}$. Soit V un module d'Harish-Chandra. Si V_1 et V_2 sont des sous-modules de V tels que $V_1 \supset V_2$, le module V_1/V_2 est un module d'Harish-Chandra, appelé un sous quotient de V . Indiquons comment on peut construire un sous-quotient irréductible particulier de V .

Soit $\mu \in P$. Il existe un et un seul élément $\tilde{\mu} \in P^+$ qui est conjugué de μ sous l'action de W . Comme $-\mu$ est conjugué de $\tilde{\mu}'$, la dimension de $E^{\tilde{\mu}'}(-\mu)$ est 1 . (En effet, pour tout $\delta \in P^+$, $\alpha \in P$, $w \in W$, on sait que la dimension des espaces $E^{\delta}(\alpha)$ et $E^{\delta}(w\alpha)$ est la même et d'autre part on sait que $\dim E^{\delta}(\delta) = 1$) . Il résulte de 3.2. que l'on a

$$\dim \operatorname{Hom}_{\underline{k}}(E^{\tilde{\mu}}, L(\mu)) = 1 ,$$

ou encore, que le k-module $L^{\tilde{\mu}}(\mu)$ est irréductible et isomorphe à $E^{\tilde{\mu}}$. Nous poserons $L^{\tilde{\mu}}(\mu) = L^{\circ}(\mu)$ et $L^{\tilde{\mu}}(\mu,\lambda) = L^{\circ}(\mu,\lambda)$.

Le sous-module $U L^{\circ}(\mu,\lambda)$ (qui est égal à Uv pour tout v non nul de $L^{\circ}(\mu,\lambda)$) a un et un seul sous-module propre maximal. En effet, considérons la somme des sous-modules de $U L^{\circ}(\mu,\lambda)$ qui ne contiennent pas $L^{\circ}(\mu,\lambda)$. Elle ne contient pas $L^{\circ}(\mu,\lambda)$, et est donc l'unique sous-module maximal propre de $U L^{\circ}(\mu,\lambda)$.

Nous noterons $V(\mu,\lambda)$ le quotient irréductible de $U L^{\circ}(\mu,\lambda)$, et $\hat{r}_{\mu\lambda}$ la représentation irréductible de U dans $V(\mu,\lambda)$.

On remarquera que $V(\mu,\lambda)$ est l'unique sous-quotient irréductible V de $L(\mu,\lambda)$ tel que $V^{\widetilde{\mu}}$ soit non nul.

4. <u>Enoncé des principaux théorèmes</u>.

4.1. THEOREME.- <u>Soient</u> $\mu, \mu' \in P$, $\lambda, \lambda' \in \underline{h}^*$. <u>Les représentations</u> $\hat{r}_{\mu\lambda}$ <u>et</u> $\hat{r}_{\mu'\lambda'}$ <u>sont équivalentes si et seulement s'il existe</u> $w \in W$ <u>tel que</u> $\lambda' = w\lambda$ <u>et</u> $\mu' = w\mu$.

4.2. THEOREME.- <u>Soient</u> $\mu \in P$, $\lambda \in \underline{h}^*$. <u>On a</u> $UL^\circ(\mu,\lambda) = L(\mu,\lambda)$ <u>si et seulement si pour tout</u> $\alpha \in \Delta^+$ <u>et tout</u> $j \in \mathbb{N}^*$ <u>on a</u> $\lambda_\alpha \neq -|\mu_\alpha| - 2j$.

En particulier, sous les conditions du théorème, $V(\mu,\lambda)$ est l'unique quotient irréductible de $L(\mu,\lambda)$.

On remarquera que si l'on pose $(p,q) = \mu \oplus \lambda$, la condition du théorème est équivalente à la suivante : pour tout $\alpha \in \Delta^+$, on a $p_\alpha \notin -\mathbb{N}^*$ ou $q_\alpha \notin -\mathbb{N}^*$.

4.3. THEOREME.- <u>Soient</u> $\mu \in P$, $\lambda \in \underline{h}^*$. <u>Tout sous-module non nul de</u> $L(\mu,\lambda)$ <u>contient</u> $L^\circ(\mu,\lambda)$ <u>si et seulement si pour tout</u> $\alpha \in \Delta^+$ <u>et tout</u> $j \in \mathbb{N}^*$ <u>on a</u> $\lambda_\alpha \neq |\mu_\alpha| + 2j$. <u>Dans ce cas</u> $UL^\circ(\mu,\lambda)$ <u>est irréductible, égal à</u> $V(\mu,\lambda)$, <u>et c'est le seul sous-module irréductible de</u> $L(\mu,\lambda)$.

Si $(p,q) = \mu \oplus \lambda$, ceci équivaut à $p_\alpha \notin \mathbb{N}^*$ ou $q_\alpha \notin \mathbb{N}^*$ pour tout $\alpha \in \Delta^+$.

4.4. THEOREME.- <u>Soient</u> $\mu \in P$, $\lambda \in \underline{h}^*$. <u>La représentation</u> $r_{\mu\lambda}$ <u>est irréductible si et seulement si</u> $\lambda_\alpha \neq \pm(|\mu_\alpha| + 2j)$ <u>pour tout</u> $j \in \mathbb{N}^*$ <u>et tout</u> $\alpha \in \Delta^+$.

Si $(p,q) = \mu \oplus \lambda$, ceci équivaut à la condition : pour aucun $\alpha \in \Delta^+$, p_α et q_α ne sont des entiers non nuls de même signe.

4.5. THEOREME.- Soit V un module d'Harish-Chandra irréductible. Il existe $\mu \in P$ et $\lambda \in \underline{\underline{h}}^*$ tel que la représentation de U dans V soit ismorphe à $\hat{\pi}_{\mu\lambda}$.

4.6. Les théorèmes 4.1. et 4.5. permettent de classer les modules d'Harish-Chandra irréductibles. Les théorèmes 4.2. et 4.3. permettent de construire des réalisations particulières des modules d'Harish-Chandra irréductibles, par exemple comme quotient, ou comme sous-module, d'un module $L(\mu,\lambda)$. Il suffit pour cela de choisir dans le théorème 4.5 λ tel que sa partie réelle soit dans la chambre de Weyl positive, ou négative, ce qui est possible d'après le théorème 4.1.

4.7. La démonstration de ces théorèmes occupe le reste de ce travail. La condition suffisante de 4.1. et les conditions nécessaires de 4.2. et 4.4. sont établies au chapitre III, les conditions suffisantes de 4.2, 4.3, 4.4, au chapitre IV, la condition nécessaire de 4.1, et 4.5, au chapitre V.

4.8. Le théorème 4.1. est dû à Parthasarathy, Ranga Rao, Varadarajan /9/ et Zelobenko /16/. Le théorème 4.4. est dû à Parthasarathy, Ranga Rao, Varadarajan /9/ dans le cas où $\mu = 0$, à Wallach /11/ et Zelobenko /15/ dans le cas général. Lorsque $\mu = 0$, le théorème 4.2. se trouve dans Zelobenko /15/. Dans le cas général, il est énoncé dans Zelobenko /16/. La démonstration présentée ici a été obtenue par l'auteur avec l'aide de N. Wallach. Le théorème 4.5. est essentiellement dû à Zelobenko /16/.

II. RESULTATS PRELIMINAIRES RELATIFS A LA SERIE PRINCIPALE.

1. Premières propriétés des opérateurs $r_{\mu\lambda}(u)$.

1.1. Soient $\mu \in P$ et $u \in U$. Pour tout $\lambda \in \underline{\underline{h}}^*$, $r_{\mu\lambda}(u)$ est un endomorphisme de $L(\mu)$. Rappelons que $L(\mu)$ est somme directe des sous-espaces de dimension finie $L^{\delta}(\mu)$ $(\delta \in P^+)$. Soient $\gamma, \delta \in P^+$. Pour $\varphi \in L^{\gamma}(\mu)$, on note $r^{\delta\gamma}_{\mu\lambda}(u)\varphi$ la composante dans $L^{\delta}(\mu)$ de $r_{\mu\lambda}(u)\varphi$.

Rappelons, d'autre part, que U admet une filtration naturelle pour laquelle les éléments de $\underline{g}_{\mathbb{C}}$ sont de filtration ≤ 1 (cf. /2/, p.70).

LEMME.- Supposons $u \in U$ de filtration $\leq p$, où $p \in \mathbb{N}$. L'application $\lambda \to r^{\delta\gamma}_{\mu\lambda}(u)$ de $\underline{\underline{h}}^*$ dans $\mathrm{Hom}(L^{\gamma}(\mu), L^{\delta}(\mu))$ est polynômiale de degré $\leq p$.

Preuve : Il suffit de le prouver pour un élément $X \in \underline{g}$. On choisit une base $X_1, \ldots, X_m$ de $\underline{g}$ adaptée à la décomposition $\underline{g} = \underline{k} \oplus \underline{a} \oplus \underline{n}$, et une base $(\varphi_i)_{i \in I}$ de $L(\mu)$. Soit $\varphi \in L(\mu)$. On va montrer qu'il existe des fonctions affines P_i sur $\underline{\underline{h}}^*$, nulles sauf pour un nombre fini d'indices $i \in I$, telles que

$$r_{\mu\lambda}(X)\varphi = \sum_{i \in I} p_i(\lambda)\varphi_i \quad \text{pour tout} \quad \lambda \in \underline{\underline{h}}^* ,$$

ce qui établira le lemme.

On définit une fonction $\psi_\lambda \in L(\mu,\lambda)$ par la formule $\psi_\lambda(kan) = a^{-\lambda-\rho}\varphi(k)$. On définit des fonctions K-finies sur K , $c_1, \ldots, c_m$ par la formule $k.X = \Sigma_1^m c_j(k^{-1})X_j$. On a :

$$r_{\mu\lambda}(X)\varphi(k) = \Sigma_1^m c_j(k) \frac{d}{dt} \psi_\lambda(k \exp -tX_j)\Big|_{t=o} = \Sigma_1^m c_j(k)(\psi_\lambda * X_j)(k) .$$

Soit $(\varphi_i)_{i \in J}$ une base de l'espace des fonctions K-finies sur K qui complète la base de $L(\mu)$ choisie plus haut. On a $\psi_\lambda * X_j = 0$ si $X_j \in \underline{n}$, $\psi_\lambda * X_j = (\lambda+\rho)(X_j)\psi_\lambda$ si $X_j \in \underline{a}$. D'autre par, la restriction de $\psi_\lambda * X_j$

à K ne dépend pas de λ. On a donc prouvé l'existence de fonctions affines p_i sur $\underline{\underline{h}}^*$ nulles sauf pour un nombre fini d'indices $i \in J$, telles que l'on ait $r_{\mu\lambda}(X)\varphi = \sum_{i \in J} p_i(\lambda)\varphi_i$. Comme $r_{\mu\lambda}(X)\varphi$ est dans $L(\mu)$, on a $p_i = 0$ si $i \notin I$.

1.2. A cause de la décomposition d'Iwasawa $\underline{g} = \underline{n} \oplus \underline{a} \oplus \underline{k}$, il existe pour tout élément $u \in U$ un élément $u_o \in U(\underline{a}_{\mathbb{C}}) \otimes U(\underline{k}_{\mathbb{C}})$ tel que $u - u_o \in \underline{n}_{\mathbb{C}} U$. On sait que si de plus u est K invariant, alors u_o est dans $U(\underline{a}_{\mathbb{C}}) \otimes U(\underline{k}_{\mathbb{C}})^M$ et que $(uv)_o = v_o u_o$ si $u, v \in U^K$ (cf./2/ p.284).

Comme $\underline{a}_{\mathbb{C}}$ est canoniquement isomorphe à $\underline{\underline{h}}$, on peut considérer u_o comme une application polynômiale de $\underline{\underline{h}}^*$ à valeurs dans $U(\underline{k}_{\mathbb{C}})$. Si $\lambda \in \underline{\underline{h}}^*$, nous noterons $u_o(\lambda)$ sa valeur en λ.

1.3. Lorsque $u \in U^K$, $r_{\mu\lambda}(u)$ se calcule facilement :

LEMME.- <u>Soient</u> $u \in U^K$ <u>et</u> $\varphi \in L(\mu)$. <u>On a</u> $r_{\mu\lambda}(u)\varphi = \varphi * u_o(\lambda+\rho)$.
(Il s'agit de la convolution des distributions sur le groupe K).

<u>Preuve</u> : Soit $k \in K$. Comme u est invariant par K, on a

$$r_{\mu\lambda}(u)\,\varphi(k) = u * \varphi_\lambda(k) = \varphi_\lambda * u(k) ,$$

où φ_λ est l'unique élément de $L(\mu, \lambda)$ qui prolonge φ (cf. I 3.1.).
Comme $\varphi_\lambda * X = 0$ si $X \in \underline{n}$ et $\varphi_\lambda * H = \langle \lambda+\rho, H \rangle \varphi_\lambda$ si $H \in \underline{a}$, on a $\varphi_\lambda * u = \varphi_\lambda * u_o(\lambda+\rho)$, ce qui prouve le lemme.

1.4. Soient $\delta \in P^+$, $\mu \in P$. Pour $u \in U^K$, on note $u^\delta(\mu, \lambda)$ la restriction de l'endomorphisme $d^{\delta'}(u_o(\lambda+\rho)^{\sim})$ au sous-espace $E^{\delta'}(-\mu)$ de $E^{\delta'}$. Ce sous-espace est stable car u_o est M-invariant, et il résulte de 1.2. que l'application

$$u \to u^\delta(\mu, \lambda) ,$$

de U^K dans $\mathrm{Hom}(E^{\delta'}(-\mu), E^{\delta'}(-\mu))$ est un homomorphisme. Il est facile de voir que son noyau contient $U^K \cap UJ^\delta$.

Considérons en particulier le cas où δ est égal à $\tilde{\mu}$, l'unique poids dominant conjugué de μ. Comme $E^{\tilde{\mu}'}(-\mu)$ est de dimension 1 (cf. I.3.4) $u^{\tilde{\mu}}(\mu,\lambda)$ est un scalaire que nous noterons $\chi_\mu(u,\lambda)$. On notera $\chi_\mu(u)$ la fonction polynômiale $\lambda \to \chi_\mu(u,\lambda)$. L'application $u \to \chi_\mu(u)$ est un homomorphisme de U^K sur une sous-algèbre de $S(\underline{h})$ que nous noterons F^μ. Le noyau de cet homomorphisme contient $U^K \cap UJ^{\tilde{\mu}}$.

1.5. Soient $\delta \in P^+$, $\mu \in P$. Si A est un endomorphisme de $L^\delta(\mu)$ qui commute à l'action de $\underline{k}$, il définit un élément de $\mathrm{Hom}_{\underline{k}}(E^\delta, L(\mu))$, et donc (cf. I.3.4) un endomorphisme a de $E^{\delta'}(-\mu)$. Si $e \in E^\delta$ et $f \in E^{\delta'}(-\mu)$, on a donc $A c_{ef} = c_{e,af}$, avec les notations de I.3.2.

Soit $u \in U^K$. Il résulte de 1.3. et 1.4. que l'on a

$$r_{\mu\lambda}(u) c_{ef} = c_{ef'} \quad \text{ou} \quad f' = u^\delta(\mu,\lambda) f .$$

1.6. PROPOSITION.- <u>Soient</u> $\mu, \mu' \in P$, $\lambda, \lambda' \in \underline{h}^*$. <u>Les représentations</u> $\hat{r}_{\mu\lambda}$ <u>et</u> $\hat{r}_{\mu'\lambda'}$ <u>sont équivalentes si et seulement si</u> $\chi_\mu(u,\lambda) = \chi_{\mu'}(u,\lambda')$ <u>pour tout</u> $u \in U^K$. <u>Ceci implique que</u> μ <u>et</u> μ' <u>sont conjugués par</u> W.

<u>Preuve</u> : Il résulte de la définition de l'espace $V(\mu,\lambda)$ (cf.I.3.4) que la représentation de U^K dans $\mathrm{Hom}_{\underline{k}}(E^{\tilde{\mu}}, V(\mu,\lambda))$ est isomorphe à la représentation dans $\mathrm{Hom}_{\underline{k}}(E^{\tilde{\mu}}, L(\mu,\lambda))$. D'après 1.5. c'est le caractère $u \to \chi_\mu(u,\lambda)$ de U^K. La première assertion de 1 résulte donc du théorème rappelé en I.2.3. La seconde assertion de 1 résulte du lemme 1.8. ci-dessous.

1.7. Nous noterons (,) la forme quadratique sur $\underline{a}^*$ déduite de la forme de Killing de $\underline{g}$, et $\| \ \|$ la norme qu'elle définit.

LEMME.- <u>Soit</u> μ <u>un poids de la représentation</u> E^δ. <u>Alors</u> $\|\mu\| \leq \|\delta\|$, <u>et il y a égalité si et seulement si</u> μ <u>et</u> δ <u>sont conjugués par</u> W.

Preuve : Comme W conserve la norme et comme tout poids est conjugué d'un poids appartenant à P^+, on peut supposer $\mu \in P^+$. Il suffit de démontrer que si $\mu \neq \delta$, il existe un poids μ' de E tel que $\|\mu'\| > \|\mu\|$. Si $\mu \neq \delta$, il existe une racine simple α_i telle que $\mu + \alpha_i$ soit un poids de E^δ. On a $\|\mu+\alpha_i\| > \|\mu\|$, car (μ,α_i) est positif pour μ dans P^+.

1.8. Soit $\delta \in P^+$ tel que $V^\delta(\mu,\lambda) \neq 0$. Alors $\|\delta\| \geq \|\mu\|$, et il y a égalité si et seulement si μ et δ sont conjugués.

Preuve : En effet, la condition entraîne $L^\delta(\mu,\lambda) \neq 0$, et donc μ est un poids de E^δ.

1.9. On note U^G l'ensemble des éléments G invariants de U : c'est le centre de U. Si $u \in U^G$, l'élément u_o défini en 1.2. est contenu dans $U(\underline{a}_{\mathbb{C}}) \oplus U(\underline{m}_{\mathbb{C}}) = U(\underline{h}_{\mathbb{C}})$, et si l'on pose $p_u(p,q) = u_o(p+\sigma, q+\sigma)$, (où $(p,q) \in \underline{h}_{\mathbb{C}}^* = \underline{h}^* \times \underline{h}^*$), p est un isomorphisme de U^G sur $S(\underline{h} \times \underline{h})^{W \times W}$ (cf./2/ p.231). On calcule comme en 1.3. que l'on a

$$r_{\mu\lambda}(u) = p_u(\mu \oplus \lambda)\ \mathrm{Id}\ .\ (u \in U^G)\ .$$

En particulier, $\chi_\mu(u,\lambda) = p_u(\mu \oplus \lambda)$ si $u \in U^G$. L'application $u \to p_u(\mu \oplus \lambda)$ est le caractère infinitésimal de $r_{\mu,\lambda}$.

Posons $\mu \oplus \lambda = (p,q)$, et $\mu' \oplus \lambda' = (p',q')$, et supposons $\hat{r}_{\mu\lambda}$ et $\hat{r}_{\mu',\lambda'}$ équivalentes. On a donc $p_u(p,q) = p_u(p',q')$ pour tout $u \in U^G$, et il existe $w, w' \in W$ tels que $p' = wp$ et $q' = w'q$. D'autre part d'après 1.6, il existe $w'' \in W$ tel que $p'-q' = w''(p-q)$.

Malheureusement, cela ne suffit pas pour démontrer la réciproque du théorème I.4.1. On peut en effet trouver des exemples de représentations $\hat{r}_{\mu\lambda}$ et $\hat{r}_{\mu\lambda'}$, inéquivalentes et admettant cependant le même caractère infinitésimal. Considérons, par exemple, le cas où $\underline{g}$ est de type A_2. Les racines positives sont donc $\alpha_1, \alpha_2, \alpha_1+\alpha_2 = \sigma$. Soient $\mu = \alpha_1$, $\lambda = \alpha_1 + 2\alpha_2$, $\lambda' = -\lambda$. On a donc $p = -q' = \alpha_1+\alpha_2$, $q = -p' = \alpha_2$. Comme toutes les racines de A_2 sont conjugées, $\hat{r}_{\mu\lambda}$ et $\hat{r}_{\mu\lambda'}$ ont même caractère infinitésimal.

1.10. Le théorème suivant généralise la proposition 9.2.8. de /2/. Il ne servira pas dans la suite, mais il a son intérêt propre.

THEOREME.- <u>Soient</u> $u \in U$ <u>et</u> $\delta \in P^+$. <u>Si l'on a</u> $r_{\mu\lambda}(u)L^\delta(\mu) = 0$ <u>pour tout</u> $\mu \in P$ <u>et tout</u> $\lambda \in \underline{\underline{h}}^*$, <u>on a</u> $u \in UJ^\delta$.

1.11. La démonstration utilise un lemme. Les notations sont celles de 1.2.

LEMME.- <u>Soit</u> $E \subset U/UJ_\delta$ <u>un sous-espace non nul</u> $\underline{k}$ <u>- invariant (pour la représentation adjointe). Il existe</u> $u \in E$ <u>tel que</u> u_o <u>ne soit pas nul</u>.

<u>Preuve</u> : Soient $\underline{p}$ l'orthogonal de $\underline{k}$ dans $\underline{g}$ (par rapport à la forme de Killing) et $\underline{q}$ l'orthogonal de $\underline{a}$ dans $\underline{p}$, de sorte que $\underline{g} = \underline{k} \oplus \underline{a} \oplus \underline{n} = \underline{k} \oplus \underline{a} \oplus \underline{q}$. La symétrisation $\beta : S(\underline{g}_{\mathbb{C}}) \to U$ induit un isomorphisme

$$\beta : S(\underline{p}_{\mathbb{C}}) \otimes U(\underline{k}_{\mathbb{C}})/J^\delta \to U/UJ^\delta .$$

Soit $u \in U$. On note u_1 l'élément de $S(\underline{a}_{\mathbb{C}}) \oplus U(\underline{k}_{\mathbb{C}})/J^\delta$ tel que

$$\beta^{-1}(u) - u_1 \in \underline{q}\, S(\underline{p}_{\mathbb{C}}) \otimes U(\underline{k}_{\mathbb{C}})/J^\delta .$$

On note $S_m(\underline{p}_{\mathbb{C}})$ la composante homogène de degré m de $S(\underline{p}_{\mathbb{C}})$ et on pose

$$V_m = \oplus_o^m \; S_j(\underline{p}_{\mathbb{C}}) \otimes U(\underline{k}_{\mathbb{C}})/J^\delta .$$

Nous allons établir l'assertion suivante : <u>si</u> $u \in \beta(V_m)$, <u>alors</u> $u_o - u_1 \in V_{m-1}$. Soit $A_1, \ldots, A_l$ une base de $\underline{a}$, et soit $Q_1, \ldots Q_r$ une base de $\underline{q}$. Comme on a $\underline{k} \oplus \underline{n} = \underline{k} \oplus \underline{q}$ (car ces deux espaces coïncident avec l'orthogonal de $\underline{a}$ dans $\underline{g}$) il existe une base $N_1, \ldots, N_r$ de $\underline{n}$ telle que $N_i - Q_i \in \underline{k}$

pour $i = 1,\ldots,r$. Si $n = (n_1,\ldots,n_l)$ est un multi-indice on pose $|n| = n_1+\ldots+n_l$ et $A^n = A^{n_1}\ldots A^{n_l}$. De même si $p = (p_1,\ldots,p_r)$ on définit N^p et Q^p .

Soit donc $u \in V_m$. Soit

$$u_1 = \sum_{|n|=m} A^n k_n \bmod(V_{m-1}) \quad \text{avec} \quad k_n \in U(\underline{k}_C)/J^\delta .$$

Alors u est de la forme

$$u = u_1 + \sum_{\substack{|p|+|q|=m \\ |p|\geq 1}} Q^p A^q k_{pq} \bmod(\beta(V_{m-1})) \quad \text{avec} \quad k_{pq} \in U(\underline{k}_C)J^\delta .$$

Il en résulte que l'on a

$$u = u_1 + \sum_{\substack{|p|+|q|=m \\ |p|\geq 1}} N^p A^q k_{pq} \bmod(\beta(V_{m-1})) .$$

et donc $u_o = u_1 \bmod(V_{m-1})$.

Soit E comme dans le lemme. Soit m l'entier tel que $E \subset \beta(V_m)$ et $E \not\subset \beta(V_{m-1})$. Soit E_1 la projection de $\beta^{-1}(E)$ sur $S_m(\underline{p}_C) \otimes U(\underline{k}_C)/J^\delta$. Alors E_1 est un sous-espace $\underline{k}$ - invariant non nul. Compte tenu de ce qui précède, il nous suffit de prouver qu'il existe $v \in E_1$, tel que $v \notin \underline{q}_C S(\underline{p}_C) \otimes U(k_C)/J^\delta$.

Supposons le contraire. Identifions $\underline{p}$ et $\underline{p}^*$ au moyen de la forme de Killing et $S(\underline{p}_C) \otimes U(\underline{k}_C)/J^\delta$ à l'espace des fonctions polynômiales sur $\underline{p}$ à valeurs dans $U(\underline{k}_C)/J^\delta$. Dans cette situation, $\underline{q}_C\, S(\underline{p}_C) \otimes U(\underline{k}_C)/J^\delta$ est l'espace des polynômes nuls sur $\underline{a}$. Supposons que tous les éléments de E_1 s'annulent sur $\underline{a}$. Soit $k \in K$. Soit $v \in E_1$. Si $A \in \underline{a}$, on a $(k.v)(A) = 0$, donc $k(v(k^{-1}A)) = 0$, et donc $v(k^{-1}A) = 0$. On voit que v s'annule sur $\bigcup_{k\in K} k\underline{a} = \underline{p}$, et donc $v = 0$. On trouve donc $E_1 = 0$, contrairement à l'hypothèse.

1.12. <u>Démonstration du théorème</u> 1.10. On suppose qu'il existe $u \in U$, $u \notin UJ^\delta$

tel que $r_{\mu\lambda}(u)L^{\delta}(\mu) = 0$ pour tout $\mu \in P$ et tout $\lambda \in \underline{a}_{C}^{*}$. Il résulte du lemme 3 qu'il existe un tel u vérifiant de plus $u_o \neq 0$. On écrit

$$u_o = \sum_{i \in I} a_i k_i$$

où les a_i sont des éléments linéairement indépendants de $S(\underline{a}_C)$, et où les k_i sont des éléments nuls, sauf pour un nombre fini non réduit à 0 d'indices i, de $U(\underline{k}_C)/J^{\delta}$. Pour tout $\varphi \in L^{\delta}(\mu)$, on a, en notant e l'élément neutre de G :

$$(r_{\mu\lambda}(u)\varphi)(e) = \Sigma\, a_i(\lambda+\rho)(r_{\mu\lambda}(k_i)\varphi)(e) .$$

Ceci étant nul pour tout λ, on a

$$(r_{\mu\lambda}(k_i)\varphi)(e) = (k_i * \varphi)(e) = 0 ,$$

pour tout $i \in I$ tout $\mu \in P$, et tout $\varphi \in L^{\delta}(\mu)$. Il résulte du théorème de Peter-Weyl que $k_i = 0$ pour tout $i \in I$, contrairement à l'hypothèse.

2. La dualité entre $L(\mu,\lambda)$ et $L(-\mu,-\lambda)$.

2.1. On sait que sur l'espace des fonctions continues h sur G qui vérifient $h(gan) = a^{-2\rho} h(g)$ il existe une forme linéaire positive G-invariante non nulle, unique à un facteur constant près. Il est clair que la formule

$$h \longmapsto \int_K h(k)\, dk ,$$

(où dk est la mesure de Haar normalisée sur K) définit une telle forme. Il en est de même de la formule

$$h \longmapsto \int_{N^-} h(n)\, dn ,$$

où dn est une mesure de Haar sur N^-. En particulier, on a

$$\int_K h(k)\, dk = * \int_{N^-} h(n)\, dn ,$$

(pour toute fonction h comme ci-dessus), où $*$ est la constante telle que

$$1 = * \int_{N^-} a(n)^{-2\rho} dn ,$$

et où $a(n)$ est défini par la formule $n = k\,a(n)\,n'$, avec $n \in N$, $k \in K$, $a(n) \in A$, $n' \in N$.

2.2. Soient $\mu \in P$, $\lambda \in \underline{\underline{h}}^*$. Pour tout $c \in L^\infty(\mu,\lambda)$ et $d \in L^\infty(-\mu,-\lambda)$, on pose

$$<c , d> = \int_K c(k)\, d(k)\, dk .$$

Comme la fonction $h = cd$ vérifie $h(gan) = a^{-2\rho} h(g)$, il résulte de 2.1. que $< , >$ est une forme bilinéaire G-invariante sur $L^\infty(\mu,\lambda) \times L^\infty(-\mu,-\lambda)$. En particulier on a

$$<r^\infty_{\mu\lambda}(u)c , d> = <c , r^\infty_{-\mu-\lambda}(\tilde{u})\, d> \quad (u \in U) .$$

Comme $< , >$ est K-invariante, les espaces $L^\delta(\mu)$ et $L^\gamma(-\mu)$ sont orthogonaux si $\gamma \neq \delta'$. Comme les $L^\delta(\mu)$ sont de dimension finie , $< , >$ induit une forme bilinéaire non dégénérée sur $L^\delta(\mu) \times L^{\delta'}(-\mu)$.

2.3. Le lemme suivant montre que les théorèmes I.4.3. et I.4.4. sont des conséquences du théorème I.4.2. Cependant, nous commencerons par établir I.4.4.

LEMME.- <u>On a</u> $L(\mu,\lambda) = U\,L^\circ(\mu,\lambda)$ <u>si et seulement si tout sous-module non nul de</u> $L(-\mu,-\lambda)$ <u>contient</u> $L^\circ(-\mu,-\lambda)$. <u>Dans ce cas</u> $U\,L^\circ(-\mu,-\lambda)$ <u>est irréductible</u>.

<u>Preuve</u> : Ceci résulte de la dualité entre $L(\mu,\lambda)$ et $L(-\mu,-\lambda)$.

3. <u>Série principale et modules de Verma</u>.

3.1. Nous allons comparer la définition des séries principales adoptée ici avec celle du livre de J. Dixmier /2/ chapitre 9. Cela nous permettra d'une part d'utiliser les résultats de /2/, et d'autre part, de définir facilement certains opérateurs d'entrelacement introduits par D.P. Zelobenko (cf.ch.V).

3.2. Soit $p \in \underline{\underline{h}}^*$. On note $I(p)$ l'idéal à gauche de $U(\underline{\underline{g}})$ engendré par $\underline{\underline{n}}$ et par les éléments $H - p(H) + \sigma(H)$ $(H \in \underline{\underline{h}})$. On pose $M(p) = U(\underline{\underline{g}})/I(p)$. C'est un $U(\underline{\underline{g}})$-module, appelé module de Verma.

Soient $p, q \in \underline{\underline{h}}^*$. Nous noterons $M(p,q)$ le U-module $M(p) \otimes M(q)$, obtenu en identifiant $\underline{\underline{g}}_{\mathbb{C}}$ et $\underline{\underline{g}} \times \underline{\underline{g}}$, et $I(p,q)$ l'idéal à gauche de U engendré par $I(p) \otimes 1$ et $1 \otimes I(q)$.

3.3. Soient $\mu \in P$, $\lambda \in \underline{\underline{h}}^*$, et posons $\mu \oplus \lambda = (p,q)$. On identifie U et les distributions de support 1 sur G. Soit $\varphi \in L(\mu,\lambda)$. On a $\langle \varphi, u \rangle = 0$ si u appartient à l'idéal à gauche de U engendré par $\underline{n}$ et les éléments de la forme $H + \mu(H)$ $(H \in \underline{m})$ et $H + \lambda(H) + \rho(H)$ $(H \in \underline{a})$, c'est-à-dire si $u \in I(-p,-q)$. La formule :

$$\langle a(\varphi), u \rangle = \langle \varphi, u \rangle$$

définit donc, par passage au quotient, une forme linéaire sur $M(-p,-q)$.

3.4. L'espace dual de $M(p,q)$ est naturellement muni d'une structure de module sur U. On note $Y(p,q)$ l'ensemble des éléments $\underline{k}$-finis du dual de $M(-p,-q)$. C'est un module sur U.

Notons $u \mapsto u'$ l'automorphisme de U tel que $(X,Y)' = (X, -{}^tY)$ si $(X,Y) \in \underline{g}_{\mathbb{C}}$. Soit $Y(p,q)'$ le module obtenu à partir de $Y(p,q)$ en composant avec l'automorphisme $u \mapsto u'$. On vérifie immédiatement que $Y(p,q)'$ est isomorphe au module noté $X(p+\sigma, -q-\sigma)$ dans /2/ 9.6.

3.5. LEMME.- <u>On emploie les notations de</u> 3.3. <u>Alors</u> a <u>est un isomorphisme de modules de</u> $L(\mu,\lambda)$ <u>sur</u> $Y(p,q)$.

<u>Preuve</u> : Il est clair que a est un homomorphisme de modules de $L(\mu,\lambda)$

dans le dual de $M(-p,-q)$, et donc qu'il est à valeurs dans $Y(p,q)$. Comme les éléments de $L(\mu,\lambda)$ sont des fonctions analytiques, a est injectif. Pour vérifier que σ est surjectif, il suffit de vérifier que chaque représentation E^{δ} de $\underline{k}$ intervient avec la même multiplicité dans $L(\mu,\lambda)$ et dans $Y(p,q)$. Dans les deux cas, cette multiplicité est la dimension de $E^{\delta}(\mu)$. Cela résulte de I.3.2. pour $L(\mu,\lambda)$ et de /2/9.3.3. pour $Y(p,q)$.

3.6. LEMME.- <u>On emploie les notations de</u> 3.3. <u>Soit</u> $u \in U$ <u>tel que</u> $\langle \varphi, u \rangle = 0$ <u>pour tout</u> $\varphi \in L(\mu,\lambda)$. <u>Alors</u> $u \in I(-p,-q)$.

<u>Preuve</u> : Comme K est un groupe de Lie compact, les fonctions continues K-finies sur K sont denses dans l'espace des fonctions C^{∞} . Il en résulte que l'on a $\langle \varphi, u \rangle = 0$ pour tout $\varphi \in L^{\infty}(\mu,\lambda)$. D'après /2/ 5.1.6., l'application $v \otimes x \longmapsto vx$ s'étend en un isomorphisme de $U(\underline{n}_{\Gamma}^{-}) \otimes I(-p,-q)$ sur U . Soit u' l'élément de $U(\underline{n}_{\Gamma}^{-})$ tel que $u - u' \in I(-p,-q)$. Il faut prouver $u' = 0$. Soit $\psi \in C_c^{\infty}(N^-)$. En posant $\psi(wman) = \psi(v)m^{-\mu} a^{-\lambda-\rho}$, $(v \in N^-, m \in M$, $a \in A$, $n \in N)$ et $\varphi(g) = 0$ si $g \in G$, $g \notin N^- MAN$, on définit un élément φ de $L^{\infty}(\mu,\lambda)$, et l'on a $\langle \varphi, u \rangle = \langle \varphi, u' \rangle = \langle \psi, u' \rangle = 0$. Ceci étant vrai pour tout $\psi \in C_c^{\infty}(N^-)$, on a $u' = 0$.

III. <u>OPERATEURS D'ENTRELACEMENT</u>.

Il s'agit des opérateurs d'entrelacement de Kunze et Stein, introduits aussi dans le cas des groupes complexes par Zelobenko. Nous exposons dans les premières parties de ce chapitre la méthode de construction qui en a été proposée par Schiffmann /10/ dans le cas général, mais pour les groupes complexes uniquement. Ce dont nous avons besoin ici, ce sont de formules explicites. Dans le paragraphe 5, on montre comment on en déduit une partie des théorèmes fondamentaux énoncés en I.4.

1. Rappels sur le groupe de Weyl.

1.1. Ce paragraphe est essentiellement destiné à fixer les notations. Pour plus de détails, on se reportera par exemple à /2/, ch.11.

1.2. Soit $w \in W$. On note $S(w)$ l'ensemble des racines positives α telles que $w\alpha$ soit négative : $S(w) = \Delta^+ \cap -w^{-1}(\Delta^+)$. On note $l(w)$ le cardinal de $S(w)$.

On a $S(w^{-1}) = -wS(w)$, et donc $l(w) = l(w^{-1})$. Comme W agit simplement sur les chambres de Weyl, on a $l(w) = 0$ si et seulement si $w = 1$. On pose $\underline{\underline{n}}_w = \sum_{\alpha \in S(w)} \underline{\underline{n}}$. On note $D(w)$ l'ensemble des $\lambda \in \underline{a}^*$ tels que l'on ait $\lambda_\alpha > 0$ pour tout $\alpha \in S(w)$.

1.3. PROPOSITION.- Soient $w, w' \in W$. Les propositions suivantes sont équivalentes.

1. $l(ww') = l(w) + l(w')$
2. $S(w'^{-1}w^{-1}) = S(w^{-1}) \cup wS(w'^{-1})$

2'. $\underline{\underline{n}}_{w'^{-1}w^{-1}} = \underline{\underline{n}}_{w^{-1}} \oplus w(\underline{\underline{n}}_{w'^{-1}})$

3. $S(ww') = S(w') \cup w'^{-1}S(w)$

3'. $D(ww') = D(w') \cap w'^{-1}D(w)$.

Preuve : Soient $w, w' \in W$. Soit $\alpha \in S(ww')$. On a ou bien $\alpha \in \Delta^+$, $w'(\alpha) \in -\Delta^+$ $ww'(\alpha) \in -\Delta^+$; ou bien $\alpha \in \Delta^+$, $w'(\alpha) \in \Delta^+$, $ww'(\alpha) \in -\Delta^+$. L'ensemble $S(ww')$ est donc réunion disjointe des ensembles $S(ww') \cap S(w')$ et $S(ww') \cap w'^{-1}S(w)$. On a donc $l(ww') \leq l(w) + l(w')$, et il est clair que 1 et 3 sont équivalents. En remplaçant ww' par son inverse, on démontre de même l'équivalence de 1 et 2.

1.4. Tout élément $w \in W$ est produit de symétries w_i par rapport aux racines simples. On peut écrire w comme produit de $l(w)$ symétries w_i, mais pas comme produit d'un nombre $< l(w)$ de symétries w_i. En particulier, si $l(w) > 1$, on peut trouver w' , $w'' \in W$ tels que $w = w' w''$, $l(w') \geq 1$, $l(w'') \geq 1$, $l(w) = l(w) = l(w') + l(w'')$.

2. L'intégrale de Gindikin et Karpalevic.

2.1. Soit $\lambda \in \underline{\underline{h}}^*$. Si $g = k\,a\,n$ ($k \in K$, $a \in A$, $n \in N$), on pose

$$\tau_\lambda(g) = a^{-\lambda-\rho} .$$

On a donc $\tau_\lambda(g) = a(g)^{-\lambda-\rho}$, en notant $g = k\,a(g)n$.

Soit $w \in W$. On a déjà défini $\underline{\underline{n}}_w = \sum_{\alpha \in S(w)} \underline{\underline{n}}_\alpha$. On pose $\underline{\underline{n}}'_w = \sum_{\alpha \in \Delta^+ - S(w)} \underline{\underline{n}}_\alpha$. Alors $\underline{\underline{n}}_w$ et $\underline{\underline{n}}'_w$ sont des sous-algèbres de $\underline{\underline{n}}$, et l'on note N_w et N'_w les sous-groupes correspondants de N . Comme $\underline{\underline{n}} = \underline{\underline{n}}_w \oplus \underline{\underline{n}}'_w$, l'application $(n, n') \longmapsto nn'$ de $N_w \times N'_w$ dans N est un difféomorphisme sur une partie ouverte de N . En fait, ce difféomorphisme est surjectif (cf./10/ ou /13/ 1.1.4.6.) On en déduit donc un difféomorphisme de N_w sur N/N'_w . Ce difféomorphisme transforme une mesure de Haar sur N_w en une mesure N invariante sur N/N'_w .

2.2. THEOREME.- <u>Soient</u> $w \in W$, $m \in M'$ <u>un représentant de</u> w , $g \in G$, dn <u>une mesure de Haar sur</u> $N_{w^{-1}}$. <u>L'intégrale</u>

$$(1) \qquad \int_{N_{w^{-1}}} \tau_\lambda(gnm)dn$$

<u>converge si et seulement si</u> $Re(\lambda) \in D(w)$. <u>Dans ce cas elle est égale à</u>

$$(2) \qquad \tau_{w\lambda}(g) \prod_{\alpha \in S(w)} \rho_\alpha \lambda_\alpha^{-1} \int_{N_{w^{-1}}} \tau_\rho(nm)dn .$$

<u>Preuve</u> : Nous pouvons supposer λ réel. Supposons que l'on ait $\int_{N_{w^{-1}}} \tau_\lambda(nm)dn < \infty$. Soit $g \in G$. Il existe une constante $c(g)$ telle que

$\tau_\lambda(gg') \leq c(g)\ \tau_\lambda(g')$ pour tout $g' \in G$, de sorte que l'intégrale (1) converge. Notons $\psi(g)$ sa somme. Il est clair que ψ est invariante à gauche par K . Elle est invariante à droite par N . En effet, si $n' \in N'_{w^{-1}}$, on a $n' \in m N m^{-1}$ et $\tau_\lambda(gnn'm) = \tau_\lambda(gnm)$.

On a donc $\psi(g) = \int_{N/N'_{w^{-1}}} \tau_\lambda(gnm)dn$, ce qui prouve notre assertion.

Soit $a \in A$. Soit μ_w la somme des éléments de $S(w^{-1})$. Ecrivons $\tau_\lambda(ganm) = \tau_\lambda(gana^{-1}am)$ et faisons le changement de variable $n \mapsto a^{-1}na$ dans l'intégrale définissant $\psi(ga)$. Il vient $\psi(ga) = \psi(g)a^{-w\lambda-w\rho-\mu_w}$. On voit facilement que $w\rho + \mu_w = \rho$, ce qui prouve que l'on a $\psi(ga) = \psi(g)a^{-w\lambda-\rho}$. En conclusion, lorsque (1) converge, on a $\psi(g) = \tau_{w\lambda}(g)\ \psi(1)$.

Considérons d'abord le cas où $G = SL(2,\mathbb{C})$. Soit $z \in \mathbb{C}$. On vérifie immédiatement que l'on a :

$$(3) \qquad \begin{pmatrix} 1 & z \\ 0 & 1 \end{pmatrix} \begin{pmatrix} 0 & -1 \\ 1 & 0 \end{pmatrix} = \begin{pmatrix} \alpha & -\bar{\beta} \\ \beta & \bar{\alpha} \end{pmatrix} \begin{pmatrix} t & 0 \\ 0 & t^{-1} \end{pmatrix} \begin{pmatrix} 1 & * \\ 0 & 1 \end{pmatrix}$$

où $t = (1+|z|^2)^{1/2}$, $\alpha = z\,t^{-1}$, $\beta = t^{-1}$. Utilisons les notations de la page 6. Posons $\lambda = \lambda(H)$. On a, pour un choix convenable de dn ,

$$\int_N \tau_\lambda(nm)dn = \int_0^\infty (1+r^2)^{-(1/2)\lambda-1} r\,dr\,.$$

Cette intégrale converge pour $\lambda > 0$, et vaut alors λ^{-1} , ce qui prouve le théorème dans ce cas.

Revenons au cas général. Le théorème est évident si $l(w) = 0$. Supposons $l(w) = 1$. Dans ce cas, w est la symétrie par rapport à une racine simple α_i . Le théorème est indépendant du choix du représentant m de $w = w_i$. On suppose donc que m est l'élément m_i de G_i (I.1.6.). On a $N_{w_i} = N_i$ et le calcul de l'intégrale $\int_{N_i} \tau_\lambda(nm)dn$, qui se passe entièrement dans G_i , se fait comme ci-dessus. Supposons maintenant $l(w) > 1$. D'après le lemme 1 , on peut écrire $w = w'w''$ avec $l(w) = l(w')+l(w'')$, $l(w)>l(w')$, et $l(w)>l(w'')$. On suppose le théorème démontré pour w' et w''. On choisit des représentants m, m' et m'' tels que $m = m'm''$. Il résulte de la proposition 1,3, que, pour un choix convenable des mesures de Haar, on a

$$\int_{N_{w^{-1}}} \tau_\lambda(nm)dn = \int_{N_{w'^{-1}}} \int_{m'N_{w''^{-1}}m'^{-1}} \tau_\lambda(n'n''m'm'')dn'\,dn''$$

$$= \int_{N_{w'^{-1}}} \int_{N_{w''^{-1}}} \tau_\lambda(n'm'n''m'')dn'\,dn''.$$

D'après le théorème de Fubini et l'hypothèse de récurrence appliquée à w'', si l'intégrale converge on a $\lambda \in D(w'')$, et sa somme est égale (à un facteur constant près ne dépendant pas de λ) à

$$\prod_{\alpha \in S(w'')} \lambda_\alpha^{-1} \int_{N_{w'^{-1}}} \tau_{w''\lambda}(n'm')dn'.$$

L'hypothèse de récurrence appliquée à w' montre que l'intégrale (1) converge si et seulement si $\lambda \in D(w'') \cap w''^{-1}D(w')$, c'est-à-dire (proposition 1.3.) si $\lambda \in D(w)$.

Elle est alors égale à $c \prod_{\alpha \in S(w'')} \lambda_\alpha^{-1} \prod_{\alpha \in S(w')} (w''\lambda)_\alpha^{-1}$, où c ne dépend pas de λ. D'après la proposition 1 ceci est égal à $c \prod_{\alpha \in S(w)} \lambda_\alpha^{-1}$. On calcule c en faisant $\lambda = \rho$.

2.3. COROLLAIRE.- <u>Pour tout</u> $w \in W$, <u>on munit</u> $N_{w^{-1}}$ <u>de la mesure de Haar telle que</u>

$$\int_{N_{w^{-1}}} \tau_\rho(nm)dn = \prod_{\alpha \in S(w)} \rho_\alpha^{-1}.$$

<u>Soient</u> $w, w' \in W$; m <u>et</u> m' <u>des représentants de</u> w et w' <u>dans</u> M'. <u>On suppose que</u> $l(ww') = l(w)+l(w')$. <u>Pour toute fonction</u> φ <u>intégrable sur</u> $N_{(ww')^{-1}}$ <u>on a</u>

$$\int_{N_{(ww')^{-1}}} \varphi(nmm')dn = \int_{N_{w'^{-1}}} \int_{N_{w^{-1}}} \varphi(nmn'm')dn\,dn'.$$

Preuve : On sait que la formule est vraie à un facteur constant près. Pour calculer ce facteur, substituons τ_ρ à φ. Une application répétée du théorème 1 montre que l'intégrale de droite est égale à

$$\prod_{\alpha\in S(w')} \rho_\alpha^{-1} \int_{N_{w^{-1}}} \tau_{w'\rho}(nm)\,dn = \prod_{\alpha\in S(w')} \rho_\alpha^{-1} \prod_{\alpha\in S(w)} (w'\rho)_\alpha^{-1}$$

ce qui (proposition 1) est encore égal à $\prod_{\alpha\in S(ww')} \rho_\alpha^{-1}$. La constante cherchée est donc 1 .

2.4. Par exemple, si $G = SL(2,\mathbb{C})$ et si $n = \begin{pmatrix} 1 & z \\ 0 & 1 \end{pmatrix}$, on a $dn = (1/2\pi)r\,dr\,d\theta$.

2.5. La normalisation de la mesure de Haar sur $N_{w^{-1}}$ décrite en 2.3. diffère, en général, de celle adoptée par Schiffmann /10/. Dans toute la suite, $N_{w^{-1}}$ est muni de la mesure de Haar du Corollaire 2.3.

3. Les intégrales d'entrelacement.

3.1. Soient $\mu\in P$, $w\in W$, m un représentant de w dans M' , $\lambda\in \underline{a}_r^*$ un élément tel que $Re(\lambda)\in D(w)$. Soit $\varphi\in L^\infty(\mu,\lambda)$. Si g reste dans un compact de G , il existe une constante c telle que $|\varphi(gg')| \le c\ \tau_{Re(\lambda)}(g')$ pour tout $g'\in G$. Il résulte du théorème 2.2. que l'intégrale

$$(1) \qquad A(m,\mu,\lambda)\varphi(g) = \int_{N_{w^{-1}}} \varphi(gnm)dn \ ,$$

(où dn est difinie comme dans le corollaire 1) définit une fonction continue $A(m,\lambda,\mu)\varphi$ sur G . Il est clair que l'opérateur $A(m,\lambda,\mu)$ commute aux translations à gauche sur G . D'autre part, un raisonnement analogue à celui utilisé dans la démonstration du théorème 1 prouve que $A(m,\mu,\lambda)\varphi\in L^\infty(w\mu,w\lambda)$. On a donc défini un opérateur

$$A(m,\mu,\lambda) : L^\infty(\mu)\to L^\infty(w\mu) \ ,$$

qui entrelace les représentations $r^{\infty}_{\mu\lambda}$ et $r^{\infty}_{w\mu,w\lambda}$.

3.2. Comme $A(m,\mu,\lambda)$ commute en particulier à l'action de K, il envoie $L^{\delta}(\mu)$ dans $L^{\delta}(w\mu)$ pour tout $\delta \in P^{+}$. Donc $A(m,\mu,\lambda)$ induit un opérateur de $L(\mu)$ dans $L(w\mu)$ qui entrelace les représentations $r_{\mu\lambda}$ et $r_{w\mu,w\lambda}$.

3.3. Soit $\delta \in P^{+}$. Puisque $A(m,\mu,\lambda)$ commute à l'action de K, il définit une application de $\mathrm{Hom}_{\underline{k}}(E^{\delta}, L(\mu))$ dans $\mathrm{Hom}_{\underline{k}}(E^{\delta}, L(w\mu))$, et donc, d'après I.3.2. une application, notée $a^{\delta}(m,\mu,\lambda)$ de $E^{\delta'}(-\mu)$ dans $E^{\delta'}(-w\mu)$. Avec les notations de I.3.2., on a

$$A(m,\mu,\lambda)\, c_{ef} = c_{ef'} \quad \text{pour tout} \quad e \in E^{\delta},\ f \in E^{\delta'}(-\mu),\ f' = a^{\delta}(m,\mu,\lambda)f .$$

Nous allons voir que les opérateurs $a^{\delta}(m,\mu,\lambda)$ peuvent être calculés explicitement. Tout d'abord, si $h \in M$, on a $A(mh,\mu,\lambda) = h^{-\mu} A(m,\mu,\lambda)$, ce qui nous permet de choisir le représentant de w. La proposition suivante, qui, compte tenu du corollaire 2.3. se démontre en utilisant des arguments semblables à ceux de la démonstration du théorème 2.2. permet de réduire le calcul au cas où $l(w) = 1$.

3.4. PROPOSITION.- <u>Soient</u> w <u>et</u> w' <u>dans</u> W, m <u>et</u> m' <u>des représentants dans</u> M', $\lambda \in \underline{a}^{*}_{C}$ <u>tel que</u> $\mathrm{Re}(\lambda) \in D(ww')$. <u>On suppose que</u> $l(ww') = l(w) + l(w')$. <u>Alors</u> $\mathrm{Re}(\lambda) \in D(w') \cap w'^{-1} D(w)$, <u>et l'on a</u> $A(mm',\mu,\lambda) = A(m,m'\mu,m'\lambda)\, A(m',\mu,\lambda)$.

3.5. <u>Calcul des opérateurs d'entrelacement pour</u> $G = SL(2,C)$. On suppose que $m = \begin{pmatrix} 0 & -1 \\ 1 & 0 \end{pmatrix}$. On pose $\lambda = \lambda(H)$, $\mu = \mu(H)$, $\delta = \delta(H)$. On a donc $\mathrm{Re}(\lambda) > 0$, $\mu \in \mathbb{Z}$, $\delta \in \mathbb{N}$. (cf. I.1.6.).

On peut réaliser la représentation de K de poids dominant δ dans l'espace des polynômes homogènes de degré δ en deux variables X et Y de telle sorte que

$$(kp)(X,Y) = p(\alpha X + \beta Y, \gamma X + \delta Y) ,$$

si $p \in E$ et si $k = \begin{pmatrix} \alpha & \gamma \\ \beta & \delta \end{pmatrix}$. L'espace $E^{\delta}(\mu)$ est non nul si et seulement si

$\mu = \delta \bmod 2$ et $|\mu| \leq \delta$. Dans ce cas, $E^{\delta}(\mu)$ est engendré par

$e_{\mu} = X^{(1/2)(\delta+\mu)} Y^{(1/2)(\delta-\mu)}$.

On notera que $\delta' = \delta$, et donc que $e_{-\mu}$ engendre $E^{\delta'}(-\mu)$.

D'autre part, $m e_{\mu} = (-1)^{(1/2)(\delta-\mu)} e_{-\mu}$.

3.6. Soient $\mu \in \mathbb{Z}$ et $\delta \in \mathbb{N}$ tels que $\mu = \delta \bmod 2$ et $|\mu| \leq \delta$. On pose

$$P_{\delta\mu}(\lambda) = (\lambda-|\mu|-2)(\lambda-|\mu|-4)\ldots(\lambda-\delta) \quad \text{si } |\mu| < \delta ,$$

$$P_{\delta\mu}(\lambda) = 1 \quad \text{si } |\mu| = \delta ,$$

$$Q_{\delta\mu}(\lambda) = P_{\delta\mu}(\lambda)/P_{\delta\mu}(-\lambda) .$$

3.7. PROPOSITION.- <u>On a</u> $a^{\delta}(m,\mu,\lambda)e_{\mu} = (-1)^{(1/2)(|\mu|-\mu)}(\lambda+|\mu|)^{-1}\, Q_{\delta\mu}(\lambda)\, e_{-\mu}$.

<u>Preuve</u> : Posons $\alpha = a^{\delta}(m,\mu,\lambda)$. Choisissons sur E^{δ} un produit scalaire invariant tel que $(e_{-\mu}, e_{-\mu}) = 1$. On a, pour tout $e \in E^{\delta}$, $A(m,\mu,\lambda)\, c_{ee_{\mu}} = \alpha\, c_{ee_{-\mu}}$, de sorte que $\alpha = (A(m,\mu,\lambda)\, c_{e_{-\mu} e_{\mu}})(1)$. On a donc

$$\alpha = \int_N c_{e_{-\mu} e_{\mu}}(k)\, a^{-\lambda-\rho}\, dn \quad (\text{où } nm = k a n') .$$

Soit $n = \begin{pmatrix} 1 & z \\ 0 & 1 \end{pmatrix}$. Posons $a = \frac{1}{2}(\delta+\mu)$ et $b = \frac{1}{2}(\delta-\mu)$. Il résulte de (3)2.2. que $c_{e_{-\mu} e_{\mu}}(k)$ est le coefficient de $X^b Y^a$ dans $t^{-\delta}(zX+Y)^a(-X+\bar{z}Y)^b$.

Posons $c = \frac{1}{2}(\delta-|\mu|)$ et $p(X) = 1 + \binom{a}{1}\binom{b}{1}(-X) + \ldots + \binom{a}{c}\binom{b}{c}(-X)^c$. On a

$$c_{e_{-\mu} e_{\mu}}(k)\, a^{-\lambda-\rho} = (-1)^b (1+|z|^2)^{\frac{1}{2}(-\lambda-\rho-2)}\, p(|z|^2) .$$

Compte tenu de la normalisation de dn (2.4.), on obtient

$$\alpha = \frac{1}{2}(-1)^b \int_0^{\infty} (1+r)^{-1-\frac{1}{2}(\lambda+\delta)}\, p(r)\, dr .$$

Transformons $p(r)$. On a

$$c!p(r) = (d/du)^c (u+r)^c (1-u)^{c+|\mu|}|_{u=0} \, .$$

Faisons le changement de variable $u = \frac{1}{2}(1-r)+\frac{1}{2}(1+r)t$. On a

$$c!p(r) = (\tfrac{1}{2}(1+r))^{c+|\mu|}(d/dt)^c (1+t)^c (1-t)^{c+|\mu|} |_{t=(r-1)/(r+1)} \, .$$

Faisons le changement de variable $t = (r-1)/(r+1)$ dans l'intégrale. On a

$$c\,!\,\alpha = (-1)^b 2^{-1-\frac{1}{2}(\lambda+\delta)} \int_{-1}^{1} (1-t)^{-1+\frac{1}{2}(\lambda-|\mu|)} (d/dt)^c (1+t)^c (1-t)^{c+|\mu|} dt \, .$$

En intégrant c fois par parties, on obtient

$$c\,! = (-1)^b 2^{-1-\frac{1}{2}(\lambda+\delta)} (\tfrac{1}{2}(\lambda-|\mu|)-1) \ldots (\tfrac{1}{2}(\lambda-|\mu|)-c) \int_{-1}^{1} (1+t)^c (1-t)^{-1+\frac{1}{2}(\lambda+|\mu|)} dt \, .$$

La proposition s'en déduit aussitôt.

3.8. Soient $\delta \in P^+$, $\mu \in P$, $\alpha \in \Delta$. On pose $l = \dim E^\delta(\mu)$.

Le sous-espace $\underline{\underline{g}}_\alpha$ - invariant $U(\underline{\underline{g}}_\alpha)\, E^\delta(\mu)$ de E^δ est un $\underline{\underline{g}}_\alpha$ module de dimension finie. Il résulte de la théorie des représentations de $\underline{\underline{g}}_\alpha$ (qui est isomorphe à $sl(2,\mathbb{C})$) que $U(\underline{\underline{g}}_\alpha)\, E^\delta(\mu)$ est somme directe de l sous-espaces irréductibles et stables sous l'action de $\underline{\underline{g}}_\alpha$. Notons $V_1, \ldots, V_l$ de tels sous-espaces. Soit $j = 1, \ldots, l$. Le sous-espace $V_j \cap E^\delta(\mu)$ est de dimension 1 . On choisit un vecteur e_j non nul dans $V_j \cap E^\delta(\mu)$. On note d_j^α le poids dominant du $\underline{\underline{g}}_\alpha$ - module V_j . C'est un entier ≥ 0 . Comme μ_α est un poids de V_j (c'est le poids de e_j) , $\delta_j^\alpha - |\mu_\alpha|$ est un entier pair ≥ 0 .

Les vecteurs $e_1, \ldots, e_l$ forment une base de $E^\delta(\mu)$, qu'on dira adaptée à α . La base duale $f_1, \ldots, f_l$ de $E^{\delta'}(-\mu)$ est aussi adaptée à α .

Lorsque α est une racine simple α_i , on pose $\delta_j^\alpha = \delta_j^i$ ($i = 1, \ldots, n$ et $j = 1, \ldots, l$) .

3.9. Soient $\mu \in P$, $\lambda \in \underline{\underline{h}}^*$, $\delta \in P^+$, α_i une racine simple, et m un élément de M' représentant w_i . On emploie les notations de 3.3 et 3.8. On suppose

PROPOSITION.- $a^{\delta}(m,\mu,\lambda)f_j = (-1)^{\frac{1}{2}(\delta_j^i - |\mu_i|)}(\lambda_i+|\mu_i|)^{-1} Q_{\mu_i \delta_j^i}(\lambda_i)\, m\, f_j$

pour $j = 1,\ldots,l$.

On remarquera que $m f_1,\ldots, m f_l$ forment une base de $E^{\delta'}(-w_i\mu)$ adaptée à α_i . On remarquera aussi que pour $0<\lambda_i<|\mu_i|+2$, le coefficient devant $m f_j$ est >0 .

Preuve : On vérifie immédiatement que la matrice ne dépend pas du choix de m représentant w . Avec les notations de I.1.6. on choisit $m = m_i \in G_i$. Soient a_{kj} les coefficients de $a^{\delta}(m,\mu,\lambda)$ de sorte que

$$A(m,\mu,\lambda)c_{ef_j} = \sum_k a_{kj}\, c_{e,mf_k} \quad \text{pour } e \in E^{\delta} .$$

En calculant ceci au point 1 de K , on a

$$a_{kj} = (A(m,\mu,\lambda)c_{me_k,f_j})(1) .$$

Soit $n \in N_{w^{-1}} = N_i$. Alors $nm \in N_i$, et si l'on écrit $nm = k a n'$, on a $k \in K_i$ de sorte que $c_{me_k,f_j}(k) = 0$ si $k \neq j$. Il en résulte que $a_{kj} = 0$ si $k \neq j$. D'autre part, on a $c^{\delta}_{ef}(k) = c^{\delta_j^i}_{ef}(k)$ si $e,f \in V_j$, $k \in K_i$. Avec les notations de la proposition 3.7. on peut supposer que $f_j = e_{\mu_i}$. Alors $mf_j = (-1)^{\frac{1}{2}(\delta_j^i-\mu_i)} e_{-\mu_i}$. La formule donnée pour a_{jj} résulte de la proposition 3.

3.10. LEMME.- Soit $\mu \in P$. Soient w , m , λ comme en 3.1. Soit f un élément non nul de $E^{\widetilde{\mu}'}(-\mu)$. On a

$$a^{\mu}(m,\mu,\lambda)f = \prod_{\alpha \in S(w)} (\lambda_{\alpha}+|\mu_{\alpha}|)^{-1}\, mf .$$

Preuve : Considérons d'abord le cas où $w = w_i$ est la symétrie par rapport à une racine simple. Reprenons les notations de 3.8. Comme $\dim E^{\widetilde{\mu}'}(-\mu)$ l'espace $V = U(\underline{\underline{g}}_i)E^{\widetilde{\mu}'}(-\mu)$ est irréductible sous l'action de $\underline{\underline{g}}_i$. Le vecteur f est un vecteur extrémal (dominant ou antidominant) de V . C'est évident si $\mu = \tilde{\mu}$, et le cas général s'en déduit sans peine. On a donc, en notant δ^i le poids dominant de V , $\delta^i = |\mu_i|$. Le lemme résulte donc dans ce cas de 3.10.

En général, on raisonne par récurrence sur $l(w)$, en utilisant la proposition 3.4.

4. Normalisation des opérateurs d'entrelacement.

4.1. Pour tout $\tilde{\mu} \in P^+$ et tout $\mu \in W\tilde{\mu}$, on fixe un vecteur f_μ non nul dans $E^{\tilde{\mu}'}(-\mu)$. Plus généralement, pour tout $\delta \in P^+$ on choisit une base de $E^\delta(\mu)$.

4.2. Soient $w \in W$, m un représentant de w dans M' . D'après 3.10. la formule

$$a^{\tilde{\mu}}(m,\mu,\lambda)\, f_\mu = \alpha(m,\mu,\lambda)\, f_{w\mu} ,$$

définit, pour tout $\lambda \in \underline{\underline{h}}^*$ tel que $\mathrm{Re}(\lambda) \in D(w)$, un scalaire non nul $\alpha(m,\mu,\lambda)$. En effet, les vecteurs $m f_\mu$ et $f_{w\mu}$ sont proportionnels.

On pose

$$B(w,\mu,\lambda) = \alpha(m,\mu,\lambda)^{-1} A(m,\mu,\lambda) .$$

Il est clair que cet opérateur ne dépend pas du choix du représentant m de w .

De même, pour tout $\delta \in P^+$, on pose

$$b^\delta(w,\mu,\lambda) = \alpha(m,\mu,\lambda)^{-1}\, a^\delta(m,\mu,\lambda) .$$

Pour $e \in E^\delta$, $f \in E^\delta(-\mu)$, on a donc

$$(1) \qquad B(w,\mu,\lambda)c_{ef} = c_{ef'} \quad \text{où} \quad f' = b^\delta(w,\mu,\lambda)f .$$

4.3. THEOREME.-

1. <u>Soient</u> $\mu \in P$, $\delta \in P^+$, $w \in W$. <u>La fonction</u> $\lambda \longmapsto b^\delta(w,\mu,\lambda)$ <u>se prolonge en une fonction rationnelle sur</u> $\underline{\underline{h}}^*$ <u>à valeurs dans</u>

Hom $(E^{\delta'}(-\mu), E^{\delta'}(-w\mu))$.

2. Soient $\mu \in P$, $\lambda \in \underline{\underline{h}}^*$, $w \in W$. Lorsque $b^{\delta}(w,\mu,\lambda)$ est défini pour tout $\delta \in P^+$, l'opérateur $B(w,\mu,\lambda)$ défini par les formules (1) entrelace $r_{\mu\lambda}$ et $r_{w\mu,w\lambda}$.

3. Soient $w, w' \in W$. On a l'égalité de fonctions rationnelles :

$$B(ww',\mu,\lambda) = B(w,w'\mu,w'\lambda)B(w',\mu,\lambda).$$

Preuve :

1. Lorsque w est une symétrie w_i, 1 résulte de 3.9. Le cas général s'en déduit par récurrence sur $l(w)$ grâce à 3.4.

2. Par prolongement analytique on obtient 2, puisque c'est vrai pour $\lambda \in D(w)$.

3. Il résulte de 3.9. que l'on a

$$B(w_i,w_i\mu,w_i\lambda)B(w_i,\mu,\lambda) = 1,$$

si w_i est une symétrie simple. Il résulte de 3.4. que l'on a

$$B(w,w'\mu,w'\lambda)B(w',\mu,\lambda) = B(ww',\mu,\lambda),$$

si $w,w' \in W$ sont tels que $l(ww') = l(w)+l(w')$. Un raisonnement par récurrence sur $l(w)$ permet d'achever la démonstration de 3.

4.4. Soit $\alpha \in \Delta$. Les notations étant celles de 3.8. on pose :

$$P^{\alpha}_{\mu\delta}(\lambda) = \prod_{j=1}^{1} P_{\mu_\alpha \delta_j^\alpha}(\lambda_\alpha),$$

$$Q^{\alpha}_{\mu\delta}(\lambda) = P^{\alpha}_{\mu\delta}(\lambda)/P^{\alpha}_{\mu\delta}(-\lambda).$$

4.5. Voici quelques propriétés de ces fonctions.

LEMME.- Soit $w \in W$. On a $P^{w\alpha}_{w\mu\delta}(w\lambda) = P^{\alpha}_{\mu\delta}(\lambda)$ et $Q^{w\alpha}_{w\mu\delta}(w\lambda) = Q^{\alpha}_{\mu\delta}(\lambda)$.

Preuve : Soit m un représentant de w dans M'. L'opérateur $d^{\delta}(m)$ induit un opérateur $U(\underline{\underline{g}}_{\alpha})E^{\delta}(\mu)\to U(\underline{\underline{g}}_{w\alpha})E^{\delta}(w\mu)$ commutant aux actions de $\underline{\underline{g}}_{\alpha}$ et de $\underline{\underline{g}}_{w\alpha}$. Il existe donc une permutation de $1,\ldots,l$ telle que l'on ait

$\delta_j^{w\alpha} = \delta_{\sigma(j)}^{\alpha}$ pour $j = 1,\ldots,l$. Le lemme s'en déduit aussitôt.

4.6. LEMME.- On a $\prod_{\alpha\in S(w)} Q_{\mu\delta}^{\alpha}(\lambda) = \prod_{\alpha\in\Delta^+} P_{\mu\delta}^{\alpha}(\lambda)/P_{w\mu\delta}^{\alpha}(w\lambda) = \prod_{\alpha\in\Delta^+} P_{w\mu\delta}^{\alpha}(-w\lambda)/P_{\mu\delta}^{\alpha}(-\lambda)$.

Preuve : Démontrons la première égalité (la seconde se démontrant de manière analogue).

On a, d'après le lemme 4.5 :

$$\prod_{\alpha\in\Delta^+} P_{\mu\delta}^{\alpha}(\lambda)/\prod_{\alpha\in\Delta^+} P_{w\mu\delta}^{\alpha}(w\lambda) = \prod_{\alpha\in\Delta^+} P_{\mu\delta}^{\alpha}(\lambda)/\prod_{\alpha\in\Delta^+} P_{\mu\delta}^{w^{-1}\alpha}(\lambda) = \prod_{\alpha\in\Delta^+} P_{\mu\delta}^{\alpha}(\lambda)/\prod_{\alpha\in w^{-1}(\Delta^+)} P_{\mu\delta}^{\alpha}(\lambda).$$

On peut simplifier par $P_{\mu\delta}^{\alpha}(\lambda)$ lorsque $\alpha\in\Delta^+\cap w^{-1}(\Delta^+)$. Le lemme en résulte.

4.7. En utilisant les bases choisies en 4.1, les opérateurs $b^{\delta}(w,\mu,\lambda)$ sont représentés par des matrices carrées, pour lesquelles nous garderons les mêmes notations.

PROPOSITION.- Soit $\delta\in P^+$. Soit $\lambda\in\underline{\underline{h}}^*$ tel que $\prod_{\alpha\in S(w)} P_{\mu\delta}^{\alpha}(-\lambda)$ soit non nul. Alors $b^{\delta}(w,\mu,\lambda)$ est défini. Il existe une constante $c\neq 0$, dépendant du choix des bases fait en 4.1, mais pas de λ, telle que

$$\det b^{\delta}(w,\mu,\lambda) = c \prod_{\alpha\in S(w)} Q_{\mu\delta}^{\alpha}(\lambda).$$

Preuve : On raisonne par récurrence sur $l(w)$. Ceci est vrai si $l(w) = 1$, d'après 3.9. Supposons $l(w)>1$, et écrivons $w = w'w''$, avec $l(w) = l(w')+l(w'')$, $l(w')<l(w)$ et $l(w'')<l(w)$. D'après 4.3. et l'hypothèse de récurrence, on a

$$\det b^{\delta}(w,\mu,\lambda) = c \prod_{\alpha\in S(w')} Q_{w''\mu\delta}^{\alpha}(w''\lambda) \prod_{\alpha\in S(w')} Q_{\mu\delta}^{\alpha}(\lambda).$$

D'après le lemme 4.5. ceci est égal à

$$c \prod_{\alpha \in w''^{-1} S(w') \cup S(w'')} Q^{\alpha}_{\mu\delta}(\lambda)$$

et la proposition résulte alors de 1.3.

4.8. PROPOSITION.- Soient $\mu \in P$, $\lambda \in \underline{\underline{h}}^*$, $w \in W$.

1. On suppose que pour tout $\alpha \in S(w)$ et tout $j \in \mathbb{N}^*$ on a $\lambda_\alpha \neq -|\mu_\alpha| - 2j$. Alors $B(w,\mu,\lambda)$ est défini.

2. On suppose que pour tout $\alpha \in S(w)$ et tout $j \in \mathbb{N}^*$ on a $\lambda_\alpha \neq \pm(|\mu_\alpha| + 2j)$. Alors $B(w,\mu,\lambda)$ est défini et inversible. Les représentations $r_{\mu\lambda}$ et $r_{w\mu,w\lambda}$ sont équivalentes.

Preuve : Tout cela résulte de 4.7.

5. Premières applications des opérateurs d'entrelacement.

5.1. La proposition ci-dessous est la condition suffisante du théorème 4.1.

PROPOSITION.- Soient $\mu \in P$, $\lambda \in \underline{\underline{h}}^*$, $w \in W$. Les représentations $\hat{r}_{\mu\lambda}$ et $\hat{r}_{w\mu,w\lambda}$ sont équivalentes.

Preuve : Les propositions 4.8. et II.1.6. montrent que l'on a

$$\chi_\mu(u,\lambda) = \chi_{w\mu}(u,w\lambda) \text{ , pour tout } u \in U^K \text{ , et tout } \lambda \in \underline{\underline{h}}^* ,$$

sauf peut-être pour les valeurs exceptionnelles de λ qui interviennent dans l'énoncé de 4.8. Comme les fonctions $\lambda \mapsto \chi_\mu(u,\lambda)$ sont polynômiales, l'égalité est donc vérifiée pour tout $\lambda \in \underline{\underline{h}}^*$. La proposition résulte alors de la proposition II.1.6.

5.2. Les notations sont celles de 3.8.

LEMME.- Soient $\mu \in P$, $\alpha \in \Delta^+$, $j \in N^*$. Il existe $\delta \in P^+$, une base $e_1,\dots,e_l$ de $E^\delta(\mu)$ adaptée à α, et $i \in \{1,\dots,l\}$ tels que l'on ait $\delta_i^\alpha \geq |\mu_\alpha|+2j$ et $\delta_i^\alpha = \mu_\alpha \bmod 2$.

Preuve : Supposons d'abord $\mu_\alpha \geq 0$. Soit $\delta \in P^+$ tel que $E^\delta(\mu+j\alpha) \neq 0$. Les éléments de $E^\delta(\mu+j\alpha)$ sont de poids $\mu_\alpha+2j\alpha$ relativement à $\underline{\underline{g}}_\alpha$. Il résulte de la théorie des représentations de $sl(2,\mathbb{C})$ que $U(\underline{\underline{g}}_\alpha)E^\delta(\mu)$ contient $E^\delta(\mu+j\alpha)$. L'assertion du lemme est claire. Si $\mu_\alpha < 0$, on refait le même raisonnement en remplaçant $\mu+j\alpha$ par $\mu-j\alpha$.

5.3. La proposition suivante est la condition nécessaire du théorème I.4.2.

PROPOSITION.- On suppose qu'il existe $\alpha \in \Delta^+$ et $j \in N^*$ tels que $\lambda_\alpha = -|\mu_\alpha|-2j$. Alors $U L^\circ(\mu,\lambda) \neq L(\mu,\lambda)$.

Preuve : Soit $w \in W$ un élément tel que l'on ait $w(\mathrm{Re}\,\lambda)_\beta \geq 0$ pour tout $\beta \in \Delta^+$. L'opérateur $B(w^{-1},w\mu,w\lambda)$ est défini et son image est un sous-espace invariant de $L(\mu,\lambda)$ qui contient $L^\circ(\mu,\lambda)$. Il suffit donc de prouver que $B(w^{-1},w\mu,w\lambda)$ n'est pas surjectif. Il suffit de montrer qu'il existe $\delta \in P^+$ tel que $b^\delta(w^{-1},w\mu,w\lambda)$ ne soit pas surjectif, c'est-à-dire, $\det b^\delta(w^{-1},w\mu,w\lambda) = 0$.

Choisissons α, j comme ci-dessus et δ comme dans le lemme 5.2. Posons $\beta = -w\alpha$. On a $\mathrm{Re}(w\lambda)_\beta = -\mathrm{Re}(w\lambda)_{w\alpha} = -\mathrm{Re}\,\lambda_\alpha = |\mu_\alpha|+2j > 0$, et donc $\beta \in \Delta^+$. On a $\beta \in S(w^{-1})$, et la proposition 4.7. montre que $b^\delta(w^{-1},w\mu,w\lambda) = 0$.

5.4. La proposition ci-dessous est la condition nécessaire du théorème I.4.4.

PROPOSITION.- On suppose qu'il existe $\alpha \in \Delta^+$ et $j \in N^*$ tels que l'on ait $\lambda_\alpha = |\mu_\alpha|+2j$ ou bien $\lambda_\alpha = -|\mu_\alpha|-2j$. Alors $r_{\mu\lambda}$ n'est pas irréductible.

Preuve : S'il existe α tel que $\lambda_\alpha = -|\mu_\alpha|-2j$, cela résulte de la proposition 5.3.

Supposons qu'il existe $\alpha \in \Delta^+$ et $j \in N^*$ tels que $\lambda_\alpha = |\mu_\alpha|+2j$.

Soit $w \in W$ un élément tel que l'on ait $w(\mathrm{Re}\,\lambda)_\beta \leq 0$ pour tout $\beta \in \Delta^+$. Un raisonnement analogue à celui de la proposition 5 montre que le noyau de $B(w,\mu,\lambda)$ est un sous-espace invariant non trivial de $L(\mu,\lambda)$.

5.5. Le lemme suivant est utilisé plus loin. On trouvera un résultat meilleur dans /8/.

LEMME.- *Soient* $\mu \in P$, $\lambda \in \underline{\underline{h}}^*$, $w \in W$. *Tout sous-quotient irréductible de* $L(\mu,\lambda)$ *est isomorphe à un sous-quotient irréductible de* $L(w\mu,w\lambda)$.

Preuve : Soit $\delta \in P^+$. Comme en II.1.5, on déduit de la structure de module sur U de $L(\mu,\lambda)$ une structure de U^K-module sur $E^{\delta'}(-\mu)$. Si $u \in U^K$, l'opérateur correspondant dans $E^{\delta'}(-\mu)$ est $u^\delta(\mu,\lambda)$. Supposons pour commencer que l'opérateur $B(w,\mu,\lambda)$ soit défini. Il entrelace $L(\mu,\lambda)$ et $L(w\mu,w\lambda)$. L'opérateur $b^\delta(w,\mu,\lambda)$ entrelace les représentations correspondantes de U^K dans $E^{\delta'}(-\mu)$ et $E^{\delta'}(-w\mu)$. On a donc :

$$b^\delta(w,\mu,\lambda)\,u^\delta(\mu,\lambda) = u^\delta(w\mu,w\lambda)\,b^\delta(w,\mu,\lambda) \quad (u \in U^K).$$

Supposons de plus $b^\delta(w,\mu,\lambda)$ inversible. On obtient :

$$\mathrm{tr}(u^\delta(\mu,\lambda)) = \mathrm{tr}\,(u^\delta(w\mu,w\lambda)) \quad (u \in U^K).$$

Cette relation que nous venons de démontrer pour un ensemble de $\lambda \in \underline{\underline{h}}^*$ dense pour la topologie de Zariski reste vraie pour toutes les valeurs de λ.

Ayant même caractère, les U^K-modules $E^{\delta'}(-\mu)$ et $E^{\delta'}(-w\mu)$ ont même suite de Jordan Holder.

Soit V un U-module irréductible et soit $\delta \in P^+$ tel que $V^\delta \neq 0$. Alors V est isomorphe à un sous-quotient de $L(\mu,\lambda)$ si et seulement si le U^K-module $\mathrm{Hom}_{\underline{k}}(E^\delta,V^\delta)$ est isomorphe à un sous-quotient de $E^{\delta'}(-\mu)$ (cf./2/9.1.14), donc à un sous-quotient de $E^{\delta'}(-w\mu)$ d'après ce qui précède et donc (toujours d'après /2/9.1.14) si et seulement si V est isomorphe à un sous-quotient de $L(w\mu, w\lambda)$.

IV. IRREDUCTIBILITE DE LA SERIE PRINCIPALE.

1. Irréductibilité de la série principale.

1.1. La méthode employée indépendamment par N. Wallach et D.P. Zelobenko pour étudier l'irréductibilité des $L(\mu,\lambda)$ consiste à se ramener au cas où $\mu = 0$. Nous utiliserons le résultat suivant :

PROPOSITION.- Soit $\lambda \in \underline{\underline{h}}^*$. On suppose que pour tout $\alpha \in \Delta^+$ et tout $j \in \mathbb{N}^*$ on a $\lambda_\alpha \neq -2j$. On a $U\tau_\lambda = L(0,\lambda)$, où τ_λ est l'élément de $L(0,\lambda)$ défini en III.2.1.

On remarquera que ceci n'est autre que le théorème I.4.2. lorsque $\mu = 0$, et que ceci implique les théorèmes I.4.3. et I.4.4. lorsque $\mu = 0$. La proposition a été démontrée par Zelobenko /15/ en s'appuyant sur les résultats de /9/ . Une généralisation de la proposition, valable pour les séries principales sphériques des groupes semi-simples réels, a été démontrée par Kostant /6/ .

Compte tenu de II.3.4. et II.3.5, une démonstration de la proposition se trouve dans /2/9.6.7 ; j'y renvoie le lecteur.

1.2. Les deux lemmes suivants sont dus à Lepowsky et Wallach.

LEMME.- Soit V un sous-espace $\underline{k}$-invariant non nul de $L(\mu,\lambda)$. L'application $\varphi,\psi \to \varphi\psi$ de $V \times L(\mu',\lambda')$ dans $L(\mu+\mu',\lambda+\lambda'+\rho)$ est surjective.

Preuve : (Godement). Compte tenu de 2.2, il suffit de démontrer que si l'élément $\theta \in L(-\mu-\mu',-\lambda-\lambda'-\rho)$ vérifie

$$\int_K \theta(k)\, v(k)\, \psi(k)\, dk = 0 ,$$

pour tout $v \in V$ et tout $\psi \in L(\mu', \lambda')$, on a $\theta = 0$. Mais en effet, toujours d'après la même proposition on a $\theta v = 0$ pour tout $v \in V$. Puisque V est non nul et K-invariant, en tout point $k \in K$, il existe un élément de v de V tel que $v(k) \neq 0$. On a donc $\theta = 0$.

1.3. LEMME.- On suppose qu'il existe une sous-algèbre $\underline{s}$ de $\underline{g}$ et un vecteur non nul v de $L(\mu, \lambda)$ tels que l'on ait $\underline{g} = \underline{k} + \underline{s}$ et $\underline{s}\, v \subset \mathbb{C}\, v$. Si w est un vecteur cyclique k-invariant pour le module $L(0, \lambda')$, vw est cyclique pour $L(\mu, \lambda + \lambda' + \rho)$.

Preuve : Posons $V = Uv$ et $W = Uw$. Compte tenu de 1.2, il suffit de démontrer l'égalité $U(v \otimes w) = V \otimes W$. Notons U_n les éléments de U de filtration $\leq n$. Par récurrence sur n, on voit que l'on a $U_n(\underline{s}_C)(v \otimes w) = v \otimes U_n(\underline{s}_C)w$ et donc $U(\underline{s}_C)(v \otimes w) = v \otimes U(\underline{s}_C)w = v \otimes Uw = v \otimes W$, car w est $\underline{k}$-invariant. De même, pour tout n, on a $U_n(\underline{k}_C)(v \otimes W) = U_n(\underline{k}_C)v \oplus W$, et donc $U(\underline{k}_C)(v \otimes W) = U(\underline{k}_C)v \otimes W = V \otimes W$.

1.4. LEMME.- Supposons μ ou $-\mu$ dominant et $\lambda_\alpha \neq -|\mu_\alpha| - 2j$ pour tout $\alpha \in \Delta^+$ et tout $j \in N^*$. On a $UL°(\mu, \lambda) = L(\mu, \lambda)$.

Preuve : Supposons $-\mu$ dominant. Soit $E^{-\mu}$ l'espace de la représentation holomorphe de G de poids dominant $-\mu$. Soit $f \in E^{-\mu}(-\mu)$ et e un vecteur de l'espace dual $\widetilde{E^{\mu}}$. Posons $v(g) = \langle e, gf \rangle$. Alors $v \in L(\mu, \mu - \rho)$. Choisissons de plus e dominant, $f \neq 0$, $e \neq 0$. Les conditions du lemme 1.3 sont vérifiées avec $\underline{s} = \underline{a} + \underline{n}$. Supposons τ_λ cyclique pour $L(0, \lambda)$. Le vecteur $v\tau_\lambda$ est dans $L°(\mu, \mu + \lambda)$, et est cyclique. Compte tenu de 1.1. cela prouve 1.4. lorsque $-\mu$ est dominant.

Lorsque μ est dominant, on se ramène au cas précédent en utilisant la bijection $\varphi \mapsto \bar{\varphi}$ de $L(\mu,\lambda)$ sur $L(-\mu,-\lambda)$.

1.5. La proposition suivante est la condition suffisante du théorème 4.4, qui, compte tenu de III.5.4, est complètement démontrée.

PROPOSITION.- On suppose que pour tout $\alpha \in \Delta^+$ et tout $j \in \mathbb{N}^*$ on a $\lambda_\alpha \neq \pm(|\mu_\alpha| + 2j)$. Alors $L(\mu,\lambda)$ est irréductible.

Preuve : Supposons d'abord μ dominant. D'après 1.4, on a $U L^\circ(\mu,\lambda) = L(\mu,\lambda)$ et $U L^\circ(-\mu,-\lambda) = L(-\mu,-\lambda)$, et la proposition résulte du lemme II.2.3. Dans le cas général, on se ramène au cas précédent grâce à la proposition III.4.8.

2. $L(\mu,\lambda)$ est de longueur finie.

2.1. Ce paragraphe ne sera pas utilisé dans la suite. On y reproduit des résultats de J. Lepowsky et N. Wallach (cf./12/8.13.3).

2.2. PROPOSITION.- $L(\mu,\lambda)$ contient un vecteur cyclique.

Preuve : Soient $p,q \in P^+$. Notons E^{pq} l'espace de la représentation irréductible de dimension finie de $\underline{g}_{\mathbb{C}}$ de plus haut poids (p,q) . Lorsqu'on identifie $\underline{g}_{\mathbb{C}}$ et $\underline{g} \times \underline{g}$, E^{pq} s'identifie à $E^p \otimes E^q$. Soient f un vecteur non nul dominant de E^{pq} , et e un vecteur non nul dominant du dual de E^{pq} . Posons $v(g) = \langle e , gf \rangle$. C'est un élément de $L(q-p,-p-q-\rho)$ vérifiant les conditions du lemme 1.3, avec $\underline{s} = \underline{a} + \underline{n}$. Donc, si $\tau_{\lambda'}$ est cyclique pour $L(0,\lambda')$, $v\tau_{\lambda'}$ est cyclique pour $L(q-p , -p-q+\lambda')$. Choisissons $p,q \in P^+$ tels que $q-p = \mu$, et tels que l'élément $\lambda' = \lambda + p + q$ vérifie $\mathrm{Re}(\lambda_\alpha) \geq 0$ pour tout $\alpha \in \Delta^+$. Le vecteur $v\tau_{\lambda'}$ est cyclique pour $L(\mu,\lambda)$, d'après 1.1.

2.3. PROPOSITION.- $L(\mu,\lambda)$ est de longueur finie.

Preuve : Comme U est noethérien, et $L(\mu,\lambda)$ cyclique, $L(\mu,\lambda)$ est noethérien.

De même, $L(-\mu,-\lambda)$ est noethérien. Il résulte de II.2.2. que $L(\mu,\lambda)$ est artinien, et donc de longueur finie.

2.4. On ne possède encore que des résultats fragmentaires sur la structure de la suite de composition de $L(\mu,\lambda)$ (cf./5/).

3. Démonstration du théorème I.4.2.

3.1. Nous avons vu que lorsque μ est dominant ou antidominant, le théorème I.4.2. résulte facilement du cas particulier $\mu = 0$. Le cas général est moins simple.

3.2. Nous commencerons par établir quelques résultats relatifs aux coefficients des représentations $r_{\mu\lambda}$.

3.3. Nous noterons C la chambre de Weyl positive ouverte de $\underline{\underline{a}}^*$ et $\bar{C}$ son adhérence. Soit $\lambda \in \underline{\underline{a}}_C^*$ un élément tel que $\mathrm{Re}(\lambda) \in \bar{C}$. On note Δ_1 l'ensemble des racines $\alpha \in \Delta$ telles que $\mathrm{Re}(\lambda)_\alpha = 0$, $\Delta_1^+ = \Delta_1 \cap \Delta^+$, $\Delta_1^- = -\Delta_1^+$, Δ_2^+ l'ensemble des $\alpha \in \Delta$ telles que $\mathrm{Re}(\lambda)_\alpha > 0$, $\Delta_2^- = -\Delta_2^+$. On note $\underline{\underline{n}}_1, \underline{\underline{n}}_1^-, \underline{\underline{n}}_2$, $\underline{\underline{n}}_2^-, N_1, N_1^-, N_2, N_2^-$ les groupes et les algèbres correspondants à ces ensembles de racines. On note $\underline{\underline{g}}_1$ la sous-algèbre de $\underline{\underline{g}}$ engendrée par $\underline{\underline{n}}_1$ et $\underline{\underline{n}}_1^-$. On note $\underline{\underline{h}}_2$ le sous-espace $\bigcap_{\alpha\in\Delta_1} \ker\alpha$ de $\underline{\underline{h}}$, et on pose $\underline{\underline{a}}_2 = \underline{\underline{a}} \cap \underline{\underline{h}}_2$.

L'algèbre $\underline{\underline{g}}_1 + \underline{\underline{h}}_2 + \underline{\underline{n}}_2$ est une sous-algèbre parabolique de $\underline{\underline{g}}$. Son radical nilpotent est $\underline{\underline{n}}_2$. L'algèbre $\underline{\underline{g}}_1 + \underline{\underline{h}}_2$ est réductive de centre $\underline{\underline{h}}_2$. L'algèbre $\underline{\underline{g}}_1$ est semi-simple ; elle admet $\underline{\underline{h}}_1 = \underline{\underline{g}}_1 \cap \underline{\underline{h}}$ comme sous-algèbre de Cartan. Les restrictions des éléments de Δ_1 à $\underline{\underline{h}}_1$ sont les racines de $\underline{\underline{g}}_1$ et le groupe de Weyl W_1 de $\underline{\underline{g}}_1$ s'identifie au sous-groupe de W engendré par les symétries w_α, avec $\alpha \in \Delta_1$.

Soit w_o l'élément de W tel que $w_o(\Delta^+) = -\Delta^+$. Soit w_1 l'élément de W_1 tel que $w_1(\Delta_1^+) = -\Delta_1^+$. On pose $w = w_o w_1$. On choisit un représentant m de w dans K . Utilisons les notations de III.1.2. Il est facile de voir que $S(w) = \Delta_2$ de sorte que $Re(\lambda) \in D(w)$. Soient $\mu \in P$ et $\varphi \in L^{\infty}(\mu,\lambda)$. Alors $A(m,\mu,\lambda)\varphi$ est défini par l'intégrale convergente (1) III.3.1. Remarquant que l'on a $N_2^- = m^{-1} N_{w^{-1}} m$, munissant N_2^- de la mesure de Haar qui provient de celle de $N_{w^{-1}}$, et faisant un changement de variable dans l'intégrale (1) III.3.1, on a démontré le lemme suivant.

3.4. LEMME.- <u>Soit</u> $\lambda \in \underline{a}_{\mathbb{C}}^*$ <u>un élément tel que</u> $Re(\lambda) \in \bar{C}$. <u>Soient</u> $\mu \in P$ <u>et</u> $\varphi \in L^{\infty}(\mu,\lambda)$. <u>Pour tout</u> $g \in G$, <u>on a</u> :

$$\int_{N_2^-} \varphi(gn)\, dn = A(m,\mu,\lambda)\, \varphi(gm^{-1}) ,$$

<u>l'intégrale étant convergente</u>.

3.5. Notons G_1 le sous-groupe analytique de G d'algèbre $\underline{\underline{g}}_1$, P_1 l'ensemble des poids de $\underline{\underline{g}}_1$, λ_1 la restriction de λ à $\underline{a}_{1\mathbb{C}}$, μ_1 la restriction de μ à $\underline{\underline{h}}_1$. La série principale $L^{\infty}(\mu_1,\lambda_1)$ de G_1 est définie. L'assertion suivante, qui complète le lemme, est facile à vérifier :

<u>Pour tout</u> $g \in G$, <u>la fonction</u> $g_1 \longmapsto A(m,\mu,\lambda)\varphi(g\, g_1 m^{-1})$ (où $g_1 \in G_1$) <u>est dans</u> $L^{\infty}(\mu_1,\lambda_1)$.

3.6. Si $g \in G$, on écrit $g = k(g)\,a(g)\,n(g)$, avec $k(g) \in K$, $a(g) \in A$, $n(g) \in N$.

LEMME.- <u>Soient</u> $n \in N^-$, $a \in \exp(\bar{C})$, $\delta \in \bar{C}$. <u>On a</u>

$$a(n)^{\delta} \geq a(ana^{-1})^{\delta} \geq 1 .$$

<u>Preuve</u> : Il suffit de le prouver lorsque $\delta \in P^+$. Soit E^{δ} l'espace de la représentation holomorphe de G de poids dominant δ . On munit E^{δ} d'un produit hermitien K-invariant. On peut choisir une base orthonormée de E^{δ}, $e, e_1, \ldots, e_s$, où e est dominant, et où e_i est de poids $\delta - \gamma_i$, où γ_i

est une somme non vide de racines positives. Si $g \in G$, on a

$$\|ge\| = \|k(g)\,a(g)\,e\| = a(g)^{\delta}\,\|k(g)\,e\| = a(g)^{\delta} .$$

D'autre part, puisque $n \in N^- = \exp(\underline{n}^-)$, on a $ne = e + \Sigma\, c_i\, e_i$, où les c_i sont des scalaires. Il est immédiat que l'on a $ana^{-1}e = e + \Sigma\, a^{-\gamma_i}\, c_i\, e_i$.

On a donc $\|ne\| \geq \|ana^{-1}e\| \geq 1$.

3.7. Soient $\lambda \in \underline{a}^*_{\underline{C}}$, $\mu \in P$, $\varphi \in L^{\infty}(\mu,\lambda)$, $\psi \in L^{\infty}(-\mu,-\lambda)$. Nous allons étudier la fonction $g \mapsto \langle g\,\varphi, \psi\rangle$ (cf.II.2.) . Nous supposerons la mesure de Haar sur N^- choisie de telle sorte que l'on ait

$$\langle g\varphi, \psi\rangle = \int_{N^-} \varphi(g^{-1}n)\,\psi(n)\,dn .$$

Nous supposerons que l'on a $Re(\lambda) \in \overline{C}$, et emploierons les notations 3.3.

On choisit un élément $H \in \underline{a}$ tel que $\alpha(H) = 0$ si $\alpha \in \Delta_1$, et $\alpha(H) > 0$ si $\alpha \in \Delta_2^+$. (Un tel élément existe). On pose, pour tout $t \in R$, $a_t = \exp(tH)$. Nous noterons ψ_1 la restriction de ψ à G_1 ; c'est un élément de $L^{\infty}(-\mu_1,-\lambda_1)$. Nous poserons $\Theta_1(g_1) = A(m,\mu,\lambda)\,\varphi(g_1 m^{-1})$ $(g_1 \in G_1)$; c'est un élément de $L^{\infty}(\mu_1,\lambda_1)$.

3.8. PROPOSITION.- <u>Il existe une constante</u> $c > 0$ <u>telle que</u>

$$c \lim_{t\mapsto\infty} a_t^{-\lambda+\rho} \langle g_1\, a_t\, \varphi, \psi\rangle = \langle g_1\, \Theta_1, \psi_1\rangle$$

<u>pour tout</u> $g_1 \in G_1$, $\varphi \in L^{\infty}(\mu,\lambda)$, $\psi \in L^{\infty}(-\mu,-\lambda)$.

<u>Preuve</u> : Remplaçant φ par $g_1\varphi$, on voit que l'on peut supposer $g_1 = 1$. Posons $a = a_t$, on a :

$$\langle a\varphi, \psi\rangle = \int_{N^-} \varphi(k(a^{-1}n))\,a(a^{-1}n)^{-\lambda-\rho}\,\psi(k(n))\,a(n)^{\lambda-\rho}\,dn .$$

Faisons le changement de variable $n \longmapsto a n a^{-1}$.

On a $d(ana^{-1}) = a^{-2\rho}dn$. Par ailleurs, on a $k(na^{-1}) = k(n)$ et $a(na^{-1}) = a(n)a^{-1}$.

On a donc

$$<a\varphi,\psi> = a^{\lambda-\rho}\int_{N^-}\varphi(k(n))\,a(n)^{-\lambda-\rho}\,\psi(k(ana^{-1}))a(ana^{-1})^{\lambda-\rho}\,dn\,.$$

Le groupe N^- contient le groupe N_1^- et le sous-groupe invariant N_2^-. L'application naturelle $N_1^- \times N_2^- \to N^-$ est un difféomorphisme, et on peut choisir les mesures de Haar sur ces groupes de manière à avoir $d(n_1n_2) = dn_1dn_2$. On a :

$$a^{-\lambda+\rho}<a\varphi,\psi> = \int_{N_1^-\times N_2^-}\varphi(k(n_1n_2))\,a(n_1n_2)^{-\lambda-\rho}\,\psi(k(n_1an_2a^{-1}))\,a(n_1an_2a^{-1})^{\lambda-\rho}dn_1dn_2\,.$$

Soit $n_1 = k_1\,a_1\,n_1'$ la décomposition d'Iwasawa de n_1 (avec $k \in G_1 \cap K$, $a_1 \in A_1$, $n_1' \in N_1$). Le théorème de Fubini permet d'intégrer d'abord par rapport à n_2. Remplaçons dans cette intégration n_2 par $a_1n_2a_1^{-1}$. On a $dn_2 = d(a_1n_2a_1^{-1})$ car $a_1 \in G_1$. On a : $k(n_1a_1^{-1}\,n_2a_1) = k(k_1a_1n_1'a_1^{-1}\,n_2\,a_1) = k_1k(n_2)$. De même $a(n_1a_1^{-1}\,n_2a_1) = a_1a(n_2)$, etc. On trouve donc :

$$a^{-\lambda+\rho}<a\varphi,\psi> = \int_{N_1^-}dn_1a_1^{-2\rho}\int_{N_2^-}\varphi(k(k_1n_2))a(k_1n_2)^{-\lambda-\rho}\,\psi(k_1\;k(an_2a^{-1}))a(an_2a^{-1})^{\lambda-\rho}\,dn_2\,.$$

Rappelons que $a = a_t$. Lorsque t tend vers ∞, an_2a^{-1} tend vers 1. Pour pouvoir appliquer le théorème de convergence dominée de Lebesgue, remarquons que la fonction à intégrer est majorée par $a_1^{-2\rho}\,a(n_2)^{\mathrm{Re}(\lambda)-\rho}$ $a(an_2a^{-1})^{\mathrm{Re}(\lambda)-\rho}$.

Choisissons un nombre α, $0<\alpha<1$, tel que, posant $\nu = \alpha\mathrm{Re}(\lambda)$ et $\nu' = (1-\alpha)\mathrm{Re}(\lambda)$, on ait $\rho-\nu \in C$. D'après le lemme 3.6. on a $a(an_2a^{-1})^{\nu-\rho} \leq 1$. La fonction à intégrer est majorée par :

$$a_1^{-2\rho}\,a(n_2)^{-\nu-\nu'-\rho}\,a(an_2a^{-1})^{\nu'}\,.$$

Comme $\nu' \in \bar{C}$, il résulte du lemme 3.6. que ceci est inférieur à $a_1^{-2\rho}\, a(n_2)^{-\nu-\rho}$.

Cette fonction est intégrable sur $N_1^- \times N_2^-$ d'après le lemme 3.4. On obtient :

$$\lim_{t \to \infty} a^{-\lambda+\rho} \langle a_t \varphi, \psi \rangle = \int_{N_1^-} dn_1\, \psi(k_1)\, a_1^{-2\rho} \int_{N_2^-} \varphi(k_1 n_2)\, a(k_1 n_2)^{-\lambda-\rho}\, dn_2 .$$

D'après le lemme 3.4. ceci est égal (à une constante près dépendant du choix des mesures) à

$$\int_{N_1^-} \Theta_1(k_1)\, \psi(k_1)\, a_1^{-2\rho}\, dn_1 = \langle \Theta_1, \psi_1 \rangle .$$

3.9. Lorsque $\mathrm{Re}(\lambda) \in C$, le lemme suivant est dû à S. Helgason |4| .

LEMME.- <u>Soient</u> $\mu \in P$, <u>et</u> $\lambda \in \mathfrak{a}_{\mathbb{C}}^*$ <u>un élément tel que</u> $\mathrm{Re}(\lambda) \in \bar{C}$. <u>On a</u> $U\, L^\circ(\mu,\lambda) = L(\mu,\lambda)$.

<u>Preuve</u> : Nous utiliserons les notations de 3.3. D'après le lemme III.3.10 , $A(m,\mu,\lambda)$ induit une bijection de $L^\circ(\mu,\lambda)$ sur $L^\circ(w\mu,w\lambda)$. On peut donc choisir un élément $\varphi \in L^\circ(\mu,\lambda)$ tel que $A(m,\mu,\lambda)\varphi(m^{-1}) \neq 0$, de sorte que l'élément Θ_1 de $L(\mu_1,\lambda_1)$ est non nul. Soit $\psi \in L(-\mu,-\lambda)$ un élément tel que $\langle u\varphi, \psi \rangle = 0$ pour tout $u \in U$. D'après II.2. il nous suffit de prouver que ψ est nul. Considérons la fonction $g \mapsto \langle g\varphi, \psi \rangle$. Elle est analytique et toutes ses dérivées à l'origine sont nulles. On a donc $\langle g\varphi, \psi \rangle = 0$ pour tout $g \in G$. En particulier, si $g \in G$, on a

$$\langle g_1\varphi, g\psi \rangle = \langle g^{-1} g_1 \varphi, \psi \rangle = 0 ,$$

pour tout $g_1 \in G_1$. Il résulte de la proposition 3.8. que l'on a

$$(*) \qquad \langle g_1 \Theta_1, (g\psi)_1 \rangle = 0 ,$$

pour tout $g_1 \in G_1$. Comme on a $\mathrm{Re}(\lambda)_\alpha = 0$ pour tout $\alpha \in \Delta_1$, la proposition 1.5. (appliquée au groupe G_1) montre que la représentation de $U(\mathfrak{g}_{1\mathbb{C}})$ dans $L(\mu_1\lambda_1)$ est irréductible. Il résulte de (*) que $(g\psi)_1 = 0$. En particulier

$\psi(g^{-1}) = 0$ pour tout $g \in G$, et donc $\psi = 0$.

3.10. Compte tenu de III.5.3, la proposition ci-dessous termine la démonstration du théorème I.4.2.

PROPOSITION.- Soient $\mu \in P$ et $\lambda \in \underline{\underline{h}}^*$ tels que $\lambda_\alpha \neq -|\mu_\alpha| - 2j$ pour tout $\alpha \in \Delta^+$ et tout $j \in \mathbb{N}^*$. On a $UL^\circ(\mu,\lambda) = L(\mu,\lambda)$.

Preuve : Soit $w \in W$ un élément tel que $\mathrm{Re}(w\lambda) \in \bar{C}$. D'après III.4.8, $B(w,\mu,\lambda)$ est défini et inversible. Les modules $L(\mu,\lambda)$ et $L(w\mu,w\lambda)$ sont donc isomorphes. La proposition résulte du lemme 3.9.

3.11. Les résultats qui suivent sont des conséquences faciles de 3.10.

PROPOSITION.-

1. On suppose que $\lambda_\alpha \neq -|\mu_\alpha| - 2j$ pour tout $\alpha \in \Delta^+$ et tout $j \in \mathbb{N}^*$. Alors $L(\mu,\lambda)$ a un seul sous-module propre maximal. C'est le sous-espace $\ker B(w_o,\mu,\lambda)$, où w_o est l'élément de W qui transforme les racines positives en racines négatives.

2. On suppose que $\lambda_\alpha \neq |\mu_\alpha| + 2j$ pour tout $\alpha \in \Delta^+$ et tout $j \in \mathbb{N}^*$. Alors $UL^\circ(\mu,\lambda)$ est irréductible et c'est le seul module irréductible contenu dans $L(\mu,\lambda)$. Tout sous-module non nul de $L(\mu,\lambda)$ contient $L^\circ(\mu,\lambda)$.

Preuve : A part l'assertion relative à $\ker B(w_o,\mu,\lambda)$, tout ceci résulte de 3.10 et II.2. Soient λ et μ comme dans 1. Il résulte de 3.10 que l'image de $B(w_o,\mu,\lambda)$ est $UL^\circ(w_o\mu,w_o\mu)$, qui est irréductible d'après 2. Le sous-module $\ker B(w_o,\mu,\lambda)$ est donc maximal.

3.12. A titre d'exemple, appliquons ceci aux représentations de dimension finie de $\underline{g}$. Soient $p, q \in P^+$, et soit E^{pq} le module de dimension finie de poids dominant (p,q). Lorsqu'on identifie $\underline{g}_C$ et $\underline{g} \times \underline{g}$, E^{pq} s'identifie à $E^p \otimes E^q$. Lorsqu'on identifie $\underline{k}_C$ et $\underline{g}$, la restriction de E^{pq} à $\underline{k}_C$ s'identifie à

$E^p \otimes E^{q'}$ (où $p' = -w_o p$) . Le module dual de E^{pq} est $E^{p'q'}$.

LEMME.- Le module $E^{p'q'}$ est isomorphe à un sous-module de $L(\mu,\lambda)$ si et seulement si $\mu \oplus \lambda = (-p-\sigma,-q-\sigma)$.

Preuve : Soit V un sous-module de $L(\mu,\lambda)$ isomorphe à $E^{p'q'}$. Soit v un élément antidominant non nul de V . On a $uma\,v = a^{-p-q} m^{-p+q} v$ pour tout $u \in N^-$, $a \in A$, $m \in M$. Soit $n \in N$. On a donc :

$$v(u^{-1} m^{-1} a^{-1} n) = a^{-p-q} m^{-p+q} v(1) = a^{\lambda+\rho} m^{\mu} v(1) .$$

Il en résulte $v(1) \neq 0$, et $\mu = q-p$, $\lambda = -p-q-\rho$.

Réciproquement, soit $f \in E^{pq}$. Posons $c_{ef}(g) = \langle e, gf \rangle$ pour $e \in E^{p'q'}$. L'application $e \mapsto c_{ef}$ est une injection de $E^{p'q'}$ dans $L(q-p,-p,-q,-\rho)$.

3.13. Le lemme 3.12 permet de retrouver des résultats sur les représentations de dimension finie de $\underline{\underline{g}}$. Soit $\delta \in P^+$. Nous noterons $m(\delta)$ la multiplicité de E^δ dans le $\underline{\underline{g}}$-module $E^{p'} \otimes E^q$.

COROLLAIRE.- (cf./9/) . On a $m(\delta) \leq \dim E^\delta(q-p)$. On a $m((q-p)^\sim) = 1$.

Preuve : La première assertion résulte du lemme 3.12. La seconde résulte de la proposition 3.11,2.

3.14. Soient $p_1, q_1 \in \underline{\underline{h}}^*$, et posons $\mu \oplus \lambda = (p_1, q_1)$.

PROPOSITION.- La représentation $\hat{r}_{\mu\lambda}$ est de dimension finie si et seulement $\frac{1}{2}(\lambda_\alpha - |\mu_\alpha|) \in \mathbb{N}^*$ ou $\frac{1}{2}(\lambda_\alpha + |\mu_\alpha|) \in -\mathbb{N}^*$ pour tout $\alpha \in \Delta^+$. Dans ce cas, il existe $w \in W$ tel que les éléments $p = wp_1 - \sigma$ et $q = wq_1 - \sigma$ soient dans P^+ et $\hat{r}_{\mu\lambda}$ est de poids dominant (p,q) .

Preuve : Compte tenu de la proposition III.5.1, on peut supposer $\mathrm{Re}(\lambda_\alpha) \geq 0$

pour tout $\alpha \in \Delta^+$. Supposons $\hat{r}_{\mu\lambda}$ de dimension finie, de poids dominant (p,q). Alors $E^{p'q'}$ est, d'après 3.11, isomorphe au sous-module $U L^{\circ}(-\mu,-\lambda)$ de $L(-\mu-\lambda)$. On conclut grâce au lemme 3.12. La réciproque se démontre de manière analogue.

V. CLASSIFICATION DES MODULES D'HARISH-CHANDRA IRREDUCTIBLES.

1. Les opérateurs d'entrelacement de Zelobenko.(cf./14/).

1.1. Soient $\mu, \mu' \in P$, $\lambda, \lambda' \in \underline{\underline{h}}^*$, et posons $\mu \oplus \lambda = (p,q)$ et $\mu' \oplus \lambda' = (p',q')$.

Supposons qu'il existe $u \in U$ tel que $\varphi * u \in L(\mu',\lambda')$ pour tout $\varphi \in L(\mu,\lambda)$. (On considère u comme distribution de support 1 sur G, et $*$ est le produit de convolution). Il est clair que l'application $\varphi \mapsto \varphi * \check{u}$ définit un opérateur d'entrelacement de $L(\mu,\lambda)$ dans $L(\mu',\lambda')$.

Soit $v \in I(-p',-q')$. (Les notations sont celles de II.3). On a

$$<\varphi * \check{u}, v> = <\varphi, v * u> = 0 ,$$

pour tout $\varphi \in L(\mu,\lambda)$, et donc $v * u \in I(-p,-q)$, d'après II.3.6. Par passage au quotient, l'application $v \mapsto vu$ définit donc un homomorphisme de $M(-p',-q')$ dans $M(-p,-q)$.

1.2. Réciproquement, soit θ un homomorphisme de $M(-p',-q')$ dans $M(-p,-q)$. Soit $u \in U$ un élément représentant $\theta(1) \in M(-p,-q)$.

Alors l'application $\varphi \mapsto \varphi * \check{u}$ définit un opérateur d'entrelacement de $L(\mu,\lambda)$ dans $L(\mu',\lambda')$. D'après 1.1. il est non nul si θ est non nul.

1.3. Tous les homomorphismes de $M(-p',-q')$ dans $M(-p,-q)$ ont été déterminés par D.N. Verma, I.N. Bernstein, I.M. Gelfand, et S.I. Gelfand (cf./2/7.6.23). Nous n'aurons besoin ici que du cas particulier le plus simple (cf.1.8. ci-dessous). Indiquons cependant comment l'existence de certains homomorphismes permet de donner une autre démonstration de la proposition III.5.3.

1.4. Soient $\mu \in P$, $\lambda \in \underline{\underline{h}}^*$, et posons $\mu \oplus \lambda = (p,q)$. On suppose qu'il existe $\alpha \in \Delta^+$ tel que $p_\alpha \in -\mathbb{N}^*$. D'après un résultat de D.N. Verma, il existe un homomorphisme non nul de $M(-w_\alpha p)$ dans $M(-p)$ (cf./2/7.6.11.), et donc, de $M(-w_\alpha p,-q)$ dans $M(-p,-q)$. De même, si $q_\alpha \in -\mathbb{N}^*$, il existe un homomorphisme non nul de $M(-w_\alpha q)$ dans $M(-q)$ et donc de $M(-p,-w_\alpha q)$ dans $M(-p,-q)$.

1.5. Supposons que l'on ait $p_\alpha \in -\mathbb{N}^*$ et $q_\alpha \in -\mathbb{N}^*$ (ce qui est équivalent à $\frac{1}{2}(\lambda_\alpha + |\mu_\alpha|) \in -\mathbb{N}^*$) . On a un diagramme commutatif d'opérateurs d'entrelacement non nuls :

$$\begin{array}{ccccc} & & M(-w_\alpha p,-q) & & \\ & \nearrow & & \searrow & \\ M(-w_\alpha p,-w_\alpha q) & & & & M(-p,-q) \\ & \searrow & & \nearrow & \\ & & M(-p,-w_\alpha q) & & \end{array}$$

On a donc un diagramme commutatif d'opérateurs d'entrelacement non nuls :

$$(*) \qquad \begin{array}{ccccc} & & L(\mu-p_\alpha\alpha,\lambda-p_\alpha\alpha) & & \\ & \overset{1}{\nearrow} & & \overset{3}{\searrow} & \\ L(\mu,\lambda) & & & & L(w\mu,w\lambda) \ . \\ & \underset{2}{\searrow} & & \underset{4}{\nearrow} & \\ & & L(\mu+q_\alpha\alpha,\lambda-q_\alpha\alpha) & & \end{array}$$

1.6. LEMME.- Sous les hypothèses de 1.5, on a $\|\mu-p_\alpha\alpha\| = \|\mu+q_\alpha\alpha\| > \|\mu\|$.

Preuve : La première égalité vient de l'égalité $w_\alpha(\mu-p_\alpha\alpha) = \mu+q_\alpha\alpha$. Pour prouver l'inégalité, on commence par supposer $\mu_\alpha \geq 0$. On a

$$\|\mu-p_\alpha\alpha\|^2 = \|\mu\|^2 - 2p_\alpha\mu_\alpha + p_\alpha^2 \|\alpha\|^2 .$$

Ceci est plus grand que $\|\mu\|^2$ car $-2p_\alpha\mu_\alpha \geq 0$. Lorsque $\mu_\alpha < 0$, on fait le même raisonnement avec $\|\mu+q_\alpha\alpha\|$.

1.7. Il résulte de 1.6. que $L^{\widetilde{\mu}}(\mu-p_\alpha\alpha) = L^{\widetilde{\mu}}(\mu+q_\alpha\alpha) = 0$. Les flèches 1 et 2 du diagramme (*) ne sont donc pas injectives et les flèches 3 et 4 ne sont pas surjectives. En considérant le noyau de la flèche 1, on obtient une autre démonstration de III.5.3.

1.8. Nous allons calculer explicitement les flèches du diagramme (*) lorsque α est une racine simple.

Soient $\mu \in P$, $\lambda \in \underline{\underline{h}}^*$. On pose $\mu \oplus \lambda = (p,q)$, et l'on suppose qu'il existe une racine simple α_i telle que l'on ait $p_i \in -\mathbb{N}^*$.

L'application $v \mapsto v(-Y_i)^{-p_i}$ induit un homomorphisme de $M(-w_i p)$ dans $M(-p)$. (Le calcul n'est pas difficile, cf./2/7.1.15). La multiplication à droite par l'élément $((-Y_i)^{-p_i},0)$ de U (identifié à $U(\underline{\underline{g}} \times \underline{\underline{g}})$) induit un homomorphisme de $M(-w_i p,-q)$ dans $M(-p,-q)$.

Pour $\varphi \in L(\mu,\lambda)$, nous poserons $C_i(\mu,\lambda)\varphi = \varphi * (Y_i^{-p_i},0)$. C'est un opérateur d'entrelacement de $L(\mu,\lambda)$ dans $L(\mu - p_i\alpha_i, \lambda - p_i\alpha_i)$.

Rappelons que l'opération de restriction à K est un isomorphisme de $L(\mu,\lambda)$ sur $L(\mu)$. Montrons que $C_i(\mu,\lambda)$ se calcule aisément dans $L(\mu)$.

LEMME.- <u>Soit</u> $\varphi \in L(\mu)$. <u>On a</u> $C_i(\mu,\lambda)\varphi = \varphi * Y_i^{-p_i}$.
(On a identifié $\underline{\underline{g}}$ avec $\underline{k}_{\mathbb{C}}$, et donc $U(\underline{\underline{g}})$ avec les distributions de support 1 dans K) .

<u>Preuve</u> : Considérons l'homomorphisme de $\underline{\underline{g}} = \underline{k}_{\mathbb{C}}$ dans $\underline{\underline{g}} \times \underline{\underline{g}} = \underline{g}_{\mathbb{C}}$. L'image de Y_i est $(Y_i,-X_i)$. On a

$$(Y_i,-X_i)^s \equiv (Y_i,0)^s \bmod \underline{n}_{\mathbb{C}}\, U \text{ pour tout } s \in \mathbb{N}$$

de sorte que l'on a $\varphi * (Y_i,0)^s = \varphi * (Y_i,-X_i)^s$ pour tout $\varphi \in L(\mu,\lambda)$.

Considérant la restriction de φ à K , on démontre le lemme.

1.9. Supposons maintenant que l'on ait $q_i \in -\mathbb{N}^*$. Pour $\varphi \in L(\mu,\lambda)$ nous poserons $D_i(\mu,\lambda)\varphi = \varphi * (0, Y_i^{-q_i})$. Comme en 1.8, on voit que $D_i(\mu,\lambda)$ est un opérateur d'entrelacement de $L(\mu,\lambda)$ dans $L(\mu+q_i\alpha_i, \mu - q_i\alpha_i)$. De même qu'en 1.8, on a $D_i(\mu,\lambda)\varphi = \varphi * (-X_i)^{-q_i}$ pour $\varphi \in L(\mu)$. On a identifié $U(\underline{\underline{g}})$ et les distributions de support 1 sur K.

1.10. On suppose $p_i \in -\mathbb{N}^*$ et $q_i \in -\mathbb{N}^*$. Le diagramme (*) s'écrit

$$(**) \qquad L(\mu,\lambda) \begin{array}{c} \xrightarrow{1} L(\mu-p_i\alpha_i, \lambda-p_i\alpha_i) \xrightarrow{3} \\ \xrightarrow[2]{} L(\mu+q_i\alpha_i, \lambda-q_i\alpha_i) \xrightarrow[4]{} \end{array} L(w_i\mu, w_i\lambda)$$

où la flèche 1 est $C_i(\mu,\lambda)$, la flèche 2 est $D_i(\mu,\lambda)$, etc...

On remarquera que l'opérateur $B(w_i, w_i\mu, w_i\lambda)$ est défini, car $(w_i\lambda)_i = -p_i - q_i$ est positif.

1.11. PROPOSITION.- <u>Dans le diagramme</u> (**), <u>les flèches</u> 1 et 2 <u>sont surjectives, et leur noyau est l'image de</u> $B(w_i, w_i\mu, w_i\lambda)$. <u>Les flèches 1 et 3 sont injectives et leur image est le noyau de</u> $B(w_i, w_i\mu, w_i\lambda)$.

<u>Preuve</u> : La méthode consiste à calculer explicitement toutes les flèches du diagramme (**), et à vérifier que le résultat est juste. Soit $\delta \in P^+$. Soient $e \in E^\delta$, $f \in E^{\delta'}$, et $c_{ef}(k) = \langle e, kf \rangle$ $(k \in K)$. Si $u \in U(\underline{k}_{\mathbb{C}})$, on a $c_{ef} * \check{u} = c_{e,uf}$.

Nous utilisons les notations de III.3.8. En particulier, $f_1, \dots, f_l$ est une base de $E^{\delta'}(-\mu)$ adaptée à α_i. Le vecteur $f_j (j = 1, \dots, l)$ engendre un $\underline{\underline{g}}_i$-module irréductible de poids dominant δ_j^i.

On a $|\mu_i - p_i 2| = |\mu_i + q_i 2| > |\mu_i|$. Indexons la base adaptée $f_1, \dots, f_l$ de manière à ce que $|\mu_i - 2p_i| > \delta_j^i$ si et seulement si $j = 1, \dots, s$. Il résulte de la théorie des représentations de dimension finie de $sl(2,\mathbb{C})$ les faits suivants. On a $Y_i^{-p_i} f_j = 0$ si et seulement si $j = s+1, \dots, l$.

Les vecteurs $g_j = Y_i^{-p_i} f_j$ $(j = 1,\ldots,s)$ forment une base adaptée de $E^{\delta'}(\mu - p_i\alpha_i)$.

Il résulte de 1.8. que $C_i(\mu,\lambda)c_{e,f_j}$ est égal à $(-1)^{p_i} c_{eg_j}$ pour $j = 1,\ldots,s$, et à 0 pour $j = s+1,\ldots,l$. Ceci prouve que $C_i(\mu,\lambda)$ induit pour chaque $\delta \in P^+$ une application surjective de $L^{\delta}(\mu,\lambda)$ sur $L^{\delta}(\mu - p_i\alpha_i, \lambda - p_i\alpha_i)$, et donc que $C_i(\mu,\lambda)$ est surjectif.

Il résulte de III.3.9. que l'image de $L^{\delta}(w_i\mu, w_i\lambda)$ par $B(w_i, w_i\mu, w_i\lambda)$ est engendrée par les vecteurs c_{ef_j} tels que l'on ait $Q_{\mu_i \delta_j^i}(-\lambda_i) \neq 0$. Cela revient à $-\lambda_i \neq |\mu_i|+2, |\mu_i|+4,\ldots,\delta_j^i$. Comme $\frac{1}{2}(\lambda_i + |\mu_i|) \in -\mathbb{N}^*$, c'est encore équivalent à $-\lambda_i > \delta_j^i$. Comme $-\lambda_i = -p_i - q_i = \mu_i - 2p_i$, ceci est équivalent à $j = s+1,\ldots,l$. L'image de $L^{\delta}(w_i\mu, w_i\lambda)$ par $B(w_i, w_i\mu, w_i\lambda)$ est donc égale au noyau de $C_i(\mu,\lambda)$ dans $L^{\delta}(\mu,\lambda)$. Ceci étant vrai pour tout $\delta \in P^+$, on voit que l'image de $B(w_i, w_i\mu, w_i\lambda)$ est le noyau de $C_i(\mu,\lambda)$.

Nous avons donc démontré les assertions de la proposition relatives à la flèche 1. Les autres assertions se démontrent d'une façon analogue.

1.12. Comme exemple d'application de la proposition qui précède, nous allons étudier la structure de $L(\mu,\lambda)$ dans le cas le plus simple après l'irréductibilité.

PROPOSITION.- <u>Soient</u> $\mu \in P$, $\lambda \in \underline{\underline{h}}$. <u>On suppose qu'il existe une racine</u> $\alpha \in \Delta^+$, <u>et une seule, telle que l'on ait</u> $\lambda_\alpha = \pm(|\mu_\alpha| + 2j)$ <u>avec</u> $j \in \mathbb{N}^*$. <u>La suite de Jordan Holder de</u> $L(\mu,\lambda)$ <u>a deux éléments. Un est isomorphe à</u> $\hat{r}_{\mu\lambda}$, <u>l'autre à</u> $\hat{r}_{\mu'\lambda'}$, <u>où</u> $\mu \oplus \lambda = (p,q)$ <u>et</u> $\mu' \oplus \lambda' = (w_\alpha p, q)$.

<u>Preuve</u> : Supposons d'abord que α soit une racine simple α_i , et que λ_i

soit négatif. D'après la proposition IV.3.11, on a $U L^{\tilde{\mu}}(w_i\mu, w_i\lambda) = L(w_i\mu, w_i\lambda)$, et donc l'image de $B(w_i, w_i\mu, w_i\lambda)$ est égale à $U L^{\tilde{\mu}}(\mu,\lambda)$. C'est un sous-module irréductible d'après la même proposition. Il est isomorphe à $\hat{r}_{\mu\lambda}$, par définition de $\hat{r}_{\mu\lambda}$. Le quotient de $L(\mu,\lambda)$ par ce sous-module est isomorphe à $L(\mu',\lambda')$ d'après 1.11. D'après IV.1.5, $L(\mu',\lambda')$ est irréductible, ce qui démontre la proposition dans ce cas. On voit de même que $L(w_i\mu, w_i\lambda)$ a la même suite de Jordan Holder.

Passons au cas général. Il existe $w \in W$ tel que $w\alpha$ soit une racine simple α_i . En particulier $\alpha \notin S(w)$, et $B(w,\mu,\lambda)$ est un isomorphisme de $L(\mu,\lambda)$ sur $L(w\mu, w\lambda)$. On est ramené au cas précédent.

2. <u>Tout module d'Harish-Chandra irréductible est isomorphe à un</u> $\hat{r}_{\mu\lambda}$.

2.1. Le but de ce paragraphe est de démontrer la proposition 2.2. ci-dessous. Cette proposition est un corollaire immédiat des résultats de Zelobenko /16/ décrivant l'espace des transformées de Fourier des éléments de U (cf.Zelobenko /16/). Si l'on s'intéresse seulement à 2.2, la démonstration ci-dessous est sensiblement plus courte.

2.2. PROPOSITION.- <u>Soit</u> V <u>un module d'Harish-Chandra irréductible. Soit</u> δ <u>un poids dominant de longueur minimum parmi ceux qui vérifient</u> $V^\delta \neq 0$. <u>Alors il existe</u> $\lambda \in \underline{a}_C^*$ <u>tel que la représentation de</u> $\underline{g}$ <u>dans</u> V^δ <u>soit isomorphe à</u> $\hat{r}_{\delta,\lambda}$.

<u>Preuve</u> : Nous utiliserons le théorème du sous-quotient d'Harish-Chandra (cf./2/9.4.4). Soit donc V un module d'Harish-Chandra irréductible. D'après le théorème cité, il existe $\lambda \in \underline{a}_C^*$ et $\mu \in P$ tels que V soit isomorphe à un sous-quotient de $L(\mu,\lambda)$. Soit δ comme dans l'énoncé. Si $\mu \in W\delta$, alors, par définition de $\hat{r}_{\mu,\lambda}$, $\hat{r}_{\mu,\lambda}$ est isomorphe à la représentation de $\underline{g}$ dans

V , et le théorème est démontré. Supposons donc que l'on ait $\delta \notin W\mu$. Alors, comme μ est poids de E^{δ} , on a $\|\mu\| < \|\delta\|$ (II.1.8.) et donc $V^{\tilde{\mu}} = 0$.

Nous allons démontrer l'assertion suivante :

<u>Il existe</u> $\mu' \in P$ <u>et</u> $\lambda' \in \underline{a}^*_{\mathbb{C}}$ <u>tels que l'on ait</u> $\|\mu'\| > \|\mu\|$, <u>et tels que</u> V <u>soit isomorphe à un sous-quotient de</u> $L(\mu', \lambda')$.

Comme il y a un nombre fini de poids ε tels que $\|\mu\| \leq \|\varepsilon\| \leq \|\delta\|$, une application répétée de ce résultat prouve la proposition.

Il résulte de III.5.5. que si $w \in W$, V est aussi un sous-quotient irréductible de $L(w\mu, w\lambda)$. Quitte à changer les notations, nous pouvons supposer que V est un sous-quotient de $L(\mu, \lambda)$, que $\mathrm{Re}(\lambda) \in \bar{C}$ et que $V^{\tilde{\mu}} = 0$. Nous écrirons $V = V_1/V_2$, où V_1 et V_2 sont des sous-modules de $L(\mu, \lambda)$. On a $V_1^{\tilde{\mu}} = 0$. En effet, dans le cas contraire, on aurait $V_2^{\tilde{\mu}} \neq 0$, et donc $V_2 = L(\mu, \lambda)$ (IV.3.11) , ce qui est absurde. Soit w_o l'élément du groupe de Weyl qui envoie la chambre de Weyl positive sur la chambre de Weyl négative. Comme $\mathrm{Re}(\lambda) \in \bar{C}$, on a $B(w_o, \mu, \lambda)V_1 = 0$ d'après IV.3.11. On choisit $v \in V_1$ tel que $v \notin V_2$. On choisit une décomposition $w_o = w_{i_s} \ldots w_{i_1}$ de w_o de longueur minimum en produit de symétries par rapport à des racines simples. Il existe un entier $t \leq s$ tel que, posant $w = w_{i_{t-1}} \ldots w_{i_1}$ (et $w = 1$ si $t = 1$) on ait $B(w, \mu, \lambda) v \neq 0$ et $B(w_{i_t} w, \mu, \lambda) v = 0$. En effet, on a

$$B(w_o, \mu, \lambda) = B(w_{i_s}, w_{i_{s-1}} \ldots w_{i_1} \mu, w_{i_{s-1}} \ldots w_{i_1} \lambda) \ldots B(w_{i_1}, \mu, \lambda)$$

où les s opérateurs à droite du signe $=$ sont tous définis. Notons en particulier que l'on a $\mathrm{Re}(w\lambda)_{i_t} \geq 0$. (cf.III.1.3.et III.4.3).

Posons $W_1 = B(w, \mu, \lambda) V_1$ et $W_2 = B(w, \mu, \lambda) V_2$. Alors V est isomorphe à W_1/W_2 , et l'on a $W_1 \subset \ker B(w_{i_t}, w\mu, w\lambda)$. Posons $i_t = i$.

Comme $B(w_i, w\mu, w\lambda)$ est défini et comme son noyau n'est pas nul,

$(w\lambda)_i - |(w\mu)_i| \in 2\mathbb{N}^*$. Posons $\tau = w_i w\mu$, $\nu = w_i w\lambda$, et $\tau \oplus \nu = (p,q)$. On a $p_i \in -\mathbb{N}^*$ et $q_i \in -\mathbb{N}^*$.

On est dans les conditions d'application de 1.11. Au moyen de la flèche 3, le module $\ker B(w_i, w\mu, w\lambda)$ est isomorphe au module $L(\tau - p_i\alpha_i, \nu - p_i\alpha_i)$. Donc V est isomorphe à un sous-quotient de $L(\tau - p_i\alpha_i, \nu - p_i\alpha_i)$. Comme on a $\|\tau - p_i\alpha_i\| > \|\tau\| = \|\mu\|$, ceci termine la démonstration de la proposition.

3. Equivalences entre les $\hat{r}_{\mu\lambda}$.

3.1. Nous allons montrer que si $\hat{r}_{\mu\lambda}$ et $\hat{r}_{\mu'\lambda'}$, sont équivalentes, il existe $w \in W$ tel que $\lambda' = w\lambda$ et $\mu' = w\lambda$. Deux méthodes au moins sont connues. La première est due à Parthasarathy, Rango Rao, Varadarajan /9/ et Zelobenko /16/. Elle consiste à déterminer l'algèbre notée F^{μ} en II.1.4. Comme les calculs sont assez longs et n'évitent pas des vérifications cas par cas, nous allons décrire l'autre méthode, due à Langlands /7/. Celle-ci, qui est d'ailleurs aussi valable pour les groupes semi-simples réels, consiste à se ramener au cas particulier où $\mathrm{Re}(\lambda) = \mathrm{Re}(\lambda') = 0$ (cas des séries principales unitaires). Dans ce cas, compte tenu de l'irréductibilité de $r_{\mu\lambda}$ et $r_{\mu'\lambda'}$, le résultat est dû à F. Bruhat :

3.2. LEMME.- Soient $\mu, \mu' \in P$, $\lambda, \lambda' \in \underline{a}_{\mathbb{C}}^*$ tels que $\mathrm{Re}(\lambda) = \mathrm{Re}(\lambda') = 0$. Si $\hat{r}_{\mu\lambda}$ et $\hat{r}_{\mu'\lambda'}$ sont équivalentes, il existe $w \in W$ tel que $\mu' = w\mu$ et $\lambda' = w\mu$.

Preuve : D'après IV.1.5, on a $r_{\mu\lambda} = \hat{r}_{\mu\lambda}$, et $r_{\mu'\lambda'} = \hat{r}_{\mu'\lambda'}$. Le lemme résulte de /13/, theorem 5.5.3.3.

3.3. Soient $\mu \in P$ et $\lambda \in \underline{a}_{\mathbb{C}}^*$ tel que $\mathrm{Re}(\lambda) \in \bar{C}$. Soient $\varphi \in L^{\infty}(\mu, \lambda)$ et $\psi \in L^{\infty}(-\mu, -\lambda)$. On pose $\lambda_0 = \mathrm{Re}(\lambda)$. On pose $|\varphi| = \sup_{k \in K} |\varphi(k)|$.

On note $\underline{a}^+$ l'ensemble des $H \in \underline{a}$ tels que $\alpha(H) \geq 0$ pour tout $\alpha \in \Delta^+$. On note $\bar{D}$ l'ensemble des $\nu \in \underline{a}^*$ tels que $\nu(H) \geq 0$ pour tout $H \in \underline{a}^+$, et D l'intérieur de $\bar{D}$. $\bar{D}$ est le cône convexe engendré dans $\underline{a}^*$ par Δ^+.

3.4. Le coefficient $\langle g\varphi, \psi \rangle$ $(g \in G)$ a été défini en II.2. Soit $g \in G$. On écrit $g = k(g)\,a(g)\,n(g)$ où $k(g) \in K$, $a(g) \in A$, $n(g) \in N$. On pose

$$\Xi(g) = \int_K a(g^{-1}k)^{-\rho}\,dk .$$

LEMME.- <u>Il existe des constantes positives</u> c <u>et</u> d <u>telles que l'on ait</u>

$$|\langle \exp(H)\varphi, \psi \rangle| \leq c\,|\varphi|\,|\psi|\,\exp(\langle \mathrm{Re}(\lambda)-\rho, H \rangle)\,(\|H\|+1)^d ,$$

<u>pour tout</u> $\varphi \in L^\infty(\mu,\lambda)$, $\psi \in L^\infty(-\mu,-\lambda)$, $H \in \underline{a}^+$.

<u>Preuve</u> : Posons $a = \exp(H)$. D'après II.2, on a

$$\langle a\varphi, \psi \rangle = \int_K \varphi(k(a^{-1}))\,\psi(k)\,a(a^{-1}k)^{-\lambda-\rho}\,dk .$$

Une démonstration analogue à celle du lemme 3.3.2.2. de /13/ montre que l'on a

$$a(a^{-1}k)^{-\lambda_o} \leq a^{\lambda_o}$$

pour tout $k \in K$. On a donc :

$$|\langle a\varphi, \psi \rangle| \leq |\varphi|\,|\psi|\,a^{\lambda_o}\,\Xi(a) .$$

Le lemme résulte de la majoration de Ξ établie en /13/8.3.7.4.

3.5. On note E le sous-ensemble des $\nu \in \bar{C}$ tels que pour tout $\varphi \in L^\circ(\mu,\lambda)$ et tout $\psi \in UL^\alpha(-\mu,-\lambda)$ il existe une constante $e > 0$ telle que l'on ait

$$|\langle \exp(H)\varphi, \psi \rangle| \leq e\,\exp(-\rho(H))\,(\|H\|+1)^d\,\exp(\nu(H)) ,$$

pour tout $H \in \underline{a}^+$. La constante d est celle du lemme 3.4. L'ensemble E est un fermé convexe de $\bar{C}$, et il contient λ_o . Il existe dans E un point unique ν_o , tel que $\|\nu\| \geq \|\nu_o\|$ pour tout $\nu \in E$.

3.6. LEMME.- On a $\lambda_o = \nu_o$.

Preuve : Nous employons les notations de IV.3.3. et IV.3.7. On choisit $\varphi \in L^\circ(\mu,\lambda)$ et $\psi \in U\,L^\circ(-\mu,-\lambda)$ tels que $<\Theta_1,\psi_1>$ soit non nul. Montrons que ceci est possible. Comme dans la démonstration de IV.3.9, on voit que l'on peut choisir $\varphi \in L^\circ(\mu,\lambda)$ de telle sorte que Θ_1 soit non nul. Soit $\psi \in U L^\circ(-\mu,-\lambda)$ un élément dont la restriction ψ_1 à G_1 soit non nulle. Il existe $u \in U(\underline{g}_{1C})$ tel que $<\Theta_1, u\psi_1>$ soit non nul. En effet dans le cas contraire, on aurait $<\Theta_1, u\psi_1> = 0$ pour tout $u \in U(\underline{g}_{1C})$, ce qui contredirait l'irréductibilité de $L(\mu_1,\lambda_1)$. En remplaçant ψ par $u\psi$, on a bien $<\Theta_1,\psi_1> \neq 0$.

La proposition IV.3.8. montre que si $\nu \in \underline{a}^*$ est tel que $\lambda_o+\nu \in E$, on a $\nu(H) \geq 0$, pour tout $H \in \underline{a}^+$ tel que $\alpha(H) > 0$ pour tout $\alpha \in \Delta_2^+$.

On a $\|\lambda_o+\nu\|^2 = \|\lambda_o\|^2 + \|\nu\|^2 + 2(\lambda_o,\nu)$. Considérons l'élément H_o de $\underline{a}$ tel que l'on ait $<\gamma, H_o> = (\gamma,\lambda_o)$ pour tout $\gamma \in \underline{a}^*$. On a $H_o \in \underline{a}^+$, et $\alpha(H_o) = 0$ pour tout $\alpha \in \Delta_2^+$, par définition de Δ_2^+ . Donc $\nu(H_o) \geq 0$, et $(\nu,\lambda_o) > 0$. On a donc $\|\lambda_o+\nu\| \geq \|\lambda_o\|$. Il en résulte que λ_o est l'élément de longueur minimum de E .

3.7. PROPOSITION.- Soient $\mu,\mu' \in P$, $\lambda,\lambda' \in \underline{h}^*$ tels que $\hat{r}_{\mu,\lambda}$ et $\hat{r}_{\mu',\lambda'}$ soient équivalents. Il existe $w \in W$ tel que $\mu' = w\mu$ et $\lambda' = w\lambda$.

Preuve : On peut supposer que $Re(\lambda)$ et $Re(\lambda')$ sont dans $\bar{C}$ (III.5.1). Rappelons que l'espace de $\hat{r}_{\mu\lambda}$ est noté $V(\mu,\lambda)$, et que $\widetilde{V^\mu}(\mu,\lambda)$ est canoniquement isomorphe à $L^\circ(\mu,\lambda)$. Soit A un isomorphisme de $V(\mu,\lambda)$ sur $V(\mu',\lambda')$. L'application transposée ${}^tA$ induit un isomorphisme de $V(-\mu',-\lambda')$ sur $V(-\mu,-\lambda)$. D'après IV.3.11, $V(-\mu,-\lambda) = U L^\circ(-\mu,-\lambda)$ et $V(-\mu',-\lambda') = U L^\circ(-\mu',-\lambda')$. Soient $\varphi \in L^\circ(\mu,\lambda)$, $\psi \in V(-\mu,-\lambda)$, et posons $A\varphi = \varphi'$ et ${}^tA^{-1}\psi = \psi'$

$t_A^{-1}\ \psi = \psi'$. On a $<u\varphi,\varphi> = <u\varphi',\psi'>$ pour tout $u \in U$. Comme les fonctions $<g\varphi,\psi>$ et $<g\varphi',\psi'>$ sont analytiques, il en résulte qu'elles sont égales. Soit E' l'ensemble défini comme en 3.5, en utilisant λ' et μ' à la place de λ et μ . Nous venons de montrer que $E = E'$. Il résulte de 3.6. que l'on a $\mathrm{Re}(\lambda) = \mathrm{Re}(\lambda')$.

Les objets introduits en IV.3.3. sont les mêmes pour λ et λ' . Il résulte de IV.3.8. que λ et λ' ont même restriction à $\underline{\underline{h}}_2$.

Posons $\underline{m}_2 = \underline{m} \cap \underline{h}_2$. En remplaçant dans IV.3.8. ψ par $\exp(H)\psi$, avec $H \in \underline{m}_2$, on voit de même que μ et μ' ont même restriction à $\underline{m}_2$.

Il résulte de la proposition IV.3.8. qu'il existe $\Theta_1 \in L(\mu_1,\lambda_1)$, $\psi_1 \in L(-\mu_1,-\lambda_1)$, $\Theta_1' \in L(\mu_1',\lambda_1')$ et $\psi_1' \in L(\mu_1',\lambda_1')$ tels que l'on ait

$$<g\Theta_1,\psi_1> = <g\Theta_1',\psi_1'> \text{ pour tout } g \in G$$

et tels que ces fonctions ne soient pas nulles. On en déduit

$$<u\Theta_1,\psi_1> = <u\Theta_1',\psi_1'> \text{ pour tout } u \in U(\underline{g}_{1C}) \; .$$

Comme $L(\mu_1,\lambda_1)$ et $L(\mu_1',\lambda_1')$ sont irréductibles, on en déduit facilement que l'application $u\Theta_1 \longmapsto u\Theta_1'$ est un isomorphisme de modules entre ces deux espaces. D'après 3.2. (appliqué au groupe G_1) il existe $w \in W_1$ tel que $w\mu_1 = \mu_1'$ et $w\lambda_1 = \lambda_1'$. On a aussi $w\mu = \mu'$ et $w\lambda = \lambda'$, ce qui prouve la proposition.

BIBLIOGRAPHIE.

[1] BRUHAT F. Sur les représentations induites des groupes de Lie. Bull. Soc. Math. France. 84 (1956) 97-205.

[2] DIXMIER J. Algèbres enveloppantes. Gauthier-Villars, Paris (1974).

[3] GELFAND I.M. et NAIMARK M.A. Représentations unitaires des groupes classiques. Trudy Matematika. Moscou (1950)(En russe).

[4] HELGASON S. A duality for symmetric spaces with applications to group representations. Advances in math. 5(1970) 1-154.

[5] HIRAI T. Structure of induced representations and characters of irreducible representations of complex semisimple Lie groups, Lecture notes in Math. 266 (1972) 167-188.

[6] KOSTANT B. On the existence and irreducibility of certain series of representations. Bull. Amer. Math. Soc. 75.(1969) 627-642.

[7] LANGLANDS R.P. On the classification of irreducible representations of real algebraic groups (preprint) Princeton (1973).

[8] LEPOWSKY J. Algebraic results on representations of semisimple Lie groups. Trans. Amer. Math. Soc. 176 (1973) 1-44.

[9] PARTHASARATHY K.R., RANGA RAO R. et VARADARAJAN V.S. Representations of complex semisimple Lie groups and Lie algebras, Ann. Math. 85 (1967) 383-429.

[10] SCHIFFMANN G. Intégrales d'entrelacement et fonctions de Whittaker, Bull. Soc. Math. France 99 (1971) 3-72.

[11] WALLACH N.R. Cyclic vectors and irreducibility for principal series representations. I. Trans. Amer. Math. Soc. 158 (1971) 107-113 ; II, Ibid. 164 (1972) 389-396.

[12] WALLACH N.R. Harmonic analysis on homogeneous spaces. Marcel Dekker, New-York (1973).

[13] WARNER G. Harmonic analysis on semisimple Lie groups (2 volumes) Springer. Berlin (1972).

[14] ZELOBENKO D.P. Symmetry in a class of elementary representations of a semisimple complex Lie group. Func. Analysis and Applic. 1 (1967) 15-38.

[15] ZELOBENKO D.P. The analysis of irreducibility in the class of elementary representations of a complex semisimple Lie group. Math. URSS. Izvestija 2 (1968) 105-128.

[16] ZELOBENKO D.P. Operational calculus on a complex semisimple Lie group. Math. URSS. Izvestija 3 (1969) 881-915.

[17] ZELOBENKO D.P. Analyse harmonique sur les groupes de Lie semi-simples complexes. Moscou (1974) (En russe).

M. DUFLO
Département de Mathématiques
Université de Paris VII
2, place Jussieu
75221 PARIS Cédex 05

INITIATION A LA THEORIE DES GROUPES MOYENNABLES

par

Pierre EYMARD

Cet exposé est consacré à une classe de groupes localement compacts, les groupes moyennables, qui est remarquable du point de vue de l'Analyse Harmonique. On peut l'introduire par plusieurs définitions équivalentes qui, en apparence, sont assez éloignées les unes des autres : existence de moyennes invariantes ; propriété du point fixe ; adhérence, au sens de Fell, de la représentation triviale à la représentation régulière ; propriétés de Reiter et de Reiter-Glicksberg ; propriétés de convolution dans L^p ; existence d'unités approchées dans l'algebre de Fourier ; propriétés combinatoires du type de Følner, etc...

Avant tout la théorie consiste à prouver l'équivalence de ces diverses définitions.

Il se trouve que les groupes résolubles sont moyennables et, en fait, constituent l'exemple le plus important de groupes moyennables. Par ailleurs aucun groupe de Lie connexe semi-simple non compact n'est moyennable. Ainsi toutes ces propriétés équivalentes, qui définissent la moyennabilité, sont des exemples de propriétés que possèdent les groupes résolubles, mais dont ne jouissent pas les groupes semi-simples non compacts.

Voici maintenant la table des matières de cet exposé :

I. MOYENNES INVARIANTES ET PROPRIETE DU POINT FIXE.

Soit G un groupe topologique séparé. Soit e son élément-neutre. Si f est une fonction sur G, et si $s \in G$, posons ${}_sf(x) = f(s^{-1}x)$. Notons $\mathcal{B}(G)$ [resp. $\mathcal{U} \subset \mathcal{B}(G)$] l'espace de Banach, pour la convergence uniforme, des fonctions complexes bornées sur G [resp. bornées et uniformément continues à gauche sur G].

D'une manière générale, soit $\mathcal{E}$ un sous-espace de Banach de $\mathcal{B}(G)$ tel que : a) $1 \in \mathcal{E}$; b) $f \in \mathcal{E}$ implique $\bar{f} \in \mathcal{E}$. Par définition une moyenne sur $\mathcal{E}$ est une forme linéaire m sur $\mathcal{E}$ telle que : 1) $m(1) = 1$; 2) pour toute $f \in \mathcal{E}$, on a $m(\bar{f}) = \overline{m(f)}$, et $f \geq 0$ implique $m(f) \geq 0$. Une telle forme est nécessairement continue, de norme 1. Si nous supposons de plus que $\mathcal{E}$ est stable par translation, c'est-à-dire que $f \in \mathcal{E}$ et $s \in G$ impliquent ${}_sf \in \mathcal{E}$, alors une moyenne m sur $\mathcal{E}$ est dite invariante si, pour tous $f \in \mathcal{E}$ et $s \in G$, on a $m({}_sf) = m(f)$.

DEFINITION.- Le groupe G est dit moyennable (en allemand : mittelbar, en anglais : amenable) si :

(M) <u>Il existe sur $\mathcal{UCB}(G)$ une moyenne invariante</u>.

Premier exemple (trivial) : les groupes compacts ont une moyenne invariante, qui est unique, leur mesure de Haar normalisée.

Définissons maintenant la propriété du point fixe.

Si Q est un ensemble convexe dans un espace localement convexe séparé L, nous disons que G opère <u>continûment et affinement</u> dans Q, si une application continue $(s,q)\mapsto sq$ de $G\times Q$ dans Q est donnée telle que:

a) pour tout $s\in G$, l'application $q\mapsto sq$ est affine dans Q ;

b) pour tous $s_1\in G$, $s_2\in G$, $q\in Q$, on a : $s_1(s_2q) = (s_1s_2)q$, et $eq = q$.

DEFINITION.- Le groupe G a <u>la propriété du point fixe</u> (PF) si, chaque fois que G opère continûment et affinement dans un convexe compact non vide Q, il existe dans Q un point laissé fixe par G.

THEOREME 1.- (M) <u>et</u> (PF) <u>sont des propriétés équivalentes</u>.

<u>Démonstration</u> : (cf. [1] et [17]) :

1) (PF) implique (M), car (M) n'est qu'une propriété du point fixe particulière. Prendre pour L le dual de l'espace de Banach $\mathcal{UCB}(G)$ avec la topologie faible de dualité, pour Q l'ensemble évidemment convexe et compact de toutes les moyennes sur $\mathcal{UCB}(G)$; cet ensemble n'est pas vide, car $f\mapsto f(a)$ est une moyenne pour tout $a\in G$. Faire opérer G sur Q en définissant, pour $s\in G$, la translatée sm d'une moyenne m comme suit : $sm(f) = m({}_{s^{-1}}f)$ pour toute $f\in\mathcal{UCB}(G)$. Alors G opère <u>continûment</u> dans Q grâce à <u>l'uniforme</u> continuité des f. Par conséquent il existe un point fixe, c'est-à-dire une moyenne invariante.

2) Que (M) implique (PF) est la partie remarquable de l'énoncé, puiqu'elle énonce qu'une propriété du point fixe très particulière, à savoir

(M) , implique la propriété du point fixe universelle. Supposons que G opère continûment et affinement sur un convexe compact non vide Q dans un localement convexe L . Soit m une moyenne invariante sur $\mathcal{U}C\mathcal{B}(G)$. Partons d'un élément quelconque b de Q . Formellement posons :

$$a = \int_G sb\,dm(s) .$$

Alors a est un élément de Q , et il est fixe par G . Pour justifier ceci, il suffirait de développer quelques lemmes, en les copiant sur les débuts de la théorie de l'intégration à valeurs vectorielles.

II. PREMIERS EXEMPLES DE GROUPES MOYENNABLES ET DE GROUPES NON MOYENNABLES.

1) Soit H un sous-groupe distingué fermé de G . Sur (M) il est clair que, si G est moyennable, alors le groupe G/H est moyennable.

Réciproquement, supposons les groupes H et G/H moyennables. Alors le groupe G est moyennable. En effet supposons que G opère continûment et affinement sur un convexe compact non vide Q . Soit Q_o l'ensemble des $q \in Q$ qui sont fixes par H . Par hypothèse Q_o n'est pas vide ; il est clair qu'il est convexe et compact. Or GQ_o est contenu dans Q_o , et l'action de G dans Q_o s'identifie à une action continue et affine de G/H dans Q_o . Par hypothèse, cette dernière a un point fixe, qui est évidemment aussi fixe sous l'action de G .

2) Par le théorème du point fixe de Markoff-Kakutani (cf. N.Bourbaki, Espaces vectoriels topologiques, Appendice après le Chapitre 2), on obtient que tout groupe abélien (même discret) est moyennable. Appliquant le 1) ci-dessus, on en déduit que <u>tout groupe résoluble est moyennable</u>.

3) Tout groupe de Lie G semi-simple connexe non compact, de centre fini, est non-moyennable, car il ne satisfait pas à la propriété (PF). En effet soit $G = KS$ une décomposition d'Iwasawa, où K est un sous-groupe compact maximal de G, et S un sous-groupe résoluble. Il est connu que le groupe S n'est pas unimodulaire (cf. [11], p. 366 et chap. 10) ; par conséquent l'espace homogène G/S n'a pas de mesure positive invariante non nulle. En d'autres termes, il n'y a pas de point fixe dans l'action évidente de G sur l'ensemble convexe vaguement compact des mesures de probabilité sur le compact G/S (cf. [7]).

Plus généralement, en utilisant les théorèmes de structure des groupes localement compacts, Rickert [17] a prouvé que, pour un groupe localement compact G "presque connexe" (ce qui signifie que le quotient de G par sa composante neutre est compact), le groupe G est moyennable si et seulement si $G/\mathrm{rad}(G)$ est compact, où le radical rad(G) est le plus grand sous-groupe distingué résoluble connexe de G.

4) Le groupe (discret) libre à deux générateurs a et b n'est pas moyennable. J. von Neumann [18] le montre par l'absurde comme suit. Soit m une moyenne invariante. Si E est une partie de G, soit χ_E sa fonction caractéristique, et posons $m(E) = m(\chi_E)$. Pour tout entier $n \geq 0$, soit E_n l'ensemble des $x \in G$, qui, écrits en mot réduit, commencent par a^n. Les E_n sont disjoints, et $x \mapsto ax$ est, pour tout $n \geq 0$, une bijection de E_n sur E_{n+1} ; d'autre part $x \mapsto bx$ applique chaque E_n, où $n > 0$, dans E_o. Donc, puisque $m(G) = 1$, on a $m(E_n) = 0$ pour tout $n \geq 0$, mais aussi $m(E_o) \geq m(\bigcup_{n>o} E_n)$. De plus $m(E_o) + m(\bigcup_{n>o} E_n) = 1$, donc $m(E_o) \geq \frac{1}{2}$, ce qui est contradictoire avec $m(E_o) = 0$.

5) Nous verrons au § IV que tout sous-groupe fermé d'un groupe localement compact moyennable est moyennable.

III. GROUPES MOYENNABLES ET PROPRIETES DE REITER. (cf. [8] et [16]).

Tout d'abord, afin de définir la propriété de Reiter-Glicksberg, fixons quelques notations. Supposons donnés un espace de Banach E et, pour chaque $x \in G$, une application linéaire continue de E dans E, soit A_x, telle que :

1) $A_e = Id_E$;

2) quels que soient $x \in G$, $y \in G$, on a $A_{xy} = A_y A_x$;

3) quel que soit $f \in E$, l'application $x \mapsto A_x f$ est continue de G dans E ;

4) la norme de A_x vaut 1.

Soit J le sous-espace vectoriel de E engendré par les $A_x g - g$, où $x \in G$, $g \in E$.

Pour $f \in E$, notons C_f l'enveloppe convexe dans E des $A_x f$, où $x \in G$.

DEFINITION.- Un groupe topologique séparé G satisfait à la <u>propriété de Reiter-Glicksberg</u> (RG), si, chaque fois qu'on est dans une telle situation, on a l'égalité :

$$\boxed{\operatorname{dist}_E(0,C_f) = \operatorname{dist}_E(f,J)\ .}$$

THEOREME 2.- <u>Tout groupe moyennable a la propriété</u> (RG).

<u>Démonstration</u> : Posons $d = \operatorname{dist}_E(0,C_f)$. Dans le dual E' muni de la topologie faible, soit Q l'ensemble convexe compact des $\varphi \in E'$ telles que $\|\varphi\|_{E'} \le 1$ et telles que, pour tout $x \in G$, on ait $\operatorname{Re} \langle A_x f, \varphi \rangle \ge d$. D'après le théorème de Hahn-Banach Q n'est pas vide. Si $s \in G$ et $\varphi \in Q$, définissons $s\varphi$ par :

$<g, s\varphi> = <A_s g, \varphi>$ pour tout $g \in E$. Alors $(s,\varphi) \mapsto s\varphi$ est une action affine et continue de G dans Q. D'après la propriété (PF) il existe $\theta \in Q$ fixe par G. Ainsi, pour tous $g \in E$, $x \in G$, on a : $<A_x g - g, \theta> = 0$; en d'autres termes θ est orthogonale à J. Donc :

$$\mathrm{dist}_E(f,J) = \inf_{g \in J} \|f-g\|_E \geq \inf_{g \in J} |<f-g,\theta>| = |<f,\theta>| \geq d .$$

L'inégalité en sens inverse est triviale (et vérifiée sans hypothèse sur G), car, si $h = \Sigma c_n A_{x_n} f \in C_f$, où les c_n sont ≥ 0 et de somme un, on a $h = f - \Sigma c_n(f - A_{x_n} f) = f - g$, où $g \in J$. Donc, pour tout $h \in C_f$, on a $\|h\| \geq \mathrm{dist}_E(f,J)$. Par suite $d = \inf \|h\| \geq \mathrm{dist}_E(f,J)$.

<u>Désormais nous supposons que le groupe</u> G <u>est localement compact.</u> Nous considérons les espaces de Lebesgue $L^p(G)$ relativement à une mesure de Haar à gauche dx sur G. Nous notons ε_x la mesure de Dirac au point $x \in G$. Soit $M^1(G)$ l'algèbre de convolution des mesures de Radon bornées sur G, et $M_o(G)$ l'ensemble des mesures positives normalisées à support fini sur G (i.e. l'ensemble des combinaisons linéaires convexes des mesures ε_x, où $x \in G$).

THEOREME 3.- <u>Soit</u> G <u>un groupe localement compact. Supposons que</u> G <u>ait la propriété</u> (RG). <u>Alors</u> G <u>a la propriété</u> :

(R) <u>pour toute</u> $f \in L^1(G)$, $$\left| \int_G f(x)dx \right| = \inf_{\nu \in M_o(G)} \|f * \nu\|_1$$

<u>Démonstration</u> : Dans (RG) prenons $E = L^1(G)$, et $A_x f = f * \varepsilon_x$. Alors $\bar{J}$, la fermeture de J dans $L^1(G)$, est l'ensemble des fonctions appartenant à $L^1(G)$ et d'intégrale de Haar nulle. D'autre part $\mathrm{dist}_E(f,J)$ est égale à la norme quotient de l'image de f par l'application canonique $E \to E/\bar{J}$, donc égale à $\left|\int_G f(x)dx\right|$, c.q.f.d.

LEMME.- <u>Supposons que</u> G <u>satisfasse à</u> (R) . <u>Soient</u> $f_1,\dots,f_p$ <u>des fonctions appartenant à</u> $L^1(G)$ <u>telles que, pour</u> $i = 1,\dots,p$, <u>on ait</u> $\int_G f_i(x)\,dx = 0$. <u>Alors, pour tout</u> $\varepsilon > 0$, <u>il existe</u> $\nu \in M_o(G)$ <u>telle que, pour tout</u> $i = 1,\dots,p$, <u>on ait</u> $\|f_i * \nu\|_1 \le \varepsilon$.

Si $p = 1$, le lemme est un cas particulier de la propriété (R) . Par hypothèse de récurrence, il existe $\mu_1 \in M_o(G)$ telle que $\|f_i * \mu_1\|_1 \le \varepsilon$ pour $i = 1,\dots,p-1$. Or on a $\int_G (f_p * \mu_1)(x)dx = 0$; donc il existe $\mu_2 \in M_o(G)$ telle que $\|f_p * \mu_1 * \mu_2\|_1 \le \varepsilon$. Il suffit de prendre $\nu = \mu_1 * \mu_2$.

DEFINITION.- Soit p un nombre réel ≥ 1 . On dit que le groupe localement compact G a <u>la propriété</u> (P_p) [resp. (P_p^*)] si pour tout ensemble K compact [resp. fini] dans G , et pour tout $\varepsilon > 0$, il existe une fonction $f \in L^p(G)$, positive et telle que $\|f\|_p = 1$, telle que, pour tout $s \in K$, on ait :

$$\|{}_s f - f\|_p \le \varepsilon \ .$$

Notons enfin (M_∞) la propriété pour G d'avoir une <u>moyenne invariante</u> sur $L^\infty(G)$, mieux que sur $\mathcal{UCB}(G)$.

Nous allons prouver maintenant les implications $(R) \Rightarrow (P_1)$; $(P_1^*) \Rightarrow (M_\infty)$; $(P_1^*) \Leftrightarrow (P_p^*)$; $(P_1) \Leftrightarrow (P_p)$. D'autre part les implications $(P_1) \Rightarrow (P_1^*)$ et $(M_\infty) \Rightarrow (M)$ sont évidentes. Compte-tenu des Théorèmes 1,2,3, nous aurons donc prouvé le

SCHOLIE 1.- <u>Soit</u> G <u>un groupe localement compact.</u> Soit $1 \le p < \infty$. <u>Alors les propriétés</u> (M) , (M_∞) , (PF) , (RG) , (R) , (P_1) , (P_1^*) , (P_p) , (P_p^*) <u>sont équivalentes ; par suite chacune définit la moyennabilité de</u> G .

Nous aurons en effet accompli le circuit logique :

$$
\begin{array}{ccccccc}
 & & (M) & \Longleftrightarrow & (PF) & \Longrightarrow & (RG) \\
 & & \Uparrow & & & & \Downarrow \\
 & & (M_\infty) & & & & (R) \\
 & & \Uparrow & & & & \Downarrow \\
(P_p^*) & \Longleftrightarrow & (P_1^*) & \Longleftarrow & & & (P_1) & \Longleftrightarrow & (P_p)
\end{array}
$$

<u>Démonstration de</u> : $(R) \Rightarrow (P_1)$. Soit K un compact de G , et soit $\varepsilon > 0$. Partons d'une $g \in L^1(G)$ positive et de norme un, par ailleurs arbitraire. Soit V un voisinage de e dans G tel que, pour tout $y \in V$, on ait $\|{}_y g - g\| \leq \varepsilon/2$. Soient $a_1, \dots, a_p$ dans G , tels que le compact K soit contenu dans la réunion des $a_j V$; $j = 1, \dots, p$. Les fonctions $f_j = {}_{a_j}g - g$ satisfont à $\int_G f_j(x)\,dx = 0$. D'après le lemme, il existe $\nu \in M_o(G)$ telle que $\|f_j * \nu\|_1 \leq \varepsilon/2$ pour $j = 1, \dots, p$. Posons $f = g * \nu$. Alors $f \in L^1(G)$, $f \geq 0$, et $\|f\|_1 = 1$. Soit $s \in K$; l'un au moins des $j = 1, 2, \dots,$ ou p est tel que $s = a_j y$, avec $y \in V$. Pour un tel j ,

$$
{}_s f - f = {}_{a_j y} f - f = {}_{a_j}({}_y f - f) + {}_{a_j} f - f =
$$

$$
= {}_{a_j}({}_y g * \nu - g * \nu) + {}_{a_j}(g * \nu - g * \nu = {}_{a_j}[({}_y g - g) * \nu] + ({}_{a_j} g - g) * \nu
$$

est, en norme L^1 , plus petit que $\varepsilon/2 + \varepsilon/2 = \varepsilon$.

<u>Démonstration de</u> : $(P_1^*) \Rightarrow (M_\infty)$. Considérons l'ensemble ordonné filtrant $\mathfrak{F}$ des (K, ε) , où K est une partie finie de G et ε un nombre réel > 0 , et où $(K, \varepsilon) < (K', \varepsilon')$ si $K \subset K'$ et $\varepsilon' \leq \varepsilon$. Par hypothèse, pour tout $(K, \varepsilon) \in \mathfrak{F}$, il existe une fonction $f_{K,\varepsilon} \in L^1(G)$, positive et de norme un, telle que :

(1) $$\text{pour tout } s \in K , \ \|{}_s f_{K,\varepsilon} - f_{K,\varepsilon}\|_1 \leq \varepsilon .$$

Mais, dans le dual $(L^\infty)'$, on identifie $f_{K,\varepsilon}$ à une <u>moyenne</u> , et

(1) dit en somme que cette moyenne est "presque" invariante. Puisque l'ensemble des moyennes est faiblement compact, les $f_{K,\varepsilon}$ ont dans cet ensemble une valeur m d'adhérence relativement au filtre $\mathfrak{F}$. En passant à la limite sur (1), on voit aisément que m est une moyenne G-invariante sur $L^{\infty}(G)$.

On démontre enfin très facilement les équivalences $(P_1) \Leftrightarrow (P_p)$ et $(P_1^*) \Leftrightarrow (P_p^*)$ en appliquant, dans les définitions de ces propriétés, l'inégalité de Hölder, ainsi que les inégalités suivantes, valables pour $a \geq 0$, $b \geq 0$, $p \geq 1$:

$$|a-b|^p \leq |a^p - b^p| \leq p|a-b|(a^{p-1} + b^{p-1}) .$$

IV. GROUPES MOYENNABLES ET REPRESENTATION REGULIERE.

En 1965 H. Reiter (cf. [16]) et A. Hulanicki [12] ont prouvé le

THEOREME 4.- Un groupe localement compact G est moyennable si et seulement si la représentation triviale de G est faiblement contenue (au sens de Fell) dans la représentation régulière gauche ρ de G dans $L^2(G)$.

C'est là le résultat le plus intéressant de la théorie ; la moyennabilité se décide par un critère spectral, qu'on lit sur $\hat{G}$. Il dit que l'existence d'une moyenne invariante sur $L^{\infty}(G)$ équivaut à l'égalité $\hat{G} = \hat{G}_r$ (cf [4]), c'est-à-dire à l'une ou l'autre des propriétés suivantes :

(F) : pour la convergence compacte sur G, la constante 1 est limite de fonctions $f * \tilde{f}$, où $f \in L^2(G)$ et $\|f\|_2 = 1$; [Notation : $\tilde{f}(x) = \overline{f(x^{-1})}$].

(G) : pour la convergence compacte sur G, la constante 1 est limite de fonctions continues de type positif à support compact sur G ;

(F') : <u>pour toute mesure</u> μ <u>bornée de type positif sur</u> G , <u>on a</u> $\int_G d\mu \geq 0$.

(F'') : <u>pour toute</u> $f \in L^1(G)$, <u>on a</u> $|\int_G f(x)dx| \leq |||\rho(f)|||$.

Nous introduisons de plus les propriétés (F^*) et (G^*) en remplaçant, dans (F) et (G) , la convergence compacte par la convergence <u>simple</u>.

<u>Démonstration du Théorème 4</u> : Nous ne revenons pas sur l'équivalence des quatre propriétés (F), (G), (F'), (F'') , qui est prouvée dans [4] (cf. aussi [5] pour (F'')) . Nous allons montrer que (P_2) implique (F) et que (F^*) implique (P_2^*) .

1) Supposons (P_2) . Soit un compact K dans G , et $\varepsilon > 0$. Il existe $f \in L^2(G)$, telle que $\|f\|_2 = 1$, et telle que, pour tout $s \in K$, on ait $\|_sf - f\|_2 \leq \varepsilon$. Alors, pour tout $s \in K$, par l'inégalité de Schwarz,

$$|1 - f * \tilde{f}(s)| = |1 - ({}_sf|f)| = |({}_sf - f|f)| \leq \|_sf - f\|_2 \|f\|_2 \leq \varepsilon .$$

Donc (F) .

2) Supposons (F^*) . Soit K un ensemble fini dans G , et soit $\varepsilon > 0$. Il existe $f \in L^2(G)$ telle que $\|f\|_2 = 1$, et telle que, pour tout $s \in K$, on ait $|1 - f * \tilde{f}(s)| \leq \varepsilon^2/2$.

Alors, pour tout $s \in K$,

$$\|_sf - f\|_2^2 = ({}_sf - f|{}_sf - f) = \|_sf\|_2^2 + \|f\|_2^2 - 2\,\mathrm{Re}\,({}_sf|f) =$$

$$= 2[1 - \mathrm{Re}({}_sf|f)] \leq 2|1 - ({}_sf|f)| = 2|1 - f * \tilde{f}(s)| \leq \varepsilon^2 ,$$

donc (P_2^*) .

Puisqu'il est clair que (F) implique (F^*) , en vertu du Scholie 1 nous avons prouvé le Théorème 4, et, de plus, nous obtenons <u>l'équivalence des propriétés</u> (F) <u>et</u> (F^*) , <u>et de</u> (G) <u>et</u> (G^*) , par un long circuit logique. Je ne connais pas de démonstration directe pour ces deux dernières équivalences.

La propriété (G) de Godement est la plus commode pour montrer que tout sous-groupe fermé d'un groupe localement compact moyennable est moyennable. En effet les restrictions au sous-groupe des fonctions continues de type positif à support compact sur le groupe sont des fonctions continues de type positif à support compact sur le sous-groupe.

V. GROUPES MOYENNABLES ET CONVOLUTIONS PAR DES MESURES.

DEFINITION.- Soit $1 \leq p \leq \infty$. Soit μ une mesure de Radon sur G. Disons que μ convole $L^p(G)$ s'il existe une constante C tel que, pour toute fonction h continue à support compact sur G, on ait $\|\mu * h\|_p \leq C\|h\|_p$. Notons $\|\mu\|_{Cv_p}$ la borne inférieure de telles C.

Il est clair que toute mesure μ bornée convole $L^p(G)$, et qu'alors $\|\mu\|_{Cv_p} \leq \|\mu\|_1$.

Considérons maintenant les propriétés suivantes :

(D_p) Pour toute mesure positive bornée μ sur G, on a $\|\mu\|_{Cv_p} = \|\mu\|_1$.

(B_p) Si une mesure positive convole $L^p(G)$, cette mesure est nécessairement bornée.

Pour $1 < p < +\infty$, nous allons maintenant démontrer les implications $(F) \Rightarrow (D_2)$; $(D_2) \Rightarrow (F'')$; $(D_2) \Leftrightarrow (D_p) \Leftrightarrow (B_p)$. Nous aurons ainsi obtenu le :

SCHOLIE 2.- Soit G un groupe localement compact. Soit $1 \leq p < \infty$ et soit $1 < r < \infty$. Alors les propriétés (M), (M_∞), (PF), (RG), (R), (P_1), (P_1^*), (P_p), (P_p^*), (F^*), (F), (F'), (F''), (G), (G^*), (D_2), (B_2), (D_r), (B_r) sont équivalentes ; et donc chacune d'elles définit la moyennabilité de G.

Démonstration (cf. [2] , [13] , [14]) :

1) (F) implique (D_2) : On se ramène facilement au cas où la mesure positive bornée μ envisagée dans (D_2) a un support compact K . Soit alors $\varepsilon > 0$. D'après (F) , il existe $f \in L^2(G)$ telle que $\|f\|_2 = 1$, et telle que, si $u = f * \tilde{f}$, on ait $\inf_{x \in K} [\operatorname{Re} u(x)] \geq 1 - \varepsilon$. Alors

$$\|\mu\|_{Cv_2} \geq |(\mu * f | f)| = |\int_G u(x) d\mu(x)| \geq \int_K \operatorname{Re} u(x) d\mu(x) \geq (1-\varepsilon)\|\mu\|_1 ,$$

donc (D_2) , puisque $\varepsilon > 0$ est arbitraire.

2) (D_2) implique (F") : Soit $f \in L^1(G)$. On a $|||\rho(f)||| = \|f\|_{Cv_2}$. Donc, si f est positive, (F") résulte immédiatement de (D_2) . Si f est réelle, posons $f = g - h$, où g et h sont positives et dans $L^1(G)$; alors

$$|\int_G f\,dx| = |\int_G g\,dx - \int_G h\,dx| = |\,|||\rho(g)||| - |||\rho(h)|||\,| \leq |||\rho(g-h)||| = |||\rho(f)||| .$$

On passe au cas général d'une f quelconque par un argument facile de complexification.

3) Toutes les propriétés (D_p) sont équivalentes d'après le théorème d'interpolation de Riesz-Thorin. En effet la fonction $t \mapsto \log\|\mu\|_{Cv_{1/t}}$ est convexe dans $0 \leq t \leq 1$, et vaut $\log\|\mu\|_1$ pour $t = 0$ et pour $t = 1$. Par conséquent, si elle vaut aussi $\log\|\mu\|_1$ en un point $1/p \in]0,1[$, ce qui est l'hypothèse (D_p) , elle est constante dans $[0,1]$.

4) (D_p) implique (B_p) : Soit μ une mesure positive convolant $L^p(G)$. Pour tout ensemble compact K dans G , soit μ_K la restriction de μ à K . Alors μ_K est une mesure positive bornée et, d'après (D_p) , en notant q l'exposant conjugué de p ,

$$\|\mu_K\|_1 = \|\mu_K\|_{Cv_p} = \sup_{\substack{f,g\geq 0 \\ \|f\|_q\leq 1, \|g\|_p\leq 1}} (\mu_K, f*\check{g}) \leq \sup_{\substack{f,g\geq 0 \\ \|f\|_q\leq 1, \|g\|_p\leq 1}} (\mu, f*\check{g}) \leq \|\mu\|_{Cv_p} .$$

Ainsi $\sup_K \|\mu_K\|_1 < +\infty$, donc la mesure μ est bornée.

5) (B_p) <u>implique</u> (D_p) : Par l'absurde supposons qu'il existe une mesure de probabilité μ telle que $\|\mu\|_{Cv_p} < 1$. Choisissons une fonction continue σ positive, à support compact, et telle que $\|\sigma\|_1 = 1$. Posons $\mu^n = \mu * \dots * \mu$ (n fois) et $\sigma_N = \sum_{n=1}^{N} \mu^n * \sigma$. On a $\|\sigma_N\|_1 = N$. Posons

$\nu = \sum_{n=1}^{\infty} \mu^n$; pour la norme de convoluteurs dans $L^p(G)$, cette série converge, et sa somme ν est une <u>mesure</u>, car c'est un convoluteur <u>positif</u> : $\nu * h \geq 0$ pour toute fonction $h \geq 0$ à support compact. Pour la convergence dans $L^p(G)$, on a $\nu * \sigma = \sum_{n=1}^{\infty} \mu^n * \sigma$. D'après le théorème de Lebesgue, il existe une sous-suite (σ_{N_k}) qui converge vers $\nu * \sigma$ dans $L^1(G)$. Mais $\lim_{k\to\infty} \|\sigma_{N_k}\|_1 = \lim_{k\to\infty} N_k = +\infty$, ce qui est contradictoire.

REMARQUES : Pour certains groupes importants <u>non</u> moyennables, on peut énoncer des propriétés beaucoup plus fortes que la négation de (B_2) ou (D_2).

Par exemple :

1) Kunze et Stein pour $SL(2,R)$, Lipsman pour $SL(n,C)$ et $SO_0(n,1)$, on prouvé que toute fonction de L^q, où q est donné tel que $1 \leq q < 2$, convole L^2. On conjecture que ce phénomène se produit pour tout groupe de Lie G semi-simple connexe de centre fini. C'est en tout cas vrai pour les fonctions de L^q qui sont invariantes à droite par un sous-groupe compact maximal de G (cf. P. Eymard et N. Lohoué, Annales Sc. de l'E.N.S., 1975).

2) Un résultat récent de C.Berg et Christensen énonce que, pour

tout groupe G non moyennable, si μ est une mesure positive bornée dont le support contient e et engendre un sous-groupe dense, alors $\|\mu\|_{Cv_2} \neq \|\mu\|_1$. (cf. à ce sujet la conférence de J. Faraut dans le présent recueil).

VI. CONDITIONS DE FØLNER POUR LES GROUPES MOYENNABLES.

On peut facilement prouver qu'une version ensembliste de la propriété fonctionnelle (P_1) est en fait équivalente à (P_1), donc à la moyennabilité de G, à savoir :

(A_W) Pour tout ensemble compact $K \subset G$, et pour tout $\varepsilon > 0$, il existe un ensemble compact V, de mesure de Haar strictement positive, tel que, pour tout $s \in K$,

$$\text{mes}(sV \Delta V)/\text{mes}(V) \leq \varepsilon .$$

(Notation : $E \Delta F$ est la réunion des éléments de E qui ne sont pas dans F, et des éléments de F qui ne sont pas dans E).

Remarque historique : en 1955, Følner a prouvé directement $(A_W) \Leftrightarrow (M)$, pour les groupes discrets, par d'ingénieuses méthodes combinatoires.

Mais on peut définir une condition en apparence plus forte :

(A) Pour tout ensemble compact $K \subset G$, et pour tout $\varepsilon > 0$, il existe un ensemble compact V, de mesure de Haar strictement positive, tel que :

$$\text{mes}(KV \Delta V)/\text{mes}(V) \leq \varepsilon .$$

THEOREME 5.- (A_W) implique (A). Autrement dit : (A) est une condition nécessaire et suffisante pour que le groupe localement compact G soit moyennable.

En quelque sorte, ce théorème indique que les groupes moyennables sont ceux qui ne sont pas trop "topologiquement libres" (cf. aussi l'exemple 4) dans II. ci-dessus).

Le théorème 5 a d'abord été prouvé par Leptin [13] pour les groupes presque connexes. Finalement, en 1967, Emerson et Greenleaf [10] l'ont démontré sans hypothèse de connexité. Il n'est pas question de reproduire ici la démonstration du théorème 5, qui malheureusement - car c'est le seul obstacle actuellement à ce que toute la théorie soit "élémentaire" - repose sur la structure des groupes localement compacts (5ème problème de Hilbert). Mentionnons au moins le lemme principal, qui est une belle <u>propriété de recouvrement</u> :

Soit G un groupe localement compact. Alors il existe un ensemble $K \subset G$, d'intérieur non vide, et de fermeture compacte, et il existe une famille $(x_\alpha)_{\alpha \in I}$ d'éléments de G, tels que :

1) G est la réunion des translatés Kx_α, $\alpha \in I$;

2) si $y \in G$, le nombre des $\alpha \in I$ tels que $y \in Kx_\alpha$ est uniformément borné.

VII. <u>MOYENNABILITE ET EXISTENCE D'UNITES APPROCHEES DANS</u> $A(G)$.

Soit G un groupe localement compact. Notons $A(G)$ l'ensemble des fonctions $u = f * \tilde{g}$, où f et g sont dans $L^2(G)$. Nous avons démontré dans [5] que $A(G)$ est une algèbre pour la somme et le produit ordinaire des fonctions, et que c'est une algèbre de Banach pour la norme $\|u\|_A = \inf_{u=f*\tilde{g}} \|f\|_2 \|g\|_2$.
On l'appelle <u>l'algèbre de Fourier</u> de G. (Si G est abélien, $A(G) = \mathcal{F}L^1(\hat{G})$).
Par la formule $\langle \mu, u \rangle = \int_G u(x)d\mu(x)$, toute mesure $\mu \in M^1(G)$ définit une forme linéaire continue sur l'espace de Banach $A(G)$, et la norme de cette forme est $\|\mu\|_{Cv_2}$.

Dans une algèbre de Banach A , rappelons qu'une unité approchée bornée est une famille filtrante $(e_i)_{i\in I}$ d'éléments de norme un dans A , telle que, pour tout $u \in A$, on ait $\lim_i \|e_i u-u\|_A = 0$.

THEOREME 6.- <u>Soit</u> G <u>un groupe localement compact. Alors l'algèbre de Fourier</u> $A(G)$ <u>a une unité approchée bornée si et seulement si le groupe</u> G <u>est moyennable.</u>

<u>Démonstration</u> (cf.[15]) :

1) Si G est moyennable, il a la propriété de Følner (A) . Pour tout compact K , soit V un compact de mesure >0 tel que $\mathrm{mes}(KV)/_{\mathrm{mes}(V)} \leq (1+\varepsilon)^2$. Posons $e_{K,\varepsilon} = [(1+\varepsilon)\mathrm{mes}(V)]^{-1}\, \chi_{KV} * \tilde{\chi}_V$. Un calcul facile montre que ces fonctions "trapézoïdales" $e_{K,\varepsilon}$ forment une unité approchée bornée pour $A(G)$, si l'on ordonne l'ensemble I des (K,ε) par $(K,\varepsilon)<(K',\varepsilon')$ si $K \subset K'$ et $\varepsilon' \leq \varepsilon$.

2) Soit $(e_i)_{i\in I}$ une unité approchée bornée pour $A(G)$. Alors les fonctions $e_i(x)$ tendent vers 1 uniformément sur tout compact de G (dans la définition des e_i , prendre $u \in A(G)$ identique à 1 sur ce compact). Prouvons (D_2) . Soit $\varepsilon>0$, et soit $\mu \in M^1(G)$ une mesure positive, que nous pouvons supposer à support compact K . Soit $i \in I$ tel que $\inf_{x\in K} \mathrm{Re}\, e_i(x) \geq 1-\varepsilon$. Alors :

$$\|\mu\|_{Cv_2} \geq \left|\int_G e_i(x)d\mu(x)\right| \geq \int_K \mathrm{Re}\, e_i(x)d\mu(x) \geq (1-\varepsilon)\int_K d\mu(x) = (1-\varepsilon)\|\mu\|_1 .$$

Donc (D_2) .

BIBLIOGRAPHIE.

[1] M. DAY — Fixed point theorems for compact convex sets, Illinois J. of Math., 5, 1961, p. 585-589 ; and 8, 1964, p. 713.

[2] J. DIEUDONNE — Sur le produit de composition, II, J. Math. Pures Appl., 39, 1960, p. 275-292.

[3] J. DIXMIER — Les moyennes invariantes dans les semi-groupes et leurs applications, Acta Sci. Math. Szeged, 12 A, 1950, p. 213-227.

[4] J. DIXMIER — Les C*-algèbres et leurs représentations, Gauthier-Villars, Paris, 1964.

[5] P. EYMARD — L'algèbre de Fourier d'un groupe localement compact, Bull. Soc. Math. France, 92, 1964, p. 181-236.

[6] P. EYMARD — Moyennes invariantes et Représentations unitaires, Lecture Notes n° 300, Springer-Verlag 1973.

[7] H. FURSTENBERG — A Poisson formula for semi-simple Lie groups, Annals of Math., 77, 1963, p. 335-386.

[8] I. GLICKSBERG — On convex hulls of translates, Pacific J. of Math. 13, 1963, p. 97-113.

[9] F.P. GREENLEAF — Invariant means on topological groups, New-York, 1969.

[10] F.P. GREENLEAF and W.R. EMERSON — Covering properties and Følner conditions for locally compact groups, Math. Zeitschr. 102, 1967, p. 370-384.

[11] S. HELGASON — Differential Geometry and Symmetric spaces, Ac. Press, New-York, 1962.

[12] A. HULANICKI — Means and Følner conditions on locally compact groups, Studia Math. 27, 1966, p. 87-104.

[13] H. LEPTIN — On a certain invariant of a locally compact group, Bull. Amer. Math. Soc. 72, 1966, p. 870-874.

[14] H. LEPTIN — On locally compact groups with invariant means, Proc. Amer. Math. Soc. 19, 1968, p. 489-494.

[15] H. LEPTIN — Sur l'algèbre de Fourier d'un groupe localement compact, CR. Acad. Sc. Paris, t. 266, p. 1180-1182, 1968.

[16] H. REITER — Classical harmonic analysis and locally compact groups, Oxford, 1968.

[17] N.W. RICKERT — Amenable groups and groups with the fixed point property, Transactions Amer. Math. Soc. 127, 1967, p. 221-232.

[18] J. von NEUMANN — Zur allgemeinen Theorie des Masses, Fund. Math. 13, 1929, p. 73-116.

MARCHES ALEATOIRES SUR LE DUAL DE SU(2).

par

Pierre EYMARD

et

Bernard ROYNETTE

TABLE DES MATIERES.

§ 0. INTRODUCTION.

Ce travail a été inspiré par l'étude classique des marches aléatoires sur le groupe additif des entiers $\mathbb{Z}$, dont les principaux résultats s'obtiennent en considérant $\mathbb{Z}$ comme le dual du groupe $\mathbb{T}$, et en utilisant la transformation de Fourier des mesures de probabilité sur $\mathbb{Z}$ en fonctions de type positif sur $\mathbb{T}$ (cf le § 1 ci-après, et le livre de F. Spitzer [3]). En gros, disons que nous remplaçons $\mathbb{Z}$, dual de $\mathbb{T}$, par l'ensemble des entiers naturels $\mathbb{N}$, indexant le dual de $SU(2)$, l'addition sur $\mathbb{Z}$ étant remplacée par la loi d'hypergroupe sur $\mathbb{N}$ qui provient des formules de Clebsch-Gordan pour le produit tensoriel des représentations unitaires irréductibles du groupe compact $SU(2)$.

Soit μ une mesure de probabilité sur $\mathbb{N}$, qu'on suppose - condition d'apériodicité - charger au moins un entier impair. A partir de μ et de cette loi d'hypergroupe sur $\mathbb{N}$, on peut définir de manière naturelle un processus de Markov sur $\mathbb{N}$ que, par abus de langage, nous appellerons encore une marche aléatoire (cf § 3).

Par exemple, si μ est la mesure de Dirac au point 1, le processus est une sorte de marche de Bernoulli sur $\mathbb{N}$ à probabilité variable, la probabilité de passer de l'entier x à l'entier y valant $\frac{x}{2x+2}$ si $y = x-1$, et $\frac{x+2}{2x+2}$ si $y = x+1$.

L'étude directe de ces processus conduirait à des calculs d'Analyse Combinatoire inextricables. Mais, en utilisant les caractères du groupe $SU(2)$, et notamment leurs relations d'orthogonalité et de multiplication, on introduit une "transformation de Fourier" de μ, et de ses puissances de convolution généralisée, en fonctions centrales de type positif sur $SU(2)$

(cf § 2). Cette technique nous permet de résoudre les principaux problèmes relatifs aux marches de loi μ , et d'abord de prouver qu'elles sont toujours transientes (§4). Plus généralement nous montrons, en Appendice (§ 9), que sont transientes les marches apériodiques définies de façon analogue - i.e. à partir des formules de Clebsch-Gordan - sur le dual $\hat{G}$ d'un groupe de Lie compact connexe quelconque G de dimension ≥ 3 .

Revenant au cas de $\mathbb{N} = [SU(2)]^{\wedge}$, nous étudions, en détail, aux § 5, 6, 7, 8, le comportement asymptotique des marches dont la loi μ a un moment d'ordre deux. Tous nos résultats indiquent que ces marches aléatoires généralisées sur $\mathbb{N}$ se comportent asymptotiquement comme le module d'une marche aléatoire classique sur $\mathbb{Z}^3$.

Mais, avant d'entrer dans le vif du sujet, il nous a paru intéressant de décrire d'abord rapidement au § 1, pour les non-spécialistes, la situation classique des marches aléatoires sur $\mathbb{Z}$.

§ 1. <u>MARCHES ALEATOIRES SUR</u> $\mathbb{Z}$.

(à titre heuristique) (cf [3]).

Soit $\mu = \sum_{x\in\mathbb{Z}} a_x\, \delta_x \in \mathcal{P}(\mathbb{Z})$ une mesure de probabilité sur $\mathbb{Z}$, où δ_x est la mesure de Dirac au point x , où les a_x sont ≥ 0 et $\sum_x a_x = 1$. Le produit de convolution de deux telles mesures est défini à partir de $\delta_x * \delta_y = \delta_{x+y}$ par

$$(\sum_x a_x\, \delta_x) * (\sum_y b_y\, \delta_y) = \sum_{x,y} a_x\, b_y\, \delta_{x+y} .$$

On pose $\mu^n = \mu * \ldots * \mu$ n fois. Quitte à se restreindre à un sous-groupe de $\mathbb{Z}$, on suppose μ "apériodique", i.e. que le support de μ

engendre le groupe $\mathbb{Z}$.

μ définit une <u>marche aléatoire</u> sur $\mathbb{Z}$ (dite de loi μ), comme suit. Supposons qu'à l'instant $n-1$ nous soyons au point $x \in \mathbb{Z}$; alors à l'instant n la distribution de notre position sur $\mathbb{Z}$ est donnée par la mesure $\delta_x * \mu$. Autrement dit, <u>étant arrivé en</u> x, <u>la probabilité</u> $P(x,y)$ <u>d'être en</u> y <u>à l'instant suivant est égale au coefficient sur</u> δ_y <u>de la de la mesure</u> $\delta_x * \mu$.

<u>Exemple</u> : Soit $0<p<1$, et $\mu = p\,\delta_1 + (1-p)\delta_{-1}$. On a une "marche de Bernoulli de probabilité p" : si à l'instant n la marche nous a conduit au point x, à l'instant suivant nous avons la probabilité p d'être en $x+1$; $1-p$ d'être en $x-1$; et 0 d'être ailleurs.

Outre $P(x,y)$, les fonctions intéressantes dans l'étude d'une marche sont :

- $P_n(x,y)$ = la probabilité, partant de x à l'instant 0, d'être au point y à l'instant n ;

- le "noyau potentiel" $G(x,y) = \sum_{n \geq 0} P_n(x,y)$ = l'espérance mathématique, partant de x, du nombre de visites au point y.

On a l'alternative :

- Quels que soient x et y dans $\mathbb{Z}$, $G(x,y) = +\infty$; c'est-à-dire, partant de x, le point y sera visité presque sûrement une infinité de fois ; on dit que <u>la marche est récurrente</u>.

- Quels que soient x et y dans $\mathbb{Z}$, $G(x,y) < +\infty$; c'est-à-dire, partant de x, le point y sera visité presque sûrement un nombre fini de fois seulement ; on dit que <u>la marche est transiente</u>.

<u>Exemples</u> :

1) Sur $\mathbb{Z}$ la marche de Bernoulli de probabilité p est récurrente si $p = 1/2$, transiente sinon.

2) Plus généralement on définit des marches sur $\mathbb{Z}^d$ de dimension $d \geq 1$, par exemple la marche de Bernoulli "équitable" définie par la mesure $\mu = 2^{-d} \sum_{x \in S} \delta_x$, où S est l'ensemble des sommets de l'hypercube-unité de $\mathbb{Z}^d$, centré en 0, d'arêtes parallèles aux axes ; cette marche est récurrente, si $d \leq 2$, transiente si $d \geq 3$. D'ailleurs, si $d \geq 3$, toute marche sur $\mathbb{Z}^d$ est transiente.

Quand une marche est transiente, il est intéressant d'étudier son comportement asymptotique, et notamment de chercher des parties principales de $P_n(x,y)$ quand $n \to +\infty$ à x et y fixés, et aussi, à y fixé, de $G(x,y)$ quand $x \to \pm\infty$. On peut aussi chercher les parties de $\mathbb{Z}$ qui sont récurrentes, c'est-à-dire visitées presque sûrement une infinité de fois ; on peut encore étudier le temps de séjour dans un intervalle de $\mathbb{Z}$, etc...

On résoud ces problèmes par transformation de Fourier. Posons

$$\chi_x(\theta) = \exp(ix\theta)$$

pour $x \in \mathbb{Z}$ et $\theta \in \mathbb{R}/_{2\pi\mathbb{Z}} \simeq \mathbb{T}$. Les deux propriétés essentielles de ces fonctions sont d'une part les relations d'orthogonalité :

$$(1) \qquad \int_0^{2\pi} \chi_x(\theta)\overline{\chi_y(\theta)}\, \frac{d\theta}{2\pi} = \begin{cases} 0 & \text{si } x \neq y\ ; \\ 1 & \text{si } x = y\ , \end{cases}$$

d'autre part les formules de multiplication :

$$(2) \qquad \chi_x\, \chi_y = \chi_{x+y}\ .$$

Soit alors $\hat{\mu}(\theta) = \sum_{x \in \mathbb{Z}} a_x\, \chi_x(\theta)$ la somme de la série de Fourier de la mesure de probabilité μ. Grâce à (1) et (2), on voit que

$$(3) \qquad P_n(x,y) = \int_0^{2\pi} [\hat{\mu}(\theta)]^n\, \chi_y(\theta)\overline{\chi_y(\theta)}\, \frac{d\theta}{2\pi}\ ,$$

et que

$$(4) \qquad G(x,y) = \int_0^{2\pi} \frac{\chi_x(\theta)\overline{\chi_y(\theta)}}{1-\hat{\mu}(\theta)} \frac{d\theta}{2\pi} ,$$

si cette intégrale a un sens, formules qui permettent de voir facilement que <u>la marche de loi</u> μ <u>est récurrente si et seulement si</u>

$$\int_0^{2\pi} \frac{d\theta}{|1-\hat{\mu}(\theta)|} = +\infty .$$

Si la marche est transiente, son comportement asymptotique s'étudie sur l'intégrale absolument convergente (4).

§ 2. <u>DUALITE ENTRE</u> $\mathbb{N}$ <u>ET</u> SU(2).

$G = SU(2)$ est le groupe des matrices $g = \begin{pmatrix} a & b \\ -\bar{b} & \bar{a} \end{pmatrix}$, où a et b sont des nombres complexes tels que $|a|^2 + |b|^2 = 1$. C'est un groupe de Lie compact.

Pour tout $x \in \mathbb{N}$ (i.e. pour tout entier $x \geq 0$), soit $\mathcal{H}_x$ l'espace vectoriel sur C des polynômes de degré $\leq x$. Si $g = \begin{pmatrix} a & b \\ -\bar{b} & \bar{a} \end{pmatrix} \in G$, et si $p \in \mathcal{H}_x$, posons :

$$[\pi_x(g)p](z) = (bz + \bar{a})^x \, p\left(\frac{az - \bar{b}}{bz + \bar{a}}\right) \qquad . \qquad (z \in C) .$$

Ainsi est définie une représentation continue irréductible, de dimension $(x+1)$, de G dans $\mathcal{H}_x$. On sait d'ailleurs que, quand x parcourt $\mathbb{N}$, les π_x fournissent, à équivalence près, la liste complète des représentations unitaires irréductibles de G. Ainsi $\mathbb{N}$ s'identifie-t-il au "dual" du groupe G. [Cf.N.Ja Vilenkine [5], chapitre 3].

Le caractère normalisé de π_x est donné par la formule

$$\chi_x(g) = \frac{1}{x+1}\,\mathrm{Tr}(\pi_x(g)) = \frac{\sin[(x+1)\theta]}{(x+1)\sin\theta}\,, \tag{5}$$

où $e^{\pm i\theta}$ sont les valeurs propres de la matrice $g \in G$. C'est évidemment une fonction centrale sur G, i.e. on a $\chi_x(g_1g_2) = \chi_x(g_2g_1)$ quels que soient $g_1 \in G$, $g_2 \in G$. D'une manière générale les fonctions centrales sur G ne dépendent que du paramètre θ, et leur intégrale de Haar (normalisée) sur G est donnée par la formule

$$\int_{SU(2)} \varphi(g)dg = \frac{2}{\pi}\int_0^{\pi} \varphi\left(\begin{pmatrix} e^{i\theta} & 0 \\ 0 & e^{-i\theta}\end{pmatrix}\right) \sin^2\theta\, d\theta \tag{6}$$

où $e^{\pm i\theta}$ sont les valeurs propres de g. Convenons désormais d'écrire simplement $\varphi(\theta)$, pour $\varphi\left(\begin{pmatrix} e^{i\theta} & 0 \\ 0 & e^{-i\theta}\end{pmatrix}\right)$. Par exemple nous écrirons

$$\chi_x(\theta) = \frac{\sin[(x+1)\theta]}{(x+1)\sin\theta}\,.$$

Il résulte de la théorie des groupes compacts que, vis-à-vis de la mesure $d\lambda(\theta) = \frac{2}{\pi}\sin^2\theta\, d\theta$, les caractères vérifient les <u>relations d'orthogonalité</u>

$$\int_0^{\pi} \chi_x(\theta)\chi_y(\theta)d\lambda(\theta) = \begin{cases} 0 & \text{si } x \neq y \\ (x+1)^{-2} & \text{si } x = y. \end{cases} \qquad (x \in \mathbb{N},\, y \in \mathbb{N})\,. \tag{7}$$

Elles vont jouer le rôle des formules (1) de la théorie classique.

Enfin rappelons les formules de Clebsch-Gordan pour le groupe SU(2) (cf. N.Ja. Vilenkine [5], chapitre 3). Si $x \leq y$ sont dans $\mathbb{N}$, le produit tensoriel des représentations π_x et π_y se décompose en la somme directe d'un nombre fini de représentations irréductibles, comme suit :

$$\pi_x \otimes \pi_y = \pi_y \otimes \pi_x = \pi_{y-x} \oplus \pi_{y-x+2} \oplus \cdots \oplus \pi_{y+x-2} \oplus \pi_{y+x}\,.$$

Cette formule implique les <u>formules de multiplication des caractères</u> :

$$(8)\qquad \chi_x \chi_y = \frac{|x-y|+1}{(x+1)(y+1)}\, \chi_{|x-y|} + \frac{|x-y|+3}{(x+1)(y+1)}\, \chi_{|x-y|+2} + \dots + \frac{x+y+1}{(x+1)(y+1)}\, \chi_{x+y} ,$$

où $x \in \mathbb{N}$ et $y \in \mathbb{N}$, et où les indices entiers vont de $|x-y|$ à $x+y$ en sautant de deux à deux, formules qui vont jouer le rôle des formules (2) de la théorie classique.

Ceci nous conduit à poser les définitions suivantes.

Soit $\mathcal{P}(\mathbb{N})$ l'ensemble des mesures de probabilité $\mu = \sum_{x \in \mathbb{N}} a_x \delta_x$ sur $\mathbb{N}$, où δ_x désigne la mesure de Dirac au point x , où les coefficients a_x sont supposés ≥ 0 , et où $\sum_{x \geq 0} a_x = 1$. Définissons <u>une convolution généralisée</u> $\times$ en posant

$$(9)\qquad \delta_x \times \delta_y = \frac{|x-y|+1}{(x+1)(y+1)}\, \delta_{|x-y|} + \frac{|x-y|+3}{(x+1)(y+1)}\, \delta_{|x-y|+2} + \dots + \frac{x+y+1}{(x+1)(y+1)}\, \delta_{x+y} ,$$

formules copiées sur (8), puis, plus généralement, si μ et ν sont dans $\mathcal{P}(\mathbb{N})$,

$$\mu \times \nu = \Big(\sum_{x \geq 0} a_x \delta_x\Big) \times \Big(\sum_{y \geq 0} b_y \delta_y\Big) = \sum_{x,y \geq 0} a_x b_y\, \delta_x \times \delta_y .$$

Puisque la somme des coefficients du second membre de (9) est égale à un, on voit que $\mu \times \nu = \nu \times \mu$ est dans $\mathcal{P}(\mathbb{N})$. De plus le produit ordinaire des caractères est évidemment associatif ; l'analogie des formules (8) et (9) montre aussitôt que $(\delta_x \times \delta_y) \times \delta_z = \delta_x \times (\delta_y \times \delta_z)$, ce qui implique que la loi $\times$ est associative dans $\mathcal{P}(\mathbb{N})$. On posera $\mu^n = \mu \times \mu \times \dots \times \mu$ n fois.

La <u>transormée de Fourier</u> (généralisée) de $\mu = \sum_{x \geq 0} a_x \delta_x \in \mathcal{P}(\mathbb{N})$ sera par définition la fonction $\hat{\mu}$ définie sur le segment $[0,\pi]$ par :

$$(10) \qquad \hat{\mu}(\theta) = \sum_{x\geq 0} a_x \chi_x(\theta) = \sum_{x\geq 0} \frac{a_x \sin[(x+1)\theta]}{(x+1)\sin\theta} .$$

En particulier $\hat{\delta}_x = \chi_x$. Comparant (8) et (9), on voit que $(\delta_x X \delta_y)^\wedge = \hat{\delta}_x\hat{\delta}_y$ donc, par linéarité, $(\mu X \nu)^\wedge = \hat{\mu}\,\hat{\nu}$: la transformation de Fourier transforme le produit de convolution généralisé des mesures de probabilité en le produit ordinaire des fonctions. En particulier $(\mu^n)^\wedge = (\hat{\mu})^n$.

Enfin, notons, pour la suite, que les coefficients a_x de la mesure $\mu = \sum_{x\geq 0} a_x \delta_x$ s'obtiennent à partir de la fonction $\hat{\mu}$ par la formule

$$(11) \quad a_x = (x+1)^2 \int_0^\pi \hat{\mu}(\theta)\chi_x(\theta)d\lambda(\theta) = \frac{2(x+1)}{\pi} \int_0^\pi \hat{\mu}(\theta)\sin[(x+1)\theta]\sin\theta d\theta .$$

En effet,

$$\int_0^\pi \hat{\mu}(\theta)\chi_x(\theta)d\lambda(\theta) = \int_0^\pi [\sum_{y\geq 0} a_y\chi_y(\theta)]\chi_x(\theta)d\lambda(\theta) = \sum_{y\geq 0} a_y \int_0^\pi \chi_y(\theta)\chi_x(\theta)d\lambda(\theta)$$

$$= (x+1)^{-2} a_x ,$$

vu les relations (7) d'orthogonalité des caractères.

§ 3. MARCHE ALEATOIRE (GENERALISEE) ASSOCIEE A UNE MESURE DE PROBABILITE SUR $\mathbb{N}$.

Soit $\mu \in \mathcal{P}(\mathbb{N})$. Pour tout $x \in \mathbb{N}$ et toute partie A de $\mathbb{N}$, considérons le noyau de transition de $\mathbb{N}$ vers $\mathbb{N}$:

$$P(x,A) = \delta_x X \mu(A) ,$$

où X est la convolution généralisée définie au § 2. Soit

$$(\Omega = \mathbb{N}^{\mathbb{N}}, X_n (n \geq 0), P_x (x \in \mathbb{N}))$$

la chaîne de Markov canonique associée au noyau P (on pourra se reporter à J. Neveu [1] pour une définition précise de ce objet). Par abus de langage, nous appellerons cette chaîne <u>la marche aléatoire de loi</u> μ <u>sur</u> $\mathbb{N}$. Par définition, la distribution de X_{n+1}, sachant que $X_n = x$ est égale à $\delta_x X \mu$.

En langage intuitif, ceci signifie que <u>si, à un certain instant, la marche nous a conduit au point</u> $x \in \mathbb{N}$, <u>la probabilité</u> $P(x,y)$ <u>d'être en</u> $y \in \mathbb{N}$ <u>à l'instant suivant est égale au coefficient sur</u> δ_y <u>de la mesure</u> $\delta_x X \mu$.

<u>Exemple</u> : Soit $\mu = \delta_1$. Alors, d'après les formules (9), si $x \geq 1$, $y \geq 0$, $P(x,y) = \frac{x}{2x+2}$ si $y = x-1$; $= \frac{x+2}{2x+2}$ si $y = x+1$; $= 0$ sinon.

De plus $P(0,y) = 1$ si $y = 1$; $= 0$ si $y \neq 1$. On a une sorte de marche de Bernoulli "à probabilité variable", avec freinage quand on s'approche de l'origine et barrière réfléchissante en ce point. Il y a un décentrage vers la droite, mais qui s'atténue pour s'équilibrer quand $x \to +\infty$.

Revenons au cas général d'une marche de loi μ. En remplaçant $*$ par X, nous pouvons adopter les mêmes définitions que pour une marche classique (cf § 1) pour $P_n(x,y)$, $G(x,y)$, la récurrence, la transience de la marche de loi μ. De façon précise.

DEFINITION.- Soit $\mu = \sum_{x \geq 0} a_x \delta_x \in P(\mathbb{N})$. Soient $x \in \mathbb{N}$, $y \in \mathbb{N}$.

1) Soit n un entier ≥ 0. On note $P_n(x,y)$ <u>la probabilité pour la marche de loi</u> μ, <u>partant de</u> x <u>au temps</u> 0, <u>d'être en</u> y <u>au temps</u> n. C'est le coefficient sur δ_y de la mesure $\delta_x X \mu^n$, dont la transformée de Fourier est $(\hat{\mu})^n \chi_x$.

Donc, d'après (11), on a la formule :

(12) $$P_n(x,y) = \frac{2}{\pi}\ \frac{y+1}{x+1}\int_0^\pi [\hat{\mu}(\theta)]^n \sin[(x+1)\theta]\sin[(y+1)\theta]d\theta \ .$$

2) On appelle noyau potentiel de la marche la fonction (éventuellement égale à $+\infty$) :

(13) $$G(x,y) = \sum_{n\geq 0} P_n(x,y) \ .$$

C'est l'espérance mathématique du nombre de visites en y, partant de x.

3) On dira que la marche de loi μ est transiente si, quels que soient $x\in\mathbb{N}$, $y\in\mathbb{N}$, partant de x, presque sûrement la marche ne passe qu'un nombre fini de fois au point y. Il revient au même de dire que, quels que soient $x\in\mathbb{N}$, $y\in\mathbb{N}$, on a $G(x,y)<+\infty$.

Si, pour μ, tous les coefficients a_x d'indice impair étaient nuls, il est clair, d'après les formules (9), que la marche ne parcourerait que l'un ou l'autre des deux ensembles $2\mathbb{N}$ ou $2\mathbb{N}+1$. Il est donc naturel dans la suite de se limiter aux mesures de probabilité, que nous appellerons apériodiques, qui satisfont aux propriétés (équivalentes) qui suivent :

PROPOSITION 1 : Soit $\mu = \sum_{x\geq 0} a_x \delta_x \in \mathcal{P}(\mathbb{N})$. Les trois propriétés suivantes sont équivalentes :

i) la réunion, pour n entier ≥ 1, des supports des μ^n, est $\mathbb{N}$ tout entier ;

ii) si $\theta\in[0,\pi]$ et si $\hat{\mu}(\theta) = 1$, alors $\theta = 0$;

iii) l'un au moins des a_x, avec x impair, est non nul.

Démonstration : Remarquons que $\frac{\sin(x+1)\theta}{(x+1)\sin\theta} < 1$ sauf pour $x\in\mathbb{N}$ et $\theta = 0$, ainsi que pour $x\in 2\mathbb{N}$ et $\theta = \pi$. Puisque $a_x\geq 0$ et $\sum_{x\geq 0} a_x = 1$, la fonction $\hat{\mu}(\theta) = \sum_{x \geq 0} a_x \frac{\sin(x+1)\theta}{(x+1)\sin\theta}$ ne peut, de toute façon être égale à 1 qu'aux points $\theta = 0$ et $\theta = \pi$. Au point π, $\hat{\mu}(\theta)$ ne peut être égal à 1 (et alors il l'est) que si tous les a_x, avec x impair, sont nuls, ce qui prouve l'équivalence de ii) et iii).

iii) $\Rightarrow$ i) : Supposons que, pour un entier $n \geq 0$, on ait $a_{2n+1} > 0$. D'après la formule (9) de la convolution, les points $0,2,4,\ldots 4n+2$ sont dans le support de μ^2, puis tous les nombres pairs entre 0 et $8n+4$ sont dans le support de μ^4, etc... Ainsi $2\mathbb{N} \subset \bigcup_{p=1}^{\infty} \operatorname{supp}(\mu^{2p})$. Mais puisque $2n \in \operatorname{supp}(\mu^2)$ et $2n+1 \in \operatorname{supp}(\mu)$, d'après la formule de la convolution, $1 = 2n+1-2n$ est dans le support de μ^3. Puisque $2p \in \operatorname{supp}(\mu^{2p})$, on voit alors que $2p-1$ est dans le support de μ^{2p+3}, pour tout entier $p \geq 1$.

<u>non iii) $\Rightarrow$ non i)</u> : Si $\mu = \delta_o$, on a $\bigcup_{n=1}^{\infty} \operatorname{supp}(\mu^n) = \{0\} \neq \mathbb{N}$.

Si μ n'a pas de masse aux points impairs, mais s'il existe quand même un entier pair $2n > 0$ tel que $a_{2n} > 0$, alors on voit aisément que $\bigcup_{n=1}^{\infty} \operatorname{supp}(\mu^n) = 2\mathbb{N}$. En effet, en répétant la formule de la convolution, on ne peut obtenir dans les supports successifs que des nombres pairs, et on les obtient tous.

La précision suivante sera techniquement utile :

PROPOSITION 2 : <u>Soit</u> $\mu = \sum_{x \geq 0} a_x \delta_x \in \mathcal{P}(\mathbb{N})$. <u>Les deux propriétés suivantes sont équivalentes</u> :

i) <u>si</u> $\theta \in [0,\pi]$ <u>et si</u> $|\hat{\mu}(\theta)| = 1$, <u>alors</u> $\theta = 0$;

ii) <u>l'un au moins des</u> a_x, <u>avec</u> x <u>impair, et l'un au moins des</u> a_y, <u>avec</u> y <u>pair, sont non nuls</u>.

DEFINITION.- On pourrait alors dire que μ est <u>fortement apériodique</u>.

La proposition 2 est implicitement prouvée au début de la démonstration de la proposition 1.

§ 4. TRANSIENCE DE TOUTES LES MARCHES APERIODIQUES SUR $\mathbb{N} = [SU(2)]^\wedge$.

THEOREME 1. Soit $\mu = \sum_{x \geq 0} a_x \delta_x$ une mesure de probabilité sur $\mathbb{N}$. On suppose qu'il existe au moins un entier x_o impair tel que $a_{x_o} \neq 0$. Soient x et y donnés dans $\mathbb{N}$. Alors la marche aléatoire associée à μ , partant de x , presque sûrement ne passe qu'un nombre fini de fois au point y .

Autrement dit la marche est transiente. Pour le démontrer, il suffit de prouver la finitude du noyau potentiel $G(x,y) = \sum_{n \geq 0} P_n(x,y)$, où les $P_n(x,y)$ sont donnés par la formule (12). Or la convergence de cette série résulte des quatre lemmes suivants.

LEMME 1.- Pour tout x entier ≥ 1 , et pour $0 \leq \theta \leq \frac{\pi}{2}$, on a :

$$|\chi_x(\theta)| \leq 1 - \frac{2}{\pi(x+1)}\,\theta^2 . \tag{14}$$

On le voit par récurrence sur x . Si $x = 1$, on a

$\chi_x(\theta) = \dfrac{\sin 2\theta}{2\sin\theta} = \cos\theta$, et l'inégalité $\cos\theta \leq 1 - \dfrac{\theta^2}{\pi}$ est classique pour $0 \leq \theta \leq \frac{\pi}{2}$. Supposons (14) vraie pour $x - 1$. Alors

$$|\chi_x(\theta)| = \left|\frac{\sin[(x+1)\theta]}{(x+1)\sin\theta}\right| \leq \left|\frac{\sin(x\theta)\cos\theta}{(x+1)\sin\theta}\right| + \left|\frac{\cos(x\theta)}{x+1}\right| \leq \left|\frac{\sin(x\theta)}{x\sin\theta}\right|\frac{x}{x+1} + \frac{1}{x+1} =$$

$$= |\chi_{x-1}(\theta)|\frac{x}{x+1} + \frac{1}{x+1} \leq \left(1 - \frac{2}{\pi x}\,\theta^2\right)\frac{x}{x+1} + \frac{1}{x+1} = 1 - \frac{2}{\pi(x+1)}\,\theta^2 .$$

LEMME 2.- Posons $C_\mu = \frac{2}{\pi} \sum_{x \geq 1} \frac{a_x}{x+1}$. Alors, pour $0 \leq \theta \leq \frac{\pi}{2}$, on a :

(15) $$|\hat{\mu}(\theta)| \leq 1 - C_\mu \theta^2 .$$

En effet, d'après le lemme 1,

$$|\hat{\mu}(\theta)| = |\sum_{x \geq 0} a_x \chi_x(\theta)| \leq a_o + \sum_{x \geq 1} a_x |\chi_x(\theta)| \leq a_o + \sum_{x \geq 1} (1 - \frac{2\theta^2}{\pi(x+1)}) a_x$$

$$= a_o + \sum_{x \geq 1} a_x - (\frac{2}{\pi} \sum_{x \geq 1} \frac{a_x}{x+1}) \theta^2 = 1 - C_\mu \theta^2 .$$

LEMME 3.- L'intégrale $\int_o^\pi \frac{d\lambda(\theta)}{1-\hat{\mu}(\theta)}$ converge.

L'hypothèse d'apériodicité sur μ implique (proposition 1) que $1 - \hat{\mu}(\theta)$ ne s'annule que pour $\theta = 0$. On est ramené à étudier la convergence de l'intégrale entre 0 et $\frac{\pi}{2}$. Mais, dans cet intervalle, d'après le lemme 2,

$$\int_o^{\frac{\pi}{2}} \frac{d\lambda(\theta)}{1-\hat{\mu}(\theta)} = \frac{2}{\pi} \int_o^{\frac{\pi}{2}} \frac{\sin^2\theta}{1-\hat{\mu}(\theta)} d\theta \leq \frac{2}{\pi} \int_o^{\frac{\pi}{2}} \frac{\sin^2\theta}{C_\mu \theta^2} d\theta < +\infty .$$

LEMME 4.- On a la formule :

(16) $$G(x,y) = \sum_{n \geq 0} P_n(x,y) = (y+1)^2 \int_o^\pi \frac{\chi_x(\theta)\chi_y(\theta)}{1-\hat{\mu}(\theta)} d\lambda(\theta) ,$$

où l'intégrale converge absolument, d'après le lemme 3 et le fait que $|\chi_x|$ et $|\chi_y|$ sont ≤ 1.

En effet, d'après (12),

$$G(x,y) = (y+1)^2 \sum_{n \geq 0} \int_o^\pi [\hat{\mu}(\theta)]^n \chi_x(\theta)\chi_y(\theta) d\lambda(\theta) .$$

Or, la série $\sum_{n \geq 0} [\hat{\mu}(\theta)]^n$ converge simplement sur $]0,\pi]$ vers $\frac{1}{1-\hat{\mu}(\theta)}$ d'après l'apériodicité de μ. De plus, ses sommes d'ordre n valent $\frac{1-[\hat{\mu}(\theta)]^{n+1}}{1-\hat{\mu}(\theta)}$, donc (sauf au point $\theta = 0$) sont dominées sur $[0,\pi]$ par la fonction $\frac{2}{1-\hat{\mu}(\theta)}$, laquelle est intégrable sur $[0,\pi]$ pour la mesure $\chi_x(\theta)\chi_y(\theta)d\lambda(\theta)$, d'après le lemme 3. Il suffit donc d'appliquer le théorème de Lebesgue pour obtenir la formule (16), et prouver ainsi la finitude de $G(x,y)$, ce qui achève la démonstration du théorème 1.

Remarque 1 : En Appendice nous démontrerons plus généralement le théorème 1, quand $SU(2)$ est remplacé par un groupe de Lie compact connexe quelconque de dimension ≥ 3.

§ 5. COMPORTEMENT ASYMPTOTIQUE DE $P_n(x,y)$, QUAND $n \to \infty$.

Dans ce paragraphe et les suivants (§ 6 et 7), nous allons étudier le comportement asymptotique des marches sur $\mathbb{N} = [SU(2)]^\wedge$. A la limite, nous trouverons un comportement identique à celui du module d'une marche aléatoire classique sur $\mathbb{Z}^3$. Il n'est donc pas étonnant que, parmi les démonstrations qui vont suivre, beaucoup s'inspirent étroitement des raisonnements utilisés dans le cas de $\mathbb{Z}^3$, tels qu'on peut les trouver par exemple dans le livre de F. Spitzer [3].

Cependant l'explication profonde de cette analogie asymptotique reste à trouver ; pour l'instant nous nous contenterons de signaler à titre heuristique deux similitudes un peu vagues de l'une et l'autre situation :

a) comme pour les marches classiques, le "dual", ici $SU(2)$ au lieu de $\mathbb{T}^3$, est de dimension 3 ;

b) dans l'exemple déjà cité, pour $\mu = \delta_1$, de la marche de

Bernoulli "à probabilité variable", on a :

$$\delta_x \times \mu = (\frac{1}{2} - \frac{1}{2x+2})\, \delta_{x-1} + (\frac{1}{2} + \frac{1}{2x+2})\, \delta_{x+1} ,$$

si bien que la marche associée "ressemble" au processus de diffusion sur $\mathbb{R}_+$ de générateur différentiel $\frac{1}{2} \frac{\partial^2}{\partial x^2} + \frac{1}{2x+2} \frac{\partial}{\partial x}$, c'est-à-dire au processus de Bessel de dimension 3.

Dans ce paragraphe, nous commençons par estimer, à x et y fixés, quand $n \to +\infty$, la probabilité $P_n(x,y)$, partant de x à l'instant 0, d'être en y à l'instant n. Sous certaines hypothèses naturelles sur μ, nous trouvons que $P_n(x,y)$ est de l'ordre de $n^{-3/2}$. Pour plus de clarté, nous effectuons les calculs pour $y = 0$; le résultat pour y quelconque s'obtient par des modifications immédiates.

THEOREME 2.- <u>Soit</u> $\mu = \sum_{r \geq 0} a_r \delta_r$ <u>une probabilité sur</u> $\mathbb{N}$. <u>On suppose</u> :

1) <u>que</u> μ <u>est fortement apériodique</u> (cf. la proposition 2 du § 3), i.e. qu'il existe au moins un r impair et au moins un r' pair tels que $a_r \neq 0$ et $a_{r'} \neq 0$;

2) <u>que</u> μ <u>admet un moment d'ordre deux</u>, i.e. que $\sum_{r \geq 0} a_r r^2 < +\infty$.

<u>Posons</u> :

$$C = \frac{1}{6} \sum_{r \geq 0} a_r (r^2 + 2r) .$$

<u>Alors</u> :

$$(17) \qquad \lim_{n \to \infty} \sup_{x \in \mathbb{N}} \left| \{ 2\sqrt{\pi}\, n^{3/2} P_n(x,0) - \frac{2n}{(x+1)\sqrt{C}} e^{-\frac{(x+1)^2+1}{4Cn}} \operatorname{sh} \frac{x+1}{2Cn} \} \right| = 0 .$$

<u>En particulier, pour tout entier</u> $x \geq 0$ <u>fixé</u> :

(18) $$\lim_{n\to\infty} n^{3/2} P_n(x,0) = (2\sqrt{\pi})^{-1} C^{-3/2} \ ;$$

Démonstration :

LEMME 5.- Sous l'hypothèse 2) du théorème 2, on a :

$$1-\hat{\mu}(\theta) \sim C\,\theta^2 \qquad (\theta \to 0) .$$

En effet :

$$\hat{\mu}(\theta) = \frac{1}{\sin\theta} \sum_{r\geq 0} \frac{a_r}{r+1} \sin[(r+1)\theta] = \frac{\varphi(\theta)}{\sin\theta} .$$

De l'hypothèse d'existence du moment d'ordre deux résulte, par dérivation terme à terme, que

$$\varphi(\theta) = \sum_{r\geq 0} \frac{a_r}{r+1} \sin[(r+1)\theta]$$

est de classe C^3 sur $[0,\pi]$ et que :

$$\varphi'''(0) = -\sum_{r\geq 0} a_r (r+1)^2 .$$

Donc :

$$\varphi(\theta) = \theta - \sum_{r\geq 0} a_r (r+1)^2 \frac{\theta^3}{6} + o(\theta^3)$$

et

$$\hat{\mu}(\theta) = \frac{\varphi(\theta)}{\sin\theta} = 1 - C\,\theta^2 + o(\theta^2) .$$

LEMME 6.- Soit C et x des réels positifs. On a :

$$\int_0^\infty e^{-C\alpha^2} \sin\frac{(x+1)\alpha}{\sqrt{n}} \sin\frac{\alpha}{\sqrt{n}}\, d\alpha = \frac{1}{2}\sqrt{\frac{\pi}{C}}\, e^{-\frac{(x+1)^2+1}{4Cn}} \operatorname{sh}\frac{x+1}{2Cn} .$$

En effet, le premier membre vaut :

$$\frac{1}{2}\int_0^\infty e^{-C\alpha^2} \cos\frac{x\alpha}{\sqrt{n}}\, d\alpha - \frac{1}{2}\int_0^\infty e^{-C\alpha^2} \cos\frac{(x+1)\alpha}{\sqrt{n}}\, d\alpha$$

et le lemme se déduit alors aussitôt de la formule classique :

$$\int_0^\infty e^{-\alpha^2} \cos 2y\alpha \, d\alpha = \frac{\sqrt{\pi}}{2} e^{-y^2} .$$

Venons-en à la preuve du théorème 2. D'après la formule (12), on a :

$$2\sqrt{\pi}\, n^{3/2} P_n(x,0) = \frac{4n^{3/2}}{\sqrt{\pi}} \int_0^\pi \hat{\mu}^n(\theta) \frac{\sin[(x+1)\theta]}{(x+1)} \sin\theta \, d\theta$$

$$= \frac{4n}{(x+1)\sqrt{\pi}} \int_0^{\pi\sqrt{n}} \hat{\mu}^n\left(\frac{\alpha}{\sqrt{n}}\right) \sin\frac{(x+1)\alpha}{\sqrt{n}} \cdot \sin\frac{\alpha}{\sqrt{n}} \, d\alpha .$$

Le lemme 5 prouvant que : $\lim_{n\to\infty} \hat{\mu}^n\left(\frac{\alpha}{\sqrt{n}}\right) = e^{-C\alpha^2}$, nous sommes amenés à écrire :

$$2\sqrt{\pi}\, n^{3/2} P_n(x,0) = \frac{4n}{(x+1)\sqrt{\pi}} \int_0^\infty e^{-C\alpha^2} \sin\frac{(x+1)\alpha}{\sqrt{n}} \sin\frac{\alpha}{\sqrt{n}} \, d\alpha +$$

$$+ I_1(n,A) + I_2(n,A) + I_3(n,A,r) + I_4(n,A,r) ,$$

où $A>0$ et $0<r<\pi$ seront fixés ultérieurement, et où on a posé :

$$I_1(n,A) = \frac{4n}{(x+1)\sqrt{\pi}} \int_0^A \left\{\hat{\mu}^n\left(\frac{\alpha}{\sqrt{n}}\right) - e^{-C\alpha^2}\right\} \sin\frac{(x+1)\alpha}{\sqrt{n}} \cdot \sin\frac{\alpha}{\sqrt{n}} \, d\alpha ;$$

$$I_2(n,A) = -\frac{4n}{(x+1)\sqrt{\pi}} \int_0^A e^{-C\alpha^2} \sin\frac{(x+1)\alpha}{\sqrt{n}} \sin\frac{\alpha}{\sqrt{n}} \, d\alpha ;$$

$$I_3(n,A,r) = \frac{4n}{(x+1)\sqrt{\pi}} \int_A^{r\sqrt{n}} \hat{\mu}^n\left(\frac{\alpha}{\sqrt{n}}\right) \sin\frac{(x+1)\alpha}{\sqrt{n}} \sin\frac{\alpha}{\sqrt{n}} \, d\alpha ;$$

$$I_4(n,A,r) = \frac{4n}{(x+1)\sqrt{\pi}} \int_{r\sqrt{n}}^{\pi\sqrt{n}} \hat{\mu}^n\left(\frac{\alpha}{\sqrt{n}}\right) \sin\frac{(x+1)\alpha}{\sqrt{n}} \sin\frac{\alpha}{\sqrt{n}} \, d\alpha .$$

Compte tenu du lemme 6, il est clair que le théorème 2 sera prouvé si nous montrons que, pour A et r bien choisis, I_1, I_2, I_3 et I_4 convergent vers 0 quand $n\to\infty$, uniformément en x .

Estimation de I_1 :

D'après le lemme 5 la fonction $g_n(\alpha) = \hat{\mu}^n(\frac{\alpha}{\sqrt{n}}) - e^{-C\alpha^2}$ converge vers 0, uniformément sur tout compact, quand $n \to \infty$. D'où, utilisant la majoration $|\sin y| \leq y$, pour $y \geq 0$,

$$|I_1(n,A)| \leq \sup_{0 \leq \alpha \leq A} |g_n(\alpha)| \frac{4A^2}{\sqrt{\pi}},$$

et donc $\qquad |I_1(n,A)| \underset{n\to\infty}{\longrightarrow} 0$ uniformément en x.

Estimation de I_4 :

Puisque μ est fortement apériodique, il existe un $\delta(r) > 0$ tel que :

$$|\hat{\mu}(\theta)| \leq 1 - \delta, \text{ pour } \theta \in [r,\pi].$$

Donc :

$$|I_4(n,A,r)| \leq \frac{4n^{3/2}}{(x+1)\sqrt{\pi}} \int_r^{\pi} [\hat{\mu}(\theta)]^n \sin[(x+1)\theta] \sin\theta \, d\theta \leq \frac{4\sqrt{\pi}\, n^{3/2}}{(x+1)} (1-\delta)^n$$

tend vers zéro uniformément en x, quand $n \to +\infty$.

Estimation de I_3 : D'après le lemme 5, il est possible de choisir $r > 0$ assez petit pour que :

$$|\hat{\mu}(\theta)| \leq 1 - \frac{C}{2}\theta^2, \text{ si } 0 \leq \theta \leq r.$$

Exigeons de plus : $r < \frac{2}{C}$. Enfin, soit $\varepsilon > 0$, et A assez grand pour que

$$\frac{4}{\sqrt{\pi}} \int_A^{\infty} \alpha^2 e^{-C\alpha^2} d\alpha \leq \varepsilon.$$

Remarquons que, si $\alpha \leq r\sqrt{n}$, on a $|\hat{\mu}^n(\frac{\alpha}{\sqrt{n}})| \leq (1 - \frac{C}{2}\frac{\alpha^2}{n})^n \leq e^{-\frac{C}{2}\alpha^2}$.

Donc

$$|I_3(n,A,r)| \le \frac{4n}{(x+1)\sqrt{\pi}} \int_A^{r\sqrt{n}} \alpha^2 \, |\hat{\mu}^n(\frac{\alpha}{\sqrt{n}})| \, |\sin \frac{(x+1)\alpha}{\sqrt{n}}| \, |\sin(\frac{\alpha}{\sqrt{n}}| d\alpha$$

$$\le \frac{4}{\sqrt{\pi}} \int_A^{\infty} \alpha^2 e^{-\frac{C}{2}\alpha^2} d\alpha \le \varepsilon \text{ , uniformément en } x \text{ .}$$

<u>Estimation de</u> I_2 : De même qu'au point précédent,

$|I_2(n,A)| \le \frac{4}{\sqrt{\pi}} \int_A^{\infty} \alpha^2 e^{-\frac{C}{2}\alpha^2} d\alpha \le \varepsilon$, uniformément en x , ce qui achève la preuve du théorème 1.

<u>Remarque 2</u> : Nous avons estimé ici les probabilités $P_n(x,0)$ pour que la "marche" partant de x à l'instant 0 soit en 0 à l'instant n . Nous pourrions, faisant un calcul analogue, estimer $P_n(x,y)$.

On a alors :

$$(19) \quad \lim_{n\to\infty} \sup_{x\in\mathbb{N}} |2\sqrt{\pi}\, n^{3/2} P_n(x,y) - \frac{2n(y+1)}{\sqrt{C}(x+1)} e^{-\frac{1}{4Cn}\{(x+1)^2+(y+1)^2\}} \operatorname{sh} \frac{(x+1)(y+1)}{2Cn}| = 0$$

et en particulier, pour tous x et y fixés dans $\mathbb{N}$,

$$(20) \qquad \lim_{n\to\infty} n^{3/2} P_n(x,y) = (2\sqrt{\pi})^{-1} C^{-3/2} (1+y)^2 \text{ .}$$

Le théorème 2 pourrait s'appeler "théorème central limite local" pour la marche de loi μ . En dépit de son utilité dans de nombreuses applications probabilistes, il n'est pas assez puissant pour les grandes valeurs de x . Aussi allons-nous en donner une variante plus commode et plus fine, pour x grand, en nous inspirant d'une idée de W.L. Smith [2] dans le cas classique. Cette variante nous sera nécessaire pour estimer, au § 6, le comportement asymptotique du noyau potentiel $G(x,y)$.

THEOREME 3.- <u>Les hypothèses et les notations étant les mêmes qu'au théorème 2</u>

on a :

$$(21)\ \lim_{n\to\infty}\ \sup_{x\in\mathbb{N}}\ \{\frac{(1+x)^2}{n}\ [2\sqrt{\pi}\ n^{3/2}P_n(x,0) - \frac{2n}{(x+1)\sqrt{C}}\ e^{-\frac{(x+1)^2+1}{4Cn}}\ \mathrm{sh}\ \frac{x+1}{2Cn}]\} = 0,$$

avec $C = \frac{1}{6}\sum_{r=0}^{\infty} a_r(r^2+2r)$.

Démonstration : De la formule (12), on déduit :

$$\Gamma_n = 2\sqrt{\pi}\ n^{3/2}P_n(x,0) = \frac{2\sqrt{\pi}n^{3/2}}{\pi(x+1)}\int_0^{\pi} \hat{\mu}^n(\theta)[\cos\ (x\theta) - \cos[(x+2)\theta]]d\theta$$

soit, après intégration par parties :

$$\Gamma_n = \frac{2n^{3/2}}{\sqrt{\pi}(x+1)}\int_0^{\pi} n\,\hat{\mu}^{n-1}(\theta)\hat{\mu}'(\theta)\ \{\frac{1}{x}\ \sin(x\theta) - \frac{1}{x+2}\ \sin[(x+2)\theta]\}\,d\theta$$

et, en faisant le changement de variables $\theta = \frac{\alpha}{\sqrt{n}}$

$$\Gamma_n = \frac{2n^{3/2}}{\sqrt{\pi}(x+1)}\int_0^{\pi\sqrt{n}} n^{1/2}\ \hat{\mu}^{n-1}(\frac{\alpha}{\sqrt{n}})\hat{\mu}'(\frac{\alpha}{\sqrt{n}})\{\frac{1}{x}\ \sin\frac{x\alpha}{\sqrt{n}} - \frac{1}{x+2}\ \sin\frac{(x+2)\alpha}{\sqrt{n}}\}d\alpha\ .$$

Le fait que : $n^{1/2}\ \hat{\mu}^{n-1}(\frac{\alpha}{\sqrt{n}})\hat{\mu}'(\frac{\alpha}{\sqrt{n}}) \xrightarrow[n\to\infty]{} -2C\alpha e^{-C\alpha^2}$ nous conduit

à écrire :

$$\frac{(1+x)^2}{n}\Gamma_n = \frac{2(1+x)}{\sqrt{\pi}}\ n^{1/2}\int_0^{\infty} -2C\alpha\, e^{-C\alpha^2}\{\frac{1}{x}\ \sin\frac{x\alpha}{\sqrt{n}} - \frac{1}{x+1}\ \sin\frac{(x+2)\alpha}{\sqrt{n}}\}\,d\alpha$$

$$+ I_1'(n,A) + I_2'(n,A) + I_3'(n,r,A) + I_4'(n,r)\ ,$$

où $A>0$, $0<r<\pi$ seront choisis ultérieurement et où l'on a posé :

$$I_1'(n,A) = \frac{2(1+x)n^{1/2}}{\sqrt{\pi}}\int_0^{A}\{n^{1/2}\hat{\mu}(\frac{\alpha}{\sqrt{n}})^{n-1}\ \hat{\mu}'(\frac{\alpha}{\sqrt{n}}) + 2C\alpha e^{-C\alpha^2}\}\,\Delta\ (x,\ \frac{\alpha}{\sqrt{n}})d\alpha\ ,$$

avec $$\Delta\ (x,\frac{\alpha}{\sqrt{n}}) = \frac{1}{x}\ \sin\frac{x\alpha}{\sqrt{n}} - \frac{1}{x+2}\ \sin\frac{(x+2)\alpha}{\sqrt{n}}\ ;$$

$$I_2'(n,A) = -\frac{2(1+x)n^{1/2}}{\sqrt{\pi}}\int_A^\infty -2C\alpha e^{-C\alpha^2}\Delta\left(x,\frac{\alpha}{\sqrt{n}}\right)d\alpha\ ;$$

$$I_3'(n,r,A) = \frac{2(1+x)n^{1/2}}{\sqrt{\pi}}\int_A^{r\sqrt{n}} n^{1/2}\hat{\mu}^{n-1}\left(\frac{\alpha}{\sqrt{n}}\right)\hat{\mu}'\left(\frac{\alpha}{\sqrt{n}}\right)\Delta\left(x,\frac{\alpha}{\sqrt{n}}\right)d\alpha\ ;$$

$$I_4'(n,r) = \frac{2(1+x)n^{1/2}}{\sqrt{\pi}}\int_{r\sqrt{n}}^{\pi\sqrt{n}} n^{1/2}\hat{\mu}'^{\,n-1}\left(\frac{\alpha}{\sqrt{n}}\right)\hat{\mu}'\left(\frac{\alpha}{\sqrt{n}}\right)\Delta\left(x,\frac{\alpha}{\sqrt{n}}\right)d\alpha\ .$$

Tout d'abord, le terme général :

$$I_n = \frac{2(1+x)}{\sqrt{\pi}}\, n^{1/2}\int_0^\infty -2C\alpha e^{-C\alpha^2}\Delta\left(x,\frac{\alpha}{\sqrt{n}}\right)d\alpha$$

est égal à ce que l'on désire, c'est-à-dire à :

$$\frac{2(1+x)}{\sqrt{C}}\, e^{-\frac{(x+1)^2+1}{4Cn}}\ \mathrm{sh}\,\frac{x+1}{2Cn}\ ,$$

d'après le lemme 6.

Il reste à voir que les 4 autres termes I_1', I_2', I_3' et I_4' tendent vers 0 uniformément en x quand $n\to\infty$.

Nous utiliserons pour cela la formule élémentaire :

$$(22)\qquad \Delta\left(x,\frac{\alpha}{\sqrt{n}}\right) = \left\{\frac{1}{x}\sin\frac{x\alpha}{\sqrt{n}} - \frac{1}{x+2}\sin\frac{(x+2)\alpha}{\sqrt{n}}\right\} = \frac{2}{x(x+2)}\sin\frac{(x+1)\alpha}{\sqrt{n}}\cos\frac{\alpha}{\sqrt{n}}$$

$$-\frac{2x+2}{x(x+2)}\sin\frac{\alpha}{\sqrt{n}}\cos\frac{(x+1)\alpha}{\sqrt{n}}\ .$$

<u>Estimation de I_1'</u> : Soit :

$$f_n(\alpha) = n^{1/2}\,\hat{\mu}\left(\frac{\alpha}{\sqrt{n}}\right)^{n-1}\hat{\mu}'\left(\frac{\alpha}{\sqrt{n}}\right) + 2C\alpha e^{-C\alpha^2}\ .$$

D'après le lemme 5, la fonction $f_n(\alpha)$ converge vers 0 , uniformément sur tout compact, quand $n\to\infty$. Or :

$$I'_1(n,A) = \frac{2(1+x)}{\sqrt{\pi}} n^{1/2} \int_0^A f_n(\alpha)\{\frac{2}{x(x+2)} \sin\frac{(x+1)\alpha}{\sqrt{n}} \cos\frac{\alpha}{\sqrt{n}} - \frac{2x+2}{x(x+2)} \sin\frac{\alpha}{\sqrt{n}} \cos\frac{(x+1)\alpha}{\sqrt{n}}\} d\alpha .$$

Utilisant la majoration $|\sin y| \leq y$ pour $y \geq 0$, on voit que

$$|I'_1(n,A)| \leq \frac{8A^2}{\sqrt{\pi}} \sup_{0 \leq \alpha \leq A} |f_n(\alpha)| \{\frac{(1+x)^2}{x(x+2)}\}$$

tend vers 0 , uniformément en x , quand $n \to \infty$.

<u>Estimation de</u> I'_4 : Puisque μ est fortement apériodique, il existe $\delta(r) > 0$ tel que $|\hat{\mu}(\theta)| \leq 1 - \delta$ pour $\theta \in [r,\pi]$. Donc :

$$I'_4(n,r) = \frac{2(1+x)n^{3/2}}{\sqrt{\pi}} \int_r^{\pi} \hat{\mu}^{n-1}(\theta)\hat{\mu}'(\theta)\Delta(x,\theta)d\theta \quad \text{et}$$

$$|I'_4(n,r)| \leq 4\sqrt{\pi}\, n^{3/2} k(1-\delta)^{n-1} \left(\frac{1+x}{x}\right) ,$$

où

$$k = \sup_{0 \leq \theta \leq \pi} |\hat{\mu}'(\theta)| , \text{ car } \sup_{\alpha} |\Delta(x,\alpha)| \leq \frac{2}{x} . \text{ Donc}$$

$$|I'_4(n,r)| \underset{n \to \infty}{\longrightarrow} 0 \quad \text{pour tout } r > 0 \text{ , uniformément en } x .$$

<u>Estimation de</u> I'_3 :

D'après le lemme 5, il est possible de choisir $r > 0$ tel que :

$$|\hat{\mu}(\theta)| \leq 1 - \frac{C}{2}\theta^2 , \text{ si } 0 \leq \theta \leq r ,$$

et tel que :

$$|\hat{\mu}'(\theta)| \leq C\theta , \text{ si } 0 \leq \theta \leq r .$$

Exigeons encore que : $r < \frac{2}{C}$. Soit $\varepsilon > 0$ et A assez grand pour que

$$\frac{16C}{\sqrt{\pi}} \int_A^{\infty} \alpha^2 e^{-\frac{C}{2}\alpha^2} d\alpha < \varepsilon .$$

Si $\alpha \le r\sqrt{n}$, on a :

$$|\hat{\mu}^{n-1}(\frac{\alpha}{\sqrt{n}})| \le e^{-\frac{C}{2}\alpha^2} \quad \text{et} \quad |\hat{\mu}'(\frac{\alpha}{\sqrt{n}})| \le \frac{C\alpha}{\sqrt{n}} .$$

Donc :

$$I_3'(n,r,A) \le \frac{8}{\sqrt{\pi}} \{\int_A^\infty C\alpha^2 e^{-\frac{C}{2}\alpha^2} d\alpha\}(\frac{(x+1)^2}{x(x+2)}) ,$$

grâce à la majoration suivante qui découle de (22) :

$$n^{1/2}(x+1)|\Delta(x,\frac{\alpha}{\sqrt{n}})| \le \frac{4(x+1)^2}{x(x+2)}\alpha .$$

Par suite :

$$|I_3'(n,r,A)| \le \varepsilon \text{ , uniformément en } x .$$

<u>Estimation de</u> I_2': De même que pour I_3' : $|I_2'(n,A)| \le \frac{16C}{\sqrt{\pi}} \frac{(x+1)^2}{x(x+2)} \int_A^\infty \alpha^2 e^{-C\alpha^2} d\alpha \le \varepsilon$,

ce qui achève la preuve du théorème 3.

<u>Remarque</u> 3 : Comme pour le théorème 2, on peut voir que, plus généralement,

$$(23) \lim_{n\to\infty} \sup_{x\in\mathbb{N}} |\{\frac{(1+x)^2}{n} 2\sqrt{\pi}\, n^{3/2} P_n(x,y) - \frac{2n(y+1)}{\sqrt{C}(x+1)} e^{-\frac{1}{4Cn}\{(x+1)^2+(y+1)^2\}} \operatorname{sh}\frac{(x+1)(y+1)}{2Cn}\}$$
$$= 0 ,$$

pour tout $y \in \mathbb{N}$ fixé.

§ 6. <u>COMPORTEMENT ASYMPTOTIQUE DU NOYAU POTENTIEL</u> $G(x,y)$.

Rappelons que $G(x,y) = \sum_{n\ge 0} P_n(x,y)$, dont une expression intégrale est donnée par la formule (16), au § 4, lemme 4, est, partant de $x \in \mathbb{N}$, <u>l'espérance mathématique du nombre de visites au point</u> $y \in \mathbb{N}$, au cours de la marche. Sous l'hypothèse d'existence du moment d'ordre deux, nous allons en chercher des estimations asymptotiques, quand x , ou y , ou $|x-y|$, tend vers ∞ . Pour plus de clarté, nous commençons par supposer $y = 0$.

THEOREME 4.- Soit $\mu = \sum_{r\geq 0} a_r \delta_r$ une probabilité sur $\mathbb{N}$. On suppose que :

1) μ est apériodique (cf. la proposition 1 du § 3), i.e. qu'il existe au moins un r impair tel que $a_r \neq 0$.

2) μ admet un moment d'ordre deux, i.e. que $\sum_{r\geq 0} a_r r^2 < +\infty$.

Posons :

$$C = \frac{1}{6} \sum_{r\geq 0} a_r (r^2 + 2r) .$$

Alors :

$$\lim_{x\to\infty} x\, G(x,0) = \frac{1}{C} . \tag{24}$$

Démonstration :

LEMME 7.- Pour tout $\beta > 0$, $\lim_{x\to\infty} \sum_{n=1}^{\infty} \frac{x}{n^{3/2}} e^{-\frac{x^2}{2\beta n}} = (2\pi\beta)^{1/2}$.

En effet, posons $\Delta = \frac{1}{x^2}$; on a :

$$\sum_{n=1}^{\infty} \frac{x}{n^{3/2}} e^{-\frac{x^2}{2\beta n}} = \sum_{n=1}^{\infty} \frac{1}{n^{3/2}\Delta^{3/2}} e^{-\frac{1}{2\beta n\Delta}} \Delta \underset{\Delta\to 0}{\longrightarrow} \int_0^{\infty} \frac{1}{t^{3/2}} e^{-\frac{1}{2\beta t}} dt = (2\pi\beta)^{1/2} ,$$

d'après la définition de l'intégrale de Riemann.

1) Nous allons déjà prouver le théorème 4 lorsque μ est fortement apériodique. En fait, nous allons prouver l'assertion équivalente :

$$\lim_{x\to\infty} (x+1) G(x,0) = \frac{1}{C} .$$

D'après les théorèmes 2 et 3, nous avons :

$$(25)\qquad (x+1)P_n(x,0) = \frac{1}{2\sqrt{\pi C}}\ \frac{1}{n^{1/2}}\{e^{-\frac{x^2}{4Cn}} - e^{-\frac{(x+2)^2}{4Cn}}\} + \frac{x+1}{n^{3/2}} E_1(n,x) ;$$

$$(26)\qquad (x+1)P_n(x,0) = \frac{1}{2\sqrt{\pi C}}\ \frac{1}{n^{1/2}}\{e^{-\frac{x^2}{4Cn}} - e^{-\frac{(x+2)^2}{4Cn}}\} + \frac{1}{(x+1)n^{1/2}} E_2(n,x) ,$$

où
$$\lim_{n\to\infty}\ \sup_{x\in\mathbb{N}} |E_1(n,x)| = \lim_{n\to\infty}\ \sup_{x\in\mathbb{N}} |E_2(n,x)| = 0 .$$

D'où :

$$(x+1)G(x,0) = \frac{1}{2\sqrt{\pi C}} \sum_{n=1}^{\infty} \frac{1}{n^{1/2}}\{e^{-\frac{x^2}{4Cn}} - e^{-\frac{(x+2)^2}{4Cn}}\} + \Delta(x) ,$$

où
$$\Delta(x) = \sum_{n=1}^{\infty} \frac{(x+1)}{n^{3/2}} E_1(n,x) = \sum_{n=1}^{\infty} \frac{1}{(1+x)n^{1/2}} E_2(n,x) .$$

a) Commençons par nous préoccuper du terme principal de $(x+1)G(x,0)$ et par prouver qu'il tend vers la limite indiquée. D'après la formule de Rolle :

$$e^{-\frac{x^2}{4Cn}} - e^{-\frac{(x+2)^2}{4Cn}} = \frac{x+2\theta_n}{Cn^{3/2}}\, e^{-\frac{(x+2\theta_n)^2}{4Cn}} \qquad (0 \le \theta_n \le 1) .$$

Donc :

$$S(x) = \frac{1}{2\sqrt{\pi C}} \sum_{n=1}^{\infty} \frac{1}{n^{1/2}}\{e^{-\frac{x^2}{4Cn}} - e^{-\frac{(x+2)^2}{4Cn}}\} = \frac{1}{2\sqrt{\pi C}} \sum_{n=1}^{\infty} \frac{(x+2\theta_n)}{Cn^{3/2}}\, e^{-\frac{(x+2\theta_n)^2}{4Cn}} .$$

On en déduit :

$$\frac{1}{2\sqrt{\pi C}} \sum_{n=1}^{\infty} \frac{x}{Cn^{3/2}}\, e^{-\frac{(x+2)^2}{4Cn}} \le S(x) \le \frac{1}{2\sqrt{\pi C}} \sum_{n=1}^{\infty} \frac{x+2}{Cn^{3/2}}\, e^{-\frac{x^2}{4Cn}} .$$

Or, d'après le théorème de Lebesgue : $\lim\limits_{x\to\infty} \sum\limits_{n=1}^{\infty} \frac{1}{n^{3/2}} e^{-\frac{x^2}{4Cn}} = 0$.

D'après le lemme 7, on a donc :

$$\lim_{x\to\infty} S(x) = \frac{1}{C2\sqrt{\pi C}} \cdot 2\sqrt{\pi C} = \frac{1}{C} .$$

b) Il reste à voir que $\Delta(x)\to 0$ quand $x\to\infty$. Pour cela, écrivons :

$$|\Delta(x)| \le \frac{1}{(x+1)} \sum_{n=1}^{x^2} \frac{1}{n^{1/2}}|E_2(n,x)| + (x+1) \sum_{n=x^2+1}^{\infty} \frac{1}{n^{3/2}}|E_1(n,x)|$$

$$\le \Delta_2(x) + \Delta_1(x) .$$

. Remarquons déjà, d'après le lemme de Riemann-Lebesgue, que $(x+1)P_n(x,0) = \frac{2}{\pi}\int_0^{\pi} \hat{\mu}^n(\theta)\sin(x+1)\theta \sin\theta \, d\theta \underset{x\to\infty}{\to} 0$, et donc, pour tout M :

$$\frac{1}{x+1} \sum_{n=1}^{M} \frac{1}{n^{1/2}}|E_2(n,x)| \underset{x\to\infty}{\longrightarrow} 0 .$$

Soit $\varepsilon>0$ et M assez grand pour que $\sup\limits_{x}|E_2(n,x)| \le \varepsilon$ si $n>M$.

Ecrivons :

$$\Delta_2(x) = \frac{1}{x+1} \sum_{n=1}^{M} \frac{1}{n^{1/2}}|E_2(n,x)| + \frac{1}{x+1} \sum_{n=M+1}^{x^2} \frac{1}{n^{1/2}}|E_2(n,x)| .$$

Le second terme de cette expression est majoré par :

$$\frac{1}{x+1} \sum_{n=M+1}^{x^2} \frac{1}{n^{1/2}}|E_2(n,x)| \le \frac{\varepsilon}{x+1} \sum_{n=M+1}^{x^2} \frac{1}{n^{1/2}} \le k_1\varepsilon ,$$ où k_1 est

une constante indépendante de ε et x . D'où $\Delta_2(x) \underset{x\to\infty}{\longrightarrow} 0$.

. D'autre part :

$$\Delta_1(x) = (x+1) \sum_{n=x^2+1}^{\infty} \frac{1}{n^{3/2}} | E_1(n,x)| \le k_2 \sup_{n > x^2} | E_1(n,x)|$$

(où k_2 ne dépend pas de x) et tend donc vers 0 quand x tend vers l'infini.

Ceci achève la preuve du théorème 4 lorsque μ est fortement apériodique.

2) Supposons maintenant μ apériodique mais non fortement apériodique, et soit $\mu' = (1-\alpha)\delta_0 + \alpha\mu$ $(0<\alpha<1)$. Il est clair que μ' est fortement apériodique et que si P' désigne la matrice de transition associée à μ', on a : $P' = (1-\alpha)I + \alpha P$, où I est la matrice identité. Donc, avec des notations évidentes, $G' = \frac{1}{\alpha} G$.

Le théorème 4 en découle alors sans peine, en appliquant le point 1) à G' et en faisant tendre α vers 1.

<u>Remarque</u> 4 :

1) On peut voir sans peine, que, sous les mêmes hypothèses que le théorème 4, pour tout y fixé

(27)
$$\lim_{x\to\infty} x\, G(x,y) = \frac{(1+y)^2}{C}.$$

2) On déduit de la remarque précédente et de la formule (12), que

(28)
$$\lim_{x\to\infty} \frac{1}{x} G(y,x) = \frac{1}{C}$$

pour tout y fixé dans $\mathbb{N}$.

COROLLAIRE 1 : <u>Sous les mêmes hypothèses qu'au théorème 4, on a</u>

(29)
$$\lim_{x\to\infty} \frac{1}{x} G(x,x) = \frac{1}{C}.$$

Ce corollaire signifie intuitivement que "au fur et à mesure que x augmente, la marche est de moins en moins transiente."

<u>Démonstration</u> : Nous allons déjà établir que, pour $x+y$ pair et $x \geq y+2$ on a :

$$(30) \qquad G(y,x) = \frac{x+1}{y+1}\left\{G\left(\frac{x+y}{2}, \frac{x+y}{2}\right) - G\left(\frac{x-y-2}{2}, \frac{x-y-2}{2}\right)\right\}$$

En effet,

$$G(y,x) = \frac{(x+1)}{\pi(y+1)}\int_0^{\pi} \frac{1}{1-\hat{\mu}(\theta)}\{\cos[(x-y)\theta] - \cos[(x+y+2)\theta]\}d\theta$$

$$= \frac{2(x+1)}{\pi(y+1)}\int_0^{\pi} \frac{1}{1-\hat{\mu}(\theta)}\{\sin^2 \frac{x+y+2}{2}\theta - \sin^2 \frac{x-y}{2}\theta\}d\theta$$

$$= \frac{x+1}{y+1}\left\{G\left(\frac{x+y}{2}, \frac{x+y}{2}\right) - G\left(\frac{x-y-2}{2}, \frac{x-y-2}{2}\right)\right\}.$$

De (30), nous déduisons que :

$$G(0,2x) = (2x+1)\{G(x,x) - G(x-1,x-1)\},$$

et donc, d'après (28),

$$\lim_{x\to\infty} \{G(x,x) - G(x-1,x-1)\} = \frac{1}{C},$$

ce qui achève la preuve du corollaire 1.

COROLLAIRE 2 : <u>Sous les hypothèses du théorème 4</u>,

$$(31) \qquad G(x,y) \underset{|x-y|\to\infty}{\sim} \frac{y+1}{C(x+1)} \inf(x+1,y+1).$$

En effet, si $|x-y| \to \infty$ avec $y \geq x$, alors d'après la formule (30)

$$G(x,y) = \frac{y+1}{x+1} \{G(\frac{x+y}{2}, \frac{x+y}{2}) - G(\frac{y-x-2}{2}, \frac{y-x-2}{2})\}$$

et donc :

$$G(x,y) \underset{\substack{|x-y| \to \infty \\ y \geq x}}{\sim} \frac{y+1}{x+1} (\frac{x+y}{2C} - \frac{y-x-2}{2C})$$

d'après le corollaire 1. Ainsi :

$$G(x,y) \underset{\substack{|x-y| \to \infty \\ y \geq x}}{\sim} \frac{y+1}{C} \text{, ce qui est le corollaire 2}$$

dans le cas où $y \geq x$. Le cas où $|x-y| \to \infty$ avec $x \leq y$ se traite de la même façon, compte tenu de la relation

$$\frac{G(x,y)}{(y+1)^2} = \frac{G(y,x)}{(x+1)^2}$$

qui découle de la formule (12).

Remarque 5 :

1) Soit $f : \mathbb{N} \to R_+$ une fonction positive. Disons que f est harmonique pour la marche de loi μ si $E_x(f(X_1)) = f(x)$ pour tout $x \in \mathbb{N}$ (ou encore si $f(X_n)$ est une martingale pour la marche de loi μ). Alors les estimations précédentes du noyau potentiel permettent, grâce à la théorie de la frontière de Martin, de voir que les fonctions harmoniques positives sont constantes.

2) Soit γ la mesure positive sur $\mathbb{N}$ définie par $\gamma = \sum_{x=0}^{\infty} (x+1)^2 \delta_x$. Alors γ est une mesure invariante pour toutes les marches de loi μ, en ce sens que $\gamma \times \mu = \mu \times \gamma = \gamma$. Bien sûr, il suffit de prouver

cette relation pour $\mu = \delta_y$. Le coefficient a_z de $\gamma \times \delta_y$ sur δ_z est égal au coefficient a_z de $\gamma_M \times \delta_y$ sur δ_z, où $\gamma_M = \sum_{x=0}^{M} (x+1)^2 \delta_x$ (avec M assez grand).

Ainsi, d'après (11),

$$a_z = (z+1)^2 \int_0^{\pi} \hat{\gamma}_M(\theta)\chi_y(\theta)\chi_z(\theta)d\lambda(\theta)$$

$$= (z+1)^2 \int_0^{\pi} \sum_{x=0}^{M} (x+1)^2 \chi_x(\theta)\chi_y(\theta)\chi_z(\theta)d\lambda(\theta)$$

$$= (z+1)^2 \int_0^{\pi} \sum_{x=0}^{M} (x+1)^2 \chi_x(\theta) \sum_k \alpha_{yz}^k \chi_k(\theta)d\lambda(\theta)$$

d'après (8). Les formules d'orthogonalité (7) donnent alors :

$$a_z = (z+1)^2 \sum_{x=0}^{M} \alpha_{yz}^x = (z+1)^2 \text{ , ce qui prouve que}$$

$$\gamma \times \delta_y = \delta_y \times \gamma = \gamma \quad \text{pour tout} \quad y \in \mathbb{N} \text{ , et donc}$$

$$\gamma \times \mu = \mu \times \gamma = \gamma \quad \text{pour toute} \quad \mu \in \mathcal{P}(\mathbb{N}) .$$

<u>Remarque 6</u> : Supposons μ apériodique, et <u>avec un moment d'ordre trois</u> (plus précisément que d'ordre deux). Au prix de ce léger renforcement d'hypothèse, on peut démontrer très simplement (c'est-à-dire sans utiliser les estimations fines des théorèmes 2 et 3) l'estimation :

(24) $$\lim_{x \to \infty} x\, G(x,0) = \frac{1}{C} .$$

En effet, dans ce cas, en dérivant quatre fois terme à terme

$$\varphi(\theta) = \hat{\mu}(\theta) \sin\theta = \sum_{r \geq 0} \frac{a_r}{r+1} \sin[(r+1)\theta] ,$$

on obtient que :

$$1-\hat{\mu}(\theta) = C\theta^2 + o(\theta^3) \qquad (\theta \to o)$$

Mais
$$2C(1-\cos\theta) = C\theta^2 + o(\theta^3), \qquad (\theta \to o)$$

donc
$$[1-\hat{\mu}(\theta)]^{-1} = [2C(1-\cos\theta)]^{-1} + h(\theta),$$

où $h(\theta) = o(\frac{1}{\theta})$, quand $\theta \to o$.

Par suite

$$(1+x)G(x,0) = \frac{2}{\pi}\int_o^{\pi} \frac{\sin[(x+1)\theta]\sin\theta}{1-\hat{\mu}(\theta)}\,d\theta = \frac{1}{\pi C}\int_o^{\pi} \frac{\sin[(x+1)\theta]\sin\theta}{1-\cos\theta}\,d\theta +$$

$$+ \frac{2}{\pi}\int_o^{\pi} \sin\theta\, h(\theta)\sin[(x+1)\theta]\,d\theta .$$

Comme $\theta \longmapsto h(\theta)\sin\theta$ est dans L^1 , cette dernière intégrale tend vers 0 quand $x \to \infty$, d'après le lemme de Riemann-Lebesgue. D'autre part l'intégrale

$$J = \int_o^{\pi} \frac{\sin[(x+1)\theta]\sin\theta}{1-\cos\theta}\,d\theta = \frac{1}{2}\int_o^{2\pi} \frac{\sin[(x+1)\theta]\sin\theta}{1-\cos\theta}\,d\theta$$

$$= -\frac{i}{4}\int_{|z|=1} \frac{(z^{2x+2}-1)(z^2-1)}{z^{x+2}(z^2+1-2z)}\,dz = -\frac{i}{4}\int_{|z|=1} \frac{(z+1)(z^{2x+1}+z^{2x}+\ldots+z+1)}{z^{x+2}}$$

vaut $(-\frac{i}{4})2i\pi \times 2$, dès que $x \geq 2$, d'après le théorème des résidus ; donc $J = \pi$, et par suite $\lim_{x\to\infty} (1+x)G(x,0) = \frac{1}{\pi C}\,\pi = \frac{1}{C}$.

__Application 1__ : __Estimation de la probabilité de non-retour au point__ x .

Soit $x \in \mathbb{N}$. Par définition la __capacité du point__ x , notée $\mathrm{Cap}\{x\}$, est, partant de x à l'instant 0 , la probabilité pour que la marche ne repasse jamais plus au point x. La proposition qui va suivre indique, que, de ce point de vue également, la marche est de moins en moins transiente quand x augmente.

PROPOSITION 3 : Sous les hypothèses du théorème 4, on a :

(32)
$$\mathrm{Cap}\{x\} \sim \frac{C}{x}$$

quand $x \to \infty$.

Démonstration : Si $\psi : \mathbb{N} \to R_+$, définissons $G\psi(x) = \sum_{y \in \mathbb{N}} G(x,y)\,\psi(y)$. Nous utiliserons la formule classique (cf. Spitzer, [3], Proposition 25.15) :

(33)
$$\mathrm{Cap}(\{x\}) = \sup_{\{\psi \mid G\psi(x) \le 1\}} \psi(x) .$$

Pour $\varepsilon > 0$, soit $\psi_{\varepsilon,x}$ la fonction, définie sur $\mathbb{N}$, valant $\frac{C-\varepsilon}{x}$ au point x, et 0 ailleurs. Alors :

$$G\psi_{\varepsilon,x}(x) = \frac{C-\varepsilon}{x}\, G(x,x)$$

tend vers $1 - \frac{\varepsilon}{C}$ quand $x \to +\infty$, d'après le corollaire 1 du théorème 4. Donc, pour x assez grand :

$$G\psi_{\varepsilon,x}(x) \le 1 ,$$

ce qui implique, d'après la formule (29),

$$\mathrm{Cap}\{x\} \ge \psi_{\varepsilon,x}(x) = \frac{C-\varepsilon}{x} ,$$

et donc :

$$\underline{\lim}_{x \to \infty}\, x\,\mathrm{Cap}\{x\} \ge C .$$

D'autre part, si ψ_x est une fonction telle que $G\psi_x(x) \le 1$, alors, pour tout $\varepsilon > 0$, on a $\psi_x(x) \leq \frac{C+\varepsilon}{x}$ pour x assez grand. D'où

$\overline{\lim}_{x \to \infty} x \operatorname{Cap}(\{x\}) \leq C$.

<u>Application 2</u> : <u>Caractérisation des parties récurrentes de</u> $\mathbb{N}$.

Désormais, si E est un événement, la notation $P_y\{E\}$ désigne la probabilité de E , étant supposé que la marche parte de y à l'instant 0 .

Soit $\mu \in \mathcal{P}(\mathbb{N})$. Soit A une partie de $\mathbb{N}$. Pour la marche de loi μ sur $\mathbb{N}$, nous noterons T_A le temps de retour dans A , c'est-à-dire

$$T_A = \inf\{n > 0 \,;\, X_n \in A\} .$$

Si $A = \{x\}$ est réduite au seul point x , nous noterons T_x , au lieu de $T_{\{x\}}$, le temps de retour au point x .

LEMME 8.- Faisons les hypothèses du théorème 4. Alors, pour tout $y \in \mathbb{N}$, on a

$$\lim_{x \to \infty} P_y\{T_x < \infty\} = 1 .$$

D'après la propriété de Markov forte, on a $P_y\{T_x < \infty\} = \frac{G(y,x)}{G(x,x)}$, ce qui tend bien vers 1 d'après (28) et (29).

DEFINITION.- Soit A une partie de $\mathbb{N}$. On dit que, pour la marche de loi μ , la partie A est <u>récurrente</u> si, pour tout y fixé dans $\mathbb{N}$, on a

$$P_y\{\overline{\lim_{n \to \infty}} (X_n \in A)\} = 1 .$$

Il revient au même de dire, quel que soit $y \in \mathbb{N}$, la marche, partant de y , visitera presque sûrement une infinité de fois la partie A .

THEOREME 5.- <u>Soit</u> μ <u>une mesure de probabilité sur</u> $\mathbb{N}$. <u>On suppose que</u> μ

<u>est apériodique et admet un moment d'ordre deux. Soit</u> A <u>une partie de</u> $\mathbb{N}$. <u>Pour que</u> A <u>soit récurrente, il faut et IL SUFFIT qu'elle soit infinie.</u>

<u>Démonstration</u> : La condition est évidemment nécessaire, car la marche est transiente (Théorème 1).

Soit $A = \{a_1, a_2, \dots, a_n, \dots\}$ une partie infinie de $\mathbb{N}$, où $a_i < a_{i+1}$ pour tout i . Pour tout n fixé, on a évidemment

$$P_y\{T_A < \infty\} \geq P_y\{T_{a_n} < \infty\} ,$$

donc on a, d'après le lemme 8,

$$P_y\{T_A < \infty\} = 1 . \tag{34}$$

Définissons alors la suite des temps d'arrêt T_n par :

$$T_1 = T_A , \; T_n = T_{n-1} + T_A \circ \theta_{T_{n-1}}$$

où $\theta_{T_{n-1}}$ est l'opérateur de translation par T_{n-1} . D'après la propriété de Markov forte et (34), on a, pour tout n et tout y fixés,

$$P_y\{T_n < \infty\} = 1 ;$$

d'où

$$P_y\{\overline{\lim_{n\to\infty}} \, (X_n \in A)\} = P_y\{\bigcap_n (T_n < \infty)\}$$

$$= \lim_{n\to\infty} \downarrow P_y(T_n < \infty) = 1 ,$$

ce qui achève la démonstration du théorème 5.

§ 7. ETUDE DU TEMPS DE SEJOUR DANS LES INTERVALLES.

Si r est un entier positif, notons S_r le segment des $x \in \mathbb{N}$ tels que $x \leq r$ et U_r le temps de séjour de la marche de loi μ dans S_r, i.e.

$$U_r = \sum_{n=0}^{\infty} 1_{S_r}(X_n) ,$$

où 1_{S_r} est la fonction indicatrice de S_r. Nous allons prouver un théorème analogue à (26.4) de Spitzer [3], qui indique que nos processus se comportent asymptotiquement comme le module d'une marche aléatoire isotrope sur $\mathbb{Z}^3$.

THEOREME 6.- <u>Soit</u> $\mu = \sum_{x \geq 0} a_x \delta_x \in P(\mathbb{N})$. <u>On suppose que</u> μ <u>est apériodique et a un moment d'ordre deux. On pose</u> $C = \frac{1}{6} \sum_{x \geq 0} a_x(x^2+2x)$.

<u>Alors, pour tout réel</u> $x \geq 0$, <u>on a</u> :

$$\lim_{r \to \infty} P_o\{U_r > \frac{r^2 x}{2C}\} = F(x) ,$$

<u>où</u>

$$F(x) = \frac{4}{\pi} \sum_{k=0}^{\infty} \frac{(-1)^k}{2k+1} e^{-\frac{\pi^2}{8}(2k+1)^2 x} .$$

<u>Démonstration</u> : Procédons en plusieurs étapes.

1) Soit $H(x) = 1 - F(x)$ $(x \geq 0)$. Alors $H(x)$ est la fonction de répartition d' une v.a. positive. Un calcul simple permet de trouver les moments d' cette v.a. :

$$\int_0^{\infty} x^p dH(x) = p! \frac{\pi}{2} \left(\frac{8}{\pi^2}\right)^{p+1} \sum_{k=0}^{\infty} \frac{(-1)^k}{(2k+1)^{2p+1}} \qquad (p \geq 0)$$

(cf. (23.5) de Spitzer [3]). La notation $E_o\{.\}$ signifiant l'espérance mathématique de $\{.\}$, partant de 0, il suffit de prouver que, pour tout entier

$p \geq 1$,

(35) $$\lim_{r\to\infty} E_o\{(\frac{2C}{r^2} U_r)^p\} = p!\, \frac{\pi}{2} (\frac{8}{\pi^2})^{p+1} \sum_{k=o}^{\infty} \frac{(-1)^k}{(2k+1)^{2p+1}} .$$

2) Faisons déjà le calcul pour $p = 1$. Quand $r \to \infty$, d'après (28),

$$E_o(U_r) = \sum_{x \leq r} G(0,x) \sim \sum_{x \leq r} \frac{x}{C} \sim \frac{r^2}{C} \int_o^1 x\, dx = \frac{r^2}{2C} ,$$

donc $\lim_{r\to\infty} E_o(\frac{2C}{r^2} U_r) = 1$, ce qui est (35) pour $p = 1$.

3) Le cas $p = 2$. On a

$$E_o(U_r^2) = E_o\{\sum_{n=o}^{\infty} 1_{S_r}(X_n)\}^2$$

$$= 2E_o\{\sum_{n=o}^{\infty} 1_{S_r}(X_n) \sum_{m=n}^{\infty} 1_{S_r}(X_m)\} - E_o(U_r)$$

$$= -E_o(U_r) + 2 \sum_{x \leq r} \sum_{y \leq r} G(0,x)G(x,y) ,$$

d'après la propriété de Markov.

Or, d'après le corollaire 2 du théorème 4, on a

$$G(x,y) \underset{|x-y|\to\infty}{\sim} \frac{y+1}{C(x+1)} \inf(x+1,y+1) ,$$

d'où

$$E_o(U_r^2) \underset{r\to\infty}{\sim} 2 \sum_{x \leq r} \sum_{y \leq r} \frac{x+1}{C} \cdot \frac{y+1}{C(x+1)} \inf(x+1,y+1) ,$$

car le terme négligé, $-E_o(U_r)$, est en r^2 , tandis que le second terme comme il va apparaître, est en r^4 . Donc

$$E_o(U_r^2) \underset{r\to\infty}{\sim} \frac{2r^4}{C^2} \int_{\Gamma^2} (x \wedge y) y\, dx\, dy = \frac{5r^4}{12C^2} ,$$

où $\Gamma^2 = [0,1] \times [0,1]$, ce qui prouve (35) pour $p = 2$. [Notation : $x \wedge y = \inf(x,y)$] .

4) Par itération du calcul précédent, nous obtenons, pour tout $p \geq 0$:

$$E_o(U_r^p) \underset{r\to\infty}{\sim} \frac{r^{2p}}{C^p} p! \int_{\Gamma_p} (x_1 \wedge x_2)(x_2 \wedge x_3)\ldots(x_{p-1} \wedge x_p)x_p dx_1 dx_2 \ldots dx_p$$

où $\Gamma^p = [0,1]\times\ldots\times[0,1]$ p fois, d'où

$$\lim_{r\to\infty} E_o\{(\frac{2C}{r^2} U_r)^p\} = 2^p p! \int_{\Gamma_p} (x_1 \wedge x_2)\ldots(x_{p-1} \wedge x_p)x_p dx_1 dx_2 \ldots dx_p .$$

Il ne nous reste plus qu'à calculer cette dernière intégrale :

$$I_p = \int_{\Gamma^p} (x_1 \wedge x_2)\ldots(x_{p-1} \wedge x_p)x_p \, dx_1 \ldots dx_p .$$

Pour cela, introduisons l'opérateur K compact, symétrique, défini positif sur l'ensemble des fonctions φ réelles continues sur $[0,1]$ par :

$$K\varphi(x) = \int_o^1 \varphi(y).\inf(x,y)dy .$$

Soit encore ψ_p la suite de fonctions de $[0,1]$ définies par :

$$\psi_1 \equiv 1 , \psi_p(x) = K\psi_{p-1}(x) = K^{p-1}1(x) .$$

Il est clair que :

$$I_p = \int_o^1 \psi_p(x).x \, dx .$$

Or les fonctions propres et les valeurs propres de K se calculent aisément (cf. (26.4) de Spitzer [3]). On trouve, comme fonction propre normalisée : $\Phi_n(x) = \sqrt{2} \sin\{\frac{\pi}{2} (2n+1)r\}$, associée à la valeur propre

$$\lambda_n = \frac{4}{\pi^2} (2n+1)^{-2} .$$

Donc, d'après le théorème de Mercer :

$$\psi_p(x) = \sum_{n=0}^{\infty} \int_0^1 \lambda_n^{p-1} \Phi_n(x)\Phi_n(y)dy ,$$

et

$$I_p = \int_0^1 \psi_p(x)x\,dx = \sum_{n=0}^{\infty} \lambda_n^{p-1} \int_0^1 \Phi_n(x)x\,dx \int_0^1 \Phi_n(y)dy .$$

Le calcul explicite de :

$$\int_0^1 \Phi_n(x)x\,dx = \frac{(-1)^n 4\sqrt{2}}{\pi^2(2n+1)^2} \quad \text{et de} \quad \int_0^1 \Phi_n(r)dr = \frac{2\sqrt{2}}{\pi(2n+1)}$$

et la valeur de $\lambda_n = \frac{4}{\pi^2}(2n+1)^{-2}$ permettent alors sans peine de calculer I_p.

D'où :

$$\lim_{r\to\infty} E_o\{(\frac{2C}{r^2} U_r)^p\} = 2^p p!\, I_p = p!\, \frac{\pi}{2}(\frac{8}{\pi^2})^{p+1} \sum_{k=o}^{\infty} \frac{(-1)^k}{(2k+1)^{2p+1}}$$

ce qui achève la démonstration du théorème 6.

§ 8. UN THEOREME LIMITE CENTRAL.

THEOREME 7.- Soit μ une mesure de probabilité sur $\mathbb{N}$. On suppose que μ est apériodique et a un moment d'ordre deux. Soit X_n la marche associée à μ. Alors $Y_n = \frac{X_n}{\sqrt{2Cn}}$ converge en loi, quand $n\to\infty$, vers la mesure qui admet comme densité sur $\mathbb{R}_+$ la fonction $\sqrt{\frac{2}{\pi}}\, x^2 \exp(-\frac{x^2}{2})$.

Démonstration : D'après la formule (12),

$$P_o\{X_n = x\} = \frac{2(x+1)}{\pi} \int_0^{\pi} \hat{\mu}(\theta)^n \sin(x+1)\theta \sin\theta\, d\theta .$$

Pour $a \le b$ réels positifs, on a :

$$P_o\{a \le Y_n \le b\} = \sum_{x=[a\sqrt{2Cn}]}^{x=[b\sqrt{2Cn}]} \frac{2(x+1)}{\pi} \int_o^{\pi} \hat{\mu}(\theta)^n \sin(x+1)\theta \sin\theta \, d\theta ,$$

où $[z]$ désigne la partie entière de z.

Faisant les changements de variables : $y = \frac{x+1}{\sqrt{n}}$ et $\theta = \frac{\alpha}{\sqrt{n}}$,

on a :

$$P_o\{a \le Y_n \le b\} = \sum_{\substack{y=\sqrt{2C}a \\ y:\ \sqrt{n}y \text{ entier}}}^{y=\sqrt{2C}b} \frac{2y}{\pi} \int_o^{\sqrt{n}\pi} \hat{\mu}\left(\frac{\alpha}{\sqrt{n}}\right)^n \sin y\alpha \sin\frac{\alpha}{\sqrt{n}} \, d\alpha .$$

Or :

$$\sum_{\substack{y=\sqrt{2C}a \\ y:\sqrt{n}y \text{ entier}}}^{\sqrt{2C}b} y \sin y\alpha \frac{1}{\sqrt{n}} \xrightarrow[n\to\infty]{} \int_{\sqrt{2C}a}^{\sqrt{2C}b} y \sin y\alpha \, dy$$

et

$$\hat{\mu}\left(\frac{\alpha}{\sqrt{n}}\right)^n \xrightarrow[n\to\infty]{} e^{-C\alpha^2} .$$

Donc :

$$\lim_{n\to\infty} P_o\{a \le Y_n \le b\} = \frac{2}{\pi} \int_o^{\infty} d\alpha \int_{\sqrt{2C}a}^{\sqrt{2C}b} \alpha y \sin\alpha y \, e^{-C\alpha^2} \, dy .$$

Intégrant d'abord en α, et remarquant que :

$$\int_o^{\infty} e^{-C\alpha^2} \alpha \sin\alpha y \, d\alpha = \frac{y\sqrt{\pi}}{4C^{3/2}} e^{-\frac{y^2}{4C}}$$

on voit que :

$$\lim_{n\to\infty} P_o\{a \le Y_n \le b\} = \frac{2}{\pi} \int_{\sqrt{2C}a}^{\sqrt{2C}b} \frac{y^2\sqrt{\pi}}{4C^{3/2}} e^{-\frac{y^2}{4C}} \, dy .$$

Faisant alors le changement de variable $x = \frac{y}{\sqrt{2C}}$, on a :

$$\lim_{n\to\infty} P_o\{a \le Y_n \le b\} = \sqrt{\frac{2}{\pi}} \int_a^b x^2 e^{-\frac{x^2}{2}} dx ,$$

ce qui prouve le théorème 7.

<u>Remarque</u> : Nous avons fait le calcul précédent pour la probabilité P_o , mais un calcul tout à fait analogue prouve que la loi limite est la même pour P_y , pour tout y de $\mathbb{N}$. D'autre part, la densité limite $\sqrt{\frac{2}{\pi}}\, x^2 e^{-\frac{x^2}{2}}$ est celle du module d'une v.a. gaussienne réduite de dimension 3, ce qui montre, une fois de plus, "que nos marches aléatoires se comportent asymptotiquement comme le module d'une marche aléatoire classique isotrope sur $\mathbb{Z}^3$" .

§ 9. APPENDICE : TRANSIENCE DES MARCHES SUR LE DUAL D'UN GROUPE DE LIE COMPACT DE DIMENSION ≥ 3 .

Soit G un groupe compact, et soit $\hat{G}$ le dual de G , c'est-à-dire l'ensemble des (classes de) représentations unitaires irréductibles (donc de dimension finie) de G . Si $x \in \hat{G}$, notons π_x une représentation de la classe x : soit d_x sa dimension ; et soit $\chi_x(g) = \frac{1}{d_x} \operatorname{Tr}\pi_x(g)$ le caractère normalisé de π_x .

Soient $x \in \hat{G}$ et $y \in \hat{G}$. Alors la représentation $\pi_x \otimes \pi_y$ est somme directe d'un nombre fini de représentations π_z , où $z \in \hat{G}$. En termes de caractères normalisés, ceci se traduit par des <u>formules de multiplication</u> (à la Clebsch-Gordan) :

(36) $$\chi_x \chi_y = \sum_{z\in\hat{G}} \alpha_{xy}^z \chi_z ,$$

où, pour tous $x \in \hat{G}$, $y \in \hat{G}$ fixés, les α_{xy}^z sont ≥ 0 , nuls sauf un nombre fini d'entre eux, et où $\sum_z \alpha_{xy}^z = 1$.

Soit $\mathcal{P}(\hat{G})$ l'ensemble des mesures (discrètes) de probabilités sur $\hat{G}$, i.e. des $\mu = \sum_{x \in \hat{G}} a_x \delta_x$, où δ_x est la mesure de Dirac au point x, où les a_x sont ≥ 0 et tels que $\sum_x a_x = 1$. Dans $\mathcal{P}(\hat{G})$ on définit une convolution en posant

(37) $$\delta_x \times \delta_y = \sum_{z \in \hat{G}} \alpha_{xy}^z \delta_z ,$$

où les α_{xy}^z sont ceux de (36), puis, plus généralement,

(38) $$\mu \times \nu = (\Sigma a_x \delta_x) \times (\Sigma b_y \delta_y) = \Sigma a_x b_y \delta_x \times \delta_y .$$

Comme le produit tensoriel des représentations, d'où elle provient, cette convolution est associative et commutative. On pose $\mu^n = \mu \times \ldots \times \mu$ n fois.

Supposons désormais que G est un groupe <u>de Lie compact connexe</u>. Nous allons appliquer la théorie de Cartan-Weyl (cf. par exemple N. Wallach [4], chap. 4). Soit $\mathbb{T}^d$ un tore maximal de G, où d est la dimension d'un tel tore. Les éléments de $\mathbb{T}^d$ seront notés $e^{i\theta} = (e^{i\theta_1}, e^{i\theta_2}, \ldots, e^{i\theta_d})$, où $\theta = (\theta_1, \ldots, \theta_d)$ et où $0 \leq \theta_1 < 2\pi, \ldots, 0 \leq \theta_d < 2\pi$. On posera

$$|\theta|^2 = \sum_{i=1}^{d} \theta_i^2 .$$

Soit Δ le système de racines de G relativement au tore $\mathbb{T}^d$. Soit P une chambre de Weyl de $\mathbb{T}^d$, et soit Δ_P^+ l'ensemble des racines positives relativement à P. Une fonction centrale sur G (par exemple un caractère) est entièrement déterminée par ses valeurs sur $\mathbb{T}^d$, car tout élément de G est conjugué d'un élément de $\mathbb{T}^d$. D'autre part, pour une telle fonction <u>centrale</u> φ, l'intégrale de Haar sur G est donnée par la formule (cf.N.Wallach [4], § (4.8)) :

(39) $$\int_G \varphi(g)dg = c \int \varphi(e^{i\theta}) \Big(\prod_{\alpha \in \Delta_P^+} \sin^2[\alpha(\theta)] \Big) d\theta ,$$

où c est une constante de normalisation.

Si $\mu = \sum_{x \in \hat{G}} a_x \delta_x \in \mathcal{P}(\hat{G})$, appelons "transformée de Fourier" de μ la fonction $\theta = (\theta_1,\ldots,\theta_d) \longmapsto \hat{\mu}(\theta) = \sum_{x \in \hat{G}} a_x \chi_x(e^{i\theta})$. Il est clair que $(\mu \times \nu)^\wedge = \hat{\mu}\,\hat{\nu}$. D'autre part, vu les relations d'orthogonalités des caractères, on a :

(40)
$$a_x = c\, d_x^2 \int \hat{\mu}(\theta)\chi_x(e^{i\theta})\Big(\prod_{\alpha \in \Delta_p^+} \sin^2[\alpha(\theta)]\Big)\, d\theta .$$

Soit $\mu \in \mathcal{P}(\hat{G})$. Pour tout $x \in \hat{G}$ et toute partie A de $\hat{G}$, posons $P(x,A) = \delta_x \times \mu(A)$. C'est un noyau de transition markovien de $\hat{G}$ vers $\hat{G}$.

Soit alors $(\Omega = \hat{G}^{\mathbb{N}}, X_n (n \geq 0), P_x (x \in \hat{G}))$ la chaîne de Markov canonique associée au noyau P . On l'appellera la marche aléatoire de loi μ sur $\hat{G}$. Pour x et y fixés dans $\hat{G}$, la probabilité $P_n(x,y)$, partant de x au temps 0 , d'être en y au temps n n'est autre que le coefficient sur δ_y de la mesure $\delta_x \times \mu$; donc on a, d'après (40);

(41)
$$P_n(x,y) = c\, d_y^2 \int [\hat{\mu}(\theta)]^n \chi_x(e^{i\theta})\, \overline{\chi_y(e^{i\theta})}\Big(\prod_{\alpha \in \Delta_p^+} \sin^2[\alpha(\theta)]\Big)\, d\theta$$

l'intégrale étant calculée dans le cube

$$Q = \{\theta = (\theta_1,\ldots,\theta_d) \,;\, 0 \leq \theta_1 < 2\pi,\ldots,0 \leq \theta_d < 2\pi\} .$$

$G(x,y) = \sum_{n \geq 0} P_n(x,y)$ est l'espérance mathématique du nombre de visites au point y , partant de x . On dira qua la marche est <u>transiente</u>, si, quels que soient $x \in \hat{G}$, $y \in \hat{G}$, on a $G(x,y) < +\infty$.

THEOREME 8.- <u>Soit</u> G <u>un groupe de Lie compact connexe de dimension</u> ≥ 3 . <u>Soit</u> μ <u>une mesure de probabilité sur</u> $\hat{G}$. <u>On suppose</u> (condition <u>d'apériodicité</u>) <u>que</u> :

$$\theta \in Q \ \underline{\text{et}}\ \hat{\mu}(\theta) = 1 \ \underline{\text{impliquent}}\ \theta = (0,0,\ldots,0) .$$

<u>Alors la marche de loi μ sur $\hat{G}$ est transiente.</u>

<u>Démonstration</u> : La fonction $\sum_{x \in \hat{G}} a_x \chi_x$ est une fonction de type positif normalisée sur G ; donc aussi, par restriction, sur le sous-groupe $\mathbb{T}^d$. Ainsi $e^{i\theta} \longmapsto \hat{\mu}(\theta)$ est une fonction de type positif normalisée sur $\mathbb{T}^d$, et ne vaut 1 qu'à l'origine (hypothèse d'apériodicité). Alors nous savons (cf. Spitzer [3], (7.7)) qu'il existe une constante $\lambda > 0$ telle que :

(42) $$\text{pour tout } \theta \in Q , \quad |1-\hat{\mu}(\theta)| \geq \lambda |\theta|^2 .$$

Le théorème 8 est connu (cf. Spitzer [3]) quand G est abélien, car alors $G = \mathbb{T}^d$, $d \geq 3$, et la marche de loi $\hat{\mu}$ est une marche classique apériodique sur $\mathbb{Z}^d$. Supposons donc désormais que G n'est pas abélien, ce qui implique ipso facto que sa dimension est ≥ 3. Alors l'ensemble Δ_p^+ n'est pas vide ; puisque les $\alpha \in \Delta_p^+$ sont des formes linéaires, on a évidemment

(43) $$\prod_{\alpha \in \Delta_p^+} \sin^2[\alpha(\theta)] = O(\theta^2) . \qquad (\theta \to 0) .$$

La série $\sum_{n \geq 0} [\hat{\mu}(\theta)]^n$ converge simplement dans $Q-(0,0,\ldots,0)$ vers la fonction $[1-\hat{\mu}(\theta)]^{-1}$ et, ce faisant, ses sommes d'ordre N sont dominées par

$$|1-[\hat{\mu}(\theta)]^{N+1}| |[1-\hat{\mu}(\theta)]^{-1}| \leq 2|(1-\hat{\mu}(\theta))^{-1}| \leq \frac{1}{\lambda} \frac{1}{|\theta|^2} ,$$

sauf à l'origine, d'après (42). Or, d'après (43), la fonction $\theta \longmapsto \frac{1}{|\theta|^2}$ est intégrable pour la mesure $\chi_x(e^{i\theta}) \overline{\chi_y(e^{i\theta})} (\prod_{\alpha \in \Delta_p^+} \sin^2[\alpha(\theta)]\, d\theta)$. En appliquant le théorème de Lebesgue, à partir de (41), on obtient donc que :

$$G(x,y) = \sum_{n\geq o} P_n(x,y) = c\, d_y^2 \int_Q \frac{1}{1-\hat{\mu}(\theta)}\, \chi_x(e^{i\theta})\overline{\chi_y(e^{i\theta})(\prod_{\alpha\in\Delta_p^+} \sin^2[\alpha(\theta)]}\, d\theta\ ,$$

intégrale absolument convergente, ce qui prouve la finitude de $G(x,y)$.

BIBLIOGRAPHIE.

[1] NEVEU J. Cours de Probabilités, Ecole Polytechnique, Paris, 1972.

[2] SMITH W.L. A frequency function form of the central limit theorem, Proc. Cambridge Phil. Soc., 49, 462-472, 1953.

[3] SPITZER F. Principes des Cheminements aléatoires, C.I.R.O., Dunod, Paris, 1970.

[4] WALLACH N.R. Harmonic Analysis on homogeneous spaces, Marcel Dekker Inc, New-York, 1973.

[5] VILENKINE N.Ja. Fonctions spéciales et théorie de la représentation des groupes, Dunod, Paris, 1969.

MOYENNABILITE ET NORMES D'OPERATEURS DE CONVOLUTION

par

Jacques FARAUT

Dans ses exposés du 8.11 et du 15.11, P. Eymard a considéré pour un groupe G localement compact les propriétés suivantes (voir [5]) :

(M) Existence d'une moyenne invariante sur l'espace des fonctions uniformément continues (à gauche) et bornées.

(D_2) Pour toute mesure de probabilité μ sur G, la norme de l'opérateur de convolution sur $L^2(G)$ (pour une mesure de Haar invariante à gauche)

$$f \mapsto \mu * f$$

est égale à 1 .

Ces deux propriétés sont équivalentes. Cependant une question se pose : que peut-on dire si pour une mesure de probabilité μ cette norme est égale à 1 ?

Des réponses ont été données par Kesten [6] et Day [3] dans le cas d'un groupe discret, par Derriennic et Guivarc'h [4] d'une part et Berg et Christensen [2] d'autre part dans le cas général. Ce sont ces derniers résultats que nous allons exposer.

I. RAYON SPECTRAL ET NORME D'UN OPERATEUR DE CONVOLUTION.

Soit μ une mesure positive bornée sur un groupe localement compact G. A cette mesure est associé un opérateur de convolution P sur $L^2(G)$

$$Pf = \mu * f .$$

Nous noterons $N(\mu)$ la norme de P, et $\rho(\mu)$ son rayon spectral, nous avons

$$\rho(\mu) \leq N(\mu) \leq \int d\mu$$

nous noterons $S(\mu)$ le support de μ.

THEOREME 1. Soit G un groupe localement compact sur lequel il existe une mesure de probabilité μ telle que

1) Le sous-groupe engendré par $S(\mu)$ est dense dans G

2) $\rho(\mu) = 1$.

Alors le groupe G est moyennable.

LEMME. Soit T un opérateur borné sur un espace de Hilbert $\mathcal{H}$ de norme 1. Si le nombre 1 appartient au spectre de T alors 1 est une valeur propre approchée de T, c'est-à-dire qu'il existe une suite f_n d'éléments de $\mathcal{H}$ vérifiant

$$\|f_n\| = 1$$

$$\lim_{n \to \infty} \|Tf_n - f_n\| = 0 .$$

Si 1 est une valeur propre de T c'est évident. Si 1 n'est pas une valeur propre de T alors $I - T$ n'est pas surjectif. Montrons que l'image de $I - T$ est dense. Soit g un élément de $\mathcal{H}$ tel que

$$\forall f \in \mathcal{H}, (f - Tf, g) = 0$$

c'est-à-dire

$$T^* g = g$$

mais nous avons

$$\begin{aligned} \|Tg - g\|^2 &= \|Tg\|^2 + \|g\|^2 - 2 \operatorname{Re}(Tg,g) \\ &= \|Tg\|^2 + \|g\|^2 - 2 \operatorname{Re}(g,T^* g) \\ &= \|Tg\|^2 + \|g\|^2 - 2 \|g\|^2 \leq 0 \end{aligned}$$

et puisque 1 n'est pas une valeur propre, $g = 0$. Ainsi l'image de $I - T$ n'est pas fermée, par suite

$$\operatorname*{Inf}_{\|f\| = 1} \|Tf - f\| = 0$$

d'où le résultat.

Démontrons maintenant le théorème 1. Puisque $\rho(\mu) = 1$, il existe un point λ de module 1 dans le spectre de P. D'après le lemme, il existe une suite f_n de fonctions de $L^2(G)$ telle que

$$\|f_n\|_2 = 1$$

$$\lim_{n \to \infty} \|Pf_n - \lambda f_n\|_2 = 0 .$$

Nous avons

$$|(Pf_n, f_n) - \lambda| = |(Pf_n - f_n, f_n)| \leq \|Pf_n - \lambda f_n\|_2$$

donc

$$\lim_{n \to \infty} (Pf_n, f_n) = \lambda$$

ce qui peut s'écrire, en posant $\pi(g)\, f(x) = f(g^{-1}x)$,

$$\lim_{n \to \infty} \int (\pi(g) f_n, f_n)\, d\mu(g) = \lambda .$$

Nous avons

$$\left| \int (\pi(g) f_n, f_n)\, d\mu(g) \right| \leq \int (\pi(g)|f_n|, |f_n|)\, d\mu(g) \leq 1$$

donc

$$\lim_{n \to \infty} \int (\pi(g)|f_n|, |f_n|)\, d\mu(g) = 1$$

et comme

$$\|\pi(g)|f_n| - |f_n|\|_2^2 = 2[1 - (\pi(g)|f_n|, |f_n|)]$$

$$\lim_{n \to \infty} \int \|\pi(g)|f_n| - |f_n|\|_2^2\, d\mu(g) = 0$$

de plus

$$\| \pi(g)|f_n|^2 - |f_n|^2 \|_1 \leq 2 \| \pi(g)|f_n| - |f_n| \|_2^2$$

d'où, finalement,

(1) $$\lim_{n \to \infty} \int \| \pi(g) h_n - h_n \|_1 \, d\mu(g) = 0$$

où nous avons posé $h_n = |f_n|^2$.

Il en résulte que de la suite h_n il est possible d'extraire une sous-suite, que nous noterons encore h_n , telle que

(2) $$\lim_{n \to \infty} \| \pi(g) h_n - h_n \|_1 = 0 \text{ , } \mu\text{-p.p.}$$

Soit E l'espace de Banach des fonctions uniformément continues à gauche et bornées (muni de la norme uniforme). Posons, pour une fonction φ de E

$$m_n(\varphi) = \int h_n(g) \, \varphi(g) \, dg \ .$$

La forme linéaire m_n est une moyenne, c'est un élément de la boule unité du dual E' de E . Cette boule unité est faiblement compacte, la suite m_n possède donc une valeur d'adhérence faible m qui est également une moyenne.

D'après (2), il existe un ensemble borélien B tel que

$$\mu(B) = 1$$

$$\forall \, g \in B \, , \lim_{n \to \infty} \| \pi(g) h_n - h_n \|_1 = 0 \ .$$

Or, nous avons

$$|m_n(\pi(g^{-1})\varphi) - m_n(\varphi)| \leq \operatorname{Sup}|\varphi| \, \| \pi(g) h_n - h_n \|_1$$

et en passant à la limite, pour un élément g de B ,

$$m(\pi(g^{-1})\varphi) = m(\varphi) \ .$$

L'ensemble des g tels que cette égalité ait lieu est un sous-groupe fermé de G qui contient B^{-1}, donc d'après l'hypothèse (2), il est égal à G. Ainsi la moyenne m est invariante, le groupe G est donc moyennable.

COROLLAIRE 1. Soit G un groupe localement compact sur lequel il existe une mesure de probabilité μ telle que

1) Le sous-groupe engendré par $S(\mu)\, S(\mu)^{-1}$ est dense dans G.

2) $N(\mu) = 1$.

Alors le groupe G est moyennable.

Soit $\check{\mu}$ la mesure définie par

$$\int f \, d\check{\mu} = \int f(g^{-1}) \, d\mu(g)$$

nous avons

$$P^* f = \check{\mu} * f$$

et

$$P P^* f = (\mu * \check{\mu}) * f$$

de plus

$$S(\mu * \check{\mu}) = \overline{S(\mu)\, S(\mu)^{-1}}$$

$$\rho(\mu * \check{\mu}) = N(\mu * \check{\mu}) = N(\mu)^2$$

d'où le résultat annoncé.

COROLLAIRE 2. Soit G un groupe localement compact sur lequel il existe une mesure de probabilité μ telle que

1) Le sous-groupe engendré par $S(\mu)$ est dense dans G

2) L'élément neutre e de G appartient à $S(\mu)$

3) $N(\mu) = 1$.

Alors le groupe G est moyennable.

En effet, à cause de l'hypothèse (2), $S(\mu)\, S(\mu)^{-1}$ contient $S(\mu)$.

Remarque : Soit G le groupe libre à deux générateurs a et b et considérons

$$\mu = \tfrac{1}{2}(\delta_a + \delta_b)$$

d'après le théorème 1 nous avons $\rho(\mu) < 1$ car G n'est pas moyennable, mais $N(\mu) = 1$ car $S(\mu)\, S(\mu)^{-1}$ engendre le sous-groupe

$$H = \{(ba^{-1})^n \mid n \in \mathbb{Z}\}$$

qui est abélien donc moyennable.

II. FORMULE DE BERG ET CHRISTENSEN.

THEOREME 2. *Soit* μ *une mesure de probabilité symétrique sur un groupe localement compact* G , *et* V *un voisinage compact de* e . *Nous avons*

$$N(\mu) = \limsup_{n\to\infty} [\mu^{*n}(V)]^{1/n} .$$

Ainsi si $N(\mu) < 1$, ce qui se présente pour certaines mesures de probabilité dans le cas d'un groupe non moyennable (voir paragraphe I), nous avons

$$\mu^{*n}(V) \le C\alpha^n \text{ avec } 0 < \alpha < 1 .$$

Nous pouvons en donner une interprétation probabiliste. Considérons une marche aléatoire de loi μ . Si la particule part de e , la probabilité de de se trouver dans ensemble B au $n^{\text{ième}}$ pas est

$$P_n(e,B) = \mu^{*n}(B) .$$

Ainsi si V est un voisinage compact de e

$$P_n(e,V) \le C\alpha^n .$$

Remarquons que si $G = \mathbb{R}^d$, pour de bonnes mesures (mesure de Gauss par exemple), nous avons

$$P_n(e,V) \sim C\, n^{-\frac{d}{2}} \,, \quad (n \to \infty) \,.$$

LEMME. Soit T un opérateur borné positif sur un espace de Hilbert $\mathcal{H}$.

1) Si $\|f\| \leq 1$ la suite $(T^n f, f)^{1/n}$ est croissante

2) Pour tout f la suite $(T^n f, f)^{1/n}$ est convergente.

Pour tout $\alpha > 0$, posons

$$\varphi(\alpha) = \mathrm{Log}(T^{\alpha} f, f)$$

la fonction φ est continue et

$$(T^{\frac{\alpha+\beta}{2}} f, f) = (T^{\alpha/2} f, T^{\beta/2} f) \leq \sqrt{(T^{\alpha} f, f)}\, \sqrt{(T^{\beta} f, f)}$$

c'est-à-dire

$$\varphi\left(\frac{\alpha+\beta}{2}\right) \leq \tfrac{1}{2}\, [\varphi(\alpha) + \varphi(\beta)]$$

la fonction φ est donc convexe et

$$\lim_{\alpha \to 0} \varphi(\alpha) \leq \mathrm{Log}\|f\|^2$$

ainsi si $\|f\| \leq 1$, la suite $\frac{1}{n}\varphi(n)$ est croissante. Sinon, posons

$$\|f\| = \lambda \,, \; f = \lambda g \,, \; \|g\| = 1$$

et nous avons

$$(T^n f, f)^{1/n} = \lambda^{2/n} (T^n g, g)^{1/n} \,.$$

Démontrons maintenant le théorème 2 en plusieurs étapes. Nous supposerons pour simplifier que le groupe G est unimodulaire.

PROPOSITION 1. Soit μ une mesure positive bornée, de type positif. Pour toute fonction f continue positive à support compact non nulle

$$N(\mu) = \lim_{n \to \infty} [\mu^{*n}(f * \check{f})]^{1/n} \,.$$

a) D'après le lemme la limite

$$\lim_{n\to\infty} [\mu^{*n}(f * \check{f})]^{1/n} = L$$

existe pour toute fonction f continue positive à support compact. Montrons d'abord que cette limite ne dépend pas de f. Soit g une fonction continue positive à support compact non nulle. Pour un élément a de G, posons

$$\varphi_a(x) = g * \delta_a * \check{g} .$$

Si en x nous avons $g(x) > 0$, alors $\varphi_a(xax^{-1}) > 0$. Si f est une fonction continue à support compact positive, il existe par compacité $a_1, a_2, \ldots, a_p$ tels que

$$f * \check{f} \leq \alpha \sum_{i=1}^{p} \varphi_{a_i}$$

et nous avons pour toute mesure positive μ

$$\mu(f * \check{f}) \leq \alpha \sum_{i=1}^{p} \mu(\varphi_{a_i}) = \alpha \sum_{i=1}^{p} \check{g} * \mu * g(a_i) .$$

Si la mesure μ est de type positif la fonction $\check{g} * \mu * g$ est aussi de type positif, donc

$$\check{g} * \mu * g(x) \leq \check{g} * \mu * g(e) = \mu(g * \check{g})$$

d'où

$$\mu(f * \check{f}) \leq p\,\alpha\, \mu(g * \check{g})$$

et pour tout n

$$\mu^{*n}(f * \check{f}) \leq p\,\alpha\, \mu^{*n}(g * \check{g})$$

d'où le résultat.

b) Montrons maintenant que $L = N(\mu)$. Posons

$$A = \{f \in C_o^+(G) \mid \int f^2 dg = 1\} .$$

Si μ est une mesure positive bornée de type positif, nous avons

$$N(\mu) = \operatorname*{Sup}_{f\in A} \mu(f * \check{f})$$

$$N(\mu^{*n}) = N(\mu)^n$$

donc

$$\begin{aligned} N(\mu) &= \operatorname*{Sup}_{f\in A} [\mu^{*n}(f * \check{f})]^{1/n} \\ &= \operatorname*{Sup}_{n} \operatorname*{Sup}_{A} [\mu^{*n}(f * \check{f})]^{1/n} \\ &= \operatorname*{Sup}_{A} \operatorname*{Sup}_{n} [\mu^{*n}(f * \check{f})]^{1/n} \\ &= \operatorname*{Sup}_{A} \lim_{n\to\infty} [\mu^{*n}(f * \check{f})]^{1/n} = L . \end{aligned}$$

PROPOSITION 2. <u>Soit</u> μ <u>une mesure positive bornée symétrique. Pour toute fonction</u> f <u>continue positive à support compact non nulle</u>

$$N(\mu) = \limsup_{n\to\infty} [\mu^{*n}(f * \check{f})]^{1/n} .$$

La mesure $\nu = \mu * \mu$ est de type positif et

$$N(\nu) = N(\mu)^2$$

d'où d'après la proposition 1

$$N(\mu) = \lim_{n\to\infty} [\mu^{*2n}(f * \check{f})]^{1/2n} .$$

Si σ et τ sont deux mesures bornées, posons

$$B_f(\sigma,\tau) = (\sigma * f, \tau * f) = \check{\tau} * \sigma(f * \check{f})$$

la forme B_f est hermitienne positive donc d'après l'inégalité de Schwarz

$$|B_f(\sigma,\tau)|^2 \leq B_f(\sigma,\sigma)\, B_f(\tau,\tau)$$

d'où

$$[\mu^{*2n+1}(f * \check{f})]^{1/2n+1} \leq [\mu^{*4n}(f * \check{f})]^{1/4n+2} [\mu^{*2}(f * \check{f})]^{1/4n+2}$$

donc

$$\limsup_{n\to\infty} [\mu^{*2n+1}(f * \check{f})]^{1/2n+1} \le N(\mu)$$

d'où le résultat annoncé.

PROPOSITION 3. <u>Soit</u> μ <u>une mesure positive bornée symétrique et</u> V <u>un voisinage compact de</u> e . <u>Nous avons</u>

$$N(\mu) = \limsup_{n\to\infty} [\mu^{*n}(V)]^{1/n}$$

<u>si de plus</u> μ <u>est de type positif</u>

$$N(\mu) = \lim_{n\to\infty} [\mu^{*n}(V)]^{1/n} .$$

Cette proposition résulte simplement des propositions 1 et 2 en remarquant qu'il existe deux fonctions f_1 et f_2 continues positives à support compact non nulles telles que

$$f_1 * \check{f}_1 \le \chi_V \le f_2 * \check{f}_2$$

où χ_V désigne la fonction caractéristique de V .

BIBLIOGRAPHIE

[1] BERG, C., CHRISTENSEN, J.P.R. — On the relation between amenability of locally compact groups and the norms of convolution operators. Math. Ann. 208 (1974), p. 149-153.

[2] BERG, C., CHRISTENSEN, J.P.R. — Sur la norme des opérateurs de convolution. Inventiones Math. 23 (1974), p. 173-178.

[3] DAY, M.M. — Convolutions, means and spectra. Ill. J. of Math., 8 (1964), p. 100-111.

[4] DERRIENNIC, Y., GUIVARC'H, Y. — Theorème de renouvellement pour les groupes non moyennables. CRAS, t. 277 (1/10/73), série A, p. 613-615.

[5] EYMARD, P. — Moyennes invariantes et représentations unitaires. Lecture Notes in Math. 300, Springer (1972).

[6] KESTEN, H. — Full Banach mean values on countable groups. Math. Scand. 7 (1959), p. 146-156.

SEMI-GROUPES DE FELLER INVARIANTS
SUR LES ESPACES HOMOGENES NON MOYENNABLES

par

Jacques FARAUT

Soit G un groupe localement compact. A une mesure de probabilité μ sur G est associé un opérateur de convolution P sur $L^2(G)$ (pour une mesure de Haar invariante à gauche) :

$$Pf = \mu * f .$$

Nous notons $N(\mu)$ la norme de cet opérateur, et $\rho(\mu)$ son rayon spectral. Si G n'est pas moyennable, il est possible que $\rho(\mu) < 1$ et alors la série

$$V = \sum_{n=0}^{\infty} P^n$$

est normalement convergente, sa somme V est un opérateur borné sur $L^2(G)$ de la forme

$$Vf = \varkappa * f$$

où $\varkappa$ est une mesure positive non bornée. L'opérateur V est un opérateur potentiel dans le sens suivant

(1) V est une application linéaire positive de $C_c(G)$ dans $C_o(G)$ ($C_c(G)$ est l'espace des fonctions continues sur G à support compact et $C_o(G)$ est l'espace des fonctions continues sur G qui tendent vers 0 à l'infini).

(2) V vérifie le principe complet du maximum, c'est-à-dire que pour toute fonction f de $C_c(G)$, et pour tout $a \geq 0$

$$(Vf(x) \leq a \text{ sur } \{x | f(x) > 0\}) \Rightarrow (Vf(x) \leq a \text{ partout}).$$

Nous allons montrer réciproquement que sur certains espaces homogènes non moyennables les opérateurs potentiels invariants sont bornés sur L^2. La démonstration utilise des propriétés des semi-groupes de Feller sur les espaces homogènes non moyennables qui ont été établies en collaboration avec C. Berg [1].

I. POTENTIELS ELEMENTAIRES.

Soit G un groupe localement compact. Considérons une mesure de probabilité μ sur G et P l'opérateur de convolution associé.

PROPOSITION 1. <u>Si</u> $\rho(\mu) < 1$ <u>l'opérateur</u> V <u>défini par</u>

$$V = \sum_{n=0}^{\infty} P^n$$

<u>est un opérateur potentiel</u>.

a) Montrons que V applique $C_c(G)$ dans $C_o(G)$. Si f est fonction positive de $C_c(G)$

$$\sum_{n=0}^{\infty} \mu^{*n}(\check{f} * f) = \sum_{n=0}^{\infty} (P^n f, f)$$

$$\leq \left(\sum_{n=0}^{\infty} \|P^n\|\right) \|f\|_2^2$$

il en résulte qu'il existe une mesure positive κ telle que

$$\forall\, f \in C_c(G)\,,\ \sum_{n=0}^{\infty} \mu^{*n}(f) = \kappa(f)$$

$$Vf = \kappa * f$$

ainsi pour une fonction de $C_c(G)$, Vf est continue.

Le produit de convolution de deux fonctions de $L^2(G)$ appartient à $C_o(G)$. Ainsi si f et g sont deux fonctions de $C_c(G)$.

$$V(f * g) = Vf * g$$

est une fonction de $C_o(G)$. On en déduit le résultat annoncé.

b) Le fait que V vérifie le principe complet du maximum résulte des deux lemmes suivants.

LEMME 1. Soit X un espace localement compact et P un opérateur positif sur $C_o(X)$ vérifiant $\|P\| < 1$, alors l'opérateur

$$V = \sum_{n=0}^{\infty} P^n$$

est un opérateur potentiel.

Soit f une fonction de $C_c(X)$, posons

$$h = Vf ,$$

nous avons

$$(I - P)h = f .$$

Supposons que $\operatorname{Sup} h > 0$. Soit x_0 un point de X tel que

$$h(x_0) = \operatorname{Sup} h ,$$

nous avons

$$Ph(x) \leq \|P\| \operatorname{Sup} h$$

d'où

$$f(x_0) > (1 - \|P\|)h(x_0) > 0 .$$

LEMME 2. Soit X un espace localement compact et V_n une suite d'opérateurs potentiels telle que pour toute fonction f de $C_c(X)$

$$\lim_{n \to \infty} \|V_n f - Vf\| = 0$$

(pour la norme uniforme). Alors V est un opérateur potentiel.

Laissons de côté la démonstration de ce lemme qui est standard. Pour montrer le résultat énoncé en b), il suffit de considérer les opérateurs

$$V_\alpha = \sum_{n=0}^{\infty} \alpha^n P^n , \quad (0 < \alpha < 1) .$$

Ce sont des opérateurs potentiels d'après le lemme 1 et à l'aide du lemme de Dini, on montre

$$\forall\ f \in C_c(X)\ ,\ \lim_{\alpha \to 1} \|V_\alpha f - Vf\| = 0$$

le résultat annoncé se déduit alors du lemme 2.

II. OPERATEURS POTENTIELS INVARIANTS. SEMI-GROUPES DE FELLER INVARIANTS.

Soit G un groupe localement compact, et soit K un sous-groupe compact de G, soit $X = K\backslash G$ l'espace homogène. Si f est une fonction définie sur X posons

$$\tau_g f(x) = f(xg)\ .$$

Si E est un espace de fonctions définies sur X, un opérateur invariant sur E est un opérateur qui commute avec les transformations τ_g.

Si X est un espace localement compact un semi-groupe de Feller sur X est un semi-groupe fortement continu de contractions positives $\{P_t\}_{t \geq 0}$ de l'espace $C_o(X)$:

(1) $P_o = I$, $\forall\ t,s \geq 0$, $P_t P_s = P_{t+s}$

(2) $\|P_t\| \leq 1$

(3) $f \geq 0 \Rightarrow P_t f \geq 0$

(4) $\forall\ f \in C_o(X)$, $\lim_{t \to 0} \|P_t f - f\| = 0$.

Si X est un espace homogène et si chaque P_t est invariant le semi-groupe de Feller est dit invariant.

PROPOSITION 2. Supposons que K soit un sous-groupe compact maximal de G. Si V est un opérateur potentiel invariant sur $X = K\backslash G$, alors il existe un semi-groupe de Feller invariant $\{P_t\}_{t \geq 0}$ sur X tel que pour toute fonction f de $C_c(X)$

$$Vf(x) = \int_0^\infty P_t f(x)\, dt$$

(pour la démonstration de cette proposition, voir [2], p. 42).

III. SEMI-GROUPES DE FELLER INVARIANTS SUR LES ESPACES HOMOGENES NON MOYENNABLES.

Un semi-groupe de mesures positives sur un groupe localement compact G est une famille $\{\mu_t\}_{t \geq 0}$ de mesures positives vérifiant

(1) $\forall\, t \geq 0 ,\ \int d\mu_t \leq 1$

(2) $\forall\, t,s \geq 0 ,\ \mu_t * \mu_s = \mu_{t+s}$

(3) $\lim\limits_{t \to 0} \mu_t = \mu_0$ (vaguement).

Le mesure μ_0 vérifie

$$\mu_0 * \mu_0 = \mu_0$$

ainsi, si elle n'est pas nulle, c'est la mesure de Haar normalisée d'un sous-groupe compact K de G [3]. Les mesures μ_t sont biinvariantes par K .

Posons

$$P_t f = \mu_t * f$$

les opérateurs P_t constituent un semi-groupe de Feller invariant sur $X = K\backslash G$. Réciproquement tout semi-groupe de Feller invariant sur $X = K\backslash G$ est de cette forme.

DEFINITION. <u>Le type d'un semi-groupe de mesures</u> $\{\mu_t\}_{t \geq 0}$ <u>est le nombre</u>

$$\alpha = \lim_{t \to \infty} \mathrm{Log}\, N(\mu_t)/t$$

(pour l'existence de cette limite, voir [4], p. 232).

Nous avons

$$\rho(\mu_t) = e^{\alpha t} .$$

PROPOSITION 3. Soit G un groupe localement compact et K un sous-groupe compact de G vérifiant

(A) G n'est pas moyennable

(B) K est maximal parmi les sous-groupes fermés de G.

Soit $\{\mu_t\}_{t\geq 0}$ un semi-groupe de mesures positives tel que

(1) μ_0 est la mesure de Haar normalisée de K

(2) μ_t n'est pas identiquement égale à μ_0.

Alors le type α du semi-groupe $\{\mu_t\}_{t\geq 0}$ est strictement négatif.

Cette proposition résulte du théorème 1 du précédent exposé.

THEOREME. Soit G un groupe localement compact et K un sous-groupe compact de G vérifiant

(A) G n'est pas moyennable

(B) K est maximal parmi les sous-groupes fermés de G.

Alors tout opérateur potentiel invariant sur l'espace homogène $X = K\backslash G$ est borné pour la norme de $L^2(X)$.

Des hypothèses (A) et (B), il résulte que le groupe G est unimodulaire, la mesure considérée sur X est l'image d'une mesure de Haar sur G.

Soit V un opérateur potentiel invariant sur $X = K\backslash G$. D'après la proposition 2, il existe un semi-groupe de Feller invariant $\{P_t\}_{t\geq 0}$ tel que pour toute fonction de $C_c(X)$

$$Vf(x) = \int_0^\infty P_t f(x)\, dt$$

ce qui peut également s'écrire

$$Vf(x) = \int_0^\infty \mu_t * f(x)\, dt .$$

D'après la proposition 3,

$$N(\mu_t) \leq Ce^{-\beta t} \quad \text{avec} \quad C>0 \quad \text{et} \quad \beta>0$$

d'où

$$\|Vf\|_2 \leq \frac{C}{\beta} \|f\|_2 .$$

Exemple : Si $X = K\backslash G$ est un espace riemannien symétrique de type non compact irréductible les hypothèses (A) et (B) sont vérifiées ([1]) . Le type du semi-groupe de Gauss est égal à

$$\alpha = -< \rho,\rho >$$

où ρ désigne la demi-somme des racines positives et $<,>$ la forme de Killing.

Si $G = SO_o(1,n)$ et $K = SO(n)$, X est l'espace hyperbolique réel de diemnsion n . L'opérateur potentiel associé au semi-groupe de Gauss est de la forme

$$Vf = k * f$$

où k est une fonction biinvariante. Pour $n = 2$,

$$k(r) = \frac{1}{2\pi} \text{Log} \coth \frac{r}{2}$$

et pour $n = 3$,

$$k(r) = \frac{1}{4\pi} (\coth r - 1) .$$

BIBLIOGRAPHIE

[1] BERG, C., FARAUT, J. Semi-groupes de Feller invariants sur les espaces homogènes non moyennables. Math. Z., 136 (1974), p. 279-290.

[2] GEBUHRER, M.O. Noyaux de Hunt invariants et Laplaciens généralisés sur les espaces riemanniens symétriques de type non compact. Université Louis Pasteur, Département de Math., Thèse de 3e Cycle, 1973.

[3] HEYER, H. Über Haarsche Masse auf lokalkompakten Gruppen. Arch. der Math., Vol. XVII (1966), p. 347-351.

[4] YOSIDA, K. Functional Analysis. Springer (1971).

NOYAUX SPHERIQUES SUR UN HYPERBOLOIDE A UNE NAPPE

par

Jacques FARAUT

Dans deux notes ([6] et [7]) Molcanov définit les fonctions sphériques associées aux hyperboloïdes $O(p,q)/O(p,q-1)$. Si $q = 1$ ce sont de vraies fonctions, sinon ce sont des distributions. Dans cet exposé nous donnons dans le cas $p = 1$, $q = 2$ des démonstrations des résultats énoncés par Molcanov.

Pour définir les fonctions sphériques nous introduisons la notion de noyau sphérique. Au paragraphe I une représentation intégrale de ces noyaux sphériques est établie. Au paragraphe II nous déterminons les noyaux sphériques de type positif, il en découle une représentation intégrale des noyaux invariants de type positif, c'est l'analogue du théorème de Bochner-Godement. Au paragraphe III les noyaux sphériques sont exprimés explicitement à l'aide des fonctions de Legendre. Finalement une formule de Plancherel est établie, c'est l'analogue du théorème de Plancherel-Godement.

Cette formule a été démontrée dans [9] pour p et q quelconques par une méthode différente. Elle est également énoncée dans [8] et [10] . La méthode utilisée ici repose sur l'étude des solutions distributions d'une équation différentielle singulière.

TABLE DES MATIERES

I. NOYAUX SPHERIQUES.

1. Définition.

Soit X l'hyperboloïde à une nappe

$$X = \{x \in \mathbb{R}^3 \mid -x_0^2 + x_1^2 + x_2^2 = 1\},$$

le groupe $G = O(1,2)$ agit sur X transitivement et X est l'espace homogène G/Π où Π est le sous-groupe d'isotropie de $a = (0,1,0)$, isomorphe à $O(1,1)$.

Pour deux points x et y de $\mathbb{R}^3$ on note

$$[x,y] = -x_0 y_0 + x_1 y_1 + x_2 y_2$$

la trace de la forme bilinéaire $[x,y]$ sur chaque plan tangent à X induit une structure de variété pseudo-riemannienne de signature $(1,1)$. Le pseudo-Laplacien associé Δ est la trace sur X du Dalambertien

$$\square = -\frac{\partial^2}{\partial x_0^2} + \frac{\partial^2}{\partial x_1^2} + \frac{\partial^2}{\partial x_2^2}.$$

Plus explicitement soit f une fonction de classe C^2 sur X, et $\tilde{f}$ la fonction définie dans l'ouvert

$$\{x \in \mathbb{R}^3 \mid [x,x] > 0\},$$

homogène de degré 0 et égale à f sur X ; Δf est la restriction à X de $\square \tilde{f}$.

Si f est une fonction définie sur X, et g un élément de G, on pose

$$\tau_g f(x) = f(g^{-1} x).$$

Nous avons

$$\Delta(\tau_g f) = \tau_g(\Delta f) .$$

On note $\mathcal{D}(X)$ l'espace des fonctions de classe C^∞ sur X à support compact. On note dx la mesure invariante

$$dx = \frac{dx_1 dx_2}{|x_0|} .$$

DEFINITION I.1.- <u>Un noyau sphérique est une application</u>

$$\Phi : \mathcal{D}(X) \times \mathcal{D}(X) \longrightarrow \mathbb{C} ,$$

<u>bilinéaire, bicontinue, vérifiant</u>

(1) Φ <u>est invariant par</u> G :

$$\Phi(\tau_g f_1, \tau_g f_2) = \Phi(f_1, f_2) ,$$

(2) Φ <u>est un "noyau propre" du pseudo-laplacien</u> :

$$\lambda \in \mathbb{C} , \Phi(\Delta f_1, f_2) = \lambda \Phi(f_1, f_2) .$$

En utilisant le théorème des noyaux de Schwartz et l'invariance par G on montre que tout noyau sphérique relativement à la valeur propre λ est associé à une distribution T sur G biinvariante par H telle que si f_1 et f_2 sont deux fonctions de $\mathcal{D}(G)$

$$\Phi(f_1 * m_H, f_2 * m_H) = T(\check{f}_2 * f_1) ,$$

où m_H désigne une mesure de Haar de H considérée comme une mesure sur G. Une telle distribution est symétrique : $\check{T} = T$, et par suite tout noyau sphérique est symétrique :

$$\Phi(f_1, f_2) = \Phi(f_2, f_1) .$$

Une telle distribution T peut être considérée comme une distribution sur X invariante par H, et elle vérifie

$$\Delta T - \lambda T = 0 .$$

Réciproquement à une distribution sur X invariante par H, solution de $\Delta T - \lambda T = 0$ correspond un noyau sphérique relativement à la valeur propre λ.

Ces distributions sont l'analogue des fonctions sphériques qui interviennent dans l'étude de l'espace homogène $G/_K$ où K est le sous-groupe compact $O(2)$.

Ces noyaux sphériques admettent une représentation intégrale, qui est l'analogue de la représentation de Laplace des fonctions sphériques. Cette représentation intégrale fait intervenir une transformation de Fourier que nous étudions au numéro suivant.

2. Transformation de Fourier.

Soit Ξ le cône asymptote de l'hyperboloïde X :

$$\Xi = \{ \xi \in \mathbb{R}^3 \mid [\xi, \xi] = 0, \xi \neq 0 \} .$$

Si ξ est un point de Ξ les applications

$$x \longrightarrow |[x,\xi]|^{-s} ,$$

$$x \longrightarrow |[x,\xi]|^{-s} \operatorname{sgn}([x,\xi]),$$

sont pour $\operatorname{Re} s < -2$ des fonctions propres du pseudo-laplacien Δ pour la valeur propre $\lambda_s = s(1-s)$.

Soit f une fonction de $\mathcal{D}(X)$. Posons pour $\operatorname{Re} s < 1$

$$F_o(\xi,s) = \int_X |[x,\xi]|^{-s} f(x)\,dx ,$$

$$F_1(\xi,s) = \int_X |[x,\xi]|^{-s} \operatorname{sgn}([x,\xi])\, f(x)\,dx .$$

Pour tout ξ de Ξ l'application de X dans $\mathbb{R}$ définie par

$$x \longmapsto [x,\xi] ,$$

a en tout point de X une différentielle non nulle. Par suite la fonction

$$s \longmapsto F_o(\xi,s) ,$$

admet un prolongement méromorphe à $\mathbb{C}$ avec des pôles simples pour $s = 1,3,5,\dots$

De même la fonction

$$s \longmapsto F_1(\xi,s)$$

admet un prolongement méromorphe à $\mathbb{C}$ avec des pôles simples pour $s = 2,4,6\dots$

DEFINITION I.2.- La transformée de Fourier d'une fonction f de $\mathcal{D}(X)$ est la fonction $\hat{f}$ à valeurs dans $\mathbb{C}^2$ définie sur $\Xi \times \mathbb{C}$ par

$$\hat{f}_o(\xi,s) = \frac{1}{\Gamma(\frac{1-s}{2})} \int_X |[x,\xi]|^{-s} f(x)\,dx$$

$$\hat{f}_1(\xi,s) = \frac{1}{\Gamma(1-\frac{s}{2})} \int_X |[x,\xi]|^{-s} \operatorname{sgn}([x,\xi])\, f(x)\,dx .$$

PROPOSITION I.1.- La transformation de Fourier possède les propriétés suivantes

(1) Pour ξ fixé, $\hat{f}$ est holomorphe en s,

(2) pour s fixé, $\hat{f}$ est de classe C^∞ et homogène de degré $-s$ en ξ, $\hat{f}_o(\cdot,s)$ est paire, $\hat{f}_1(\cdot,s)$ est impaire.

(3) $\widehat{\Delta f}(\xi,s) = s(1-s)\hat{f}(\xi,s)$.

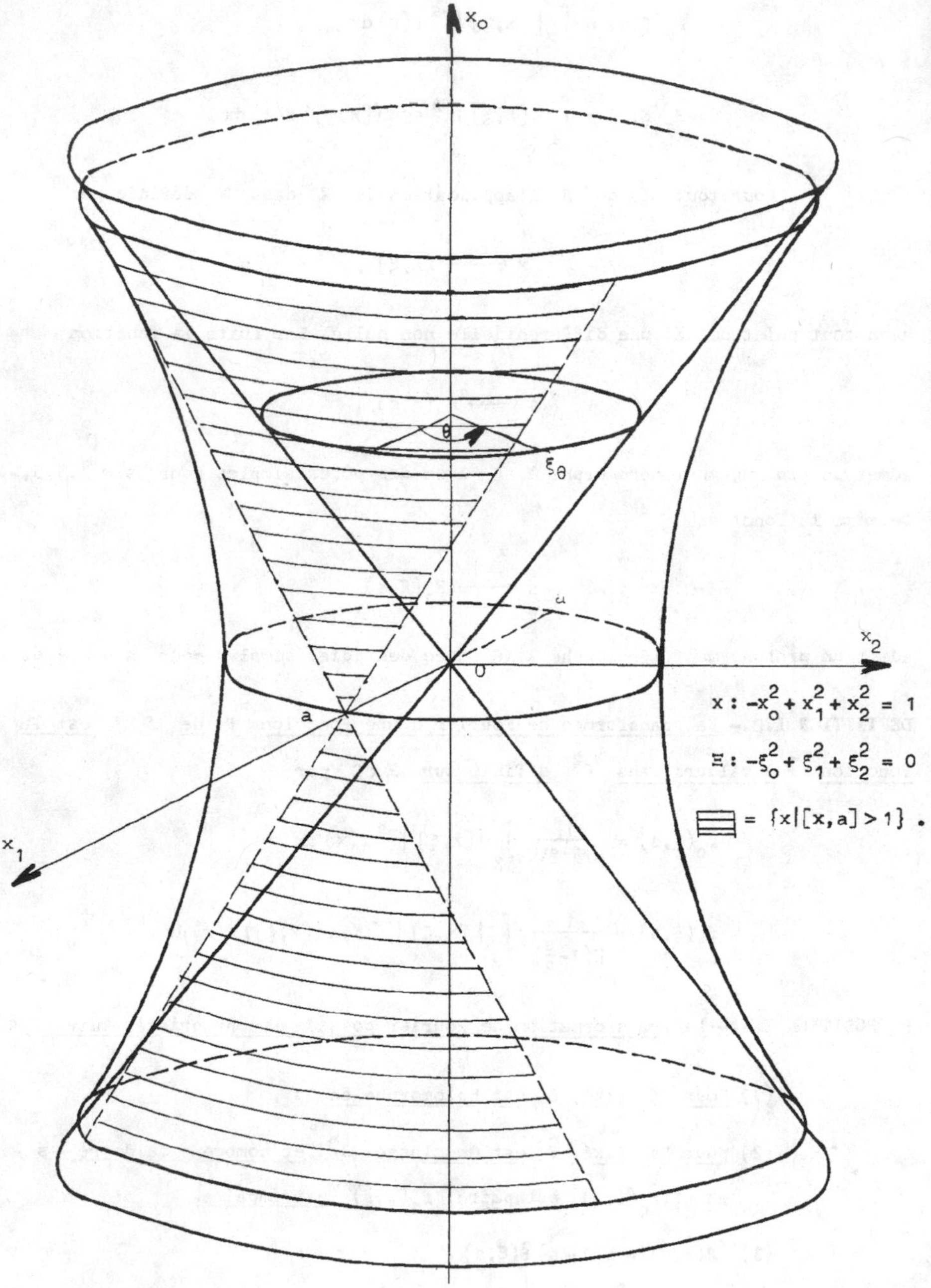
x_o
x_1
x_2
ξ_θ
θ
a
0
$x : -x_o^2 + x_1^2 + x_2^2 = 1$
$\Xi : -\xi_o^2 + \xi_1^2 + \xi_2^2 = 0$
$= \{x \mid [x,a] > 1\}$.

La propriété (1) provient de ce que les pôles des fonctions $F_o(\xi,.)$ et $F_1(\xi,.)$ sont simples. Les propriétés (2) et (3) se montrent directement pour $\mathrm{Re}\, s < 1$ ($\mathrm{Re}\, s < -2$ pour (2)) et ensuite par prolongement analytique.

3. Représentation intégrale des noyaux sphériques.

Soit h une fonction continue définie sur Ξ homogène de degré -1. Par définition

$$\oint h(\xi)\, d\mu(\xi) = \int_0^{2\pi} h(\xi_\theta)\, \frac{d\theta}{2\pi}$$

avec $\xi_\theta = (1, \cos\theta, \sin\theta)$. Si g est un élément de $O(1,2)$ nous avons

$$\oint h(g\xi)\, d\mu(\xi) = \oint h(\xi)\, d\mu(\xi),$$

(pour la démonstration voir [11] p. 525).

Pour tout nombre complexe s nous posons, si f et g sont deux fonctions de $\mathcal{B}(X)$

$$\Phi_s^o(f,g) = \oint \hat{f}_o(\xi,s)\, \hat{g}_o(\xi,1-s)\, d\mu(\xi) \,,$$

$$\Phi_s^1(f,g) = \oint \hat{f}_1(\xi,s)\, \hat{g}_1(\xi,1-s)\, d\mu(\xi) \,.$$

THEOREME I.2.- <u>Les noyaux Φ_s^o et Φ_s^1 sont des noyaux sphériques pour la valeur propre</u> $\lambda_s = s(1-s)$.

Nous montrerons que les noyaux Φ_1^o et Φ_s^1 constituent une base de l'espace des noyaux sphériques relativement à la valeur propre $\lambda_s = s(1-s)$ et vérifient

$$\Phi_{1-s}^o = \Phi_s^o \,,$$

$$\Phi_{1-s}^1 = \Phi_s^1 \,.$$

Pour $0 < \mathrm{Re}\, s < 1$ en utilisant le théorème de Fubini nous obtenons

$$\Phi_s^o(f,g) = \int\int_{X\times X} \varphi_s^o(x,y)f(x)g(y)dx\,dy ,$$

avec

$$\varphi_s^o(x,y) = \frac{1}{\Gamma(\frac{1-s}{2})\Gamma(\frac{s}{2})} \int_o^{2\pi} |[x,\xi_\theta]|^{-s} |[y,\xi_\theta]|^{s-1} \frac{d\theta}{2\pi} ,$$

de même

$$\Phi_s^1(f,g) = \int\int_{X\times X} \varphi_s^1(x,y)f(x)g(y)dx\,dy ,$$

avec

$$\varphi_s^1(x,y) = \frac{1}{\Gamma(1-\frac{s}{2})\Gamma(\frac{1+s}{2})} \int_o^{2\pi} |[x,\xi_\theta]|^{-s} \operatorname{sgn}([x,\xi_\theta]) ,$$

$$\times |[y,\xi_\theta]|^{s-1} \operatorname{sgn}([y,\xi_\theta]) \frac{d\theta}{2\pi} ,$$

ces formules sont l'analogue de la représentation intégrale de Laplace des fonctions sphériques. Nous verrons plus tard comment les noyaux-fonctions φ_s^o et φ_s^1 s'expriment à l'aide des fonctions de Legendre.

4. Noyaux sphériques et distributions propres de Δ invariantes par H.

a) L'application M .

Soit F une fonction continue sur $\mathbb{R}$. Nous lui associons la distribution T sur X définie par

$$(1) \qquad <T,f> = \int_X f(x)F(x_1)dx ,$$

c'est une distribution sur X invariante par H . Nous allons étudier dans la suite comment on peut remplacer la fonction F par une distribution sur $\mathbb{R}$. La formule (1) peut s'écrire

$$<T,f> = \int_{\mathbb{R}} Mf(t)F(t)dt ,$$

avec

$$Mf(t) = \int f\,\delta\,(x_1 - t),$$

(On a utilisé ici la notation de Guelfand, en particulier si x_0 ne s'annule pas sur le support de f

$$Mf(t) = \int_{x_1=t} f(x) \frac{dx_2}{|x_0|}.$$

En général la fonction Mf n'est pas définie en 1 et -1. Si f est nulle au voisinage de a et $-a$ alors Mf est une fonction de $\mathcal{D}(\mathbb{R})$ ($a = (0,1,0)$ et $-a = (0,-1,0)$). En suivant la méthode de Méthée ([5], § 4) on montre que l'application transposée

$$M' : \mathcal{D}'(\mathbb{R}) \longrightarrow \mathcal{D}'(X\setminus\{a,-a\}),$$

est une bijection de $\mathcal{D}'(\mathbb{R})$ sur l'espace des distributions sur $X\setminus\{a,-a\}$ invariantes par H.

Pour étudier le comportement de Mf au voisinage de 1 considérons une fonction f de $\mathcal{D}(X)$ dont le support est contenu dans $\{x \in X \mid x_1 > 0\}$. Dans cet ouvert nous pouvons prendre (x_0, x_2) comme système de coordonnées. Si nous posons

$$f_1(x_0^2, x_2) = f(x_0, x_2) + f(-x_0, x_2),$$

nous avons pour $t > 1$

$$Mf(t) = \int_{-\infty}^{\infty} f_1(u^2 + \varepsilon, u) \frac{du}{\sqrt{u^2 + \varepsilon}},$$

avec $\varepsilon = t^2 - 1$, et en posant

$$f_2(x_0, x_2^2) = f(x_0, x_2) + f(x_0, -x_2),$$

nous avons pour $t < 1$

$$Mf(t) = \int_{-\infty}^{\infty} f_2(u, u^2 + \varepsilon) \frac{du}{\sqrt{u^2 + \varepsilon}}$$

avec $\varepsilon = 1-t^2$.

D'après les résultats de Méthée ([5]p.249) nous avons au voisinage de $t = 1$

$$Mf(t) \backsim \sum_{k=o}^{\infty} [A_k(f)+B_k(f) \operatorname{Log} | t^2-1|](t^2-1)^k$$

où A_k et B_k sont des distributions portées par $\{x \in X \mid x_1 = 1\}$. En particulier

$$B_o(f) = -f(a) ,$$

$$B_k(f) = c_k \Delta^k f(a) .$$

b) Solutions distributions de $LS - \lambda S = 0$.

Soit T une distribution sur $X' = X \setminus \{-a,a\}$ solution de

$$\Delta T - \lambda T = 0 ,$$

et invariante par H . Nous savons qu'il existe une distribution S sur $\mathbb{R}$ et une seule telle que

$$M'S = T .$$

C'est-à-dire que pour toute fonction f de $\mathcal{D}(X \setminus \{a,-a\})$

$$< T,f > = < S,Mf > ,$$

la distribution S vérifie l'équation différentielle

$$(1-t^2) S'' - 2t S' - \lambda S = 0 ,$$

car

$$M\Delta f = LMf ,$$

avec

$$L = (1-t^2) \frac{d^2}{dt^2} - 2t \frac{d}{dt} .$$

Sur chaque intervalle $]-\infty,-1[$, $]-1,1[$ et $]1,\infty[$ la distribution S est une solution ordinaire de

$$LS - \lambda S = 0 .$$

Une telle solution a au voisinage de $t = 1$ la forme suivante

$$u(t) = v(t) + \text{Log}\,|t-1|\,w(t) ,$$

où v et w sont des fonctions analytiques au voisinage de $t = 1$ (c'est une conséquence du théorème de Fuchs, voir [12] p. 38), et par suite les expressions

$$u^{[1]}(t) = (1-t^2)u'(t)$$

$$u^{[0]}(t) = u(t) - \frac{1}{2}\, u^{[1]}(t)\,\text{Log}\,\left|\frac{1+t}{1-t}\right| ,$$

ont des limites à droite et à gauche en $t = 1$ et $t = -1$. Si φ est une fonction de $\mathcal{D}(\mathbb{R})$ nous avons

$$\varphi Lu - uL\varphi = \frac{d}{dt}\,[(1-t^2)(u'\varphi - u\varphi')]$$

$$= \frac{d}{dt}\,(u^{[1]}\varphi^{[0]} - u^{[0]}\varphi^{[1]}) ,$$

d'où

$$\int_{\mathbb{R}} (\varphi Lu - uL\varphi)dt = \varphi(-1)[u^{[1]}(-1-0) - u^{[1]}(-1+0)]$$

$$+ \varphi(1)[u^{[1]}(1-0) - u^{[1]}(1+0)] .$$

Ainsi la fonction u sera solution distribution de $LS - \lambda S = 0$ si et seulement si $u^{[1]}$ est continue en -1 et 1 . Comme l'équation $LS - \lambda S = 0$ n'admet pas de solution distribution portée par $\{-1 , 1\}$ nous pouvons énoncer

PROPOSITION I.3.- <u>Toute solution distribution</u> S <u>de</u> $LS - \lambda S = 0$ <u>est la forme</u>

$$< S,\varphi > = \int \varphi(t)\, u(t)\, dt ,$$

où u est sur chaque intervalle $]-\infty, -1[\, ,]-1,1[\, ,]1,\infty[$ une solution ordinaire de $Lu - \lambda u = 0$ vérifiant

$$u^{[1]}(-1-0) = u^{[1]}(-1+0) ,$$

$$u^{[1]}(1-0) = u^{[1]}(1+0) .$$

Les solutions distributions de $LS - \lambda S = 0$ constituent un espace vectoriel de dimension 4 .

c) Solutions distributions de $\Delta T - \lambda T = 0$ invariantes par H .

Soit S une distribution sur $\mathbb{R}$ solution de $LS - \lambda S = 0$. Elle est définie par une fonction u satisfaisant aux conditions de la proposition I.3. Si f est une fonction de $\mathcal{D}(X)$, le produit $Mf.u$ est intégrable.

Soit T la distribution sur X définie par

$$< T,f > = \int_{\mathbb{R}} Mf(t)\, u(t)\, dt .$$

Du comportement asymptotique de Mf au voisinage de $t = 1$ il résulte que

$$\lim_{t \to 1} (Mf)^{[1]}(t) = -2\, f(a) ,$$

et par suite

$$< \Delta T - \lambda T, f > = 2\, f(-a)[u^{[0]}(-1-0) - u^{[0]}(-1+0)] ,$$

$$+ 2\, f(a)[u^{[0]}(1-0) - u^{[0]}(1+0)] .$$

Ainsi pour que la distribution T soit solution de $\Delta T - \lambda T = 0$ il faut et il suffit que $u^{[0]}$ soit continu en $t = 1$ et $t = -1$.

Montrons réciproquement que toute solution distribution T de

$\Delta T - \lambda T = 0$ invariante par H est de cette forme. Soit T une telle distribution, d'après la proposition I.3. il existe une fonction u définie sur $\mathbb{R}$ satisfaisant aux conditions de cette proposition telle que pour toute fonction f de $\mathcal{D}(X\setminus\{a,-a\})$ nous ayons

$$< T,f > = \int_{\mathbb{R}} Mf(t)\, u(t)\, dt \, .$$

Soit T_1 la distribution sur X définie par

$$< T_1,f > = \int_{\mathbb{R}} Mf(t)\, u(t)\, dt \, .$$

La différence $T - T_1$ est une distribution sur X portée par $\{a,-a\}$ et invariante par H, c'est donc une distribution de la forme

$$T - T_1 = \sum_{k=0}^{p} (a_k\, \Delta^k\, \delta_a + b_k\, \Delta^k\, \delta_{-a}) \, ,$$

et par suite

$$\Delta T - \lambda T = 2[u^{[0]}(-1-0) - u^{[0]}(-1+0)]\, \delta_{-a}$$

$$+ 2[u^{[0]}(1-0) - u^{[0]}(1+0)]\, \delta_a$$

$$+ \sum_{k=0}^{p} (a_k\, \Delta^{k+1}\, \delta_a + b_k\, \Delta^{k+1}\, \delta_{-a}) .$$

Puisque T est solution de $\Delta T - \lambda T = 0$ nous avons

$$u^{[0]}(-1-0) = u^{[0]}(-1+0)$$

$$u^{[0]}(1-0) = u^{[0]}(1+0)$$

$$a_k = b_k = 0 \, , \; k = 0,\ldots,p \, .$$

THEOREME I.4.- <u>Toute distribution sur</u> X <u>solution de</u> $\Delta T - \lambda T = 0$ <u>invariante par</u> H <u>est de la forme</u>

$$< T,f > = \int Mf(t)\, u(t)\, dt ,$$

<u>où</u> u <u>est une solution ordinaire de</u> $Lu - \lambda u = 0$ <u>sur chacun des intervalles</u> $]-1,-\infty[$, $]-1, 1[$, $]1, \infty[$ <u>vérifiant</u>,

$$u^{[0]}(-1-0) = u^{[0]}(-1+0)$$

$$u^{[1]}(-1-0) = u^{[1]}(-1+0)$$

$$u^{[0]}(1-0) = u^{[0]}(1+0)$$

$$u^{[1]}(1-0) = u^{[1]}(1+0) .$$

<u>Les solutions distributions de</u> $\Delta T - \lambda T = 0$ <u>invariantes par</u> H <u>constituent un espace vectoriel de dimension</u> 2.

Des théorèmes I.2. et I.4. nous déduisons

THEOREME I.5.- <u>Les noyaux sphériques relativement à la valeur propre</u> λ <u>constituent un espace vectoriel de dimension</u> 2. <u>Les noyaux sphériques</u> Φ_s^0 et Φ_s^1 <u>constituent une base de l'espace vectoriel des noyaux sphériques relativement à la valeur propre</u> $\lambda_s = s(1-s)$.

COROLLAIRE I.6.- <u>Les noyaux sphériques</u> Φ_s^0 <u>et</u> Φ_s^1 <u>vérifient</u>

$$\Phi_s^0 = \Phi_{1-s}^0 , \quad \Phi_s^1 = \Phi_{1-s}^1 .$$

En effet les noyaux Φ_1^0 et Φ_{1-s}^0 sont deux noyaux sphériques pairs (relativement à la symétrie sur $X : x \longmapsto -x$) pour la même valeur propre $\lambda_s = s(1-s)$. Ils sont donc proportionnels. Un calcul simple montre que le facteur de proportionalité est égal à 1 .

II.- NOYAUX SPHERIQUES DE TYPE POSITIF. REPRESENTATION INTEGRALE DES NOYAUX INVARIANTS DE TYPE POSITIF.

Dans cette deuxième partie nous allons déterminer pour quelles valeurs de s le noyau Φ_s^o (resp. Φ_s^1) est de type positif, c'est-à-dire pour quelles valeurs de s il vérifie

$$\forall\, f \in \mathcal{D}(X),\ \Phi_s^o(f,\bar{f}) \geq 0 (\text{resp.} \Phi_s^1(f,\bar{f}) \geq 0) \ .$$

Nous montrerons ensuite que tout noyau B invariant de type positif sur $\mathcal{D}(X)$ admet une représentation intégrale de la forme

$$B(f_1,f_2) = \int \Phi_s^o(f_1,f_2)\, d\,\sigma_o(s) + \int \Phi_s^1(f_1,f_2)\, d\,\sigma_1(s) \ ,$$

où σ_o (resp. σ_1) est une mesure de Radon portée par l'ensemble des s pour lesquels Φ_s^o (resp. Φ_s^1) est de type positif.

1. Noyaux de type positif sur le cercle.

Nous montrons maintenant quelques propriétés concernant certains noyaux de type positif sur le cercle $\mathbb{T}$ que nous utiliserons dans la suite. Pour $s > \frac{1}{2}$ on pose

$$(f/g)_s = C_s \int_0^{2\pi} \int_0^{2\pi} [1-\cos(\theta-\varphi)]^{s-1} f(\theta) g(\bar{\varphi})\, \frac{d\theta}{2\pi}\, \frac{d\varphi}{2\pi} \ ,$$

où f et g sont deux fonctions de l'espace $C(\mathbb{T})$ des fonctions continues sur le cercle, la constante C_s étant déterminée de telle sorte que $(1/1)_s = 1$:

$$C_s = \frac{\sqrt{\pi}\,\Gamma(s)}{2^{s-1}\,\Gamma(s-\frac{1}{2})} \ .$$

PROPOSITION II.1.- Pour que nous ayons

$$\forall\, f\in C(\mathbb{T}),\ (f/f)_s \geq 0\ ,$$

il faut et suffit que $s \leq 1$.

Montrons d'abord que la condition est nécessaire. Si $f(\theta) = \mathrm{Cos}\,\theta$ et $g(\theta) = \sin\theta$, nous avons

$$(f/f)_s + (g/g)_s = C_s \int_0^{2\pi}\int_0^{2\pi} [1-\mathrm{Cos}\,(\theta-\varphi)]^{s-1}$$

$$\times\ [\mathrm{Cos}\,\theta\,\mathrm{Cos}\,\varphi + \sin\theta\sin\varphi]\ \frac{d\theta}{2\pi}\frac{d\varphi}{2\pi}$$

$$= C_s \int_0^{2\pi}\int_0^{2\pi} [1-\cos(\theta-\varphi)]^{s-1}\cos(\theta-\varphi)\ \frac{d\theta}{2\pi}\frac{d\varphi}{2\pi}$$

$$= 1 - \frac{C_s}{C_{s+1}} = \frac{1-s}{s}\ .$$

Montrons que la condition est suffisante. Considérons pour $0<r<1$ la fonction Ψ définie par

$$\Psi(\theta) = (1-r\,\mathrm{Cos}\,\theta)^{s-1}\ ,$$

c'est une fonction de type positif pour $s \leq 1$, et par suite

$$(f/f)_s = \lim_{r\to 1} C_s \int_0^{2\pi}\int_0^{2\pi} [1-r\cos(\theta-\varphi)]^{s-1} f(\theta)\overline{f(\varphi)}\ \frac{d\theta}{2\pi}\frac{d\varphi}{2\pi} \geq 0.$$

PROPOSITION II.2.- (1) Pour tout entier $m \geq 0$ définissons l'espace $\mathfrak{F}_m$ par

$$\mathfrak{F}_m = \{f\in C(\mathbb{T}) \mid \forall\, k\in Z,\ |k| \leq m,\ \int_0^{2\pi} f(\theta)e^{-ik\theta}\,d\theta = 0\}\ .$$

Alors si f appartient à $\mathfrak{F}_m$

$$(-1^{m+1} \int_0^{2\pi}\int_0^{2\pi} [1-\cos(\theta-\varphi)]^m \mathrm{Log}[1-\cos(\theta-\varphi)] f(\theta)\overline{f(\varphi)}\,d\theta\,d\varphi \geq 0\ .$$

---

(1) Cette proposition m'a été communiquée par K. HARZALLAH.

En dérivant $(1-z)^{\alpha}$ par rapport à α nous obtenons

$$(-1)^{m+1}(1-z)^m \operatorname{Log}(1-z) =$$

$$\sum_{k=1}^{m} (-1)^{k+m+1} \frac{m!}{k!(m-k)} \left(\frac{1}{m} + \frac{1}{m-1} + \dots + \frac{1}{m-k+1}\right) z^k$$

$$+ \sum_{k=m+1}^{\infty} \frac{m!(k-m-1)!}{k} z^k .$$

La proposition résulte de ce que dans le développement précédent le coefficient de z^k est positif si $k \geq m+1$.

2. Noyaux sphériques de type positif.

THEOREME II.3.- Le noyau sphérique Φ_s^0 est de type positif dans les cas suivants

a) $s = \frac{1}{2} + i\nu$, $\nu \in \mathbb{R}$,

b) $0 \leq s \leq 1$,

c) et pour $s = 2p$, $p \in \mathbb{N}^*$ ou $s = -(2p-1)$, $p \in \mathbb{N}^*$, le noyau sphérique $(-1)^p \Phi_s^0$ est de type positif.

Le noyau sphérique Φ_s^1 est de type positif dans les cas suivants :

a) $s = \frac{1}{2} + i\nu$, $\nu \in \mathbb{R}$,

b) $0 \leq s \leq 1$,

c) et pour $s = 2p+1$, $p \in \mathbb{N}^*$ ou $s = -2p$, $p \in \mathbb{N}^*$, le noyau $(-1)^p \Phi_s^1$ est de type positif.

Si Φ_s^0 est de type positif nécessairement la valeur propre correspondante $\lambda_s = s(1-s)$ est réelle donc soit s est réel, soit $s = \frac{1}{2} + i\nu$,

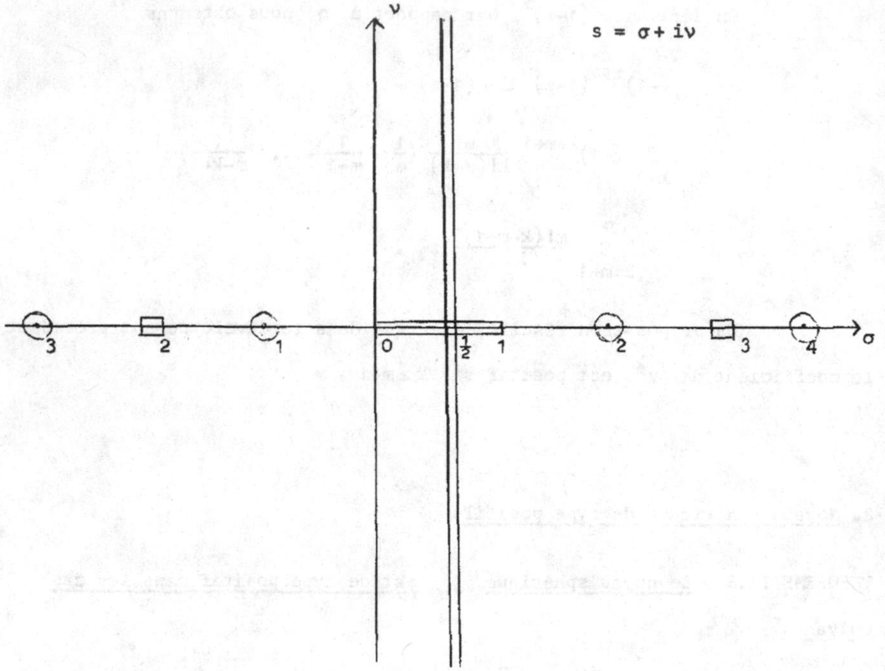

Φ_s^0 et Φ_s^1 sont de type positif.

Φ_s^0 ou $-\Phi_s^0$ est de type positif.

Φ_s^1 ou $-\Phi_s^1$ est de type positif.

$\nu \in \mathbb{R}$, nous avons

$$\hat{\bar{f}}(\xi, \tfrac{1}{2} - i\nu) = \overline{\hat{f}(\xi, \tfrac{1}{2} + i\nu)}$$

donc

$$\Phi_s^o(f,\bar{f}) = \oint |\hat{f}_o(\xi, \tfrac{1}{2} + i\nu)|^2 d\mu(\xi) \geq 0 .$$

b) Considérons le cas où s est réel. Nous pouvons supposer que $s > \frac{1}{2}$. Posons

$$\Psi_s^o(f,g) = C_s \oint \oint \hat{f}_o(\xi,s)\hat{g}_o(\xi',s)[\xi,\xi']^{s-1} d\mu(\xi) d\mu(\xi') .$$

Le noyau Ψ_s^o est un noyau sphérique pair pour la valeur propre $\lambda_s = s(1-s)$. Il est donc proportionnel à Φ_s^o :

$$\Phi_s^o = A_s \Psi_s^o .$$

Pour calculer la constante A_s considérons la mesure uniforme α sur le cercle de centre 0, de rayon 1, situé dans le plan $x_o = 0$. Nous considérons α comme une mesure sur X et il est possible de définir la transformée de Fourier de α. C'est une fonction définie sur Ξ invariante par les rotations autour de Ox_o. Nous avons

$$\hat{\alpha}(\xi,s) = \frac{1}{\Gamma(\frac{1-s}{2})} \int_o^{2\pi} |\xi_o \cos\theta|^{-s} \frac{d\theta}{2\pi}$$

$$= \frac{|\xi_o|^{-s}}{\sqrt{\pi}\,\Gamma(1-\frac{s}{2})} .$$

Nous en déduisons

$$A_s = \frac{\Gamma(1-\frac{s}{2})}{\Gamma(\frac{1+s}{2})} ,$$

et par suite le noyau sphérique Φ_s^o admet une deuxième représentation intégrale

$$\Phi_s^o(f,\bar{g}) = \frac{\Gamma(1-\frac{s}{2})}{\Gamma(\frac{1+s}{2})} (\hat{f}_o(\cdot,s)|\hat{g}_o(\cdot,s))_s \; .$$

D'après la proposition II.1. le noyau Φ_s^o est bien de type positif pour $s \leq 1$.

c) Etudions maintenant le noyau sphérique Φ_s^o pour $s > 1$. Soit $\mathcal{H}_s$ l'espace des fonctions de classe C^∞ sur Ξ homogènes de degré $-s$. Le groupe G opère de façon naturelle dans $\mathcal{H}_s$ et si s n'est pas un entier la représentation de G dans $\mathcal{H}_s$ est irréductible ([11] p.526). L'espace

$$\{\hat{f}_o(\cdot,s)|f \in \mathcal{D}(X)\} \; ,$$

est un sous-espace invariant de $\mathcal{H}_s$, donc dense. Le noyau $(\;|\;)_s$ n'est pas de type positif pour $s > 1$, par suite si s n'est pas un entier et si $s > 1$ le noyau Φ_s^o n'est pas de type positif.

Si $s = 2p+1$, où p est un entier positif, l'espace

$$\{\hat{f}_o(\cdot,2p+1)|f \in \mathcal{D}(X)\} \; ,$$

est un sous-espace invariant de $\mathcal{H}_{2p+1}$ contenant les fonctions invariantes par les rotations autour de $O\xi_o$. La représentation de G dans $\mathcal{H}_{2p+1}$ n'est pas irréductible mais le plus petit sous-espace fermé contenant les fonctions invariantes par les rotations autour de $O\xi_o$ est égal à $\mathcal{H}_{2p+1}$. Dans ce cas encore le noyau sphérique Φ_{2p+1}^o n'est pas de type positif.

En $s = 2p$, où p est un entier positif, $\Gamma(1-\frac{s}{2})$ admet un pôle, comme la fonction

$$s \longmapsto \Phi_s^o(f,g) \; ,$$

est analytique entière nécessairement

$$\forall\, f,g \in \mathcal{B}(X), (\hat{f}_o(\cdot,2p)|\hat{g}_o(\cdot,2p))_{2p} = 0 ,$$

c'est-à-dire que si f et g sont deux fonctions de $\mathcal{B}(X)$,

$$\int_0^{2\pi}\int_0^{2\pi} \hat{f}_o(\xi_\theta,2p)\hat{g}_o(\xi_\theta,2p)[\xi_\theta,\xi_\theta]^{2p-1}\, d\theta\, d\theta = 0 ,$$

où $\xi_\theta = (1,\cos\theta,\sin\theta)$. Par suite, si f est une fonction de $\mathcal{B}(X)$, la fonction $\theta \to \hat{f}_o(\xi_\theta,2p)$ appartient à l'espace $\mathcal{F}_{2p-1}$ (définie à la proposition II.2.).

Au voisinage de $s = 2\,p$

$$\Gamma(1-\frac{s}{2}) = \frac{2(-1)^p}{(p-1)!}\,\frac{1}{s-2p} + \dots ,$$

si bien que

$$\Phi^o_{2p}(f,\bar{g}) = \frac{2(-1)^p}{(p-1)!}\,\frac{1}{\Gamma(\frac{1}{2}+p)}$$

$$\times \frac{d}{ds}\,(\hat{f}_o(\cdot,s)|\hat{g}_o(\cdot,s))_s\big|_{s=2p} ,$$

et nous obtenons finalement

$$\Phi^o_{2p}(f,\bar{g}) = (-1)^p\,\frac{2^{2p}}{(2p-1)!\sqrt{\pi}}\,C_{2p}$$

$$\times \oint\oint \hat{f}(\xi,2p)\hat{g}(\xi,2p)[\xi,\xi']^{2p-1}\log[\xi,\xi']\, d\mu(\xi)\, d\mu(\xi') .$$

Ainsi d'après la proposition II.2. le noyau $(-1)^p\Phi^o_{2p}$ est de type positif.

La démonstration est tout à fait analogue dans le cas du noyau Φ^1_s . Nous obtenons les formules suivantes

$$\Phi^1_s(f,\bar{g}) = \frac{\Gamma(\frac{1-s}{2})}{\Gamma(\frac{s}{2})}\,(\hat{f}_1(\cdot,s)|\hat{g}_1(\cdot,s))_s$$

et

$$\Phi^1_{2p+1}(f,\bar{g}) = (-1)^{p+1}\,\frac{2^{2p+1}}{(2p)!\sqrt{\pi}}\,C_{2p+1}$$

$$\times \oint \oint \hat{f}_1(\xi,2p+1)\hat{g}_1(\xi\,,2p+1)[\xi,\xi']^{2p-1}\operatorname{Log}[\xi,\xi']\,d\mu(\xi)\,d\mu(\xi')\ .$$

3. Equations fonctionnelles des transformées de Fourier.

PROPOSITION II.4.- Les transformées de Fourier des fonctions de $\mathcal{B}(X)$ satisfont aux équations fonctionnelles suivantes pour $s > \frac{1}{2}$

a)

$$\hat{f}_o(\xi,1-s) = \frac{\Gamma(1-\frac{s}{2})}{\Gamma(\frac{1+s}{2})}\, c_s \oint \hat{f}_o(\xi',s)[\xi,\xi']^{s-1}\,d\mu(\xi')\ ,$$

si s n'est pas un entier pair >0, et

$$\hat{f}_o(\xi,1-2p) = (-1)^p \frac{2^{2p}}{(2p-1)!\sqrt{\pi}}\, c_{2p}$$

$$\times \oint \hat{f}_o(\xi',2p)[\xi,\xi']^{2p-1}\operatorname{Log}[\xi,\xi']\,d\mu(\xi')\ ,$$

b)

$$\hat{f}_1(\xi,1-s) = \frac{\Gamma(\frac{1-s}{2})}{\Gamma(\frac{s}{2})}\, c_s \oint \hat{f}_1(\xi',s)[\xi,\xi']^{s-1}\,d\mu(\xi')\ ,$$

si s n'est pas un entier impair >1, et

$$\hat{f}_1(\xi,-2p) = (-1)^{p+1} \frac{2^{2p+1}}{(2p)!\sqrt{\pi}}\, c_{2p+1}$$

$$\times \oint \hat{f}_1(\xi',2p+1)[\xi,\xi']^{2p}\operatorname{Log}[\xi,\xi']\,d\mu(\xi')\ .$$

a) Si s n'est pas un entier c'est une conséquence de l'égalité

$$\oint \hat{f}_o(\xi,1-s)\hat{g}_o(\xi,s)\,d\mu(\xi) = \frac{\Gamma(1-\frac{s}{2})}{\Gamma(\frac{1+s}{2})}\, c_s$$

$$\times \oint [\oint \hat{f}_o(\xi',s)[\xi,\xi']^{s-1}\,d\mu(\xi')]\hat{g}_o(\xi,s)\,d\mu(\xi)$$

et de la densité du sous-espace de $\mathcal{H}_s$

$$\{\hat{g}_o(\cdot,s)\,|\,g \in \mathcal{B}(X)\}\ .$$

Le cas de s entier s'obtient par passage à la limite.

b) La démonstration est analogue pour Φ_s^1 .

4. Représentation intégrale des noyaux invariants de type positif.

Soit B un noyau invariant de type positif sur $\mathcal{D}(X)$ c'est-à-dire une forme bilinéaire, bicontinue et invariante sur $\mathcal{D}(X)$ telle que

$$\forall f \in \mathcal{D}(X) , B(f,\bar{f}) \geq 0 .$$

Munissons $\mathcal{D}(X)$ du produit scalaire

$$(f|f) = B(f,\bar{g}) .$$

Soit $\mathfrak{F}$ l'espace préhilbertien quotient de $\mathcal{D}(X)$ par le noyau de B et $\mathcal{H}$ l'espace de Hilbert obtenu par complétion. Les transformations T_g se prolongent à $\mathcal{H}$ en une représentation unitaire π . L'opérateur Δ peut être considéré comme un opérateur non borné sur $\mathcal{H}$ de domaine $\mathfrak{F}$.

PROPOSITION II.5.- L'opérateur $(\mathfrak{F},\Delta)$ est essentiellement autoadjoint.(1)

a) Nous savons qu'il existe une distribution T sur G , bi-invariante par H telle que si f et g sont deux fonctions de $\mathcal{D}(X)$

$$B(f,g) = T(\check{g}_1 * f_1) ,$$

où

$$f = f_1 * m_H , g = g_1 * m_H .$$

Si ω désigne l'opérateur de Casimir sur G nous avons

$$\Delta f = (\omega f_1) * m_H ,$$

(1) Cette proposition m'a été communiquée par G. Schiffmann.

et

$$B(\Delta f,g) = T(\check{g}_1 * \omega f_1) = T(\omega \check{g}_1 * f_1) = B(f,\Delta g) ,$$

ce qui montre que l'opérateur $(\mathfrak{F},\Delta)$ est symétrique.

b) Soit u un élément de $\mathcal{H}$ et $\lambda \in C$ tels que

$$\forall\, \varphi \in \mathfrak{F} ,\ (\Delta\varphi - \lambda\varphi \mid u) = 0 .$$

Soit φ_n une suite d'éléments de $\mathfrak{F}$ tels que

$$\lim_{n\to\infty} \varphi_n = u \quad (\text{dans } \mathcal{H}) ,$$

et posons pour $g \in G$

$$\Psi_n(g) = (\pi(g)\varphi_n | u),\ \Psi(g) = (\pi(g)u|u) .$$

Pour tout n

$$\omega \Psi_n = \lambda \Psi_n ,$$

et la suite Ψ_n converge vers Ψ uniformément sur G, donc au sens des distributions nous avons

$$\omega \Psi = \lambda \Psi ,$$

comme la fonction Ψ est de type positif

$$\Psi(g^{-1}) = \overline{\Psi(g)} ,$$

donc nécessairement λ est réel.

Notons (D_A, A) le plus petit prolongement fermé de $(\mathfrak{F}, \Delta)$. C'est un opérateur auto-adjoint. L'espace de Hilbert $\mathcal{H}$ étant séparable d'après le théorème spectral de Von Neumann ([4]) il existe une mesure positive σ sur $\mathbb{R}$ et une famille K_λ de noyaux tels que

$$\forall\, u, v \in \mathcal{H},\ (u|v) = \int K_\lambda(u,v)\, d\sigma(\lambda) ,$$

si u appartient au domaine D_A

$$(Au|v) = \int \lambda K_\lambda(u,v)\, d\sigma(\lambda),$$

si f et g sont deux fonctions de $\mathcal{D}(X)$ posons

$$\Phi_\lambda(f,\bar{g}) = K_\lambda(\dot{f},\dot{g}),$$

où $\dot{f}$ et $\dot{g}$ désignent les classes de f et g ($\dot{f}$ et $\dot{g}$ sont des éléments de $\mathfrak{F}$) . De l'invariance de la forme bilinéaire B et de l'opérateur Δ , de la nucléarité de l'espace $\mathcal{D}(X)$ il résulte que pour presque tout λ (par rapport à la mesure σ) le noyau Φ_λ est un noyau sphérique de type positif si bien que nous pouvons énoncer

THEOREME II.6. <u>Tout noyau</u> B <u>invariant de type positif sur</u> $\mathcal{D}(X)$ <u>admet la représentation intégrale suivante</u>

$$B(f,g) = \int_{[0,\infty[} \Phi^0_{\frac{1}{2}+i\nu}(f,g)\, d\sigma^0_1(\nu) + \int_{[\frac{1}{2},1]} \Phi^0_s(f,g)\, d\sigma^0_2(s)\,,$$

$$+ \sum_{p=1}^{\infty} (-1)^p a^0_p\, \Phi^0_{2p}(f,g)$$

$$= \int_{[0,\infty[} \Phi^1_{\frac{1}{2}+i\nu}(f,g)\, d\sigma^1_1(\nu) + \int_{[\frac{1}{2},1]} \Phi^1_s(f,g)\, d\sigma^1_2(s)$$

$$+ \sum_{p=1}^{\infty} (-1)^p a^1_p\, \Phi^1_{2p+1}(f,g)\,,$$

<u>où</u> σ^0_1 , σ^1_1 (resp. σ^0_2 , σ^1_2) <u>désignent des mesures de Radon positives sur</u> $[0,\infty[$ <u>(resp. sur</u> $[\frac{1}{2}, 1]$) <u>et</u> a^0_p , a^1_p <u>des constantes positives.</u>

L'existence des mesures et des constantes provient du théorème spectral. Le fait que ces mesures soient des mesures de Radon provient de ce que pour tout s il existe des fonctions f et g de $\mathcal{D}(X)$ telles que

$$\Phi^0_s(f,g) \neq 0 \ , \ \Phi^1_s(f,g) \neq 0 \ .$$

III. EXPRESSION DES NOYAUX SPHERIQUES A L'AIDE DES FONCTIONS DE LEGENDRE. FORMULE DE PLANCHEREL.

1. Expression des noyaux sphériques à l'aide des fonctions de Legendre.

Le théorème I.4. permet de déterminer explicitement les distributions sur X solutions de $\Delta T - \lambda T = 0$ invariantes par H et par suite les noyaux sphériques.

L'équation différentielle de Legendre

$$(1-t^2)\frac{d^2u}{dt^2} - 2t\frac{du}{dt} - s(1-s)u = 0 ,$$

admet sur $]1,\infty[$ la solution

$$P_{-s}(t) = \frac{1}{\pi}\int_0^{\pi} (t+\sqrt{t^2-1}\operatorname{Cos}\varphi)^{-s}\, d\varphi ,$$

appelée fonction de Legendre de 1ère espèce. C'est l'unique solution continue pour $t = 1$ et vérifiant $u(1) = 1$. Elle se prolonge en une fonction holomorphe de t dans le complémentaire de $\{t = x+iy \,|\, x \leq -1 , y = 0\}$.

La fonction de Legendre de 2e espèce est définie pour $\operatorname{Re} s > 0$, $t > 1$ par

$$Q_{-s}(t) = \int_0^{\infty} (t+\sqrt{t^2-1}\operatorname{Ch}\varphi)^{-s}\, d\varphi .$$

Elle est solution de l'équation différentielle de Legendre et a en $t = 1$ une singularité logarithmique

$$Q_{-s}(t) = P_{-s}(t)\left[\frac{1}{2}\operatorname{Log}\frac{t+1}{t-1} - \gamma - \frac{\Gamma'(s)}{\Gamma(s)}\right] + W_s(t) ,$$

où W_s est une fonction holomorphe au voisinage de $t = 1$, $W_s(1) = 0$. (γ est la constante d'Euler). ([3] p.149.)

D'après notre convention la fonction que nous notons Q_{-s} est notée Q_ν dans [2], et $Q_{-\nu-1}$ dans [3]).

La fonction Q_{-s} se prolonge en une fonction holomorphe dans le complémentaire de $\{t = x+iy \mid x \leq 1 , y = 0\}$.

Pour $-1<t<1$ on pose

$$Q_{-s}(t) = \lim_{\varepsilon\to 0} \frac{1}{2} [Q_{-s}(t+i\varepsilon)+Q_{-s}(t-i\varepsilon)]$$

et nous avons dans cet intervalle

$$P_{-s}(-t) = -\mathrm{Cos}\,\pi s\, P_{-s}(t)+\frac{2}{\pi}\sin\pi s\, Q_{-s}(t) ,$$

([3] p.144).

D'après la représentation intégrale du noyau sphérique Φ_s^o, nous avons pour $0<\mathrm{Re}\,s<1$

$$\Phi_s^o(f,g) = \int_{X\times X}\int \varphi_s^o([x,y])\, f(x)g(y)\, dx\, dy ,$$

où le noyau fonction $\varphi_s^o([x,y])$ est défini par

$$\varphi_s^o([x,y]) = \frac{1}{\Gamma(\frac{1-s}{2})\Gamma(\frac{s}{2})} \int_0^{2\pi} |[x,\xi_\theta]|^{-s}|[y,\xi_\theta]|^{s-1}\frac{d\theta}{2\pi}$$

avec $\xi_\theta = (1, \cos\theta, \sin\theta)$. En prenant $x = (\sqrt{t^2-1}, t, 0)$, $y = (0,1,0)$ nous obtenons pour $|t|>1$

$$\varphi_s^o(t) = \frac{1}{\Gamma(\frac{1-s}{2})\Gamma(\frac{s}{2})} \int_0^{\pi} |\sqrt{t^2-1}-t\cos\theta|^{-s}|\cos\theta|^{s-1}\frac{d\theta}{\pi} ,$$

et en prenant $x = (0,t,\sqrt{1-t^2})$, $y = (0,1,0)$ nous obtenons pour $|t|<1$

$$\varphi_s^o(t) = \frac{1}{\Gamma(\frac{1-s}{2})\Gamma(\frac{s}{2})} \int_0^{\pi} |t\cos\theta+\sqrt{1-t^2}\sin\theta|^{-s}|\cos\theta|^{s-1}\frac{d\theta}{\pi}$$

en particulier

$$\varphi_s^o(0) = \frac{1}{\pi\sqrt{\pi}} .$$

Pour exprimer la fonction φ_s^o à l'aide des fonctions de Legendre nous utiliserons le fait que φ_s^o est une solution paire de l'équation de Legendre vérifiant en $t = 1$ et $t = -1$ les conditions du théorème I.4. Puisque

$$P_{-s}(0) = \operatorname{Cos} \frac{\pi s}{2} \frac{2}{\pi} \int_0^{\frac{\pi}{2}} \cos^{-s} \varphi \, d\varphi = \frac{\sqrt{\pi}}{\Gamma(\frac{1+s}{2})\Gamma(1-\frac{s}{2})},$$

nous obtenons pour $|t| < 1$

$$\varphi_s^o(t) = \frac{1}{2\pi^2} \Gamma(\tfrac{1+s}{2})\Gamma(1-\tfrac{s}{2})[P_{-s}(t) + P_{-s}(-t)]$$

et pour $t > 1$

$$\varphi_s^o(t) = \frac{1}{\pi} \frac{\Gamma(\frac{1+s}{2})}{\Gamma(\frac{s}{2})} [P_{-s}(t) \sin \frac{\pi s}{2} + \frac{2}{\pi} Q_{-s}(t) \cos \frac{\pi s}{2}].$$

Le noyau Φ_s^1 se détermine de la même façon

$$\Phi_s^1(f,g) = \int\int_{X \times X} \varphi_s^1([x,y]) f(x) g(y) \, dx \, dy,$$

$$\varphi_s^1(x,y) = \frac{1}{\Gamma(1-\frac{s}{2})\Gamma(\frac{1+s}{2})} \int_0^{2\pi} |[x,\xi_\theta]|^{-s} \operatorname{sgn}([x,\xi_\theta])$$

$$\times |[y,\xi_\theta]|^{s-1} \operatorname{sgn}([x,\xi_\theta]) \frac{d\theta}{2\pi}$$

et nous avons pour $|t| < 1$

$$\varphi_s^1(t) = \frac{1}{\Gamma(1-\frac{s}{2})\Gamma(\frac{1+s}{2})} \int_0^{2\pi} |t \operatorname{Cos} \theta - \sqrt{1-t^2} \sin \theta|^{-s}$$

$$\times \operatorname{sgn}(t \operatorname{Cos} \theta - \sqrt{1-t^2} \operatorname{Sin} \theta) |\operatorname{Cos} \theta|^{s-1} \operatorname{sgn}(\cos \theta) \frac{d\theta}{2\pi}$$

d'où l'on déduit

$$\frac{d}{dt} \varphi_s^1(t) \big|_{t=0} = \frac{2}{\pi\sqrt{\pi}}.$$

La fonction φ_s^1 est une solution impaire de l'équation de

Legendre vérifiant en $t = 1$ et $t = -1$ les conditions du théorème I.4.

Puisque

$$\frac{d}{dt} P_{-s}(t)_{|t=0} = s \sin\frac{\pi s}{2} \frac{2}{\pi} \int_0^{\frac{\pi}{2}} \cos^{-s-1}\varphi \, d\varphi = - \frac{2\sqrt{\pi}}{\Gamma(\frac{s}{2})\,\Gamma(\frac{1-s}{2})} ,$$

nous obtenons pour $|t| < 1$

$$\varphi_s^1(t) = - \frac{1}{2\pi^2} \Gamma(\tfrac{s}{2})\, \Gamma(\tfrac{1-s}{2})[P_{-s}(t) - P_{-s}(-t)]$$

et pour $t > 1$

$$\varphi_s^1(t) = - \frac{1}{\pi} \frac{\Gamma(\frac{s}{2})}{\Gamma(\frac{1+s}{2})} [P_{-s}(t) \cos\frac{\pi s}{2} - \frac{2}{\pi} Q_{-s}(t) \sin\frac{\pi s}{2}] .$$

2. Formule de Plancherel.

a) Considérons le noyau invariant de type positif B défini par

$$B(f,g) = \int_X f(x)\, g(x)\, dx .$$

D'après le théorème II.6.il admet une représentation intégrale de la forme

$$B(f,g) = \int_{[0,\infty[} \Phi^0_{\frac{1}{2}+i\nu}(f,g)\, d\sigma_1^0(\nu) + \int_{[\frac{1}{2},\,1]} \Phi_s^0(f,g)\, d\sigma_2^0(s)$$

$$+ \sum_{p=1}^{\infty} (-1)^p a_p^0\, \Phi^0_{2p}(f,g)$$

$$+ \int_{[0,\infty[} \Phi^1_{\frac{1}{2}+i\nu}(f,g)\, d\sigma_1^1(\nu) + \int_{[\frac{1}{2},\,1]} \Phi_s^1(f,g)\, d\sigma_2^1(s)$$

$$+ \sum_{p=1}^{\infty} (-1)^p a_p^1\, \Phi^1_{2p+1}(f,g) ,$$

c'est la formule de Plancherel. On en déduit immédiatement la décomposition en représentations unitaires irréductibles de la représentation quasirégulière de G dans $L^2(X)$. La distribution sur X invariante par H associée au noyau invariant B est la mesure de Dirac δ_a .

Nous nous proposons dans ce paragraphe de déduire la formule de Plancherel de l'étude spectrale de l'opérateur différentiel singulier

$$L = (1-t^2)\frac{d^2}{dt^2} - 2t\frac{d}{dt} .$$

b) Opérateur auto-adjoint (D_L , L) .

Soit H l'espace de Hilbert $L^2(\mathbb{R})$. L'opérateur L avec pour domaine $\mathcal{D}(\mathbb{R})$ est un opérateur symétrique L_o .

PROPOSITION III.1.- Les indices de défaut de l'opérateur $(\mathcal{D}(\mathbb{R}), L_o)$ sont (2,2) .

Soit u une fonction de $D_{L_o}^*$. Dans chacun des intervalles $]-\infty, -1[$, $]-1, 1[$, $]1, \infty[$ c'est une fonction de carré intégrable telle que, au sens des distributions, L u soit une fonction de carré intégrable. Pour une telle fonction u posons

$$u^{[1]}(t) = (1-t^2)u'(t) ,$$

$$u^{[0]}(t) = u(t) - \frac{1}{2}\text{Log}\left|\frac{1+t}{1-t}\right| u^{[1]}(t) .$$

On peut montrer ([1] p.348) que pour une fonction u de $D_{L_o}^*$

Les fonctions $u^{[1]}$ et $u^{[0]}$ ont des limites à droite et à gauche en t = 1 et t = -1 .

Si φ est une fonction de $\mathcal{D}(\mathbb{R})$ et si u appartient à $D_{L_o}^*$

$$\int_{\mathbb{R}} (Lf\bar{\varphi} - fL\bar{\varphi})dt = \bar{\varphi}(-1)[f^{[1]}(-1,0)-f^{[1]}(-1+0)]$$

$$+ \bar{\varphi}(1)[f^{[1]}(1-0)-f^{[1]}(1+0)] .$$

Or l'application

$$\varphi \longmapsto \int f\, L\, \bar{\varphi}\, dt ,$$

doit être continue pour la topologie de $L^2(\mathbb{R})$ donc nécessairement

$$(1) \qquad \begin{aligned} u^{[1]}(-1-0) &= u^{[1]}(-1+0) \\ u^{[1]}(1-0) &= u^{[1]}(1+0) . \end{aligned}$$

Réciproquement si u est une fonction de $L^2(\mathbb{R})$ telle que Lu au sens des distributions soit de carré intégrable dans chaque intervalle $]-\infty, -1[$, $]-1, 1[$ et $]1, \infty[$, et vérifiant (1) alors u appartient à $D_{L_o}^*$.

Soient u et v deux fonctions de $D_{L_o}^*$. Posons

$$\beta(u,v) = (Lu|v) - (u|Lv) ,$$

nous avons(*)

$$\begin{aligned} \beta(u,v) = {} & u^{[1]}(-1)[\bar{v}^{[0]}(-1-0) - \bar{v}^{[0]}(-1+0)] \\ & - [u^{[0]}(-1-0) - u^{[0]}(-1+0)]\, \bar{v}^{[1]}(-1) \\ & + u^{[1]}(1)[\bar{v}^{[0]}(1-0) - \bar{v}^{[0]}(1+0)] \\ & - [u^{[0]}(1-0) - u^{[0]}(1+0)]\, \bar{v}^{[1]}(1) . \end{aligned}$$

La forme $i\beta$ est hermitienne de signature $(2,2)$, ce qui signifie que les indices de défaut de $(\mathcal{D}(X), L_o)$ sont $(2,2)$.

Nous allons dans la suite étudier le prolongement auto-adjoint (D_L, L) dont le domaine D_L est le sous-espace de $D_{L_o}^*$ des fonctions u

---

(*) On montre en effet que si u et v sont deux fonctions de $D_{L_o}^*$ $\lim_{t \to \pm\infty} [u,v](t) = 0$.

vérifiant

$$(2) \qquad \begin{aligned} u^{[0]}(-1-0) &= u^{[0]}(-1+0) \\ u^{[0]}(1-0) &= u^{[0]}(1+0) \,. \end{aligned}$$

Notons que si f est une fonction de $\mathcal{D}(X)$, la fonction Mf appartient D_L^∞ et que

$$M\Delta f = LMf \,.$$

c) Transformation de Fourier associée à l'opérateur auto-adjoint (D_L, L).

Soient $W_o(t,s)$ et $W_1(t,s)$ les fonctions qui sont dans chacun des intervalles $]-\infty, -1[$, $]-1, 1[$ et $]1, \infty[$ solutions de

$$Lu - s(1-s)u = 0 \,,$$

satisfaisant aux conditions (1) et (2), et de plus à

$$W_o(0,s) = 1 \qquad W_1(0,s) = 0$$

$$\frac{dW_o}{dt}(0,s) = 0 \qquad \frac{dW_1}{dt}(0,s) = 1 \,.$$

La fonction W_o est paire en t, W_1 est impaire en t et

$$W_o(t, 1-s) = W_o(t,s)$$

$$W_1(t, 1-s) = W_1(t,s) \,.$$

Nous avons

$$\varphi_s^0(t) = \frac{1}{\pi\sqrt{\pi}} W_o(t,s) \,,$$

$$\varphi_s^1(t) = \frac{2}{\pi\sqrt{\pi}} W_1(t,s) \,.$$

Si φ est une fonction de carré intégrable à support compact nous posons

$$\hat{\varphi}_o(s) = \int W_o(t,s)\,\varphi(t)\,dt \;,$$

$$\hat{\varphi}_1(s) = \int W_1(t,s)\,\varphi(t)\,dt \;.$$

D'après un théorème spectral de Maurin [4] il existe deux mesures positives μ_o et μ_1 sur $\{s \in | s(1-s) \in \mathbb{R}\}$ telles que

$$\int |\varphi(t)|^2 dt = \int |\hat{\varphi}_o(s)|^2\, d\mu_o(s) + \int |\hat{\varphi}_1(s)|^2\, d\mu_1(s) \,.$$

L'application

$$\varphi \longmapsto \varphi^{[1]}(1) \;,$$

est continue sur D_L muni de la norme du graphe. Il en résulte que si $\alpha(1-\alpha)$ n'est pas réel il existe une fonction $g(t,\alpha)$ paire en t et de carré intégrable en t telle que pour toute fonction φ appartenant à D_L et paire

$$\int [\alpha(1-\alpha)\,\varphi(t) - L\,\varphi(t)]\, g(t,\alpha) = -\varphi^{[1]}(1) \;.$$

La fonction $g(t,\alpha)$ doit être solution de

$$L\,u - \alpha(1-\alpha)\,u = 0 \;,$$

sur chaque intervalle $]-\infty\,,-1[\;,\;]-1\,,1[$ et $]1\,,\infty[$ et vérifier de plus

$$g^{[0]}(1+0,\alpha) - g^{[0]}(1-0,\alpha) = -\frac{1}{2}$$

$$g^{[1]}(1+0,\alpha) - g^{[1]}(1-0,\alpha) = 0 \;,$$

si bien que, si $\operatorname{Re}\alpha > \frac{1}{2}$

$$g(t,\alpha) = \frac{1}{2}\,P_{-\alpha}(t) + \frac{1}{\pi}\,\frac{\sin\pi\alpha}{1-\cos\pi\alpha}\,Q_{-\alpha}(t) \quad \text{si} \quad |t| < 1$$

$$= \frac{1}{\pi}\,\frac{\sin\pi\alpha}{1-\cos\pi\alpha}\,Q_{-\alpha}(t) \quad \text{si} \quad t > 1 \;,$$

sa transformée de Fourier est égale à

$$\hat{g}_o(s,\alpha) = \int W_o(t,s)\,g(t,\alpha)\,dt = -\frac{W_o^{[1]}(1,s)}{\alpha(1-\alpha)-s(1-s)}$$

$$= -\frac{2\sqrt{\pi}}{\Gamma(\frac{s}{2})\,\Gamma(\frac{1-s}{2})}\;\frac{1}{\alpha(1-\alpha)-s(1-s)}\ .$$

Ainsi pour toute fonction φ de D_L paire

$$\varphi^{[1]}(1) = \int \hat{\varphi}_o(s)\,W_o^{[1]}(1,s)\,d\mu_o(s)$$

$$= 2\sqrt{\pi}\int \hat{\varphi}_o(s)\,\frac{1}{\Gamma(\frac{s}{2})\,\Gamma(\frac{1-s}{2})}\,d\mu_o(s)\ .$$

Posons

$$h(t,\alpha) = \frac{1}{2i}\,[g(t,\alpha) - g(t,\bar{\alpha})]$$

la fonction $h(\cdot,\alpha)$ appartient à D_L et est paire, par suite

$$h^{[1]}(1,\alpha) = 2\sqrt{\pi}\int \hat{h}_o(s,\alpha)\,\frac{1}{\Gamma(\frac{s}{2})\,\Gamma(\frac{1-s}{2})}\,d\mu_o(s)\ ,$$

ce qui donne

$$\frac{1}{\pi}\,\mathcal{I}_m\left[\frac{\sin\pi\alpha}{1-\cos\pi\alpha}\right] = -4\pi\int \mathcal{I}_m\left[\frac{1}{\alpha(1-\alpha)-s(1-s)}\right]\,\frac{1}{[\Gamma(\frac{s}{2})\Gamma(\frac{1-s}{2})]^2}\,d\mu_o(s)\ .$$

On peut supposer que le support de la mesure μ_o est contenu dans

$$\{s = \tfrac{1}{2} + i\nu \mid \nu \geq 0\} \cup \{s \geq \tfrac{1}{2}\}\ .$$

La formule ci-dessus correspond à la représentation de Poisson d'une fonction harmonique positive dans demi-plan $\{\mathcal{I}_m\, z > 0\}$ avec $z = \alpha(1-\alpha)$. Nous en déduisons que la restriction de la mesure μ_o à $\{s = \frac{1}{2} + i\nu \mid \nu \geq 0\}$ a une densité $m(\nu)$ par rapport à la mesure de Lebesgue $d\nu$

$$m(\nu) = \frac{1}{2\pi^3}\,|\Gamma(\tfrac{1}{4} + i\,\tfrac{\nu}{2})|^4\,\nu\,\mathrm{th.}\,\pi\nu$$

et sa restriction à $\{s \geq \frac{1}{2}\}$ est une somme de mesure de Dirac aux points $s = 2p$ de masses

$$\frac{2p-1}{2\pi^3}\,[\Gamma(p)\,\Gamma(\tfrac{1}{2}-p)]^2 \,.$$

Ainsi pour toute fonction φ appartenant à D_L est paire

$$-\varphi^{[1]}(1) = \frac{1}{\pi^2\sqrt{\pi}}\int_0^\infty \hat{\varphi}_o(\tfrac{1}{2}+i\nu)\,|\Gamma(\tfrac{1}{4}+i\nu)|^2\,\nu\,\mathrm{th}.\,\pi\nu\,d\nu$$

$$+\sum_{p=1}^{\infty}\frac{1}{\pi^2\sqrt{\pi}}\,(2p-1)\,\Gamma(p)\,\Gamma(\tfrac{1}{2}-p)\,\hat{\varphi}_o(2p)\,.$$

On montre par la même méthode que si φ est une fonction appartenant à D_L est impaire

$$-\varphi^{[1]}(1) = \frac{2}{\pi^2\sqrt{\pi}}\int_0^\infty \hat{\varphi}_1(\tfrac{1}{2}+i\nu)\,|\Gamma(\tfrac{3}{4}+i\,\tfrac{\nu}{2})|^2\,\nu\,\mathrm{th}.\,\pi\nu\,d\nu$$

$$+\sum_{p=1}^{\infty}\frac{1}{\pi^2\sqrt{\pi}}\,(4p+1)\Gamma(p+1)\Gamma(\tfrac{1}{2}-p)\,\hat{\varphi}_1(2p+1)\,.$$

d) Formule de Plancherel.

Soit f une fonction de $\mathcal{D}(X)$, nous pouvons écrire

$$f = f_1 * m_H\,,$$

où f_1 est une fonction de $\mathcal{D}(G)$. Posons

$$g = \tilde{f}_1 * f_1 * m_H\,,\quad (\tilde{f}_1(u) = \overline{f_1(u^{-1})})\,,$$

la fonction g appartient à $\mathcal{D}(X)$ et

$$g(a) = \int_X |f(x)|^2\,dx\,,$$

la fonction Mg appartient à D_L et

$$Mg^{[1]}(1) = -2g(a) ,$$

de plus

$$\hat{M}g_o(s) = \int Mg(t)\, W_o(t,s)\, dt = \pi\sqrt{\pi}\ \Phi_s^o(f,\bar{f})$$

$$\hat{M}g_1(s) = \int Mg(t)\, W_1(t,s)\, dt = \frac{\pi\sqrt{\pi}}{2}\ \Phi_s^1(f,\bar{f}) .$$

D'après le paragraphe précédent nous avons

THEOREME III.2.- <u>Si</u> f <u>est une fonction de</u> $\mathcal{D}(X)$

$$\int_X |f(x)|^2\, dx = \frac{1}{2\pi}\int_o^\infty \Phi^o_{\frac{1}{2}+i\nu}(f,\bar{f})\ |\Gamma(\tfrac{1}{4}+i\ \tfrac{\nu}{2})|^2\ \nu\ \mathrm{th.}\ \pi\nu\, d\nu$$

$$+ \sum_{p=1}^{\infty} \frac{1}{2\pi}\ (2p-1)\,\Gamma(p)\,\Gamma(\tfrac{1}{2}-p)\ \Phi^o_{2p}\ (f,\bar{f})$$

$$+ \frac{1}{2\pi}\int_o^\infty \Phi^1_{\frac{1}{2}+i\nu}\ (f,\bar{f})\ |\Gamma(\tfrac{3}{4}+i\ \tfrac{\nu}{2})|^2\ \nu\ \mathrm{th.}\ \pi\nu\, d\nu$$

$$+ \sum_{p=1}^{\infty} \frac{1}{4\pi}\ (4p+1)\,\Gamma(p+1)\,\Gamma(\tfrac{1}{2}-p)\ \Phi^1_{2p+1}(f,\bar{f}) .$$

BIBLIOGRAPHIE.

[1] ACHIESER N.I. et GLASMANN I.M. Theorie der linearen Operatoren in Hilbert Raum. Akademie Verlag (1960).

[2] COURANT R. et HILBERT D. Methods of mathematical physics Interscience (1966).

[3] ERDELYI A. et al. Higher transcendental functions (Bateman manuscript project) vol.1 Mc Graw Hill (1953).

[4] MAURIN K. General eigenfunctions expansions and unitary representations of topological groups. Warszawa (1968).

[5] METHEE P.D. Sur les distributions invariantes dans le groupe des rotations de Lorentz. Commentarii Mathematici Helvetici 28 (1954) 225 - 269.

[6] MOLCANOV V.F. Harmonic analysis on a hyperboloïd of one sheet Soviet. Math. Dokl. 7 (1966) 1553 - 1556.

[7] MOLCANOV V.F. Analogue of the Plancherel formula for hyperboloïds Soviet Math. Dokl. 9 (1968) 1382 - 1385.

[8] SHINTANI T. On the decomposition of regular representation of the Lorentz group on a hyperboloïd of one sheet. Proc. Japan Acad. 43 (1967) 1 - 5.

[9] STRICHARTZ R.S. Harmonic analysis on hyperboloïds J. of Functional Analysis, 12 (1973) 341-383.

[10] TATSUUMA N. Decomposition of representations of three dimensional Lorentz group. Proc. Japan Acad. Science 38 (1962) 12-14.

[11] VILENKIN N.Ja. Fonctions spéciales et théorie de la représentation des groupes. Dunod (1969).

[12] YOSIDA K. Equations différentielles et intégrales Dunod (1971).

DISTRIBUTIONS CONIQUES ET REPRESENTATIONS ASSOCIEES A $SO_o(1,q)$

par

Khélifa HARZALLAH

---

0. INTRODUCTION ET NOTATIONS.

On se propose de présenter dans le cas le plus simple l'étude des distributions coniques associées au groupe $O(p,q)$. La situation générale sera publiée ultérieurement par J. Faraut et moi-même.

Pour $x \in \mathbb{R}^{q+1}$ de composantes $x_1, \dots, x_{q+1}$, on note

$$[x,x] = x_1^2 - \sum_{2}^{q+1} x_i^2 .$$

Soit $\Xi = \{\xi \in \mathbb{R}^{q+1} \mid [\xi,\xi] = 0 \text{ et } \xi_1 > 0\}$. On supposera $q \geq 3$ et on posera :

$$\xi = \begin{pmatrix} \xi_1 \\ \xi' \\ \xi_{q+1} \end{pmatrix}, \quad a = \begin{pmatrix} 1 \\ 0 \\ 1 \end{pmatrix}, \quad a^* = \begin{pmatrix} 1 \\ 0 \\ -1 \end{pmatrix},$$

$$t = \xi_1 - \xi_{q+1} = [\xi, a] \quad \text{et} \quad u = \xi_1 + \xi_{q+1} = [\xi, a^*] .$$

On a $\Xi = G/H$ où $G = SO_o(1,q)$ et H est le sous-groupe d'isotropie de a : H est le produit semi-direct de $SO(q-1)$ et du groupe, isomorphe à $\mathbb{R}^{q-1}$, des matrices :

$$h_x = \begin{pmatrix} 1+\frac{1}{2}|x|^2 & {}^t x & -\frac{1}{2}|x|^2 \\ x & I & -x \\ \frac{1}{2}|x|^2 & {}^t x & 1-\frac{1}{2}|x|^2 \end{pmatrix}$$

($x \in \mathbb{R}^{q-1}$; $|x|$ = norme euclidienne ; ${}^t x$ = vecteur ligne transposé de x).

Ainsi, on a (avec $x.\xi'$ = produit scalaire) :

$$h_x \xi = h_x \begin{pmatrix} \xi_1 \\ \xi' \\ \xi_{q+1} \end{pmatrix} = \begin{pmatrix} \xi_1 + \frac{1}{2}t|x|^2 + x.\xi' \\ tx + \xi' \\ \xi_{q+1} + \frac{1}{2}t|x|^2 + x.\xi' \end{pmatrix} .$$

Dans cet exposé, on caractérisera toutes les distributions H-invariantes sur Ξ ; ceci permet de retrouver toutes les distributions coniques déjà déterminées par Helgason [2], puis de déterminer les opérateurs d'entrelacement entre certaines représentations de G et parmi ces dernières, celles qui donnent naissance à des représentations unitaires. Voir [2], [3], [4].

L'espace des fonctions C^∞ à support compact sur le cône sera désigné par $\mathcal{D}(\Xi)$; l'espace des restrictions à $[0,\infty[$ des fonctions de $\mathcal{D}(\mathbb{R})$ sera désigné par $\mathcal{D}([0,\infty[)$. Ces espaces seront munis de leurs topologies habituelles. Le dual de $\mathcal{D}([0,\infty[)$ est identifié à $\mathcal{D}'([0,\infty[)$, les distributions à support dans $[0,\infty[$.

Enfin, sur le cône il existe une mesure invariante par G : elle sera notée par $d\xi$. Dans la carte

$$\{\xi \,|\, t>0 \;;\; \xi \to (t,\xi_2,\ldots,\xi_q)\}$$

on a

$$d\xi = \frac{dt}{t}\, d\xi_2,\ldots,d\xi_q = \frac{dt}{t}\, d\xi'$$

($d\xi'$ = mesure de Lebesgue dans $\mathbb{R}^{q-1}$).

On identifiera la sphère Σ avec les points $\sigma \in \Xi$

$$\sigma = (1,\sigma_2,\ldots,\sigma_{q+1}) .$$

La mesure aire sur Σ sera désignée par $d\sigma$ de sorte que sur Ξ pour $\xi = \lambda\sigma$, on a $d\xi = \lambda^{q-1} \frac{d\lambda}{\lambda} d\sigma$.

I. LES DISTRIBUTIONS H-INVARIANTES.

1. L'application M.

THEOREME I.1. Il existe une application, continue, surjective

$$M : \mathcal{D}(\Xi) \to \mathcal{D}([0,\infty[)$$

telle que pour $\varphi \in \mathcal{D}(\Xi)$ et $F \in C^\infty(\mathbb{R})$, on ait :

$$\int_\Xi \varphi(\xi)\, F([\xi,a])d\xi = \int_0^\infty F(t)\, M\varphi(t) t^{\frac{q-3}{2}} dt .$$

Dans la carte $(\{\xi | t>0\}, \xi \mapsto (t,\xi'))$, on écrit $\varphi(\xi) = \varphi(t,\xi')$ et alors

$$M\varphi(t) = t^{-\frac{q-1}{2}} \int_{\mathbb{R}^{q-1}} \varphi(t,\xi')d\xi' .$$

Donc $M\varphi \in C^\infty(]0,\infty[)$ et $M\varphi(t) = 0$ si t est grand.

Dans la carte $(\{\xi | u>0\}, \xi \to (\xi',u))$, on écrit $\varphi(\xi) = \varphi(\xi',u)$ et alors, pour $t>0$,

$$M\varphi(t) = t^{-\frac{q-1}{2}} \int \varphi(\xi', \frac{|\xi'|^2}{t})d\xi'$$

$$= \int_0^\infty \tilde{\varphi}(tr,r) r^{\frac{q-3}{2}} dr$$

où $\tilde{\varphi} \in C^\infty(\mathbb{R}\times]0,\infty[)$; il en résulte que $M\varphi$ est restrictions à $]0,\infty[$ d'une fonction C^∞.

De plus, on peut écrire

(1) $$(M\varphi)^{(k)}(0) = \int_0^\infty \partial_1^k \tilde{\varphi}(0,r) r^{k+\frac{q-3}{2}} dr$$

$$= \Pi^{\frac{q-1}{2}} < (\tfrac{1}{4}\Delta)^k \otimes \frac{x_+^{k+\frac{q-3}{2}}}{\Gamma(k+\frac{q-1}{2})} , \varphi >$$

où Δ est le laplacien en ξ' et où

$$< x_+^\lambda, \alpha > = \int_0^\infty x^\lambda \, \alpha(x) dx \, .$$

La continuité résulte de considérations classiques.

La surjectivité provient de ce que si $f \in \mathcal{D}([0,\infty[)$, si $\psi \in \mathcal{D}(]0,\infty[)$ et si on pose :

$$\varphi(\xi) = f(t) \, \psi(u) = f([\xi,a]) \, \psi([\xi,a^*])$$

alors $\varphi \in \mathcal{D}(\Xi)$ et

$$M\varphi(t) = f(t) \int \psi(|\xi'|^2) d\xi' \, .$$

2. L'application M' .

Soit M' la transposée de M ; $M' : \mathcal{D}'([0,\infty[) \to \mathcal{D}'(\Xi)$.

Pour $S \in \mathcal{D}'([0,\infty[)$ et $\varphi \in \mathcal{D}(\Xi)$:

$$< M'S, \varphi > = < S, M\varphi > \, .$$

La distribution $M'S$ est H-invariante.

Exemple : Soit $s \in \mathbb{C}$, $\mathrm{Re}\, s < \frac{q-1}{2}$ et soit

$$S_s = \frac{1}{\Gamma(\frac{q-1}{2} - s)} t^{-s+\frac{q-3}{2}} dt \, .$$

On a alors, pour $T_s = M'S_s$:

$$< T_s, \varphi > = \frac{1}{\Gamma(\frac{q-1}{2} - s)} \int \varphi(\xi) \, [\xi,a]^{-s} d\xi \, .$$

Comme S_s possède un prolongement analytique pour tout s, la distribution T_s possède elle aussi un tel prolongement ; on a, en particulier $T_s \neq 0$ et

$$< T_{\frac{q-1}{2}+k}, \varphi > = (M\varphi)^{(k)}(0) \qquad (k \text{ entier } \geq 0) .$$

L'application M' permet de ramener l'étude des distributions H-invariantes à celles portées par la génératrice

$$\Xi_0 = \{\xi = \lambda\, a \,|\, \lambda \text{ réel } > 0\} .$$

Soit $\psi \in \mathcal{D}(]0,\infty[)$ avec $\int \psi(|\xi'|^2)d\xi' = 1$. Pour $T \in \mathcal{D}'(\Xi)$, H-invariante, associons la distribution S_ψ de $\mathcal{D}'([0,\infty[)$ définie par

$$< S_\psi, f > = < T, \varphi >$$

où $\varphi(\xi) = f(t)\, \psi(u)$.

LEMME I.1. <u>La restriction de</u> S_ψ <u>à</u> $]0,\infty[$ <u>ne dépend pas de</u> ψ .

La restriction de T à $\Xi^* = \{\xi | t > 0\}$ est H-invariante. Montrons qu'il existe $\tau \in \mathcal{D}'(]0,\infty[)$ telle que si $\varphi \in \mathcal{D}(\Xi^*)$, on ait :

$$< T, \varphi > = \int \varphi(t,\xi')t^{-\frac{q-1}{2}} d\tau(t)d\xi' = < \tau, M\varphi > .$$

Soit $\alpha \in \mathcal{D}(]0,\infty[)$ et soit $\beta \in \mathcal{D}(\mathbb{R}^{q-1})$; on a $\alpha \otimes \beta \in \mathcal{D}(\Xi^*)$. Fixons α ; la distribution

$$\lambda : \beta \to < T, \alpha \otimes \beta >$$

est invariante par translation ; cela résulte facilement de :

$$(\alpha \otimes \beta) \circ h_x(t,\xi') = \alpha \otimes \beta(t, tx + \xi') .$$

Donc λ est de la forme $c(\alpha)d\xi'$. Il existe alors $\tau \in \mathcal{D}'(]0,\infty[)$ telle que

$$c(\alpha) = \int \alpha(t)t^{-\frac{q-1}{2}} d\tau(t) .$$

Par suite, si $f \in \mathcal{D}(]0,\infty[)$ et $\varphi(\xi) = f(t)\,\psi(u)$, on a :

$$< S_\psi, f > = < T, \varphi > = < \tau, M\varphi > = < \tau, f > .$$

Les distributions S_ψ fournissent donc des prolongements de τ à $\mathcal{D}([0,\infty[)$.

Soit S un prolongement particulier et soit $T_1 = M'S$: la restriction à Ξ^* de T et de T_1 coïncident ; donc $T - T_1$ est une distribution H-invariante à support dans Ξ_o.

3. Les distributions H-invariantes à support dans Ξ_o.

THEOREME I.2. Les distributions H-invariantes à support dans Ξ_o sont toutes de la forme :

$$< T, \varphi > = \sum_{k=1}^{N} a_k (M\varphi)^{(k)}(0) + \int \varphi(sa)\,dc_o(s)$$

où $c_o \in \mathcal{D}'(]0,\infty[)$ et $a_k \in \mathbb{C}$.

Soit T une telle distribution ; pour $\varphi \in \mathcal{D}(\Xi)$ à support dans $\{\xi | u > 0\}$, on écrit $\varphi(\xi) = \varphi(\xi', u)$.

Comme $H \supset SO(q-1)$ et $q \geq 3$, il existe un entier N et des $c_k \in \mathcal{D}'(]0,\infty[)$, $0 \leq k \leq N$ tels que :

$$T = \sum_{k=0}^{N} \Delta^k \delta \otimes c_k ,$$

où Δ est le laplacien dans $\mathbb{R}^{q-1}$.

Pour $\varphi(\xi) = f(t)\,\psi(u) = f\left(\frac{|\xi'|^2}{u}\right)\psi(u)$, on a :

$$(\Delta \otimes 1)\varphi = Df(t)u^{-1}\,\psi(u)$$

où

$$Df(t) = 4t\,f''(t) + 2(q-1)\,f'(t) .$$

Puis

$$< T, \varphi > = \sum_{k=0}^{N} D^k f(0) < c_k , u^{-k}\psi > .$$

D'autre part, la fonction $\mathbb{R}^{q-1} \to \mathbb{C}$:

$$\theta : x \mapsto < T, \varphi \circ h_x >$$

est constante ; écrivant $\Delta\theta(0) = 0$, on obtient :

$$< T, tf(t)\, D\psi(u) > = 0$$

puisque $\varphi(h_x\xi) = f(t)\ \psi(u + t|x|^2 + 2x.\xi')$ et

$$\Delta_x(\varphi(h_x\xi))|_{x=0} = tf(t)\ D\psi(u) .$$

Tenant compte de la relation :

$$D^k f(t) = \sum_{j=0}^{k} \gamma_j^k\, t^j\, f^{(k+j)}(t)$$

où les γ sont tous > 0 , on a :

$$D^k(tf)(0) = k\, \gamma_o^k\, f^{(k-1)}(0) .$$

Il vient ainsi :

$$0 = \sum_{k=1}^{N} k\, \gamma_o^k\, f^{(k-1)}(0) < c_k, u^{-k}\, D\psi > .$$

Par suite, pour toute $\psi \in \mathcal{D}(]0,\infty[)$ et pour tout entier $k \geq 1$, on a

$$< c_k, u^{-k}\, D\psi > = 0 .$$

Or les seules c_k vérifiant cette relation sont de la forme :

$$u^{-k}\, c_k = (a_k u^{\frac{q-3}{2}} + b_k)du \quad \text{si} \quad q > 3$$

et

$$u^{-k}\, c_k = (a_k + b_k \log u)du \quad \text{si} \quad q = 3$$

(où a_k et b_k sont des constantes).

Ainsi, pour $\varphi(\xi) = \varphi(\xi', u)$, on a, en utilisant (1) :

$$(2) \qquad < T, \varphi > = \int \varphi(0,u)dc_o(u) + \sum_{k=1}^{N} a_k (M\varphi)^{(k)}(0) + \sum_{k=1}^{N} b_k (M(\varphi\varphi_o))^{(k)}(0) .$$

Dans cette relation les a et les b désignent de nouvelles constantes, tandis que φ_o est la fonction définie par $\varphi_o(\xi) = l(u)$, avec

$$l(u) = u^{-\frac{q-3}{2}} \text{ si } q > 3 \text{ et } l(u) = \log u \text{ si } q = 3 .$$

Pour justifier (2), il faut vérifier ceci :

l'application $\varphi \mapsto M(\varphi\varphi_o)$ est continue de $\mathcal{D}(\Xi)$

dans $\mathcal{D}([0,\infty[)$.

Or, cela résulte de la relation :

$$M(\varphi\varphi_o)(t) = \int_0^\infty \tilde{\varphi}(tr,r)\, l(r) r^{\frac{q-3}{2}} dr .$$

Montrons maintenant que tous les b_k sont nuls. Pour

$$\varphi(\xi) = \alpha(\xi')\, \psi(u) (\alpha \in \mathcal{D}(\mathbb{R}^{q-1}) , \psi \in \mathcal{D}(]0,\infty[)) :$$

$$M(\varphi\varphi_o)(t) = \int \alpha(\sqrt{t}\xi')\, \psi(|\xi'|^2)\, l(|\xi'|^2) d\xi'$$

et

$$F(t,x) = M((\tau_{h_x} \varphi)\varphi_o)(t) = M(\varphi\tau_{h_x^{-1}}\, \varphi_o)(t)$$

$$= \int \alpha(\sqrt{t}\xi')\, \psi(|\xi'|^2)\, l(|\xi' - \sqrt{t}x|^2) d\xi' .$$

Soit H un polynôme harmonique homogène de degré $m \geq 1$ dans $\mathbb{R}^{q-1}$. Soit $\alpha = H$ au voisinage de 0 . Pour t et x petits, il résulte des propriétés de moyenne des fonctions harmoniques et du fait que ψ est à support dans l'ouvert $]0,\infty[$, que l'on a

$$F(t,x) = \frac{\pi^{\frac{n}{2}}}{\Gamma^{(\frac{n}{2})}} . t^m\, H(x) \int \psi(u) du .$$

Ainsi, la relation (2) ne peut définir une distribution invariante par les h_x que si tous les b_k sont nuls.

COROLLAIRE I.1. Soit $S \in \mathcal{D}'([0,\infty[)$. Il existe T invariante par H et portée par Ξ_0 telle que $T = M'S$ si et seulement si S est de la forme

$$\sum_{k=0}^{N} a_k\, \delta^{(k)} .$$

En particulier, on a

$$< M'\delta, \varphi > = \frac{\left(\frac{\pi}{2}\right)^{\frac{q-1}{2}}}{\Gamma\left(\frac{q-1}{2}\right)} \int_0^\infty \varphi(\lambda a)\, \lambda^{\frac{q-3}{2}}\, d\lambda .$$

COROLLAIRE I.2. Soit T une distribution H-invariante. Il existe $S \in \mathcal{D}'([0,\infty[)$ et $c \in \mathcal{D}'(]0,\infty[)$ telles que :

$$< T,\varphi > = < M'S,\varphi > + \int \varphi(\lambda a)\, dc(\lambda) .$$

Si S' et c' vérifient des conditions analogues alors $S - S' = \mu.\delta$ $(\mu \in \mathbb{C})$.

II. LES DISTRIBUTIONS CONIQUES.

DEFINITION II.1. Une distribution T sur Ξ est s-conique si

1) T est H-invariante ;

2) T est s-homogène c'est-à-dire pour tout $\lambda > 0$,

$$< T,\varphi_\lambda > = \lambda^{s+q-1} < T,\varphi > \quad (\text{on a posé } \varphi_\lambda(\xi) = \varphi(\lambda^{-1}\xi)) .$$

Remarque II.1. : 1) Si $f \in C^\infty(\Xi)$ telle que $f(\lambda\xi) = \lambda^s f(\xi)$, alors la distribution $T = fd\,\xi$ est s-homogène.

2) Si T est s-homogène, il existe $S \in \mathcal{D}'(\Sigma)$ telle que

$$< T,\varphi > = \int \varphi(\lambda\sigma)\, \lambda^{s+q-2} d\lambda\, dS(\sigma) .$$

3) Soit $f \in C^\infty$; $fd\,\xi$ est s-conique si et seulement si $s = m$ entier ≥ 0 et

$$f(\xi) = Cte.[\xi,a]^m .$$

THEOREME II.1. Soit T une distribution s-conique. Alors

1) si $s \neq -\frac{q-1}{2}$, il existe α et $\beta \in C$ tels que

$$< T,\varphi > = \alpha \int_0^\infty \varphi(\lambda a)\, \lambda^{s+q-2} d\lambda + \frac{\beta}{\Gamma(s+\frac{q-1}{2})} \int \varphi(\xi)[\xi,a]^s d\xi ,$$

2) si $s = -\frac{q-1}{2}$, alors il existe $\alpha \in C$ tel que

$$< T,\varphi > = \alpha \int_0^\infty \varphi(\lambda a)\, \lambda^{\frac{q-3}{2}} d\lambda .$$

Soient S et c telles que :

$$< T,\varphi > = < S,M\varphi > + \int \varphi(va)\, dc(v) .$$

En remarquant que $M(\varphi_\lambda) = \lambda^{\frac{q-1}{2}} (M\varphi)_\lambda$ et en prenant $\varphi(\xi) = f(t)\, \psi(u)$, de sorte que

$$M\varphi(t) = f(t) \int \psi(|\xi'|^2)d\xi' \quad \text{et} \quad \varphi(va) = \psi(2v)\, f(0)$$

il vient :

$$[\lambda^{\frac{q-1}{2}} < S,f_\lambda > - \lambda^{s+q-1} < S,f >]. \int \psi(|\xi'|^2)d\xi'$$

$$= f(0)[\lambda^{s+q-1} \int \psi(2v)dc(v) - \int \psi(\tfrac{2v}{\lambda})dc(v)] .$$

On en déduit qu'il existe une fonction A_o telle que

i) $\lambda^{\frac{q-1}{2}} < S,f_\lambda > - \lambda^{s+q-1} < S,f > = A_o(\lambda)\, f(0)$

ii) $\lambda^{s+q-1} \int \psi(2v)dc(v) - \int \psi(\frac{2v}{\lambda})dc(v) = A_o(\lambda) \int \psi(|\xi'|^2)d\xi'$.

En comparant $A_o(\lambda\mu)$, $A_o(\lambda)$, $A_o(\mu)$, on obtient :

. à partir de i) :

si $s+\frac{q-1}{2} = 0$, alors $A_o(\lambda) = C^{te}.\lambda^{\frac{q-1}{2}} \operatorname{Log} \lambda$

si $s+\frac{q-1}{2} \neq 0$, alors $A_o(\lambda) = C^{te}.\lambda^{\frac{q-1}{2}}(\lambda^{s+\frac{q-1}{2}} - 1)$;

. à partir de ii) :

$$\text{si} \quad s+q-1 = 0\,, \text{ alors } \quad A_o(\lambda) = C^{te} \operatorname{Log} \lambda$$

$$\text{si} \quad s+q-1 \neq 0\,, \text{ alors } \quad A_o(\lambda) = C^{te}(\lambda^{s+q-1} - 1)\ .$$

Dans tous les cas, on a $A_o = 0$; par suite, on a :

$$S = \frac{\beta}{\Gamma(s+\frac{q-1}{2})}\, x^{s+\frac{q-1}{2}} \frac{dx}{x}$$

$$c = \alpha\, x^{s+q-2} dx\ .$$

III. <u>LES ESPACES $\mathcal{D}^s(\Xi)$</u> <u>ET LES REPRESENTATIONS ASSOCIEES</u>.

Soit $\mathcal{D}^s = \{f \in C^\infty(\Xi)$ telle que $f(\lambda\xi) = \lambda^s f(\xi)\}$. On munit $\mathcal{D}^s$ de la topologie induite par celle de $C^\infty(\Xi)$. L'application $f \mapsto f|\Sigma$ est un homéomorhpisme sur $\mathcal{D}(\Sigma)$. On se propose d'étudier à l'aide des distributions coniques quelques propriétés des représentations de G dans les $\mathcal{D}^s$ définies par :

$$U^s(g)\, f(\xi) = f(g^{-1}\xi)\ .$$

Il est important de remarquer que la forme bilinéaire sur $\mathcal{D}^s \times \mathcal{D}^{-s-(q-1)}$ non dégénérée définie par :

$$\{f_1, f_2\} = \int f_1(\sigma)\, f_2(\sigma) d\sigma$$

est invariante par G ; ceci résulte du fait que si $f \in \mathcal{D}^{-(q-1)}$, alors

$$\int f(g\sigma) d\sigma = \int f(\sigma) d\sigma\ .$$

Enfin, on appellera irréductible une représentation n'ayant aucun sous-espace invariant fermé non trivial.

1. Etude de l'irréductibilité.

LEMME III.1. Soit $S \in \mathcal{D}'(\Sigma)$; pour $s \in \mathbb{C}$ et $x \in \mathbb{R}^{q+1}$ tel que $[x,x] > 0$ et $x_1 > 0$, on pose :

$$\hat{S}(x) = \int [x,\sigma]^{-s} dS(\sigma) .$$

Si $s \neq 0,-1,-2,\dots$ et si $\hat{S} = 0$, alors $S = 0$.

On a, en effet, pour $0 = (1,0,\dots,0)$

$$\left(\frac{\partial}{\partial x}\right)^{\alpha} \hat{S}(0) = c_{\alpha} \int \sigma^{\alpha} dS(\sigma)$$

avec

$$c_{\alpha} = \pm s(s+1)\dots(s+|\alpha|-1) .$$

LEMME III.2. Soit $\prod_m$ l'espace des polynômes homogènes de degré m.

Lorsque x décrit $\{x \mid [x,x] > 0 \text{ et } x_1 > 0\}$ les polynômes en ξ : $[x,\xi]^m$ engendrent tout $\prod_m$.

Sur $\prod_m$, on définit le produit hermitien défini positif :

$$< P,Q > = P\left(\frac{\partial}{\partial \xi}\right) \overline{Q}(0) .$$

Soit $P \in \prod_m$ orthogonal à $[x,\xi]^m$; on a, si

$$P(\xi) = \sum_{|\alpha|=m} a_{\alpha} \xi^{\alpha} \quad \text{et} \quad J = \begin{pmatrix} 1 & & \\ & -1 & \\ & & -1 \end{pmatrix} :$$

$$0 = < P,[x,\xi]^m > = m\,!\, \Sigma\, a_{\alpha} (Jx)^{\alpha} = m\,!\, P(Jx) .$$

Donc $P = 0$.

THEOREME III.1. i) La représentation U^s est irréductible si et seulement si, pour tout entier $m \geq 0$, on a :

$$s \neq m \quad \text{et} \quad s \neq -m-(q-1) .$$

ii) <u>La représentation</u> U^m <u>a un seul sous-espace fermé invariant non trivial, c'est l'espace</u> E_m <u>des restrictions à</u> Ξ <u>des polynômes homogènes</u>.

iii) <u>La représentation</u> $U^{-m-(q-1)}$ <u>a un seul sous-espace fermé invariant non trivial, c'est l'espace</u> F_m <u>orthogonal pour</u> $\{.,.\}$ <u>de</u> E_m .

Pour $f \in \mathcal{B}^s$, on pose :

$$F(x) = \int [x,\sigma]^{-s-(q-1)} f(\sigma)d\sigma .$$

Soit $\mathcal{F}^s = \{F | f \in \mathcal{B}^s\}$; on a $\mathcal{F}^s \subset C^\infty$. Si $s \neq -m-(q-1)$ (m entier ≥ 0) , l'application $f \to F$ est injective ; on peut munir $\mathcal{F}^s$ de la topologie de $\mathcal{B}^s$, de sorte que l'on a une représentation de G sur $\mathcal{F}^s$ équivalente à U^s . Soit V_o un sous-espace de $\mathcal{B}^s$ fermé invariant et non nul et soit V son image par l'application $f \mapsto F$.

L'espace V possède une fonction F_1 telle que $F_1(0) = 1$ ($0 = (1,0,\ldots,0)$) . On peut supposer F_1 invariante par $SO(q)$; par suite, F_1 est image de la fonction f_1 , constante sur Σ :

$$f_1(\xi) = [\xi,0]^s = \xi_1^s .$$

Donc V_o contient l'espace engendré par f_1 donc, en particulier, les fonctions $\xi \to [x,\xi]^s$ ($x \in \{x | [x,x] > 0 , x_1 > 0\}$. D'après le lemme III.1, si $s \neq 0,1,2,\ldots$, $V_o = \mathcal{B}^s$.

D'autre part, d'après le lemme III.2, si $s = m$ (entier ≥ 0) et si V_o est non trivial, alors V_o est l'espace E_m formé des restrictions à Ξ des polynômes de degré m : c'est donc le seul sous-espace fermé invariant non trivial de $\mathcal{B}^m$.

Soit $s = -m-(q-1)$.(m entier ≥ 0) utilisant la forme bilinéaire invariante

$$\{.,.\}$$

on voit que si W est un sous-espace de $\mathcal{B}^{-m-(q-1)}$ fermé invariant, alors son orthogonal dans $\mathcal{B}^m$ est un sous-espace fermé invariant. Par suite W est l'un des espaces

$$\{0\} \; ; \mathcal{B}^{-m-(q-1)} \; ; F_m \; .$$

2. Entrelacement et équivalence.

DEFINITION III.1. Soit $A \in \mathcal{L}(\mathcal{B}^s, \mathcal{B}^{s'})$. On dit que A est un opérateur d'entrelacement si :

$$A \, U^s(g) = U^{s'}(g) A \; .$$

THEOREME III.2. Soit A un opérateur d'entrelacement non nul ; alors, on a :

- soit $s' = s$ et A est un multiple de l'identité,
- soit $s' + s = -(q-1)$ avec $s' \neq s$ et A est un multiple de l'opérateur

$$A_s : \mathcal{B}^s \to \mathcal{B}^{-s-(q-1)}$$

donné par

$$A_s \, \varphi(\xi) = \frac{1}{\Gamma(-s - \frac{q-1}{2})} \int \varphi(\sigma)[\sigma,\xi]^{-s-(q-1)} d\sigma \; .$$

Soit $A : \mathcal{B}^s \to \mathcal{B}^{s'}$, un opérateur d'entrelacement non nul. Nous allons lui associer une distribution conique. Pour $\varphi \in \mathcal{B}$, on pose :

$$\varphi^s(\xi) = \int \varphi(v\xi) v^{-s} \frac{dv}{v} \, ,$$

on a $\varphi^s \in \mathcal{B}^s$ et $(\varphi_\lambda)^s = \lambda^{-s} \varphi^s$.

Soit T la distribution $\varphi \to A \, \varphi^s(a)$; c'est une distribution H-invariante ; de plus,

$$< T, \varphi_\lambda > = \lambda^{-s} < T, \varphi > \; .$$

Donc T est $(-s-(q-1))$-conique.

On en déduit facilement ceci :

i) pour $s \neq -\frac{q-1}{2}$: $A = \alpha . \mathrm{Id} + \beta \, A_s$

avec $\alpha = 0$ et $s' = -s-(q-1)$

ou $\beta = 0$ et $s' = s$;

ii) pour $s = -\frac{q-1}{2}$: $A = \alpha . \mathrm{Id}$.

COROLLAIRE III.1. i) Pour s et $-s-(q-1)$ non entier ≥ 0 , les représentations U^s et $U^{-s-(q-1)}$ sont équivalentes.

ii) La représentation $\mathcal{U}^m$ dans $\mathcal{B}^m/E_m$ déduite de U^m par passage au quotient est équivalente à la représentation dans F_m , sous-espace de $\mathcal{B}^{-m-(q-1)}$.

iii) La représentation $\mathcal{U}^{-m-(q-1)}$ dans $\mathcal{B}^{-m-(q-1)}/F_m$ déduite par passage au quotient est équivalente à la représentation dans E_m .

Pour tout s , l'opérateur d'entrelacement

$$A_{-s-(q-1)} \circ A_s : \mathcal{B}^s \to \mathcal{B}^s$$

est un multiple de l'identité : $\gamma_s . \mathrm{Id}$. Pour calculer γ_s , il suffit de choisir une fonction particulière de $\mathcal{B}^s$.

Pour x tel que $[x,x] = 1$ et $x_1 > 0$, on pose

$$\Phi_s(x;\eta) = A_s([\cdot,x]^s)(\eta) .$$

On a

$$\Phi_s(gx;g\eta) = \Phi_s(x;\eta)$$

cela résulte, pour $s+q-1<0$, du fait que la fonction

$$\xi \mapsto [\xi,x]^s[\xi,\eta]^{-s-(q-1)}$$

est homogène de degré $-q+1$ et pour $s \in \mathbb{C}$ par prolongement analytique.

Soit $g \in G$ tel que $x = g.0$; il existe $k \in SO(q)$ et λ réel > 0 tel que $g^{-1}\eta = \lambda\, ka$. On a $\lambda = [x,\eta]$ de sorte que

$$\Phi_s(x;\eta) = [x,\eta]^{-s-(q-1)}\ \Phi_s(0,a) .$$

La valeur de $\Phi_s(0,a)$ est

$$\frac{2^{-s-1}\,\Gamma(\frac{q}{2})}{\sqrt{\pi}\,\Gamma(-s)} .$$

Il vient ainsi $\gamma_s = \dfrac{2^{q-1}(\Gamma(\frac{q}{2}))^2}{\pi\,\Gamma(-s)\,\Gamma(s+q-1)}$. Considérons les cas singuliers :

. Pour m entier ≥ 0 , A_m n'est pas injectif ; son noyau est donc E_m ; de plus, son image est contenue dans le noyau de $A_{-m-(q-1)}$. Ces deux espaces coïncident donc avec F_m .

Ainsi A_m induit un G-isomorphisme

$$\tilde{A}_m : \mathcal{D}^m/E_m \to F_m .$$

De même, on a un G-isomorphisme

$$\tilde{A}_{-m-(q-1)} : \mathcal{D}^{-m-(q-1)}/F_m \to E_m .$$

3. <u>Représentations unitaires.</u>

Nous cherchons les formes hermitiennes positives invariantes sur $\mathcal{D}^s$.

LEMME III.3. <u>Soit</u> B <u>une forme bilinéaire continue sur</u> $\mathcal{D}(\Sigma)\times\mathcal{D}(\Sigma)$ <u>invariante par</u> $SO(q)$. <u>Il existe alors un opérateur continu</u>

$$A : \mathcal{D}(\Sigma) \to \mathcal{D}(\Sigma)$$

<u>tel que</u>

$$B(f_1,f_2) = \int f_1(\sigma)\,Af_2(\sigma)d\sigma .$$

Cela résulte du théorème des noyaux et de l'invariance : l'opérateur A considéré sur $SO(q)$ est la convolution à droite par une distribution bi-invariante par $SO(q-1)$.

LEMME III.4. <u>Soit</u> B <u>une forme bilinéaire continue sur</u> $\mathcal{D}^s \times \mathcal{D}^{s'}$ <u>invariante par</u> G . <u>Il existe alors un opérateur d'entrelacement continu</u>

$$A : \mathcal{D}^{s'} \to \mathcal{D}^{-s-(q-1)}$$

<u>tel que</u>

$$B(f_1,f_2) = \{f_1, Af_2\} .$$

Cela résulte du lemme précédent, de l'homéomorphisme de $\mathcal{B}^s$ sur $\mathcal{B}(\Sigma)$ et de l'invariance de $\{.,.\}$.

Soit, maintenant B , une forme hermitienne continue sur $\mathcal{B}^s \times \mathcal{B}^s$ invariante. Il existe alors un opérateur d'entrelacement

$$A : \mathcal{B}^s \to \mathcal{B}^{-\bar{s}-q+1}$$

tel que

$$B(f_1,f_2) = \int f_1(\sigma)\,\overline{Af_2(\sigma)}\,d\sigma .$$

De sorte que, on a :

soit $s = -\bar{s} - q + 1$ avec $A = C^{te}.Id$,

soit s réel $\neq -\frac{q-1}{2}$ avec $A = C^{te}.A_s$.

Pour $\operatorname{Re} s = \frac{-1}{2}(q-1)$, la forme hermitienne invariante

$$B(f_1,f_2) = \{f_1,\bar{f}_2\}$$

est définie positive ; on peut lui associer une représentation unitaire.

On obtient ainsi la série principale de classe 1 .

Pour s réel $< -\frac{1}{2}(q-1)$, la forme hermitienne invariante

$$B_s(f_1,f_2) = \frac{\sqrt{\pi}\,\Gamma(-s)2^{s+1}}{\Gamma(\frac{q}{2})\,\Gamma(-s-\frac{q-1}{2})}\int f_1(\sigma)\,\overline{f_2(\sigma')}[\sigma,\sigma']^{-s-q+1}d\sigma\,d\sigma'$$

est normalisée de sorte que $B_s(\mathbb{1},\mathbb{1}) = 1$ ($\mathbb{1}$ = la fonction de $\mathcal{B}^s$ constante et égale à 1 sur Σ).

LEMME III.5. <u>Pour</u> s <u>réel</u> $< -\frac{1}{2}(q-1)$, <u>la forme hermitienne</u> B_s <u>est définie positive si et seulement si</u> $s > 1-q$.

La démonstration est analogue à celle donnée par [1] : en prenant $f_i \in \mathcal{B}^s$ avec $f_i(\sigma) = f_i(1,\sigma_2,\ldots,\sigma_{q+1}) = \sigma_i$, la condition

$$\sum_{2}^{q+1} B_i(f_i,f_i) > 0$$

se traduit par $0 < \frac{s+q-1}{-s}$

La suffisance s'obtient par calcul symbolique.

Pour ces s , la forme B_s est non dégénérée car U^s est irréductible. Pour s réel $< -q+1$, la forme B_s n'est pas positive et pour $s = 1-q$, on a :

$$B_{1-q}(f) = \left| \int f(\sigma) d\sigma \right|^2 .$$

D'ailleurs pour $s = -m-q+1$, B_s est dégénérée et son noyau est F_m .

Pour s réel $\in]-q+1,0[$, $\neq -\frac{1}{2}(q-1)$, on peut construire une représentation unitaire : on obtient ainsi la série complémentaire.

Pour s réel >0 , mais $\neq 0,1,2,\ldots$, la forme B_s normalisée vérifie

$$B_s(f_1,f_2) = (c_s)^2 \, B_{-s-q+1}(A_s \, f_1, A_s \, f_2)$$

avec

$$c_s = \frac{2^{-s-1} \, \Gamma(\frac{q}{2})}{\sqrt{\pi} \, \Gamma(-s)} .$$

Elle n'est pas non plus positive.

Pour $s = m$ entier ≥ 0 , toute forme hermitienne non nulle et invariante est dégénérée : le noyau contient toujours la fonction $\mathbb{1}$. Ce noyau est donc E_m .

Par l'intermédiaire des opérateurs $\tilde{A}$, on peut dire ceci :

i) Sur E_m $(m>0)$, toute forme hermitienne invariante provient d'un multiple de B_{-m-q+1} elle n'est jamais positive.

ii) Sur $F_m \simeq \mathcal{B}^m/E_m$ $(m \geq 0)$, toute forme hermitienne invariante provient d'un multiple de

$$\frac{1}{\Gamma(-s)} \, B_s \Big|_{s=m} .$$

Procédant par calcul symbolique, comme dans [1], on voit que cette forme est multiple de la restriction à F_m de

$$(-1)^{m+1} \int f_1(\sigma)\ \overline{f_2(\sigma')}[\sigma,\sigma']^m \operatorname{Log}([\sigma,\sigma'])d\sigma\, d\sigma'$$

qui est une forme hermitienne invariante définie positive. On peut donc lui associer une représentation unitaire.

BIBLIOGRAPHIE

[1] J. FARAUT — Noyaux sphériques sur l'hyperboloïde à une nappe. Pub. de l'Un. de Tunis, 1974.

[2] S. HELGASON — A duality for symmetric spaces with applications to group representations. Advanas in Math., vol. 5, n° 1 (1970), p. 1-154.

[3] R. TAKAHASHI — Sur les représentations unitaires des groupes de Lorentz généralisés. Bull. Soc. Math. France, 91 (1963), p. 289-433.

[4] N. VILENKIN — Fonctions spéciales et théorie de la représentation des groupes. Dunod, 1969.

FORMULE DE KIRILLOV POUR LES GROUPES DE LIE SEMI-SIMPLES COMPACTS

par

Jean Jacques LOEB

INTRODUCTION.

Nous nous proposons ici de présenter de façon exhaustive un exemple de la formule de Kirillov.

Le chapitre I est consacré à quelques généralités sur la représentation coadjointe et les représentations induites, nécessaires pour la suite. Pour éclairer la formule de Kirillov pour les groupes compacts, nous commençons par exposer les idées de Kirillov dans le cas où elles s'appliquent le mieux : le cas des groupes nilpotents (chapitre II).

Le chapitre III est un rappel des propriétés classiques des groupes de Lie compacts.

Le chapitre IV contient la formule de Kirillov. Il est divisé en deux parties : la première est consacrée au théorème de Borel-Weil-Bott, la seconde à la formule de Kirillov proprement dite. Cette seconde partie contient une formule d'Harigh-Chandra qui est la clé de la formule de Kirillov dans le cas compact.

QUELQUES NOTATIONS.

1) Soit T une application infiniment différentiable entre deux variétés C^∞. On note T_* l'application dérivée de T et $(T_*)_x$ l'application T_* en x.

2) On note 1 l'élément neutre d'un groupe, et $\overline{1}$ l'image de 1 dans un espace homogène déduit de G .

3) exp est l'application exponentielle de $\mathcal{G}$ dans G , où $\mathcal{G}$ est une algèbre de Lie, dont un groupe correspondant est G .

[,] est le crochet dans $\mathcal{G}$, ad est l'application de $\mathcal{G}$ dans End $\mathcal{G}$, telle que $\text{ad}\,x(y) = [x,y]$, $\forall\, x,y \in \mathcal{G}$, Ad est la représentation adjointe de G dans $\mathcal{G}$ vérifiant $\text{Ad}(\exp x) = \text{Exp}(\text{ad}\,x)$, $\forall\, x \in \mathcal{G}$. (Exp : exponentielle habituelle de matrice).

CHAPITRE I

§ 1. La représentation coadjointe.

Soit G un groupe de Lie, $\mathcal{G}$ son algèbre de Lie, $\mathcal{G}^*$ le dual de $\mathcal{G}$, Ad la représentation adjointe, alors on a la définition suivante :

DEFINITION 1. La représentation coadjointe est la représentation de G dans $\mathcal{G}^*$, qui à $g \in G$ associe $(\text{Ad}g^{-1})^t$. On posera dans la suite

$$c(g) = (\text{Ad}\, g^{-1})^t .$$

Soit f un élément de $\mathcal{G}^*$. L'orbite Of de f dans $\mathcal{G}^*$ obtenue à partir de c peut être identifiée en tant que variété C^∞ à l'espace homogène G/G_f ou G_f est le groupe d'isotropie de f . γ_f est la projection de G sur G/G_f et T_f est l'espace tangent à G/G_f au point $\overline{1}$. On a les remarques suivantes :

1) $\mathcal{G}_f = \{x \in \mathcal{G} \mid (\text{ad}\,x)^t f = 0\}$. $\mathcal{G}_f$ est l'algèbre de Lie de G_f .

2) La suite ci-dessous est exacte

$$0 \xhookrightarrow{i} \mathcal{G}_f \xhookrightarrow{i} \mathcal{G} \xrightarrow{((\gamma_f)_*)_{\overline{1}}} \mathcal{G}/\mathcal{G}_f \longrightarrow 0 .$$

i est l'injection canonique de $\mathfrak{g}$ dans $\mathfrak{g}_f$, et $\mathfrak{g}/\mathfrak{g}_f$ a été identifiée à à T_f .

On déduit les propositions suivantes :

PROPOSITION 1. a) A chaque orbite $\mathcal{O}$ dans $\mathfrak{g}^*$, on peut associer une 2-forme différentielle $\omega_{\mathcal{O}}$ définie par :

$$\omega_{\mathcal{O}}(((\gamma_f)_*)\underset{1}{x}, ((\gamma_f)_*)\underset{1}{y}) = f([x,y]) , \forall\ x,y \in \mathfrak{g} , \forall\ f \in \mathcal{O}^* .$$

b) $\omega_{\mathcal{O}}$ est G-invariante et fermée.

c) $\omega_{\mathcal{O}}$ est partout non dégénérée.

La proposition 1.c) implique que $\mathcal{O}$ est une variété de dimension paire 2p , $(p \in \mathbb{N})$.

1.c) et 1.b) impliquent alors

PROPOSITION 2. A toute orbite $\mathcal{O}$, on peut associer une forme volume $\nu_{\mathcal{O}}$, G-invariante et non nulle telle que $\nu_{\mathcal{O}} = (\Omega^p\ \omega_{\mathcal{O}})\ (2\pi)^p$.

On prolonge $\nu_{\mathcal{O}}$ à $\mathfrak{g}^*$ par 0 à l'extérieur de $\mathcal{O}$.

§ 2. Les représentations induites.

Ce paragraphe est un bref rappel sur les représentations induites. Pour simplifier, nous allons supposer qu'on induit sur un groupe de Lie.

A. Soit G un groupe de Lie, H un sous-groupe fermé, μ_G (resp. μ_H) une mesure de Haar à gauche sur G (resp. sur H), Δ_G (resp. Δ_H) la fonction module de G (resp. H). On pose $\Delta_{H,G}(u) =$

$$\Delta_{H,G}(u) = \frac{\Delta_H(u)}{\Delta_G(u)} , (\forall\ u \in H) .$$

$\Delta_{H,G}$ est strictement positive. Soit $K^{\Delta_{H,G}}$ l'espace des fonctions F C^∞ à support compact qui vérifient

(1) $$F(gu) = \Delta_{H,G}(u)\ F(g) , (g \in G , u \in H) .$$

On sait que :

1) soit f une fonction C^∞ à support compact de G. Alors :

$$\bar{f}(g) = \int_H f(gu)\, \Delta_{H,G}(u)^{-1}\, d\mu_H(u)$$

appartient à $\mathcal{K}^{\Delta_{H,G}}$;

2) il existe une forme linéaire positive $\mu_{G,H}$ sur $\mathcal{K}^{\Delta_{H,G}}$ unique à un facteur constant près vérifiant :

$$\int f\, d\mu_G = \mu_{G,H}\left(\int f(gu)\, \Delta_{H,G}(u)^{-1}\, d\mu_H(u)\right)$$

pour tout f à support compact C^∞ dans G.

Lorsque G/H a une mesure invariante (i.e. $\Delta_{G,H} = 1$) alors $\mu_{G,H}$ est une telle mesure.

On pose $\mu_{G,H}(F) = \oint_{G/H} F(g)\, d\mu_{G,H}$ pour une fonction F de $\mathcal{K}^{\Delta_{H,G}}$.

B. Soit U une représentation unitaire continue de H dans un espace de Hilbert $\mathcal{H}$. La norme sur $\mathcal{H}$ est $\| \;\|$.

On définit alors l'espace $\mathcal{L}(U,G)$ comme suit :

DEFINITION 2. <u>On considère d'abord l'espace des fonctions</u> C^∞ <u>à support compact sur</u> G, <u>modulo</u> H <u>telles que</u> $f(gu) = \Delta_{H,G}(u)^{\frac{1}{2}}\, U(u)^{-1}\, f(x)$

(2) $$f(gu) = \Delta_{H,G}(u)^{\frac{1}{2}}\, U(u)^{-1}\, f(x)\,,\; u \in H\,,\; g \in G\,.$$

Ces fonctions prennent leurs valeurs dans $\mathcal{H}$.

On complète cet espace de façon classique en un espace Hilbertien $L(U,G)$ en considérant la norme N_2 telle que :

(3) $$N_2(f)^2 = \oint_{G/H} \|f(g)\|^2\, d\mu_{G,H}$$

pour f vérifiant (2). (3) a bien un sens car $\|f(g)\|$ appartient à $\mathcal{K}^{\Delta_{G,H}}$.

On définit alors $\mathrm{Ind}(U,G) = T$ comme étant la représentation unitaire de G définie par :

$$[T(x)f](y) = f(x^{-1}y)\ ,\ f \in L(U,G)\ ,\ x,y \in G\ .$$

Définition équivalente de $\mathrm{Ind}(U,G)$ (2me définition).

On considère un fibré vectoriel noté $G \times \mathcal{H}/H$ de fibre $\mathcal{H}$, au-dessus de G/H défini comme l'espace quotient de $G \times \mathcal{H}$ muni de la relation d'équivalence suivante : $(x,h) \simeq (x',h') \Leftrightarrow \exists\ u \in H$ tel que $x' = xu$ et $h' = U(u)^{-1}h$. On peut alors munir un sous-ensemble des sections du fibré (contenant les sections différentiables) d'une structure d'espace de Hilbert sur lequel G opère de façon unitairement équivalente à $\mathrm{Ind}(U,G)$. Formellement : A f vérifiant (2), on associe $f' = \psi^{-\frac{1}{2}}f$ où ψ est une fonction fixée, vérifiant (1) et >0, puis on définit l'application $g \to (g,f'(g))$ qui induit par passage au quotient une section de $G \times \mathcal{H}/H$.

CHAPITRE II

LE CAS NILPOTENT

Les notations sont celles du chapitre I. Ici G désigne un groupe de Lie nilpotent simplement connexe. Rappelons les idées de Kirillov.

1) Soit $\mathcal{O}$ une orbite de la représentation contragrédiente, f un élément de cette orbite. On considère une sous-algèbre de Lie $\mathfrak{h}$ de $\mathfrak{g}$ telle que $f|_{[\mathfrak{h},\mathfrak{h}]} = 0$ (i.e. f restreint à $[\mathfrak{h},\mathfrak{h}]$) et qui soit maximale pour cette propriété. A $\mathfrak{h}$ correspond un sous-groupe fermé de H. Comme l'exponentielle est un difféomorphisme de $\mathfrak{g}$ sur G, H est simplement connexe. Donc f définit un caractère χ_f de H par $\chi_f(e^h) = e^{if(h)}$, $h \in H$. Le premier théorème de Kirillov s'énonce ainsi :

THEOREME 1. $\mathrm{Ind}(H,G)$ est une représentation unitaire irréductible de G, qui ne dépend que de $\mathcal{O}$ (à équivalence unitaire près).

L'application $\mathcal{O} \to \mathrm{Ind}(H,G)$ est une application bijective de l'ensemble des orbites de la représentation coadjointe sur l'ensemble des classes des représentations unitaires irréductibles de G .

Preuve : Pubantzky : Leçons sur les représentations du groupe [5].

DEFINITION 3. Soit $g \to T(g)$ une représentation unitaire irréductible de G [1]. On pose, quand cela a un sens :

$$(1) \qquad \operatorname{tr} T_\varphi = \operatorname{tr} \int_G \varphi(g)\, T(g)\, d\mu_G$$

où φ est une fonction C^∞ à support compact. On définit une "distribution" sur G : $\varphi \to \operatorname{tr} T_\varphi$ qui ne dépend que de la classe de T.

tr est la trace habituelle d'un opérateur dans un espace de Hilbert (qui n'existe pas en général).

. Soit $\mathcal{O}$ une orbite, $\nu_{\mathcal{O}}$ la mesure de Kirillov associée, il existe dx , une mesure de Lebesgue sur $\mathfrak{g}$ associée à une transformation de Fourier $f \to \hat{f}$ sur $\mathfrak{g}$ [2], telle qu'on ait le théorème suivant (formule de Kirillov).

THEOREME 2. 1) Pour G nilpotent, l'opérateur T_φ est à trace pour φ , C^∞ à support compact dans G , T étant la représentation unitaire irréductible déduite de $\mathcal{O}$ (définie à équivalence près).

2) On a la formule :

$$\operatorname{tr}(T_\varphi) = \int_{\mathcal{O}} \hat{\varphi}(\ell')\, d\nu_{\mathcal{O}}$$

$\hat{\varphi}(\ell')$ étant la transformée de Fourier de $\varphi(\exp \ell)$ au point ℓ' de $\mathfrak{g}^*$.

Remarque : Dans [5], on déduit la formule de Plancherel pour un groupe nilpotent de (2).

---

(1) Cette définition est valable pour tout groupe de Lie G .

(2) $f(o) = \int \hat{f}(x)dx$.

. Dans le chapitre IV, est exposé la théorie de Kirillov dans le cas compact. Donnons tout de suite un aperçu des différences d'avec le cas nilpotent. H n'est simplement connexe que dans les cas triviaux, et il y aura certaines conditions sur $\mathfrak{G}$ pour que χ_f existe. D'autre part, même dans ce cas, les sections différentiables de $G \times H/H$ forment un espace de dimension infinie, et les représentations unitaires irréductibles d'un groupe compact sont de dimension finie. Donc on ne peut induire directement à partir de H. On sera obligé de considérer des sections particulières. Ceci sera précisé dans la première partie du chapitre IV (après la proposition 8). Avant, nous serons obligés de faire un rappel des propriétés des représentations des groupes de Lie compact (chapitre III).

CHAPITRE III

REPRESENTATIONS DES GROUPES DE LIE COMPACTS

Les références ici sont [2] et [3], pour les démonstrations. G désigne dans les chapitre III et chapitre IV un groupe de Lie compact semi-simple simplement connexe. Les notations sont les mêmes qu'au chapitre I.

§ 1. Sur une algèbre de Lie, on définit une forme bilinéaire $(x,y) = \mathrm{tr}\, \mathrm{ad}\, x\, \mathrm{ad}\, y$, $(x,y \in \mathfrak{g})$. On a la définition suivante :

DEFINITION 4. Une algèbre de Lie (réelle ou complexe) est semi-simple lorsque sa forme (,) est non dégénérée.

Un groupe de Lie dont l'algèbre de Lie est semi-simple est appelé un groupe semi-simple. Pour un groupe de Lie compact, on montre que ceci est équivalent à ce que le groupe soit de centre fini.

Dans la suite, l'expression "groupe de Lie semi-simple simplement connexe" sera remplacée par G.L.C.S.S.

THEOREME 3 et DEFINITIONS.

1) Tout G.L.C.S.S. se plonge en tant que groupe de Lie dans un groupe de Lie complexe semi-simple simplement connexe. Soit $G_{\mathbb{C}}$ un groupe de Lie complexe ainsi défini à partir de G , et $\mathfrak{g}_{\mathbb{C}}$ sont algèbre de Lie.

2) $\mathfrak{g}_{\mathbb{C}}$ est semi-simple complexe et est le complexifié de $\mathfrak{g}$.

3) Les représentations de G dans les espaces vectoriels complexes de dimension finie sont les restrictions des représentations de $G_{\mathbb{C}}$ dans les espaces vectoriels de dimension finie.

D'autre part, on sait que les représentations unitaires irréductibles d'un groupe compact sont de dimension finie, et que toute représentation de dimension finie (pour un groupe compact) est équivalente à une représentation unitaire. Donc :

PROPOSITION 3. Les représentations irréductibles unitaires de G sont associées de façon naturelle aux représentations irréductibles de dimension finie de $\mathfrak{g}_{\mathbb{C}}$. Précisons : soit ρ_* une représentation de $\mathfrak{g}_{\mathbb{C}}$, on restreint ρ_* à $\mathfrak{g}$, puis on remonte ρ_* en une représentation de G unitaire telle que

$$\rho(\exp \chi) = e\ \rho_*(\chi) \ .$$

§ 2. Dans ce paragraphe, nous rappelons les propriétés classiques des représentations de dimension finie des algèbres de Lie semi-simple complexes.

A. Soit $\mathfrak{g}_{\mathbb{C}}$ une telle algèbre. On peut identifier $\mathfrak{g}_{\mathbb{C}}$ et $\mathfrak{g}^*_{\mathbb{C}}$ à l'aide de l'isomorphisme déduit de la forme de Cartan-Killing (,) . Le théorème suivant est la "décomposition spectrale de ad ".

THEOREME 4. 1) Il existe une sous-algèbre $h_{\mathbb{C}}$ de $\mathfrak{g}_{\mathbb{C}}$, un sous-ensemble fini Δ de $h^*_{\mathbb{C}} - \{0\}$ (1) tel que :

a) $h_{\mathbb{C}}$ est abélienne, égale à son normalisateur (i.e. l'ensemble des

(1) $h^*_{\mathbb{C}}$ est le dual de $h_{\mathbb{C}}$.

$x \in \mathfrak{g}_{\mathbb{C}}$ tels que $[x,h_{\mathbb{C}}] \subseteq h_{\mathbb{C}}$), et (,) est non dégénérée sur $h_{\mathbb{C}}$, d'où l'identification de $h_{\mathbb{C}}$ et $h_{\mathbb{C}}^*$.

b) $\mathfrak{g}_{\mathbb{C}} = h_{\mathbb{C}} \oplus \sum_{\alpha \in \Delta} \mathbb{C}\ell_\alpha$, les ℓ_α étant des éléments de $\mathfrak{g}_{\mathbb{C}}$ et Σ étant une somme directe.

c) α) $[h,\ell_\alpha] = \alpha(h)\ell_\alpha$, $\forall\, h \in h_{\mathbb{C}}$, $\forall\, \alpha \in \Delta$.

β) $(h,\ell_\alpha) = 0$.

γ) $(\ell_\alpha,\ell_\beta) = 0$ lorsque $\alpha + \beta \neq 0$.

2) De plus, Δ a les propriétés suivantes :

a) $\Delta = \Delta^+ \uplus (-\Delta^+)$ (1) où Δ^+ est un sous-ensemble de Δ, contenant lui-même un sous-ensemble B qui est une base de $h_{\mathbb{C}}^*$ telle que $x \in \Delta^+ \Rightarrow x = \sum_{b \in B} m_b\, b$, $m_b \in \mathbb{N}$.

b) $\alpha,\beta \in \Delta \Rightarrow \begin{cases} \alpha - 2\,\dfrac{(\alpha,\beta)}{(\alpha,\alpha)}\,\alpha = s_\alpha\, \beta \in h_{\mathbb{C}}^* \\ (\alpha,\alpha) \neq 0 . \end{cases}$

Dans la suite, on choisit (ce qui est possible) ℓ_α, $\ell_{-\alpha}$ tels que :

$$[\ell_\alpha,\ell_{-\alpha}] = H_\alpha\,,\ [H_\alpha,\ell_\alpha] = 2\ell_\alpha\,,\ [H_\alpha,\ell_{-\alpha}] = -2\ell_\alpha\,,$$

$$(\ell_\alpha,\ell_{-\alpha}) = 1\,,\ (\alpha \in \Delta^+)\,.$$

Remarquons que H_α, ℓ_α, $\ell_{-\alpha}$ engendrent une algèbre de Lie isomorphe à $s\ell(2,\mathbb{C})$.

DEFINITION 5. Le groupe engendré par les s_α s'appelle le groupe de Weyl : W. C'est un groupe fini. s_α est en fait une réflexion par rapport au plan vectoriel perpendiculaire à α. On montre que W est engendré par les s_α où $\alpha \in B$.

---

(1) $\uplus$: union disjointe.

Remarque 1 : Supposons que $\mathfrak{g}_{\mathbb{C}}$ soit le complexifié de $\mathfrak{g}$. Alors $\mathfrak{g}$ est l'ensemble des éléments de $\mathfrak{g}_{\mathbb{C}}$ pour lesquels $(,)$ est définie négative. La dimension réelle de $h_{\mathbb{C}} \cap \mathfrak{g} = h$ est la dimension complexe de $h_{\mathbb{C}}$ [1]. De plus, on montre que :

$$\mathfrak{g} = h \oplus \Sigma\, \mathbb{R}(\ell_{\alpha} + \ell_{-\alpha}) \oplus \Sigma\, i\mathbb{R}(\ell_{\alpha} - \ell_{-\alpha}) .$$

On a également $\bigcup_{g \in G} \mathrm{Ad}\, g h = \mathfrak{g}$.

B. Notations : on pose $\exp h = H$.

$$H_{\alpha} = \frac{2\alpha}{(\alpha,\alpha)}$$

$$P = \{\Omega \in h_{\mathbb{C}}^{*} \mid (\Omega, H_{\alpha}) \in \mathbb{Z} \ , \ \forall\, \alpha \in \Delta\}$$

$$P_{+} = \{\Omega \in h_{\mathbb{C}}^{*} \mid (\Omega, H_{\alpha}) \in \mathbb{N} \ , \ \forall\, \alpha \in \Delta_{+}\} .$$

P est l'ensemble des poids, P_{+} l'ensemble des poids dominants.

$$b_{\mathbb{C}} = h_{\mathbb{C}} \oplus \sum_{\alpha \in \Delta_{+}} \mathbb{C}\ell_{\alpha} \quad \text{(algèbre de Borel)}$$

$$n_{\mathbb{C}}^{+} = \sum_{\alpha \in \Delta_{+}} \mathbb{C}\ell_{\alpha} \ , \ n_{\mathbb{C}}^{-} = \sum_{\alpha \in \Delta_{-}} \mathbb{C}\ell_{\alpha} .$$

PROPOSITION 4. Tout élément f de h est conjugué par un élément de W à un et un seul élément $\alpha \in h$ tel que :

$$(i\alpha, \beta) \geq 0 \ , \ \forall\, \beta \in \Delta_{+} .$$

En particulier, tout élément de P est conjugué à un élément de P_{+} (voir (1)).

Le théorème 5 est une caractérisation des classes des représentations irréductibles de dimension finie de $\mathfrak{g}_{\mathbb{C}}$ (abréviation dans la suite : représentation irréductible).

---

(1) De là, on déduit que $\Delta \subseteq ih^{*}$.

THEOREME 5. Il y a correspondance bijective entre les poids dominants et les représentations irréductibles de $\mathfrak{g}_{\mathbb{C}}$ de la façon suivante : à $\Omega \in P_+$, on fait correspondre un couple (ρ_Ω, E_Ω) où ρ_Ω est une représentation de $\mathfrak{g}_{\mathbb{C}}$ irréductible, E_Ω le module associé tel que :

$$\begin{cases} (1) \quad \rho_\Omega(h)v = (\Omega, h)v \ , \ \forall\ h \in \mathfrak{h}_{\mathbb{C}} \\ \\ (2) \quad \rho_\Omega(n)v = 0 \qquad\quad , \ \forall\ n \in \mathfrak{n}^+_{\mathbb{C}} \end{cases}$$

pour un certain vecteur v de E_Ω non nul.

De plus, on a la décomposition de E_Ω en somme directe d'espace vectoriel V_λ, vérifiant :

(3) $$E_\Omega = \sum_{\lambda \in P} V_\lambda \quad \text{et} \quad v \in V_\lambda \Rightarrow \rho_\Omega(h)v = \lambda(h)v \ , \ \forall\ h \in \mathfrak{h}_{\mathbb{C}}$$

et

(3') $$\lambda \neq \Omega \ \text{ et } \ V_\lambda \neq \{0\} \Rightarrow \lambda = \Omega - \sum_{\alpha_i \in B} m_i\, \alpha_i \ \text{ et } \ \Sigma\, m_i > 0 \ , \ m_i \in \mathbb{N} \, .$$

Remarque 2 : $(\Omega, \mathfrak{h}) \subseteq i\mathbb{R}$, ce qui provient du fait que ρ_Ω est unitaire.

C. Les caractères.

Soit Ω un poids dominant. On pose formellement :

$$\chi_\lambda = \sum_{\lambda \in P} m_\lambda\, e^\lambda \quad \text{avec} \quad m_\lambda = \dim V_\lambda$$

(cf. théorème 5, formule (3)). On a alors la formule suivante (formule de H. Weyl) :

(4) $$\chi_\Omega = \frac{\sum_{s \in W} \epsilon(s) e^{s(\Omega + \rho)}}{\sum_{s \in W} \epsilon(s) e^{s\rho}}$$

avec $\epsilon(s) = \operatorname{sgn} \det s$

$$\rho = \frac{1}{2} \sum_{\alpha \in \Delta^+} \alpha \, .$$

On montre que ρ appartient à P_+ . En fait, on a :

$$\rho(H_\alpha) = 1 \ , \ \forall\ \alpha \in B \, .$$

Et on a également :

$$\square = \sum_{s \in W} \epsilon(s)\, e^{s\rho} = \prod_{\alpha \in \Delta_+} (e^{\alpha/2} - e^{-\alpha/2})$$

pour une démonstration, cf. [3].

Lien avec le caractère de la définition 3.

$\varphi \to \mathrm{tr}\,(T_\varphi)$ est une fonction dans le cas d'un groupe compact qui s'écrit $g \in G \to \mathrm{tr}\,\rho(g)$. Posons $g = \exp X$, $(x \in \mathfrak{g})$. On constate alors que : $\mathrm{tr}\,\rho(\exp H) = \Sigma\, m_\lambda\, e^{\lambda(H)} = \chi_\lambda(H)$ pour $H \in \mathfrak{h}$ (voir (3) ci-dessus) et d'autre part, comme $\mathrm{tr}\,\rho(\exp x)$ est Ad G-invariant, χ_λ détermine $\mathrm{tr}\,\rho(\exp x)$ (voir remarque 1, § 2, A.).

§ 3. Enonçons pour terminer une formule d'intégration pour le groupe G , qui est simplement un calcul de Jacobien.

Soit $f \subset L'(G)$.

On a, en posant μ_G mesure de Haar sur G et μ_H mesure de Haar sur $H = \exp \mathfrak{h}$:

$$(5) \qquad \int_G f(g)\,d\mu_G = \frac{1}{\mathrm{card}\ W} \int_H \square^2(h)\,d\mu_H \int_G f(ghg^{-1})\,d\mu_G$$

$d\mu_G$: mesure de Haar sur G , $d\mu_H$: mesure de Haar sur H , de masse 1 chacune.

CHAPITRE IV

LA FORMULE DE KIRILLOV

§ 1. Le théorème de Borel-Weil.

Les notations sont celles des chapitres I et III où G désigne un G.L.C.S.S.

PROPOSITION 5. Soit $\mathcal{O}$ une orbite de la représentation contragrédiente de G. Il existe f unique appartenant à $\mathcal{O}\cap h^*$ et tel que :

(1) $$(f,\alpha) \geq 0 \text{ , } \forall\, \alpha \in \Delta_+ \text{ .}$$

Preuve : Comme $\bigcup_{g\in G} \mathrm{Ad}\, g h = G$, $\mathcal{O}$ coupe h^*. De plus, un élément s_α associé à une racine α s'écrit :

$$s_\alpha = \mathrm{Exp}\ \mathrm{ad}\Big(\frac{\pi}{\sqrt{2(\alpha,\alpha)}}\,(e_\alpha + e_{-\alpha})\Big) = \mathrm{Ad}\, g_1 \text{ , } (g_1 \in G)$$

et on peut supposer $e_\alpha + e_{-\alpha} \in \mathcal{G}$.

Donc, d'après la proposition 4, il existe f sur $\mathcal{O}\cap h^*$ vérifiant (1). f est unique à W-conjugaison d'après la proposition (4) mais deux éléments de de h^* qui sont $\mathrm{Ad}\,G$-conjugués sont W-conjugués, d'après le théorème de Chevalley (voir chapitre IV, § 2, A.).

Donc les orbites de la représentation contragrédiente sont paramétrées par les éléments de h^* vérifiant (1).

PROPOSITION 6. Une orbite de dimension maximale est difféomorphe à G_C/B_C où B_C est le sous-groupe de G_C correspondant à h_C.

Preuve : Donnons quelques indications qui justifient la proposition.

α) B_C est un sous-groupe fermé de G_C (cf. [5]).

β) G opère de façon naturelle sur G_C/B_C et G opère transitivement car :

1) l'application $\overline{p} : G \to G_{\mathbb{C}}/B_{\mathbb{C}}$ est une submersion en 1 . Il suffit

$$g \to gB_{\mathbb{C}}$$

de dériver et de voir que $\mathfrak{g}$ contient les $e_\alpha + e_{-\alpha}$, $i(e_\alpha - e_{-\alpha})$, et $\mathfrak{b}_{\mathbb{C}}$ contient : e_α $(\alpha \in \Delta_+)$ ainsi que $\mathfrak{h}_{\mathbb{C}}$.

2) $\overline{p}(G)$ est compact.

Donc l'orbite de $\overline{1}$ est ouverte et compacte, donc :

$$\overline{p}(G) = G_{\mathbb{C}}/B_{\mathbb{C}} .$$

Le groupe d'isotropie de $\overline{1}$ est $G \cap B_{\mathbb{C}}$ dont l'algèbre de Lie est $\mathfrak{g} \cap \mathfrak{h}_{\mathbb{C}} = \mathfrak{h}$. Comme $G \cap B_{\mathbb{C}}$ est connexe (cf. [7]), G/H est difféomorphe à $G_{\mathbb{C}}/B_{\mathbb{C}}$ $(H = \exp \mathfrak{h})$.

<u>Remarque 1</u> : $G_{\mathbb{C}}/B_{\mathbb{C}}$ est une variété projective complexe.

<u>Preuve</u> : Soit ρ_Ω une représentation de $G_{\mathbb{C}}$ de poids dominant Ω de module E_Ω . $G_{\mathbb{C}}$ opère aussi sur $P(E_\Omega)$ où $P(E_\Omega)$ est l'espace projectif associé à E_Ω . Si on suppose Ω régulier (i.e. $(\Omega, H_\alpha) > 0$, $\forall\, \alpha \in \Delta_+$), alors, il est facile de voir que $B_{\mathbb{C}}$ est le groupe d'isotropie de v (théorème 5). D'où le résultat.

<u>Remarque 2</u> : Dans le cas d'une orbite non maximale, $B_{\mathbb{C}}$ est remplacé par $P_{\mathbb{C}}$, où $P_{\mathbb{C}}$ est un groupe parabolique (i.e. un groupe dont l'algèbre de Lie s'écrit $\mathfrak{p} = \mathfrak{h}_{\mathbb{C}} \oplus \sum_{\alpha \in \Delta_+} \mathbb{C} e_\alpha \oplus \sum_{\beta \in \Delta'} \mathbb{C} e_{-\beta}$ avec $\Delta' \subseteq \Delta_+$ et Δ' fermé pour l'addition).

PROPOSITION 7. 1) $\mathfrak{h}$ <u>est une algèbre subordonnée maximale pour un élément</u> if , <u>où</u> f <u>est régulier</u> (voir ci-dessus).

2) $\mathfrak{h}_{\mathbb{C}}$ <u>est une algèbre subordonnée maximale dans</u> $\mathfrak{g}_{\mathbb{C}}$ <u>pour un élément</u> f (<u>où</u> f <u>est régulier</u>).

I.e., on a les propriétés : $if|_{[\mathfrak{h},\mathfrak{h}]} = 0$ et $f|_{[\mathfrak{b}_{\mathbb{C}},\mathfrak{b}_{\mathbb{C}}]} = 0$, $\mathfrak{b}_{\mathbb{C}}$ et $\mathfrak{h}$ étant maximales pour ces propriétés.

La preuve est facile.

PROPOSITION 8. Les éléments f qui se relèvent en un caractère de H (resp. $B_{\mathbb{C}}$ [2]) sont les poids dominants réguliers (au facteur i près).

Remarque : Plus généralement les éléments f (vérifiant $(f,H_\alpha) \geq 0$, $\forall \alpha \in \Delta_+$) qui se relèvent sont les poids dominants.

Preuve : Elle est essentiellement liée au fait que H est un tore (cf. [4]).

Avant d'énoncer un théorème analogue au théorème 1, chapitre II, faisons quelques remarques.

1) A partir de la remarque 1, on peut associer à $f \in P_{++}$ (élément de $\mathfrak{I}_{\mathbb{C}}$) un fibré holomorphe, défini de la même façon qu'au chapitre I, § 2, et c'est un fibré au-dessus de G/H . Or, on montre que les sections holomorphes de ce fibré forment un espace vectoriel de dimension finie [propriété générale d'un fibré holomorphe au-dessus d'une variété compacte]. Sachant que les représentations unitaires de G irréductibles sont naturellement associées aux représentations de dimension finie irréductible de $G_{\mathbb{C}}$, ceci peut nous suggérer de considérer la représentation induite à partir de f sur $\mathfrak{I}_{\mathbb{C}}$ $(f \in P_{++})$.

2) $N_{\mathbb{C}}$ est distingué dans $B_{\mathbb{C}}$ ($N_{\mathbb{C}}$ est associée à $n_{\mathbb{C}}^+$) simplement parce que $[h,e_\alpha] = \alpha(h)e_\alpha \in n_{\mathbb{C}}^+$ pour $h \in h_{\mathbb{C}}$. Donc toute représentation irréductible (i.e. un caractère) unitaire de diemnsion finie de $H_{\mathbb{C}}$ (= exp $h_{\mathbb{C}}$) se prolonge en un caractère de $B_{\mathbb{C}}$ trivial sur $N_{\mathbb{C}}$. La réciproque est vraie (i.e. toute représentation irréductible de dimension finie de $B_{\mathbb{C}}$ provient d'un caractère de $H_{\mathbb{C}}$ trivial sur $N_{\mathbb{C}}$) car $[b_{\mathbb{C}},b_{\mathbb{C}}] \subseteq n_{\mathbb{C}}^+$ et $b_{\mathbb{C}}$ étant résoluble (évident à partir des propriétés de Δ), toute représentation irréductible de $b_{\mathbb{C}}$ est de dimension 1 (théorème de Lie) [2].

3) Explicitons la représentation induite de e^{-f} (caractère de $B_{\mathbb{C}}$) sur $G_{\mathbb{C}}$. Ici nous ne nous occupons pas du caractère unitaire de la représenta-

(1) P_{++} : poids dominants réguliers.

(2) Caractère non unitaire dans le cas de $B_{\mathbb{C}}$.

tion induite, c'est pourquoi nous définissons $\mathrm{Ind}(e^{-f},B_{\mathbb{C}})$ de la façon suivante :

$$h \in \mathrm{Ind}(e^{-f},B_{\mathbb{C}}) \Leftrightarrow \begin{cases} - h \text{ est une fonction de } G_{\mathbb{C}} \text{ dans } \mathbb{C}, \\ \quad \underline{\text{et est holomorphe.}} \\ - h(g \exp H.n) = \exp(-f(H))\, h(g) \quad \text{pour } H \in h_{\mathbb{C}}, n \in n_{\mathbb{C}}^{+}, \\ \quad g \in G . \end{cases}$$

Supposons alors que $\mathrm{Ind}(e^{-f},B_{\mathbb{C}})$ contienne un élément k de plus haut poids. Cet élément k doit vérifier (en appelant T la représentation induite)

$$T((n'a')^{-1})k(g) = k(n'a'g) = \chi(a'^{-1})\, k(g)$$

où χ est un caractère sur $\exp h_{\mathbb{C}}$, $a' \in \exp h_{\mathbb{C}}$, $n' \in n_{\mathbb{C}}^{+}$, associé à un poids dominant. En fait $\chi = e^{\Omega}$.

Finalement, avec les conditions précédentes, χ doit vérifier :

$$(1) \qquad k(n'.\exp h'.g.\exp h.n) = e^{f(h)}\, \chi(\exp h')^{1}.k(g)$$

avec $n,n' \in n_{\mathbb{C}}^{+}$; $h,h' \in h_{\mathbb{C}}$, $g \in G$.

Or, d'après la thèse de Bruhat, il existe $g_o \in G$, tel que l'ensemble des $n'.\exp h'.g_o.\exp h.n$ soit un ouvert $\mathcal{O}$ dense et non vide de $G_{\mathbb{C}}$. A partir de (1), on déduit que $|k|(g) = |k(g_o)|$ pour g élément de $G \cap \mathcal{O} \neq \emptyset$ [(1)]. En particulier, si k est une fonction holomorphe, non identiquement nulle, $|k(1)| = |k(g_o)| \neq 0$. On déduit alors à partir de (1) en faisant $g = 1$:

$$\chi(\exp h) = e^{f(h)} \quad \text{pour } h \in h_{\mathbb{C}} .$$

Ceci est précisé par le théorème de Borel-Weil [7].

THEOREME 6. <u>La représentation induite par l'ensemble des fonctions holomorphes sur</u> $G_{\mathbb{C}}$ <u>à partir de</u> e^{-f} <u>où</u> f <u>est un poids dominant, est la représentation irréductible de poids dominant</u> f .

---

(1) Sur h , f est imaginaire pur, ainsi que $\chi = e^{\Omega}$.

§ 2. La formule de Kirillov.

A. La formule d'Harish-Chandra [8].

Rappelons que (,) induit une bijection i entre $\mathfrak{g}_{\mathbb{C}}$ (resp. $\mathfrak{h}_{\mathbb{C}}$) et $\mathfrak{g}_{\mathbb{C}}^*$ (resp. $\mathfrak{h}_{\mathbb{C}}^*$).

Notations : . Soit E un espace vectoriel. On note S(E) l'espace des polynômes sur E .

$G_{\mathbb{C}}$ opère sur $S(\mathfrak{g}_{\mathbb{C}})$ à partir de :

$$< gX,Y > = < X, \mathrm{Ad}\, g^{-1}Y > , \quad X,Y \in \mathfrak{g}_{\mathbb{C}} .$$

De même, W opère sur $S(\mathfrak{g}_{\mathbb{C}})$.

. $I(\mathfrak{g}_{\mathbb{C}})$ (resp. $I(\mathfrak{h}_{\mathbb{C}})$) est l'ensemble des éléments de $S(\mathfrak{g}_{\mathbb{C}})$ (resp. $S(\mathfrak{h}_{\mathbb{C}})$) invariant par le groupe adjoint(1) (resp. par W).

. Soit ∂ l'isomorphisme d'algèbre entre $\mathfrak{g}_{\mathbb{C}}$ (resp. $\mathfrak{h}_{\mathbb{C}}$) et $D(\mathfrak{g}_{\mathbb{C}})$ (resp. $D(\mathfrak{h}_{\mathbb{C}})$) espace des opérateurs différentiels à coefficients constants sur $\mathfrak{g}_{\mathbb{C}}$ (resp. $\mathfrak{h}_{\mathbb{C}}$) et défini par :

$$[\partial(X)f](Y) = \lim_{t \to 0} \frac{f(Y+tX) - f(Y)}{t}$$

où f est C^∞ sur $\mathfrak{g}_{\mathbb{C}}$ (resp. $\mathfrak{h}_{\mathbb{C}}$) et $X,Y \in \mathfrak{g}$ (resp. $\mathfrak{h}$).

. On pose $\pi = \prod_{\alpha \in \Delta_+} \alpha$. π est un polynôme de $\mathfrak{h}_{\mathbb{C}}$ et $w\pi = -\pi$ ($\forall\, w \in W$) .

. Soit f une fonction C^∞ sur $\mathfrak{h}_{\mathbb{C}}$, on pose $\Phi_f(H) =$
$\Phi_f(H) = \pi(H) \int_G f(g\,H)\,d\mu_G$ où $d\mu_G$ est la mesure de Haar sur G de masse totale 1 .

. Soit $p \in S(\mathfrak{g}_{\mathbb{C}})$. On pose $\overline{p}$ = restriction de p à $S(\mathfrak{h}_{\mathbb{C}})$.

. $\mathfrak{h}'$ est l'ensemble des éléments de $\mathfrak{h}$ où π est différent de 0 .

Le théorème suivant est classique ([3] Chevalley).

---

(1) Groupe adjoint = l'ensemble des éléments Ad g , $g \in G_{\mathbb{C}}$.

THEOREME 7. 1) L'application $p \to \overline{p}$ est un isomorphisme d'algèbres entre $I(\mathcal{G}_{\mathbb{C}})$ et $I(h_{\mathbb{C}})$.

2) Il existe des éléments $(u_i)_{1 \leq i \leq |W|}$ de $I(h_{\mathbb{C}})$ tels que tout élément v de $\mathcal{S}(h_{\mathbb{C}})$ s'écrive sous une forme unique :

$$v = u_1 v_1 + \dots + u_{|W|} v_{|W|} , \; v_i \in \mathcal{S}(h_{\mathbb{C}})$$

$$|W| = \text{Card}\,(W) .$$

COROLLAIRES de 1). A) Deux éléments de $h_{\mathbb{C}}$ sont Ad G-conjugués si et seulement si ils sont W-conjugués.

Preuve du corollaire :

Soient $u, v \in h_{\mathbb{C}}$ et Ad G-conjugué. Alors, d'après 1), $P(u) = P(v)$ pour tout P de $I(h_{\mathbb{C}})$. Or, W étant un groupe fini, u et v sont W-conjugués. (Sinon, soit $Q \in \mathcal{S}(h_{\mathbb{C}})$ un polynôme qui vaut 1 pour u et tous ses W-conjugués, et 0 pour v. On considère alors :

$$\prod_{w \in W} w\, Q \in I(h_{\mathbb{C}}) \text{ .)}$$

Pour le reste, voir chapitre IV, proposition 5.

B) Soit Φ analytique sur h telle que :

1. $\partial(u)\, \Phi = \lambda_\Phi . \Phi$, $(\lambda_\Phi \in \mathbb{C})$, $\forall\, u \in I(h_{\mathbb{C}})$

2. $\partial(v_i)\, \Phi(H_o) = 0$ $(\forall\, i)$ pour un certain $H_o \in h$.

Alors $\Phi \equiv 0$.

Preuve : évidente à partir de 2.).

LEMME FONDAMENTAL [8]. Soit $p \in I(\mathcal{G}_{\mathbb{C}})$, on a :

$$\partial(\overline{p})\, \Phi_f(H) = \Phi_{\partial(p)f}(H) ,$$

f : C^∞ sur $\mathcal{G}$, $H \in h'$.

Nous reproduisons une démonstration de Helgason.

Preuve : Montrons que $\Delta(\partial(p)) = \pi^{-1} \circ \partial(\overline{p}) \circ \pi$ où $\Delta(\partial(p))$ est la restriction de $\partial(p)$ à h' .

La démonstration se fait en deux temps.

Dans la suite, on confond X et $\partial(X)$.

1) On considère le cas particulier $p(X) = (X,X) = \omega(X)$. On a :

(1) $$\partial(p) = \partial(\bar{p}) + \sum_{\alpha \in \Delta} e_\alpha e_{-\alpha}$$

où e_α, $e_{-\alpha}$ sont des vecteurs propres associés à α, $-\alpha \in \Delta$ et tels que $(e_\alpha, e_{-\alpha}) = 1$. (1) s'obtient en utilisant les deux propriétés suivantes (cf. théorème 4, b) et c)) :

a) $(H, e_\alpha) = 0$, $\forall\, \alpha \in \Delta$

b) $(e_\alpha, e_\beta) = 0$, $\forall\, \alpha, \beta \in \Delta$ et $\alpha + \beta \neq 0$.

Testons alors que $\partial(\omega)$ sur les fonctions f localement invariantes et analytiques au voisinage de $H \in \mathfrak{h}'$. (Ce qu'on peut faire car $\partial(\omega)$ est Ad G-invariant.)

On a :

(2) $$\Delta(\partial(\omega)f)(X) = (\partial(\bar{\omega})f)(X) + ((\sum_{\alpha \in \Delta_+} e_\alpha e_{-\alpha})f)(X)$$

où $X \in \mathfrak{h}'$.

Comme f est localement Ad G-invariante, on a :

(3) $$f(e^{\mathrm{ad}(se_\alpha + te_{-\alpha})}H) = f(H) \quad \text{pour } |s| \text{ et } |t|$$

assez petits.

En posant $e^{\mathrm{ad}(se_\alpha + te_{-\alpha})}H = H + X(s,t)$ et en développant f en série entière au voisinage de H, on déduit facilement à partir de (3) :

$$(\alpha(H)^2 e_\alpha e_{-\alpha} - \alpha(H) i^{-1}(\alpha))\, f(H) = 0$$

d'où :

(4) $$\Delta(\partial(\omega)) = \partial(\bar{\omega}) + \sum_{\alpha \in \Delta_+} \alpha^{-1}\, i^{-1}(\alpha)(z).$$

On termine la partie 1) par le calcul $\partial(\bar{\omega})\pi - \pi\partial(\bar{\omega})$. Pour ceci, on fait les remarques suivantes :

a) $\overline{\omega} = 2 \sum_{\alpha\in\Delta_+} \alpha^2 \Rightarrow \partial(\overline{\omega}) = 2 \sum_{\alpha\in\Delta_+} i^{-1}(\alpha)^2$

b) $i^{-1}(\alpha)\beta - \beta i^{-1}(\alpha) = \beta(i^{-1}(\alpha))$, $\alpha,\beta\in\Delta_+$.

On a alors :

c) $\partial(\overline{\omega})\beta - \beta\partial(\overline{\omega}) = 2i^{-1}\beta$, puis en appliquant plusieurs fois b) et en revenant à la définition de π , on trouve :

(4) $$\partial(\overline{\omega})\pi - \pi\partial(\overline{\omega}) = 2\sum_1^r \alpha_1\cdots\alpha_{k-1}\, i^{-1}(\alpha_k)\circ\alpha_{k+1}\cdots\alpha_r$$
$$= 2\pi \sum_{\alpha\in\Delta_+} \alpha^{-1}(i^{-1}\alpha) + q \ .$$

En appliquant (5) à la fonction 1, on trouve $q = \partial(\overline{\omega})\pi$ et q est un polynôme tel que $wq = -q$. Donc d'après [3], q divise π, donc $q = 0$. De (3) et (4), on déduit alors $\Delta(\partial(\omega)) = \pi^{-1}\partial(\omega)\circ\pi$.

2) On considère les deux dérivations :

$$\mu : D \to \tfrac{1}{2}\{\partial(\omega), D\} = \tfrac{1}{2}(\partial(\omega)D - D\partial(\omega)) \quad \text{où} \quad D\in E(\mathfrak{g})$$

$$\overline{\mu} : d \to \tfrac{1}{2}\{\Delta(\partial(\omega)), d\} = \tfrac{1}{2}(\Delta(\partial(\omega))d - d\Delta(\partial(\omega)) \quad \text{où} \quad d\in E(\mathfrak{h}') \ .$$

$E(\mathfrak{g})$ (resp. $E(\mathfrak{h}')$) est l'espace des opérateurs différentiels sur $\mathfrak{g}$ (resp. $\mathfrak{h}'$). On montre par récurrence que $\mu^m(p) = m!\,\partial(p)$ où $m\in\mathbb{N}$, et p homogène de degré m . Comme Δ est un homomorphisme d'algèbres de $I(\mathfrak{g})$ dans $I(\mathfrak{h}')$, on déduit que si p , élément de $I(\mathfrak{g})$ est homogène de degré m :

$$m!\,\Delta(\partial(p)) = \Delta(\mu^m(p)) = \overline{\mu}^m(\Delta(p)) = \overline{\mu}^m(\overline{p}) \ .$$

Pour terminer, on utilise deux propriétés d'une algèbre associative.

A. Soit $a\in A$, on pose $d_a(b) = \tfrac{1}{2}(ab - ba)$, alors :

$$(d'_a)^k(b) = c^{-1}\, d_a^k(b)c$$

où $a' = c^{-1}ac$ $(c\in A)$ et c commute avec b

$$d_a^k(b) = 2^{-k} \sum_0^k c_r^k (-1)^r a^{k-r} b a^r .$$

En prenant ici $A = \mathcal{S}(h')$, $a = \partial(\overline{\omega})$, $b = \bar{p}$, $c = \pi$, on en déduit :

$$m!\ \Delta(\partial(p)) = \pi^{-1}\ d_a^m(\bar{p})\pi$$

pour p polynôme de $I(\mathcal{G})$. Donc :

$$\Delta(\partial(p)) = \pi^{-1}.\partial(\bar{p}).\pi .$$

Enonçons à présent la formule de Harish-Chandra.

(1) $$\pi(H)\ \pi(H') \int_G \exp(\mathrm{Ad}\, g H, H')\ d\mu_G = \frac{1}{|W|} (\pi,\pi) \sum_{s \in X} \epsilon(s)\ e^{(sH,H')}$$

où $\epsilon(s)$ = signe dét s ; $H,H' \in h_{\mathbb{C}}$, $(\pi,\pi) = (\partial(\pi)\pi)$, $X = 0$.

Preuve : a) On pose $f_{H'}(H)\ \exp(H,H')$ où H' est un élément fixé de h' et H varie dans h .

Montrons alors :

(2) $$\Phi_{f_{H'}}(H) = \sum_{s\in W} c_s \exp B(sH,H') = \sum_{s \in W} c_s\ \Phi_{s^{-1}} .$$

En posant $\Phi_s = \exp(H, s^{-1}H')$, $s \in W$.

Les c_s s'ils existent sont uniques car les $\exp B(sH,H')$ sont linéairement indépendants. (En effet, $sH' = H'$ pour H' régulier, implique $s = 1$, cf. [2].)

α) De plus, $\partial(q)\ \Phi_s = q(H')\ \Phi_s$ pour $q \in \mathcal{S}(h_{\mathbb{C}})$ et

β) $\partial(p) f_{H'} = p(H') f_{H'}$ pour $p \in \mathcal{S}(\mathcal{G}_{\mathbb{C}})$

γ) $\Phi(\partial(p) f_{H'} = \bar{p}(H')\ \Phi_{f_{H'}}$ pour $p \in I(\mathcal{G}_{\mathbb{C}})$.

Or, d'après le lemme précédent, $\Phi_{\partial(p)f_{H'}} = \partial(\bar{p})\ \Phi_{f_{H'}}$ pour $p \in I(\mathcal{G}_{\mathbb{C}})$, donc $\partial(\bar{p})\ \Phi_{f_{H'}} = \bar{p}(H')\ \Phi_f$ et d'après le théorème de Chevalley

(3) $$\underline{\partial(q)\ \Phi_{f_{H'}} = q(H')\ \Phi_{f_{H'}}} ,\ \forall\ q \in I(h_{\mathbb{C}}) .$$

En utilisant le corollaire B du théorème de Chevalley, on déduit que l'ensemble des fonctions analytiques Φ vérifiant (3) (et Φ_f est analytique) est de dimension inférieure ou égale à $|W|$, d'où la formule (2).

b) Calcul des c_s .

1) LEMME.

$$(\partial(\pi)\, \Phi_f)(0) = (\pi,\pi)\, f(0) .$$

Preuve : $\Phi_f(0) = f(0)$ et $\partial(\pi)(\pi(H)\, g(H)) = (\pi,\pi)\, g(0)$, (g C^∞ sur $\mathfrak{h}$) .

2) Soit $s \in W$, $s = \mathrm{Ad}\, g_o$ (voir : chapitre IV, § 1, proposition 5) où $g_o \in G$. A partir de 1) et 2), on calcule les c_s .

On a :

$$\Phi_{f_{H'}}(sH) = \epsilon(s)\, \Phi_{f_{H'}}(H) , \quad (H \in \mathfrak{h}_{\mathbb{C}})$$

en utilisant 2), l'invariance de la mesure de Haar sur G , et $\pi(sH) = \epsilon(s)\, \pi(H)$. Donc $\Phi_{f_{H'}}(H) = \frac{1}{|W|} \sum_{s \in W} \epsilon(s)\, \Phi_{f_{H'}}(sH) = \frac{1}{|W|} c. \Sigma\, \epsilon(s) \exp B(sH,H')$, ($|W|$ = cardinal de W)

$$(H \in \mathfrak{h} ,\ H' \in \mathfrak{h}_{\mathbb{C}} ,\ \pi(H') \neq 0) ,$$

avec $c = \sum_{s \in W} \epsilon(s)\, c_s$.

On calcule c à partir de 1) (lemme)

$$(\pi,\pi) = (\pi,\pi).(f(0) = (\partial(\pi)\, \Phi_{f_{H'}})(0) = \frac{1}{|W|} c. \sum_{s \in W} \epsilon(1)\, \pi(sH') = c.\pi(H') .$$

On déduit alors (1) (formule de Harish-Chandra) pour $H \in \mathfrak{h}$, $H' \in \mathfrak{h}_{\mathbb{C}}$, $\pi(H') \neq 0$. Par prolongement analytique, la formule est vraie : $\forall\, H,H' \in \mathfrak{h}_{\mathbb{C}}$.

B. La formule de Kirillov.

Enonçons la formule de Kirillov :

$$\chi_F(\exp X) = j_G(X)^{\frac{1}{2}} \int_{\mathcal{O}} e^{i <\sigma,X>} d_F(\sigma) ,$$

voir ci-dessus pour les notations.

α) Soit $\Omega \in P_+$, $H = i(\Omega+\rho)$ (qu'on peut confondre à l'aide de $(,)$ avec un élément de $\mathfrak{h}^*$, et $H' = iX$ (pour P_+ et ρ, se reporter au chapitre III). Appliquons la formule de Chandra à H et H' (voir A.). On a :

$$\int e^{i<\operatorname{Ad} g F, X>} d\mu_G = \frac{(\pi,\pi)}{|W|} \frac{\sum_{s\in W} \epsilon(s) e^{i<sF,X>}}{\pi(F)\ \pi(iX)} .$$

Or le premier membre est encore égal à :

(1) $$k_\Omega \int_{\mathcal{O}} e^{i<\sigma,X>} , \nu_{\mathcal{O}}(\sigma)$$

où $\nu_{\mathcal{O}}$ a été défini au chapitre I, § 1 et k_Ω est une fonction de Ω. $\mathcal{O}$ est l'orbite de la représentation contragrédiente de G passant $\Omega + \rho/i$.

On a d'autre part les relations :

(2) $$\chi_\Omega(\exp X) = \frac{\sum_{s\in W} \epsilon(s) e^{<s(\Omega+\rho),X>}}{\sum_{s\in W} \epsilon(s) e^{<s\rho,X>}}$$

(relation de Weyl, chapitre III, C.)

(3) $$j_G(X) = \left[\frac{\Sigma\ \epsilon(s) e^{<s\rho,X>}}{\pi(iX)} \right]^2$$

où j_G représente la densité de μ_G transportée à l'aide de l'exponentielle sur $\mathfrak{g}$ par rapport à la mesure de Lebesgue sur $\mathfrak{g}$ telle que $j_G(0) = 1$. j_G n'est définie que dans un voisinage de 0 dans $\mathfrak{g}$. La formule précédente est simplement un calcul de Jacobien [9].

De (1), (2), (3), on déduit alors :

(4) $$k_\Omega \int_{\mathcal{O}} e^{i<\sigma,X>} \nu_\Omega(\sigma) = \frac{(\pi,\pi)}{|W|\ \pi(\Omega+\rho)}\ j_G(X)^{\frac{1}{2}}\ \chi_\Omega(\exp X) .$$

C'est une formule de Kirillov analogue à celle du cas nilpotent (chapitre II).

Mais du fait que $j_G(X)$, $\chi_\Omega(\exp X)$ et $\int_{\mathcal{O}} e^{i<\sigma,X>} \nu_{\mathcal{O}}(\sigma)$ sont des fonctions Ad-invariantes, la formule est vraie pour tout $x \in \mathfrak{g}$(1) . Reste à calculer k_Ω .

Enonçons d'abord le lemme suivant ([9], p. 148, 149, 170).

LEMME. Soient X, Y deux variétés orientées, f une submersion surjective, ν_1 une forme volume intégrable > 0 , ζ une forme volume intégrable > 0 sur Y ; alors, soit $y \in Y$. Il existe une forme volume $\sigma_1(y)$ unique sur $f^{-1}(y)$ telle que :

a) $f_*^t(\zeta_1) \wedge \sigma_0 = \nu_1$ avec $(i_*)^t \sigma_0 = \sigma_1(y)$ (i : injection canonique de $f^{-1}(y)$ dans X) ;

b) $\int_X \nu_1 = \int_Y \zeta_1 \int_{f^{-1}(y)} \sigma_1(y)$.

La preuve du lemme est essentiellement le théorème de Fubini. Nous appliquons le lemme précédent à la situation suivante : $X = G$, $Y = G/H$, $y = \overline{1}$, $f = p$ où p est la projection de G sur G/H . Définissons alors ν_1 , ζ_1 et σ_1 . On sait que $\mathfrak{g} = \mathfrak{h} \oplus \mathfrak{t}$ avec

$$t = \sum_{\alpha \in \Delta_+} R(e_\alpha + e_{-\alpha}) \oplus \sum_{\alpha \in \Delta_+} Ri(e_\alpha - e_{-\alpha})$$

(voir remarque 1, théorème 4).

Soit $e_1, \dots, e_m$ une base orthonormée de $\mathfrak{g}$ (par rapport à $-(,)$) telle que $e_1, \dots, e_n \in \mathfrak{h}$ et $e_{n+1}, \dots, e_m \in t$. Soit $e_1^*, \dots, e_m^*$ une base duale. ν_1 est alors la mesure de Haar sur G prenant la valeur $e_1^* \wedge \dots \wedge e_m^*$ en 1 , σ_1 est la mesure de Haar sur $H(= f^{-1}(y))$ prenant la valeur $e_1^* \wedge \dots \wedge e_n^*$ en 1 , ζ_1 est la mesure G-invariante qui prend la valeur $e_{n+1}^* \wedge \dots \wedge e_n^*$ en $\overline{1}$, en identifiant $\mathfrak{g}/\mathfrak{h}$ et t . On vérifie facilement qu'on est dans les conditions du lemme 1 . On a alors la formule :

$$\nu_1(G)/\sigma_1(H) = \zeta_1(G/H) . \qquad (5)$$

(1) Plus précisément, dans un voisinage de 0 .

β) Lien entre ν_F et ζ_1 .

Il existe dans $\mathcal{G}$ une base orthonormée $X_1 \dots X_r , Y_1 \dots Y_r , Z_1 \dots Z_n$ telles que $[Z,X_k] = i(\alpha_k,Z)Y_k . [Z,Y_k] = -i(\alpha_k,Z)X_k$ où les α_k sont les éléments de Δ_+ . $Z_1 \dots Z_n$ est une base orthonormée dans h . $X_i = e_{\alpha_i} + e_{-\alpha_i}$, $Y_j = i(e_{\alpha_j} - e_{-\alpha_j})$, les α_i sont convenablement normalisés. On a alors les relations :

$$(F',[X_j,X_k]) = (F',[Y_j,Y_k]) = 0$$

$$(F',[X_j,Y_k]) = i\ \delta_{jk} <\alpha_k,F'>$$

δ_{jk} : symbole de Kronecker. On utilise la propriété de ad-invariance de $(,)$ et les propriétés du théorème 4. Un calcul de détermunant facile et le retour à la définition de ν_F montrent que :

$$\nu_F = (2\pi)^{-r}\ \pi(iF)\zeta_1$$

d'où la formule

$$(6) \qquad \int_{\mathcal{O}} e^{i<\sigma,X>} \nu_F(\sigma) = \mathcal{J}_G(X)^{\frac{1}{2}}\ \chi_\Omega(\exp X)\ \frac{(\pi,\pi)\ \zeta_1(G/H)}{|W|\ (2\pi)^r} .$$

γ) Calcul de $\zeta_1(G/H)$.

On va introduire une formule où se trouve le rapport $\nu_1(G)/\sigma_1(G)$ (= $\zeta_1(G/H)$ d'après α)).

On considère sur G la fonction Ad-invariante f_N $(N \in \mathbb{N})$ suivante :

$$f_N(g) = e^{-\|x\|^2 . N} \quad , \ g \in \exp B$$
$$= 0 \qquad\qquad , \ g \notin \exp B$$

où $\|\ \|$ est la norme associée au produit scalaire $-(,)$, B est une boule de $\mathcal{G}$, où l'exponentielle est un difféomorphisme. On applique alors le § 3, chapitre III à f_N , d'où :

$$\int_G f_N(g)d\mu_G = \frac{1}{|W|}\int |\square(h)|^2 f_N(h)d\mu_H$$

(μ_H : mesure de Haar sur H , de masse 1). En faisant le changement de variables $\exp x = g$, $\exp y = h$, il vient :

$$\nu_1(G)^{-1}\int_B e^{-N\|x\|^2} j_G(x)dx = \sigma_1(G)^{-1}\frac{1}{|W|}\int_{B\cap\mathfrak{h}} |\square(\exp y)|^2 e^{-N\|y\|^2}dy.j_H(y) .$$

dx et dy sont des mesures de Lebesgue sur $\mathfrak{g}$ (resp. $\mathfrak{h}$) tel qu'un hypercube formé par des vecteurs orthonormés soit de mesure 1 . $j_H(0) = 1$ et j_H la densité à un facteur constant de $d\mu_H$. $\nu_1(G)^{-1}$ (resp. $\sigma_1(G)^{-1}$) s'introduit, il suffit de regarder la définition de ν_1 (resp. σ_1) et :

$$(\exp)_*^t(\mu_G)_1 = k\,dx = k(\exp_*^t\nu_1)_0$$

donc $d\mu_G = k\,\nu_1$ et $k = \frac{1}{\nu_1(G)}$.

La démonstration de la formule de Kirillov est alors de l'analyse classique. On fait tendre N vers l'infini et on cherche des équivalents.

REFERENCES

[1] A.A. KIRILLOV — The characters of unitary representations of Lie groups.
Journal of functionnal analysis, 1968.

[2] J.P. SERRE — Algèbres de Lie semi-simples complexes.

[3] J. DIXMIER — Certaines représentations infinies des algèbres de Lie semi-simples.
Séminaire Bourbaki, n° 425.

[4] Séminaire Sophus Lie.

[5] PUZANTZKY — Leçon sur les représentations de groupe.

[6] P. BERNAT, N. COMBE, DUFLO, VERGNE — Représentations des groupes de Lie résolubles.

[7] B. KOSTANT — Lie Algebra Cohomology and the generalized Borel-Weil theorem.
Annals of Math., vol. 74, n° 2, 1961.

[8] HARISH-CHANDRA — Differential operators on a semi-simple Lie Algebra.
Amer. J. Math. vol. 79 (1957).

[9] J. DIEUDONNE — Les fondements de l'Analyse, tome 3.

ANALYSE HARMONIQUE DANS CERTAINS SYSTEMES DE COXETER ET DE TITS

par

Hideya MATSUMOTO

Cet exposé est principalement consacré à l'analyse harmonique dans les systèmes de Tits bornologiques de type affine, c'est-à-dire dans les systèmes de Tits (G,B,N) tels que B soit un sous-groupe ouvert compact d'un groupe topologique G et que $W = N/(N\cap B)$ soit un groupe de Weyl affine. En adoptant un nouveau point de vue déjà utilisé dans [8], nous développons une analyse harmonique dans les groupes de Weyl affines W pour étudier certains problèmes de l'analyse harmonique dans les espaces homogènes G/B. Les détails de notre travail paraîtront ultérieurement.

Rappelons que, d'après les travaux de Bruhat et Tits (cf. [2]), si $\underline{G}$ est un groupe algébrique semi-simple simplement connexe sur un corps p-adique, le groupe G des points rationnels de $\underline{G}$ est muni d'un tel système de Tits.

1. UN LEMME D'IWAHORI-MATSUMOTO.

Soit G un groupe topologique et soit (G,B,N) un système de Tits dans G tel que B soit un sous-groupe ouvert compact de G. Si S désigne l'ensemble générateur privilégié du groupe $W = N/(N\cap B)$, (W,S) est un système de Coxeter (voir [1]). Le groupe localement compact G est unimodulaire.

On choisit une mesure de Haar sur G de telle sorte que B soit de masse 1 , et l'on considère sur G l'algèbre involutive $\underline{K}(G)$ des fonctions continues à support compact, l'algèbre de Banach involutive $L^1(G)$ et l'algèbre stellaire $St(G)$. On note $\underline{K}(G,B)$ la sous-algèbre de $\underline{K}(G)$ formée des éléments de $\underline{K}(G)$ bi-invariants par B ; $L^1(G,B)$ et $St(G,B)$ sont définies de manière analogue.

On rappelle la décomposition de Bruhat $G = BWB$ de G et l'on pose $q(w) = [BwB : B]$ pour tout $w \in W$. Alors, la fonction q étant regardée comme une mesure positive sur W , l'espace vectoriel $\underline{K}(W)$ et l'espace de Banach $L^1(W,q)$ s'identifient respectivement à $\underline{K}(G,B)$ et à $L^1(G,B)$. La structure d'algèbre sur $\underline{K}(W)$ transportée de $\underline{K}(G,B)$ est décrite par le lemme d'Iwahori-Matsumoto (cf. [1], [6]). Si $\{\varepsilon_w\}$ désigne la base canonique de $\underline{K}(W)$, ε_e est l'élément unité de l'algèbre et, pour $s \in S$ et $w \in W$, on a

$$\varepsilon_s * \varepsilon_w = \begin{cases} \varepsilon_{sw} & \text{si } \ell(sw) = \ell(w) + 1 \ ; \\ q(s)\varepsilon_{sw} + (q(s)-1)\varepsilon_w & \text{si } \ell(sw) = \ell(w) - 1 \ ; \end{cases}$$

où ℓ est la fonction longueur sur le système de Coxeter (W,S) .

La structure d'algèbre involutive sur $\underline{K}(W)$ est notée $\underline{K}(W,q)$, puisqu'elle ne dépend que de (W,S) et de q . Signalons aussi que q est <u>quasi-multiplicative</u>, c'est-à-dire que $q(ww') = q(w)q(w')$ si $\ell(ww') = \ell(w) + \ell(w')$ pour $w,w' \in W$. On a également une algèbre de Banach involutive $L^1(W,q)$, dont l'algèbre stellaire enveloppante est notée $St(W,q)$. Alors on a un morphisme canonique de $St(W,q)$ sur $St(G,B)$. Pour que celui-ci soit un isomorphisme d'algèbres stellaires, il faut et il suffit que toute représentation unitaire irréductible de $\underline{K}(G,B)$ se prolonge en une représentation unitaire continue irréductible de G .

2. ANALYSE HARMONIQUE DANS LES SYSTEMES DE COXETER.

Dans ce numéro, nous formulons une analyse harmonique dans les systèmes de Coxeter inspirée du n° 1.

Soit (W,S) un système de Coxeter fixé une fois pour toutes. Soit q une fonction sur S à valeurs positives telle que $q(s) = q(s')$ si $s,s' \in S$ sont conjugués dans W ; alors elle se prolonge de manière unique en une fonction quasi-multiplicative q sur W. D'après [1], on définit sur $\underline{K}(W)$ une structure d'algèbre $\underline{K}(W,q)$ par les règles données au n° 1. Par ailleurs, si $f \in \underline{K}(W)$, on pose $\check{f}(x) = f(x^{-1})$ et $f^*(x) = f(x^{-1})$. Alors $\underline{K}(W,q)$ devient une algèbre involutive.

Notons $\underline{C}(W)$ l'espace vectoriel des fonctions sur W. Si $f \in \underline{K}(W,q)$ et si $\varphi \in \underline{C}(W)$, les produits de convolution $f * \varphi$ et $\varphi * f$ se définissent dans $\underline{C}(W)$ d'une façon évidente. Ainsi $\underline{C}(W)$ devient un module bilatère sur l'algèbre $\underline{K}(W,q)$. Soit $L^2(W,q)$ l'espace hilbertien des fonctions sur W de carré q-intégrable. Si l'on pose $\lambda(f)\varphi = f * \varphi$ pour $f \in \underline{K}(W,q)$ et $\varphi \in L^2(W,q)$, on a une représentation unitaire λ de $\underline{K}(W,q)$ dans $L^2(W,q)$; c'est la représentation régulière (à gauche) de $\underline{K}(W,q)$.

Une fonction φ sur W est <u>de type positif</u> pour q si l'on a $(f^* * f * \varphi)(e) \geq 0$ pour tout $f \in \underline{K}(W,q)$. D'autre part, soit ρ une représentation unitaire de $\underline{K}(W,q)$ dans un espace hilbertien $\underline{H}$ et soient u,v des éléments de $\underline{H}$; alors $c_{u,v}$ désigne la fonction sur W définie par

$$c_{u,v}(x) = q(x)^{-1}(u|\rho(\varepsilon_x)v) .$$

On établit alors les relations, bien connues en théorie des groupes, entre les fonctions de type positif sur W et certains coefficients de représentations unitaires de $\underline{K}(W,q)$.

Un morphisme de $\underline{K}(W,q)$ sur $\underline{\underline{C}}$ est une représentation unitaire ρ de $\underline{K}(W,q)$ de dimension 1, qui est entièrement déterminée par son coefficient normalisé ω_ρ ; alors ω_ρ est une fonction quasi-multiplicative sur W telle que $\omega_\rho(s) \in \{1, -q(s)^{-1}\}$ pour tout $s \in S$. Si $\omega_\rho = 1$, ρ est la représentation triviale de $\underline{K}(W,q)$. Si $\omega_\rho(s) = -q(s)^{-1}$ pour tout $s \in S$, ρ est la représentation spéciale de $\underline{K}(W,q)$.

Soit θ une fonction quasi-multiplicative sur W telle que $\theta(s) \in \{1, -q(s)^{-1}\}$ pour tout $s \in S$. Posons $q' = q\theta^2$ et considérons la transformation T de $\underline{C}(W)$ sur $\underline{C}(W)$ définie par $Tf = f\theta^{-1}$. Alors T définit un isomorphisme d'algèbres involutives de $\underline{K}(W,q)$ sur $\underline{K}(W,q')$, établit un isomorphisme d'espaces hilbertiens de $L^2(W,q)$ sur $L^2(W,q')$, et transforme les fonctions de type positif pour q en les fonctions de type positif pour q'. Notons aussi que, pour un certain choix de θ, on a $q'(w) \geq 1$ pour tout $w \in W$.

Supposons provisoirement que $q(w) \geq 1$ pour tout $w \in W$. Alors le cône convexe de $\underline{K}(W,q)$ formé des fonctions sur W à support fini et à valeurs réelles non négatives est stable par convolution. En conséquence, pour un couple (f,f') où $f,f' \in \underline{C}(W)$, on peut définir un critère de convolabilité et, dans le cas convolable, le produit de convolution $f * f'$. En particulier, $L^1(W,q)$ est une algèbre de Banach involutive et l'on a la représentation régulière (à gauche) de $L^1(W,q)$ dans $L^2(W,q)$. On note $St(W,q)$ l'algèbre stellaire enveloppante de $L^1(W,q)$; c'est la complétée de $L^1(W,q)$ pour la plus grande norme stellaire sur $L^1(W,q)$. On voit ainsi, d'une part, que $L^1(W,q)$ admet suffisamment de représentations unitaires irréductibles et, d'autre part, qu'on a une correspondance biunivoque entre les représentations unitaires irréductibles de $\underline{K}(W,q)$ et celles de $St(W,q)$. Ajoutons que, si φ est une fonction de type positif pour q, on a pour tout $w \in W$

$$\varphi(w^{-1}) = \overline{\varphi(w)} \quad \text{et} \quad |\varphi(w)| \leq \varphi(e) .$$

En revenant au cas général, nous allons signaler une analogie plus poussée avec la théorie des groupes unimodulaires. Soit ρ une représentation unitaire irréductible de $\underline{K}(W,q)$ dans un espace hilbertien $\underline{H}$. Nous disons que ρ est de carré intégrable, si ρ vérifie une des conditions équivalentes suivantes :

i) il existe $u,v \in \underline{H} - \{0\}$ tels que $c_{u,v}$ soit de carré q-intégrable ;

ii) pour tout $u,v \in \underline{H}$, $c_{u,v}$ est de carré q-intégrable ;

iii) ρ est équivalente à une sous-représentation de la représentation régulière (à gauche) de $\underline{K}(W,q)$ dans $L^2(W,q)$.

Si ρ est de carré intégrable, il existe un nombre positif d_ρ tel que, pour tout $u,v,u',v' \in \underline{H}$, on ait

$$(c_{u,v}|c_{u',v'}) = d_\rho^{-1}(u|u')\overline{(v|v')} .$$

Le nombre positif d_ρ est appelé le <u>degré formel</u> de ρ. On notera que la représentation spéciale de $\underline{K}(W,q)$ est de carré intégrable si $q(s)+1 > \mathrm{Card}(S)$ pour tout $s \in S$.

Supposons que W soit un groupe de Coxeter fini. Alors $\underline{K}(W,q)$ est une algèbre semi-simple et toutes ses représentations unitaires irréductibles sont de carré intégrable. De plus, on a la formule de Plancherel suivante : si $f \in \underline{K}(W,q)$, on a

$$f(e) = \sum_\sigma d_\sigma \, \mathrm{Tr}(\sigma(f))$$

où σ parcourt l'ensemble des classes d'équivalence de représentations unitaires irréductibles de $\underline{K}(W,q)$.

Soient maintenant (W',S') un sous-système de Coxeter <u>fini</u> de (W,S). Alors les fonctions sur W nulles en dehors de W' forment une sous-algèbre involutive $\underline{K}(W',q)$ de $\underline{K}(W,q)$. En choisissant une représentation irréductible σ de $\underline{K}(W',q)$, on peut définir les <u>fonctions sphériques</u> sur W de type σ. En particulier, si σ est la représentation triviale de $\underline{K}(W',q)$, on a à considérer la sous-algèbre $\underline{K}(W,q;W')$ de $\underline{K}(W,q)$ formée des fonctions sur W à support fini et bi-invariantes par W'. On sait que $\underline{K}(W,q;W')$ est commutative si le groupe W admet un automorphisme ι possédant les propriétés suivantes :

a) $\iota(S) = S$;

b) $\iota(x^{-1}) \in W'xW'$ pour tout $x \in W$;

c) $q(\iota(s)) = q(s)$ pour tout $s \in S$.

Supposons que $\underline{K}(W,q;W')$ soit commutative. Alors les fonctions sphériques ω sur W/W' sont caractérisées par les conditions suivantes :

i) $\omega(e) = 1$;

ii) ω est bi-invariante par W' ;

iii) $f * \omega$ est proportionnelle à ω pour tout $f \in \underline{K}(W,q;W')$.

Les fonctions sphériques de type positif sur W/W' forment un sous-espace compact $\Omega^+(W/W')$ dans l'espace topologique séparé $\Omega(W/W')$ de toutes les fonctions sphériques sur W/W' . Si $f \in \underline{K}(W,q;W')$, sa transformée de Fourier $\hat{f}$ est la fonction continue sur $\Omega(W/W')$ définie par $\hat{f}(\omega) = f * \omega(e)$. D'après le théorème de Plancherel-Godement, il existe sur $\Omega^+(W/W')$ une unique mesure positive m telle que, pour tout $f \in \underline{K}(W,q;W')$, on ait

$$f(e) = \int_{\Omega^+} \hat{f}(\omega)\, dm(\omega) .$$

C'est la formule de Plancherel pour $\underline{K}(W,q;W')$.

3. LE CAS DES GROUPES DIEDRAUX.

Soit d'abord (W,S) le groupe diédral d'ordre infini et soit q une fonction quasi-multiplicative sur W à valeurs positives. On pose $S = \{s_1, s_2\}$ et l'on suppose que $q_i = q(s_i) \geq 1$ pour $i = 1,2$.

Pour $i = 1,2$, nous posons dans $\underline{K}(W,q)$

$$f_i = (1+q_i)^{-1}\{2\varepsilon_{s_i} + (1-q_i)\varepsilon_e\} .$$

Il existe alors un isomorphisme d'algèbres involutives de $\underline{K}(W,q)$ sur $\underline{K}(W,1)$ qui transforme f_1 en ε_{s_1} et f_2 en ε_{s_2} . De plus, il se prolonge en un morphisme continu de $L^1(W,q)$ dans $L^1(W,1)$ et en un isomorphisme d'algèbres stellaires de $St(W,q)$ sur $St(W,1)$.

On peut donc facilement déterminer les représentations unitaires irréductibles de $\underline{K}(W,q)$, les fonctions sphériques sur W/W^o où $W^o = \{e, s_1\}$, et la formule de Plancherel pour $L^1(W,q)$. L'algèbre involutive $\underline{K}(W,q)$ admet quatre représentations de dimension 1 , et ses autres représentations unitaires irréductibles sont de dimension 2 . Les fonctions sphériques sur W/W^o et la formule de Plancherel pour $L^1(W,q)$ sont explicitement déterminées dans [8] à propos des systèmes de Tits bornologiques de type diédral infini. En particulier, si $q_1 q_2 > 1$, la représentation spéciale de $\underline{K}(W,q)$ est de carré intégrable et, si $q_1 \neq q_2$, une autre représentation de $\underline{K}(W,q)$ de dimension 1 est également de carré intégrable.

Dans le cas où $q_1 = q_2$, Mautner en 1958 a calculé, à propos du groupe p-adique $SL_2(k)$, les fonctions sphériques sur W/W^o et la mesure de Plancherel pour $L^1(W,q;W^o)$, et Gelfand et Graev en 1963 ont déterminé, toujours à propos de $SL_2(k)$, la formule de Plancherel pour $L^1(W,q)$ en découvrant la représentation spéciale de $SL_2(k)$.

Il est facile de passer de W au groupe diédral W_{2n} d'ordre $2n \geq 4$. Si n est impair [resp. pair] , $\underline{K}(W_{2n},q)$ admet deux [resp. quatre] représentations de dimension 1 ; leurs degrés formels se calculent trivialement. Les degrés formels des autres représentations irréductibles de $\underline{K}(W_{2n},q)$, de dimension 2 , se déduisent de la formule pour les fonctions sphériques sur W/W^o , et ils ont déjà été implicitement déterminés par Feit et Higman [5] à propos d'un problème combinatoire lié aux systèmes de Tits finis.

4. SYSTEMES DE RACINES ET GROUPES DE WEYL AFFINES.

Nous allons rappeler quelques propriétés des groupes de Weyl affines (cf. [1]).

Soit V un espace vectoriel sur $\underline{\underline{R}}$ de dimension r et soit $R^\vee$ un système de racines réduit, de rang r , dans le dual V^* de V . On note R le système de racines inverse de $R^\vee$. Le groupe de Weyl W^o de $R^\vee$ est canoniquement isomorphe à celui de R , et l'on munit V d'un produit scalaire invariant par W^o . On désigne par Q le module des poids radiciels de R .

On choisit une base R_b de R ; alors $R_b^\vee$ est une base de $R^\vee$. Soit Q^+ le sous-monoïde de Q engendré par 0 et les éléments de R_b et soit Q^{++} l'ensemble des éléments p de Q tels que $p - wp \in Q^+$ pour tout $w \in W^o$. Le sous-monoïde Q^{++} de Q^+ engendre le groupe Q, et Q^+ est le sous-monoïde de Q engendré par les éléments de Q s'écrivant sous la forme $\frac{1}{2}(p - wp)$ avec $p \in Q^{++}$ et $w \in W^o$.

Soit E l'espace affine sous-jacent à V. Pour $p \in Q$, on note t_p la translation de E de vecteur p. On désigne par T le groupe des translations de E associées aux éléments de Q, et l'on définit les sous-monoïdes T^+ et T^{++} de T correspondant respectivement à Q^+ et à Q^{++}. Alors $W = TW^o$ est un groupe de transformations affines de E. Le groupe W est appelé le <u>groupe de Weyl affine</u> associé au système de racines $R^\vee$. Notons qu'un élément de W appartient à T si et seulement si ses conjugués dans W sont en nombre fini.

Soit D l'ensemble des éléments x de E tels que

$$0 \leq \langle \alpha^\vee, x \rangle \leq 1$$

pour toute racine positive $\alpha^\vee$ de $R^\vee$, et soit S l'ensemble fini des réflexions orthogonales de E par rapport aux murs de D. Alors, (W,S) est un système de Coxeter, et (W^o,S^o) en est un sous-système si l'on pose $S^o = S \cap W^o$. Si $R^\vee$ n'est pas irréductible, W est le produit direct des groupes de Weyl affines associés aux composantes irréductibles de $R^\vee$.

Nous aurons besoin d'une bijection canonique de S sur une partie de $R^\vee$. Pour simplifier, nous supposons $R^\vee$ irréductible et désignons par $-\tilde{\alpha}^\vee$ la plus grande racine de $R^\vee$ par rapport à $R_b^\vee$. Alors S^o est composé des réflexions s_α de V associées aux éléments $\alpha^\vee$ de $R_b^\vee$ et, en associant $\tilde{\alpha}^\vee$ à l'unique élément $s_{\tilde{\alpha}} t_{\tilde{\alpha}}$ de $S - S^o$, on a une bijection $s \to \alpha_s^\vee$ de S sur $R_b^\vee \cup \{\tilde{\alpha}^\vee\}$.

Dans l'analyse harmonique dans W, un rôle primordial est joué par la formule explicite, donnée dans [6] , pour la fonction longueur ℓ sur (W,S) . On en déduit, notamment, que l'on a $\ell(tt') = \ell(t) + \ell(t')$ si $t,t' \in T^{++}$ et qu'un élément t de T appartient à T^{++} si et seulement si $\ell(wt) = \ell(w) + \ell(t)$ pour tout $w \in W^{o}$.

On note $X(T)$ le groupe de Lie complexe connexe des morphismes de T dans $\underline{\underline{C}}^{*}$. Le groupe W^{o} agit sur T et donc sur $X(T)$.

Soit enfin q une fonction quasi-multiplicative sur W à valeurs positives ; la restriction de q à T est alors invariante par W^{o} . On désignera par δ le morphisme de T dans $\underline{\underline{R}}^{*}$ coïncidant sur T^{++} avec q . Si $\alpha \in R$, on note s_{α} la réflexion de V associée à α . Alors, s_{α} est conjugué dans W^{o} à un élément s de S^{o}, et $s_{\alpha}t_{\alpha}$ l'est dans W à un élément s' de S ; on peut donc définir $q_{\alpha} = q(s)$ et $q'_{\alpha} = q(s')$.

5. REPRESENTATIONS DE LA SERIE PRINCIPALE.

A ce numéro et aux suivants, nous conservons les hypothèses et les notations du n° 4 en supposant $R^{\vee}$ irréductible.

Pour développer l'analyse harmonique dans W , nous allons d'abord construire une représentation π de l'algèbre $\underline{K}(W,q)$ dans l'espace vectoriel $\underline{C}(W)$ des fonctions sur W . On rappelle que l'algèbre $\underline{K}(W,q)$ est engendrée par les éléments ε_{s} où $s \in S$ et que l'on a une bijection $s \to \alpha_{s}^{\vee}$ de S sur $R_{b}^{\vee} \cup \{\tilde{\alpha}^{\vee}\}$.

Si $s \in S$ et si $f \in \underline{C}(W)$, nous posons pour $w \in W^{o}$ et $t \in T$

$$(\pi(\varepsilon_{s})f)(wt) = \begin{cases} f(swt) + (q(s)-1)f(wt) & \text{si } w^{-1}(\alpha_{s}^{\vee}) > 0 \,; \\ q(s)f(swt) & \text{si } w^{-1}(\alpha_{s}^{\vee}) < 0 \,. \end{cases}$$

On vérifie alors que ces règles définissent une représentation π de $\underline{K}(W,q)$ dans $\underline{C}(W)$. Signalons que π commute avec les translations à droite définies par les éléments de T .

Si $\lambda \in X(T)$, on note M_λ le sous-espace de $\underline{C}(W)$ formé des fonctions f sur W telles que, pour tout $x \in W$ et $t \in T$, on ait

$$f(xt) = f(x)(\delta^{1/2}\lambda)(t) .$$

On désigne par π_λ la sous-représentation de π dans M_λ . On voit aisément que la restriction de π_λ à $\underline{K}(W^o,q)$ est équivalente à sa représentation régulière (à gauche).

Les représentations π_λ de $\underline{K}(W,q)$ paramétrées ainsi par $X(T)$ constituent, par définition, la <u>série principale</u> pour $\underline{K}(W,q)$.

Un premier théorème fondamental affirme que la série principale est pour $\underline{K}(W,q)$ une famille complète de représentations et donc que toute représentation unitaire irréductible de $K(W,q)$ est de dimension finie $\leq \mathrm{Card}(W^o)$.

Ensuite, si $\lambda \in X(T)$, M_λ et $M_{\lambda^{-1}}$ sont mis en dualité lorsque, pour $f \in M_\lambda$ et $f' \in M_{\lambda^{-1}}$, nous posons

$$< f,f' > = \sum_{w \in W^o} q(ww_o)f(w)f'(w)$$

où w_o désigne l'élément de longueur maximum dans W^o . Alors $\pi_{\lambda^{-1}}$ est la représentation de $\underline{K}(W,q)$ contragrédiente à π_λ ; autrement dit, si $\varphi \in \underline{K}(W,q)$, on a

$$< \pi(\varphi)f,f' > = < f,\pi(\check{\varphi})f' >$$

pour tout $f \in M_\lambda$ et $f' \in M_{\lambda^{-1}}$.

En particulier, si λ est unitaire, π_λ est une représentation unitaire de $\underline{K}(W,q)$. Ces représentations unitaires de $\underline{K}(W,q)$ paramétrées par le groupe dual de T constituent la série principale <u>unitaire</u> pour $\underline{K}(W,q)$.

Les éléments $\varepsilon_{t^{-1}}$, où $t \in T^{++}$, forment un sous-monoïde commutatif du groupe des éléments inversibles de $\underline{K}(W,q)$. Si $\lambda \in X(T)$, on note ξ_λ l'élément de M_λ tel que $\xi_\lambda(e) = 1$ et que $\xi_\lambda(w) = 0$ pour $w \in W^o - \{e\}$. Alors ξ_λ possède les propriétés suivantes :

a) ξ_λ engendre le $\underline{K}(W,q)$-module M_λ ;

b) pour tout $t \in T^{++}$, on a

$$\pi(\varepsilon_{t^{-1}})\xi_\lambda = (\delta^{1/2}\lambda)(t)\xi_\lambda .$$

Réciproquement, si une représentation de $\underline{K}(W,q)$ admet un vecteur ξ ayant les propriétés ci-dessus, elle est équivalente à une représentation quotient de π_λ.

Soit ρ une représentation irréductible de $\underline{K}(W,q)$ de dimension finie. Nous posons, pour $x \in W$,

$$\varphi_\rho(x) = q(x)^{-1}\,\mathrm{Tr}(\rho(\varepsilon_{x^{-1}})) .$$

La restriction de φ_ρ à T^{++} s'écrit sous la forme

$$\varphi_\rho(t) = q(t)^{-1/2} \sum_\lambda m_\rho(\lambda)\lambda(t) ;$$

où λ parcourt $X(T)$ et où $m_\rho(\lambda)$ est un entier naturel, nul pour presque tout λ. Pour que ρ soit équivalente à une représentation unitaire de $\underline{K}(W,q)$ de carré intégrable, il faut et il suffit que l'on ait $|\lambda(t)| < 1$ pour tout $t \in T^{++} - \{e\}$ et tout $\lambda \in X(T)$ avec $m_\rho(\lambda) \neq 0$. En particulier, la représentation triviale de $\underline{K}(W,q)$ est de carré intégrable si et seulement si $q(t) < 1$ pour tout $t \in T^{++} - \{e\}$.

Supposons enfin que $q(w) \geq 1$ pour tout $w \in W$, et considérons l'algèbre stellaire $\mathrm{St}(W,q)$ et son spectre $\Sigma(W,q)$; on rappelle que celui-ci est l'espace topologique quasi-compact des classes d'équivalence de représentations unitaires irréductibles de $\mathrm{St}(W,q)$. Puisque toute représentation unitaire irréductible de $\mathrm{St}(W,q)$ est de dimension $\leq \mathrm{Card}(W^0)$, $\mathrm{St}(W,q)$ est liminaire et séparable. En conséquence, il existe sur $\Sigma(W,q)$ une mesure positive m, et une seule, telle que, pour tout $f \in L^1(W,q)$, on ait

$$f(e) = \int_\Sigma \mathrm{Tr}(\sigma(f))\, dm(\sigma) .$$

La mesure m est appelée la mesure de Plancherel pour $\underline{K}(W,q)$. Une classe d'équivalence σ de représentations unitaires irréductibles de $\underline{K}(W,q)$ est de carré intégrable si et seulement si $m(\{\sigma\}) > 0$; s'il en est ainsi, on a $d_\sigma = m(\{\sigma\})$.

La mesure de Plancherel pour $\underline{K}(W,q)$ est explicitement connue si $q = 1$ ou si (W,S) est diédral d'ordre infini.

6. OPERATEURS D'ENTRELACEMENT.

Nous allons définir certains opérateurs d'entrelacement, qui jouent un rôle capital dans l'étude des représentations π_λ de $\underline{K}(W,q)$.

Pour $\alpha \in R$, on désigne par c_α la fonction méromorphe sur $X(T)$ définie de la manière suivante :

$$c_\alpha(\lambda) = \sqrt{q_\alpha}(1 - \sqrt{q_\alpha q_\alpha'}^{-1}\,\lambda(t_\alpha)^{-1})(1 + \sqrt{q_\alpha'/q_\alpha}\,\lambda(t_\alpha)^{-1})/(1 - \lambda(t_\alpha)^{-2}) .$$

Puis la fonction c sur $X(T)$ est définie par $c(\lambda) = \prod_\alpha c_\alpha(\lambda)$, où α parcourt l'ensemble des racines positives de R par rapport à R_b.

Pour $\beta \in R_b$, soit $s = s_\beta$ l'élément de S^o associé à β. Si $c_\beta(\lambda)$ est défini en λ, on peut déterminer, de la manière suivante, un opérateur d'entrelacement $A(s,\lambda)$ de π_λ en $\pi_{s\lambda}$: si $f \in M_\lambda$ et si $w \in W^o$, on pose

$$(A(s,\lambda)f)(w) = \begin{cases} q_\beta^{-1} f(ws) + (\sqrt{q_\beta^{-1}}\, c_\beta(\lambda) - q_\beta^{-1}) f(w) & \text{si } w\beta > 0 ; \\ f(ws) + (\sqrt{q_\beta^{-1}}\, c_\beta(\lambda) - 1) f(w) & \text{si } w\beta < 0 . \end{cases}$$

Ces opérateurs d'entrelacement et leurs composés nous permettent d'étudier les représentations π_λ de $\underline{K}(W,q)$ en comparant celles-ci entre elles. Pour $\lambda \in X(T)$ et $x \in W$, nous posons

$$\varphi_\lambda(x) = q(x)^{-1}\,\mathrm{Tr}(\pi_\lambda(\varepsilon_{x^{-1}})) .$$

Tout d'abord, si $\lambda \in X(T)$ et si $w \in W^o$, φ_λ est égale à $\varphi_{w\lambda}$.

Ensuite, la restriction de φ_λ à T est invariante par W^o et, pour $t \in T^{++}$, on a

$$\varphi_\lambda(t) = q(t)^{-1/2} \sum_{w \in W^o} (w\lambda)(t) .$$

Enfin, supposons que le stabilisateur de λ dans W^o se réduise à $\{e\}$; alors, π_λ est irréductible si et seulement si $c(\lambda)c(\lambda^{-1}) \neq 0$.

7. FONCTIONS SPHERIQUES SUR W/W^o .

Nous allons maintenant considérer les fonctions sphériques sur W/W^o, puisque la sous-algèbre $\underline{K}(W,q;W^o)$ de $\underline{K}(W,q)$ est commutative.

L'idempotent χ de $\underline{K}(W^o,q)$ associé à sa représentation triviale est donné par

$$\chi = \left(\sum_{w \in W^o} q(w) \right)^{-1} \sum_{w \in W^o} \varepsilon_w .$$

Pour tout $\lambda \in X(T)$, $\pi(\chi)M_\lambda$ est de dimension 1 et la fonction sphérique ω_λ sur W/W^o associée à π_λ est donnée par

$$\omega_\lambda(x^{-1}) = q(x)^{-1} \mathrm{Tr}(\pi_\lambda(\chi * \varepsilon_x)) .$$

Relativement à la mesure de Haar canonique sur T, on définit l'algèbre involutive $\underline{K}(T)$ et sa sous-algèbre $\underline{K}(T)^{W^o}$ des éléments invariants par W^o. Il existe alors un isomorphisme F d'algèbres involutives de $\underline{K}(W,q;W^o)$ sur $\underline{K}(T)^{W^o}$ de telle sorte que l'on ait $F_f * \lambda(e) = f * \omega_\lambda(e)$ pour tout $f \in \underline{K}(W,q;W^o)$ et $\lambda \in X(T)$. Les formules du n° 6 entraînent immédiatement une formule explicite pour F ou, ce qui revient au même, pour les fonctions sphériques ω_λ.

On rappelle que $W = W^oT^{++}W^o$ et que, pour $x \in W$ fixé, $\omega_\lambda(x)$ est holomorphe en λ. Si $t \in T^{++}$, on a une identité entre fonctions méromorphes sur $X(T)$

$$\omega_\lambda(t) = q(w_o)^{1/2}\Big(\sum_{w\in W^o} q(w)\Big)^{-1} q(t)^{-1/2} \sum_{w\in W^o} c(w\lambda)(w\lambda)(t) \ ;$$

où w_o désigne l'élément de longueur maximum dans W^o.

Cette formule généralise les résultats, donnés par Macdonald [7], Matsumoto [8] et Silberger [10], pour certaines fonctions sphériques sur des systèmes de Tits de type affine plus ou moins généraux.

Signalons une propriété remarquable de F. On suppose que $q(w) \geq 1$ pour tout $w \in W$, et l'on note $L^1(T, q^{1/2})$ l'algèbre de Banach involutive définie sur T relativement à la mesure $q^{1/2}$ invariante par W^o. Alors, si $f \in \underline{K}(W,q;W^o)$ est à valeurs réelles non négatives, il en est de même de $F_f \in \underline{K}(T)^{W^o}$; par suite, F se prolonge en un morphisme continu de $L^1(W,q;W^o)$ dans $L^1(T,q^{1/2})^{W^o}$. De plus, ω_λ est bornée sur W si et seulement si $\lambda q^{-1/2}$ l'est sur T.

Supposons que $q(s) > 1$ pour tout $s \in S$ et, pour $t \in T^{++}$, notons C_t le support de F_{f_t} où $f_t \in \underline{K}(W,q;W^o)$ désigne la fonction caractéristique de $W^o t W^o$. Alors la formule explicite pour F nous permet de déterminer C_t entièrement : C_t est invariant par W^o et l'on a $C_t \cap T^{++} = T^{++} \cap t(T^+)^{-1}$.

Revenons-en au cas général et parlons de la mesure de Plancherel partielle sur l'espace Ω^+ des fonctions sphériques de type positif sur W/W^o. Elle est explicitement connue dans certains cas plus ou moins particuliers. Le cas fondamental est celui où $q_\alpha \geq q'_\alpha \geq 1$ pour tout $\alpha \in R$: alors, pour tout $f \in \underline{K}(W,q;W^o)$, on a

$$f(e) = \mathrm{Card}(W^o)^{-1} \int_{\hat{T}} \hat{f}(\omega_\lambda) |c(\lambda)|^{-2} \, d\lambda \ ;$$

où $d\lambda$ désigne la mesure de Haar de masse totale 1 sur le groupe dual $\hat{T}$ de T. Cette formule d'intégration, qui est analogue à celle de Weyl pour les fonctions continues centrales sur un groupe de Lie compact connexe, détermine les contributions dans la mesure de Plancherel pour $\underline{K}(W,q)$, premièrement de la série principale unitaire de $\underline{K}(W,q)$ et deuxièmement de l'ensemble des représentations unitaires irréductibles de $\underline{K}(W,q)$ de dimension maximum.

Dans le cas général, ce qui précède suggère que la mesure de Plancherel sur Ω^+ se détermine par une application de la formule de résidus à la fonction $1/c(\lambda)c(\lambda^{-1})$ sur $X(T)$. Signalons, à titre d'exemple, une formule multiplicative pour le degré formel d_τ de la représentation triviale τ de $\underline{K}(W,q)$; τ est de carré intégrable si $q(t) < 1$ pour tout $t \in T - \{e\}$, et la fonction sphérique sur W/W^o associée à τ est égale à ω_λ pour $\lambda = \delta^{1/2}$. La formule de Plancherel et un calcul de résidus nous permettent de vérifier que d_τ est égal au "résidu" de la fonction $1/c(\lambda)c(\lambda^{-1})$ en $\lambda = \delta^{1/2}$; on a ainsi

$$\sum_{w \in W} q(w) = d_\tau^{-1} = [c(\lambda)c(\lambda^{-1}) \prod_{\beta \in R_b} (1 - \delta(t_\beta)^{-1/2}\lambda(t_\beta))^{-1}]_{\lambda = \delta^{1/2}} .$$

Macdonald [7d] a obtenu, par voie algébrique, une formule pour d_τ^{-1} analogue à la nôtre. Dans le cas où q est constante sur S, ces formules se ramènent à celle qui avait été découverte par Bott en 1956 à propos de la topologie des groupes de Lie compacts connexes semi-simples.

8. RETOUR AUX SYSTEMES DE TITS BORNOLOGIQUES DE TYPE AFFINE.

Soit (G,B,N) un système de Tits bornologique de type affine. Le sous-groupe B de G est ouvert compact dans G et, si S désigne l'ensemble générateur privilégié de $W = N/(N \cap B)$, (W,S) s'identifie au système de Coxeter défini dans le groupe de Weyl affine associé à un système de racines réduit $R^\vee$.

On suppose que (G,B,N) est saturé, c'est-à-dire que $B \cap N$ est le plus grand sous-groupe de B normalisé par N ; alors N est un sous-groupe fermé unimodulaire de G. Par ailleurs, soit G^o le plus grand sous-groupe distingué de G contenu dans B. Alors G/G^o opère effectivement sur l'espace homogène dénombrable G/B, et G/G^o est séparable et totalement discontinu. Nous supposons que G^o et donc G soient totalement discontinus, ce qui nous permettra de parler de représentations admissibles de G.

Nous avons les sous-groupes T, W° de W et les sous-monoïdes T^{+}, T^{++} de T. D'après le n° 1, nous identifions $\underline{K}(G,B)$ à $\underline{K}(W,q)$, où $q(w) = [BwB : B]$ pour $w \in W$. Un théorème du n° 5 établit l'existence et l'unicité de la mesure de Plancherel pour G/B, et la détermination explicite de celle-ci relève, au moins théoriquement, de l'analyse harmonique dans (W,S).

Afin d'aller plus loin dans l'application des numéros précédents au groupe G, nous allons rappeler quelques résultats sur la structure de G.

Nous posons

$$H = B \cap N \; ; \; U_1 = U_1^{+} = \bigcap_{t \in T^{++}} t^{-1}Bt \; ; \; U_0^{-} = \bigcap_{t \in T^{++}} tBt^{-1} \; .$$

Ce sont des sous-groupes compacts de B, et l'on a $B = U_1 U_0^{-}$ et $H = U_1 \cap U_0^{-}$.

Soit Z le sous-groupe de N tel que T s'identifie à Z/H. Notons U la réunion des conjugués zU_1z^{-1} de U_1 où z parcourt Z ; U est la réunion d'une suite croissante de sous-groupes compacts de G. On a ainsi des sous-groupes fermés U et ZU de G ; le groupe ZU/U est isomorphe à T, puisqu'on a $Z \cap U = H$. De plus, (G, ZU, N) est un système de Tits dont le groupe de Weyl s'identifie à (W°, S°) (cf. [2]).

Posons d'autre part $K = BW^{\circ}B$; c'est un sous-groupe compact maximal de G. D'après la décomposition de Cartan de G, on a une bijection de T^{++} sur l'ensemble $K\backslash G/K$ des doubles classes KgK dans G. D'après la décomposition d'Iwasawa de G (cf. [2]), on a une bijection de W sur $B\backslash G/U$ et une autre de T sur $K\backslash G/U$.

Soit π la représentation de G dans l'espace $\underline{C}(G/U)$ des fonctions continues sur G/U. D'après la décomposition d'Iwasawa de G, $\underline{C}(W)$ s'identifie au sous-espace de $\underline{C}(G/U)$ formé des vecteurs invariants par B. On a donc une représentation de $\underline{K}(W,q)$ dans $\underline{C}(W)$, qui coïncide avec la représentation π définie au début du n° 5 en supposant $R^{\vee}$ irréductible.

On note que $X(T)$ s'identifie au groupe des morphismes de Z dans $\underline{\underline{C}}^{*}$ triviaux sur H. Si $\lambda \in X(T)$, on désigne par E_{λ} l'espace des fonctions localement constantes f sur G telles que, pour tout $g \in G$, $z \in Z$ et $u \in U$, on ait

$$f(gzu) = f(g)(\delta^{1/2}\lambda)(z) .$$

On a ainsi une représentation admissible π_λ de G dans E_λ, et M_λ est le sous-espace de E_λ formé des vecteurs invariants par B. La représentation de G contragrédiente à π_λ est équivalente à $\pi_{\lambda^{-1}}$, et π_λ devient unitaire si λ est un caractère unitaire de T.

Les représentations admissibles π_λ de G paramétrées ainsi par $X(T)$ constituent par définition la <u>série principale non ramifiée</u> pour G.

Les fonctions sphériques sur G/K ont déjà été étudiées au n° 7 ; on a notamment défini un isomorphisme F de $\underline{K}(G,K)$ sur $\underline{K}(T)^{W^o}$. Par ailleurs, d'après la décomposition d'Iwasawa de G, F est donné par la formule

$$F_f(z) = [K:B]\delta(z)^{-1/2} \int_U f(zu)\, du ;$$

où la mesure de Haar du sur U est choisie de telle sorte que $U \cap K$ soit de masse 1. En conséquence, si $t \in T^{++}$, la partie C_t de T définie au n° 7 se compose des éléments t' de T tels que $Kt'U$ rencontre KtK. Le théorème du n° 7 sur les ensembles C_t détermine donc les relations d'intersection entre les décompositions de Cartan et d'Iwasawa de G. En particulier, on a $G = KU'K$ si U' est un conjugué de U dans G.

Ainsi, de notre point de vue, ces relations entre les décompositions de Cartan et d'Iwasawa de G découlent de la théorie des fonctions sphériques sur G/K, tandis que les études antérieures de celles-ci s'appuyaient, au contraire, sur les relations $C_t \subset t(T^+)^{-1}$ qui devaient être établies par voie algébrique ou géométrique.

Nous en revenons aux représentations π_λ de G. On voit aisément que le G-module E_λ est engendré par M_λ et que tout sous-espace non nul de E_λ stable par G contient un vecteur non nul invariant par B. Plus précisément, on peut démontrer que le G-module E_λ admet une suite de Jordan-Hölder aux composantes irréductibles ayant chacune un vecteur non nul invariant par B. Par ailleurs, d'après un théorème du n° 5, toute représentation irréductible de $\underline{K}(W,q)$ de dimension finie se prolonge en une représentation admissible irréductible de G équivalente à une sous-représentation de l'une des représentations π_λ. Pour les groupes semi-simples p-adiques, ces résultats ont été obtenus par Borel, Casselman, Harish-Chandra et Silberger (cf. [4], [10]).

On établit ainsi l'équivalence entre les représentations admissibles irréductibles de G ayant un vecteur non nul invariant par B et les composantes irréductibles des représentations de la série principale non ramifiée pour G.

Notons aussi que, si $\beta \in R_b$ et si $s = s_\beta \in S^o$, l'opérateur $A(s,\lambda)$ de M_λ dans $M_{s\lambda}$, défini au n° 6, se prolonge en un opérateur d'entrelacement de E_λ dans $E_{s\lambda}$ et que, si $|\lambda(t_\beta)| > 1$, celui-ci est donné par un intégrale d'entrelacement bien connue.

Une question importante de l'analyse harmonique dans G/B est de savoir si une représentation unitaire irréductible donnée de $\underline{K}(W,q)$ se prolonge en une représentation unitaire irréductible de G. Nous avons une solution complète de ce problème seulement pour les groupes de rang 1. En effet, si W est diédral d'ordre infini, on peut montrer que toute représentation unitaire irréductible de $\underline{K}(W,q)$ se prolonge en une représentation unitaire irréductible de G, autrement dit que le morphisme canonique de $St(W,q)$ sur $St(G,B)$ est un isomorphisme d'algèbres stellaires.

Dans le cas où $q(s_1) = q(s_2)$ pour $S = \{s_1,s_2\}$, ce théorème a été établi déjà par Gelfand-Graev et Satake [9] pour certains groupes simples p-adiques et annoncé récemment par Cartier [3] pour tous les systèmes de Tits de ce type. Notre résultat a été obtenu indépendamment des travaux de Cartier.

Nous pouvons dire, pour terminer, que les problèmes essentiels de l'analyse harmonique dans G/B sont explicitement résolus pour les systèmes de Tits bornologiques de type diédral infini.

BIBLIOGRAPHIE

[1] N. BOURBAKI — Groupes et algèbres de Lie, chapitres IV, V et VI. Hermann, Paris, 1968.

[2] F. BRUHAT et J. TITS — Groupes réductifs sur un corps local, chapitre I. Publ. Math., I.H.E.S., 41 (1972), p. 5-251.

[3] P. CARTIER — Harmonic analysis on trees. Proc. Symp. Pure Math., vol. 26, p. 419-424, Amer. Math. Soc., Providence, 1974.

[4] W. CASSELMAN — The Steinberg character as a true character. Proc. Symp. Pure Math., vol. 26 (1974), p. 413-417.

[5] W. FEIT et G. HIGMAN — The nonexistence of certain generalized polygons. J. Algebra, 1 (1964), p. 114-131.

[6] N. IWAHORI et H. MATSUMOTO — On some Bruhat decomposition and the structure of the Hecke rings of p-adic Chevalley groups. Publ. Math., I.H.E.S., 25 (1965), p. 5-48.

[7] I.G. MACDONALD — a) Spherical functions on a p-adic Chevalley group. Bull. Amer. Math. Soc., 74 (1968), p. 520-525.
b) Harmonic analysis on semi-simple groups. Actes du Congrès International des Mathématiciens (Nice, 1970), Gauthier-Villars, Paris, 1971, t. 2, p. 331-335.
c) Spherical functions on a group of p-adic type. Publ. Ramanujan Institute, vol. 2, Madras, 1971.

d) The Poincaré series of a Coxeter group.
Math. Ann., 199 (1972), p. 161-174.

[8] H. MATSUMOTO — Fonctions sphériques sur un groupe semi-simple p-adique.
C.R. Acad. Sc., 269 (1969), p. 829-832.

[9] I. SATAKE — Theory of spherical functions on reductive algebraic groups over p-adic fields.
Publ. Math., I.H.E.S., 18 (1963), p. 5-69.

[10] A.J. SILBERGER — On work of Macdonald and $L^2(G/B)$ for a p-adic group.
Proc. Symp. Pure Math., vol. 26 (1974), p. 387-393.

INTEGRALES D'ENTRELACEMENT POUR $GL(n,k)$ OÙ k EST UN CORPS p-ADIQUE

par

Iris MULLER

INTRODUCTION

Soit $G = Gl(n,k)$ le groupe des matrices (n,n) inversibles et à coefficients dans un corps p-adique k. Choisissons une décomposition d'Iwasawa $G = KAN$, avec $K = Gl(n,\mathcal{O})$, A étant le sous-groupe des matrices diagonales, et N le sous-groupe des matrices unipotentes supérieures. Soit M' le normalisateur de A dans K, et $W = M'/_{A\cap K}$ le groupe de Weyl. Alors pour chaque caractère λ de AN, on obtient la représentation π_λ de G qu'il induit.

Si $w \in W$, et $\overline{w}$ est l'un de ses représentants, on considère l'intégrale :

$$A(\lambda,\overline{w})\,\varphi(g) = \int_{V\cap\overline{w}^{-1}N\overline{w}} \varphi(g\overline{w}v)\,dv \qquad \text{où } V \text{ est le sous-groupe opposé à } N,$$

elle entrelace π_λ et $\pi_{w(\lambda)}$. C'est l'intégrale d'entrelacement étudiée par KUNZE (R. A.) et STEIN (E. M.), KNAPP (W.) et STEIN (E. M.) ([8], [9]), et SCHIFFMANN (G.) ([11]). Elle converge absolument pour $Re(\lambda_\alpha)>0$, pour tout $\alpha \in \Delta(w)$; et, en utilisant la méthode de réduction au rang 1 de SCHIFFMANN (G.) ([11]), on la prolonge en une fonction méromorphe de pôles : les λ tels qu'il existe $\alpha \in \Delta(w)$ avec $\lambda_\alpha = Id$. Il convient donc de normaliser ces intégrales. Comme le font KNAPP (W.) et STEIN (E. M.) ([8]), on pose :

$$\mathcal{A}(\lambda,\overline{w}) = \frac{1}{\Gamma_w(\lambda)}\, A(\lambda,\overline{w})$$

alors :

$$\mathcal{A}(w(\lambda),\overline{w}^{-1})\,\mathcal{A}(\lambda,\overline{w}) = Id$$

et :

$$\mathcal{A}(\lambda,\overline{w}_1\overline{w}_2) = \mathcal{A}(w_2(\lambda),\overline{w}_1)\,\mathcal{A}(\lambda,\overline{w}_2)\,.$$

Cet opérateur normalisé permet de trouver les représentations π_λ qui sont irréductibles, et celles qui sont dans la série complémentaire.

Ainsi, au paragraphe 4, en adaptant la méthode introduite par KNAPP (W.) et STEIN (E. M.) ([9]) pour l'étude de la série principale de $Sl(n, \mathbb{R})$, on montre que l'espace vectoriel des opérateurs d'entrelacement de π_λ avec $\pi_{w(\lambda)}$ (et respectivement $\pi_{w(\lambda)}$ avec π_λ), lorsque le caractère $w(\lambda)$ est bien rangé (c'est-à-dire de la forme $(\lambda_1, \lambda_1, \ldots, \lambda_1, \lambda_2, \ldots, \lambda_2, \ldots, \lambda_p, \ldots, \lambda_p)$) est de dimension 1.

Ceci, joint à un théorème de Casselman ([4]) et aux propriétés des opérateurs normalisés, nous donne l'irréductibilité de π_λ lorsque $\lambda_\alpha \neq |\,|^{+1}$, $|\,|^{-1}$, $\forall \alpha \in \Delta^+$; l'étude des noyaux de $A(\lambda, \overline{w})$ permet d'obtenir la réciproque.

Le dernier paragraphe est consacré à l'étude de la série complémentaire ; ainsi les représentations π_λ, pour lesquelles il existe $w \in W$ tel que $w(\lambda) = \overline{\lambda}^{-1}$ et telle que $|\operatorname{Re}(s_\alpha)| < 1$, pour tout $\alpha \in \Delta(w) \cap \{\alpha \in \Delta^+ \text{ tq } \chi_\alpha = \mathrm{Id}\}$ $(\lambda = \chi|\,|^s)$ sont dans la série complémentaire.

TABLE DES MATIERES

§1 DEFINITION DES INTEGRALES D'ENTRELACEMENT

1.1 NOTATIONS.

Soient k un corps p-adique, $\mathcal{O}$ l'anneau des entiers de k , $\mathfrak{P}$ l'idéal maximal de $\mathcal{O}$ et π un générateur de $\mathfrak{P}$; le nombre d'éléments du corps résiduel $\mathcal{O}/\mathfrak{P}$ est q ; dx est la mesure de Haar sur k telle que $\int_{\mathcal{O}} dx = 1$; on choisit un caractère additif non trivial τ de conducteur $\mathcal{O}$.

On note $G = Gl(n, k)$ le groupe des matrices à n lignes et n colonnes inversibles et à coefficient dans k , B le sous-groupe des matrices triangulaires supérieures, N le groupe des matrices unipotentes triangulaires supérieures, A le sous-groupe de G des matrices diagonales ; alors $G = KAN$ où $K = Gl(n, \mathcal{O})$ est une décomposition d'Iwasawa de G .

On considèrera aussi M' , le normalisateur de A dans K et $W = M'/A \cap K = N(A)/A$ le groupe de Weyl ; $N(A)$ est le normalisateur de A : c'est le sous-groupe des matrices monomiales. W peut-être identifié avec le groupe de permutation des coordonnées.

Soit Δ l'ensemble des racines du groupe additif $\mathfrak{a}$ des matrices diagonales, c'est-à-dire les formes linéaires α de $\mathfrak{a}$ dans k de la forme $\alpha(a) = a_i - a_j$, $i \neq j$, où

$$a = \begin{pmatrix} a_1 & & & \\ & a_2 & & \\ & & \ddots & \\ & & & a_n \end{pmatrix} .$$

On note Δ^+ l'ensemble des racines positives (elles correspondent à $i<j$) et Π l'ensemble des racines simples α_i définies par $\alpha_i(a) = a_i - a_{i+1}$.

1.2. LES REPRESENTATIONS π_λ.

Soient λ un caractère généralisé de A : $\lambda = (\lambda_1, \lambda_2, \ldots, \lambda_n)$ où chaque λ_i est un caractère généralisé de k^* , et $\mathcal{S}_\lambda$ l'espace vectoriel complexe des fonctions définies sur G , à valeur dans $\mathbb{C}$, localement constantes et telles que :

$$\varphi(gan) = \varphi(g)\,\lambda^{-1}(a)\,\delta(a)^{-1/2}$$

pour g dans G , a dans A , n dans N ,

δ étant la fonction définie sur A par :

$$a = \begin{pmatrix} a_1 & & & \\ & a_2 & & \\ & & \ddots & \\ & & & a_n \end{pmatrix}$$ où $a_i = u_i \pi^{m_i}$, u_i étant une unité et m_i un

entier, alors :

$$\delta(a) = \prod_{i=1}^{n} |a_i|^{-(2i-n-1)} = (q^{-1})^{2\rho(a)}$$

où

$$2\rho(a) = \sum_{i<j} m_i - m_j = \sum_{\alpha > o} \alpha(m)$$

$m = (m_1, m_2, \ldots, m_n)$.

δ^{-1} représente aussi le module de B .

En particulier, si $C_c(G)$ est l'espace des fonctions localement constantes à support compact, définies sur G , et à valeurs dans $\mathbb{C}$, alors l'application p_λ, de $C_c(G)$ dans $\mathcal{S}_\lambda$ définie par :

$$p_\lambda(f)(g) = \int_{A \times N} f(gan)\lambda(a)\,\delta(a)^{+1/2}\,da\,dn$$

est surjective.

$da = \prod_{i=1}^{n} \frac{da_i}{|a_i|}$ où da_i est la mesure de Haar sur k ,

$n = (n_{ij})$ alors $dn = \prod_{i<j} dn_{ij}$ avec dn_{ij} mesure de Haar sur k .

Le groupe G opère sur $\mathcal{S}_\lambda$ par translation à gauche :

$$(\pi_\lambda(g')\varphi)(g) = \varphi(g'^{-1}g).$$

C'est la série principale des représentations de G .

PROPOSTION 1.1. - <u>La représentation</u> π_λ <u>de</u> G <u>sur l'espace</u> $\mathcal{S}_\lambda$ <u>est admissible</u>.

Pour ceci il faut démontrer que le stabilisateur de toute fonction φ de $\mathcal{S}_\lambda$ est un sous-groupe ouvert de G , et que pour tout sous-groupe ouvert G_1 de G , l'ensemble des fonctions de $\mathcal{S}_\lambda$ stabilisées par G_1 est un sous-espace de dimension finie.

G contient un système fondamental de voisinages de l'identité, formé de sous-groupes ouverts et compacts $K_n = \{k$ de K tels que k soit congru à l'identité modulo $\mathfrak{P}^n$ }, c'est-à-dire si $k = (k_{ij})$ on a : $k_{ij} - \delta_{ij}$ est dans $\mathfrak{P}^n$, où n est un entier positif. Or toute fonction φ de $\mathcal{S}_\lambda$ est déterminée de manière unique par sa restriction à K, qui est un sous-groupe ouvert et compact de G, donc il existe $n_\varphi > 0$ tel que $\varphi(K_{n_\varphi} k) = \varphi(k)$ pour tout k dans K ; par conséquent K_{n_φ} est inclus dans le stabilisateur de φ, qui est ainsi un sous-groupe ouvert de G.

Soit G_1 un sous-groupe ouvert de G ; G_1 contient donc un sous-groupe K_n pour un certain $n > 0$, il suffit donc de montrer que l'ensemble des fonctions φ_λ stabilisées par K_n forme un espace vectoriel de dimension finie. Or les fonctions φ_λ, stabilisées par K_n, sont complètement déterminées lorsqu'on les connait sur $K_n\backslash K$, qui est un groupe fini ; elles forment donc un espace vectoriel complexe de dimension finie.

On peut munir $\mathcal{S}_{\delta+1/2}$ d'une forme linéaire μ, invariante par translation à gauche ([1]) en posant :

$$\mu\left(p_{\delta+1/2}(f)\right) = \int_G f(g)\, dg$$

que l'on peut écrire :

$$\mu(\varphi) = \oint_G \varphi(g)\, d\mu(g)$$

avec :

$dg = dk\, \delta(a)\, da\, dn$, dk étant la mesure de Haar sur k telle que $\int_K dk = 1$.

On peut ainsi construire une forme hermitienne sur $\mathcal{S}_\lambda \times \mathcal{S}_{\bar{\lambda}-1}$ en posant :

$$\langle \varphi, \psi \rangle = \oint_G \varphi(g)\, \overline{\psi(g)}\, d\mu(g)$$

alors :

$$\langle \varphi, \psi \rangle = \int_K \varphi(k)\, \overline{\psi(k)}\, dk$$

$$= a \int_V \varphi(v)\, \overline{\psi(v)}\, dv$$

où :

a est une constante positive dépendant de la normalisation choisie,

V est le groupe des matrices unipotentes triangulaires inférieures muni de la mesure de Haar $dv = \prod_{i>j} dv_{ij}$ avec $v = (v_{ij})$ et dv_{ij} est la mesure de Haar sur k.

Cette forme hermitienne est non dégénérée ([11]); en particulier si $\lambda = \overline{\lambda}^{-1}$, c'est-à-dire si le caractère λ est unitaire, alors $\mathcal{S}_\lambda$ est muni d'une structure d'espace préhilbertien séparé ; la représentation π_λ se prolonge en une représentation unitaire de G dans le complété $\mathcal{H}_\lambda$ de $\mathcal{S}_\lambda$.

On fait opérer le groupe de Weyl par transposition, sur les caractères de A, soit $\overline{w}$ un représentant de w dans $N(A)$, on pose :

$$w(\lambda)(a) = \lambda(\overline{w}^{-1} a \overline{w}) .$$

1.3. LES INTEGRALES D'ENTRELACEMENT.

Soit φ un élément de $\mathcal{S}_\lambda$ et $\widetilde{\varphi}(n) = \varphi(g n \overline{w})$, n dans N, g dans G et $\overline{w}$ est un représentant de w dans $N(A)$, alors

$$\widetilde{\varphi}(nn') = \varphi(gnn'\overline{w}) = \varphi(gn\overline{w}\overline{w}^{-1} n'\overline{w})$$

on remarque donc que $\widetilde{\varphi}$ est invariante par $N'_w = N \cap \overline{w} N \overline{w}^{-1}$; on est ainsi amené à considérer :

$$\int_{N/N'_w} \varphi(g n \overline{w}) \, d\dot{n}$$

cette intégrale, lorsqu'elle existe, commute aux translations à gauche.

1.3.1. ETUDE DE N.

Soient $N'_w = N \cap \overline{w} N \overline{w}^{-1}$,

$$N_w = N \cap \overline{w} V \overline{w}^{-1}$$

où $\overline{w}$ est un représentant de w dans $N(A)$, alors N_w et N'_w sont indépendants du représentant choisi.

PROPOSITION 1.2. - Soient w, w', w'' trois éléments de W de représentants respectifs $\overline{w}, \overline{w}', \overline{w}''$, on suppose que $w = w'w''$ et que $l(w) = l(w') + l(w'')$ alors :

i) $N'_w = N'_{w'} \cap \overline{w}' N'_{w''} \overline{w}'^{-1}$,

ii) l'application $(n', n'') \to n'(\overline{w}' n'' \overline{w}'^{-1})$ de $N_{w'} \times N_{w''}$ dans N_w est un isomorphisme de variétés analytiques,

iii) l'application $(n, n') \to nn'$ est un isomorphisme de la variété analytique $N_w \times N'_w$ sur la variété analytique N.

w se décompose en produit de symétries par rapport à des racines simples ; le plus petit entier q, tel qu'il existe q racines simples, distinctes ou non

$\alpha_{i_1}, \alpha_{i_2}, \ldots, \alpha_{i_q}$ avec $w = s_{i_1} s_{i_2}, \ldots, s_{i_q}$ (s_{i_j} étant la symétrie par rapport à α_{i_j}) est la longueur $l(w)$ de w. Nous avons donc $l(w) = l(w^{-1})$.

En particulier, si on note $\Delta(w)$ l'ensemble des racines positives, telles que $w(\alpha)$ soit une racine négative, alors :

$$\Delta(w) = \{\beta_1, \beta_2, \ldots, \beta_{l(w)}\}$$

où

$$\beta_j = s_{i_{l(w)}} \ldots s_{i_{j+1}} (\alpha_{i_j})\ j = 1, 2, \ldots, l(w) \qquad ([2]).$$

De plus, si $w = w'w''$ avec $l(w) = l(w') + l(w'')$ alors :

$$\Delta(w) = \Delta(w'') \cup w''^{-1} \Delta(w') \qquad ([11]).$$

Par conséquent $w''^{-1} \Delta(w')$ est un ensemble de racines positives.

<u>DEMONSTRATION de la PROPOSITION 1.2.</u>- Caractérisons N_w et N'_w, comme $\overline{w}$ est une matrice monomiale, on peut lui associer une permutation σ sur n éléments (σ ne dépend que de w). Si $g = (g_{ij})$ est une matrice à n lignes et n colonnes et si $\overline{w} = (a_{ij})$, $\overline{w}^{-1} = (b_{ij})$ alors :

$$\overline{w}\, g\, \overline{w}^{-1} = (a_{i\sigma^{-1}(i)}\, b_{\sigma^{-1}(j)j}\, g_{\sigma^{-1}(i)\sigma^{-1}(j)})$$

donc :

$$N_w = \left\{ \begin{array}{l} n = (n_{ij}) \text{ avec } n_{ii} = 1,\ n_{ij} = 0 \text{ si } i > j,\ n_{ij} = 0 \text{ si } i < j \text{ et si} \\ \sigma^{-1}(i) < \sigma^{-1}(j) \text{ ; les autres coefficients décrivant } k. \end{array} \right\}$$

N_w est un sous-groupe de Lie de G ; les coefficients des matrices, non diagonaux et non nuls, qui décrivent k, correspondent aux racines de $\Delta(w^{-1})$; le sous-groupe N_w est une variété analytique de dimension $l(w)$.

$$N'_w = \left\{ \begin{array}{l} n = (n_{ij}) \text{ avec } n_{ii} = 1,\ n_{ij} = 0 \text{ si } i > j,\ n_{ij} = 0 \text{ si } i < j \\ \text{et si } \sigma^{-1}(i) > \sigma^{-1}(j) \} \end{array} \right\}$$

N'_w est un sous-groupe de Lie de G ; les coefficients des matrices, non diagonaux et non nuls, qui décrivent k, correspondent aux racines de $\Delta^+ - \Delta(w^{-1})$; le sous-groupe N'_w est une variété analytique de dimension $\frac{n(n-1)}{2} - l(w)$.

<u>DEMONSTRATION du i)</u>. - Soient trois éléments w, w', w'' de W tels que $w = w'w''$ et $l(w) = l(w') + l(w'')$, alors $w^{-1} = w''^{-1} w'^{-1}$ avec $l(w^{-1}) = l(w''^{-1}) + l(w'^{-1})$ donc

$$\Delta(w^{-1}) = \Delta(w'^{-1}) \cup w' \Delta(w''^{-1})$$

le même calcul que précédemment nous donne :

$$N'_{w'} = \left\{ \begin{array}{l} n=(n_{ij}) \text{ avec } n_{ii}=1,\ n_{ij}=0 \text{ si } i>j, \text{ et } n_{ij}=0 \text{ si } i<j \\ \qquad \text{et } \sigma'^{-1}(i)>\sigma'^{-1}(j) \end{array} \right\}$$

$$\overline{w}' N'_{w''} \overline{w}'^{-1} = \left\{ \begin{array}{l} n=(n_{ij}) \text{ avec } n_{ii}=1,\ n_{ij}=0 \text{ si } \sigma'^{-1}(i)<\sigma'^{-1}(j) \text{ et} \\ \sigma''^{-1}\sigma'^{-1}(i)>\sigma''^{-1}\sigma'^{-1}(j)\ ;\ n_{ij}=0 \text{ si } \sigma'^{-1}(i)>\sigma'^{-1}(j) \end{array} \right\}$$

σ', σ'', $\sigma'\sigma''$ étant les permutations correspondant respectivement aux matrices monomiales $\overline{w}'$, $\overline{w}''$, $\overline{w}'\overline{w}''$.

En particulier les couples (i, j) tels que $\sigma'^{-1}(i)<\sigma'^{-1}(j)$ et $\sigma''^{-1}\sigma'^{-1}(i)>\sigma''^{-1}\sigma'^{-1}(j)$ correspondent aux racines α de $w'\Delta(w''^{-1})$; les couples (i, j) tels que $i<j$ et $\sigma'^{-1}(i)>\sigma'^{-1}(j)$ correspondent aux racines α de $\Delta(w'^{-1})$. Ceci nous montre que :

$$N'_{w'} \cap \overline{w}' N_{w''} \overline{w}'^{-1} = \left\{ \begin{array}{l} n=(n_{ij}) \text{ avec } n_{ii}=1,\ n_{ij}=0 \text{ si } i>j,\ n_{ij}=0 \text{ si } i<j \\ \qquad \text{et } (\sigma'\sigma'')^{-1}(i)>(\sigma'\sigma'')^{-1}(j) \end{array} \right\}$$

$$= N'_{w'w''}$$

$$= N'_{w}$$

DEMONSTRATION DU ii) . - La démonstration se fait par récurrence sur la longueur de w''.

Supposons donc que $l(w'') = 1$ et soit α_{i_o} une racine simple telle que $w'' = s_{i_o}$, dans ce cas :

$$N_{w''} = \left\{ \begin{pmatrix} 1 & & \\ & \ddots & x \\ O & & \ddots \; 1 \end{pmatrix} \begin{array}{l} i_o \\ \\ \end{array} ,\quad x \in k \right\} \quad (x \text{ en position } (i_o, i_o+1))$$

il y a un seul élément non diagonal, non nul et :

$$\overline{w}' N_{w''} \overline{w}'^{-1} = \left\{ \begin{pmatrix} 1 & & x \\ & \ddots & \\ O & & 1 \end{pmatrix} ,\quad x \in k \right\} \quad (x \text{ en position } (\sigma'(i_o), \sigma'(i_o+1)))$$

σ', σ'', $\sigma'\sigma''$ étant les permutations correspondant respectivement aux matrices monomiales $\overline{w}'$, $\overline{w}''$, $\overline{w}'\overline{w}''$.

Le couple $(\sigma'(i_o), \sigma'(i_o+1))$ correspond à l'unique racine de $w'\Delta(w''^{-1})$; donc $\overline{w}' N_{w''} \overline{w}'^{-1}$ est inclus dans N_w ; de même $N_{w'}$ est inclus dans le sous-groupe N_w.

Considérons l'application :

$$\begin{array}{ll} N_{w'} \times N_{w''} & \to N_w \\ (n', n'') & \to n'(\overline{w}' n'' \overline{w}'^{-1}) = n \end{array}$$

alors si $n' = (n'_{ij})$, $n'' = (n''_{ij})$ et $n = (n_{ij})$ on a :

$$n_{ij} = \begin{cases} 1 & \text{si} \quad i = j \\ n'_{ij} & \text{si} \quad j \neq \sigma'(i_o + 1) \\ c\, n'_{i\sigma'(i_o)} n''_{i_o\, i_o+1} + n'_{i\, \sigma'(i_o+1)} & \text{si} \quad j = \sigma'(i_o + 1) \end{cases}$$

où c est une constante non nulle, dépendant du choix du représentant $\overline{w}''$ de w''. Ceci nous montre que l'application précédente est une bijection (il suffit de remarquer que les éléments de N_w qui ont le coefficient de la $\sigma'(i_o)$ème ligne et de la $\sigma'(i_o+1)$ème colonne nul sont des éléments de $N_{w'}$). De plus, comme l'application précédente, ainsi que sa réciproque, sont constituées de fonctions polynômes des coefficients matriciels, on a un isomorphisme de variétés analytiques.

Supposons la propriété établie lorsque $l(w'') \leq p-1$, et soit w'' de longueur p . Soit α_i une racine simple telle que $w'' = w_1 s_i$ avec $l(w'') = l(w_1) + 1 = p$ et soit $w_2 = w' w_1$ on a donc :

$$w = w' w'' = w' w_1 s_i = w_2 s_i$$

et

$$l(w) = 1 + l(w_2) \quad l(w' w_1) = l(w') + l(w_1) \quad \text{et} \quad l(w_1 s_i) = l(w_1) + 1 .$$

Considérons le diagramme commutatif

$$\begin{array}{ccc} N_{w'} \times N_{w_1} \times N_{s_i} & \longrightarrow & N_{w'} \times N_{w''} \\ \downarrow & & \downarrow \\ N_{w_2} \times N_{s_i} & \longrightarrow & N_w \end{array}$$

d'après l'hypothèse de récurrence, trois de ces applications sont des isomorphismes de variétés analytiques, il en est donc de même de la dernière (cf [11] prop. 1.3.) . On démontrerait de même que l'application $(n'', n') \to (\overline{w}' n'' \overline{w}'^{-1}) n'$ est un isomorphisme de la variété analytique $N_{w''} \times N_{w'}$ sur la variété analytique N_w.

DEMONSTRATION DU iii). - Considérons l'application $(n, n') \to n n'$; comme le produit de deux matrices donne une matrice dont les coefficients sont des polynômes des coefficients précédents, cette application est analytique ; de plus $N_w \cap N'_w = \{Id\}$, donc elle est injective.

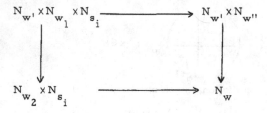

Démontrons la surjection, par récurrence sur la longueur de w.

Supposons donc que $l(w) = 1$ et soit α_{i_o} une racine simple telle que $w = s_{i_o}$, alors :

$$N_w = \left\{ \begin{pmatrix} 1 & & & \\ & \ddots & x & \\ & & \ddots & \\ O & & & 1 \end{pmatrix} \begin{matrix} \\ i_o, \ x \in k \\ \\ \\ \end{matrix} \right\} \quad (x \text{ en position } (i_o, i_o+1))$$

il y a un seul élément non diagonal non nul

$$N'_w = \left\{ \begin{pmatrix} 1 & \cdots & \cdots & \cdots \\ & \ddots & O & \cdots \\ & & \ddots & \\ O & & & 1 \end{pmatrix} \begin{matrix} \\ i_o \\ \\ \\ \end{matrix} \right\} \quad (O \text{ en position } (i_o, i_o+1))$$

il y a un seul élément au dessus de la diagonale nul, les autres décrivant k, il est alors clair que $N = N_w N'_w = N'_w N_w$.

Supposons la propriété lorsque $l(w) = p-1$, et soit w de longueur p, soit α_i une racine simple telle que $w = w_1 s_i$ avec $l(w) = l(w_1) + 1$:

$$N_w N'_w = \underbrace{N_w}_{A} \, (\underbrace{N'_{w_1}}_{B} \cap \underbrace{\overline{w}_1 N'_{s_i} \overline{w}_1^{-1}}_{C})$$

on a $A(B \cap C) \subset AB \cap AC$ mais l'inclusion inverse est aussi vraie car :

$$AB \cap C = (N_w N'_{w_1}) \cap \overline{w}_1 N'_{s_i} \overline{w}_1^{-1} \subset N \cap \overline{w}_1 N \overline{w}_1^{-1} = N'_{w_1} = B$$

d'où :

$$\begin{aligned} N_w N'_w &= (N_w N'_{w_1}) \cap (N_w \overline{w}_1 N'_{s_i} \overline{w}_1^{-1}) \\ &= (\overline{w}_1 N_{s_i} \overline{w}_1^{-1} N_{w_1} N'_{w_1}) \cap (N_{w_1} \overline{w}_1 N_{s_i} \overline{w}_1^{-1} \overline{w}_1 N'_{s_i} \overline{w}_1^{-1}) \\ &= (\overline{w}_1 N_{s_i} \overline{w}_1^{-1} N) \cap (N_{w_1} \overline{w}_1 N \overline{w}_1^{-1}) \end{aligned}$$

$$\begin{aligned} N_w N'_w &\supset N\left(N_{w_1} (\overline{w}_1 N \overline{w}_1^{-1} \cap N)\right) \\ &\supset N_{w_1} N'_{w_1} \\ &\supset N \end{aligned}$$

comme de plus $N_w N'_w \subset N$, on obtient l'égalité, et par conséquent l'application précédente est surjective. (On aurait démontré de même que $N'_w N_w = N$)

Il nous reste à montrer que l'application $m \to (n, n')$ de N dans $N_w \times N'_w$ est analytique ; soit $m = (m_{ij})$ un élément de N et $m = n n'$ avec $n = (n_{ij})$,

$n' = (n'_{ij})$ sa décomposition suivant N_w et N'_w, alors :

$$\begin{cases} m_{i\,i+1} = n_{i\,i+1} + n'_{i\,i+1} \\ m_{i\,i+2} = n_{i\,i+2} + n'_{i\,i+2} + n_{i\,i+1}\, n'_{i+1\,i+2} \\ m_{i\,i+3} = n_{i\,i+3} + n'_{i\,i+3} + n_{i\,i+1}\, n'_{i+1\,i+3} + n_{i\,i+2}\, n'_{i+2\,i+3} \\ \cdots\cdots\cdots \\ m_{in} = n_{in} + n'_{in} + \sum\limits_{\substack{i<k<n \\ \sigma^{-1}(k)>\sigma^{-1}(i) \\ \text{et} >\sigma^{-1}(j)}} n_{ik}\, n'_{kn} \end{cases}$$

σ étant la permutation associée à la matrice monomiale $\overline{w}$.

En remarquant que $N_w \cap N'_w = \{Id\}$ et en résolvant le système précédent de proche en proche, en commençant par la 1ère ligne, on voit que les n_{ij} et les n'_{ij} sont des polynômes en m_{kl}, donc cette application est aussi analytique ; on a obtenu ainsi un isomorphisme de la variété analytique N sur la variété analytique $N_w \times N'_w$. (On aurait de même un isomorphisme de la variété analytique N sur $N'_w \times N_w$).

Ceci achève la démonstration de la proposition 1.2. .

On est ainsi amené à considérer l'opérateur :

$$A(\lambda, \overline{w})\, \varphi(g) = \int_{N_w} \varphi(g\, n\, \overline{w})\, dn = \int_{V_w = \overline{w}^{-1} N \overline{w} \cap V} \varphi(g\, \overline{w}\, v)\, dv$$

c'est l'intégrale d'entrelacement.

Soit $S(w)$ l'ensemble des caractères λ de A tels que l'intégrale d'entrelacement converge absolument pour tout φ dans $\mathcal{S}_\lambda$ et pour tout g dans G ; $S(w)$ est indépendant du choix du représentant $\overline{w}$ de w dans $N(A)$, en effet deux représentants de w diffèrent d'un élément de A .

1.3.2. PROPRIETES DE L'INTEGRALE D'ENTRELACEMENT.

PROPOSITION 1.3. - Soit λ un caractère de $S(w)$, si φ est dans $\mathcal{S}_\lambda$ alors $A(\lambda, \overline{w})\, \varphi$ est dans $\mathcal{S}_{w(\lambda)}$.

DEMONSTRATION.- La fonction φ est localement constante, et on a vu dans la prop. 1.1. , qu'il existe un entier n positif tel que $\varphi(K_n g) = \varphi(g)$ pour tout g , donc $A(\lambda, \overline{w})\,\varphi(K_n g) = A(\lambda, \overline{w})\varphi(g)$ pour tout g : la fonction $A(\lambda, \overline{w})\,\varphi$ est localement constante.

Il reste maintenant à calculer :

$$A(\lambda, \overline{w})\,\varphi(gan)$$

or dn est invariante par N_w et $N = N_w N'_w$, donc

$$A(\lambda, \overline{w})\varphi(gan) = A(\lambda, \overline{w})\varphi(ga)$$

$$A(\lambda, \overline{w})\,\varphi(ga) = \int_{N_w} \varphi(gan\overline{w})\,dn$$

$$= \int_{N_w} \varphi(gana^{-1}\,\overline{w}\,\overline{w}^{-1}a\overline{w})\,dn$$

$$= \delta(\overline{w}^{-1}a\overline{w})^{-1/2}\,w(\lambda)^{-1}(a)\int_{N_w} \varphi(gana^{-1}\,\overline{w})\,dn .$$

On fait le changement de variable $n \to a^{-1}na$ alors :

$$d(a^{-1}na) = \prod_{\substack{i<j\\ \sigma^{-1}(i)>\sigma^{-1}(j)}} |a_i|^{-1}|a_j|$$

et l'intégrale précédente devient :

$$A(\lambda, \overline{w})\,\varphi(ga) = \Big(\delta(a)^{1/2}\,\delta(\overline{w}^{-1}a\overline{w})^{-1/2} \prod_{\substack{i<j\\ \sigma^{-1}(i)>\sigma^{-1}(j)}} |a_i|^{-1}|a_j|\Big)\,w(\lambda)^{-1}(a)\,\delta(a)^{-1/2} .\ A(\lambda, \overline{w})\varphi(g)$$

Il reste à montrer que :

$$\prod_{\substack{i<j\\ \sigma^{-1}(i)>\sigma^{-1}(j)}} |a_i|^{-1}|a_j| = \delta(a)^{-1/2}\,\delta(\overline{w}^{-1}a\overline{w})^{1/2} .$$

La démonstration se fait par récurrence sur la longueur de w .

Supposons que $l(w) = 1$, alors $w = s_{i_o}$ et :

$$\prod_{\substack{i<j\\ \sigma^{-1}(i)>\sigma^{-1}(j)}} |a_i|^{-1}|a_j| = |a_{i_o+1}||a_{i_o}|^{-1} = \delta(a)^{-1/2}\,\delta(\overline{w}^{-1}a\overline{w})^{1/2} .$$

Supposons la propriété établie lorsque $l(w) = p-1$; lorsque $l(w) = p$, on décompose w :

$$w = w'w'' \quad \text{avec} \quad l(w) = l(w') + l(w'') = l(w') + 1$$

alors :

$$\Delta(w^{-1}) = \Delta(w'^{-1}) \cup w'\,\Delta(w''^{-1})$$

et :

$$\prod_{\substack{i<j \\ \sigma^{-1}(i)>\sigma^{-1}(j)}} |a_i|^{-1}|a_j| = \prod_{\substack{i<j \\ \sigma'^{-1}(i)>\sigma'^{-1}(j)}} |a_i|^{-1}|a_j| \,.\, \prod_{\substack{\sigma'^{-1}(i)<\sigma'^{-1}(j) \\ \sigma''^{-1}\sigma'^{-1}(i)>\sigma''^{-1}\sigma'^{-1}(j)}} |a_{\sigma'^{-1}(i)}|^{-1}|a_{\sigma'^{-1}(j)}|$$

en appliquant l'hypothèse de récurrence, on a :

$$\prod_{\substack{i<j \\ \sigma^{-1}(i)>\sigma^{-1}(j)}} |a_i|^{-1}|a_j| = \delta(a)^{-1/2}\,\delta(\overline{w}'^{-1}a\,\overline{w}')^{1/2} \times \delta(\overline{w}'^{-1}a\,\overline{w}')^{-1/2}\,\delta(\overline{w}^{-1}a\,\overline{w})^{1/2}$$

ce qu'il fallait démontrer.

Par conséquent, $A(\lambda,\overline{w})\varphi$ est un élément de $\mathcal{S}_\lambda$; $A(\lambda,\overline{w})$ est une application linéaire de $\mathcal{S}_\lambda$ dans $\mathcal{S}_{w(\lambda)}$, qui commute aux translations à gauche.

1.4. DETERMINATION DE S(w).

Pour déterminer $S(w)$, on utilise une méthode de réduction au rang 1, c'est-à-dire : on ramène l'intégrale d'entrelacement à l'intégrale correspondant aux racines simples. (cf. [11] § 1.4). En effet on décompose w :

$$w = w'w'' \quad \text{avec } l(w) = l(w') + l(w'')$$

et pour plus de commodité, on considère l'intégrale d'entrelacement sur

$$V_w = \overline{w}^{-1}N_w\overline{w} = \overline{w}^{-1}N\overline{w}\cap V$$

alors, d'après la proposition 1.1.,

$$V_w = \overline{w}''^{-1}V_{w'}\overline{w}''V_{w''}$$

Comme $\overline{w}''^{-1}V_{w'}\overline{w}''$ et $V_{w''}$ sont deux sous-groupes fermés de V_w d'intersection l'Identité et de produit V_w, on a : φ est intégrable sur V_w si et seulement si $\varphi(x,y)$ est intégrable sur $\overline{w}''^{-1}V_{w'}\overline{w}''.V_{w''}$, et pour une normalisation convenable des mesures de Haar dv' et dv'' respectivement sur $V_{w'}$ et $V_{w''}$ on a :

$$(1.1) \qquad \int_{V_w}\varphi(v)\,dv = \iint_{V_{w'}\times V_{w''}} \varphi(\overline{w}''^{-1}v'\overline{w}''v'')\,dv'\,dv''$$

([1], corollaire à la prop. 13 n° 10 § 2 chap. VII).

Si on a l'égalité précédente pour un représentant $\overline{w}''$ de w'' dans M', l'égalité sera vraie pour tout représentant de w'' dans M'.

On va normaliser les mesures de Haar des groupes V_w. Dans la suite on les choisit telles que

$$\int_{V_w \cap K} dv = 1$$

si $v = (v_{ij})$ alors $dv = \prod_{\substack{i>j \\ \sigma^{-1}(i)<\sigma^{-1}(j)}} dv_{ij}$ où dv_{ij} est la mesure de Haar sur k telle que

$$\int_{\mathfrak{O}} dv_{ij} = 1 \ .$$

Soit $\chi_{K\cap V_w}$ la fonction caractéristique de $K \cap V_w$, comme K est un ouvert compact de G, $\chi_{K\cap V_w}$ est un élément de $\mathcal{C}_c(V_w)$ alors :

PROPOSITION 1.4. - <u>Soient</u> w, w', w'' <u>trois éléments de</u> W, <u>et</u> $\overline{w}$, $\overline{w}'$, $\overline{w}''$ <u>des représentants respectifs dans</u> M'. <u>On suppose que</u> $\overline{w} = \overline{w}'\overline{w}''$ <u>et que</u>

$$l(w) = l(w') + l(w'')$$

<u>dans ces conditions, on a</u> :

$$1 = \int_{V_w} \chi_{K\cap V_w}(v)\, dv = \int_{V_{w'} \times V_{w''}} \chi_{K\cap V_w}(\overline{w}''^{-1} v' \overline{w}'' v'')\, dv'\, dv''$$

c'est-à-dire que la précédente normalisation convient.

La démonstration se fait par récurrence sur la longueur de w''.

Supposons que $l(w'') = 1$, alors $w'' = s_{i_0}$ et $\overline{w}''^{-1} v' \overline{w}'' v''$ est dans K si et seulement si v'' est dans K et v' est dans K donc :

$$\int_{V_{w'} \times V_{w''}} \chi_{K\cap V_w}(\overline{w}''^{-1} v' \overline{w}'' v'')\, dv'\, dv'' = \int_{V_{w'}\cap K} dv' \times \int_{V_{w''}\cap K} dv'' = 1$$

et le résultat est évident.

Supposons la propriété établie lorsque $l(w'') = p-1$; lorsque $l(w'') = p$, on décompose w'' :

$$w'' = w_1'' w_2'' \quad \text{tel que } l(w'') = l(w_1'') + l(w_2'') = l(w_1'') + 1$$

et on choisit des représentants respectifs $\overline{w}_1''$, $\overline{w}_2''$ de w_1'', w_2'' dans M' tels que

$$\overline{w}'' = \overline{w}_1'' \overline{w}_2''$$

alors :

$$\int_{V_{w'} \times V_{w''}} \chi_{K \cap V_w} (\overline{w}''^{-1} v' \overline{w}'' v'')\, dv'\, dv'' = \int_{V_{w'}} dv' \left[\int_{V_{w_1''} \times V_{w_2''}} \chi_{K \cap V_w} (\overline{w}''^{-1} v' \overline{w}_1'' v_1'' \overline{w}_2'' v_2'')\, dv_1''\, dv_2'' \right]$$

par hypothèse de récurrence, et comme cette intégrale converge absolument on a :

$$\int_{V_{w'} \times V_{w''}} \chi_{K \cap V_w} (\overline{w}''^{-1} v' \overline{w}'' v'')\, dv'\, dv'' = \int_{V_{w_2''}} dv_2'' \left[\int_{V_{w'} \times V_{w_1''}} \chi_{K \cap V_w} (\overline{w}_2''^{-1}\, \overline{w}_1''^{-1} v' \overline{w}_1'' v_1'' \overline{w}_2'' v_2'')\, dv'\, dv_1'' \right]$$

$$= \int_{V_{w_2''}} dv_2'' \int_{V_{w' w_1''}} \chi_{K \cap V_w} (\overline{w}_2''^{-1} v_1' \overline{w}_2'' v_2'')\, dv_1'$$

$$= \int_{V_w} \chi_{K \cap V_w} (v)\, dv$$

$$= 1$$

Dorénavant, pour le calcul de $A(\lambda, \overline{w})\varphi$, lorsque λ est dans $S(w)$, on choisira un représentant $\overline{w}$ dans M', et on posera :

$$A(\lambda, a\overline{w})\, \varphi(g) = w(\lambda)^{-1}(a)\, \delta(a)^{-1/2} \int_{V_w} \varphi(g \overline{w} v)\, dv$$

dv étant la mesure de Haar sur V_w, avec la normalisation précédemment choisie. Nous avons alors le théorème suivant :

THEOREME 1.1. Soient w, w', w'' trois éléments de W, et $\overline{w}, \overline{w}', \overline{w}''$ des représentants respectifs dans M'. On suppose de plus que $\overline{w} = \overline{w}' \overline{w}''$ et que

$$l(w) = l(w') + l(w'')$$

dans ces conditions, on a :

a) $S(w) = S(w'') \cap w''^{-1} S(w')$

b) si $\lambda \in S(w)$ alors

$$A(\lambda, \overline{w}) = A(w''(\lambda), \overline{w}')\, A(\lambda, \overline{w}'')$$

La démonstration est analogue à celle faite par G. SCHIFFMANN ([11] théorème 1.1.).

Remarque : si les représentants $\overline{w}, \overline{w}', \overline{w}''$ ne sont plus dans M' alors b) est vrai à un coefficient près.

Le théorème 1.1. permet de se ramener au cas où $l(w) = 1$.

Soit λ un caractère de A , alors $\lambda = (\lambda_1, \lambda_2, \dots, \lambda_n)$ où chaque λ_i est un caractère généralisé de A : $\lambda_i = \chi_i|\ |^{s_i}$, χ_i étant un caractère unitaire et s_i un nombre complexe ; si α est une racine de $\mathfrak{a}$, il existe $i \neq j$ tel que $\alpha(a) = a_i - a_j$, on note

$$\lambda_\alpha = \chi_\alpha|\ |^{s_\alpha}$$

le caractère :

$$\lambda_i \lambda_j^{-1} = (\chi_i \chi_j^{-1})|\ |^{s_i - s_j} .$$

THEOREME 1.2. $S(w)$ <u>est l'ensemble des caractères</u> λ <u>de</u> A <u>tels que pour tout</u> α <u>dans</u> $\Delta(w)$ <u>on ait</u> :

$$\mathrm{Re}(s_\alpha) > 0 .$$

La démonstration se fait par récurrence sur la longueur de w .

Supposons que $l(w) = 1$, alors $w = s_i$ et :

$$V_w = \left\{ \begin{pmatrix} 1 & & & \\ & \ddots_{1} & O & \\ & x & 1 & \\ & & & \ddots_{1} \end{pmatrix} \text{i+1},\ x \in k \right\}$$
$$\qquad\qquad\qquad i$$

donc :

$$A(\lambda, \overline{w})\varphi(g) = \int_k \pi_\lambda(g^{-1})\,\varphi\left(\begin{pmatrix} \mathrm{Id} & & \\ & \begin{matrix} x & 1 \\ 1 & 0 \end{matrix} & \\ & & \mathrm{Id} \end{pmatrix} \right) dx$$

pour le choix suivant de $\overline{w}$: $\begin{pmatrix} \mathrm{Id} & & \\ & \begin{matrix} 0 & 1 \\ 1 & 0 \end{matrix} & \\ & & \mathrm{Id} \end{pmatrix}$

Comme on a la décomposition suivante pour $x \neq 0$:

$$\begin{pmatrix} \mathrm{Id} & & \\ & \begin{matrix} x & 1 \\ 1 & 0 \end{matrix} & \\ & & \mathrm{Id} \end{pmatrix} = \begin{pmatrix} \mathrm{Id} & & \\ & \begin{matrix} 1 & 0 \\ x^{-1} & 1 \end{matrix} & \\ & & \mathrm{Id} \end{pmatrix} \begin{pmatrix} \mathrm{Id} & & \\ & \begin{matrix} x & 0 \\ 0 & -x^{-1} \end{matrix} & \\ & & \mathrm{Id} \end{pmatrix} \begin{pmatrix} \mathrm{Id} & & \\ & \begin{matrix} 1 & x^{-1} \\ 0 & 1 \end{matrix} & \\ & & \mathrm{Id} \end{pmatrix}$$

et que, pour $|x|$ suffisamment grand, $|x| \geq q^{n(\varphi, g)}$:

$$g \begin{pmatrix} \mathrm{Id} & & \\ & \begin{matrix} 1 & 0 \\ x^{-1} & 1 \end{matrix} & \\ & & \mathrm{Id} \end{pmatrix} g^{-1} \in K_{n_\varphi}$$

on a :

$$A(\lambda, \overline{w})\varphi(g) = \int_{|x|<q^{n(\varphi,g)}} \varphi(g\overline{w}v)\,dx + \lambda_{i+1}(-1)\varphi(g)\int_{|x|\geq q^{n(\varphi,g)}} \lambda_{\alpha_i}^{-1}(x)\,d^*x \ .$$

par conséquent, cette intégrale converge absolument pour tout φ dans $\mathcal{S}_\lambda$ et g dans G lorsque :

$$\mathrm{Re}(s_{\alpha_i}) > 0$$

et on obtient :

$$A(\lambda, \overline{w})\varphi(g) = \int_{|x|<q^{n(\varphi,g)}} \varphi(g\overline{w}\,v)\,dv + \begin{cases} 0 \text{ si } \chi_{\alpha_i} \text{ est ramifié} \\ \dfrac{q^{-n(\varphi,g)s_{\alpha_i}}}{1-q^{-s_{\alpha_i}}}(1-\frac{1}{q})\lambda_{i+1}(-1)\varphi(g) \text{ si } \chi_{\alpha_i} = \mathrm{Id} \end{cases}$$

<u>Remarque</u> : cette intégrale a encore un sens en partie principale lorsque χ_{α_i} est ramifié.

Supposons que le théorème soit établi lorsque $l(w) = p-1$; lorsque $l(w) = p$ on décompose w :

$$w = w'w'' \quad \text{avec} \quad l(w) = l(w') + l(w'') = l(w')+1$$

alors :

$$\Delta(w) = \Delta(w'') \cup w''^{-1}\Delta(w')$$

et d'après le théorème 1.1. et l'hypothèse de récurrence :

$$S(w) = \{\lambda \in \hat{A}\ ,\ \mathrm{Re}\, s_\alpha > 0\ \forall \alpha \in \Delta(w'')\} \cap \{\lambda \in \hat{A},\ \mathrm{Re}\, s_\alpha > 0\ \forall\alpha \in w''^{-1}\Delta(w')\}$$

$$= \{\lambda \in \hat{A},\ \mathrm{Re}\, s_\alpha > 0\ \forall \alpha \in \Delta(w)\}\ .$$

1.5. <u>L'ADJOINT DES INTEGRALES D'ENTRELACEMENT.</u>

PROPOSITION 1.5. - <u>Si</u> $\lambda \in S(w)$ <u>alors</u> $w(\overline{\lambda})^{-1} \in S(w^{-1})$ <u>et l'adjoint de l'opérateur</u>

$$A(\lambda, \overline{w}) : \mathcal{S}_\lambda \to \mathcal{S}_{w(\lambda)}$$

<u>est l'opérateur</u>

$$A(w(\overline{\lambda})^{-1}, \overline{w}^{-1}) : \mathcal{S}_{w(\overline{\lambda})^{-1}} \to \mathcal{S}_{\overline{\lambda}^{-1}}$$

$\overline{w}$ <u>étant un représentant de</u> w <u>dans</u> M' .

La démonstration est analogue à celle faite par G. SCHIFFMANN (cf. [11], prop. 1.4.) .

§2 LE PROLONGEMENT ANALYTIQUE

2.1. RAPPEL DES RESULTATS POUR Gl(2,k).

Dans ce paragraphe, on rappelle les résultats concernant le prolongement analytique de l'intégrale d'entrelacement pour le groupe Gl(2, k). Pour faire le prolongement analytique, on utilise l'application surjective : p_λ de $C_c(Gl(2,k))$ dans $\mathcal{S}_\lambda(Gl(2,k))$, lorsque $\lambda \in S(w)$, on a :

$$A(\lambda, \overline{w})\, p_\lambda(f)(g) = \int_{V\times A\times N} f(g\overline{w}\, v\, a\, n)\,\lambda(a)\,\delta(a)^{1/2}\, dv\, da\, dn$$

$\overline{w}$ étant un représentant de l'unique élément non trivial de W ; dorénavant on fixe $\overline{w} = \begin{pmatrix} 0 & -1 \\ 1 & 0 \end{pmatrix}$, et on prend g dans Sl(2, k).

Si on pose :

$$f^1(g) = \int_{k^*\times k} f\left(g\begin{pmatrix} 1 & 0 \\ 0 & a \end{pmatrix}\begin{pmatrix} 1 & x \\ 0 & 1 \end{pmatrix}\right)\lambda_2(a)|a|^{-1/2}\, d^*a\, dx$$

alors f^1 est une fonction de Sl(2, k), localement constante, à support compact modulo N , invariante à droite par N , et à valeur dans $\mathbb{C}$; cet espace est noté $C_c(Sl(2,k)/N)$. L'intégrale d'entrelacement devient :

$$A'(\lambda, \overline{w})\, f^1(g) = A(\lambda,\overline{w})\, p_\lambda(f)(g)$$

$$= \int_{k^*\times k} f^1\left(g\begin{pmatrix} 0 & -1 \\ 1 & 0 \end{pmatrix}\begin{pmatrix} 1 & 0 \\ x & 1 \end{pmatrix}\begin{pmatrix} a & 0 \\ 0 & a^{-1} \end{pmatrix}\right)\lambda_1\lambda_2^{-1}(a)|a|^{+1}\, d^*a\, dx$$

Le prolongement analytique se fait pour l'opérateur $A'(\lambda, \overline{w})$ défini sur l'espace $C_c(Sl(2,k)/N)$.

PROPOSITION 2.1. -

1) <u>Sur $C_c(Sl(2,k)/N)$, la transformation de Fourier est donnée par :</u>

$$f^*(g) = \int_{A\times V} f(\overline{w}\, v\, a)\,\tau([g, \overline{w}\, v\, a])|a|\, d^+a\, dv$$

<u>où</u>

$$A = \{\begin{pmatrix} t & 0 \\ 0 & t^{-1} \end{pmatrix}, t\in k^*\}\ ,\ d^+a = dt \text{ et } |a| = |t|$$

$[g, g'] =$ <u>premier coefficient de la matrice</u> ${}^t g'\,\overline{w}\, g$.

2) Sur $C_c(A)$ la transformation de Fourier est donnée par :

$$\hat{f}(a) = \int_A f(a')\tau(aa')d^+a'$$

où $\tau(a) = \tau(t)$ si $a = \begin{pmatrix} t & 0 \\ 0 & t^{-1} \end{pmatrix}$

3) Pour tout $f \in C_c(Sl(2,k)/N)$ et tout $g \in Sl(2,k)$, on pose :

$$f'_g(a) = |a| \int_V f(g\overline{w}\, v\, a)\, dv$$

alors f'_g se prolonge en une fonction de $\mathcal{S}(k)$; pour tout $g \in Sl(2,k)$ et a dans A, on a :

$$f^*(g\,a) = \widehat{f'_g}\,(a)$$

(cf. [6] § 3).

DEMONSTRATION.-

1) Soit $E = k \times k$, alors $C_c(Sl(2,k)/N)$ s'identifie à l'espace $\mathcal{S}(E - \{0\})$ des fonctions localement constantes, à valeur dans $\mathbb{C}$, et à support compact dans $E - \{0\}$; en effet si on pose :

$$h_f(x,y) = f\left(\begin{pmatrix} x & b \\ y & d \end{pmatrix}\right)$$

avec b et d quelconques mais tels que $xd - yb = 1$, alors $h_f \in \mathcal{S}(E - \{0\})$, et cette application est une bijection ; h_f est à support compact dans $E - \{0\}$ car l'application :

$$\begin{array}{ccc} Sl(2,k)/N & \longrightarrow & E - \{0\} \\ \dot{g} & \longrightarrow & g \cdot \begin{pmatrix} 1 \\ 0 \end{pmatrix} \end{array}$$

est continue.

Sur E, on définit la transformation de Fourier à l'aide du bicaractère $\tau([z,z'])$ où :

$$[z,z'] = xy' - x'y \quad \text{si} \quad z = (x,y) \text{ et } z' = (x',y')$$

et la mesure autoduale correspondante est $dx\,dy$; alors :

$$\mathcal{F}h_f(x,y) = \int_{E-\{0\}} h_f(x',y')\, \overline{\tau([z',z])}\, dx'\, dy'$$

le changement de variable $x' \to -x'y'$ donne :

$$\mathcal{F}h_f(x,y) = \int_{k^* \times k} f\left(\begin{pmatrix} -x'y' & -y'^{-1} \\ y' & 0 \end{pmatrix}\right) \tau\left(\left[g, \overline{w}\begin{pmatrix} 1 & 0 \\ x' & 1 \end{pmatrix}\begin{pmatrix} y' & b \\ 0 & y'^{-1} \end{pmatrix}\right]\right)|y'|\, dy'\, dx'$$

$$= f^*\begin{pmatrix} x & b \\ y & d \end{pmatrix}$$

b et d quelconques mais tels que $xd - yb = 1$ et $g = \begin{pmatrix} x & b \\ y & d \end{pmatrix}$.

2) $C_c(A)$ s'identifie avec $\mathcal{S}(k^*)$; la transformation de Fourier sur $C_c(A)$ est alors la transformation de Fourier usuelle sur $\mathcal{S}(k)$ définie à partir du caractère τ; dx est alors la mesure autoduale.

3) Pour tout $f \in C_c({}^{Sl(2,k)}/_N)$ et tout g dans $Sl(2,k)$, on pose :

$$f'_g(a) = |a| \int_V f(g\overline{w}va)\, dv$$

alors pour $|a|$ suffisamment petit, $f'_g(a)$ est constante, donc f'_g se prolonge en une fonction de $\mathcal{S}(k)$ pour tout $g \in Sl(2,k)$, et on peut considérer $\widehat{f'_g}$: la transformée de Fourier de f'_g ; on a alors la relation suivante :

$$f^*(ga) = \widehat{f'_g}(a)$$

pour tout $g \in Sl(2,k)$, $a = \begin{pmatrix} t & 0 \\ 0 & t^{-1} \end{pmatrix}$ où $t \in k^*$.

Comme $Sl(2,k) = AN \cup AN\overline{w}N$, il suffit de la démontrer pour $g \in AN$ et pour $g \in AN\overline{w}N$; comme de plus f^* et $f'_\cdot(a)$ sont invariantes à droite par N, il suffit de faire la démonstration pour $g \in A$ et $g \in AN\overline{w}$; mais $\overline{w}$ normalise A et A normalise N, la relation est alors vérifiée pour $g \in A$; il reste donc à faire le calcul lorsque $g = n\overline{w}$ où $n \in N$; on écrit $f^*(n\overline{w}a)$:

$$f^*(n\overline{w}a) = \int_{A \times V} f(\overline{w}va')\tau([n\overline{w}a, \overline{w}va'])|a'|\, d^+a'\, dv$$

$$= \int_{k \times k^*} f\left(\begin{pmatrix} -zt' & -t'^{-1} \\ t' & 0 \end{pmatrix}\right)\tau(tt'(x+z))|t'|\, dt'\, dz$$

avec $a' = \begin{pmatrix} t' & 0 \\ 0 & t'^{-1} \end{pmatrix}$, $a = \begin{pmatrix} t & 0 \\ 0 & t^{-1} \end{pmatrix}$, $v = \begin{pmatrix} 1 & 0 \\ z & 1 \end{pmatrix}$ et $n = \begin{pmatrix} 1 & x \\ 0 & 1 \end{pmatrix}$

$$\widehat{f'_{n\overline{w}}}(a) = \int_{A \times V} f(-nva')\tau(aa')|a'|\, d^+a'\, dv$$

$$= \int_{k \times k^*} f\left(\begin{pmatrix} -t' - t'xz & -xt'^{-1} \\ -t'z & -t'^{-1} \end{pmatrix}\right)\tau(tt')|t'|\, dt'\, dz$$

les notations étant les mêmes que précédemment.

Dans l'intégrale donnant $\widehat{f'_{n\overline{w}}}(a)$, on fait d'abord le changement de variable $t' \to -t'z^{-1}$, puis le changement de variable $z \to z^{-1}$ et le changement de variable $z \to -z-x$; en utilisant le fait que f est invariante à droite par N, ceci nous donne :

$$\widehat{f'}_{n\overline{w}}(a) = \int_{k \times k^*} f\left(\begin{pmatrix} -t'z & t'^{-1} \\ t' & 0 \end{pmatrix}\right) \tau\left(t t'(x+z)\right) |t'| \, dt' \, dz$$

$$= f^*(n\overline{w}a)$$

On utilise les propriétés de la transformation de Fourier dans $C_c(^{Sl(2,k)}/_N)$, ainsi que l'équation fonctionnelle de Tate, pour prolonger analytiquement $A'(\lambda, \overline{w}) f(g)$. On reprend les notations du § 1 ; on pose

$$\lambda_\alpha = \lambda_1 \lambda_2^{-1} \quad , \quad \chi_\alpha = \chi_1 \chi_2^{-1} \quad \text{et} \quad s_\alpha = s_1 - s_2$$

α étant la racine correspondant à w $\left(\alpha(a) = a_1 - a_2 \text{ avec } a = \begin{pmatrix} a_1 & 0 \\ 0 & a_2 \end{pmatrix}\right)$

PROPOSITION 2.2. -

1) L'application de $S(w) = \{ s \in C \times C$ tel que $\operatorname{Re} s_\alpha > 0 \}$ dans C définie par :

$$s \to A'(\chi |\ |^s, \overline{w}) f(g)$$

i) est analytique ;

ii) vérifie l'équation fonctionnelle

$$A'(\chi |\ |^s, \overline{w}) f(g) = \Gamma(\chi_\alpha, s_\alpha) \mathcal{M}_{\widehat{f'}_g}(\chi_\alpha^{-1}, 1 - s_\alpha)$$

où $\mathcal{M}_{\widehat{f'}_g}(\chi_\alpha^{-1}, 1 - s_\alpha)$ désigne la transformée de Mellin de $\widehat{f'}_g$ relativement au caractère $\chi_\alpha^{-1} |\ |^{1-s_\alpha}$, et $g \in Sl(2, k)$;

iii) admet un prolongement analytique de pôles les λ tels que $\lambda_\alpha = \mathrm{Id}$.

2) On note $A(\lambda, \overline{w})$ l'opérateur d'entrelacement obtenu par prolongement analytique, il vérifie :

$$A\left(w(\lambda), \overline{w}^{-1}\right) A(\lambda, \overline{w}) = \Gamma(\chi_\alpha, s_\alpha) \Gamma(\chi_\alpha^{-1}, -s_\alpha) \, \mathrm{Id}_{\mathcal{S}_\lambda} .$$

DEMONSTRATION.- (cf. [6] § 3)

1) Soit $g \in Sl(2,k)$ et $f \in C_c(^{Sl(2,k)}/_N)$, on suppose que $\operatorname{Re} s_\alpha > 0$ alors :

$$A'(\chi |\ |^s, \overline{w}) f(g) = \int_{k^* \times k} f\left(g \begin{pmatrix} 0 & -1 \\ 1 & 0 \end{pmatrix} \begin{pmatrix} 1 & 0 \\ x & 1 \end{pmatrix} \begin{pmatrix} a & 0 \\ 0 & a^{-1} \end{pmatrix}\right) \lambda_\alpha(a) |a| \, d^*a \, dx$$

$$= \int_{k^*} f'_g\left(\begin{pmatrix} a & 0 \\ 0 & a^{-1} \end{pmatrix}\right) \lambda_\alpha(a) \, d^*a$$

$$= \mathcal{M}_{f'_g}(\chi_\alpha, s_\alpha)$$

en utilisant l'équation fonctionnelle de Tate pour les transformées de Mellin des fonctions de $\mathcal{S}(k)$ $\left(\text{ici } f'_g \text{ est dans } \mathcal{S}(k)\right)$ (cf. [5] chap. XV), on obtient :

$$A'(\chi |\ |^s, \overline{w}) f(g) = \Gamma(\chi_\alpha, s_\alpha) \mathcal{M}_{\widehat{f'}_g}(\chi_\alpha^{-1}, 1 - s_\alpha)$$

où $\Gamma(\chi, s)$ est donné par :

$$\Gamma(\chi, s) = \begin{cases} C_\chi q^{m(\chi)(s-\frac{1}{2})} & \text{si } \chi \text{ est ramifié de degré } m(\chi) \\ \dfrac{1-q^{s-1}}{1-q^{-s}} & \text{si } \chi = \mathrm{Id} \end{cases}$$

C_χ étant une constante complexe de module 1. (cf. [10])

Ceci montre que, pour $\mathrm{Re}\, s_\alpha > 0$, la fonction $s \to A'(\chi| \,|^s, \overline{w}) f(g)$ est analytique, et le prolongement analytique est fourni par l'équation fonctionnelle de Tate ; en particulier pour $0 < \mathrm{Re}\, s_\alpha < 1$, $\mathcal{M}_{f'_g}(\chi_\alpha, s_\alpha)$ et $\mathcal{M}_{\widehat{f'_g}}(\chi_\alpha^{-1}, 1-s_\alpha)$ sont des intégrales absolument convergentes.

2) On obtient ainsi un prolongement analytique de $A(\lambda, \overline{w})$; en effet pour tout φ dans $\mathcal{S}_\lambda(\mathrm{Gl}(2,k))$ il existe f dans $C_c(\mathrm{Gl}(2,k))$ telle que $p_\lambda(f) = \varphi$, et pour tout g dans $\mathrm{Gl}(2,k)$, $g = g_o a$ où $g_o \in \mathrm{Sl}(2,k)$ et a est une matrice diagonale ; on pose :

$$A(\lambda, \overline{w})\varphi(g) = A'(\lambda, \overline{w}) f^1(g_o) \times w(\lambda)^{-1}(a)\, \delta(a)^{-\frac{1}{2}} .$$

Comme $A(\lambda, \overline{w})$ entrelace $\mathcal{S}_\lambda(\mathrm{Gl}(2,k))$ avec $\mathcal{S}_{w(\lambda)}(\mathrm{Gl}(2,k))$ lorsque $s \in S(w)$, cette propriété reste vraie pour tout s tel que $\chi_\alpha| \,|^{s_\alpha} \neq \mathrm{Id}$, car deux fonctions analytiques définies sur un ouvert connexe (ici, c'est $\mathbb{C} - \bigcup_{k \in \mathbb{Z}} \{2ki\pi \,\mathrm{Log}\, q\}$ si $\chi_\alpha = \mathrm{Id}$, et $\mathbb{C}$ si $\chi_\alpha \neq \mathrm{Id}$), égales sur un ouvert, sont égales partout.

Il reste à déterminer $A(w(\lambda), \overline{w}^{-1}) A(\lambda, \overline{w})$; pour ceci on effectue le calcul lorsque $-1 < \mathrm{Re}\, s_\alpha < 0$; soit $f \in C_c(\mathrm{Sl}(2,k)/N)$, on a :

$$A(w(\lambda), \overline{w}^{-1})\,[A'(\lambda, \overline{w}) f\,](\mathrm{Id}) = \int_V A'(\lambda, \overline{w}) f(-\overline{w}v)\, dv$$

et par le prolongement analytique de l'opérateur d'entrelacement, on obtient :

$$\begin{aligned} A(w(\lambda), \overline{w}^{-1})&(A'(\lambda, \overline{w}) f)(\mathrm{Id}) = \\ &= \Gamma(\chi_\alpha, s_\alpha) \int_{V \times k^*} \widehat{f'}_{-\overline{w}v}\left(\begin{pmatrix} a & 0 \\ 0 & a^{-1} \end{pmatrix}\right) \lambda_\alpha^{-1}(a) |a|\, d^*a\, dv \\ &= \Gamma(\chi_\alpha, s_\alpha) \int_{A \times V} f^*(-\overline{w}\, v\, a)\, \lambda_\alpha^{-1}(a) |a|\, d^*a\, dv \\ &= \Gamma(\chi_\alpha, s_\alpha)\, \mathcal{M}_{(f^*)'_{-\mathrm{Id}}}(\chi_\alpha^{-1}, -s_\alpha) \end{aligned}$$

et en appliquant à nouveau l'équation fonctionnelle de Tate à la fonction $(f^*)'_{-Id}$, qui est dans $\mathcal{S}(k)$, on a :

$$A(w(\lambda), \overline{w}^{-1})(A'(\lambda, \overline{w}) f)(Id) = \Gamma(\chi_\alpha, s_\alpha)\Gamma(\chi_\alpha^{-1}, -s_\alpha)\mathcal{M}_{\widehat{(f^*)'_{-Id}}}(\chi_\alpha, 1+s_\alpha)$$

or, d'après la proposition 2.1., on sait que :

$$\widehat{(f^*)'_{-Id}}(a) = (f^*)^*(-a) = f(a)$$

et comme $\mathrm{Re}\, s_\alpha > -1$, la transformée de Mellin est donnée sous forme intégrale, donc :

$$\begin{aligned} A(w(\lambda), \overline{w}^{-1})(A'(\lambda, \overline{w}) f)(Id) &= \\ &= \Gamma(\chi_\alpha, s_\alpha)\Gamma(\chi_\alpha^{-1}, -s_\alpha)\mathcal{M}_f(\chi_\alpha, 1+s_\alpha) \\ &= \Gamma(\chi_\alpha, s_\alpha)\Gamma(\chi_\alpha^{-1}, -s_\alpha)\int_{k^*} f\left(\begin{pmatrix} a & 0 \\ 0 & a^{-1}\end{pmatrix}\right)\lambda_\alpha(a)\, da \\ &= \Gamma(\chi_\alpha, s_\alpha)\Gamma(\chi_\alpha^{-1}, -s_\alpha)\varphi(Id) \end{aligned}$$

où :

$$\varphi(g) = \int_{k^*} f\left(g\begin{pmatrix} a & 0 \\ 0 & a^{-1}\end{pmatrix}\right)\lambda_\alpha(a)\, da$$

donc :

$$A(w(\lambda), \overline{w}^{-1}) A(\lambda, \overline{w})\varphi(Id) = \Gamma(\chi_\alpha, s_\alpha)\Gamma(\chi_\alpha^{-1}, -s_\alpha)\varphi(Id) .$$

Comme :

$$\begin{aligned} \pi_\lambda(g^{-1})\left(A(w(\lambda), \overline{w}^{-1}) A(\lambda, \overline{w})\varphi\right)(Id) &= A(w(\lambda), \overline{w}^{-1}) A(\lambda, \overline{w})(\pi_\lambda(g^{-1})\varphi)(Id) \\ &= A(w(\lambda), \overline{w}^{-1}) A(\lambda, \overline{w})\varphi(g) \end{aligned}$$

pour $0 < \mathrm{Re}(s_\alpha) < 1$, on obtient :

$$A(w(\lambda), \overline{w}^{-1}) A(\lambda, \overline{w})\varphi(g) = \Gamma(\chi_\alpha, s_\alpha)\Gamma(\chi_\alpha^{-1}, -s_\alpha)\varphi(g)$$

pour tout $g \in Gl(2,k)$, tout $\varphi \in \mathcal{S}_\lambda(Gl(2,k))$.

On fixe la variable complexe s_2 dans $\mathbb{C}$ (quelconque), alors les deux nombres sont des fonctions analytiques de la variable s_1, définies sur un ouvert connexe (qui est $\mathbb{C}$ si $\chi_\alpha \neq Id$, et $\mathbb{C} - \bigcup_{k \in \mathbb{Z}} \{s_2 + 2i\pi k \operatorname{Log} q\}$ si $\chi_\alpha = Id$), égales sur un ouvert, donc elles sont égales partout et :

$$A(w(\lambda), \overline{w}^{-1}) A(\lambda, \overline{w}) = \Gamma(\lambda_\alpha)\Gamma(w(\lambda)_\alpha)\, Id_{\mathcal{S}_\lambda}$$

où on note :

$$\Gamma(\lambda_\alpha) = \Gamma(\chi_\alpha, s_\alpha) .$$

Cette relation ayant été démontré pour $\overline{w} = \begin{pmatrix} 0 & -1 \\ 1 & 0 \end{pmatrix}$, elle reste encore vraie pour tout représentant de w dans M', en effet par prolongement analytique, on a :

$$A(\lambda , a\overline{w}) = w(\lambda)^{-1}(a)\,\delta(a)^{-1/2} A(\lambda, \overline{w})$$

pour tout $\lambda = (\lambda_1, \lambda_2)$ et tout a dans A.

2.2. LE PROLONGEMENT ANALYTIQUE POUR Gl(n,k).

Soient φ un élément de $\mathcal{S}_\lambda$, w un élément de W, et $\overline{w}$ un représentant de w ; on détermine un prolongement méromorphe de $A(\lambda, \overline{w})\varphi(g)$, pour tout g dans G. Comme dans le paragraphe précédent, on utilise l'application surjective p_λ de $C_c(G)$ dans $\mathcal{S}_\lambda$; et plus précisément, on fait le prolongement méromorphe pour l'opérateur

$$A'(\lambda , \overline{w})\, f(g) = \int_{V_w \times A} f(g\overline{w}va)\, \lambda(a)\, \delta(a)^{+1/2}\, dv\, da$$

défini pour $\lambda \in S(w)$, et où f est une fonction définie sur G à valeur dans $\mathbb{C}$, localement constante, invariante à droite par N, et à support compact modulo N ; cet espace est noté $C_c(G/N)$.

PROPOSITION 2.3. - Soient w dans W, $\overline{w}$ un représentant de w, f un élément de $C_c(G/N)$, g un élément de G, et $\chi = (\chi_1, \chi_2, \ldots, \chi_n)$ un caractère de $A \cap K$.

1) L'application de $D(w) = \{ s \in \mathbb{C}^n \mid \operatorname{Re} s_\alpha > 0\ \forall \alpha \in \Delta(w) \}$ dans $\mathbb{C}$ définie par :

$$s \to A'(\chi |\ |^s, \overline{w})\, f(g)$$

est analytique.

Elle se prolonge en une fonction méromorphe de pôles :

$$\{ s \in \mathbb{C}^n \mid \exists \alpha \in \Delta(w) \text{ tel que } \chi_\alpha |\ |^{s_\alpha} = \mathrm{Id} \} .$$

De plus si $p_{\chi|\ |^s}(f) = 0$, alors $A'(\chi |\ |^s, \overline{w}) f = 0$.

2) Ce prolongement méromorphe de $A(\lambda, \overline{w})$ (noté aussi $A(\lambda, \overline{w})$) est un opérateur d'entrelacement de π_λ avec $\pi_{w(\lambda)}$.

3) Si le représentant $\overline{w}$ de w est choisi dans M', alors on a la relation :

$$A(w(\lambda), \overline{w}^{-1})\, A(\lambda, \overline{w}) = \Gamma_w(\lambda)\, \Gamma_{w^{-1}}(w(\lambda))\, \mathrm{Id}_{\mathcal{S}_\lambda}$$

où $\Gamma_w(\lambda) = \prod_{\alpha \in \Delta(w)} \Gamma(\lambda_\alpha)$.

4) Lorsque $\overline{w}$ est choisi dans M', l'adjoint de $A(\lambda,\overline{w})$ est $A(w(\overline{\lambda})^{-1}, \overline{w}^{-1})$.

5) $A(\lambda, \overline{w})$ est une bijection lorsque : $\forall \alpha \in \Delta(w)$, $\lambda_\alpha \neq |\ |^{+1}, |\ |^{-1}, \mathrm{Id}$.

DEMONSTRATION.- Elle se fait par récurrence sur la longueur de w.

Supposons donc que $l(w) = 1$, et soit α_i une racine simple telle que $w = s_i$; dans ce cas

$$V_w = \left\{ \begin{array}{c} \\ i+1 \\ \\ \end{array} \left(\begin{array}{c|c} 1 & \\ \;\ddots & \\ \hline \quad x & \ddots \\ & \quad 1 \end{array} \right) x \in k \right\}$$
$$\qquad\qquad\qquad\qquad i$$

et choisissons comme représentant l'élément $\overline{w} = \left(\begin{array}{c|c|c} \mathrm{Id} & & \\ \hline & \begin{array}{cc} 0 & -1 \\ 1 & 0 \end{array} & \\ \hline & & \mathrm{Id} \end{array} \right) \begin{array}{c} \\ i \\ \\ \end{array}$.
$\qquad\qquad\qquad\qquad\qquad\qquad\qquad\qquad\qquad\qquad\qquad\qquad i$

Soient : $A_1 = \{a \in A \,|\, a_i = a_{i+1} = 1\}$

$\qquad\qquad A_2 = \{a \in A \,|\, a_j = 1 \;\forall\, j \neq i,\; j \neq i+1\}$

alors : $\qquad A = A_1 \cdot A_2 \quad$ et $\quad A_1 \cap A_2 = \{\mathrm{Id}\}$.

Prenons $\chi|\;|^s$ dans $S(w)$, on a :

$$A'(\lambda, \overline{w}) f(g) = \int_{A_2 \times V_w} \delta(a_2)^{1/2} \chi(a_2)|a_2|^s \, da_2 \, dv \left[\int_{A_1} f(g \overline{w} v a_2 a_1) \chi(a_1)|a_1|^s \delta(a_1)^{1/2} da_1 \right]$$

Comme cette intégrale converge absolument, on peut appliquer le théorème de Fubini ; soit :

$$f^2(g) = \int_{A_1} f(g \overline{w} v a_2 a_1) \chi(a_1)|a_1|^s \delta(a_1)^{+1/2} da_1$$

alors, comme f est à support compact modulo N, l'intégration se fait sur un compact de A_1 ; on effectue ainsi $(n-2)$ transformées de Mellin successives pour des fonctions de $\mathcal{S}(k^*)$; $f^2(g)$ est une fonction analytique des $(n-2)$ variables :

$$s_1 - \frac{3-n}{2}, \; s_2 - \frac{5-n}{2}, \; \ldots, \; s_{i-1} - \frac{2i-n-3}{2}, \; s_{i+2} - \frac{2i-n+3}{2}, \; \ldots, \; s_n - \frac{n-1}{2} .$$

Plus précisément $f^2(g)$ est une fraction rationnelle :

$$f^2(g) = c \sum_{\substack{p_j \in \mathbb{Z} \\ j \neq i,\, i+1}} \frac{1}{q^{p_1(s_1 - \frac{3-n}{2}) + \ldots + p_n(s_n - \frac{n-1}{2})}} \int_{A_1 \cap K} f(g\, a_{p_1 \ldots p_n} u) \chi(u) \, du$$

où :

$$a_{p_1 \ldots p_n} = \left(\begin{array}{cccccc} \pi^{p_1} & & & & & \\ & \ddots & & & & \\ & & 1 & & & \\ & & & 1 & & \\ & & & & \ddots & \\ & & & & & \pi^{p_n} \end{array} \right) \begin{array}{c} \\ \\ i \\ i+1 \\ \\ \\ \end{array}$$

et c est une constante dépendant du choix de la mesure.

Les sommations sont finies et dépendent du support de $f(g\,.\,)$; en particulier ce support ne change pas si on considère $f(gp.)$ où p est un élément de :

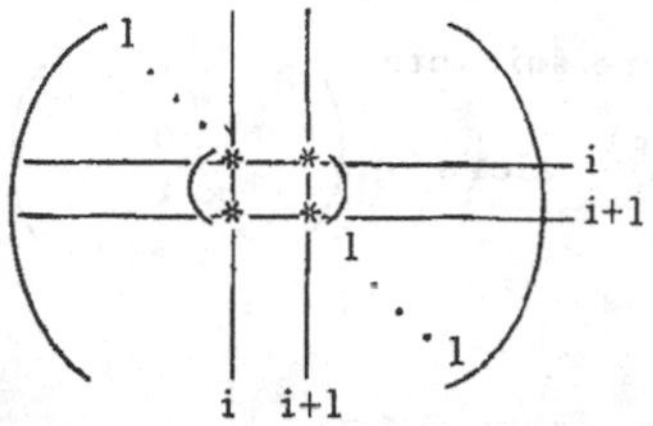

Comme :

$$A'(\chi|\,|^s, \overline{w})\, f(g) = c \sum_{\substack{p_j \in \mathbb{Z} \\ j \neq i,\, i+1}} \frac{1}{q^{p_1(s_1 - \frac{3-n}{2}) + \dots + p_n(s_n - \frac{n-1}{2})}}$$

$$\int_{A_2 \times V_w} \delta(a_2)^{1/2} \chi(a_2) |a_2|^s da_2\, dv \int_{A_1 \cap K} f(g\, \overline{w}\, v\, a_2\, a_{p_1 \dots p_n}) \chi(u)\, du$$

$A'(\chi|\,|^s, \overline{w}) f(g)$ est séparément analytique en $s_1, s_2, \dots, s_{i-1}, s_{i+1}, \dots, s_n$.

Soit :

$$(Rf)(g') = f^2\left(g \begin{pmatrix} Id & & \\ & (g') & \\ & & Id \end{pmatrix}\right)$$

où g' est dans $Gl(2,k)$;

alors Rf est une fonction définie sur $Gl(2,k)$, localement constante, invariante à droite par les matrices unipotentes supérieures de $Gl(2,k)$, et à support compact modulo ce sous-groupe ; et on a :

$$A'(\chi|\,|^s, \overline{w}) f(g) = \int_{k \times k^*} Rf\left(\begin{pmatrix} 0 & -1 \\ 1 & 0 \end{pmatrix}\begin{pmatrix} 1 & 0 \\ z & 1 \end{pmatrix}\begin{pmatrix} a_1 & 0 \\ 0 & a_2 \end{pmatrix}\right)$$

$$\chi_i(a_1)\chi_{i+1}(a_2)|a_1|^{-\frac{2i-n-1}{2}} |a_2|^{-\frac{2i-n+1}{2}} d^*a_1\, d^*a_2\, dz$$

C'est l'intégrale d'entrelacement pour $Gl(2,k)$, et il suffit d'appliquer les résultats du n° 2.1..

Pour g fixé, et f fixé dans $C_c(G/N)$, on obtient ainsi un prolongement méromorphe de $A'(\chi|\,|^s, \overline{w}) f(g)$, de pôles : $\{s \in \mathbb{C}^n \mid \chi_{\alpha_i} |\,|^{s_{\alpha_i}} = Id\}$. En particulier, si χ_{α_i} est un caractère ramifié, le prolongement est analytique sur $\mathbb{C}^n$.

Lors de la détermination de $S(w)$, on a vu que, si $Re(s_{\alpha_i}) > 0$, alors :

$$A(\chi||^s, \overline{w})\varphi(g) = \int_{|x|<q^{n(\varphi,g)}} \varphi\left(g\,\overline{w}\begin{pmatrix} Id & & \\ & \begin{matrix}1 & 0\\ x & 1\end{matrix} & \\ & & Id\end{pmatrix}\right)dx + \frac{q^{-n(\varphi,g)s_{\alpha_i}}}{1-q^{-s_{\alpha_i}}}\,\varphi(g)\int_{\mathfrak{O}^*}\chi_{\alpha_i}^{-1}(u)\,d^*u$$

où $n(\varphi, g)$ est défini de la manière suivante :

$$\{x \in k \text{ tel que si } |x| < q^{-n(\varphi,g)} \text{ alors } g\begin{pmatrix} Id & & \\ & \begin{matrix}1 & 0\\ x & 1\end{matrix} & \\ & & Id\end{pmatrix}g^{-1} \in K_{n_\varphi}\}$$

et :

$$\varphi(K_{n_\varphi} g) = \varphi(g) \quad \text{pour tout } g \in G .$$

En particulier, si f est l'antécédent de φ pour l'application $P_{\chi||^s}$, alors :

$$K_{n_\varphi} = K_{n_f} .$$

L'intégrale précédente est en fait une somme finie,

$$A(\chi||^s, \overline{w})\,\varphi(g) = \varphi(g\overline{w})\left\{\int_{|x|<q^{-n(f,g\overline{w})}} dx\right\}$$

$$+ \sum_{m=-n(f,g\overline{w})}^{n(f,g)-1} q^m \int_{\mathfrak{O}^*/1+\mathfrak{P}^h} d\dot{u} \int_{1+\mathfrak{P}^h} \varphi\left(g\,\overline{w}\begin{pmatrix}1 & 0\\ \pi^{-m}uv & 1\end{pmatrix}\right)d^*v$$

$$+ \frac{q^{-n(f,g)s_{\alpha_i}}}{1-q^{-s_{\alpha_i}}}\,\varphi(g)\int_{\mathfrak{O}^*}\chi_{\alpha_i}^{-1}(u)\,d^*u$$

où h = maximum de $(n(f, g\overline{w}) + m)$

$$-n(f, g\overline{w}) \leq m \leq n(f,g) - 1$$

alors si $v \in 1+\mathfrak{P}^h$: $v = 1+w$ où $w \in \mathfrak{P}^h$ et :

$$g\overline{w}\begin{pmatrix}1 & 0\\ \pi^{-m}uv & 1\end{pmatrix} = (g\overline{w})\begin{pmatrix}1 & 0\\ \pi^{-m}uw & 1\end{pmatrix}(g\overline{w})^{-1}(g\overline{w})\begin{pmatrix}1 & 0\\ \pi^{-m}u & 1\end{pmatrix}$$

donc :

$$A(\chi||^s, \overline{w})\varphi(g) = \varphi(g\overline{w})\left\{\int_{|x|<q^{-n(f,g\overline{w})}} dx\right\}$$

$$+ \sum_{m=-n(f,g\overline{w})}^{n(f,g)-1} q^m \left\{\int_{1+\mathfrak{P}^h} dx\right\}\left\{\sum_{u\in\mathfrak{O}^*/1+\mathfrak{P}^h} \varphi\left(g\,\overline{w}\begin{pmatrix}1 & 0\\ \pi^{-m}u & 1\end{pmatrix}\right)\right\}$$

$$+ \frac{q^{-n(f,g)s_{\alpha_i}}}{1-q^{-s_{\alpha_i}}}\,\varphi(g)\int_{\mathfrak{O}^*}\chi_{\alpha_i}^{-1}(u)\,d^*u \qquad (2.1.) \quad .$$

Cette expression fournit aussi un prolongement analytique de l'opérateur $A(\chi||^s, \overline{w})$, et aussi un prolongement analytique de l'opérateur $A'(\chi||^s, \overline{w})f(g)$, pour tout f dans $C_c(G/N)$ et tout g dans G ; fixons les variables complexes $s_1, s_2, \dots, s_{i-1}, s_{i+1}, \dots, s_n$ (mais quelconques), alors les deux prolongements obtenus sont des fonctions analytiques de la variable complexe s_i, définies sur un ouvert connexe (qui est le même pour les deux fonctions), et elles sont égales sur l'ouvert $\{\mathrm{Re}\, s_i > \mathrm{Re}\, s_{i+1}\}$, donc elles sont égales partout. Cette deuxième expression du prolongement analytique montre que si $p_{\chi||^s}(f) = 0$ alors $A'(\chi||^s, \overline{w})f = 0$, c'est-à-dire que $A'(\chi||^s, \overline{w})f$ ne dépend pas du choix de l'antécédent pour l'application $p_{\chi||^s}$, mais uniquement de l'élément φ de $\mathcal{S}_{\chi||^s}$. Ceci démontre le 1°).

Pour le 2°), on fixe à nouveau les variables complexes $s_1, s_2, \dots, s_{i-1}, s_{i+1}, \dots, s_n$ (quelconques) et on regarde les fonctions comme des fonctions de la variable s_i uniquement ; alors pour $\{\mathrm{Re}\, s_i > \mathrm{Re}\, s_{i+1}\}$ on a :

$$A(\chi||^s, \overline{w})\,\varphi(gan) = A(\chi||^s, \overline{w})\varphi(g)\, w(\chi||^s)^{-1}(a)\,\delta(a)^{-1/2}$$

$$\pi_{w(\chi||^s)}(g)\, A(\chi||^s, \overline{w})\varphi(g') = A(\chi||^s, \overline{w})(\pi_{\chi||^s}(g)\,\varphi)(g') .$$

Comme ce sont des fonctions analytiques sur $\mathbb{C}$ si χ_{α_i} est ramifié, et sur $\mathbb{C} - \bigcup_{k\in\mathbb{Z}} \{s_{i+1} + 2i\pi k \mathrm{Log}\, q\}$ si $\chi_{\alpha_i} = \mathrm{Id}$, ces égalités ont lieu partout. Donc le prolongement analytique de $A(\lambda, \overline{w})$ entrelace $\mathcal{S}_\lambda$ avec $\mathcal{S}_{w(\lambda)}$.

Pour déterminer $A(w(\lambda), \overline{w}^{-1})\, A(\lambda, \overline{w})$, on fixe les variables $s_1, s_2, \dots, s_{i-1}, s_{i+1}, \dots, s_n$ et on regarde les fonctions analytiques, comme des fonctions de la variable complexe s_i. Alors sur l'ouvert $\{-1 < \mathrm{Re}\, s_i - \mathrm{Re}\, s_{i+1} < 0\}$, on a :

$$A(w(\lambda), \overline{w}^{-1})(A'(\lambda, \overline{w})f)(\mathrm{Id}) = \Gamma(\lambda_{\alpha_i})\Gamma(w(\lambda)_{\alpha_i})\, p_\lambda(f)(\mathrm{Id})$$

en appliquant les résultats du n° 2.1. .

On termine la démonstration comme précédemment.

La propriété de l'adjoint se démontre de la même manière. Soient φ et ψ deux fonctions de $\mathcal{S}_\lambda$ et $\mathcal{S}_{w(\overline{\lambda})^{-1}}$, respectivement, et d'antécédents respectifs f et k ; alors il existe un entier p tel que f et k soient localement constantes sur $K_p \cdot g$, pour tout g ; ceci nous donne, lorsque $\mathrm{Re}\, s_i > \mathrm{Re}\, s_{i+1}$:

$$<A(\chi|\,|^s, \overline{w})\,\varphi, \psi> = \int_K A(\lambda, \overline{w})\,\varphi(k)\,\overline{\psi(k)}\,dk$$

$$= \sum_{k_i \in K_p \backslash K} A(\lambda, \overline{w})\,\varphi(k_i)\,\overline{\psi(k_i)}\,\{\int_{K_p} dk\}$$

$K_p \backslash K$ étant un groupe fini, on est ainsi ramené à une somme finie de fonctions analytiques. Ceci termine la démonstration pour $l(w) = 1$.

Supposons que la proposition 2.3. soit vraie pour w tel que $l(w) = p-1$. Soit w tel que $l(w) = p$. Soit α_i une racine simple telle que $w = s_i w'$ avec

$$l(w) = l(w') + 1 = l(w') + l(s_i)$$

et soient $\overline{w}, \overline{w}'$, $\overline{s_i}$ des représentants dans M', tels que :

$$\overline{w} = \overline{s_i} \cdot \overline{w}' .$$

Alors, pour λ dans $S(w)$, on a :

$$A(\lambda, \overline{w})\varphi(g) = A(w'(\lambda), \overline{s_i})\; A(\lambda, \overline{w}')\varphi(g)$$

pour tout $\varphi \in \mathcal{S}_\lambda$, et tout $g \in G$.

On prolonge chaque terme du deuxième membre à l'aide de l'hypothèse de récurrence ; l'application obtenue est alors méromorphe en raison de la relation 2.1., car nous avons des sommes finies de fonctions analytiques. Les pôles sont donnés par :

$$\{s \in \mathbb{C}^n \mid \exists \alpha \in \Delta(w') \text{ tel que } \lambda_\alpha = \mathrm{Id} \text{ ou } w'(\lambda)_{\alpha_i} = \mathrm{Id}\}$$

or :

$$\Delta(w) = \Delta(w') \cup w'^{-1}\{\alpha_i\}$$

donc cet ensemble est encore donné par :

$$\{s \in \mathbb{C}^n \mid \exists \alpha \in \Delta(w) \text{ tel que } \lambda_\alpha = \mathrm{Id}\}$$

les autres propriétés s'obtiennent de la même manière.

L'opérateur d'entrelacement, prolongé ainsi de manière méromorphe, vérifie encore la propriété du théorème 1.1..

PROPOSITION 2.4. - Soient w, w', w'' trois éléments de W, et $\overline{w}, \overline{w}', \overline{w}''$ des représentants respectifs dans M'. On suppose de plus que $\overline{w} = \overline{w}'\,\overline{w}''$ et que

$$l(w) = l(w') + l(w'')$$

dans ces conditions on a :

$$A(\lambda, \overline{w}) = A(w''(\lambda), \overline{w}')\; A(\lambda, \overline{w}'') .$$

La démonstration se fait par récurrence sur la longueur de w.

Supposons donc que $l(w) = 2$, alors, par construction du prolongement analytique, il existe une décomposition réduite de $w = s_{i_1} s_{i_2}$ telle que $\overline{w} = \overline{s_{i_1}}\ \overline{s_{i_2}}$ et :

$$A(\lambda, \overline{w}) = A(s_{i_2}(\lambda), \overline{s_{i_1}})\, A(\lambda, \overline{s_{i_2}})$$

si $w = s_{i_3} s_{i_4}$ est une autre décomposition réduite, alors ou bien, elle est égale à la première, ou bien s_{i_1} et s_{i_2} commutent et $s_{i_1} = s_{i_4}$, $s_{i_2} = s_{i_3}$; on a :

$$A(\lambda, \overline{w}) = A(s_{i_4}(\lambda), \overline{s_{i_3}})\, A(\lambda, \overline{s_{i_4}}) \quad \text{pour } \operatorname{Re} s_{\alpha_{i_4}} > 0 \text{ et } \operatorname{Re} s_{\alpha_{i_3}} > 0$$

si on fixe toutes les variables s_i, sauf s_{i_3}, et s_{i_4}, on obtient deux fonctions analytiques, définies sur un ouvert connexe et égales sur un ouvert, elles sont donc égales partout.

Supposons que la proposition 2.4. soit vraie pour $l(w) \leq p-1$. Soit w de longueur p et $w = w'w''$ avec $\overline{w} = \overline{w'}\,\overline{w''}$ et $l(w) = l(w') + l(w'')$, alors soit α_i une racine simple telle que $w' = s_i w'_1$ avec $l(w') = 1 + l(w'_1)$ et $\overline{s_i}, \overline{w'_1}$ des représentants respectifs dans M' tel que $\overline{w'} = \overline{s_i}\,\overline{w'_1}$ alors :

$$A(\lambda, \overline{w'_1}\,\overline{w''}) = A(w''(\lambda), \overline{w'_1})\, A(\lambda, \overline{w''})$$

et :

$$\begin{aligned} A(w'_1 w''(\lambda), \overline{s_i})\, A(\lambda, \overline{w'_1}\,\overline{w''}) &= A(w'_1 w''(\lambda), \overline{s_i})\, A(w''(\lambda), \overline{w'_1})\, A(\lambda, \overline{w''}) \\ &= A(w''(\lambda), \overline{w'})\, A(\lambda, \overline{w''}) \end{aligned}$$

donc le seul résultat à démontrer est que la proposition est vraie avec $l(w') = 1$. Soit $\overline{w} = \overline{s_i}\,\overline{s_{i_1}}\,\overline{s_{i_2}} \ldots \overline{s_{i_{p-1}}}$ la décomposition réduite correspondante, alors par construction du prolongement analytique, il existe une décomposition réduite : $\overline{w} = \overline{s_j}\,\overline{s_{j_1}} \ldots \overline{s_{j_{p-1}}}$, telle que :

$$A(\lambda, \overline{w}) = A(s_{j_1} \ldots s_{j_{p-1}}(\lambda), \overline{s_j})\, A(\lambda, \overline{s_{j_1}} \ldots \overline{s_{j_{p-1}}})$$

or, il existe un indice k tel que : ([12])

$$s_i s_j s_{j_1} \ldots s_{j_k} = s_j s_{j_1} \ldots s_{j_{k+1}}$$

et :

$$a\,\overline{s_i}\,\overline{s_j}\,\overline{s_{j_1}} \ldots \overline{s_{j_k}} = \overline{s_j}\,\overline{s_{j_1}} \ldots \overline{s_{j_{k+1}}} \qquad a \in K \cap A$$

donc :

$$A(\lambda,\overline{w}) = A(s_{j_1}\dots s_{j_{p-1}}(\lambda),\overline{s_j})A(s_{j_{k+2}}\dots s_{j_{p-1}}(\lambda),\overline{s_{j_1}}\dots\overline{s_{j_{k+1}}})A(\lambda,\overline{s_{j_{k+2}}}\dots\overline{s_{j_{p-1}}})$$

$$= A(s_{j_{k+2}}\dots s_{j_{p-1}}(\lambda),\overline{s_j}\,\overline{s_{j_1}}\dots\overline{s_{j_{k+1}}})A(\lambda,\overline{s_{j_{k+2}}}\dots\overline{s_{j_{p-1}}})$$

$$= A(s_{j_{k+2}}\dots s_{j_{p-1}}(\lambda), a\overline{s_i}\,\overline{s_j}\,\overline{s_{j_1}}\dots\overline{s_{j_k}})A(\lambda,\overline{s_{j_{k+2}}}\dots\overline{s_{j_{p-1}}})$$

$$= w(\lambda)^{-1}(a)A(s_{i_1}s_{i_2}\dots s_{i_{p-1}}(\lambda),\overline{s_i})A(\lambda,\overline{s_j}\,\overline{s_{j_1}}\dots\overline{s_{j_k}}\,\overline{s_{j_{k+2}}}\dots\overline{s_{j_{p-1}}})$$

$$= A(s_{i_1}s_{i_2}\dots s_{i_{p-1}}(\lambda),\overline{s_i})A(\lambda,\overline{s_{i_1}}\,\overline{s_{i_2}}\dots\overline{s_{i_{p-1}}}) .$$

Il reste à préciser le point suivant :

LEMME 2.1. - Si λ n'est pas pôle de $\Gamma_w(\lambda)$, alors $A(\lambda,\overline{w}) \neq 0$.

DEMONSTRATION (cf. [11])

En effet, soit φ une fonction localement constante, et à support compact dans V ; on définit φ_λ par :

$$\begin{cases} \varphi_\lambda(v\,a\,n) = \lambda^{-1}(a)\,\delta(a)^{-1/2}\varphi(v) & \text{pour } v\in V,\ a\in A \text{ et } n\in N \\ \varphi_\lambda(g) = 0 & \text{si } g\notin VAN \end{cases}$$

La fonction φ_λ appartient à $\mathcal{S}_\lambda$ et, pour $\lambda\in S(w)$, on a l'égalité :

$$A(\lambda,\overline{w})\,\varphi_\lambda(v\overline{w}^{-1}) = \int_{V_w}\varphi(v\,v')\,dv' \qquad (2.2)$$

pour tout $v\in V$.

Démontrons par récurrence sur $l(w)$, que cette relation reste vraie pour tout λ tel que $\lambda_\alpha \neq \mathrm{Id}\ \forall\alpha\in\Delta(w)$, les représentants étant choisis dans M'.

Supposons donc que $l(w) = 1$, et soit α_i une racine simple telle que $w = s_i$. On fixe alors les variables $s_1, s_2,\dots, s_{i-1}, s_{i+1},\dots, s_n$ (mais quelconques), et on regarde $A(\lambda,\overline{w})\,\varphi_\lambda(v\overline{w}^{-1})$ comme une fonction de la variable s_i ; alors les deux membres de 2.2. sont des fonctions analytiques, définies sur un ouvert connexe, égales sur un ouvert, elles sont donc égales partout.

Supposons que la relation 2.2. soit vraie pour tout w tel que $l(w) = p-1$. Soit w de longueur p, et soit α_i une racine simple telle que :

$$w = s_i\,w' \quad\text{avec } l(w) = 1 + l(w') = l(s_i) + l(w')$$

$\overline{s_i}$, $\overline{w'}$ des représentants respectifs tels que $\overline{w} = \overline{s_i}\,\overline{w'}$; alors :

$$A(\lambda, \overline{w})\,\varphi_\lambda(v\overline{w}^{-1}) = A(w'(\lambda), \overline{s_i})\,A(\lambda, \overline{w'})\,\varphi_\lambda(v\overline{w}^{-1})$$

et pour $\mathrm{Re}\, s_{w'^{-1}(\alpha_i)} > 0$:

$$A(\lambda, \overline{w})\,\varphi_\lambda(v\overline{w}^{-1}) = \int_{V_{s_i}} A(\lambda, \overline{w'})\,\varphi_\lambda(v\overline{w'}^{-1} v'\overline{w'}\,\overline{w'}^{-1})\,dv'$$

or les conditions sur les longueurs impliquent que :

$$\overline{w'}^{-1} V_{s_i} \overline{w'} = \overline{w}^{-1} N_{s_i} \overline{w} \subset \overline{w}^{-1} N_w \overline{w} = V_w$$

donc, par hypothèse de récurrence, on a pour tout λ tel que $\lambda_\alpha \neq \mathrm{Id}\ \forall \alpha \in \Delta(w')$:

$$A(\lambda, \overline{w'})\,\varphi_\lambda(v\overline{w'}^{-1} v'\overline{w'}\,\overline{w'}^{-1}) = \int_{V_{w'}} \varphi(v\overline{w'}^{-1} v'\overline{w'} v'')\,dv''$$

et pour tout λ tel que $\lambda_\alpha \neq \mathrm{Id}$ pour $\alpha \in \Delta(w')$, et tel que $\mathrm{Re}\, s_{w'^{-1}(\alpha_i)} > 0$ on obtient :

$$A(\lambda, \overline{w})\,\varphi_\lambda(v\overline{w}^{-1}) = \int_{V_{s_i} \times V_{w'}} \varphi(v\overline{w'}^{-1} v'\overline{w'} v'')\,dv'\,dv''$$

$$= \int_{V_w} \varphi(v\, v''')\,dv''' \qquad (2.3)$$

en appliquant le théorème de Fubini.

On termine la démonstration comme précédemment. Soit σ' la permutation associée à w', et fixons toutes les variables complexes sauf $s_{\sigma'^{-1}(i)}$, de telle manière que le caractère λ associé soit tel que $\lambda_\alpha \neq \mathrm{Id}\ \forall \alpha \in \Delta(w')$, alors les deux membres de (2.3) sont des fonctions analytiques de $s_{\sigma'^{-1}(i)}$, définies sur un ouvert connexe, et égales sur un ouvert, donc elles sont égales partout et :

$$A(\lambda, \overline{w})\,\varphi_\lambda(\overline{w}^{-1}) = \int_{V_w} \varphi(v)\,dv \quad .$$

Comme on peut choisir φ, telle que cette intégrale soit non nulle, cette égalité implique le lemme.

§3 NORMALISATION DES OPERATEURS D'ENTRELACEMENT

Dans ce paragraphe, ainsi que les suivants, les représentants des élément de W sont choisis dans M'.

On normalise l'opérateur d'entrelacement, en posant :

$$\mathcal{C}(\lambda, \overline{w}) = \frac{1}{\Gamma_w(\lambda)} A(\lambda, \overline{w}) \quad .$$

Le facteur $\frac{1}{\Gamma_w(\lambda)}$ élimine les singularités correspondant aux caractères λ tels que :

il existe α dans Δ^+ tel que $\lambda_\alpha = \mathrm{Id}$

et maintient les singularités correspondant aux caractères λ tels que :

il existe α dans Δ^+ tel que $\lambda_\alpha = |\ |^{+1}$ ou $|\ |^{-1}$.

En particulier, cet opérateur normalisé permet de trouver les représentations de la série principale qui sont irréductibles, ainsi que la série complémentaire. De plus, il vérifie la relation suivante, sans condition sur les longueurs

$$\mathcal{C}(\lambda, \overline{w}_1 \overline{w}_2) = \mathcal{C}(w_2(\lambda), \overline{w}_1)\, \mathcal{C}(\lambda, \overline{w}_2) \quad .$$

Nous avons vu que l'opérateur d'entrelacement $A(\lambda, \overline{w})$, lorsqu'il est défini, vérifie la relation :

$$A(w(\lambda), \overline{w}^{-1})\, A(\lambda, \overline{w}) = \Gamma_w(\lambda)\, \Gamma_{w^{-1}}(w(\lambda))\, \mathrm{Id}_{\mathcal{S}_\lambda}$$

où :

$$\Gamma_w(\lambda) = \prod_{\alpha \in \Delta(w)} \Gamma(\lambda_\alpha)$$

et :

$$\Gamma(\lambda_\alpha) = \Gamma(\chi_\alpha, s_\alpha) = \begin{cases} C_{\chi_\alpha} q^{m(\chi_\alpha)(s_\alpha - \frac{1}{2})} & \text{si } \chi_\alpha \text{ est ramifié de degré } m(\chi_\alpha) \\ \dfrac{1 - q^{s_\alpha - 1}}{1 - q^{-s_\alpha}} & \text{si } \chi_\alpha = \mathrm{Id} \end{cases}$$

posons :

$$\mathcal{C}(\lambda, \overline{w}) = \frac{A(\lambda, \overline{w})}{\Gamma_w(\lambda)} \quad .$$

On a alors la proposition suivante :

PROPOSITION 3.1. - <u>Soient</u> w <u>dans</u> W, $\overline{w}$ <u>un représentant de</u> w <u>dans</u> M', f <u>un élément de</u> $C_c(G)$, g <u>un élément de</u> G, <u>et</u> $\chi = (\chi_1, \chi_2, \ldots, \chi_n)$ <u>un caractère de</u> $A \cap K$.

1) L'application de $\{s \in \mathbb{C}^n \mid \forall \alpha \in \Delta(w)\, \chi_\alpha |\,|^{s_\alpha} \neq \mathrm{Id}, |\,|^{+1}\}$ dans $\mathbb{C}$, définie par :

$$s \to \mathcal{G}(\chi |\,|^s, \overline{w})\, p_{\chi |\,|^s}(f)\ (g)$$

est analytique. Elle se prolonge en une fonction méromorphe de pôles :

$$\{s \in \mathbb{C}^n \mid \exists \alpha \in \Delta(w) \quad \text{tel que} \quad \chi_\alpha |\,|^{s_\alpha} = |\,|^{+1}\} .$$

De plus, si $p_{\chi |\,|^s}(f) = 0$, alors $\mathcal{G}(\chi |\,|^s, \overline{w})\, p_{\chi |\,|^s}(f) = 0$.

2) Ce prolongement méromorphe, noté aussi $\mathcal{G}(\lambda, \overline{w})$, entrelace π_λ et $\pi_{w(\lambda)}$.

3) $\mathcal{G}(w(\lambda), \overline{w}^{-1})\, \mathcal{G}(\lambda, \overline{w}) = \mathrm{Id}_{\mathcal{S}_\lambda}$.

4) $\mathcal{G}(\lambda, \overline{w})^* = \mathcal{G}(w(\overline{\lambda})^{-1}, \overline{w}^{-1})$.

DEMONSTRATION.- La démonstration se fait par récurrence sur la longueur de w, de la même manière que pour la proposition 2. 3. .

PROPOSITION 3. 2. - Pour tout w_1, w_2 dans W, de représentants respectifs $\overline{w}_1, \overline{w}_2$ dans M', on a :

$$\mathcal{G}(\lambda, \overline{w}_1 \overline{w}_2) = \mathcal{G}(w_2(\lambda), \overline{w}_1)\, \mathcal{G}(\lambda, \overline{w}_2)$$

DEMONSTRATION.- Elle se fait par récurrence sur la longueur de w_1.

Supposons donc que $l(w_1) = 1$, et soit α_i une racine simple telle que $w_1 = s_i$ alors :

$$l(s_i w_2) = \begin{cases} l(w_2) + l(s_i) = l(w_2) + 1 \\ \\ l(w_2) - l(s_i) = l(w_2) - 1 \end{cases} .$$

Plaçons nous d'abord dans le cas où $l(s_i w_2) = l(w_2) + 1$, alors la propriété est vraie par construction du prolongement analytique de l'opérateur $\mathcal{G}(\lambda, \overline{w})$ (cf. prop. 2. 3.).

Dans le cas où $l(s_i w_2) = l(w_2) - 1$, alors il existe une décomposition réduite de w_2 telle que :

$$w_2 = s_i s_{j_1} \ldots s_{j_{q-1}}$$

où

$$l(w_2) = q .$$

(cf. prop. 4, n° 5, § 1, chap. IV [2])

choisissons les représentants $\overline{s_{j_1}}, \ldots, \overline{s_{j_{q-1}}}$ tels que :

$$\overline{w_2} = \overline{s_i}\,\overline{s_{j_1}} \ldots \overline{s_{j_{q-1}}}$$

$$= \overline{s_i}\,\overline{w_3} \quad \text{et} \quad l(w_3)+1 = l(w_2)$$

alors :

$$\mathcal{C}(w_2(\lambda), \overline{s_i})\, \mathcal{C}(\lambda, \overline{w_2}) = \mathcal{C}(w_2(\lambda), \overline{s_i})\, \mathcal{C}(w_3(\lambda), \overline{s_i})\, \mathcal{C}(\lambda, \overline{w_3})$$

$$= w_3(\lambda)^{-1}(\overline{s_i}^2)\, \mathcal{C}(\lambda, \overline{w_3})$$

et :

$$\mathcal{C}(\lambda, \overline{s_i}\,\overline{w_2}) = \mathcal{C}(\lambda, \overline{s_i}^2\, \overline{w_3})$$

$$= w_3(\lambda)^{-1}(\overline{s_i}^2)\, \mathcal{C}(\lambda, \overline{w_3})$$

d'où la propriété.

Supposons que la prop. 3.2. soit vraie pour $l(w_1) = p-1$; soit w_1 tel que $l(w_1) = p$ et soit α_i une racine simple telle que $w_1 = s_i w_1'$ avec $l(w_1) = 1 + l(w_1') = l(s_i) + l(w_1')$ et $\overline{s_i}$, $\overline{w_1'}$ des représentants respectifs dans M' tels que $\overline{w_1} = \overline{s_i}\,\overline{w_1'}$, alors :

$$\mathcal{C}(\lambda, \overline{w_1}\,\overline{w_2}) = \mathcal{C}(\lambda, \overline{s_i}\,\overline{w_1'}\,\overline{w_2})$$

$$= \mathcal{C}(w_1' w_2(\lambda), \overline{s_i})\, \mathcal{C}(\lambda, \overline{w_1'}\,\overline{w_2})$$

$$= \mathcal{C}(w_1' w_2(\lambda), \overline{s_i})\, \mathcal{C}(w_2(\lambda), \overline{w_1'})\, \mathcal{C}(\lambda, \overline{w_2})$$

$$= \mathcal{C}(w_2(\lambda), \overline{s_i}\,\overline{w_1'})\, \mathcal{C}(\lambda, \overline{w_2})$$

$$= \mathcal{C}(w_2(\lambda), \overline{w_1})\, \mathcal{C}(\lambda, \overline{w_2})$$

Remarque : A un coefficient près, cette propriété est aussi vraie pour l'opérateur non normalisé.

§4 DETERMINATION DES ENTRELACEMENTS DE $(\pi_\lambda, \mathcal{S}_\lambda)$ AVEC $(\pi_{w(\lambda)}, \mathcal{S}_{w(\lambda)})$ LORSQUE $w(\lambda)$ EST "UN CARACTÈRE RANGÉ"

4.1 RAPPELS DES RESULTATS DE F. BRUHAT ([3]).

On étudie les opérateurs d'entrelacement de $(\pi_\lambda, \mathcal{S}_\lambda)$ avec $(\pi_\mu, \mathcal{S}_\mu)$ pour certains couples de caractères λ et μ ; on ramène ceci à l'étude de formes linéaires sur $C_c(G)$ ayant certaines propriétés.

Soit A un opérateur d'entrelacement de $(\pi_\lambda, \mathcal{S}_\lambda)$ avec $(\pi_\mu, \mathcal{S}_\mu)$, à A on associe la forme linéaire S, définie de la manière suivante :

$$< S, f> = A(p_\lambda(f)) \quad (Id)$$

pour f dans $C_c(G)$,

alors :

$$\begin{aligned} < S, f(bg) > &= A(p_\lambda f(b.)) (Id) \\ &= A(\pi_\lambda(b^{-1}) p_\lambda(f)) (Id) \\ &= \pi_\mu(b^{-1}) A(p_\lambda(f)) (Id) \\ &= \mu^{-1}(b)\, \delta(b)^{-1/2} < S, f> \end{aligned}$$

et :

$$\begin{aligned} p_\lambda(f(.\, b))(g) &= \int_{A\times N} f(gan\, b)\, \lambda(a)\, \delta(a)^{+1/2}\, da\, dn \\ &= \lambda^{-1}(b)\, \delta^{+1/2}(b)\, p_\lambda(f)(g) \end{aligned}$$

donc :

$$\underline{< S_g, f(b_1 g b_2)> = \mu^{-1}(b_1)\, \delta^{-1/2}(b_1)\, \lambda^{-1}(b_2)\, \delta^{+1/2}(b_2) < S, f>} \qquad (4.1)$$

Soit $E(\lambda, \mu)$ l'espace vectoriel des formes linéaires sur $C_c(G)$ vérifiant la relation 4.1., on a alors la proposition suivante :

PROPOSITION 4.1. - <u>La dimension de l'espace vectoriel</u> $E(\lambda, \mu)$ <u>est inférieure ou égale au nombre d'éléments</u> w <u>de</u> W <u>tels que</u> $w(\lambda) = \mu$ ([3]).

4.2 ETUDE DES DISTRIBUTIONS DE SUPPORT $B\overline{w}B$ BI-INVARIANTES PAR N .

Une distribution sur G est une forme linéaire sur $\mathcal{C}_c(G)$.

Soient Ω un ouvert de G et F un fermé de Ω, on a alors le lemme suivant :

LEMME 4.1. - Toute fonction f de $\mathcal{C}_c(F)$ se prolonge en une fonction $\tilde{f}$ de $\mathcal{C}_c(\Omega)$.

DEMONSTRATION.- f est une fonction localement constante et à support compact dans F , elle prend donc un nombre fini de valeurs $a_1, a_2, \ldots, a_p$ distinctes et non nulles ; soit $O_i = f^{-1}(a_i)$, alors O_i est un ouvert de F, car f est localement constante, et O_i est un fermé inclus dans le support de f, qui est un compact C de F , donc O_i est un ouvert compact de F . Comme O_i est un ouvert de F, pour tout x de O_i, il existe un voisinage V_x ouvert et compact, tel que $V_x \cap F \subset O_i$; O_i étant un compact de F , donc de Ω, du recouvrement ouvert $V_x \cap F$ de O_i, on peut tirer un recouvrement fini : $V_{x_{i,j}} \cap F$, $j = 1, \ldots, l_i$. Pour tout $i = 1, 2, \ldots, p$, soit $V_i = \bigcup_{j=1}^{l_i} V_{x_{i,j}}$ alors V_i est un ouvert compact de Ω tel que $V_i \cap F = O_i$; on pose $W_i = V_i \cap \{\bigcup_{k \neq i} (V_k \cap V_i)\}^C$, alors W_i est un ouvert compact de Ω tel que $W_i \cap F = O_i$ et $W_i \cap W_j = \emptyset$ si $i \neq j$. On pose $\tilde{f}(W_i) = f(O_i)$, et si $x \notin \bigcup_{i=1}^{p} W_i$, on pose $\tilde{f}(x) = 0$, alors $\tilde{f}$ répond à la question.

Ce lemme permet de ramener l'étude des distributions S de support F , à l'étude des distributions sur F ; en effet soit $f \in \mathcal{C}_c(F)$, on pose :

$$\langle \tilde{S}, f \rangle = \langle S, \tilde{f} \rangle$$

$\tilde{f}$ étant un prolongement de f ; $\tilde{S}$ ne dépend pas du prolongement choisi car : si $\tilde{f}$ et $\tilde{g}$ sont deux prolongements de f, on a :

$$\begin{aligned} \text{support } (\tilde{f} - \tilde{g}) &= \overline{\{x \in G \ \tilde{f}(x) - \tilde{g}(x) \neq 0\}} \\ &= \{x \in G \ \tilde{f}(x) - \tilde{g}(x) \neq 0\} \\ &\subset F^C \end{aligned}$$

LEMME 4.2. - Soit S une distribution sur $\mathcal{C}_c(\Omega)$, où Ω est un ouvert de G , qui est réunion de doubles classes $B\overline{w}'B$, et soit $B\overline{w}B$ une double classe, fermée dans Ω, qui contienne le support de S .

1) si S est bi-invariante par N, alors pour tout a_o dans A on a la relation :

$$<S_g, f(a_o g)> = \delta(a_o)^{-1/2}\, \delta(\overline{w}^{-1} a_o \overline{w})^{-1/2} <S_g, f(g\overline{w}^{-1} a_o \overline{w})>$$

2) si S est dans $E(\lambda, \mu)$ où $\mu \neq w(\lambda)$ alors $S = 0$,

3) si S est dans $E(\lambda, w(\lambda))$, alors il existe une constante c telle que :

$$<S, f> = c \int_{V_w \times A \times N} f(\overline{w}\, v\, an)\, \lambda(a)\, \delta(a)^{1/2}\, da\, dn\, dv\ .$$

([3]) .

DEMONSTRATION.- On considère S restreinte au fermé de $\Omega : B\overline{w}B$ (ce qui a un sens d'après le lemme 4.1.), et soit α l'application de $B\overline{w}B$ dans $N_w \times A \times N$, qui à un élément $b_1 \overline{w}\, b_2$ associe les éléments : (n_1, a, n_2) de sa décomposition :

$$b_1 \overline{w}\, b_2 = n_1 \overline{w}\, a n_2$$

alors α est un homéomorphisme de $B\overline{w}B$ sur $N_w \times A \times N$.

A partir de S, on peut construire une distribution S', sur $C_c(N_w \times A \times N)$ en posant :

$$<S', \varphi> = <S, \varphi \circ \alpha>$$

pour tout $\varphi \in C_c(N_w \times A \times N)$

or, si n est dans N_w, et n' dans N, on a :

$$<S', \varphi(nn_1, a, n_2 n')> = <S', \varphi>$$

donc, il existe une distribution S_1 sur $C_c(A)$ telle que :

$$<S', \varphi(n_1, a, n_2)> = <S_1, \int_{N_w \times N} \varphi(n_1, a, n_2)\, dn_1\, dn_2>$$

donc :

$$<S, f> = <S_1, \int_{N_w \times N} f(n_1 \overline{w}\, a n_2)\, dn_1\, dn_2>$$

en particulier, si $a_o \in A$, on a :

$$<S_g, f(a_o g)> = <S_1, \int_{N_w \times N} f(\underbrace{a_o n_1 a_o^{-1}}\, \overline{w} a \underbrace{\overline{w}^{-1} a_o \overline{w}}\, n_2 \underbrace{\overline{w}^{-1} a_o^{-1} \overline{w}}\, \overline{w}^{-1} a_o \overline{w})\, dn_1\, dn_2>$$

on fait les changements de variable : $n_1 \to a_o^{-1} n_1 a_o$

$n_2 \to (\overline{w}^{-1} a_o^{-1} \overline{w})\, n_2 (\overline{w}^{-1} a_o \overline{w})$

on obtient ainsi :

$$<S_g, f(a_o g)> = \delta(a_o)^{-1/2}\, \delta(\overline{w}^{-1} a_o \overline{w})^{-1/2} <S_g, f(g\overline{w}^{-1} a_o \overline{w})>$$

d'où le 1) du lemme.

Pour le 2) : la condition précédente nous donne :

$$<S, f>\left(\mu^{-1}(a_o) - w(\lambda)^{-1}(a_o)\right) = 0$$

$$\forall a_o \in A, \text{ et } \forall f \in C_c(B\overline{w}B).$$

Pour le 3): la distribution S_1 sur $C_c(A)$ doit vérifier la condition :

$$<S_1, f(a a_o)> = \lambda^{-1}(a_o)\delta^{-1/2}(a_o) <S_1, f>$$

donc il existe une constante c telle que :

$$<S_1, f> = c\int_A f(a)\,\lambda(a)\,\delta(a)^{1/2}\,da$$

ce qui donne :

$$<S, f> = c\int_{N_w \times A \times N} f(n_1 \overline{w}\, a\, n_2)\,\lambda(a)\,\delta(a)^{1/2}\,dn_1\, da\, dn_2$$

$$= c\int_{V_w \times A \times N} f(\overline{w}\, v\, a\, n)\,\lambda(a)\,\delta(a)^{1/2}\,dv\, da\, dn$$

ceci termine la démonstration du lemme 4.2..

Dans le § 4, on détermine la dimension de $E(\lambda,\mu)$ (respectivement de $E(\mu,\lambda)$) lorsque les caractères λ et μ sont tels que :

λ est un caractère quelconque, et μ est un caractère bien rangé conjugué de λ par W, c'est-à-dire $\mu = (\underbrace{\lambda_1, \lambda_1, \ldots, \lambda_1}_{n_1}, \underbrace{\lambda_2, \ldots, \lambda_2}_{n_2}, \ldots, \underbrace{\lambda_p, \ldots, \lambda_p}_{n_p})$,

les caractères égaux de A étant placés dans un même paquet.

Pour ceci, on utilise les opérateurs d'entrelacement précédemment définis, pour construire des distributions, telles que leur support soit $\overline{B\overline{w}B}$, et que leur restriction à l'ouvert $\bigcup_{l(w')>l(w)} B\overline{w}'B \cup B\overline{w}B$ soit donnée par

$$c\int_{V_w \times A \times N} f(\overline{w}\, v\, a\, n)\,\lambda(a)\,\delta(a)^{1/2}\,dv\, da\, dn$$

(cf. [9]).

4.3 STRUCTURE DE $\overline{B\overline{w}B}$ ([12]).

(Cf. lemme 53, p. 126[12]).

Soit w dans W alors $\overline{B\overline{w}B} = \bigcup_{w'\leq w} B\overline{w}'B$, où w' est le produit dans l'ordre d'une sous suite de $(s_{i_1}, s_{i_2}, \ldots, s_{i_p})$ et où $w = s_{i_1} s_{i_2} \ldots s_{i_p}$ est une décomposition réduite de w en symétries par rapport à des racines simples, (en fait ceci ne dépend pas du choix de la décomposition réduite de w).

Ceci nous montre que, w étant dans W alors $\bigcup_{l(w') > l(w)} B\overline{w}'B \cup B\overline{w}B$ est un ouvert de G, et que $B\overline{w}B$ est fermé dans cet ouvert.

Soient w_1 et w_2 deux éléments de W ; on dira que w_2 est un enfant de w_1, noté E_{w_1} (et w_1 sera alors un parent de w_2 ; noté P_{w_2}) si :

$$w_2 \leq w_1 \quad \text{et} \quad l(w_2) = l(w_1) - 1 \quad .$$

LEMME 4.3. - <u>Soient w_1 et w_2 deux éléments de W tel que w_2 soit un enfant de w_1, alors il existe α dans $\Delta(w_1)$ tel que :</u>

$$w_1 = w_2 s_\alpha$$

(s_α <u>désignant la réflexion par rapport à la racine</u> α).

DEMONSTRATION. - c'est le lemme 4.1. de [9].

En effet, si $w_1 = s_{i_1} s_{i_2} \ldots s_{i_p}$ est une décomposition réduite de w_1 en symétries par rapport aux racines simples, alors $w_2 = s_{i_1} s_{i_2} \ldots s_{i_{j-1}} s_{i_{j+1}} \ldots s_{i_p}$ pour un indice i_j,

donc :

$$w_1 = s_{i_1} s_{i_2} \ldots s_{i_{j-1}} s_{i_{j+1}} \ldots s_{i_p} (s_{i_p} \ldots s_{i_{j+1}} s_{i_j} s_{i_{j+1}} \ldots s_{i_p})$$

$$= w_2 s_\alpha$$

où $\alpha = s_{i_p} \ldots s_{i_{j+1}} (\alpha_{i_j})$ et on note $\alpha = \alpha_{w_1, w_2}$.

Par la suite, nous aurons encore besoin de la remarque suivante : soient w dans W et s_i une symétrie par rapport à une racine simple, alors :

a) si $l(w s_i) = l(w) + 1$ on a : $B\overline{w}B \,.\, B\overline{s}_iB \subseteq B\overline{w}\overline{s}_iB$

b) si $l(s_i w) = l(w) + 1$ on a : $B\overline{s}_iB \,.\, B\overline{w}B \subseteq B\overline{s}_i\overline{w}B$

c) dans tous les cas on a : $B\overline{w}B \,.\, B\overline{s}_iB \subseteq B\overline{w}B \cup B\overline{w}\overline{s}_iB$

$B\overline{s}_iB \,.\, B\overline{w}B \subseteq B\overline{w}B \cup B\overline{s}_i\overline{w}B$

(cf. lemme 25, p. 33[12]).

4.4 DEFINITION ET PROPRIETES DES DISTRIBUTIONS $T_{\overline{w}}$.

4.4.1 DEFINITION.

Dans cette partie $\lambda = \chi|\,|^{\beta}$, $\beta \in \mathbb{C}^n$, est un caractère fixé de A . On définit O_λ , l'ouvert connexe contenant 0 de $\mathbb{C}^n$, par :

$$O_\lambda = \left\{ \begin{array}{l} s \in \mathbb{C}^n \mid \text{si } \chi_\alpha = \mathrm{Id} \text{ et } \beta_\alpha \neq 0, \pm 1 \text{ alors } |s_\alpha| < \mathrm{Min}(|\beta_\alpha|, |1 \pm \beta_\alpha|) \\ \quad \text{et si } \lambda_\alpha = \mathrm{Id}\,,\ |\,|^{+1}, |\,|^{-1} \text{ alors } |s_\alpha| < 1\,, \text{ pour tout } \alpha \in \Delta^+ \end{array} \right\} .$$

Soit w un élément de W , et $s_{i_1} s_{i_2} \ldots s_{i_p}$ une décomposition réduite de w en symétries par rapport à des racines simples ; pour s dans O_λ , on considère l'opérateur d'entrelacement, noté $\widetilde{A}(\lambda|\,|^s, \overline{s_{i_1}}\,\overline{s_{i_2}} \ldots \overline{s_{i_p}})$, défini de la manière suivante :

$$\mathcal{S}_{\lambda|\,|^s} \to \mathcal{S}_{s_{i_p}(\lambda|\,|^s)} \to \mathcal{S}_{s_{i_{p-1}} s_{i_p}(\lambda|\,|^s)} \to \ldots \to \mathcal{S}_{w(\lambda|\,|^s)}$$

$$\left\{ \begin{array}{ll} A(\lambda|\,|^s, \overline{s_{i_p}}) & \text{si } \lambda_{\alpha_{i_p}} \neq \mathrm{Id} \\ \mathcal{C}(\lambda|\,|^s, \overline{s_{i_p}}) & \text{si } \lambda_{\alpha_{i_p}} = \mathrm{Id} \end{array} \right. \qquad \text{et ainsi de suite ,}$$

alors, on montre aisément par récurrence sur la longueur de w , que l'application :

$$\begin{array}{ccc} O_\lambda & \to & \mathbb{C} \\ s & \to & \widetilde{A}(\lambda|\,|^s, \overline{s_{i_1}}\,\overline{s_{i_2}} \ldots \overline{s_{i_p}})\, p_{\lambda|\,|^s}(f) \quad (\mathrm{Id}) \end{array}$$

est analytique, pour tout $f \in C_c(G)$.

De plus, lorsque :

$s \in O_{\lambda, w} = \{ s \in \mathbb{C}^n \mid$ si $\chi_\alpha = \mathrm{Id}$ et $\beta_\alpha \neq 0, \pm 1$ alors $|s_\alpha| < \mathrm{Min}(|\beta_\alpha|, |1 - \beta_\alpha|, |1 + \beta_\alpha|)$, et si $\lambda_\alpha = |\,|^{\pm 1}$ alors $|s_\alpha| < 1$, si $\lambda_\alpha = \mathrm{Id}$ alors $0 < |s_\alpha| < 1, \forall\, \alpha \in \Delta(w) \}$, on a :

$$\widetilde{A}(\lambda|\,|^s, \overline{s_{i_1}}\,\overline{s_{i_2}} \ldots \overline{s_{i_p}})\, p_{\lambda|\,|^s}(f)(\mathrm{Id}) = \prod_{\substack{\alpha \in \Delta(w) \\ \lambda_\alpha = \mathrm{Id}}} \frac{1}{\Gamma(\mathrm{Id}, s_\alpha)} A(\lambda|\,|^s, \overline{w})\, p_{\lambda|\,|^s}(f)(\mathrm{Id})$$

comme le deuxième membre est indépendant du choix de la décomposition réduite de w , le premier membre l'est aussi, donc on note cet opérateur :

$$\widetilde{A}(\lambda|\,|^s, \overline{w})\, p_{\lambda|\,|^s}(f)$$

et on a le lemme suivant :

LEMME 4.4. - Soit $f \in C_c(\bigcup_{l(w')>l(w)} B\overline{w}'B \cup B\overline{w}B)$, alors pour tout caractère μ de A tel que $A(\mu,\overline{w})$ soit défini, on a :

$$A(\mu,\overline{w})\, p_\mu(f)(Id) = \int_{V_w \times A \times N} f(\overline{w}v\, an)\, \mu(a)\, \delta(a)^{+1/2}\, dv\, da\, dn \ .$$

La démonstration se fait par récurrence sur la longueur de w.

Lorsque $l(w) = 1$, soit s_i la réflexion par rapport à la racine simple α_i telle que $w = s_i$, alors pour $\mathrm{Re}\, s_{\alpha_i} > 0$ on a :

$$A(\mu,\overline{w})\, p_\mu(f)(Id) = \int_{V_w \times A \times N} f(\overline{w}v\, an)\, \mu(a)\, \delta(a)^{+1/2}\, dv\, da\, dn$$

fixons toutes les variables $s_1, s_2, \ldots, s_{i-1}, s_{i+1}, \ldots, s_n$; alors les deux membres sont des fonctions analytiques définies sur un ouvert connexe, égales sur un ouvert, elles sont donc égales partout.

Supposons que la propriété soit vraie pour $l(w) = p-1$; soit w de longueur p alors $\overline{w} = \overline{s_i}\, \overline{w}_1$ avec $l(w) = l(w_1) + l(s_i) = l(w_1) + 1$; on a :

$$A(\mu,\overline{w}) = A(w_1(\mu), \overline{s}_i)\, A(\mu, \overline{w}_1)$$

alors, si on pose $\mu = \chi'|\,|^{\gamma}$, pour $\mathrm{Re}\, \gamma_{w_1^{-1}(\alpha_i)} > 0$, on a :

$$A(\mu,\overline{w})\, p_\mu(f)(Id) = \int_{V_{s_i}} A(\mu, \overline{w}_1)\, p_\mu(f)(\overline{s}_i v)\, dv$$

$$= \int_{V_{s_i}} A(\mu, \overline{w}_1)\, p_\mu\big(f(\overline{s}_i v\,.)\big)(Id)\, dv$$

or :

$$f(\overline{s}_i v\,.) \in C_c(\bigcup_{l(w') \geq l(w)} B\overline{w}'B \cup B\overline{w}_1 B)$$

donc, en appliquant l'hypothèse de récurrence, on obtient :

$$A(\mu,\overline{w})\, p_\mu(f)(Id) = \int_{V_{s_i} \times V_{w_1} \times A \times N} f(\overline{s}_i v_1 \overline{w}_1 v_2\, an)\, \mu(a)\, \delta(a)^{1/2}\, dv_1\, dv_2\, da\, dn$$

comme cette intégrale converge absolument, on peut appliquer le corollaire à la prop. 13, n° 10, § 2, chap. VII ([1]), ceci donne :

$$A(\mu,\overline{w})\, p_\mu(f)(Id) = \int_{V_w \times A \times N} f(\overline{w}v\, an)\, \mu(a)\, \delta(a)^{1/2}\, dv\, da\, dn \ .$$

On obtient ainsi deux fonctions analytiques définies sur un ouvert connexe, et égales sur un ouvert : elles sont donc égales partout.

Pour $f \in \mathcal{C}_c(\bigcup_{l(w') \geq l(w)+1} B\overline{w}'B \cup B\overline{w}B)$, on a ainsi :

$$\widetilde{A}(\lambda|\,|^s, \overline{w})\, p_{\lambda|\,|^s}(f)(\mathrm{Id}) = \Big(\prod_{\substack{\alpha \in \Delta(w)\\ \lambda_\alpha = \mathrm{Id}}} \frac{1}{\Gamma(\mathrm{Id}, s_\alpha)}\Big) \int_{V_w \times A \times N} f(\overline{w} v a n)\, \lambda(a) |a|^s\, \delta(a)^{1/2}\, dv\, da\, dn$$

posons :

$$f_{\lambda, w}(s) = \prod_{\substack{\alpha \in \Delta(w)\\ \lambda_\alpha = \mathrm{Id}}} \frac{1}{\Gamma(\mathrm{Id}, s_\alpha)}$$

$$= \prod_{\substack{\alpha \in \Delta(w)\\ \lambda_\alpha = \mathrm{Id}}} \frac{1 - q^{-s_\alpha}}{1 - q^{s_\alpha - 1}}$$

Comme on veut définir une distribution telle que, sur l'ouvert $\bigcup_{l(w') \geq l(w)+1} B\overline{w}'B \cup B\overline{w}B$, elle soit un multiple de :

$$\int_{V_w \times A \times N} f(\overline{w} v a n)\, \lambda(a)\, \delta(a)^{1/2}\, dv\, da\, dn \quad .$$

On doit dériver juste suffisamment au point $s = 0$, afin que la totalité de la dérivation se reporte sur $f_{\lambda, w}(s)$.

LEMME 4. 5. - <u>La fonction de</u> $O_\lambda \to \mathbb{C}$ <u>définie par</u> :

$$s \to f_{\lambda, w}(s)$$

<u>est analytique. Au point</u> $s = 0$ <u>, elle est d'ordre total</u>

$$k_w = \mathrm{cardinal}\{\alpha \in \Delta(w) \mid \lambda_\alpha = \mathrm{Id}\}$$

<u>Il existe donc une dérivation</u> :

$$\partial_w = \frac{\partial}{\partial s_{i_1}} \frac{\partial}{\partial s_{i_2}} \cdots \frac{\partial}{\partial s_{i_{k_w}}}$$

<u>telle que</u> :

$$\partial_w f_{\lambda, w}(0) \neq 0 \,.$$

<u>DEMONSTRATION</u>.- On écrit le développement en série de $f_{\lambda, w}$ au voisinage de 0 :

$$f_{\lambda, w}(s) = \left(\frac{\mathrm{Log}\, q}{1 - q^{-1}}\right)^{k_w} \prod_{\substack{\alpha \in \Delta(w)\\ \lambda_\alpha = \mathrm{Id}}} s_\alpha \ + \text{polynômes de degré strictement supérieur à } k_w \,,$$

comme le degré du polynôme homogène, de plus bas degré, et non nul, de ce développement est k_w, l'ordre total de $f_{\lambda, w}$ au point 0 est k_w ; par conséquent il existe une dérivation ∂_w telle que $\partial_w f_{\lambda,w}(0) \neq 0$; cette dérivation porte sur k_w dérivations successives, et toute dérivation qui a moins de k_w dérivations successives donnera donc 0 au point $s = 0$.

On pose :

$$\underline{<T_{\overline{w}}, f> = \{\partial_w \tilde{A}(\lambda| |^s, \overline{w})\, p_{\lambda| |^s}(f)(Id)\}_{s=0}}$$

alors $T_{\overline{w}}$ est une distribution sur G, de support $\overline{B\overline{w}B}$, telle que pour tout $f \in C_c(\bigcup_{l(w')>l(w)} B\overline{w}'B \cup B\overline{w}B)$ on ait :

$$<T_{\overline{w}}, f> = c_w \int_{V_w \times A \times N} f(\overline{w}\, v\, an)\, \lambda(a)\, \delta(a)^{1/2}\, dv\, da\, dn$$

où

$$c_w = \partial_w f_{\lambda,w}(0)$$

4.4.2 PROPRIETES.

Soit $b = an$ un élément de B ; on a :

$$<T_{\overline{w}}, f(g\,b)> = \lambda^{-1}(a)\,\delta^{1/2}(a) <T_{\overline{w}}, f> + \lambda^{-1}(a)\,\delta^{1/2}(a)\,.$$

$$\left[\sum_{\substack{\text{parties } I \text{ de} \\ 1,2,\ldots,k_w}} \left\{\prod_{j\in I} \frac{\partial}{\partial s_{i_j}} \tilde{A}(\lambda| |^s, \overline{w})\, p_{\lambda| |^s}(f)(Id)\right\}_{s=0} . \left\{\prod_{j\notin I} \frac{\partial}{\partial s_{i_j}} |a|^{-s}\right\}_{s=0}\right]$$

$$<T_{\overline{w}}, f(bg)> = w(\lambda)^{-1}(a)\,\delta^{-1/2}(a) <T_{\overline{w}}, f> + w(\lambda)^{-1}(a)\,\delta^{-1/2}(a)\,.$$

$$\left[\sum_{\substack{\text{parties } I \text{ de} \\ 1,2,\ldots,k_w}} \left\{\prod_{j\in I} \frac{\partial}{\partial s_{i_j}} \tilde{A}(\lambda| |^s, \overline{w})\, p_{\lambda| |^s}(f)(Id)\right\}_{s=0} . \left\{\prod_{j\notin I} \frac{\partial}{\partial s_{i_j}} |\overline{w}^{-1} a\, \overline{w}|^{-s}\right\}_{s=0}\right]$$

A partir de maintenant, les distributions $T_{\overline{w}}$ sont considérées avec le choix suivant du représentant $\overline{w}$ de w :

soit : $w = s_{i_1} s_{i_2} \ldots s_{i_p}$ une décomposition réduite de w en symétries par rapport à des racines simples ; on pose :

$$\overline{w} = \overline{s}_{i_1}\overline{s}_{i_2} \ldots \overline{s}_{i_p} \quad \text{où} \quad \overline{s}_{i_j} = \begin{pmatrix} Id & & \\ & \begin{matrix} 0 & -1 \\ 1 & 0 \end{matrix} & \\ & & Id \end{pmatrix}$$

($\overline{w}$ ne dépend pas du choix de la décomposition réduite de w)

LEMME 4.6. - <u>Soient</u> w_1 <u>dans</u> W <u>tel que</u> $k_{w_1} > 0$<u>, et</u> w_2 <u>un enfant de</u> w_1, <u>alors pour tout</u> $f \in C_c(\bigcup_{l(w)\geq l(w_1)} B\overline{w}B \cup B\overline{w}_2 B)$<u>, on a</u> :

(i) $$\left\{ \prod_{j\in I} \frac{\partial}{\partial s_{i_j}} \widetilde{A}(\lambda| |^s, \overline{w}_1) p_{\lambda| |^s}(f)(Id) \right\}_{s=0} = 0$$

<u>lorsque I est une partie de $\mathbb{N}$ ayant moins de k_{w_1}-1 éléments.</u>

(ii) $$\left\{ \prod_{j\in I} \frac{\partial}{\partial s_{i_j}} \widetilde{A}(\lambda| |^s, \overline{w}_1) p_{\lambda| |^s}(f)(Id) \right\}_{s=0} = \left\{ \prod_{j\in I} \frac{\partial}{\partial s_{i_j}} \prod_{\substack{\alpha\in\Delta(w_1)\\ \lambda_\alpha = Id \\ \alpha \neq \alpha_{w_1, w_2}}} \frac{1}{\Gamma(Id, s_\alpha)} \right\}_{s=0} .$$

$$\int_{V_{w_2} \times A \times N} f(\overline{w}_2\, v\, an) \lambda(a) \delta(a)^{1/2}\, da\, dn\, dv$$

<u>lorsque I est une partie de $\mathbb{N}$ ayant k_{w_1} -1 éléments.</u>

<u>Les représentants $\overline{w}_1, \overline{w}_2$ étant choisis comme précédemment.</u>

La démonstration se fait par récurrence sur la longueur de w_1.

Supposons donc que $l(w_1) = 1$, et soit α_i la racine simple telle que $w_1 = s_i$; alors on ne peut avoir que $k_{w_1} = 1$ et $w_2 = id$; il n'y a rien à démontrer pour i). Pour ii), on a $I = \emptyset$ et pour tout $f \in \mathcal{C}_c(G)$:

$$\widetilde{A}(\lambda| |^s, \overline{w}_1) p_{\lambda| |^s}(f)(Id) = f_{\lambda, w_1}(s) \int_{\text{compact de } V_{w_1}} p_{\lambda| |^s}(f)(\overline{w}_1 v)\, dv$$

$$+ \frac{q^{-n_f\, s_{\alpha_i}}}{1 - q^{s_{\alpha_i} - 1}} (1 - q^{-1}) \int_{A \times N} f(an) \lambda(a) \delta(a)^{1/2}\, da\, dn \qquad \text{(cf. relation 2.1.)}$$

donc :

$$\widetilde{A}(\lambda, \overline{w}_1) p_\lambda(f)(Id) = \int_{A\times N} f(an) \lambda(a) \delta(a)^{1/2}\, da\, dn .$$

Supposons que le lemme soit vérifié lorsque $l(w_1) = p-1$. Soit w_1 de longueur p ; alors il existe une décomposition réduite de w_1 en symétries par rapport aux racines simples telle que :

$$w_1 = s_{i_1} s_{i_2} \dots s_{i_p}$$

$$\overline{w}_1 = \overline{s_{i_1}}\ \overline{s_{i_2}} \dots \overline{s_{i_p}} \quad \text{où } \overline{s_{i_j}} = \begin{pmatrix} Id & & & \\ & 0 & -1 & \\ & 1 & 0 & \\ & & & Id \end{pmatrix}$$

posons :

$$w_1' = s_{i_2} \dots s_{i_p}$$

$$\overline{w}_1' = \overline{s_{i_2}} \dots \overline{s_{i_p}} \quad \text{pour le choix précédent des représentants}$$

on a :

$$w_1 = s_{i_1} w'_1 \qquad \text{avec} \qquad l(w_1) = 1 + l(w'_1)$$

$$\overline{w}_1 = \overline{s}_{i_1} \overline{w}'_1$$

ceci donne :

$$\widetilde{A}(\lambda| \,|^s, \overline{w}_1) p_{\lambda| \,|^s}(f)(\mathrm{Id}) = \widetilde{A}(w'_1(\lambda| \,|^s), \overline{s}_{i_1}) \widetilde{A}(\lambda| \,|^s, \overline{w}'_1) p_{\lambda| \,|^s}(f)(\mathrm{Id})$$

$$= f_{w'_1(\lambda), s_{i_1}}(\sigma_1(s)) \underset{\substack{\text{somme}\\ \text{finie}}}{\Sigma} a_i \widetilde{A}(\lambda| \,|^s, \overline{w}'_1) p_{\lambda| \,|^s}(f_i)(\mathrm{Id})$$

$$+ \ g(s) \widetilde{A}(\lambda| \,|^s, \overline{w}'_1) p_{\lambda| \,|^s}(f)(\mathrm{Id})$$

où :

$$f_i = f(c_i \,.) \quad \text{avec} \quad c_i \in B \overline{s}_{i_1} B$$

et :

$$g(s) = \frac{q^{-n_f(\beta+s)_{w_1'^{-1}(\alpha_{i_1})}}}{1 - q^{-(\beta+s)_{w_1'^{-1}(\alpha_{i_1})}}} \cdot f_{w_1(\lambda), s_{i_1}}(\sigma_1(s)) \int_{\mathfrak{G}^*} \chi^{-1}_{w_1'^{-1}(\alpha_{i_1})}(u) \, d^*u$$

et :

σ_1 étant la permutation associée à w'_1 et

$$\sigma_1(s) = (s_{\sigma(1)}, s_{\sigma(2)}, \dots, s_{\sigma(n)}) .$$

Posons $A = \left\{ \prod_{j \in I} \frac{\partial}{\partial s_{i_j}} \widetilde{A}(\lambda| \,|^s, \overline{w}_1) p_{\lambda| \,|^s}(f)(\mathrm{Id}) \right\}_{s=0}$.

<u>1er Cas</u> :

$$w_2 = w'_1 \qquad \text{alors} \quad f_i \in \mathcal{C}_c \Big\{ \bigcup_{l(w) \geq l(w_1)} B\overline{w}B \cup \big(\bigcup_{\substack{l(w)=l(w_1)-1\\ \overline{w} \notin \overline{B\overline{w}_1 B}}} B\overline{w}B \big) \Big\}$$

et $B\overline{w}'_1 B$ est fermé dans cet ouvert ; $\widetilde{A}(\lambda| \,|^s, \overline{w}'_1) p_{\lambda| \,|^s}(f_i)(\mathrm{Id})$ est donné sous forme intégrale, le coefficient de l'intégrale est une fonction analytique ayant en 0 un zéro d'ordre total k_{w_1} ; donc lorsque la dérivation porte sur moins de k_{w_1} dérivations successives, ce terme donne 0 au point $s = 0$, et :

$$A = \left\{ \prod_{j \in I} \frac{\partial}{\partial s_{i_j}} g(s) f_{\lambda, w'_1}(s) \cdot \int_{V_{w'_1} \times A \times N} f(\overline{w}'_1 \, v \, an) \lambda(a) |a|^s \delta(a)^{1/2} \, dv \, da \, dn \right\}_{s=0}$$

si $k_{w_1} = k_{w'_1} + 1$ alors $g(0) = 1$ et si cardinal $I < k_{w'_1}$ on a :

$$A = 0 \quad ,$$

si cardinal $I = k_{w'_1}$, alors :

$$A = \left\{ \prod_{j\in I} \frac{\partial}{\partial s_{i_j}} f_{\lambda, w'_1}(s) \right\}_{s=0} \int_{V_{w'_1} \times A \times N} f(\overline{w}'_1 \, v\, a n)\, \lambda(a)\, \delta(a)^{1/2} \, dv\, da\, dn$$

si $k_{w_1} = k_{w'_1}$, comme cardinal $I \leq k_{w'_1} - 1$, on n'a pas assez de dérivations et

$$A = 0 \quad .$$

Remarque : $\quad \alpha_{w_1, w'_1} = w'^{-1}_1(\alpha_{i_1}) \quad .$

2ème Cas :

$w_2 \neq w'_1$, alors il existe un indice j tel que :

$$w_2 = s_{i_1} s_{i_2} \dots s_{i_{j-1}} s_{i_{j+1}} \dots s_{i_p}$$

on pose :

$$\overline{w}_2 = \overline{s_{i_1}}\, \overline{s_{i_2}} \dots \overline{s_{i_{j-1}}}\, \overline{s_{i_{j+1}}} \dots \overline{s_{i_p}}$$

alors :

$$l(s_{i_1} w_2) = l(w_2) - 1 \quad \text{et} \quad \overline{s_{i_1}}\, \overline{w}_2 = - \overline{s_{i_2}} \dots \overline{s_{i_{j-1}}}\, \overline{s_{i_{j+1}}} \dots \overline{s_{i_p}} \quad .$$

Le deuxième terme du deuxième membre est nul à cause des conditions de support.

On a $\quad f_i \in C_c (\bigcup_{l(w) \geq l(w_2)} B\overline{w}B \cup B\overline{s_{i_1}}\,\overline{w}_2 B) \quad .$

On peut donc appliquer l'hypothèse de récurrence ;

si $k_{w_1} = k_{w'_1} + 1$

pour cardinal $I < k_{w'_1} - 1$, on a :

$$A = 0 \quad \text{par récurrence}$$

pour cardinal $I = k_{w'_1} - 1$:

$$A = f_{w_1(\lambda), s_{i_1}}(0) \left\{ \Sigma a_i \prod_{j\in I} \frac{\partial}{\partial s_{i_j}} \widetilde{A}(\lambda|\,|^s, \overline{w}'_1)\, p_{\lambda|\,|^s}(f_i)(Id) \right\}_{s=0}$$

$$= 0$$

pour cardinal $I = k_{w'_1} = k_{w_1} - 1$:

$$A = \sum_{j\in I}\left\{\frac{\partial}{\partial s_{i_j}} f_{w_1(\lambda),\, s_{i_1}}\left(\sigma_1(s)\right)\right\}_{s=0} .$$

$$\cdot\left\{\prod_{k\in I-j}\frac{\partial}{\partial s_{i_k}} \prod_{\substack{\alpha\in\Delta(w_1')\\ \lambda_\alpha=Id\\ \alpha\neq\alpha_{w_1',\, s_{i_1}w_2}}} \frac{1}{\Gamma(Id, s_\alpha)}\right\}_{s=0}\left[\Sigma a_i\int_{V_{s_{i_1}w_2}\times A\times N} f(-\overline{s}_{i_1}\overline{w}_2 v a n)\,\lambda(a)\,\delta(a)^{1/2} dv\, da\, dn\right]$$

$$=\left\{\prod_{j\in I}\frac{\partial}{\partial s_{i_j}} \prod_{\substack{\alpha\in\Delta(w_1)\\ \lambda_\alpha=Id\\ \alpha\neq\alpha_{w_1',\, s_{i_1}w_2}}}\frac{1}{\Gamma(Id, s_\alpha)}\right\}_{s=0} .$$

$$\cdot\left\{\Sigma a_i\int_{V_{s_{i_1}w_2}\times A\times N} f(-\overline{s}_{i_1}\,\overline{w}_2\, v a n)\,\lambda(a)\,\delta(a)^{1/2}\, dv\, da\, dn\right\}$$

$$=\left\{\prod_{j\in I}\frac{\partial}{\partial s_{i_j}} \prod_{\substack{\alpha\in\Delta(w_1)\\ \lambda_\alpha=Id\\ \alpha\neq\alpha_{w_1',\, s_{i_1}w_2}}}\frac{1}{\Gamma(Id, s_\alpha)}\right\}_{s=0} .$$

$$\cdot\int_{\{|x|\leq q^m\}\times V_{s_{i_1}w_2}\times A\times N} f\left(-\overline{s}_{i_1}\begin{pmatrix} Id & & \\ & 1 & 0 \\ & x & 1 \\ & & & Id\end{pmatrix}\overline{s}_{i_1}\,\overline{w}_2\, v a n\right)\lambda(a)\,\delta(a)^{1/2}\, dx\, dv\, da\, dn$$

et ceci $\forall m \geq n_f$, or l'intégrale du 2ème membre converge absolument et comme $w_2 = s_{i_1}(s_{i_1}w_2)$ avec $l(w_2) = 1 + l(s_{i_1}w_2)$, en prenant la limite quand $m\to+\infty$, on obtient :

$$A = \left\{\prod_{j\in I}\frac{\partial}{\partial s_{i_j}} \prod_{\substack{\alpha\in\Delta(w_1)\\ \lambda_\alpha=Id\\ \alpha\neq\alpha_{w_1',\, s_{i_1}w_2}}}\frac{1}{\Gamma(Id, s_\alpha)}\right\}_{s=0}\int_{V_{w_2}\times A\times N} f(\overline{w}_2\, v a n)\,\lambda(a)\,\delta(a)^{1/2}\, dv\, da\, dn .$$

Remarquons que :

$$w_1' = s_{i_1} w_2 s_{\alpha_{w_1', s_{i_1} w_2}} \qquad \text{donc} \qquad s_{i_1} w_1' = w_1 = (s_{i_1})^2 w_2 s_{\alpha_{w_1', s_{i_1} w_2}}$$

et par conséquent :

$$\alpha_{w_1', s_{i_1} w_2} = \alpha_{w_1, w_2} .$$

Si $k_{w_1} = k_{w_1'}$ la démonstration est la même, mais en plus $f_{w_1(\lambda), s_{i_1}}(\sigma_1(s)) = 1$.

4.5 DETERMINATION DE E(λ, μ) (et de E(μ,λ)) LORSQUE μ EST UN CARACTERE "BIEN RANGÉ" CONJUGUÉ DE λ .

Soit λ un caractère quelconque de A , alors il existe un $w \in W$ tel que $w(\lambda)$ soit bien rangé, c'est-à-dire :

$$\mu = w(\lambda) = (\underbrace{\lambda_1, \lambda_1, \lambda_1, \ldots, \lambda_1}_{n_1}, \underbrace{\lambda_2, \lambda_2, \ldots, \lambda_2}_{n_2}, \ldots, \underbrace{\lambda_p, \lambda_p, \ldots, \lambda_p}_{n_p})$$

avec $n_1 + n_2 + \ldots + n_p = n$; $w(\lambda)$ est rangé par "paquets identiques" ; on appelle μ ce caractère bien rangé ; si on note :

$$W(\lambda, \mu) = \{w \in W \text{ tels que } w(\lambda) = \mu\}$$

ceci a pour effet de décomposer $W(\mu, \mu)$ en produit de groupes de permutations d'ordre inférieur, et d'avoir une image agréable de $W(\lambda, \mu)$; en effet :

LEMME 4.7. - Soit λ un caractère de A , et μ un caractère bien rangé correspondant :

i) si $w(\mu) = \mu$ alors $\forall w' \leq w \;\; w'(\mu) = \mu$;

ii) soit w_o l'élément de longueur minimale de $W(\lambda, \mu)$, alors $\forall w \in W(\lambda, \mu)$, il existe $w_1 \in W(\mu, \mu)$ tel que :

$$w = w_1 w_o \quad \text{avec} \quad l(w) = l(w_1) + l(w_o)$$

$$\text{et} \quad \forall\, w_2 \in E_{w w_o^{-1}} , \quad \text{où} \quad w \in W(\lambda, \mu) \quad ,$$

$w_2 w_o$ est un enfant de w tel que $w_2 w_o(\lambda) = \mu$, et réciproquement ;

iii) soit w_o' l'élément de longueur minimale de $W(\mu, \lambda)$, alors ii) est encore vrai, c'est-à-dire : $\forall w \in W(\mu, \lambda)$ on a : $w = w_o'(w_o'^{-1} w)$ avec $l(w) = l(w_o') + l(w_o'^{-1} w)$ et $\forall w_2 \in E_{w_o'^{-1} w}$ $w_o' w_2 \in E_w \cap W(\mu, \lambda)$ et réciproquement.

DEMONSTRATION.-

i) Soit $w \in W(\mu,\mu)$, et σ la permutation correspondante ; comme $w(\mu)=\mu$, on voit que si $\sum_{j=1}^{k} n_j < i \leq \sum_{j=1}^{k+1} n_j$ alors $\sum_{j=1}^{k} n_j < \sigma(i) \leq \sum_{j=1}^{k+1} n_j$; si on appelle σ_i la permutation σ restreinte aux entiers

$$\sum_{j=1}^{i-1} n_j+1, \ldots, \sum_{j=1}^{i-1} n_j+n_i$$

et triviale sur les autres entiers, on a :

$$\sigma=\sigma_1\sigma_2\ldots\sigma_p \quad \text{et} \quad w=w_1w_2\ldots w_p \ ,$$ où w_i est l'élément de W correspondant à σ_i , avec $l(w)=l(w_1)+l(w_2)+\ldots+l(w_p)$; par conséquent il existe une décomposition réduite de w , obtenue en juxtaposant des décompositions réduites de chaque w_i :

$$w=s_{i_1}s_{i_2}\ldots s_{i_p}$$

telle que $s_{i_j}(\mu)=\mu \quad \forall j=1,2,\ldots,p$; ceci implique que :

$$\forall \alpha \in \Delta(w) \quad \lambda_\alpha = \mathrm{Id}$$

donc, quelle que soit la décomposition réduite de w :

$$w=s_{j_1}s_{j_2}\ldots s_{j_p}$$

on a : $s_{j_k}(\mu)=\mu \quad \forall k=1,2,\ldots,p$;

ii) dans $W(\lambda,\mu)$ il existe des éléments de longueur minimale l_o , soit w_o un tel élément et soit w un élément quelconque de $W(\lambda,\mu)$; alors $ww_o^{-1} \in W(\mu,\mu)$, et si

$$ww_o^{-1}=s_{i_1}s_{i_2}\ldots s_{i_p}$$

est une décomposition réduite de ww_o^{-1} en symétries par rapport à des racines simples, on a

$$s_{i_j}(\mu)=\mu \quad \forall j=1,2,\ldots,p$$

soit :

$$w_o=s_{k_1}s_{k_2}\ldots s_{k_m}$$

une décomposition réduite de w_o en symétries par rapport à des racines simples, alors :

$$w=s_{i_1}s_{i_2}\ldots s_{i_p}s_{k_1}s_{k_2}\ldots s_{k_m}$$

si cette décomposition est réduite, le lemme est démontré avec $w_1=ww_o^{-1}$; supposons donc que cette décomposition ne soit pas réduite, alors d'après le lemme 21, p.270([12]), il existe un indice i_j et un indice k_h tels que :

$$s_{i_{j+1}} s_{i_{j+2}} \dots s_{i_p} s_{k_1} \dots s_{k_h} s_{k_{h+1}} = s_{i_j} \dots s_{i_p} s_{k_1} \dots s_{k_h}$$

comme $s_{i_\ell}(\mu) = \mu \ \ \forall \ell = 1, 2, \dots, p$, on obtient :

$$s_{k_1} \dots s_{k_h} s_{k_{h+2}} \dots s_{k_m}(\lambda) = \mu$$

ce qui contredit la minimalité de $l(w_o)$, donc ceci est impossible. En particulier, ceci démontre que l'élément w_o de longueur minimale est unique (on peut noter que $\Delta(w_o) \cap \{\alpha \in \Delta^+$ tel que $\lambda_\alpha = \mathrm{Id}\} = \emptyset$).

Soit $w_2 \in E_{w w_o^{-1}}$ alors d'après i) $w_2(\mu) = \mu$, donc $w_2 w_o(\lambda) = \mu$ et $l(w_2 w_o) = l(w_2) + l(w_o) = l(w w_o^{-1}) - 1 + l(w_o) = l(w) - 1$, et d'après la démonstration précédente, on a immédiatement que $w_2 w_o \leq w$.

Réciproquement, soit w_2 un enfant de w tel que $w_2(\lambda) = \mu$, alors $l(w_2) = l(w) - 1$ et $l(w_2 w_o^{-1}) = l(w_2) - l(w_o) = l(w) - l(w_o) - 1 = = l(w w_o^{-1}) - 1$; il reste à montrer que $w_2 w_o^{-1} \leq w w_o^{-1}$. On sait que w_2 s'obtient en enlevant une symétrie par rapport à une racine simple, d'une décomposition réduite de w ; si cette symétrie est enlevée dans la décomposition réduite de $w w_o^{-1}$, alors le résultat est évident ; supposons donc que la symétrie qu'on enlève soit dans la partie correspondant à la décomposition réduite de w_o, alors $w = w_2 s_{\alpha_{w_o, w_o w^{-1} w_2}}$, par conséquent $\lambda_{\alpha_{w_o, w_o w^{-1} w_2}} = \mathrm{Id}$ et $\alpha_{w_o, w_o w^{-1} w_2} \in \Delta(w_o)$, ceci est en contradiction avec la minimalité de w_o, donc c'est impossible ;

iii) la démonstration se fait de la même manière que celle de ii).

THEOREME 4.1. Soit λ un caractère de A, et μ un caractère "bien rangé" correspondant ; alors l'espace vectoriel des opérateurs d'entrelacement de $(\pi_\lambda, \mathcal{S}_\lambda)$ avec $(\pi_\mu, \mathcal{S}_\mu)$ (respectivement de $(\pi_\mu, \mathcal{S}_\mu)$ avec $(\pi_\lambda, \mathcal{S}_\lambda)$) est de dimension un ; il est engendré par $A(\lambda, \overline{w}_o)$ (respectivement $A(\mu, \overline{w}'_o)$), si $\lambda \neq \mu$, et par $\mathrm{Id}_{\mathcal{S}_\lambda}$ si $\lambda = \mu$.

DEMONSTRATION.- On utilise la méthode de KNAPP-STEIN ([9]) ; les distributions $T_{\overline{w}}$, pour $w \in W(\lambda, \mu)$ et w non minimal (ce qui est équivalent à dire que $\Delta(w) \cap \{\alpha \in \Delta^+$ tels que $\lambda_\alpha = \mathrm{Id}\} \neq \emptyset$) chassent la distribution associée à l'opérateur d'entrelacement éventuel, de doubles classes en doubles classes jusqu'à la classe $B\overline{w}_o B$.

Pour faire la démonstration, on détermine $E(\lambda,\mu)$. Soit T un élément de $E(\lambda,\mu)$; on considère les éléments de $W(\lambda,\mu)$, et on les range suivant les longueurs décroissantes :

$w_1^1, w_2^1, \dots, w_{p_1}^1$ les éléments de longueur maximale ℓ_1

$w_1^2, w_2^2, \dots, w_{p_2}^2$ les éléments de longueur $\ell_2 = \ell_1 - 1$

....

w_o l'élément de longueur minimale ℓ_o

D'après le lemme 4.2., le support de T est inclus dans le fermé $\bigcup_{\ell(w)<\ell_1} B\overline{w}B \cup \bigcup_{i=1}^{p_1} B\overline{w}_i^1 B$; on restreint T à chaque ouvert

$$\bigcup_{l(w)>\ell_1} B\overline{w}B \cup B\overline{w}_i^1 B$$

alors, la restriction de T à cet ouvert a son support inclus dans $B\overline{w}_i^1 B$, et le lemme 4.2. ainsi que les propriétés de T (relation 4.1.) impliquent qu'il existe une constante c telle que :

$$< T, f> = c \int_{V_{w_i^1} \times A \times N} f(\overline{w}_i^1\, v\, a\, n)\, \lambda(a)\, \delta(a)^{1/2}\, dv\, da\, dn$$

par conséquent, il existe une constante $d_{\overline{w}_i^1}$ telle que $T = d_{\overline{w}_i^1} T_{\overline{w}_i^1}$ sur chaque ouvert : $\bigcup_{l(w)>\ell_1} B\overline{w}B \cup B\overline{w}_i^1 B$

et la distribution $T - \sum_{i=1}^{p_1} d_{\overline{w}_i^1} T_{\overline{w}_i^1}$ a son support inclus dans $\bigcup_{l(w)\le \ell_2} B\overline{w}B$.

On restreint cette nouvelle distribution à chaque ouvert $\bigcup_{l(w)\ge \ell_1} B\overline{w}B \cup B\overline{w}_i^2 B$, son support est alors inclus dans $B\overline{w}_i^2 B$, de plus cette distribution est bi-invariante par N, d'après le lemme 4.2. elle doit vérifier la relation :

$$< T - \sum_{j=1}^{p_1} d_{\overline{w}_j^1} T_{\overline{w}_j^1}, f(ag)> = \delta(a)^{-1/2}\, \delta(\overline{w}_i^{2\,-1} a\, \overline{w}_i^2)^{-1/2}\,.$$

$$. < T - \sum_{j=1}^{p_1} d_{\overline{w}_j^1} T_{\overline{w}_j^1}, f(g\, \overline{w}_i^{2\,-1} a\, \overline{w}_i^2)>$$

pour tout $f \in C_c(\bigcup_{l(w)\ge \ell_1} B\overline{w}B \cup B\overline{w}_i^2 B)$, et tout $a \in A$.

En utilisant les propriétés de T et des $T_{\overline{w}_j^1}$, on obtient :

$$\sum_{w_j^1 \in P_{w_i^2}} d_{\overline{w}_j^1} \left[\Sigma \left(\frac{\partial}{\partial s_{i_j}} | \overline{w}_j^{1-1} \, a \, \overline{w}_j^1 | - \frac{\partial}{\partial s_{i_j}} | \overline{w}_i^{2-1} \, a \, \overline{w}_i^2 | \right) . \right.$$

$$\left. . \left(\prod_{k \neq j} \frac{\partial}{\partial s_{i_k}} \prod_{\substack{\alpha \in \Delta(w_i^2) \\ \lambda_\alpha = \mathrm{Id} \\ \alpha \neq \alpha_{w_j^1, w_i^2}}} \frac{1}{\Gamma(\mathrm{Id}, s_\alpha)} \right) \right]_{s=0} = 0$$

ce qui donne :

$$\sum_{w_j^1 \in P_{w_i^2}} d_{\overline{w}_j^1} \left(\partial_{w_j^1} f_{\lambda, w_j^1} \right) (0) \, \alpha_{w_j^1, w_i^2}(N) = 0$$

où :

$$N = (N_1, N_2, \ldots, N_n) \in \mathbb{Z}^n \quad \text{et} \quad N_i = \frac{1}{\operatorname{Log} q} \operatorname{Log} |a_{\sigma(i)}|$$

$$a = \begin{pmatrix} a_1 & & & \\ & a_2 & & \\ & & \ddots & \\ & & & a_n \end{pmatrix}$$ et σ étant la permutation associée à w_i^2

$\alpha_{w_j^1, w_i^2}$ étant maintenant considérée comme une forme linéaire sur $\mathbb{R}^n$, on obtient ainsi une forme linéaire sur $\mathbb{R}^n$ nulle sur la base canonique de $\mathbb{R}^n$, elle est donc nulle ; on arrive au système linéaire suivant :

$$\forall i = 1, 2, \ldots, p_2$$

on a :

$$\sum_{w_j^1 \in P_{w_i^2}} d_{\overline{w}_j^1} \, c_{w_j^1} \, \alpha_{w_j^1, w_i^2} = 0$$

les inconnues étant les $d_{\overline{w}_j^1}$; en utilisant les résultats du lemme 4. 7. , ceci donne :

$$\forall w_2 \text{ tel que } \begin{cases} w_2(\mu) = \mu \\ l(w_2) = \ell_2 - l(w_o) \end{cases} \quad \text{on a :}$$

$$\sum_{\substack{w_1 \in P_{w_2} \\ w_1(\mu) = \mu}} d_{\overline{w}_1 \overline{w}_o} \, c_{w_1 w_o} \, \alpha_{w_1, w_2} = 0$$

or toute solution de ce système, est solution du système plus général suivant :

$\forall w_2$ tel que $l(w_2) = \ell_2 - l(w_o)$ on a :

$$\sum_{w_1 \in P_{w_2}} d_{\overline{w}_1 \overline{w}_o} c_{w_1 w_o} \alpha_{w_1, w_2} = 0$$

on a la proposition suivante ([9]) proposition 4.2.).

PROPOSITION 4.1. - <u>Soit</u> W <u>le groupe de Weyl de</u> SL(n, R) <u>et</u> ℓ <u>une longueur fixée ; supposons qu'à chaque élément</u> w_1 <u>de</u> W <u>de longueur</u> ℓ <u>soit associé un nombre complexe</u> c_{w_1} <u>tel que</u> :

$$\sum_{w_1 \in P_{w_2}} c_{w_1} \alpha_{w_1, w_2} = 0$$

<u>et ceci pour tout</u> w_2 <u>de longueur</u> $\ell - 1$ <u>, alors</u> $c_{w_1} = 0$ <u>pour tout</u> w_1 <u>de longueur</u> ℓ .

En appliquant ce résultat, on voit que $d_{\overline{w}_j^1} = 0$ pour tout $j = 1, 2, \dots, p_1$ donc le support de T est inclus dans le fermé $\bigcup_{l(w) \leq \ell_2} B\overline{w}B$. On recommence le même raisonnement que précédemment ; on redescend ainsi T de doubles classes en doubles classes, et on montre ainsi que le support de T est inclus dans $\bigcup_{l(w) \leq \ell_o} B\overline{w}B$. On restreint T à l'ouvert $\bigcup_{l(w) \geq \ell_o + 1} B\overline{w}B \cup B\overline{w}_o B$, alors son support est inclus dans $B\overline{w}_o B$, et il existe une constante $d_{\overline{w}_o}$ telle que

$$T = d_{\overline{w}_o} T_{\overline{w}_o}$$ (mais ici $T_{\overline{w}_o}$ correspond à un opérateur d'entrelacement),

donc :

$$T = d_{\overline{w}_o} T_{\overline{w}_o} \quad \text{sur} \quad C_c(G)$$

en effet, pour tout w de longueur inférieure ou égale à ℓ_o et différent de w_o, on a $w(\lambda) \neq \mu$; en appliquant le lemme 4.2., on obtient le résultat annoncé.

Donc $E(\lambda, \mu)$ est engendré par $T_{\overline{w}_o}$.

La démonstration est la même pour $E(\mu, \lambda)$.

4.6 REMARQUE .

Les opérateurs d'entrelacement $A(\lambda, \overline{w})$ (ou bien $G(\lambda, \overline{w})$) ne suffisent pas généralement, pour déterminer $E(\lambda, w(\lambda))$.

LEMME 4.8. - Soit s_i un élément de W de longueur un, alors si $s_i(\lambda) = \lambda$, on a :

$$G(\lambda, \overline{s}_i) = Id_{\mathcal{S}_\lambda}$$

pour le choix suivant du représentant $\overline{s}_i = \begin{pmatrix} Id & & \\ & \begin{matrix} 0 & -1 \\ 1 & 0 \end{matrix} & \\ & & Id \end{pmatrix}$

DEMONSTRATION.- Elle a été faite au cours de la démonstration du lemme 4.6. .

Plaçons-nous sur $GL(3,k)$ avec le caractère $\lambda = (Id, |\,|^{\pm 1}, Id)$; $E(\lambda, \lambda)$ est alors engendré par T_1 et T_2 définis de la manière suivante :

$$<T_1, f> = \int_{A \times N} f(an)\,\lambda(a)\,\delta(a)^{1/2}\,da\,dn$$

(distribution correspondant à l'opérateur d'entrelacement $Id_{\mathcal{S}_\lambda}$)

$$<T_2, f> = \left\{ \frac{\partial}{\partial s_1} \widetilde{A}(\lambda|\,|^s, \overline{w})\, p_{\lambda|\,|^s}(f)(Id) \right\}_{s=0}$$

où :

$$\overline{w} = \begin{pmatrix} 0 & 0 & 1 \\ 0 & -1 & 0 \\ 1 & 0 & 0 \end{pmatrix}$$

T_1 et T_2 sont linéairement indépendants (support $T_1 = B$, support $T_2 = GL(3,k)$) .

La dimension de l'espace vectoriel des opérateurs d'entrelacement de $(\pi_\lambda, \mathcal{S}_\lambda)$ avec lui-même est alors de dimension deux.

§5 IRREDUCTIBILITÉ DE LA SERIE PRINCIPALE

5.1 IRREDUCTIBILITÉ .

Dans ce paragraphe, on applique le théorème 4.1. .

THEOREME 5.1. Lorsque le caractère λ est unitaire, la représentation $(\pi_\lambda, \mathcal{S}_\lambda)$ est irréductible.

DEMONSTRATION.- Lorsque λ est un caractère unitaire, alors les opérateurs $\mathcal{a}(\lambda, \overline{w})$ sont tous parfaitement définis et sont tous des bijections donc la dimension de l'espace vectoriel des opérateurs d'entrelacement de π_λ avec lui-même est égale à la dimension de l'espace vectoriel des entrelacements de $\pi_{w_o(\lambda)}$ avec lui-même, $w_o(\lambda)$ étant un caractère "bien rangé" correspondant à λ donc :

$$\text{dimension des entrelacements } (\pi_\lambda, \pi_\lambda) = 1 \ .$$

Ce résultat est encore vrai lorsqu'on remplace λ unitaire, par λ tel que $\lambda_\alpha \neq |\,|^{\pm 1} \ \forall \alpha \in \Delta^+$.

Plus généralement, on peut déterminer les représentations $(\pi_\lambda, \mathcal{S}_\lambda)$ irréductibles grâce au théorème suivant ([1], théorème 2) dû à HARISH-CHANDRA et CASSELMAN :

THEOREME 5.2.

1) $\mathcal{S}_\lambda$ a une décomposition de Jordan finie .
2) Si ρ est un sous-quotient irréductible de $\mathcal{S}_\lambda$, alors il existe w dans W tel que ρ s'envoie dans $\mathcal{S}_{w(\lambda)}$.

THEOREME 5.3. $(\pi_\lambda, \mathcal{S}_\lambda)$ est irréductible $\Leftrightarrow \forall \alpha \in \Delta^+ \ \lambda_\alpha \neq |\,|^{\pm 1}$.

DEMONSTRATION.-

1) si il existe $\alpha \in \Delta^+$ tel que $\lambda_\alpha = |\,|^{+1}$ ou $|\,|^{-1}$, alors $\lambda_\alpha = \lambda_i \lambda_j^{-1}$; soient

$$i_o = \text{Maximum } \{i \leq l < j \text{ tel que } \lambda_i = \lambda_l\}$$

$$j_o = \text{Minimum } \{i_o < k \leq j \text{ tel que } \lambda_k = \lambda_j\}$$

et soit :

β la racine : $\beta(a) = a_{i_o} - a_{j_o} \quad \forall a \in \mathcal{a}$,

et w la réflexion correspondante ,

alors $A(\lambda, \overline{w})$ est défini car $\forall \alpha \in \Delta(w)$, $\lambda_\alpha \neq \text{Id}$, donc $A(\lambda,\overline{w}) \neq 0$ et β appartient à $\Delta(w)$, de plus $\lambda_\beta = |\,|^{+1}$ ou $|\,|^{-1}$; l'opérateur $A(\lambda,\overline{w})$ a donc un noyau non trivial ; la représentation $(\pi_\lambda, \mathcal{S}_\lambda)$ est réductible.

2) Réciproquement, si $\forall\alpha\in\Delta^+$, $\lambda_\alpha \neq |\,|^{+1}$ et $|\,|^{-1}$, alors les opérateurs d'entrelacement normalisés $\mathcal{A}(\lambda,\overline{w})$ sont tous parfaitement définis et sont des bijections. Comme la dimension de l'espace des entrelacements de π_λ avec lui-même est 1, l'espace des entrelacements de π_λ avec $\pi_{w(\lambda)}$ est aussi de dimension 1, il est engendré par $\mathcal{A}(\lambda,\overline{w})$.

On applique le théorème 5.2. : soit F un sous-espace invariant maximal de $\mathcal{S}_\lambda$ (il en existe d'après le théorème 5.2., 1)), alors il existe $w\in W$ et T un opérateur d'entrelacement qui envoie $\mathcal{S}_{\lambda}/F$ dans $\mathcal{S}_{w(\lambda)}$ et :

$$\mathcal{S}_\lambda \xrightarrow{\ p\ } \mathcal{S}_\lambda/F \xrightarrow{\ T\ } \mathcal{S}_{w(\lambda)}$$

l'opérateur $T\circ p$ entrelace $\mathcal{S}_\lambda$ et $\mathcal{S}_{w(\lambda)}$, et son noyau est F. Alors il existe une constante c telle que $T\circ p = c\,\mathcal{A}(\lambda,\overline{w})$, donc $F=\{0\}$ ou $\mathcal{S}_\lambda$; par conséquent la représentation π_λ est irréductible.

Le théorème 5.2. permet de rattacher les sous-quotients irréductibles aux opérateurs d'entrelacement, et on a :

PROPOSITION 5.1. -

1) <u>Soit</u> λ <u>un caractère de</u> A <u>tel que</u> $\forall\alpha\in\Delta^+ \lambda_\alpha \neq \mathrm{Id}$, <u>alors</u> :

i) <u>pour tout sous-quotient irréductible</u> ρ <u>de</u> $\mathcal{S}_\lambda$, <u>il existe</u> $w\in W$ <u>tel que</u> ρ <u>soit équivalent à</u> $A(w(\lambda),\overline{w}_o)\,\mathcal{S}_{w(\lambda)}$;

ii) $\mathcal{S}_\lambda/\mathrm{Ker}\,A(\lambda,\overline{w}_o)$ <u>est irréductible, et</u> $\mathrm{Ker}\,A(\lambda,\overline{w}_o)$ <u>est l'unique sous-espace invariant maximal de</u> $\mathcal{S}_\lambda$.

w_o <u>étant l'élément de longueur maximale de</u> W.

2) <u>Soit</u> λ <u>un caractère de</u> A <u>tel qu'il existe</u> $\alpha\in\Delta^+$ <u>avec</u> $\lambda_\alpha = \mathrm{Id}$, <u>alors on note</u> w_λ, <u>l'unique élément de longueur minimale de</u> $W(\lambda,\mu)$ (μ <u>étant un caractère bien rangé correspondant à</u> λ) ; <u>soit</u> ρ <u>un sous-quotient irréductible de</u> $\mathcal{S}_\lambda$, <u>alors</u> :

\- <u>ou bien il existe</u> $w\in W$ <u>tel que</u> ρ <u>soit équivalent à un sous-espace invariant minimal de</u> $\mathrm{Ker}\,A(w(\lambda),\overline{w}_{w(\lambda)})$;

- ou bien ρ est équivalent à $A(w(\mu), \overline{w}^{-1}) \mathcal{S}_{w(\mu)}$, où w est tel que $A(w(\mu), \overline{w}^{-1}) \mathcal{S}_{w(\mu)}$ ait un sens et soit un sous-espace invariant minimal. De plus, il existe $w \in W$ tel que $\mathcal{S}_{\mu}/\mathrm{Ker}\, A(\mu, \overline{w})$ soit irréductible.

DEMONSTRATION.-

1) Soit λ un caractère de A tel que $\lambda_\alpha \neq \mathrm{Id}$ $\forall \alpha \in \Delta^+$ alors d'après la proposition 4.1. l'espace des entrelacements de π_λ avec $\pi_{w(\lambda)}$ est engendré par $A(\lambda, \overline{w})$, il est de dimension 1. Soit ρ un sous-quotient irréductible de $\mathcal{S}_\lambda$, alors d'après le théorème 5.2., il existe $w \in W$ et T :

$$\rho \xrightarrow{T} T(\rho) \subset \mathcal{S}_{w(\lambda)}$$

alors $T(\rho)$ est équivalent à ρ et $T(\rho)$ est un sous-espace invariant minimal de $\mathcal{S}_{w(\lambda)}$. $\{T(\rho)\}^\perp$ est un sous-espace invariant maximal de $\mathcal{S}_{w(\overline{\lambda})^{-1}}$; d'après le théorème 5.2. $\{T(\rho)\}^\perp$ est le noyau d'un opérateur d'entrelacement, donc il existe $w_1 \in W$ tel que $\{T(\rho)\}^\perp = \mathrm{Ker}\, A(w(\overline{\lambda}^{-1}), \overline{w}_1)$ or, si w_o désigne l'élément de longueur maximale de W, pour tout $w \in W$ on a :

$$l(w_o) = l(w_o w^{-1}) + l(w)$$

donc :

$$A(\lambda, \overline{w}_o) = A(w(\lambda), \overline{w}_o \overline{w}^{-1})\, A(\lambda, \overline{w})$$

et :

$$\mathrm{Ker}\, A(\lambda, \overline{w}_o) \supset \mathrm{Ker}\, A(\lambda, \overline{w}) \quad \forall w \in W$$

par conséquent :

$$\{T(\rho)\}^\perp = \mathrm{Ker}\, A(w(\overline{\lambda})^{-1}, \overline{w}_o)$$

et :

$$T(\rho) = \mathrm{Im}\, A(w_o w(\lambda), \overline{w}_o)$$

2) Soit λ un caractère de A tel qu'il existe $\alpha \in \Delta^+$ avec $\lambda_\alpha = \mathrm{Id}$, alors comme précédemment $T(\rho)$ est un sous-espace invariant minimal de $\mathcal{S}_{w(\lambda)}$; on considère l'application $A(w(\lambda), \overline{w}_{w(\lambda)})$ alors ou bien $T(\rho) \subset \mathrm{Ker}\, A(w(\lambda), \overline{w}_{w(\lambda)})$, ou bien $T(\rho)$ n'est pas inclus dans $\mathrm{Ker}\, A(w(\lambda), \overline{w}_{w(\lambda)})$, et la minimalité de $T(\rho)$ implique alors que $T(\rho) \cap \mathrm{Ker}\, A(w(\lambda), \overline{w}_{w(\lambda)}) = \{0\}$, donc $T(\rho)$ est équivalent à $A(w(\lambda), \overline{w}_{w(\lambda)})\, T(\rho)$ qui est un sous-espace invariant minimal de $\mathcal{S}_\mu$. Si F est un sous-espace invariant minimal de $\mathcal{S}_\mu$, alors $F^\perp$ est un

sous-espace invariant maximal de $\mathcal{S}_{\overline{\mu}^{-1}}$, et comme le caractère $\overline{\mu}^{-1}$ est aussi un caractère bien rangé, on connait tous les entrelacements de $\mathcal{S}_{\overline{\mu}}$ avec $\mathcal{S}_{w(\overline{\mu}^{-1})}$, ce sont les $A(\overline{\mu}^{-1}, \overline{w})$ pour un bon choix de w ; donc il existe $w \in W$ tel que $T(\rho)$ soit équivalent à :

$$A\left(w(\lambda), \overline{w}_{w(\lambda)}\right) T(\rho) = \{\mathrm{Ker}\, A(\overline{\mu}^{-1}, \overline{w})\}^{\perp} = \mathrm{Im}\, A\left(w(\mu), \overline{w}^{-1}\right)$$

5.2 QUELQUES REMARQUES SUR LES NOYAUX DE $A(\lambda,\overline{w})$.

D'après le paragraphe 2, on a la relation suivante :

$$A\left(w(\lambda), \overline{w}^{-1}\right) A(\lambda, \overline{w}) = \Gamma_{w}(\lambda)\, \Gamma_{w^{-1}}(w(\lambda)) \mathrm{Id}_{\mathcal{S}_\lambda} .$$

Lorsque pour tout α dans $\Delta(w)$ on a $\lambda_\alpha \neq \mathrm{Id}$, l'opérateur $A(\lambda, \overline{w})$ est défini et est non nul ; si il existe α dans $\Delta(w)$ tel que $\lambda_\alpha = |\,|^{+1}$ ou $|\,|^{-1}$, alors $A(\lambda, \overline{w})$ aura un noyau et une image non triviaux. On peut donner quelques renseignements à ce sujet dans des cas très particuliers.

Soit Π_1 une partie de Π, on peut associer à Π_1 un système de racines Δ_1 et un sous-groupe W_1 de W ; alors $P_{\Pi_1} = \bigcup_{w \in W_1} B\overline{w}B$ est un sous-groupe parabolique de G ; on peut considérer la représentation régulière gauche induite par un caractère σ de P_{Π_1}, l'espace de la représentation $\mathcal{S}_{P_{\Pi_1}}(\sigma)$ sera fait des fonctions vérifiant :

$$\varphi(g\,p) = \varphi(g)\, \sigma(p)^{-1}\, \delta_P^{-1/2}(p)$$

pour tout $p \in P_{\Pi_1}$, δ_P^{-1} étant le module de P_{Π_1}, et σ un caractère de P_{Π_1}. Pour certaines valeurs de λ (λ étant tel que $\forall \alpha \in \Pi_1\ \lambda_\alpha = |\,|^{-1}$) cet espace $\mathcal{S}_{P_{\Pi_1}}(\sigma)$ est inclus dans $\mathcal{S}_\lambda$ et peut être rattaché au noyau de la manière suivante :

PROPOSITION 5.2. - Soit $w \in W$ et $A(\lambda, \overline{w})$ un opérateur d'entrelacement tel que :

$$\Delta^{+1}_{\lambda, w} = \{\alpha \in \Delta(w) \quad \text{tels que} \quad \lambda_\alpha = |\,|^{+1}\} \subset \Pi$$

$$\Delta^{-1}_{\lambda, w} = \{\alpha \in \Delta(w) \quad \text{tels que} \quad \lambda_\alpha = |\,|^{-1}\} = \emptyset$$

$$\overset{\circ}{\Delta}_{\lambda, w} = \{\alpha \in \Delta(w) \quad \text{tels que} \quad \lambda_\alpha = \mathrm{Id}\} = \emptyset$$

alors $\quad \mathrm{Ker}\, A(\lambda, \overline{w}) = \left\{\mathcal{S}_{P_{\Delta^{+1}_{\lambda, w}}}(\sigma_{\overline{\lambda}^{-1}})\right\}^{\perp}$.

La démonstration se fait par récurrence sur la longueur de w,

$l(w) = 1$ alors $w = s_i$ et $A(\lambda, \overline{s_i})$ est donné sous forme intégrale :

$$A(\lambda, \overline{s_i})\, \varphi(g) = \int_{V_{s_i}} \varphi(g\, \overline{s_i}\, v)\, dv \quad .$$

On considère l'application de $\mathcal{S}_{w(\lambda)} \longrightarrow \mathcal{S}\left(Gl(2,k), \lambda_{i+1}|\,|^{\frac{-2i+n}{2}}, \lambda_i|\,|^{\frac{n-2i}{2}}\right)$

$\varphi \longrightarrow \tilde{\varphi}$ sa restriction aux matrices du type suivant :

$$\begin{pmatrix} Id & \vdots & \vdots & \\ \cdots & a & b & \cdots \\ \cdots & c & d & \cdots \\ & \vdots & \vdots & Id \end{pmatrix} \begin{matrix} \\ i \\ i+1 \\ \\ \end{matrix} \qquad \text{avec} \quad \begin{pmatrix} a & b \\ c & d \end{pmatrix} \in Gl(2,k)$$
$$\qquad\qquad i \quad i+1$$

alors, d'après les résultats de $Gl(2,k)$ ([7]), on sait que :

$$A(\lambda, \overline{s}_i)\varphi(g\, g_o) = \left(A(\lambda, \overline{s_i})\,\pi_\lambda(g^{-1})\varphi\right)^{\sim}(g_o)$$
$$= c_{g,\varphi}\, \lambda_i^{-1}(\det g_o)|\det g_o|^{\frac{2i-n+1}{2}}$$

donc :

$$c_{g,\varphi} = A(\lambda, \overline{s}_i)\,\varphi(g)$$

et par conséquent $A(\lambda, \overline{s}_i)\varphi \in \mathcal{S}_{P_{\alpha_i}}(\sigma_{s_i(\lambda)})$, où $\sigma_{s_i(\lambda)}$ est le caractère suivant :

$$\sigma_{s_i(\lambda)} = \left(\lambda_i|\,|^{-1/2}\,;\,(\lambda_1|\,|^{+1/2}, \lambda_2|\,|^{+1/2}, \ldots, \lambda_{i-1}|\,|^{+1/2}, \lambda_{i+2}|\,|^{-1/2}, \ldots, \lambda_n|\,|^{-1/2})\right)$$

$\lambda_i|\,|^{-1/2}$ étant considéré comme un caractère de $Gl(2,k)$.

En utilisant l'opérateur adjoint, on obtient ainsi :

$$\operatorname{Ker} A(\lambda, \overline{w}) \supset \{\mathcal{S}_{P_{\alpha_i}}(\sigma_{\overline{\lambda}^{-1}})\}^{\perp}$$

$$\operatorname{Im} A(\lambda, \overline{w}) \subset \mathcal{S}_{P_{\alpha_i}}(\sigma_{w(\lambda)}) .$$

Pour avoir l'autre inclusion, on établit le lemme suivant :

LEMME 5.1. - <u>Soit</u> $w \in W$ <u>et</u> $A(\lambda, \overline{w})$ <u>l'opérateur associé, on suppose que</u> :

i) $\Delta^{+1}_{\lambda,w} \subset \Pi$;

ii) $\Delta(w)$ <u>est inclus dans l'ensemble des combinaisons linéaires positives de</u> $\Delta^{+1}_{\lambda,w}$;

<u>alors</u> $\operatorname{Ker} A(\lambda, \overline{w}) \subset \{\mathcal{S}_{P_{\Delta^{+1}_{\lambda,w}}}(\sigma_{\overline{\lambda}^{-1}})\}^{\perp}$.

<u>DEMONSTRATION</u>.- Soient Δ_1 le système de racines associé à $\Delta^{+1}_{\lambda,w}$, W_1 le groupe de Weyl correspondant, et $P_{\Delta^{+1}_{\lambda,w}}$ le sous-groupe parabolique, alors les hypo-

thèses sur λ impliquent qu'il existe un caractère $\sigma_{\overline{\lambda}^{-1}}$ de $P_{\Delta^{+1}_{\lambda,w}}$ tel que :

$$\mathcal{S}_{P_{\Delta^{+1}_{\lambda,w}}}(\sigma_{\overline{\lambda}^{-1}}) \subset \mathcal{S}_{\overline{\lambda}^{-1}} \quad .$$

Soient $\varphi \in \mathcal{S}_{P_{\Delta^{+1}_{\lambda,w}}}(\sigma_{\overline{\lambda}^{-1}})$ et $\psi \in \operatorname{Ker} A(\lambda, \overline{w})$, on a :

$$\langle\varphi, \psi\rangle = c \int_V \varphi(v)\, \overline{\psi(v)}\, dv = c \int_{V'_w V_w} \varphi(v_1 v_2)\, \overline{\psi(v_1 v_2)}\, dv_1\, dv_2$$

avec :

$$V = V'_w V_w = V_w V'_w$$

$$V_w = V \cap \overline{w}^{-1} N \overline{w}$$

$$V'_w = V \cap \overline{w}^{-1} V \overline{w}$$

comme $\Delta(w) \subset \Delta_1$

$$\varphi(v_1 v_2) = \varphi(v_1)$$

et :

$$\langle\varphi, \psi\rangle = c \int_{V'_w} \varphi(v_1)\, \overline{A(\lambda, \overline{w})\psi(v_1 \overline{w}^{-1})}\, dv_1$$

$$= 0$$

d'où le lemme 5.2.

supposons la proposition 5.2. établie lorsque $l(w) = p-1$. Supposons que w soit de longueur p alors $\Delta^{+1}_{\lambda,w}$ étant inclus dans Π , on peut associer à $\Delta^{+1}_{\lambda,w}$ un système de racines donc un groupe de Weyl W_1 , et un sous-groupe parabolique $P_{\Delta^{+1}_{\lambda,w}}$; soit w_1 l'élément de longueur maximale de W_1 , alors $\Delta(w_1) \subset \Delta(w)$, et on montre facilement par récurrence (sur la longueur de w_1) qu'il existe $w_2 \in W$ tel que :

$$w = w_2 w_1 \quad \text{avec} \quad l(w) = l(w_2) + l(w_1)$$

donc :

$$A(\lambda, \overline{w}) = A(w_1(\lambda), \overline{w}_2)\, A(\lambda, \overline{w}_1) \quad \text{pour un bon choix des représentants ,}$$

et :

$$\operatorname{Ker} A(\lambda, \overline{w}) = \operatorname{Ker} A(\lambda, \overline{w}_1)$$

si $w \neq w_1$ on applique l'hypothèse de récurrence,

si $w = w_1$ on applique le lemme 5.1. et $\operatorname{Ker} A(\lambda, \overline{w}) \subset \{\mathcal{S}_{P_{\Delta^{+1}_{\lambda,w}}}(\sigma_{\overline{\lambda}^{-1}})\}^{\perp}$, soit

$\alpha_i \in \Delta^{+1}_{\lambda, w}$, alors :

$$l(w s_i) = l(w) - 1$$

et :

$A(\lambda, \overline{w}) = A(s_i(\lambda), \overline{w}\,\overline{s_i})\, A(\lambda, \overline{s_i})$ pour un bon choix des représentants

donc :

$$\operatorname{Ker} A(\lambda, \overline{w}) \supset \sum_{\alpha_i \in \Delta^{+1}_{\lambda, w}} \operatorname{Ker} A(\lambda, \overline{s_i}) = \sum_{\alpha \in \Delta^{+1}_{\lambda, w}} \left\{ \mathcal{S}_{P_\alpha}(\sigma_{\overline{\lambda}} \text{-}1) \right\}^{\perp} = \left\{ \mathcal{S}_{P_{\Delta^{+1}_{\lambda, w}}} (\sigma_{\overline{\lambda}} \text{-}1) \right\}^{\perp}$$

ceci termine la démonstration.

En particulier, si on considère le caractère λ tels que

$\Delta^{-1}_{\lambda} = \{\alpha \in \Delta^{+}\ \lambda_\alpha = |\,|^{-1}\} = \emptyset$ $\Delta^{+1}_{\lambda} = \{\alpha \in \Delta^{+}\ \lambda_\alpha = |\,|^{+1}\} \neq \emptyset$, et $\Delta^{o}_{\lambda} = \{\alpha \in \Delta^{+}\ \lambda_\alpha = \mathrm{Id}\} = \emptyset$,

alors il existe w tel que $A(\lambda, \overline{w})$ soit une bijection, et $\Delta^{+1}_{w(\lambda)} \subset \Pi$. Ceci nous donne le résultat suivant :

$$\mathcal{S}_{\lambda} \Big/ A(w(\lambda), \overline{w}^{-1}) \left\{ \mathcal{S}_{P_{w(\Delta^{+1}_{\lambda})}} (\sigma_{w(\overline{\lambda})} \text{-}1) \right\}^{\perp} \quad \text{est irréductible.}$$

Lorsqu'on a à la fois $\Delta^{-1}_{\lambda} \neq \emptyset$ et $\Delta^{+1}_{\lambda} \neq \emptyset$ et $\Delta^{o}_{\lambda} = \emptyset$, si w_o est l'élément de longueur maximale de W , on peut dire que :

$$\operatorname{Ker} A(\lambda, \overline{w}_o) \supset \sum_{\alpha_i \in \Pi} \operatorname{Ker} A(\lambda, \overline{s}_i) \ .$$

Le noyau est déterminé pour les éléments w de longueur 1 , grâce au lemme suivant :

LEMME 5.2. - w <u>étant la réflexion par rapport à une racine simple</u> α_i, <u>alors</u>

i) <u>si</u> $\lambda_{\alpha_i} = |\,|^{+1}$, $A(\lambda, \overline{w})$ <u>a pour noyau</u> $\left\{ \mathcal{S}_{P_{\alpha_i}} (\sigma_{\overline{\lambda}} \text{-}1) \right\}^{\perp}$ <u>et pour image</u> $\mathcal{S}_{P_{\alpha_i}}(\sigma_{w(\lambda)})$;

ii) <u>si</u> $\lambda_{\alpha_i} = |\,|^{-1}$, $A(\lambda, \overline{w})$ <u>a pour noyau</u> $\mathcal{S}_{P_{\alpha_i}}(\sigma_{\lambda})$ <u>et pour image</u> $\left\{ \mathcal{S}_{P_{\alpha_i}} (\sigma_{w(\overline{\lambda})} \text{-}1) \right\}^{\perp}$.

DEMONSTRATION.-

i) a déjà été démontré ; c'est la proposition 5.2. pour les éléments de longueur 1 ;

ii) dans ce cas, l'opérateur n'est pas donné sous forme intégrale, mais on a la relation :

$$A(\lambda, \overline{w})\, A(w(\lambda), \overline{w}^{-1}) = 0$$

donc $\operatorname{Ker} A(\lambda, \overline{w}) \supset \operatorname{Im} A(w(\lambda), \overline{w}^{-1}) = \mathcal{S}_{P_{\alpha_i}}(\sigma_{\lambda})$ et $\operatorname{Ker} A(\lambda, \overline{w}) \neq \mathcal{S}_{\lambda}$.

Comme précédemment, on considère l'application restriction :

$$\mathcal{S}_\lambda \longrightarrow \mathcal{S}\left(\mathrm{Gl}(2,k)\ ;\ \lambda_i \,||^{\frac{n-2i}{2}}\ ,\ \lambda_{i+1}||^{\frac{n-2i}{2}}\right)$$

$$\varphi \longrightarrow \tilde{\varphi} \quad \text{sa restriction à } \mathrm{Gl}(2,k)$$

alors l'image de $\mathrm{Ker}\, A(\lambda, \overline{w})$ est un sous-espace invariant non nul (car il contient un espace vectoriel de dimension 1), et cette image est différente de l'espace entier, en effet $\tilde{\varphi}_\lambda$, où φ_λ est la fonction introduite au lemme 2.1., n'appartient pas à $\mathrm{Ker}\, A(\lambda, \overline{w})^\sim$

donc :

$$\left(\mathrm{Ker}\ A(\lambda, \overline{w})\right)^\sim = \left\{ \lambda_i^{-1}(\det g)\, |\det g|^{\frac{2i-n-1}{2}} \right\} ,$$

et

$$\mathrm{Ker}\ A(\lambda, \overline{w}) = \mathcal{S}_{P_{\alpha_i}}(\sigma_\lambda)$$

en utilisant l'adjoint de cet opérateur, on obtient l'image.

§6 SERIE COMPLEMENTAIRE

Il peut exister des représentations π_λ de G, induites par un caractère λ non unitaire de A, qui soient unitaires : ce sont les représentations de la série complémentaire.

On cherche d'abord les représentations π_λ pré-unitaires : c'est-à-dire, celles pour lesquelles il existe sur $\mathcal{S}_\lambda$ une forme hermitienne définie positive et invariante par π_λ, notée (,). Alors les opérateurs $\pi_\lambda(g)$ peuvent être prolongés en opérateurs unitaires sur l'espace de Hilbert obtenu en complétant $\mathcal{S}_\lambda$. On obtient ainsi la complétée de π_λ, qui est une représentation unitaire au sens classique. Elle est topologiquement irréductible si et seulement si π_λ est algébriquement irréductible ([7]).

Soit $(\mathcal{S}_\lambda, \pi_\lambda)$ une représentation pré-unitaire de G et $(\mathcal{S}_\lambda^\vee, \pi_\lambda^\vee)$ sa contragrédiente. Alors $(\mathcal{S}_\lambda^\vee, \pi_\lambda^\vee)$ est équivalente à $(\mathcal{S}_{\lambda^{-1}}, \pi_{\lambda^{-1}})$ ([7]). On peut définir l'application J suivante :

$$\begin{aligned} \mathcal{S}_\lambda &\longrightarrow \mathcal{S}_\lambda^\vee \\ \psi &\longrightarrow J(\psi) \quad \text{telle que} \quad J(\psi)(\varphi) = (\varphi, \psi) \end{aligned}$$

alors J est semi-linéaire et $J \circ \pi_\lambda = \pi_\lambda^\vee \circ J$; si on remplace la structure complexe de $\mathcal{S}_\lambda$ par sa conjuguée, on obtient la représentation $(\mathcal{S}_{\overline{\lambda}}, \pi_{\overline{\lambda}})$ et J devient alors linéaire, et entrelace $\pi_{\overline{\lambda}}$ et $\pi_\lambda^\vee$; donc $\pi_{\overline{\lambda}}$ est équivalente à $\pi_{\lambda^{-1}}$. Pour qu'il existe une forme hermitienne définie positive invariante par π_λ, il faut qu'il existe $w \in W$ tel que $w(\lambda) = \overline{\lambda}^{-1}$.

Comme on va appliquer un argument de continuité à l'opérateur $\mathcal{Q}(\lambda, \overline{w})$, on se place dans le cas où :

$$\forall \alpha \in \Delta^+ \quad \lambda_\alpha \neq |\ |^{+1} \quad \text{et} \quad \lambda_\alpha \neq |\ |^{-1}$$

ceci assure l'existence des opérateurs $\mathcal{Q}(\lambda, \overline{w})$, et l'irréductibilité des représentations $(\mathcal{S}_\lambda, \pi_\lambda)$; de plus les opérateurs $\mathcal{Q}(\lambda, \overline{w})$ sont des bijections et sont les seuls opérateurs d'entrelacement.

PROPOSITION 6.1. - <u>Les représentations</u> $(\mathcal{S}_\lambda, \pi_\lambda)$ <u>(avec</u> $\lambda = \chi |\ |^s$) <u>pour lesquelles</u> $\exists w \in W$ <u>tel que</u> $w(\lambda) = \overline{\lambda}^{-1}$ <u>et</u> $|\mathrm{Re}\ s_\alpha| < 1$ <u>pour tout</u> $\alpha \in \{\alpha \in \Delta^+$ <u>tel que</u> $\chi_\alpha = \mathrm{Id}\}$ <u>sont dans la série complémentaire.</u>

DEMONSTRATION.- (cf. [8])

Supposons qu'il existe sur $\mathcal{S}_\lambda$ une forme hermitienne invariante par π_λ ; alors la condition d'invariance par π_λ se traduit par l'existence d'un entrelacement A de π_λ avec $\pi_{\overline{\lambda}^{-1}}$ tel que :

$$(\varphi, \psi) = \int_G f(x)\, \overline{A(\psi)(x)}\, dx = \oint_G \varphi(x)\, \overline{A(\psi)(x)}\, d\mu(x)$$

où :

$$p_\lambda(f) = \varphi$$

d'après le théorème 5.3. , il existe une constante c_λ telle que $A = c_\lambda\, \mathfrak{a}(\lambda, \overline{w})$ et $w(\lambda) = \overline{\lambda}^{-1}$ (le représentant $\overline{w}$ étant précisé par la suite) ; la condition d'hermitité donne :

$$c_\lambda \oint_G \overline{\psi(x)}\, \mathfrak{a}(\lambda, \overline{w})\, \varphi(x)\, d\mu(x) = \overline{c_\lambda} \oint_G \varphi(x)\, \overline{\mathfrak{a}(\lambda, \overline{w})\, \psi}(x)\, d\mu(x)$$

$$= c_\lambda \oint_G \varphi(x)\, \overline{\mathfrak{a}(\lambda, \overline{w}^{-1})\, \psi}(x)\, d\mu(x)$$

en utilisant la propriété sur l'adjoint de l'opérateur d'entrelacement ; comme cette forme bilinéaire est non dégénérée, ceci implique que :

$$\overline{c_\lambda}\, \mathfrak{a}(\lambda, \overline{w}) = c_\lambda\, \mathfrak{a}(\lambda, \overline{w}^{-1})$$

or :

$$\mathfrak{a}(\lambda, \overline{w}) = \mathfrak{a}(\lambda, \overline{w}^{-1}\overline{w}^{2}) = \mathfrak{a}(\lambda, \overline{w}^{-1})\, \mathfrak{a}(\lambda, \overline{w}^{2})$$

et :

$$w^2(\lambda) = \lambda$$

Evaluons $\mathfrak{a}(\lambda, \overline{w}^2)$; pour ceci soit $w = s_{i_1} s_{i_2} \ldots s_{i_p}$ une décomposition réduite de w en réflexions par rapport aux racines simples, pour chaque s_{i_j} on choisit le représentant

$$\overline{s}_{i_j} = \begin{pmatrix} \mathrm{Id} & & & \\ & 0 & -1 & \\ & 1 & 0 & \\ & & & \mathrm{Id} \end{pmatrix}$$

on construit ainsi un représentant $\overline{w}$ de w , et $\overline{w}^2 = a_o\, \overline{s}_{k_1}\, \overline{s}_{k_2} \ldots \overline{s}_{k_m}$ est une décomposition réduite de w^2 avec $a_o \in A$ et les éléments diagonaux de a_o sont égaux à 1 ou -1 , les $\overline{s}_{k_j}$ étant choisis comme précédemment. Alors en utilisant le lemme 4.8., on obtient :

$$\mathfrak{a}(\lambda, \overline{w}^2) = \chi^{-1}(a)\, \mathrm{Id}_{\mathcal{S}_\lambda} = \pm\, \mathrm{Id}_{\mathcal{S}_\lambda}$$

où a est un élément de A ayant des 1 ou -1 sur la diagonale (a dépend du w considéré et plus particulièrement des symétries qui se simplifient dans w^2

lorsqu'on a barré celles correspondant aux $\mathcal{A}(\ldots,\overline{s}_i) = \mathrm{Id}$) ; donc :

$$\mathcal{A}(\lambda,\overline{w}) = \pm\,\mathcal{A}(\lambda,\overline{w}^{-1})$$

et :

$$c_\lambda = \pm\,\overline{c}_\lambda$$

on choisira c_λ réel lorsque $\mathcal{A}(\lambda,\overline{w}) = \mathcal{A}(\lambda,\overline{w}^{-1})$, et c_λ imaginaire pur lorsque $\mathcal{A}(\lambda,\overline{w}) = -\mathcal{A}(\lambda,\overline{w}^{-1})$; alors $(\varphi,\psi) = \overline{c}_\lambda < \varphi\,,\, \mathcal{A}(\lambda,\overline{w})\psi >$ est une forme hermitienne invariante. Il reste à voir quand elle est définie positive. Pour ceci on utilise la méthode de KNAPP et STEIN ([8]).

Dorénavant, w est un élément fixé de W, $\overline{w}$ un représentant de w choisi comme précédemment, et χ un caractère unitaire de A tel que $w(\chi) = \chi$. On regarde si la forme hermitienne $\overline{c}_\chi < \varphi, \mathcal{A}(\chi,\overline{w})\psi >$ est définie positive (ou définie négative), et on étend ce résultat le plus loin possible pour les formes hermitiennes $\overline{c}_{\chi|\,|^s} < \varphi, \mathcal{A}(\chi|\,|^s,\overline{w})\,\psi >$, grâce à un argument de continuité appliqué sur des espaces vectoriels de dimension finie.

Considérons $\mathcal{S}_\lambda$: toute fonction φ de $\mathcal{S}_\lambda$ est déterminée de manière unique par sa restriction à K, qui est une fonction localement constante sur K, vérifiant de plus :

$$\varphi(k\,a\,n) = \varphi(k)\chi^{-1}(a) \quad \forall\, k \in K \quad \forall an \in B \cap K\,.$$

Notons $\mathcal{S}_\chi(K)$ cet espace ; on regarde la représentation régulière gauche de K (c'est la représentation induite sur K par le caractère χ de $B \cap K$). $\mathcal{S}_\chi(K)$ est un espace préhilbertien pour la norme L^2, et le complété de $\mathcal{S}_\chi(K)$, qui est :

$$L^2_\chi(K) = \{\varphi \in L^2(K) \text{ telle que } \varphi(k\,a\,n) = \varphi(k)\chi^{-1}(a) \text{ p.p. tout } k,\ \forall an \in B\cap K\}$$

se décompose en somme directe hilbertienne de représentations irréductibles :

$$L^2_\chi(K) = \hat{\oplus}\ \mathcal{S}^{\sigma_i}_\chi(K)$$

or :

$$L^2(K) = \hat{\bigoplus_{\mathcal{D}}}\ L^2(\mathcal{D}) \qquad \text{et} \qquad L^2(\mathcal{D}) = \oplus H^i_{\mathcal{D}} \quad \text{avec } \dim H^i_{\mathcal{D}} = \dim \mathcal{D}$$
$$\dim L^2(\mathcal{D}) = (\dim \mathcal{D})^2$$

de plus, si $H^i_{\mathcal{D}} \sim H^j_{\mathcal{D}'}$ alors $\mathcal{D} = \mathcal{D}'$.

Comme, pour toute représentation $\mathcal{D}$, irréductible de dimension finie de K, il existe $\nu > 0$ tel que $\pi(k) = \mathrm{Id}\ \forall\, k \in K_\nu$, les fonctions de $L^2(\mathcal{D})$ sont localement constantes. En particulier :

$$\mathcal{S}^{\sigma_i}_\chi(K) \cap L^2(\mathcal{D}) = \begin{cases} \{0\} \\ \text{ou} \\ \mathcal{S}^{\sigma_i}_\chi(K) \end{cases}$$

par conséquent $\mathcal{S}_\chi^{\sigma_i}(K) \subset \mathcal{S}_\chi(K)$ et il y a au plus (dim $\mathcal{B}$) espaces $\mathcal{S}_\chi^{\sigma_i}(K)$ équivalents, l'espace vectoriel

$$H^{\sigma_i} = \sum_{\sigma_j \sim \sigma_i} \mathcal{S}_\chi^{\sigma_j}(K)$$

est de dimension finie, et est stable par $\mathcal{C}(\chi||^s, \overline{w})$ (par abus de notation, on note encore $\mathcal{C}(\chi||^s, \overline{w})$ l'opérateur qui se déduit sur $\mathcal{S}_\chi(K)$). Il nous reste à préciser le choix de c_λ.

Il existe un ouvert connexe Ω de $\mathbb{R}^p \times \mathbb{C}^q$ et une bijection continue p de Ω sur la surface Σ de $\mathbb{C}^n$ définie par :

$$\Sigma = \left\{ \begin{array}{l} s \in \mathbb{C}^n \text{ tels que } s_{\sigma(i)} = -\overline{s}_i \ \forall i = 1, 2, \ldots, n \text{ et } |\mathrm{Res}_\alpha| < 1 \\ \forall \alpha \in \{\alpha \in \Delta^+ \text{ avec } \chi_\alpha = \mathrm{Id}\} \end{array} \right\}.$$

σ étant la permutation de $\mathcal{S}(n)$ associée à w .

Considérons l'application suivante :

$$\begin{array}{l} \Omega \to \mathbb{C} \\ x \to \mathcal{C}(\chi||^{p(x)}, \overline{w}^2)\, p_{\chi||p(x)}(f)(\mathrm{Id}) \end{array}$$

f étant une fonction de $\mathcal{C}_c(G)$ telle que :

$$p_{\chi||p(x)} f(\mathrm{Id}) \neq 0 \quad \forall x \in \Omega$$

(de telles fonctions existent ; par exemple si $\nu = \underset{1 \leq i \leq n}{\mathrm{Maximum}} (m(\chi_i))$, $m(\chi_i)$ étant le degré de ramification de χ_i, alors f = fonction caractéristique de K_ν convient), alors on a vu que :

$$\mathcal{C}(\chi||^{p(x)}, \overline{w}^2)\, p_{\chi||p(x)}(f)(\mathrm{Id}) = \pm\, p_{\chi||p(x)}(f)(\mathrm{Id}) \neq 0$$
$$\forall x \in \Omega$$

et comme $w(\chi) = \chi$, on a :

$$\mathcal{C}(\chi, \overline{w}^2) = \mathcal{C}(\chi, \overline{w})\,\mathcal{C}(\chi, \overline{w}) = \mathrm{Id}_{\mathcal{S}_\chi} \quad .$$

L'application précédente étant continue, et ne s'annulant pour aucune valeur de l'ouvert connexe Ω, on a :

$$\forall x \in \Omega \ \mathcal{C}(\chi||^{p(x)}, \overline{w}^2)\, p_{\chi||p(x)} f(\mathrm{Id}) = p_{\chi||p(x)}(f)(\mathrm{Id})$$

donc :

$$\forall x \in \Omega \ \mathcal{C}(\chi||^{p(x)}, \overline{w}^2) = \mathrm{Id}_{\mathcal{S}_{\chi||p(x)}}$$

et on choisit alors la constante $c_{\chi||p(x)} = 1$ si $\mathcal{C}(\chi, \overline{w}) = \mathrm{Id}_{\mathcal{S}_\lambda}$, et -1 si $\mathcal{C}(\chi, \overline{w}) = -\mathrm{Id}_{\mathcal{S}_\lambda}$; notons la c .

Soit $\varphi_1^i, \varphi_2^i, \ldots, \varphi_{p_i}^i$ une base orthonormée de H^{σ_i} ; on peut considérer l'application suivante :

$$\Omega \to \text{Matrices } (p_i \times p_i) \text{ hermitiennes}$$
$$x \to F(x) = (c < \varphi_k^i \,,\, \mathbb{G}(\chi|\,|^{p(x)}, \overline{w})\,\varphi_j^i >)$$

elle est continue, (en fait l'intégrale est une somme finie, car les fonctions considérées sont localement constantes) et à valeur dans l'espace vectoriel des matrices $(p_i \times p_i)$ hermitiennes de déterminant non nul ; on a :

$$\begin{aligned} F(0) &= (c < \varphi_k^i \,,\, c\,\varphi_j^i >) \\ &= c^2 \text{ matrice } (p_i \times p_i) \text{ identité} \\ &= \text{matrice } (p_i \times p_i) \text{ identité} \end{aligned}$$

donc $F(0)$ est définie positive, et on peut appliquer le lemme suivant :

LEMME 5.1. - <u>Soit</u> $F(x)$ <u>une fonction continue, définie sur</u> X <u>, à valeur dans l'espace des matrices</u> $(m \times m)$ <u>hermitiennes, telle que</u> $F(x_o)$ <u>soit définie positive pour un certain</u> x_o <u>, et telle que déterminant de</u> $F(x)$ <u>ne s'annule pas pour</u> x <u>appartenant à une partie dense et connexe</u> Y <u>; alors</u> $F(x)$ <u>est définie positive pour tout</u> $x \in Y$ <u>, et semi-définie positive pour tout</u> $x \in X$. ([8])

donc $F(x)$, construite précédemment, est définie positive $\forall x \in \Omega$; donc pour tout λ tel que :

$\exists\, w \in W$ avec $w(\lambda) = \overline{\lambda}^{-1}$ et $|\mathrm{Re}\, s_\alpha| < 1 \quad \forall \alpha \in \Delta(w) \cap \{\alpha \in \Delta^+ \text{ tels que } \chi_\alpha = \mathrm{Id}\}$, la forme hermitienne $c < \varphi, \mathbb{G}(\lambda, \overline{w})\, \psi >$ est définie positive sur $\Sigma \mathcal{S}_\chi^{\sigma_i}(K)$.

Lorsque φ n'est pas dans $\Sigma \mathcal{S}_\chi^{\sigma_i}(K)$, alors il existe une suite φ_n dans $\Sigma L^2(\mathcal{B})$, telle que φ_n converge uniformément vers φ ; soit ν_φ un entier tel que $\varphi(K_{\nu_\varphi} k) = \varphi(k) \;\forall k \in K$, alors la suite φ'_n définie par :

$$\varphi'_n(k) = \frac{1}{\int_{K_{\nu_\varphi}} dk} \int_{K_{\nu_\varphi} \times A \cap K} \varphi_n(k' k a)\; \chi(a)\, dk'\, da$$

est encore dans $\Sigma L^2(\mathcal{B})$ (φ_n étant localement constante, cette intégrale est en fait une somme finie) ; elle est invariante à droite par K_{ν_φ} et converge uniformément vers φ ; et $\forall n \in \mathbb{N}$, on a $c < \varphi'_n \,,\, \mathbb{G}(\lambda, \overline{w})\varphi'_n >> 0$.

En utilisant une démonstration par récurrence sur la longueur de w , et le fait que $k K_\nu k^{-1} \subset K_\nu \;\forall k \in K$, on montre que :

$\exists\, d_{\lambda,\nu_\varphi} \in \mathbb{R}^+$ telle que : $\sup_{k\in K} |\mathfrak{A}(\lambda,\overline{w})\varphi(k)| \leq d_{\lambda,\nu_\varphi} \sup_{k\in K} |\varphi(k)|$

donc :

$$\lim_{n\to\infty} c < \varphi'_n , \mathfrak{A}(\lambda,\overline{w})\, \varphi'_n > = c < \varphi, \mathfrak{A}(\lambda,\overline{w})\varphi > \geq 0 .$$

De plus, si $\varphi \neq 0$, alors $c < \varphi, \mathfrak{A}(\lambda, \overline{w})\, \varphi > \neq 0$ (car sinon ceci s'annulerait aussi pour les projections de φ sur H^{σ_1}) ; donc la forme hermitienne :

$$c < \varphi , \mathfrak{A}(\lambda,\overline{w})\, \psi > = (\varphi, \psi)$$

est définie positive.

La représentation $(\mathcal{S}_\lambda, \pi_\lambda)$ est dans la série complémentaire.

BIBLIOGRAPHIE

[1] BOURBAKI N. INTEGRATION, CHAP. 7-8.
Act. scient. et ind. 1306 ; Bourbaki 29, Hermann, Paris (1963).

[2] BOURBAKI N. GROUPES ET ALGEBRES DE LIE, CHAP. 4-6.
Act. scient. et ind. 1337 ; Bourbaki 34, Hermann, Paris (1968).

[3] BRUHAT F. DISTRIBUTIONS SUR UN GROUPE LOCALEMENT COMPACT ET APPLICATIONS A L'ETUDE DES REPRESENTATIONS DES GROUPES $\mathfrak{p}$-ADIQUES.
Bull. Soc. Math. France, t. 89 (1961) p. 43-75.

[4] CASSELMAN W. THE STEINBERG CHARACTER AS A TRUE CHARACTER.

[5] CASSELS J.W.S., FRÖHLICH A. ALGEBRAIC NUMBER THEORY.
Academic Press, 1967.

[6] GERARDIN P. REPRESENTATION DU GROUPE SL(2) D'UN CORPS LOCAL.
Séminaire Bourbaki, Année 1967/68, n° 332.

[7] GODEMENT R. NOTES ON JAQUET-LANGLAND'S THEORY.
The Institute for Advanced Study (1970).

[8] KNAPP A.W., STEIN E.M. INTERTWININGS OPERATORS FOR SEMI-SIMPLE GROUPS.
Annals of Math., 2nd series, vol. 93 (1971) p. 489-578.

[9] KNAPP A.W., STEIN E.M. IRREDUCIBILITY THEOREMS FOR THE PRINCIPAL SERIES.
Conférence on harmonic analysis, College Park, Maryland.
Lecture Notes in Math., n° 266 (1971) p. 197-214.

[10] SALLY P.J., TAIBLESON M.H. — SPECIAL FUNCTIONS ON LOCALLY COMPACT FIELDS. Acta Mathematica 116 (Sept. 1966) p. 279-309.

[11] SCHIFFMANN G. — INTEGRALES D'ENTRELACEMENT ET FONCTIONS DE WHITTAKER. Thèse, Bull. Soc. Math. France (1971).

[12] STEINBERG R. — LECTURES ON CHEVALLEY GROUPS. Yale University, 1967.

LES TRANSFORMEES DE FOURIER
DES DISTRIBUTIONS DE TYPE POSITIF SUR SL(2, R)
ET LA FORMULE DES TRACES

par

Marc NICHANIAN

---

0. Nous montrons dans la première partie que la transformée de Fourier sphérique établit, par l'intermédiaire du théorème de Plancherel-Godement, une bijection entre les distributions de type positif sur $SL(2,R)$ biinvariante par $SO(2,R)$ et les mesures positives à croissance lente sur l'ensemble des fonctions sphériques de type positif.

Dans la seconde partie, en interprétant la formule des traces de Selberg comme celle qui intervient dans le théorème de Plancherel-Godement, nous retrouvons certains résultats sur la multiplicité et la distribution des valeurs propres de l'opérateur de Laplace opérant sur $L^2(\Gamma\backslash G/K)$, Γ étant un sous-groupe discret de $SL(2,R)$ tel que $\Gamma\backslash G$ soit de volume fini. De la caractérisation de la transformée de Fourier d'une distribution de type positif obtenue dans la première partie, nous déduisons enfin une condition de validité de la formule des traces : pour les fonctions de $S^{\natural}(G)$.

1. 0. a) Soient $G = SL(2,R)$ et K le sous-groupe $SO(2,R)$. L'espace homogène $X = G/K$ est identifié au demi-plan de Poincaré

$$H = \{z = x+iy \mid y>0\} .$$

Une fonction f sur G est dite biinvariante par K si $f(kxk') = f(x)$ pour tous k et k' de K et x de G. Elle est de type positif si, pour tous $\lambda_1, \lambda_2, \ldots, \lambda_n$ dans $\mathbb{C}$ et $x_1, \ldots, x_n$ dans G, on a

$$\Sigma\, \lambda_i \bar{\lambda}_j\, f(x_j^{-1} x_i) \geq 0 .$$

Une fonction f biinvariante par K peut être considérée comme une fonction définie sur H invariante par K ; elle ne dépend que de la distance hyperbolique r au point i. Pour une telle fonction

$$\int_G f(g)\, dg = \int_0^\infty f(r) \operatorname{sh} r\, dr$$

pour un choix convenable de la mesure de Haar dg sur G et

$$\Delta f = \frac{1}{\operatorname{sh} r} \frac{d}{dr} (\operatorname{sh} r \frac{df}{dr})$$

où Δ désigne l'opérateur de Laplace-Beltrami sur H.

Désignons par $\mathcal{D}(G)$ l'espace des fonctions de classe C^∞ sur G à support compact, et par $\mathcal{D}^\natural(G)$, l'espace des fonctions de $\mathcal{D}(G)$ qui sont bi-invariantes par K.

DEFINITION 1. Une distribution T sur G est dite de type positif si $T(\varphi * \widetilde{\varphi}) \geq 0$ pour toute fonction φ de $\mathcal{D}(G)$. (On a posé $\widetilde{\varphi}(g) = \overline{\varphi(g^{-1})}$.)

b) Une fonction sphérique est une fonction φ continue sur G, non identiquement nulle vérifiant

$$\int_K \varphi(gkh)\, dk = \varphi(g)\, \varphi(h) \quad \text{pour tous } g \text{ et } h \text{ de } G.$$

C'est une fonction biinvariante par K. Les fonctions sphériques sont données par la formule

$$\varphi_s(r) = \frac{1}{\pi} \int_0^\pi (\operatorname{ch} r + \cos\theta \operatorname{sh} r)^{-s}\, d\theta$$

où s est un paramètre complexe. Elles vérifient

$$\Delta\varphi_s + s(1-s)\, \varphi_s = 0 .$$

φ_s est bornée si et seulement si $\underline{s}$ appartient à

$$\Sigma = \{s : 0 \leq \operatorname{Re} s \leq 1\} .$$

Si f est une fonction définie sur G intégrable et biinvariante par K, sa transformée de Fourier sphérique est la fonction $\hat{f}$ définie sur Σ par

$$\hat{f}(s) = \int_G f(g)\, \varphi_s(g)\, dg .$$

La fonction φ_s est de type positif si et seulement si s appartient à $\Omega = \{s | s(1-s) \geq 0\}$, c'est-à-dire soit si s est réel et $0 \leq s \leq 1$, soit si $\mathrm{Re}\, s = \frac{1}{2}$.

1. 1. Soit m_K la mesure de Haar normalisée de K . On a pour φ dans $\mathcal{D}(G)$: $m_K * \varphi(x) = \int_K \varphi(kx)\, dk$. On posera $\varphi^{\natural}(x) = m_K * \varphi * m_K(x)$. $\varphi^{\natural}$ est biinvariante par K . De même, on dira que T est biinvariante par K si $m_K * T * m_K = T$.

PROPOSITION 1. <u>Soit</u> T <u>une distribution de type positif biinvariante par</u> K . <u>La fonction</u> $T * \varphi * \tilde{\varphi}$ <u>est de type positif pour toute fonction</u> φ <u>de</u> $\mathcal{D}^{\natural}(G)$.

<u>Démonstration</u> : La définition $T(f * \tilde{f}) \geq 0$ pour tout f de $\mathcal{D}(G)$ équivaut à $< T * f, \bar{f} > \geq 0$ pour tout f de $\mathcal{D}(G)$. D'autre part, l'espace $\mathcal{D}^{\natural}(G)$ muni de l'opération de convolution est une algèbre commutative ([4] , p. 408) . D'où $< T * \tilde{\varphi} * \varphi * f, \bar{f} > = < \tilde{\varphi} * T * \varphi * f, \bar{f} >$. Mais si h est une fonction de $\mathcal{D}(G)$, $< \varphi * h, \bar{f} > = < \varphi * h, \bar{f} >$ (pour φ dans $\mathcal{D}^{\natural}(G)$). On a donc

$$< T * \tilde{\varphi} * \varphi * f, \bar{f} > = < T * \varphi * f , \overline{\varphi * f} > ,$$

et cette quantité est positive puisque T est de type positif. Mais de $< T * \tilde{\varphi} * \varphi * f, \bar{f} > \geq 0$ pour tout f dans $\mathcal{D}(G)$, on conclut que $T * \tilde{\varphi} * \varphi$ est de type positif.

DEFINITION 2. <u>Soit</u> $\mathcal{D}^{\natural}_{L^1}(G)$ <u>l'espace des fonctions de classes</u> C^{∞} <u>sur</u> G <u>bi-invariantes par</u> K , <u>telles que pour tout entier</u> $k \geq 0$, <u>la fonction</u> $\Delta^k f$ <u>soit intégrable. La topologie de</u> $\mathcal{D}^{\natural}_{L^1}(G)$ <u>est définie par les semi-normes</u> $\nu_k(f) = \int_G |\Delta^k f(g)| dg$.

Nous noterons $\mathcal{B}'^{\natural}(G)$ le dual de $\mathcal{D}^{\natural}_{L^1}(G)$. C'est un espace de distributions sur G biinvariantes par K .

THEOREME 1. Une distribution sur G de type positif et biinvariante par K appartient à $\mathcal{B}'^{\natural}(G)$.

Ce théorème est une conséquence de la proposition suivante :

PROPOSITION 2. Une distribution T sur G, biinvariante par K, telle que $T*\varphi$ appartienne à $\mathcal{B}'^{\natural}(G)$ pour toute fonction φ de $\mathcal{D}^{\natural}(G)$, appartient aussi à $\mathcal{B}'^{\natural}(G)$.

En effet, pour une distribution T de type positif, biinvariante par K, $T*\varphi*\tilde{\varphi}$ est de type positif pour tout φ dans $\mathcal{D}^{\natural}(G)$ (prop. 1) et donc bornée. On en déduit que $T*\varphi*\psi$ est une fonction bornée pour tous φ, ψ dans $\mathcal{D}^{\natural}(G)$, et donc appartenant à $\mathcal{B}'^{\natural}(G)$. Il suffit alors d'appliquer par deux fois la proposition 2 pour obtenir le théorème 1.

Remarque : Une fonction dont toutes les régularisées sont bornées (et qui appartient donc d'après la proposition 2 à $\mathcal{B}'^{\natural}(G)$) n'est pas pour autant nécessairement bornée.

Quant à la démonstration de la proposition 2, elle suit exactement Schwartz ([5], p. 202), moyennant le :

LEMME. Quel que soit m, il existe k tel que l'équation $\Delta^k E = \delta$ admette une solution E_k de classe C^m.

Démonstration : Une solution E_k de $\Delta^k E = \delta$ est donnée par $\Delta E_k = E_{k-1}$ soit : $\frac{1}{\operatorname{sh} r}\frac{d}{dr}\left(\operatorname{sh} r \frac{dE_k}{dr}\right) = E_{k-1}$. Supposons que, pour $k \geq 2$, E_{k-1} soit de classe C^p ; alors $E_{k-1}(r)\operatorname{sh} r$ est intégrable et l'on a :

$$\operatorname{sh} r \frac{dE_k}{dr} = \int_0^r E_{k-1}(t)\operatorname{sh} t\, dt$$

ou encore, en posant $t = ur$,

$$\frac{dE_k}{dr} = \frac{r}{\operatorname{sh} r}\int_0^1 E_{k-1}(ur)\operatorname{sh} ur\, du .$$

$\frac{r}{\text{sh } r}$ est de classe C^∞ et $\int_0^1 E_{k-1}(ur)$ sh ur du de classe C^p. $\frac{dE_k}{dr}$ est donc de classe C^p de E_k de classe C^{p+1}. Or une solution de $\Delta E = \delta$ est $E_1 = \frac{1}{2\pi} \log \text{th} \frac{r}{2}$ et $\int_0^1 E_1(ur)$ sh ur du étant une fonction continue, E_2 est de classe C^1. Il suffit de prendre $k = m+1$ pour que E_k soit de classe C^m.

Du théorème 1, on déduit le corollaire :

PROPOSITION 1'. Si T est une distribution de type positif, biinvariante par K, alors la fonction $T*\varphi*\tilde{\varphi}$ est de type positif pour tout φ dans $\mathcal{D}^\natural_{L^1}(G)$.

Il suffit de reprendre la démonstration de la proposition 1, sachant que $T*\varphi$ a un sens si T est dans $\mathcal{B}'^\natural(G)$ et φ dans $\mathcal{D}^\natural_{L^1}(G)$ et que l'espace des fonctions intégrables biinvariantes (donc aussi $\mathcal{D}^\natural_{L^1}(G)$) muni de l'opération de convolution est une algèbre commutative.

1. 2. THEOREME 2. Soit T une distribution de type positif, biinvariante par K. Il existe sur Ω une mesure positive μ invariante par la symétrie $s \to 1-s$ et une seule telle que

i) si f est une fonction de $\mathcal{D}^\natural_{L^1}(G)$, alors $\hat{f}$ est de carré intégrable pour μ ;

ii) si f et g sont deux fonctions de $\mathcal{D}^\natural_{L^1}(G)$, alors

$$T(f*\tilde{g}) = \int_\Omega \hat{f}(s)\, \overline{\hat{g}(s)}\, d\mu(s) .$$

(Cette égalité sera appelée formule de Plancherel-Godement.)

Démonstration : D'après le théorème de Bochner-Godement (que, d'après [6], on peut démontrer en utilisant le théorème de Choquet), si φ est une fonction continue sur G, de type positif et biinvariante par K, il existe une mesure positive bornée μ_1 sur Ω telle que

$$\varphi(x) = \int_\Omega \varphi_1(x)\, d\mu_1(s) .$$

La mesure μ_1 est unique à condition de lui imposer d'être invariante par la symétrie $s \to 1-s$.

$T * f * \tilde{f}$ est de type positif pour tout f de $\mathcal{B}^{\natural}_{L^1}(G)$.(prop. 1').
Il existe donc une mesure positive bornée $\mu_{f,f}$ sur Ω telle que

$$T * f * \tilde{f}(x) = \int_\Omega \varphi_s(x)\, d\mu_{f,f}(s) .$$

Si l'on définit sur $\mathcal{B}^{\natural}_{L^1}(G)$ le produit scalaire

$$(f|g) = T * f * \tilde{g}(e)$$

on a $T * f * \tilde{f}(e) = (f|f)$ et on en déduit l'existence d'une mesure complexe bornée $\mu_{f,g}$ sur Ω telle que

(1) $$(f|g) = T(f * \tilde{g}) = \int_\Omega d\mu_{f,g}(s) .$$

Cette mesure $\mu_{f,g}$ vérifie aussi

(2) $$(\varphi * f|g) = \int_\Omega \hat{\varphi}(s)\, d\mu_{f,g}(s)$$

pour tout φ dans $\mathcal{B}^{\natural}_{L^1}(G)$. En effet,

$$(\varphi * f|g) = T * \varphi * f * \tilde{g}(e)$$
$$= T * f * \tilde{g} * \varphi(e) = \int_G \psi(x)\, \varphi(x)\, dx$$

où $\psi(x) = T * f * \tilde{g}(x) = \int_\Omega \varphi_s(x)\, d\mu_{f,g}(s)$.

$$\text{D'où } (\varphi * f|g) = \int_G \varphi(x) \int_\Omega \varphi_s(x)\, d\mu_{f,g}(s)\, dx$$
$$= \int_\Omega \int_G \varphi(x)\, \varphi_s(x)\, dx\, d\mu_{f,g}(s)$$

car $\mu_{f,g}$ est bornée et φ appartient à $\mathcal{B}^{\natural}_{L^1}(G)$. On a ainsi vérifié (2).

A partir de là, on construit de façon classique une mesure μ positive telle que

(3) $$d\mu_{f,g} = \hat{f}\bar{\hat{g}}\, d\mu .$$

La mesure μ est invariante par $s \to 1-s$. Les fonctions $\hat{f}$ et $\hat{g}$ dans Ω sont bien sûr de carré intégrable, et en portant (3) dans (1), on obtient

$$(4) \qquad T(f * \tilde{g}) = \int_{\Omega} \hat{f}(s)\, \overline{\hat{g}(s)}\, d\mu(s) .$$

On sait en outre que toutes les fonctions définies sur Ω , continues et tendant vers 0 à l'infini peuvent être approchées uniformément sur Ω par des fonctions de la forme $\hat{f}$ pour f dans $\mathcal{D}^{\natural}_{L^1}(G)$ et même pour f dans $\mathcal{D}^{\natural}(G)$. Par suite, la mesure $\mu_{f,g}$ vérifiant (2) pour tout φ dans $\mathcal{D}^{\natural}_{L^1}(G)$ est unique, ainsi que la mesure qui vérifie (4) puisque pour une telle mesure μ , on a $\hat{f}\bar{\hat{g}}\,\mu = \mu_{f,g}$ pour tous f et g dans $\mathcal{D}^{\natural}_{L^1}(G)$.

1.3. DEFINITION 3. Soit $\mathcal{S}^{\natural}(G)$ l'espace des fonctions f de classe C^{∞} sur G , biinvariante par K , telles que pour tous entiers positifs ou nuls m et et p

$$\tau_{m,p}(f) = \sup_{r>0} (1+r^2)^m \frac{\operatorname{sh} r}{r} |\Delta^p f(r)| < \infty .$$

L'espace $\mathcal{S}^{\natural}(G)$ est un sous-espace de $\mathcal{D}^{\natural}_{L^1}(G)$. Si l'on définit sa topologie par les semi-normes $\tau_{m,p}$, l'application identique de $\mathcal{S}^{\natural}(G)$ dans $\mathcal{D}^{\natural}_{L^1}(G)$ est continue ; en effet,

$$\nu_p(f) = \int_0^{\infty} |\Delta^p f(r)| \operatorname{sh} r \, dr$$

$$\leq [\sup_{r>0} (1+r^2)^2 \frac{\operatorname{sh} r}{r} |\Delta^p f(r)|] \int_0^{\infty} \frac{r}{(1+r^2)^2} dr = C\tau_{2,p}(f) .$$

DEFINITION 4. Soit $S(\Sigma)$ l'espace des fonctions F de classe C^{∞} sur Σ , holomorphes à l'intérieur de Σ , vérifiant $F(s) = F(1-s)$ et pour tous entiers p et q positifs ou nuls

$$\tau'_{p,q}(F) = \sup_{s\in\Sigma} \frac{d^q}{ds^q} [s^p(1-s)^p F(s)] < \infty .$$

La topologie de $S(\Sigma)$ est définie par les semi-normes $\tau'_{p,q}$. On peut alors trouver dans Ehrenpreis-Mautner ([1]) les démonstrations de propositions suivantes :

PROPOSITION 3. $S(\Sigma)$ *est un espace vectoriel topologique complet, métrisable, localement convexe.*

PROPOSITION 4. *La transformation de Fourier sphérique*

$$f \to F(s) = \int_0^\infty f(r)\, \varphi_s(r)\, \operatorname{sh} r\, dr \ , \quad 0 \leq \operatorname{Re} s \leq 1$$

définit un isomorphisme topologique de $\mathcal{S}^{\natural}(G)$ *sur* $S(\Sigma)$.

Ce qui, par un calcul sur les transformées de Fourier, permet d'énoncer :

COROLLAIRE 1. *Si* f *et* g *sont dans* $\mathcal{S}^{\natural}(G)$, $f * g$ *l'est aussi.*

PROPOSITION 5. *Soient* T *une distribution de type positif, biinvariante par* K , *et* μ *la mesure qui lui correspond par le théorème de Plancherel-Godement. L'application qui à une fonction* F *de* $S(\Sigma)$ *fait correspondre sa restriction à* Ω *est continue de* $S(\Sigma)$ *dans* $L^2(\mu)$.

Démonstration : Si F est dans $S(\Sigma)$, il existe d'après la proposition 4, un f dans $\mathcal{S}^{\natural}(G)$ tel que F soit la transformation de Fourier sphérique de f . Soit $F_{|\Omega}$ la restriction de F à Ω ; $F_{|\Omega}$ appartient à $L^2(\mu)$ d'après le théorème 2. Or, l'application identique de $\mathcal{S}^{\natural}(G)$ dans $\mathcal{D}^{\natural}_{L^1}(G)$ est continue et l'application canonique de $\mathcal{D}^{\natural}_{L^1}(G)$ dans $\mathcal{D}^{\natural}_{L^1}(G)/\pi_T = A_1$ (où $\pi_T = \{f \in \mathcal{D}^{\natural}_{L^1}(G) \mid (f|f) = 0\}$) muni de la topologie de la norme l'est également (la norme étant celle qui correspond au produit $(f|g)$; l'application $f \to f * \widetilde{g}$ est continue sur $\mathcal{D}^{\natural}_{L^1}(G)$ et T est une forme linéaire continue sur cet espace). Enfin, l'application $f \to F_{|\Omega}$ de A_1 dans $L^2(\mu)$ (qui est bien définie car si f est dans π_T , $T(f * \widetilde{f}) = 0$ et $F_{|\Omega} = 0$) est continue puisque $\|f\|^2 = T(f * \widetilde{f}) = \int_\Omega |\hat{f}(s)|^2\, d\mu(s)$.

Le théorème suivant caractérise alors la mesure μ :

THEOREME 3. *Soient* T *une distribution sur* G *de type positif et biinvariante par* K , *et* μ *la mesure qui lui correspond. La mesure* μ *se décompose en*

$\mu = \mu_1 + \mu_2$ <u>où</u> μ_1 <u>est une mesure bornée portée par</u> $\{s | s$ <u>réel</u>, $0 \leq s \leq 1\}$ <u>et</u> <u>où</u> μ_2 <u>est une mesure à croissance lente portée par</u> $\{s | \mathrm{Re}\, s = \frac{1}{2}\}$.

<u>Démonstration</u> : D'après la proposition 5, il existe p et q tels que pour tout F dans $S(\Sigma)$, on ait :

$$(1) \qquad \left(\int_\Omega |F(s)|^2 \, d\mu(s)\right)^{\frac{1}{2}} \leq C \, \tau'_{p,q}(F) .$$

Si l'on prend dans $S(\Sigma)$ une fonction F_0 telle que $F_0(\frac{1}{2}) \neq 0$ et si l'on pose

$$f_\lambda(s) = F_0\left(\frac{1}{2} + \lambda(s - \frac{1}{2})\right) \quad \text{pour} \quad |\lambda| \leq 1 ,$$

un calcul simple montre que, pour $k \geq 2q$,

$$\tau'_{p,q}\left(\frac{f_\lambda}{(2-s)^k}\right) \leq M$$

uniformément par rapport à λ .

Ce qui donne, en reportant dans (1),

$$\int_{\frac{1}{2} - i\infty}^{\frac{1}{2} + i\infty} \frac{|f_\lambda(s)|^2}{|2-s|^{2k}} \, d\mu(s) \leq M'$$

quel que soit λ . Or, si λ tend vers 0 , $f_\lambda(s)$ tend vers $F_0(\frac{1}{2}) \neq 0$. On en déduit, en utilisant le lemme de Fatou, que

$$\int_{\frac{1}{2} - i\infty}^{\frac{1}{2} + i\infty} \frac{d\mu(s)}{|2-s|^{2k}} < \infty .$$

2. <u>Formule des traces et spectre.</u>

2. 0. Soient $G = SL(2,\mathbb{R})$ et $K = SO(2,\mathbb{R})$ et Γ un sous-groupe discret de G . Une fonction f définie sur G est dite automorphe par rapport à Γ et K si $f(\gamma x k) = f(x)$ quels que soient $\gamma \in \Gamma$ et $k \in K$. On peut considérer les fonctions automorphes comme fonctions sur le demi-plan de Poincaré H , invariantes à gauche par Γ . L'ensemble des fonctions automorphes de carré intégrable sera

noté $L^2(\Gamma\backslash G/K)$. Le Laplacien sur H est $\Delta = y^2(\frac{\partial^2}{\partial x^2}+\frac{\partial^2}{\partial y^2})$.

Dans le cas où $\Gamma\backslash G$ est compact, le spectre de Δ sur $L^2(\Gamma\backslash G/K)$ est discret et les valeurs propres $\lambda_i = s_i(1-s_i)$ sont positives et chacune de multiplicité finie n_i . Si alors f est une fonction biinvariante sur G , $\hat{f}$ sa transformée de Fourier sphérique, la formule des traces de Selberg s'écrit formellement :

$$(1) \qquad \int_{\Gamma\backslash G} \sum_{\Gamma} f(x^{-1}\gamma x)dx = \sum_i n_i \hat{f}(s_i) .$$

N. Subia a montré que cette formule est valable dans ce cas pour f dans $\mathcal{S}^{\natural}(g)$ (déf. 3) ([12]).

Si $\Gamma\backslash G$ n'est plus compact, mais de volume fini, l'étude du spectre de Δ sur $L^2(\Gamma\backslash G/K)$ fait apparaître une partie continue. En dehors d'un nombre fini de valeurs propres, la partie discrète provient de l'espace $L^2_0(\Gamma\backslash G/K)$ des fonctions cuspidales (déf. 5). Cet espace se décompose en une somme dénombrable d'espaces H_i dont chacun est de dimension finie n_i , les fonctions de H_i étant C^∞ et telles que $-\Delta\varphi = \lambda_i\varphi$ pour tout φ dans H_i (cf. Kubota). On peut, dans ce cas encore, déterminer pour f biinvariante sur G , un opérateur R_f sur $L^2_0(\Gamma\backslash G/K)$, de noyau $R_f(z,z')$, tel que l'on ait :

$$(2) \qquad \text{trace } R_f = \int_F R_f(z,z)dz = \sum_i n_i \hat{f}(s_i) ,$$

où F est le domaine fondamental relativement à Γ , et, où $R_f(z,z')$ se réduit dans le cas où $\Gamma\backslash G$ est compact, à $\sum_{\gamma\in\Gamma} f(g'^{-1}\gamma g)$.

Nous allons montrer en utilisant les résultats de la première partie que (2) <u>est valable elle aussi pour</u> f <u>dans</u> $\mathcal{S}^{\natural}(G)$. Nous développerons la démonstration en nous contentant de prendre $\Gamma = SL(2,Z)$.

2. 1. F est dit <u>domaine fondamental</u> dans H relativement à un sous-groupe discret Γ de G , si F est un ouvert de H tel que

i) si $\gamma_1 \neq \gamma_2$, $\gamma_2\overline{F}$ et $\gamma_2\overline{F}$ n'ont pas de point commun,

ii) $\bigcup_{\gamma\in\Gamma} \gamma\overline{F} = H$.

En d'autres termes, pour tout z de H, on a $z = \gamma x$ pour un γ de Γ et un x dans $\overline{F}$, la représentation étant unique sauf pour les éléments de $\Gamma(\overline{F} - F)$.

Dans le cas où $\Gamma = SL(2,Z)$, on peut prendre pour domaine fondamental :

$$F = \{z \in C \mid \mathrm{Im}\ z > 0,\ |z| > 1,\ |\mathrm{Re}\ z| < \tfrac{1}{2}\} .$$

(cf. [7], p. 107).

L'ensemble $L^2(\Gamma\backslash G/K)$ peut alors être identifié à $L^2(F, \frac{dxdy}{y^2})$. Notons que G agit sur $\Gamma\backslash G$ par translation à droite et que la mesure $\frac{dxdy}{y^2}$ est l'unique mesure, à un facteur près, invariante par l'action de G. Si dg est la mesure de Haar de G, f une fonction biinvariante continue à support compact sur G, et $z = gi$

$$\int_G f(g)dg = \int_F \Big(\sum_{\gamma \in \Gamma} f(\gamma z)\Big) \frac{dxdy}{y^2} .$$

Si φ est une fonction sur G biinvariante par K, on appelle <u>noyaux invariants</u>, les fonctions k_φ sur $H \times H$ telles que

$$k_\varphi(z,z') = \varphi(g^{-1}g')$$

pour tous g,g' de G et z,z' de H tels que $z = gi$ et $z' = g'i$.

On a alors $k_\varphi(gz,gz') = k_\varphi(z,z')$ pour tous g dans G, z,z' dans H. La distance hyperbolique de z à z' est $d(z,z') = \rho$ où $\mathrm{ch}\ \rho = \frac{|z-z'|^2}{2yy'} + 1$. Cette quantité est invariante par l'action de G : $d(z,z') = d(gz,gz')$ pour tout g dans G. On en déduit facilement qu'un noyau invariant $k_\varphi(z,z')$ ne dépend que de $d(z,z')$. On notera encore $k_\varphi(d(z,z')) = k_\varphi(z,z')$.

On peut montrer la proposition suivante sur les noyaux invariants :

PROPOSITION 6. <u>Si</u> φ <u>est dans</u> $\mathcal{S}^\natural(G)$, $\sum_{\gamma \in \Gamma} k_\varphi(z,\gamma z')$ <u>converge absolument et uniformément pour</u> z <u>et</u> z' <u>dans un compact donné</u> U.

Alors $K_\varphi(z,z') = \sum_{\gamma \in \Gamma} k_\varphi(z,\gamma z')$ *est continue pour tous* z,z' .
(On consultera pour la démonstration l'article de N. Subia, dans ce volume.)

2.2. DEFINITION 5. *Soit* $L_0^2(\Gamma\backslash G/K)$ *l'ensemble des fonctions* f *automorphes de carré intégrable telles qu'en outre*

$$\int_0^1 f(n(\xi)z)d\xi = 0$$

pour presque tout z *dans* F ; *où* $n(\xi) = \begin{pmatrix} 1 & \xi \\ 0 & 1 \end{pmatrix}$, $\xi \in R$.

Les éléments de $L_0^2(\Gamma\backslash G/K)$ *s'appellent des fonctions cuspidales.*

DEFINITION 6. *Soient, pour* φ *dans* $\mathcal{S}^{\natural}(G)$, $K_\varphi(z,z')$, $H_\varphi(z,z')$ *et* $R_\varphi(z,z')$ *les noyaux définis sur* $F\times F$ *respectivement par*

$$K_\varphi(z,z') = \sum_{\gamma \in \Gamma} k_\varphi(z,\gamma z')$$

$$H_\varphi(z,z') = \sum_{\sigma \in \Gamma_\infty\backslash\Gamma} \int_{-\infty}^{+\infty} k_\varphi(z,n(\xi)\,\sigma z')d\xi$$

où $\Gamma_\infty = \{ \begin{pmatrix} 1 & n \\ 0 & 1 \end{pmatrix}, n \in Z\}$.

$$R_\varphi(z,z') = K_\varphi(z,z') - H_\varphi(z,z') .$$

On appellera K_φ , H_φ *et* R_φ *les opérateurs intégraux sur* $L^2(\Gamma\backslash G/K)$ *de noyaux respectifs* $K_\varphi(z,z')$, $H_\varphi(z,z')$ *et* $R_\varphi(z,z')$.

On peut alors trouver dans Kubota ([11]) les résultats suivants :

PROPOSITION 7. *Si* φ *est dans* $\mathcal{S}^{\natural}(G)$, *on a*

i) $K_\varphi(z,z')$ *et* $H_\varphi(z,z')$ *sont uniformément bornés quand* z *reste dans un compact* ;

ii) $\int_F H_\varphi(z,z')\, f(z')dz' = 0$ *pour tout* f *dans* $L_0^2(\Gamma\backslash G/K)$;

iii) *L'opérateur* K_φ *applique* $L_0^2(\Gamma\backslash G/K)$ *dans lui-même.*

On en conclut que R_φ et K_φ ont même action sur $L_0^2(\Gamma\backslash G/K)$ et que R_φ peut être considéré comme un opérateur sur $L_0^2(\Gamma\backslash G/K)$. C'est comme tel que nous l'envisageons désormais.

PROPOSITION 8. Le noyau $R_\varphi(z,z')$ est borné sur $F \times F$ pour φ dans $\mathcal{D}^{\natural}(G)$.

Cette proposition permet de conclure que les opérateurs R_φ sont de Hilbert-Schmidt et donc compacts. Nous allons en reprendre brièvement la démonstration, notamment pour ce que nous en utiliserons plus loin :

On écrit :

$$R_\varphi(z,z') = [K_\varphi(z,z') - \sum_{\Gamma_\infty} k_\varphi(z,\gamma z')] \tag{1}$$

$$+ [\sum_{\Gamma_\infty} k_\varphi(z,\gamma z') - \int_{-\infty}^{+\infty} k_\varphi(z,n(\xi)z')d\xi]$$

$$+ [\int_{-\infty}^{+\infty} k_\varphi(z,n(\xi)z')d\xi - H_\varphi(z,z')] .$$

Le premier et le troisième terme tendent vers 0 quand y et y' tendent vers l'infini. Quant au second, que nous appellerons $L_\varphi(z,z')$, il peut s'écrire

$$L_\varphi(z,z') = \sum_{-\infty}^{+\infty} [F(\xi_n) - F(\frac{n}{y'})]$$

où l'on a posé $F(t) = k_\varphi(\frac{z-x'}{y'}, i+t)$ (fonction C^∞ que l'on suppose réelle) ; et où ξ_n est dans $]\frac{n}{y'}, \frac{n+1}{y'}[$.

Mais $k_\varphi(\rho)$ et donc aussi $F(t)$ sont à support compact, et si l'on appelle D_φ le diamètre du support de $F(t)$, on a

$$|L_\varphi(z,z')| \leq D_\varphi \sup_{t \in R} |F'(t)| ,$$

où $F'(t) = k'_\varphi(\rho(t)).\frac{d\rho}{dt}$ et $k'_\varphi(\rho)$ est encore à support compact. On définit alors les nombres M_φ et N_φ par

$$|k'_\varphi(\rho)| \leq M_\varphi$$

et

$$k'_\varphi(\rho) = 0 \quad \text{pour} \quad ch^2 \frac{\rho}{2} \geq N_\varphi > 1 .$$

Ce qui donne, en calculant $\frac{d\rho}{dt}$ et en évaluant D_φ

$$|L_\varphi(z,z')| \leq 4M_\varphi \sqrt{N_\varphi} .$$

De ces propositions, on peut déduire le résultat sur la décomposition hilbertienne de $L_0^2(\Gamma\backslash G/K)$:

PROPOSITION 9. L'espace $L_0^2(\Gamma\backslash G/K)$ est somme hilbertienne de sous-espaces $\{H_i\}_{i=0}^{\infty}$ tels que les H_i sont les sous-espaces propres des R_φ pour φ dans $\mathcal{D}^\natural(G)$ et

i) chacun des H_i est de dimension finie n_i,

ii) les fonctions de H_i sont C^∞ pour tout i,

iii) si Δ est le Laplacien sur H, $-\Delta f = \lambda i f$ pour tout f dans H_i, où λ_i ne dépend que de H_i.

On appellera Φ_{ij} $(1 \leq j \leq n_i)$ une base orthonormée de H_i.

On sait que le spectre de Δ est dans $[0,\infty[$. Enfin, pour φ dans $\mathcal{S}^\natural(G)$, on a encore

$$R_\varphi \Phi_{ij} = \hat{\varphi}(s_i)\, \Phi_{ij}$$

où $s_i(1-s_i) = \lambda_i$ est la valeur propre de Δ correspond à H_i.

2. 3. PROPOSITION 10. Soit $\varphi = \psi * \tilde{\psi}$ pour ψ dans $\mathcal{D}^\natural(G)$. Alors R_φ est un opérateur à trace, la fonction $z \to R_\varphi(z,z)$ est intégrable sur F et l'on a

$$\text{trace } R_\varphi = \int_F R_\varphi(z,z)dz = \sum_i \hat{\varphi}(s_i)\, n_i \,.$$

C'est cette formule qui est connue sous le nom de formule des traces de Selberg.

Démonstration : $R_\varphi = R_\psi R_\psi^*$ où R_ψ^* est l'adjoint de l'opérateur R_ψ. R_φ est un produit d'opérateurs de Hilbert-Schmidt (prop. 6). C'est donc un opérateur à trace, c'est-à-dire que pour toute base hilbertienne $\{\Phi_i\}$ de $L_0^2(\Gamma\backslash G/K)$. On a

$$\sum_i |(R_\varphi \Phi_i, \Phi_i)| < \infty \,.$$

Si en particulier, on considère la base formée par les Φ_{ij}

$$R_\varphi \Phi_{ij} = \hat{\varphi}(s_i)\, \Phi_{ij} \ , \ 1 \leq j \leq n_i$$

d'où $\sum_i n_i\, \hat{\varphi}(s_i) < \infty$.

Dans ce cas, la somme $\sum_i (R_\varphi \Phi_i , \Phi_i)$ a même valeur pour toute base hilbertienne Φ_i . C'est cette valeur commune qui est appelée trace R_φ .

D'autre part,

$$R_\varphi(z,z') = \int_F R_\psi(z,z')\, R_\psi(z,z')dz'$$

$$= \int_F |R_\psi(z,z')|^2 dz'$$

et du fait que R_ψ est de Hilbert-Schmidt, $R_\psi(z,z')$ est intégrable et l'on a

$$\int_F R_\varphi(z,z)dz = \int_F \int_F |R_\psi(z,z')|^2 dz\, dz'$$

$$= \sum_i n_i\, |\hat{\psi}(s_i)|^2$$

$$= \sum_i n_i\, \hat{\varphi}(s_i) \ .$$

Nous allons maintenant interpréter cette formule des traces comme une formule de Plancherel-Godement et pour cela envisager la forme linéaire :

$$T_0 : \varphi \to \int_F R^\natural_\varphi(z,z)dz \ , \ \varphi \in \mathcal{D}(G) \ .$$

THEOREME 4. T_0 <u>est une distribution de type positif</u>.

<u>Démonstration</u> : Il suffit de prendre des φ_n dans $\mathcal{D}^\natural(G)$, car si une suite φ_n dans $\mathcal{D}(G)$ tend vers φ , la suite des $\varphi_n^\natural$ tend vers $\varphi^\natural$. $R_{\varphi_n}(z,z)$ tend alors vers $R_\varphi(z,z)$. On aura

$$\lim_{n\to\infty} \int_F R_{\varphi_n}(z,z)dz = \int_F R_\varphi(z,z)dz$$

à condition de montrer que les $|R_{\varphi_n}(z,z)|$ sont majorés par une fonction intégrable. Il suffit pour cela de retourner à la démonstration de la proposition 8

$$R_{\varphi_n}(z,z) = \sum_{\Gamma\setminus\Gamma_\infty} k_{\varphi_n}(z,\delta z) + \int_0^1 \sum_{\Gamma\setminus\Gamma_\infty} k_{\varphi_n}(z,n(\xi)\delta z)d\xi \ +$$

$$+ \sum_{\Gamma_\infty} k_{\varphi_n}(z,\gamma_z) - \int_{-\infty}^{+\infty} k_{\varphi_n}(z,n(\xi)z)d\xi \ .$$

Il n'est pas difficile de se convaincre que les deux premiers termes de cette somme sont bornés. Quant au dernier terme $L_{\varphi_n}(z,z)$, il est majoré en module par $4\, M_{\varphi_n} \sqrt{N_{\varphi_n}}$, où $M_{\varphi_n} = \sup_{\rho>0} |k'_{\varphi_n}(\rho)|$ et $k'_{\varphi_n}(\rho) = 0$ pour $ch^2 \frac{\rho}{2} \geq N_{\varphi_n}$. Mais $\sup \varphi_n \subset U$, U compact, pour tout n assez grand. On peut donc trouver N_1 tel que $N_{\varphi_n} \leq N_1$ pour n assez grand. On peut aussi trouver M_1 tel que $M_{\varphi_n} \leq M_1$ à partir d'un certain rang, puisque pour n assez grand, on peut rendre

$$|k'_{\varphi_n}(\rho) - k'_\varphi(\rho)| \leq \varepsilon \ .$$

On a donc $|L_{\varphi_n}(z,z)| \leq 4\, M_1 \sqrt{N_1}$ pour n assez grand.

Pour démontrer que T_0 est de type positif, on pose

$$\varphi_1(g) = \int_K \varphi(gk)dk \ , \ \varphi \in \mathcal{D}(G) \ .$$

On a alors $T_0(\tilde{\varphi} * \varphi) = T_0(\tilde{\varphi}_1 * \varphi_1)$ où $\tilde{\varphi}_1 * \varphi \in \mathcal{D}^\natural(G)$.

En considérant l'opérateur R'_{φ_1} qui agit sur $L^2_0(\Gamma\backslash G/K)$ de façon que

$$R'_{\varphi_1} f(g) = \int_{\Gamma\backslash G} \varphi_1(g'^{-1}g)\, f(g')dg' \ ,$$

on montre que $(\tilde{\varphi}_1 * \varphi_1)\hat{\ }(s_i) \geq 0$ pour tout i.

Ce qui permet d'écrire

$$T_0(\tilde{\varphi}_1 * \varphi_1) = \int_F R_{\tilde{\varphi}_1 * \varphi_1}(z,z)dz = \int_F [\sum_{ij} (\tilde{\varphi}_1 * \varphi_1)\hat{\ }(s_i)|\Phi_{ij}(z)|^2]dz$$

$$= \sum_i n_i (\tilde{\varphi}_1 * \varphi_1)\hat{\ }(s_i) \geq 0 \ ,$$

du fait que $\tilde{\varphi}_1 * \varphi_1$ est dans $\mathcal{D}^\natural(G)$; (d'où $\int_F R_{\tilde{\varphi}_1 * \varphi_1}(z,z)dz < \infty$), et que $R_\psi(z,z') = \sum_{ij} \hat{\psi}(s_i)\, \Phi_{ij}(z)\, \overline{\Phi_{ij}(z')}$ au sens de la convergence simple, pour tous z,z' dans F et ψ dans $\mathcal{D}^\natural(G)$.

De ce théorème, on déduit que

$$T_0(\varphi * \tilde{\varphi}) = \sum_i n_i |\hat{\varphi}(s_i)|^2 \ , \ \varphi \in \mathcal{D}^\natural(G)$$

est une formule de Plancherel-Godement. D'où

COROLLAIRE 2. Les points λ_i munis des masses n_i (définies dans la prop. 9) donnent une mesure μ sur $[0,\infty[$ qui est

i) bornée sur $[0,1]$

ii) tempérée.

COROLLAIRE 3. Il n'y a qu'un nombre fini de λ_i dans tout intervalle borné. En particulier, il y en a au plus un nombre fini entre 0 et 1 .

PROPOSITION 11. L'opérateur R_ψ est de Hilbert-Schmidt dès que ψ est dans $\mathcal{S}^\natural(G)$.

En effet, d'après le théorème 2, si ψ est dans $\mathcal{S}^\natural(G)$, $\hat{\psi}$ est de carré intégrable par rapport à la mesure μ , transformée de Fourier de T_0 . Cela signifie que $\sum_i n_i |\hat{\psi}(s_i)|^2$ converge : c'est-à-dire que R_ψ est de Hilbert-Schmidt.

THEOREME 5. Soit φ dans $\mathcal{S}^\natural(G)$. Alors $\int_F R_\varphi(z,z)dz < \infty$, R_φ est un opérateur à trace et

$$\operatorname{Tr} R_\varphi = \int_F R_\varphi(z,z)dz = \sum_i n_i \ \hat{\varphi}(s_i) \ .$$

Démonstration : Si φ est dans $\mathcal{S}^\natural(G)$, $\hat{\varphi}(s)$ est dans $S(\Sigma)$ (déf. 4). Comme $\mu(\lambda_i, n_i)$ est tempérée, on a $\sum_i n_i |\hat{\varphi}(s_i)| < \infty$. On montre facilement que R_φ est à trace. On considère les $|\hat{\varphi}(s_i)|$ comme les valeurs caractéristiques de R_φ . Enfin, on sait que pour tout φ (de $\mathcal{S}^\natural(G)$) tel que $R_\varphi(z,z')$ soit de Hilbert-Schmidt, on a l'égalité

$$R_\varphi(z,z') = \sum_{ij} \hat{\varphi}(s_i) \ \Phi_{ij}(z) \ \overline{\Phi_{ij}(z')} \quad \text{pour presque tous } z,z' \text{ dans } F \ .$$

La proposition 11 montre que l'on peut utiliser ici cette égalité et écrire

$$\int_F R_\varphi(z,z)dz = \sum_i n_i \hat{\varphi}(s_i)$$

puisque l'on sait que $\sum_i n_i |\hat{\varphi}(s_i)| < \infty$.

BIBLIOGRAPHIE

I. [1] EHRENPREIS-MAUTNER — Some properties of the Fourier transform on semi-simples Lie Groups I . Ann. of Math.,vol. 61, n° 3 (1955).

[2] R. GANGOLLI — Spherical functions on semi-simple Lie groups... Dans le volume Symetric spaces, Dekker, New-York (1972).

[3] GODEMENT — Introduction aux travaux de Selberg. Séminaire Bourbaki, exposé 144 (1957).

[4] HELGASON — Differential Geometry and Symmetric Spaces. Academic Press, New-York (1962).

[5] SCHWARTZ — Théorie des distributions. Hermann, Paris (1966).

[6] Mac CABE — An integral representation for a class of positive definite functions. Math. Ann. 183 (1969), p. 287-289.

II. [7] GELFAND-GRAEV et PYATECKII-SHAPIRO — Fonctions généralisées. Vol. 6. W.B. Saunders Company, Philadelphia (1966).

[8] W. ROELKE — Über die Wellengleichung bei Grenzkreisgruppen erster Art. S.B. Heidelberger Akad. Wissenschaft Math. klasse 1953/55 (1956), p. 159-267.

[9] SELBERG — Harmonic Analysis and discontinuous groups. J. Indian Math. Soc., 20 (1956), p. 67-87.

[10] R. GANGOLLI — Spectre of discrete uniform subgroups of semi-simple Lie groups.
Dans Symétric Spaces, Dekker, New-York

[11] KUBOTA — Elementary theory of Eisenstein series.
Kodansha Ltd, Tokyo (1973).

[12] N. SUBIA — Formule de Selberg sur les formes d'espaces hyperboliques compacts.
Dans ce volume.

[13] M. NICHANIAN — Les transformées de Fourier distributions de type positif sur SL(2,R) et la formule des traces de Selberg.
Thèse de l'Université de Strasbourg. Décembre 1974.

MARCHES ALEATOIRES SUR LES GROUPES D'HEISENBERG

par

B. ROYNETTE

Les résultats exposés ici ont été obtenus en commun avec Mme M. SUEUR. Nous nous proposons d'indiquer ici une majoration de la vitesse de convergence vers zéro à l'infini des potentiels d'une marche aléatoire apériodique sur les groupes d'Heisenberg.

Introduction.

Soit B une forme bilinéaire antisymétrique non dégénérée sur l'espace $R^{2d} (d \geq 1)$. Soit $H_d = R^{2d} \oplus R$; E l'élément de H_d de composantes (0,...0,1) dans la base canonique de H_d , et $\pi : H_d \to R^{2d}$ la projection parallèle à E . La formule $[\lambda,\gamma] = B(\pi\lambda,\pi\gamma)$. E définit sur H_d une structure d'algèbre de Lie nilpotente d'ordre 2 telle que la droite (E) engendrée par E soit le centre de cette algèbre et telle que $[H_d,H_d] = (E)$. La formule de Campbell-Hausdorff permet alors de définir sur H_d une structure de groupe nilpotent. Plus précisément, la multiplication de ce groupe est donnée par : $\lambda.\gamma = \lambda+\gamma+\frac{1}{2}[\lambda,\gamma]$.

Ce groupe est le groupe d'Heisenberg de dimension 2d+1 .

Soit $(\Omega, \mathcal{G}, P)$ un espace de probabilité, et $X_1, X_2, \dots X_n, \dots$ une suite de variables aléatoires indépendantes, à valeurs dans H_d, et de même loi μ.

Pour $\lambda \in H_d$, soit $Z_n^\lambda = \lambda . X_1 . X_2 \dots . X_n$ la marche aléatoire droite de loi μ partant de λ à l'instant 0. Cette marche, dans tout ce qui suit, sera supposée apériodique, c'est-à-dire que le plus petit sous-groupe fermé contenant le support de μ est H_d tout entier. Pour f positive définie sur H_d, nous définissons le potentiel de f, Vf, par :

$$Vf(\lambda) = \sum_{n=0}^{\infty} E(f(Z_n^\lambda)) = \sum_{n=0}^{\infty} \varepsilon_\lambda * \mu^{*n}(f) \qquad (\lambda \in H_d) .$$

Désignons par $\mathcal{K}$ l'ensemble des fonctions définies dans H_d, positives, bornées et à support compact. La marche de loi μ est dite transitoire si $Vf < +\infty$ pour toute $f \in \mathcal{K}$, et récurrente sinon. Il est connu que les groupes d'Heisenberg sont transitoires, c'est-à-dire que toute marche aléatoire apériodique à valeurs dans H_d est transitoire et que, mieux, on a sous des hypothèses raisonnables, pour toute $f \in \mathcal{K}$: $Vf(\lambda) \underset{\lambda \to \infty}{\to} 0$. (Voir (1), (2) et (3)). Nous nous proposons ici, sous des hypothèses de moments, de majorer la vitesse de convergence vers 0 de $Vf(\lambda)$ quand $\lambda \to \infty$. L'un des intérêts de la connaissance d'une telle majoration réside dans le fait suivant : si, pour toute $f \in \mathcal{K}$, $Vf(\lambda) \leq C_f \mathcal{S}(\lambda)$, alors le potentiel Vg des fonctions g bornées appartenant à $L^1_{\mathcal{S}.m}$ (où m est la mesure de Lebesgue de H_d) est fini et localement intégrable (voir corollaire 1) ; c'est-à-dire que, en plus des éléments de $\mathcal{K}$, il existe toute une classe de fonctions dont le potentiel est fini.

L'étude des marches aléatoires sur le groupe d'Heisenberg H_1 a déjà été faite dans (3). Nous reprenons ici des techniques de ce papier. D'autre part, nous supposerons toujours dans ce qui suit que les marches considérées sont centrées (ie : $E(|X_i|) < \infty$ et $E(X_i) = 0$). Pour le cas où la marche n'est pas centrée, cas assez peu intéressant, nous renvoyons à (3).

Majoration des potentiels.

Nous allons, avant d'établir la majoration annoncée des potentiels, établir quelques lemmes.

LEMME 1.- Soit B une forme bilinéaire antisymétrique non dégénérée sur R^{2d}, et K une forme bilinéaire symétrique définie positive sur R^d. Alors, il existe une base $\xi_1,\xi_2,\ldots,\xi_{2d}$ de R^{2d} telle que la matrice de K dans cette base soit l'identité et telle que celle de B soit de la forme :

$$\begin{pmatrix} 0 & \lambda_1 & & & & & \\ -\lambda_1 & 0 & & & & 0 & \\ & & 0 & \lambda_2 & & & \\ & & -\lambda_2 & 0 & & & \\ & & & & \ddots & & \\ & 0 & & & & 0 & \lambda_d \\ & & & & & -\lambda_d & 0 \end{pmatrix}$$

où les λ_i $(i = 1,2,\ldots d)$ sont strictement positifs (et peuvent ne pas être distincts).

Démonstration.- Il existe une base $e_1,e_2,\ldots,e_{2d}$ de R^{2d} telle que la matrice de K dans cette base soit l'identité. Soit B_1 la matrice de B dans cette base. B_1 étant antisymétrique non dégénérée, $-B_1^2$ est symétrique définie positive. Il existe donc une matrice orthogonale σ_1 telle que $-\sigma_1^* B_1^2 \sigma_1 = D$ soit diagonale. La matrice B_2 de B dans la base $e'_1 = \sigma e_1$, $e'_2 = \sigma e_2, \ldots, e'_{2d} = \sigma e_{2d}$ (où σ est l'application linéaire de matrice σ_1 dans $e_1,\ldots,e_{2d}$) est égale à $\sigma_1^* B_1 \sigma_1$ et satisfait donc à la relation

$-B_2^2 = D(1)$. Remarquons que les éléments μ_i de la diagonale de D sont strictement positifs et apparaissent chacun un nombre pair de fois (puisque : $\text{dét}(-B_2^2 - \lambda^2 I) = \text{dét}(B_2 - i\lambda I) \cdot \text{dét}(B_2 + i\lambda I) = (\text{dét}(B_2 + i\lambda I))^2$, B_2 étant antisymétrique). Soit $\bar{B}$ l'application linéaire dont la matrice dans $e'_1, \dots, e'_{2d}$ est B_2 . Il est clair que $B(u,v) = K(u, \bar{B}v)$, pour tout $u, v \in R^{2d}$ (2) . Soit $V_i = \{v \mid -\bar{B}^2 v = \mu_i v\}$. Les V_i sont de dimension paire, orthogonaux deux à deux pour K et tels que $\bigoplus_i V_i = R^{2d}$ d'après (1) . D'autre part, les V_i sont invariants par $\bar{B}$, et la relation (2) implique alors qu'ils sont orthogonaux deux à deux pour B . Soit maintenant $\xi \in V_i$, de norme 1 pour K . D'après (2) le vecteur $\bar{B}\xi$ est orthogonal pour K à ξ et de norme $\sqrt{\mu_i}$. Le plan P_ξ engendré par ξ et $\bar{B}\xi$ a même orthogonal dans V_i pour K et B . On en déduit donc (en récurrant sur la dimension) que $V_i = \bigoplus_j V_i^j$ où les V_i^j sont de dimension 2 , orthogonaux deux à deux pour B et K . Finalement, soient $\xi_1, \xi_3, \dots, \xi_{2d-1}$ des éléments de norme 1 pour K pris dans les V_i^j .

La base :

$$\frac{1}{\mu_{s_1}^{1/2}} \bar{B}\,\xi_1 \,,\ \xi_1 \,,\ \frac{1}{\mu_{s_3}^{1/2}} \bar{B}\,\xi_3 \,,\ \xi_3, \dots, \frac{1}{\mu_{s_{2d-1}}^{1/2}} \bar{B}\,\xi_{2d-1} \,,\ \xi_{2d-1}$$

où $\xi_k \in V_{s_k}$, convient.

* *
*

Revenons à la marche Z_n^λ de loi μ sur H_d . Notre principal outil sera le lemme suivant.

LEMME 2.- <u>Soit</u> P <u>l'opérateur défini par</u> $Pv(\lambda) = E\{v(\lambda . X_1)\}$. <u>Supposons que, pour tout compact</u> K <u>de</u> H_d <u>il existe une fonction</u> v <u>définie sur</u> H_d <u>telle que</u> : $0 \le v \le 1$, $\lim_{\lambda \to \infty} v(\lambda) = 1$, $\sup_{\lambda \in K} v(\lambda) = \beta < 1$ <u>et</u> $Pv \ge v$ <u>en dehors de</u> K .

Alors :

1) Si $\sigma_K^\lambda = \inf\{n; Z_n^\lambda \in K\}$ est le temps d'entrée dans K, il existe une constante $\gamma_1 > 0$ telle que :

$$P\{\sigma_K^\lambda < \infty\} \leq \gamma_1\{1 - v(\lambda)\} \qquad (\lambda \notin K).$$

2) Si $f \in K$, il existe $\gamma_2 > 0$ telle que :

$$V\dot{f}(\lambda) \leq \gamma_2\{1 - v(\lambda)\}.$$

<u>Démonstration</u>.- Si $\lambda \notin K$, v étant sous-harmonique en dehors de K, on a, pour tout n : $E\{v(Z^\lambda_{\sigma_K^\lambda \wedge n})\} \geq v(\lambda)$. Soit :

$$E\{v(Z^\lambda_{\sigma_K}\lambda)\,;\,\sigma_K^\lambda \leq n\} + E\{v(Z_n^\lambda)\,;\,\sigma_K^\lambda > n\} \geq v(\lambda).$$

D'où :

$$\beta P\{\sigma_K^\lambda \leq n\} + P\{\sigma_K^\lambda > n\} \geq v(\lambda).$$

Faisant tendre n vers $+\infty$, on en déduit :

$$P\{\sigma_K^\lambda < +\infty\} \leq \frac{1 - v(\lambda)}{1 - \beta}, \text{ ce qui établit } 1.$$

Le point 2 découle alors facilement du point 1.

* *
*

Soit X une v.a à valeurs dans H_d de même loi que $X_1, X_2, \ldots$.
Pour le lemme 3, nous ferons les hypothèses suivantes :

- la dernière composante de X sur H_d est nulle (X est donc à valeurs dans $\mathbb{R}^{2d}$).

- X est centrée et il existe $\delta > 0$ telle que $E(|X|^{4+\delta}) < +\infty$.

X étant apériodique, la matrice K de covariance de X est symétrique définie positive. D'après le lemme 1, il existe donc une base

$\xi_1,\ldots,\xi_{2d}$ de R^{2d} telle que :

a) Si $X = \sum_{i=1}^{2d} X_i \cdot \xi_i$, alors $E(X_i \cdot X_j) = \delta_{ij}$, où δ est le symbole de Kronecker.

b) La matrice de B dans cette base est de la forme :

$$\begin{pmatrix} 0 & \lambda_1 & & & & & & \\ -\lambda_1 & 0 & & & & & 0 & \\ & & 0 & \lambda_2 & & & & \\ & & -\lambda_2 & 0 & & & & \\ & & & & \ddots & & & \\ & 0 & & & & & 0 & \lambda_d \\ & & & & & & \lambda_d & 0 \end{pmatrix}$$

Dans tout ce qui suit $x = (x_1,x_2,\ldots,x_{2d},z)$ désignera l'élément $\sum_{i=1}^{2d} x_i \cdot \xi_i + z.E$ de H_d , et si X est une v.a à valeurs dans H_d , $X_i (i = 1,2,\ldots,2d)$ sera sa composante sur ξ_i .

LEMME 3 : <u>Sous les hypothèses précédentes, soit</u> $u(x_1,x_2,\ldots,x_{2d},z) = 1 - \{\sum_{i=1}^{d} \lambda_i^2 (x_{2i-1}^4 + x_{2i}^4) + (8+\eta)z^2\}^{-\alpha}$. <u>Alors, il existe</u> $\eta > 0$, $\alpha > 0$ <u>et un compact</u> K <u>de</u> H_d <u>de la forme</u> : $K = \{\sum_{i=1}^{d} \lambda_i^2 (x_{2i-1}^4 + x_{2i}^4) + (8+\eta)z^2 \le \rho_o^2\}$ <u>tels que la fonction</u> $v(x_1,\ldots,x_{2d},z) = (u(x_1,\ldots,x_{2d},z) \wedge 1_K c) \vee 0$ <u>satisfasse aux hypothèses du lemme</u> 2 <u>pour</u> K .

<u>Démonstration</u>.- Nous allons procéder en plusieurs étapes :

1. D'après le point b) précédent, la forme bilinéaire B a une expression simple dans la base choisie. Si $x = (x_1,\ldots,x_{2d},z)$ et

$h = (h_1, \ldots, h_{2d}, 0)$ alors :

$B(x,h) = \sum_{i=1}^{d} \lambda_i (x_{2i-1} h_{2i} - x_{2i} h_{2i-1})$, et par conséquent, dans cette même base :

$$x.h = (x_1 + h_1, \ldots, x_{2d} + h_{2d}, z + \frac{1}{2} \sum_{i=1}^{d} \lambda_i (x_{2i-1}\, h_{2i} - x_{2i}\, h_{2i-1})) .$$

Suivant la méthode déjà utilisée dans (3), effectuons un développement en série de $u(x.h)$. On a :

$$(\Lambda)\; u(x.h) = u(x + h + \frac{1}{2} B(x,h)) = u(x) + \sum_{i=1}^{2d} h_i \frac{\partial u}{\partial x_i}(x) +$$

$$\frac{1}{2} \sum_{i=1}^{d} \lambda_i (x_{2i-1}\, h_{2i} - x_{2i}\, h_{2i-1}) \frac{\partial u}{\partial z}(x) + \frac{1}{2} \{\frac{1}{4} (\sum_{i=1}^{d} \lambda_i (x_{2i-1} h_{2i} - x_{2i} h_{2i-1})^2) \frac{\partial^2 u}{\partial z^2}(x)$$

$$+ \sum_{i,j=1}^{2d} h_i h_j \frac{\partial^2 u}{\partial x_i \partial x_j}(x) + \sum_{i=1}^{2d} h_i (\sum_{j=1}^{d} \lambda_j (x_{2j-1}\, h_{2j} - x_{2j}\, h_{2j-1}) \frac{\partial^2 u}{\partial x_i \partial z}(x)\} + \ldots$$

Soit $\rho^2 = \sum_{i=1}^{d} \lambda_i^2 (x_{2i-1}^4 + x_{2i}^4) + (8 + \eta) z^2$; le développement en série Λ est convergent, pour ρ assez grand, dans le domaine $D_{\rho,\varepsilon} = \{h ; \sup_{i=1,\ldots,d} |h_i| \leq \rho^{1/2-\varepsilon}\}$ pour un ε strictement positif.

(En effet, on remarque déjà que pour θ compris entre 0 et 1 et $h \in D_{\rho,\varepsilon}$, on a :

$$\sum_{i=1}^{2d} \lambda_i^2 (x_i + \theta h_i)^4 + (8 + \eta)(z + \frac{\theta}{2} \sum_{i=1}^{d} \lambda_i (x_{2i-1}\, h_{2i} - x_{2i}\, h_{2i-1}))^2 \geq C_1 \rho^2 ;$$

ensuite, on majore le reste de Taylor à l'ordre n de Λ par $C_2^n . \rho^{-n\varepsilon}$).

2. Supposons pour l'instant que le support de la loi de la v.a X est compact. Il existe alors un ρ à partir duquel ce support est contenu dans $D_{\rho,\varepsilon}$. On peut donc, pour ρ assez grand, substituer X à h

dans Λ. Prenant l'espérance des deux membres de la relation ainsi obtenue, on obtient, compte tenu de ce que X est centrée et de a) :

$$E(u(x.X)) = u(x) + \frac{1}{2} Lu(x) + \dots$$

où

$$L = \sum_{i=1}^{2d} \frac{\partial^2}{\partial x_i^2} + \sum_{i=1}^{d} \lambda_i \left(x_{2i-1} \frac{\partial^2}{\partial x_{2i}\partial z} - x_{2i} \frac{\partial^2}{\partial x_{2i-1}\partial z}\right) +$$

$$\frac{1}{4} \left[\sum_{i=1}^{2d} \lambda_i^2 (x_{2i-1}^2 + x_{2i}^2)\right] \frac{\partial^2}{\partial z^2} .$$

Le calcul explicite de $Lu(x)$ donne :

$$\alpha^{-1}(\rho^2)^{2+\alpha} Lu(x) = S + \sum_{i=1}^{d} \lambda_i D_{\alpha,z} (\lambda_i^{1/2} x_{2i-1}, \lambda_i^{1/2} . x_{2i}) \qquad (3)$$

où

$$S = (16 + \frac{\eta}{2}) \sum_{\substack{i,j=1 \\ i \neq j}}^{d} \lambda_i^2 (x_{2i-1}^2 + x_{2i}^2) \lambda_j^2 (x_{2j-1}^4 + x_{2j}^4) \quad \text{et :}$$

$$D_{\alpha,z}(u,v) = \{8 - \frac{\eta}{2} - \alpha(8+\eta)\}(8+\eta)(u^2+v^2).z^2 - 8.(1+\alpha)(8+\eta)uvz(u^2-v^2)$$

$$+ (16 + \frac{\eta}{2})(u^4+v^4)(u^2+v^2) - 16.(1+\alpha)(u^6+v^6) .$$

Ce dernier terme est un trinôme du second degré en z, dont le discriminant vaut, pour $\alpha = 0$:

$$\Delta_0' = 16(8+\eta)^2 \theta^8 \{-4t^2 + t[1 + (\frac{12}{8+\eta} - \frac{1}{2})(1 - \frac{\eta}{16})] - \frac{16+\eta}{64} (\frac{12}{8+\eta} - \frac{1}{2})\}$$

où on a posé :

$$u = \theta \cos \xi , \; v = \theta \sin \xi \quad \text{et} \quad t = (\cos^2 \xi - \frac{1}{2})^2 .$$

De cette expression, on déduit que $\Delta_0' < 0$ dès que $\eta > 0$.

Δ_α' étant une fonction continue de α, et t variant dans le compact $[0,1/4]$, il existe $\eta > 0, \alpha > 0$ tels que : $\Delta_\alpha'(\eta,t) < 0$ pour tout t dans

$[0,1/4]$. D'où : $D_{\alpha,z}(u,v)>0$ pour tout u et v . On peut même obtenir un peu mieux, en mettant le trinôme $D_{\alpha,z}$ sous forme canonique :

$D_{\alpha,z}(u,v) \geq C_3\ \theta^2\{u^4+v^4+(8+\eta)z^2\}$, où la constante C_3 peut être choisie arbitrairement proche de $8-\frac{\eta}{2}$ pour $|z|$ assez grand et θ^2 borné. Reportant cette minoration dans (3) et compte-tenu de la valeur de S , on a :

$$\alpha^{-1}(\rho^2)^{2+\alpha}\ Lu(x) \geq C_3\Big(\sum_{i=1}^{d}\lambda_i^2\ \theta_i^2\Big).\Big(\sum_{j=1}^{d}\lambda_j^2\ (x_{2j-1}^4+x_{2j}^4)+(8+\eta)z^2\Big)$$

$$(\text{avec}\quad \theta_i^2 = x_{2i-1}^2+x_{2i}^2)\ .$$

Soit, après simplification par ρ^2 :

$$Lu(x) \geq \frac{\alpha\ C_3 \sum_{i=1}^{d}\lambda_i^2\ \theta_i^2}{(\rho^2)^{1+\alpha}} \qquad (4)\ .$$

Remarque 1.- La minoration (4) repose essentiellement sur le fait que $\frac{\Delta'\alpha}{\theta 8}(t)$ est majoré par un nombre strictement négatif. t variant dans un compact, il est clair que la minoration (4) est encore vraie pour un opérateur L^{ε_0} dont les coefficients sont suffisamment proches de ceux de L .

3. Nous supposons toujours la loi de X à support compact, et nous nous proposons d'établir que :

$$E(u(x.X)) \geq u(x) + \frac{C_4}{(\rho^2)^{1+\alpha}}\ , \text{ pour } x \text{ en dehors d'un compact} \quad (5).$$

Dans l'alinéa précédent, dans le développement :

$$E(u(x.X)) = u(x) + \frac{1}{2}\ Lu(x) + \ldots$$

nous avons seulement étudié les termes d'ordre 2. Or la somme des termes d'ordre supérieur est égale à :

$\sum_{i=1}^{d} A_i$, avec :

$$A_i = 4\alpha\lambda_i^2 \frac{x_{2i-1}(E(X_{2i-1}^3)+\varepsilon_{2i-1}(\rho))+x_{2i}(E(X_{2i}^3)+\varepsilon_{2i}(\rho))}{(\rho^2)^{1+\alpha}}$$

$$+\alpha\lambda_i^2 \frac{E(X_{2i-1}^4)+E(X_{2i}^4)+\varepsilon_i'(\rho)}{(\rho^2)^{1+\alpha}} + \frac{\theta_i^2\,\varepsilon_i''(\rho)}{(\rho^2)^{1+\alpha}}$$

où les fonctions ε_i, ε_i' et ε_i'' tendent vers zéro quand $\rho\to\infty$.

<u>Comparons</u> $\frac{1}{2}\,Lu(x)$ et la somme des A_i :

. Si $\sum_{i=1}^{d}\lambda_i^2\,\theta_i^2$ est assez grand, alors $\frac{1}{2}\,Lu(x)+\sum_{i=1}^{d}A_i \geq \frac{C_4'}{(\rho^2)^{1+\alpha}}$ (7)

d'après (4) et (6).

. Supposons $\sum_{i=1}^{d}\lambda_i^2\,\theta_i^2$ borné ; de l'inégalité :

$[E(X_j^3)]^2 < E(X_j^4)$, on déduit l'existence de $\eta>0$ tel que

$$4[E(X_j^3)]^2 - \frac{1}{2}\left(8-\frac{\eta}{2}\right)E(X_j^4) < 0 \qquad (8)\,.$$

Puisque, pour θ_i^2 borné et $|z|$ assez grand, C_3 peut être choisie aussi proche qu'on veut de $8-\eta/2$, on tire de (4), (6) et (8) :

$$\frac{1}{2}\,Lu(x) + \sum_{i=1}^{d}A_i \geq \frac{C_4''}{(\rho^2)^{1+\alpha}} \qquad (9)$$

pour $\sum\lambda_i^2\,\theta_i^2$ bornés et $|z|$ assez grand.

Rassemblant alors (7) et (9), l'inégalité (5) est prouvée.

4. Dans le cas où la loi de X est à support compact, la relation (5) prouve que la fonction u satisfait aux hypothèses du lemme 2. Ici, nous ne supposons plus la loi de X à support compact, et nous allons opérer

par troncature. On peut toujours, comme au point 2, substituer X à h dans Λ, mais à condition que X appartienne à $D_{h,\varepsilon}$. On obtient :

$$E\{u(x.X) ; |X| \le \rho^{1/2-\varepsilon}\} = u(x).P\{|X| \le \rho^{1/2-\varepsilon}\} + \sum_{i=1}^{2d} E(X_i ; |X| \le \rho^{1/2-\varepsilon}) \frac{\partial u}{\partial x_i}(x)$$

$$+ \frac{1}{2} \sum_{i=1}^{d} \lambda_i \, E\{X_{2i-1}X_{2i} - X_{2i} X_{2i-1} ; |X| \le \rho^{1/2-\varepsilon}\} \frac{\partial u}{\partial z}(x) + \frac{1}{2} L^{\varepsilon_0} u(x)$$

$$+ \dots \quad (10)$$

où l'opérateur L^{ε_0} satisfait aux conclusions de la remarque 1 si ρ est assez grand. Dans (10), on a donc :

$$\frac{1}{2} L^{\varepsilon_0} u(x) + \dots \ge \frac{C}{(\rho^2)^{1+\alpha}} \quad (x \text{ en dehors d'un compact}) \quad (11).$$

Nous allons maintenant comparer les premiers termes de (10) à $\frac{C_5}{(\rho^2)^{1+\alpha}}$.

. $u(x)\, P\{|X| \le \rho^{1/2-\varepsilon}\} = u(x) - u(x)\, P\{|X| > \rho^{1/2-\varepsilon}\}$.

Or d'apres l'existence de $E(|X|^{4+\delta})$, on a :

$$P\{|X| > \rho^{1/2-\varepsilon}\} \le \frac{C_6}{\rho^{2+\frac{\delta}{2}-4\varepsilon-\varepsilon\delta}} = O(\frac{1}{\rho}) \frac{1}{(\rho^2)^{1+\alpha}} \quad (12)$$

si α et ε ont été choisis assez petits (en fonction de δ)

$$.E(X_i ; |X| \le \rho^{1/2-\varepsilon}) \frac{\partial u}{\partial x_i}(x) = \frac{4\alpha\, \lambda_{r(i)}^2\, x_i^3\, E(X_i ; |X| \le \rho^{1/2-\varepsilon})}{(\rho^2)^{1+\alpha}}$$

(avec $r(i) = \frac{i}{2}$ si i est pair, $\frac{i+1}{2}$ sinon).

Utilisant le fait que X est centrée et l'inégalité de Hölder :

$$|x_i^3 \, E(X_i \,;\, |X| \le \rho^{1/2-\varepsilon}) \frac{\partial u}{\partial x_i}(x)| \le \frac{C_7^i \, \rho^{3/2}}{(\rho^2 + \frac{\delta}{2} - 4\varepsilon - \varepsilon\delta)^{3/4}} = O(\tfrac{1}{\rho}) \qquad (13)$$

si ε a été choisi assez petit.

$$.E\{x_{2i-1}X_{2i} - x_{2i}\, X_{2i-1} \,;\, |X| \le \rho^{1/2-\varepsilon}\} \frac{\partial u}{\partial z}(x) =$$

$$\frac{\alpha(8+\eta)\lambda_i \, z \, E\{x_{2i-1}\, X_{2i} - x_{2i}\, X_{2i-1} \,;\, |X| \le \rho^{1/2-\varepsilon}\}}{(\rho^2)^{1+\alpha}}$$

Et :

$$|z \, E\{x_{2i-1}\, X_{2i} - x_{2i}\, X_{2i-1} \,;\, |X| \le \rho^{1/2-\varepsilon}\}| \le \frac{C_8^i \, \rho^{3/2}}{(\rho^2 + \frac{\delta}{2} - 4\varepsilon - \varepsilon\delta)^{3/4}} = O(\tfrac{1}{\rho})$$

(14)

si ε a été choisi assez petit.

Rassemblant alors : (10), (11), (12), (13) et (14), on obtient :

$E\{u(x.X) \,;\, |X| \le \rho^{1/2-\varepsilon}\} \ge u(x)$ (x en dehors d'un compact K) .

Le lemme 3 s'en déduit alors sans peine.

* *
*

Il nous reste à examiner le cas où la composante de X sur E , soit Z , n'est pas nulle ; Z cependant est supposée centrée. Soit $x_o \in H_d$ et σ_{x_o} l'automorphisme intérieur associé, ie : $\sigma_{x_o}(x) = x + B(x_o, x)$. Bien sûr, on peut remplacer la marche de pas X par celle de pas $\sigma_{x_o}(X)$. Or si :

$$x_o = \left(-\frac{1}{\lambda_1} E(X_2.Z) \,;\, \frac{1}{\lambda_1} E(X_1.Z), \ldots, -\frac{1}{\lambda_d} E(X_{2d}.Z) \,,\, \frac{1}{\lambda_d} E(X_{2d-1}.Z)\right)$$

(10)

la v.a $X' = \sigma_{x_0}(X) = (X_1, \dots, X_{2d}, Z')$ satisfait à :

c) $E(X_i . X_j) = \delta_{ij} \qquad (i=1,\dots,2d)$

$E(X_i . Z') = 0 \qquad (i=1,\dots,2d)$.

Aussi, dans ce qui suit, supposerons-nous que la v.a X satisfait à c). Suivant la méthode de l'alinéa précédent, nous sommes amenés à considérer cette fois l'opérateur L', avec $L' = L + E(Z^2) \frac{\partial^2}{\partial z^2}$. Dans L' le coefficient de $\frac{\partial^2}{\partial z^2}$ est égal à :

$$\{ \frac{1}{4} \sum_{i=1}^{d} \lambda_i^2 (x_{2i-1}^2 + x_{2i}^2) + E(Z^2) \}$$

ce qui, intuitivement, signifie que :

- pour $E(Z^2)$ petit par rapport à $\sum_{i=1}^{d} \lambda_i^2 (x_{2i-1}^2 + x_{2i}^2)$, c'est-à-dire en dehors d'un cylindre de base compacte sur R^{2d} et d'axe E, la marche se comporte comme celle de l'alinéa précédent.

- pour $\sum_{i=1}^{d} \lambda_i^2 (x_{2i-1}^2 + x_{2i}^2)$ petit par rapport à $E(Z^2)$, la marche se comporte comme une marche dans R^{2d+1} abélien.

Ceci justifie le lemme 4 :

on suppose ici X centrée, ayant des moments d'ordre $4+\delta$, et la normalisation c) effectuée.

LEMME 4.- <u>Sous ces hypothèses, soient</u> $u_1(x) = 1 - \{ \sum_{i=1}^{d} \lambda_i^2 (x_{2i-1}^4 + x_{2i}^4) + (8+\eta) z^2 \}^{-\alpha}$ <u>et</u> $u_2(x) = 1 - \gamma \{ \sum_{i=1}^{d} B_i (x_{2i-1}^2 + x_{2i}^2) + a z^2 \}^{-\alpha}$ (<u>avec</u> $\sum B_i = E(Z^2)$).

<u>Soit</u> $u = u_1 \vee u_2$. <u>Alors, il existe</u> α, η, γ <u>et</u> a, <u>et un</u>

compact K de H_d tels que la fonction $v = (u \wedge 1_{K^c}) \vee 0$ satisfasse aux hypothèses du lemme 2 pour ce compact.

Nous ne ferons pas la démonstration. Disons seulement qu'il suffit de reprendre la méthode de l'alinéa précédent et de reprendre les calculs (fastidieux!) pour les adapter à la situation présente. On pourra consulter (3) pour plus de détails.

En conclusion, nous avons obtenu :

THEOREME.- Soit une marche aléatoire centrée apériodique, de loi μ, admettant un moment d'ordre $4+\delta$ $(\delta > 0)$, de potentiel V, sur le groupe de Heisenberg H_d. Pour toute f bornée à support compact, on a :

$$|Vf(x)| \leq C_f \cdot \varphi(x) ,$$

où $\varphi(x) = \varphi_1(x) = \{\sum_{i=1}^{d} \lambda_i^2 (x_{2i-1}^4 + x_{2i}^4) + (\delta+\eta) z^2\}^{-\alpha}$ si supp $\mu \subset R^{2d}$

$\varphi(x) = \varphi_1(x) \wedge \varphi_2(x)$, avec $\varphi_2(x) = \{\sum_{i=1}^{d} B_i (x_{2i-1}^2 + x_{2i}^2) + a z^2\}^{-\alpha}$

sinon

COROLLAIRE 1.- Soit m la mesure de Haar (de Lebesgue) de H_d, et g bornée appartenant à $L^1_{\varphi . m}$. Alors le potentiel Vg de g est fini et localement intégrable.

Démonstration.- Soit $\check{\mu}$ l'image de μ par l'application $x \to x^{-1}$ de H_d dans H_d, et $\check{V}$ le potentiel de la marche de loi $\check{\mu}$. Pour f et g positives, on a : $\langle f, Vg \rangle_m = \langle \check{V}f, g \rangle_m$. Si f est bornée à support compact, on a, en appliquant le théorème précédent à la marche $\check{\mu}$:

$$<f\,,Vg>_m = <\check{V}f\,,g>_m \leq C_f <\varphi\,.\,g>_m\,.$$

Et donc, $<f\,,Vg>_m < +\infty$ si $g \in L^1_{\varphi.m}$, ce qui prouve le corollaire.

BIBLIOGRAPHIE.

[1] GUIVARC'H Y. et KEANE M. "Transience des marches aléatoires sur les groupes nilpotents". Astérisque 4.(1973) Séminaire KGB.

[2] GUIVARC'H Y. et KEANE M. "Un théorème de Renouvellement pour les groupes nilpotents". Astérisque 4.(1973) Séminaire KGB.

[3] ROYNETTE B. et SUEUR M. "Marches aléatoires sur un groupe nilpotent". Zeitschrift für Wahrscheinlichkeitstheorie. 30. p. 129-138 (1974).

DISTRIBUTIONS BI-INVARIANTES PAR $SL_n(k)$. (*)

par

Hubert RUBENTHALER

INTRODUCTION.

Soit $n \in \mathbb{N}^*$ et soit k un corps local différent de $\mathbb{C}$ dont la caractéristique ne divise pas n. On désigne par $M_n(k)$ l'ensemble des matrices de type $n \times n$, à coefficients dans k, par $GL_n(k)$ le groupe des matrices inversibles, par $SL_n(k)$ le groupe des matrices de déterminant égal à 1. On fait opérer le groupe $G_n = SL_n(k) \times SL_n(k)$ sur $M_n(k)$ par

$$(u,v).x = u\,x\,v^{-1}$$

$$(x \in M_n(k),\ u \text{ et } v \in SL_n(k)).$$

Une grande partie de ce travail est consacrée à l'étude des distributions sur $M_n(k)$, invariantes par G_n.

Nous avons suivi une méthode analogue à celle employée par S. Rallis et G. Schiffmann pour l'étude des distributions invariantes par un groupe orthogonal (voir [11]).

Sous l'action de G_n, $M_n(k)$ se décompose en un ensemble d'orbites paramétré par k, qui sont:

$$\Sigma_t = \{x \in M_n(k)/\det(x) = t\} \text{ si } t \neq 0$$

$$\Sigma_o = \{x \in M_n(k)/\text{rang}(x) = n-1\}$$

et un ensemble fini d'orbites $\Gamma_p (p = 0,1,\ldots,n-2)$ définies par

$$\Gamma_p = \{x \in M_n(k)/\text{rang}(x) = p\}.$$

(*) Thèse de 3e cycle, Université Louis Pasteur, Strasbourg.

Soit μ_t la mesure invariante, convenablement normalisée, portée par Σ_t et soit $\mathcal{S}(M_n(k))$ l'espace vectoriel des fonctions de Schwartz-Bruhat sur $M_n(k)$, pour $f \in \mathcal{S}(M_n(k))$ on pose:

$$M_f(t) = \int_{M_n(k)} f(x) d\mu_t(x) .$$

Nous avons déterminé de façon précise le comportement des fonctions M_f au voisinage de l'origine grâce au prolongement analytique des intégrales

$$Z_f(\chi, s) = \int_{M_n(k)} f(x)\chi(\det x) |\det x|^{s-n} dx ,$$

où s est un nombre complexe et χ un caractère unitaire de k^* . (Ce prolongement analytique est classique, voir [6]).

Le résultat principal est alors le suivant : l'application transposée de l'application $f \mapsto M_f$ est un isomorphisme du dual de l'image sur l'espace des distributions tempérées invariantes par G_n .

L'étude de ces distributions avait été commencée, dans le cas réel, par M. Raïs (voir [10]). Cet auteur avait notamment déterminé les distributions invariantes portées par l'ouvert $\{x \in M_n(\mathbb{R}) / \mathrm{rang}(x) \geq n-1\}$ et énoncé un théorème concernant la structure des distributions invariantes nulles sur $GL_n(\mathbb{R})$. Ce dernier théorème joue d'ailleurs un rôle important dans notre démonstration du cas réel.

On peut aussi faire opérer le groupe $SL_p(k) \times SL_q(k)$ sur l'espace $M_{p,q}(k)$ des matrices de type (p,q) en posant $(u,v)x = u x v^{-1}$. Si k est p-adique, on montre que l'espace des distributions invariantes sur $M_{p,q}(k)$ est de dimension 2 .

Ce travail contient également quelques applications des résultats précédents à l'étude des représentations de $GL_n(k)$, k p-adique, induites par les quasi-caractères des sous-groupes paraboliques maximaux. On démontre notamment l'irréductibilité de la série principale unitaire.

TABLE DES MATIERES

§ 1. MESURES INVARIANTES ET PROLONGEMENT ANALYTIQUE DE LA FONCTION ZETA.

Soit $n \in \mathbb{N}^*$ et soit k un corps local différent de $\mathbb{C}$ dont la caractéristique ne divise pas n. On désigne par E_n l'espace vectoriel des matrices de type $n \times n$ à coefficients dans k et par G_n le groupe $SL_n(k) \times SL_n(k)$. On fait opérer le groupe G_n sur E_n en posant : $(u,v).x = u x v^{-1}$ (u et $v \in SL_n(k)$, $x \in E_n$).

Commençons par déterminer les orbites :

LEMME 1.1.- <u>Il y a $n-1$ orbites dites singulières données par</u>

$$\Gamma_p = \{x \in E_n \mid \text{rang}(x) = p\} \quad 0 \leq p \leq n-2$$

<u>et un ensemble d'orbites dites régulières paramétré par les éléments de k :</u>

$$\text{si } t \neq 0, t \in k \quad \Sigma_t = \{x \in E_n \mid \det(x) = t\}$$

$$t = 0 \qquad \Sigma_o = \{x \in E_n \mid \text{rang}(x) = n-1\}.$$

<u>Remarque</u> : Un abus de notation commode nous amènera parfois à désigner Σ_o par Γ_{n-1}.

<u>Démonstration</u> : Les fonctions $\det(x)$ et $\text{rang}(x)$ sont évidemment invariantes par G_n. Il ne reste donc plus qu'à montrer que si deux matrices ont même déterminant et même rang, elles sont conjuguées sous l'action de G_n.

Si $\det x = \det x' \neq 0$, la relation $x = x x'^{-1} x'$ démontre le résultat voulu.

Il ne reste donc plus qu'à démontrer que si $\text{rang}(x) = p$

(avec $0 \leq p < n$) , alors la matrice x est conjuguée à la matrice

$$x_p = \begin{pmatrix} 1 & & & & & \\ & 1 & & & 0 & \\ & & 1 & & & \\ & & & 1 & & \\ & 0 & & & 0 & \\ & & & & & 0 \end{pmatrix} \Big\} p$$

Puisque $\operatorname{rang}(x) = p$, l'orthogonal de l'espace vectoriel engendré par les vecteurs lignes de x est de dimension $n-p$. Soit alors $u \in SL_n(k)$ dont les $n-p$ derniers vecteurs colonnes forment une base de cet orthogonal. Alors la matrice xu est de la forme:

$$\left(\begin{array}{c|c} * & 0 \\ \underbrace{}_{p} & \end{array}\right).$$

De même soit $v \in SL_n(k)$ dont les $n-p$ derniers vecteurs lignes sont orthogonaux aux p premiers vecteurs colonnes de xu . La matrice vxu est alors de la forme

$$p\Big\{\begin{pmatrix} \alpha & 0 \\ 0 & 0 \end{pmatrix}.$$

La première partie de la démonstration nous dit alors qu'il existe $\omega \in SL_n(k)$, de la forme :

$$\omega = p\Big\{\begin{pmatrix} \beta & 0 \\ & 1 \\ 0 & & \ddots \\ & & & 1 \end{pmatrix} \quad \text{avec } \beta \in SL_p(k) ,$$

telle que $\omega v x u$ soit égale à

$$\begin{pmatrix} \det\alpha & & & & & \\ & 1 & & & 0 & \\ & & \ddots & & & \\ & & & 1 & & \\ & 0 & & & 0 & \\ & & & & & \ddots \\ & & & & & & 0 \\ & & & & & & & 0 \end{pmatrix}$$

En multipliant cette dernière matrice par

$$\begin{pmatrix} \det\alpha^{-1} & & & & \\ & 1 & & & \\ & & \ddots & & 0 \\ & & & 1 & \\ & 0 & & & \ddots \\ & & & & & 1_{(\det\alpha)} \end{pmatrix}$$

on obtient x_p. C.Q.F.D.

LEMME 1.2.- <u>Il existe sur chaque orbite une mesure non nulle, positive, invariante, unique à la multiplication par un scalaire près.</u>

<u>Démonstration</u> : Soit O une orbite et x un élément de O. Désignons par $G_n(x)$ le stabilisateur de x dans G_n. Comme la bijection canonique de $G_n/G_n(x)$ sur O est un homéomorphisme commutant à l'action de G_n, il suffit de démontrer qu'une telle mesure existe sur $G_n/G_n(x)$. Puisque G_n est unimodulaire il suffit de démontrer que $G_n(x)$ est unimodulaire ([3], chap. 7, § 2, n° 6, Corollaire 2).

Par la suite nous continuerons de désigner par x_p $(0 \leq p \leq n-1)$ la matrice introduite lors de la démonstration du lemme précédent, et nous désignerons par x_t $(t \in k^*)$ la matrice :

$$\begin{pmatrix} t_1 & & & & & \\ & \ddots & & & 0 & \\ & & \ddots & 1 & & \\ & & & \ddots & & \\ & 0 & & & \ddots & \\ & & & & & 1 \end{pmatrix}$$

1er cas : les orbites de type Σ_t , $t \neq 0$.

Remarquons que $(u,v) \in G_n(x_t) \Leftrightarrow u\,x_t\,v^{-1} = x_t \Leftrightarrow u = x_t\,v\,x_t^{-1}$.

Donc $G_n(x_t)$ est constitué des couples de la forme $(\varphi_t(v),v)$ (avec $\varphi_t(v) = x_t\,v\,x_t^{-1}$), ce qui montre que $G_n(x_t)$ est isomorphe à $SL_n(k)$, donc unimodulaire.

2e cas : les orbites Γ_p $(0 \leq p \leq n-1)$.

$G_n(x_p) = \{(u,v) \in G_n \,|\, ux = xv\}$, c'est-à-dire que le couple (u,v) , $u = (u_{ij})$, $v = (v_{ij})$ appartient à $G_n(x_p)$ si et seulement si

$$\left(\begin{array}{c|c} u_{ij} & 0 \\ \hline & \end{array} \right) = \left(\begin{array}{c|c} v_{ij} & \\ \hline 0 & \end{array} \right) \Big\} \; p \; .$$

$\underbrace{}_{p}$

$G_n(x_p)$ est donc constitué des couples de la forme

$$\left[\left(\begin{array}{c|c} u & X \\ \hline 0 & \alpha \end{array} \right) \; ; \; \left(\begin{array}{c|c} u & 0 \\ \hline Y & \beta \end{array} \right) \right]$$

$\underbrace{}_{p} \qquad \underbrace{}_{p}$

avec $(\det u) \times (\det \alpha) = 1$ et $(\det u) \times (\det \beta) = 1$.

On remarque alors que $G_n(x_p)$ est le produit semi-direct des groupes G_1 et G_2 suivants :

G_1 est constitué des couples de matrices de la forme :

$$\left[\begin{pmatrix} u & 0 \\ 0 & \alpha \end{pmatrix} ; \begin{pmatrix} u & 0 \\ 0 & \beta \end{pmatrix}\right] \quad \text{avec } (\det u) \times (\det \alpha) = 1 \quad (\det u) \times (\det \beta) = 1 .$$

G_2 est constitué des couples de matrices de la forme :

$$\left[\begin{pmatrix} I_p & X \\ 0 & I_{n-p} \end{pmatrix} ; \begin{pmatrix} I_p & 0 \\ Y & I_{n-p} \end{pmatrix}\right]$$

(I_p et I_{n-p} sont les matrices identité de dimension p et $n-p$) . Ces deux groupes sont unimodulaires. En effet G_1 s'identifie au sous-groupe de $GL_p(k) \times GL_{n-p}(k) \times GL_{n-p}(k)$ formé des triplets (u, α, β) tels que $(\det u) \times (\det \alpha) = 1$ et $(\det u) \times (\det \beta) = 1$, qui est un sous-groupe fermé distingué donc unimodulaire (voir [3], chap. 7, § 2, n° 7 Proposition 10b).

Quant à G_2 c'est tout simplement le produit de deux groupes trigonaux stricts, qui sont unimodulaires ([3], chap. 7, § 3, exemple 3).

Désignons par Δ la fonction module sur $G_n(x_p)$ (si μ est une mesure de Haar à gauche alors $d\mu(x\gamma) = \Delta(\gamma) d\mu(x)$) . Puisque $G_n(x_p)$ est produit semi-direct de G_1 et G_2 , on sait ([3] chap. 7, §2, n° 9, prop. 14b) que si $x = yz$, $y \in G_1$, $z \in G_2$, le module $\Delta(yz)$ est égal au module de l'automorphisme $z \mapsto y^{-1} z y$ de G_2 .

On a :

$$\begin{pmatrix} u^{-1} & 0 \\ 0 & \alpha^{-1} \end{pmatrix} \begin{pmatrix} I_p & X \\ 0 & I_{n-p} \end{pmatrix} \begin{pmatrix} u & 0 \\ 0 & \alpha \end{pmatrix} = \begin{pmatrix} I_p & u^{-1} X \alpha \\ 0 & I_{n-p} \end{pmatrix}$$

et
$$\begin{pmatrix} u^{-1} & 0 \\ 0 & \beta^{-1} \end{pmatrix} \begin{pmatrix} I_p & 0 \\ Y & I_{n-p} \end{pmatrix} \begin{pmatrix} u & 0 \\ 0 & \beta \end{pmatrix} = \begin{pmatrix} I_p & 0 \\ \beta^{-1} Y u & I_{n-p} \end{pmatrix}$$

Finalement le module cherché est le module de l'automorphisme $(X,Y) \mapsto (u^{-1} X \alpha, \beta^{-1} Y u)$ de $M_{p,n-p}(k) \times M_{n-p,p}(k)$, donc égal à

$$|\det u^{-1}|^{n-p} |\det \alpha|^p |\det \beta^{-1}|^p |\det u|^{n-p} = 1 .$$

C.Q.F.D.

PROPOSITION 1-3 : Les mesures invariantes sur les orbites définissent des mesures sur $M_n(k)$.

Démonstration : Appelons μ_t la mesure invariante sur les orbites Σ_t, $(t \in k)$, et ω_p la mesure invariante sur Γ_p, $p = 0,\dots,n-1$. (Nous faisons ici un abus de notation commode pour la suite qui consiste à désigner par μ_0 ou ω_{n-1} la mesure invariante sur Σ_0).

1er cas : si $t \neq 0$ les mesures μ_t sont des mesures définies sur des sous-variétés fermées, elles définissent donc immédiatement des mesures sur $M_n(k)$.

2e cas : les mesures ω_p.

Calculons d'abord le module du centralisateur $\mathrm{Cent}(kx_p)$ de la droite kx_p ;

$$\mathrm{Cent}(kx_p) = \{(u,v) \in G_n | \exists\ t \in k^*, u\,x_p = t\,x_p\,v\} .$$

L'application $(u,v) \longmapsto (x \longmapsto u\,x\,v^{-1})$ est un homomorphisme continu et propre de G_n dans $GL(E_n)$. La décomposition d'Iwasawa de $GL(E_n)$ relative au sous-groupe parabolique associé à $\mathrm{Cent}(kx_p)$ montre qu'il existe un sous-groupe compact K_n de G_n tel que $G_n = \mathrm{Cent}(kx_p).K_n$.

Si $u = (u_{ij})$ et $v = (v_{ij})$ le couple $(u,v) \in \mathrm{Cent}(kx_p)$ si et seulement si il existe $t \in k^*$ tel que :

$$\left(\begin{array}{c|c} \underbrace{u_{ij}}_{p} & 0 \end{array}\right) = \left(\begin{array}{c} t v_{ij} \\ \hline 0 \end{array}\right) \begin{array}{l} \}\, p \\ \\ \end{array}$$

Cent.(kx_p) est donc constitué des couples de matrices de la forme

$$\left[\left(\begin{array}{c|c} tv & X \\ \hline 0 & \alpha \end{array}\right)_{\underbrace{\hphantom{tv}}_{p}} , \left(\begin{array}{c|c} v & 0 \\ \hline Y & \beta \end{array}\right)_{\underbrace{\hphantom{v}}_{p}} \right]$$

avec $(\det v) \times (\det \alpha) \times t^p = 1$ et $(\det v) \times (\det \beta) = 1$.

On remarque alors que $\mathrm{Cent}(kx_p)$ est le produit semi-direct des deux groupes G_1 et G_2 suivants :

G_1 est constitué des couples de matrices de la forme

$$\left[\left(\begin{array}{c|c} tv & 0 \\ \hline 0 & \alpha \end{array}\right) , \left(\begin{array}{c|c} v & 0 \\ \hline 0 & \beta \end{array}\right) \right] \quad \begin{array}{l} (\det v) \times (\det \beta) = 1 \\ (\det v) \times (\det \alpha) \times t^p = 1 \ . \end{array}$$

G_2 est constitué des couples de matrices de la forme:

$$\left[\begin{pmatrix} I_p & X \\ 0 & I_{n-p} \end{pmatrix}, \begin{pmatrix} I_p & 0 \\ Y & I_{n-p} \end{pmatrix}\right]$$

Ces deux sous groupes sont unimodulaires. En effet G_1 s'identifie au sous-groupe de $k^* \times GL_p(k) \times GL_{n-p}(k) \times GL_{n-p}(k)$ formé des éléments (t,v,α,β) vérifiant $t^p(\det v) \times (\det \alpha) = 1$ et $(\det v) \times (\det \beta) = 1$, qui est un sous-groupe fermé distingué donc unimodulaire. Quant à G_2 c'est le produit de deux groupes trigonaux stricts.

On sait alors ([3], chap.7, § 2, n° 9, prop. 14b) que le module $\Delta(yz)$ $(y \in G_1, z \in G_2)$ d'un élément yz de $\mathrm{Cent}(kx_p)$ est égal au module de l'automorphisme $z \mapsto y^{-1} zy$ de G_2.

On a :

$$\begin{pmatrix} t^{-1} v^{-1} & 0 \\ 0 & \alpha^{-1} \end{pmatrix} \begin{pmatrix} I_p & X \\ 0 & I_{n-p} \end{pmatrix} \begin{pmatrix} tv & 0 \\ 0 & \alpha \end{pmatrix} = \begin{pmatrix} I_p & t^{-1} v^{-1} X\alpha \\ 0 & I_{n-p} \end{pmatrix}$$

et

$$\begin{pmatrix} v^{-1} & 0 \\ 0 & \beta^{-1} \end{pmatrix} \begin{pmatrix} I_p & 0 \\ Y & I_{n-p} \end{pmatrix} \begin{pmatrix} v & 0 \\ 0 & \beta \end{pmatrix} = \begin{pmatrix} I_p & 0 \\ \beta^{-1} Yv & I_{n-p} \end{pmatrix}$$

Donc le module est donné par

$$|t|^{-p(n-p)}|\det v|^{-(n-p)}\ |\det\alpha|^{p}\ |\det\beta|^{-p}\ |\det v|^{(n-p)}$$

$$= |t|^{-p(n-p)}\ |\det\alpha|^{p}\ |\det\beta|^{-p}$$

$$= |t|^{-p(n-p)}\ |t|^{-p^2}\ |\det v|^{-p}\ |\det\beta|^{-p} \quad (\text{car} \quad |\det\alpha| = |t|^{-p}|\det v|^{-1})$$

$$= |t|^{-np} \quad (\text{car} \quad |\det v|\times|\det\beta| = 1)\ .$$

Pour simplifier notons $\ell_t(v,\alpha,\beta)$ l'élément

$$\left[\begin{pmatrix} tv & 0 \\ 0 & \alpha \end{pmatrix}, \begin{pmatrix} v & 0 \\ 0 & \beta \end{pmatrix}\right] \text{ de } \mathrm{Cent}(kx_p)$$

et $u_{X,Y}$ l'élément

$$\left[\begin{pmatrix} I_p & X \\ 0 & I_{n-p} \end{pmatrix}, \begin{pmatrix} I_p & 0 \\ Y & I_{n-p} \end{pmatrix}\right] \text{ de } \mathrm{Cent}(kx_p)\ .$$

Faisons opérer $\mathrm{Cent}(kx_p)$ par multiplication à droite sur G_n et désignons par $\mathcal{K}^p(G_n)$ l'espace des applications φ continues de G_n dans C telles que

$$\varphi(g\ell_t(v,\alpha,\beta)u_{X,Y}) = |t|^{-np}\ \varphi(g)\ .$$

D'après [3] (chap.7, § 2, n° 1, prop.3), on sait qu'il existe sur

$\mathcal{K}^p(G_n)$ une forme linéaire positive non nulle ν, invariante par translation à gauche, unique à la multiplication par un scalaire près. On écrit :

$$\nu(\varphi) = \oint_{G_n} \varphi(g) d\nu(g) .$$

Soit f une fonction continue à support compact sur Γ_p. Posons alors :

$$\Psi_f(g) = \int_{k^*} f(tg\, x_p)|t|^{np} d^* t .$$

(Si $g = (u,v)$, on pose $(u,v)x_p = ux_p v^{-1}$).

Montrons que cette intégrale a un sens :

à l'"infini" : il n'y a pas de problème : en appelant K le support de f, il existe $A>0$ t.q si $|t|>A$, $tgx \notin K$.

au voisinage de 0 : l'intégrale a un sens pourvu que $p \geq 1$ (le cas $p=0$ est trivial : la mesure invariante sur $\Gamma_0 = \{0\}$ est la mesure de Dirac qui se prolonge de manière évidente).

Remarque : Soit $\mathcal{S}(E_n)$ l'espace des fonctions de classe C^∞ et à décroissance rapide dans le cas réel, ou localement constantes à support compact dans le cas p-adique, alors l'intégrale définissant Ψ_f a un sens pour $f \in \mathcal{S}(E_n)$.

Montrons que $\Psi_f \in \mathcal{K}^p(G_n)$:

$$\Psi_f(g\ell_{t'}(v,\alpha,\beta)u_{X,Y}) = \int_{k^*} f(tg\ell_{t'}(v,\alpha,\beta)u_{X,Y}x_p)|t|^{np} d^*t$$

$$= \int_{k^*} f(tg\ell_{t'}(v,\alpha,\beta)x_p)|t|^{np} d^*t \quad (\text{car } u_{X,Y} \in G_n(x_p))$$

$$= \int_{k^*} f(tt'gx_p)|t|^{np} d^*t = |t'|^{-np} \int_{k^*} f(Tgx_p)|T|^{np} d^*T = |t'|^{-np} \Psi_f(g) .$$

Comme $d\nu(g)$ est invariante à gauche, la forme linéaire

$f \mapsto \oint_{G_n} \Psi_f(g)d\nu(g)$ est invariante par G_n donc proportionnelle à ω_p. Donc à une constante près :

$$\int_{\Gamma_p} f(\alpha)d\omega_p(\alpha) = \oint_{G_n} \Psi_f(g)d\nu(g) .$$

Le deuxième membre garde un sens pour $f \in \mathcal{S}(E_n)$, donc les mesures ω_p non seulement se prolongent à E_n, mais définissent des mesures tempérées.

Soit τ un caractère additif continu non trivial de k. Soit dt la mesure de Haar autoduale relativement à τ. Si X est une k-variété analytique on note $\mathcal{D}(X)$ l'espace des applications de X dans C, à support compact qui sont en plus localement constantes si k est ultramétrique ou de la classe C^∞ si $k = R$. On posera

$$E_n^* = \bigcup_{t \in k} \Sigma_t .$$

THEOREME 1-4.- <u>Soit dt la mesure de Haar sur k définie ci-dessus et soit $dx = \otimes dx_{ij}$ la mesure de Haar sur E_n définie en posant $dx_{ij} = dt$.</u>

<u>Il existe une application $f \mapsto M_f$ de $\mathcal{D}(E_n^*)$ sur $\mathcal{D}(k)$ telle que pour toute fonction φ localement intégrable sur k on ait :</u>

$$(*) \qquad \int_{E_n^*} \varphi(\det x)f(x)\,dx = \int_k \varphi(t)M_f(t)\,dt .$$

<u>De plus</u> $\mathrm{Supp}(M_f) \subset \mathrm{Det}(\mathrm{Supp}\, f)$ <u>et dans le cas réel cette application est continue pour les topologies usuelles.</u>

<u>Démonstration</u> : Comme l'application $x \mapsto \det x$ de E_n^* sur k est partout submersive, ceci n'est qu'un cas particulier d'un théorème d'Harish Chandra [9], (théorème 1).

Remarques : La relation $(*)$ montre que la mesure $M_f(t)dt$ est positive, donc la fonctionnelle $f \mapsto M_f(t)$ définie sur $\mathcal{B}(E_n^*)$ est positive, elle définit une mesure positive sur E_n^*. Cette mesure est non nulle puisque l'application $f \mapsto M_f$ est surjective de $\mathcal{B}(E_n^*)$ sur $\mathcal{B}(k)$. Appelons-la T_t.

La relation $\mathrm{Supp}(M_f) \subset \mathrm{Det}(\mathrm{Supp}\, f)$ indique que le support de T_t est inclus dans Σ_t. (En effet il faut pour cela montrer que si f est telle que $\mathrm{Supp}(f) \cap \Sigma_t = \emptyset$ alors $M_f(t) = 0$. Mais $\mathrm{Supp}(f) \cap \Sigma_t = \emptyset$ implique que $\mathrm{Det}(\mathrm{Supp}\, f) \not\ni t$, donc $\mathrm{Supp}(M_f) \not\ni t$, donc $M_f(t) = 0$).

La relation $(*)$ montre en plus que la mesure T_t est invariante par G_n. La mesure T_t est donc proportionnelle à la mesure μ_t, ce qui permet de considérer T_t comme une mesure sur E_n d'après la proposition 1-3. Dans toute la suite nous normaliserons μ_t en posant $\mu_t = T_t$. Cette normalisation dépend du choix de dx et de dt, donc du choix de τ.

Un cas particulier de la relation $(*)$ est :

$$(*)' \qquad \int_{E_n^*} f(x)dx = \int_k M_f(t)dt \quad (f \in \mathcal{B}(E_n^*)) .$$

Soit $\mathcal{K}(E_n^*)$ l'espace des applications de E_n^* dans $\mathbb{C}$, continues et à support compact. La relation $(*)'$ ci-dessus est encore vérifiée lorsque $f \in \mathcal{K}(E_n^*)$. En effet supposons que $\mathrm{Supp}\, f \subset K$, K compact, on sait qu'il existe une suite d'éléments f_p de $\mathcal{B}(E_n^*)$ à support inclus dans K' (1) qui converge uniformément vers f. Donc $\int_{E_n^*} f_p(x)dx$ tend vers $\int_{E_n^*} f(x)dx$ et $M_{f_p}(t)$ tend vers $M_f(t)$ pour tout t. D'autre part il existe $\varphi \in \mathcal{B}(E_n^*)$ telle que $|f_p(x)| \leq \varphi(x)$ pour tout x, d'où $|M_{f_p}(t)| \leq M_{|f_p|}(t) \leq M_\varphi(t)$. M_φ est intégrable et en appliquant le théorème de convergence dominée de Lebesgue on obtient :

(1) K' est un compact fixe contenant K.

$$(f \in \mathcal{K}(E_n^*)) \qquad \int_{E_n^*} f(x)dx = \lim_{p \to +\infty} \int_k M_{f_p}(t)dt = \int_k M_f(t)dt .$$

De plus la fonction M_f reste continue pour $f \in \mathcal{K}(E_n^*)$.

Cette relation exprime que la mesure dx est l'intégrale de la fonction μ_t par rapport à la mesure dt . <u>On sait alors ([2], § 3, n°3, théorème 1) que si</u> $f \in L^1(E_n^*)$, $M_f(t)$ <u>existe presque partout, est</u> dt - <u>intégrable, et que la relation</u> $(*)'$ <u>est encore satisfaite.</u> <u>Comme le complémentaire de</u> E_n^* <u>dans</u> E_n <u>est de mesure de Haar nulle on voit que</u> $(*)'$ <u>est encore vraie pour</u> $f \in L^1(E_n)$.

PROPOSITION 1-5.- <u>Soit</u> $f \in L^1(E_n)$ <u>et soit</u> $(t'f)(x) = f(t'x)$ $(t' \in k^*)$ <u>. On a la relation suivante</u> :

$$M_{t'f}(t) = |t'|^{-n(n-1)} M_f(t'^n t) \quad \text{p.p. en } t .$$

ce qui s'écrit encore :

$$\int_{E_n} f(t'x)d\mu_t(x) = |t'|^{-n(n-1)} \int_{E_n} f(x)d\mu_{t'^n t}(x) \quad \text{p.p. en } t .$$

<u>Démonstration</u> : D'après les remarques précédentes $M_f \in L^1(k)$, il suffit donc de démontrer que pour toute fonction $\varphi \in L^\infty(k)$ on a :

$$\int_k \varphi(t) M_{t'f}(t)dt = |t'|^{-n(n-1)} \int_k \varphi(t) M_f(t'^n t)dt .$$

Le membre de gauche est égal à

$\int_{E_n} \varphi(\det x) f(t'x)\, dx$, en faisant le changement de variable

$t'x = y$ on obtient $\frac{1}{|t'|^{n^2}} \int_{E_n} \varphi(\frac{1}{t'^n} \det y)\, f(y)\, dy$

$$= \frac{1}{|t'|^{n^2}} \int_k \varphi(\frac{t}{t'^n})\, M_f(t)\, dt = |t'|^{n-n^2} \int_k \varphi(t'')\, M_f(t'^n t'')\, dt''$$

$$= |t'|^{-n(n-1)} \int_k \varphi(t)\, M_f(t'^n t)\, dt . \qquad \text{C.Q.F.D.}$$

Remarque : On en déduit que l'image de μ_t par l'homothétie de rapport t' est la mesure $|t'|^{-n(n-1)} \mu_{t'^n t}$.

PROPOSITION 1-6.- Les mesures μ_t sont tempérées.

Démonstration : Dans le cas ultramétrique la distinction entre distributions et distributions tempérées n'a pas lieu.

Dans le cas réel nous avons déjà démontré que la proposition était vraie pour $t = 0$ (voir la démonstration de la proposition 1-3).

Soit $t \neq 0$ et $\| \ \|$ une norme sur E_n. Pour $r > 0$ et $\varepsilon > 0$ posons :

$$\varphi_r(x) = \begin{cases} 0 & \text{si } \|x\| \leq \varepsilon \\ \|x\|^{-r} & \text{si } \|x\| > \varepsilon . \end{cases}$$

$$\eta(\varepsilon) = \sup_{\|x\| \leq \varepsilon} |\mathrm{Det}(x)| .$$

Lorsque r est assez grand, $\varphi_r \in L^1(E_n)$, donc φ_r est μ_t intégrable pour presque tout t. D'autre part si $|t| > \eta(\varepsilon)$ alors $\varphi_r(x) = \|x\|^{-r}$ pour $x \in \Sigma_t$. Cela signifie que l'application $x \mapsto \|x\|^{-r}$ est μ_t intégrable pour presque tout t de module $> \eta(\varepsilon)$. Si $\varepsilon \to 0$ alors $\eta(\varepsilon) \to 0$, donc l'application $x \mapsto \|x\|^{-r}$ est μ_t intégrable pour presque tout $t \neq 0$.

En appliquant la proposition 1-5 on obtient:

$$\int_{E_n} |t'|^{-r} \|x\|^{-r} d\mu_t(x) = |t'|^{-n(n-1)} \int_{E_n} \|x\|^{-r} d\mu_{t'^n t}(x) .$$

C'est-à-dire :

$$\int_{E_n} \|x\|^{-r}\, d\mu_t(x) = |t'|^{-n(n-1)+r} \int_{E_n} \|x\|^{-r}\, d\mu_{t' n_t}(x) .$$

Soit $t \neq 0$ quelconque, puisque $\|x\|^{-r}$ est μ_t intégrable pour presque tout t, il existe t' tel que $\|x\|^{-r}$ soit $\mu_{t' n_t}$-intégrable. On en déduit que $\|x\|^{-r}$ est μ_t intégrable pour tout $t \neq 0$. Soit ν_r une semi-norme continue sur $\mathcal{S}(E_n)$ vérifiant $|f(x)| \le \nu_r(f)\|x\|^{-r}$, d'où

$$\int_{E_n} |f(x)|\, d\mu_t(x) \le \nu_r(f) \int_{E_n} \|x\|^{-r}\, d\mu_t(x) < +\infty ,$$

ce qui démontre la proposition.

De plus on obtient :

$$\left|\int_{E_n} f(x)\, d\mu_t(x)\right| \le \nu_r(f)\, |t'|^{-n(n-1)+r} \int_{E_n} \|x\|^{-r}\, d\mu_{t' n_t}(x) .$$

En posant $t' = |t|^{-\frac{1}{n}}$

(1-6-1) $$= \nu_r(f)\, |t|^{n-1-r/n} \int_{E_n} \|x\|^{-r}\, d\mu_{\text{signe}(t)}(x) \le \nu'_r(f)\, |t|^{n-1-r/n} .$$

Ce qui montre que la fonction $M_f(t)$ est à décroissance rapide à l'infini.

PROPOSITION 1-7.- Soit $k = R$, si $f \in \mathcal{S}(E_n)$, la fonction M_f est de classe C^∞ sur R^*. De plus pour tout entier p positif ou nul et pour tout nombre $m > 1$, il existe une semi-norme continue $\nu_{m,p}$ sur $\mathcal{S}(E_n)$ telle que

(1-7-1) $$\left|\frac{d^p}{dt^p} M_f(t)\right| \le \nu_{m,p}(f)\, |t|^{-m-p} \quad \text{si} \quad t \neq 0 .$$

Autrement dit la fonction M_f est à décroissance rapide à l'infini

<u>ainsi que toutes ses dérivées.</u>

<u>Démonstration</u> : par récurrence sur p .

La relation 1-6-1 est vraie pour $r>n^2$ (car φ_r est alors intégrable) et ceci démontre la relation (1-7-1) dans le cas $p = 0$. Pour établir les autres relations posons

$$Lf(x) = \frac{d}{dt}(f(tx))_{|t=1} .$$

La formule de Taylor avec reste intégral donne, pour $s \in \mathbb{R}$:

$$f(sx) = f(x) + (s-1)Lf(x) + \int_1^s (s-u)\frac{d^2f(ux)}{du}\,du .$$

Intégrons les deux membres par rapport à μ_t :

$$\int_{E_n} f(sx)d\mu_t(x) = \int_{E_n} f(x)d\mu_t(x) + (s-1)\int_{E_n} Lf(x)d\mu_t(x) + \int_{E_n}\left(\int_1^s (s-u)\frac{d^2f(ux)}{du^2}du\right)d\mu_t(x) .$$

Compte tenu de la proposition 1-5 il vient :

$$|s|^{-n(n-1)} M_f(s^n t) = M_f(t) + (s-1)M_{Lf}(t) + (s-1)^2\,O(1) , \tag{1-7-2}$$

où $O(1)$ désigne une fonction de s bornée au voisinage de $s = 1$.

Cette dernière relation implique que M_f est continue en tout point $t \neq 0$: en effet si h est suffisamment petit il existe $s>0$ tel que $t+h = s^n t$, donc

$$\lim_{h\to 0} M_f(t+h) - M_f(t) = \lim_{s\to 1} M_f(s^n t) - M_f(t)$$

$$= \lim_{s\to 1} s^{-n(n-1)} M_f(s^n t) - M_f(t) = \lim_{s\to 1} (s-1)M_{Lf}(t) + (s-1)^2\,O(1)$$

$$= 0 .$$

L'application $s \mapsto |s|^{-n(n-1)} M_f(s^n t)$ est dérivable au point $s = 1$ et de dérivée M_{Lf}. (Ceci découle immédiatement de la relation 1-7-2). Il va en résulter que M_f est dérivable sur $\mathbb{R}^*$ et que

$$\frac{d}{dt} M_f(t) = \frac{1}{t} \left[\frac{1}{n} M_{Lf}(t) + (n-1) M_f(t) \right] :$$

$$\frac{d}{dt} M_f(t) = \lim_{h \to 0} \frac{M_f(t+h) - M_f(t)}{h} \text{, en posant } t+h = s^n t, s > 0 ,$$

$$= \lim_{s \to 1} \frac{M_f(s^n t) - M_f(t)}{t(s^n - 1)} = \lim_{s \to 1} \frac{M_f(s^n t) - M_f(t)}{t(s-1)(s^{n-1} + \dots + 1)}$$

$$= \lim_{s \to 1} \frac{s^{-n(n-1)} M_f(s^n t) - M_f(t) + M_f(s^n t) - s^{-n(n-1)} M_f(s^n t)}{t(s-1)(s^{n-1} + \dots + 1)}$$

$$= \frac{1}{tn} M_{Lf}(t) + \lim_{s \to 1} \frac{(1 - s^{-n(n-1)}) M_f(s^n t)}{t(s-1)(s^{n-1} + \dots + 1)}$$

$$= \frac{1}{t} \left[\frac{1}{n} M_{Lf}(t) + (n-1) M_f(t) \right].$$

On démontre alors facilement, par récurrence sur p, que M_f est indéfiniment dérivable pour tout $t \neq 0$ et qu'il existe des constantes $a_0^p, a_1^p, \dots, a_p^p$ telles que

$$\frac{d^p}{dt^p} M_f(t) = \frac{1}{t^p} \left[a_0^p M_f(t) + \sum_{i=1}^{p} a_i^p M_{L^i f}(t) \right]$$

d'où

$$\left| \frac{d^p}{dt^p} M_f(t) \right| \leq |t|^{-p} \left(|a_0^p| |M_f(t)| + \sum_{i=1}^{p} |a_i^p| |M_{L^i f}(t)| \right)$$

et puisque la relation à démontrer est vraie pour $p = 0$ on a

$$\left|\frac{d^p}{dt^p} M_f(t)\right| \le |t|^{-p-m} \left(\nu_{m,o}(f)|a_o^p| + \sum_{i=1}^{p} |a_i^p| \nu_{m,o}(L^i f)\right) .$$

En posant $\nu_{m,p}(f) = |a_o^p| \nu_{m,o}(f) + \sum_{i=1}^{p} |a_i^p| \nu_{m,o}(L^i f)$ on obtient le résultat voulu.

PROPOSITION 1-8 : <u>Soit</u> k <u>ultramétrique et soit</u> $f \in \mathcal{S}(E_n)$. <u>Alors la fonction</u> M_f <u>est à support compact et est localement constante sur</u> k^* .

<u>Démonstration</u> : La fonction $\mathrm{Det}(x)$ est bornée sur le support de f , donc la restriction de f à Σ_t est nulle pour $|t|$ suffisamment grand, ce qui entraîne que M_f est à support compact. Soit $L(\varepsilon) = \{x \mid |\det x| < \varepsilon\}$. $L(\varepsilon)$ est un ouvert fermé qui contient les orbites singulières. En désignant par $\chi_{L(\varepsilon)}$ sa fonction caractéristique on voit que $(1-\chi_{L(\varepsilon)}) f \in \mathcal{S}(E_n^*)$. Donc $M_{(1-\chi_{L(\varepsilon)})f} \in \mathcal{S}(k)$ d'après le théorème 1-4. Mais si $|t| > \varepsilon$ alors $M_f(t) = M_{(1-\chi_{L(\varepsilon)})f}(t)$. M_f est donc localement constante pour $|t| > \varepsilon$ et ε arbitraire, d'où le résultat.

L'application $x \mapsto \mathrm{rang}(x)$ étant semi-continue inférieurement, l'ensemble $M_p = \bigcup_{k=o}^{p} \Gamma_k$ est un fermé de $E_n (0 \le p \le n-1)$

PROPOSITION 1-9 : <u>L'espace vectoriel</u> $\mathcal{M}^{\natural}(M_p)$ <u>des mesures invariantes sur</u> E_n <u>à support dans</u> M_p <u>est de dimension</u> $p+1$.

<u>Démonstration</u> : Par récurrence sur p . C'est évident si $p = 0$, les seules mesures invariantes de support l'origine étant les multiples de la mesure de Dirac.

Remarquons ensuite que si X est un espace localement compact et S un sous-espace fermé de X, l'espace P_S des mesures sur X à support inclus dans S s'identifie à l'espace $\mathcal{P}_S$ des mesures sur S : si $\Phi \in \mathcal{K}(S)$ posons

$$\tilde{\Phi}(x) = \begin{cases} \Phi(x) & \text{si } x \in S \\ 0 & \text{si } x \notin S . \end{cases}$$

D'après [1](chap.4, § 5, n° 7), pour toute mesure $\mu \in P_S$ on définit une mesure sur S en posant :

$$\mu_{|S}(\Phi) = \mu(\tilde{\Phi}) .$$

On vérifie alors facilement que l'application $\mu \mapsto \mu_{|S}$ définit une bijection de P_S sur $\mathcal{P}_S$.

Nous pouvons donc considérer les éléments de $\mathcal{M}^{\natural}(M_p)$ comme des mesures sur M_p. Comme Γ_p est un ouvert de M_p, il n'y a aucune difficulté à définir la restriction $\mu_{|\Gamma_p}$ d'une mesure μ sur M_p à Γ_p.

Soit maintenant $\mu \in \mathcal{M}^{\natural}(M_p)$. L'équivalence suivante est alors évidente :

$$\mu \in \mathcal{M}^{\natural}(M_{p-1}) \subset \mathcal{M}^{\natural}(M_p) \Leftrightarrow \mu_{|\Gamma_p} = 0 .$$

Elle signifie que le noyau de l'homomorphisme $\mu \mapsto \mu_{|\Gamma_p}$ de $\mathcal{M}^{\natural}(M_p)$ dans l'espace $\mathcal{M}^{\natural}(\Gamma_p)$ des mesures invariantes sur Γ_p est $\mathcal{M}^{\natural}(M_{p-1})$. Comme $\mathcal{M}^{\natural}(\Gamma_p)$ est de dimension 1 (Lemme 1.2) et d'après l'hypothèse de récurrence on a :

$$\dim \mathcal{M}^{\natural}(M_p) \leq p+1 .$$

Comme d'autre part les mesures $\omega_o, \dots, \omega_p$ sont linéairement indépendantes et appartiennent à $\mathfrak{m}^\natural(M_p)$, on a :

$$\dim \mathfrak{m}^\natural(M_p) = p+1 \qquad \text{C.Q.F.D.}$$

Prolongement analytique de la fonction zeta.

Désignons par P le sous-groupe triangulaire supérieur de $GL_n(k)$. De façon précise les éléments $p \in P$ sont de la forme :

$$p = \begin{pmatrix} a_1 & & U \\ & \ddots & \\ 0 & & a_n \end{pmatrix} \qquad \text{avec } a_i \in k^*$$

Soit K le sous-groupe $GL_n(\mathfrak{O})$ dans le cas p-adique ($\mathfrak{O}$ étant l'anneau des entiers) ou le sous-groupe $O(n,\mathbb{R})$ dans le cas réel. On sait que $G = PK$. On définit une mesure de Haar à gauche sur P en posant :

$$dp = \prod_{i=1}^{n} |a_i|^{-(n-i)} \bigotimes_{i=1}^{n} d^*a_i \bigotimes_{j>i} du_{ij}$$

où du_{ij} désigne la mesure de Haar additive sur k précédemment choisie en fonction de τ et où d^*a_i désigne une mesure de Haar multiplicative sur k^*. Nous allons choisir cette dernière de manière précise. Normalisons la mesure de Haar dh de K de sorte que $\int_K dh = 1$, nous disposons alors sur $GL_n(k)$ de deux mesures de Haar, à savoir la mesure $d^*x = \dfrac{dx}{|\det x|^n}$ (avec $dx = \otimes dx_{ij}$) et la mesure $dp\,dh$.

La mesure de Haar multiplicative sur k^* que nous allons choisir

<u>une fois pour toute est celle, unique, qui réalise l'égalité</u>

$$\underline{d^*x = dp\,dh\,.}$$

Cela étant soit s un nombre complexe et χ un caractère unitaire de k^*. Pour $f \in \mathcal{S}(E_n)$ posons

$$Z_f(\chi,s) = \int_{GL_n(k)} f(x)\chi(\det x)|\det(x)|^s d^*x\,,$$

(c'est la "fonction zeta" de f). Cette intégrale est évidemment convergente pour $\mathrm{Re}(s)$ suffisamment grand. Nous allons en faire le prolongement analytique. De tels prolongements analytiques ont été étudiés pour des cas plus généraux par R. Godement et H. Jacquet, (voir [6]). Nous suivons une de leurs méthodes.

Avec les conventions ci-dessus on a :

$$Z_f(\chi,s+n-1) = \int_{GL_n(k)} f(x)\chi(\det x)|\det(x)|^{s+n-1} d^*x$$

$$= \int_K \left(\int_{GL_n(k)} f(hx)\chi(\det h\,x)|\det(h\,x)|^{s+n-1} d^*x\right)dh$$

$$= \int_{K\times K\times U\times (k^*)^n} f\left(h\begin{pmatrix} a_1 & & U \\ & \ddots & \\ 0 & & a_n\end{pmatrix}\ell\right)\chi(\det(h\ell))\left[\prod_{i=1}^n |a_i|^{s+i-1}\chi(a_i)\right]dh\,d\ell\,dU \prod_{i=1}^n d^*a_i$$

Posons $f_\chi^\natural(x) = \int_{K\times K} f(h\,x\,\ell)\chi(\det h\,\ell)\,dh\,d\ell$

et
$$\Psi_f(a_1,\dots,a_n) = \int_U f\begin{pmatrix} a_1 & & U \\ & \ddots & \\ 0 & & a_n\end{pmatrix} dU\,.$$

Nous pouvons alors écrire que

$$(1\text{-}10)\quad Z_f(\chi,s+n-1) = \int_{(k^*)^n} \Psi_{f_\chi^\natural}(a_1,\dots,a_n)\left[\prod_{i=1}^n |a_i|^{s+i-1}\chi(a_i)\right]\prod_{i=1}^n d^*a_i\,.$$

Il est clair que $\Psi_{f_\chi}^{\natural} \in \mathcal{S}(k^n)$, ce qui montre que l'intégrale qui définit $Z_f(\chi, s+n-1)$ converge pour $\mathrm{Re}(s)>0$. Si $\varphi \in \mathcal{S}(k^n)$ on pose

$$\mathcal{F}_{a_{p+1}\dots a_1} \varphi(\alpha_1,\dots,\alpha_{p+1}, a_{p+2}\dots a_n) = \int_{(k)^{p+1}} \varphi(a_1\dots a_n)\tau(\sum_{i=1}^{p+1} a_i\alpha_i) \prod_{i=1}^{p+1} da_i$$

(transformation de Fourier partielle par rapport aux $p+1$ premières variables) et si $f \in \mathcal{S}(E_n)$ on définit sa transformée de Fourier par

$$\hat{f}(x) = \int_{E_n} f(y)\tau(\mathrm{Tr}(x^t y))dy$$

où $\mathrm{Tr}(x)$ désigne la trace de la matrice x et où $dy = \otimes dy_{ij}$, chaque dy_{ij} désignant la mesure de Haar sur k , précédemment choisie (autoduale relativement à τ) .

Nous désignerons par $\rho(\chi,s)$ les "facteurs gamma" de Tate (voir [13]). On a alors le :

Théorème 1-11.- <u>Soit</u> $f \in \mathcal{S}(E_n)$. <u>La fonction</u> $Z_f(\chi, s+n-1)$ <u>se prolonge à</u> $\mathbb{C}$ <u>en une fonction méromorphe de</u> s <u>, pour tout</u> χ <u>. Ce prolongement est défini grâce aux relations suivantes</u> :

(1-12) $$Z_f(\chi,s+n-1) = \prod_{\ell=0}^{p} \rho(\chi,s+\ell) \int_{(k^*)^n} \mathcal{F}_{a_{p+1}\dots a_1} \Psi_{f_\chi}^{\natural}(\alpha_1,\dots,\alpha_{p+1},a_{p+2},\dots,a_n)$$
$$\times \left(\prod_{k=1}^{p+1} |\alpha_k|^{2-s-k} \chi^{-1}(\alpha_k)d^*\alpha_k\right)\left(\prod_{i=p+2}^{n} |a_i|^{s+i-1} \chi(a_i)d^*a_i\right)$$

(pour $0 \le p \le n-1$) .

(1-13) $$Z_f(\chi,s+n-1) = \prod_{\ell=0}^{n-1} \rho(\chi,s+\ell) Z_{\hat{f}}(\chi^{-1},1-s) .$$

On remarquera que l'intégrale du 2e membre de la relation (1-12) est convergente pour $-p-1 < \mathrm{Re}(s) < -p+1$ et que l'intégrale du 2e membre de la relation (1-13) est convergente pour $\mathrm{Re}(s) < -n+2$.

Démonstration : Rappelons le résultat suivant dû à Tate [13] : soit $g \in \mathcal{S}(k)$ et soit $Z_g(\chi,s) = \int_{k^*} g(t)\chi(t)|t|^s d^*t$ où d^*t désigne une mesure de Haar multiplicative sur k^*. Cette intégrale converge pour $\mathrm{Re}(s) > 0$ et il existe une fonction méromorphe $\rho(\chi,s)$ telle que l'on ait l'équation fonctionnelle :

$$Z_g(\chi,s) = \rho(\chi,s) Z_{\hat{g}}(\chi^{-1},1-s) .$$

En appliquant ce résultat variable après variable à la relation (1-10) on obtient immédiatement les relations (1-12).

La démonstration de la relation (1-13) nécessite le

LEMME 1-14.- Soit $f \in \mathcal{S}(E_n)$, on a :

$$\widehat{\Psi_{f_\chi^\natural}}(a_1,\dots,a_n) = \Psi_{(\hat{f})^\natural_{\chi^{-1}}}(a_n,a_{n-1},\dots,a_1) .$$

Pour commencer démontrons que $\widehat{f_\chi^\natural} = (\hat{f})^\natural_{\chi^{-1}}$:

$$\widehat{f_\chi^\natural}(x) = \int_{E_n} f_\chi^\natural(y)\tau(\mathrm{Tr}(x\,{}^t y))dy =$$

$$= \int_{E_n}\int_{K\times K} f(h y \ell)\chi(\det h\ell)\tau(\mathrm{Tr}(x\,{}^t y))\, dh\, d\ell\, dy$$

$$(y = h^{-1} z \ell^{-1}) = \int_{K\times K}\int_{E_n} f(z)\chi(\det h\ell)\tau(\mathrm{Tr}(x\,{}^t\ell^{-1}\,{}^t z\,{}^t h^{-1}))dh\, d\ell\, dz$$

$$(h' = {}^t h^{-1}, \ell' = {}^t\ell^{-1}) = \int_{K\times K}\int_{E_n} f(z)\chi^{-1}(\det h'\ell')\tau(\mathrm{Tr}(x\,\ell'\,{}^t z\, h'))dh'\, d\ell'\, dz$$

$$= \int_{K\times K}\int_{E_n} f(z)\chi^{-1}(\det h'\,\ell')\tau(\mathrm{Tr}(h'x\,\ell'\,{}^tz))dh'd\ell'dz$$

$$= (\hat{f})^{\natural}_{\chi^{-1}} .$$

Remarquons que si $w = \begin{pmatrix} 0 & & 1 \\ & \cdot^{\cdot^{\cdot}} & \\ 1 & & 0 \end{pmatrix}$, on a pour tout $x \in E_n$

$f^{\natural}_{\chi}(w x w) = f^{\natural}_{\chi}(x)$, il suffit alors, pour terminer la démonstration du lemme de montrer que si $f(wxw) = f(x)$ pour tout x , alors $\Psi_{\hat{f}}(a_1,\ldots,a_n) = \Psi_{\hat{f}}(a_n,\ldots,a_1)$.

On a $\Psi_{\hat{f}}(a_1,\ldots,a_n) = \int_U \hat{f}(\begin{pmatrix} a_1 & & U \\ & \ddots & \\ 0 & & a_n \end{pmatrix}) dU$

$$= \int_{U\times U_1\times U_2\times k^n} f(\begin{pmatrix} a_1' & & U_2 \\ & \ddots & \\ U_1 & & a_n' \end{pmatrix})\tau(\mathrm{Tr}\begin{pmatrix} a_1' & & U_2 \\ & \ddots & \\ U_1 & & a_n' \end{pmatrix}\begin{pmatrix} a_1 & & 0 \\ & \ddots & \\ U & & a_n \end{pmatrix})dU\,dU_1\,dU_2 \prod_{i=1}^n da_i' .$$

Posons $a' = \begin{pmatrix} a_1' & & 0 \\ & \ddots & \\ 0 & & a_n' \end{pmatrix}$, $a = \begin{pmatrix} a_1 & & 0 \\ & \ddots & \\ 0 & & a_n \end{pmatrix}$, $da' = \prod_{i=1}^n da_i'$

l'intégrale précédente est alors égale à :

$$\int_{U\times U_1\times U_2\times k^n} f(\begin{pmatrix} a_1' & & U_2 \\ & \ddots & \\ U_1 & & a_n' \end{pmatrix})\ \tau(\mathrm{Tr}(aa') + \mathrm{Tr}(U_2\,{}^tU))\,dU\,dU_1\,dU_2\,da'$$

$$\left(\text{avec } U_2 = \begin{pmatrix} 0 & & U_2 \\ & \ddots & \\ 0 & & 0 \end{pmatrix}\ U = \begin{pmatrix} 0 & & U \\ & \ddots & \\ 0 & & 0 \end{pmatrix}\right)$$

$$= \int_{U_1\times k^n}\left(\int_{U\times U_2} f(\begin{pmatrix} a_1' & & U_2 \\ & \ddots & \\ U_1 & & a_n' \end{pmatrix})\tau(\mathrm{Tr}(U_2\,{}^tU))dU\,dU_2\right)\times\tau(\mathrm{Tr}(aa'))dU_1\,da'$$

$$= \int_{U_1 \times k^n} f\left(\begin{pmatrix} a'_1 & & 0 \\ & \cdot & \\ U_1 & & a'_n \end{pmatrix} \right) \tau(\mathrm{Tr}(aa'))dU_1 \, da' \quad \text{(inversion de Fourier)}$$

$$= \int_{U_1 \times k^n} f\left(w \begin{pmatrix} a'_1 & & 0 \\ & \cdot & \\ U_1 & & a'_n \end{pmatrix} w\right) \tau(\mathrm{Tr}\, aa') \, dU_1 \, da'$$

$$= \int_{U_1 \times k^n} f\begin{pmatrix} a'_n & & U_1 \\ & \cdot & \\ 0 & & a'_1 \end{pmatrix} \tau(\mathrm{Tr}(aa')dU_1 \, da' = \hat{\Psi}_f(a_n, \ldots, a_1) \, ,$$

ce qui termine la démonstration du lemme.

Pour $p = n-1$, la relation (1-12) s'écrit :

$$Z_f(\chi, s+n-1) = \prod_{\ell=0}^{n-1} \rho(\chi, s+\ell) \int_{(k^*)^n} \widehat{\Psi_{f_\chi}^{\natural}}(\alpha_1, \ldots, \alpha_n) \prod_{k=1}^{n} |\alpha_k|^{2-s-k} \chi^{-1}(\alpha_k) d^*\alpha_k$$

d'après le lemme précédent ceci est égal à

$$\prod_{\ell=0}^{n-1} \rho(\chi, s+\ell) \int_{(k^*)^n} \Psi_{\hat{f}_{\chi^{-1}}}^{\natural}(\alpha_{n-1}, \ldots, \alpha_1) \prod_{k=1}^{n} |\alpha_k|^{2-s-k} \chi^{-1}(\alpha_k) d^*\alpha_k \, .$$

En posant $\alpha_n = \beta_1 \, , \alpha_{n-1} = \beta_2, \ldots, \alpha_1 = \beta_n$ on obtient:

$$\prod_{\ell=0}^{n-1} \rho(\chi, s+\ell) \int_{(k^*)^n} \Psi_{\hat{f}_{\chi^{-1}}}^{\natural} (\beta_1, \ldots, \beta_n) \prod_{k=1}^{n} |\beta_k|^{1-s-n+k} \chi^{-1}(\beta_k) d^*\beta_k$$

$$= \prod_{\ell=0}^{n-1} \rho(\chi, s+\ell) Z_{\hat{f}}(\chi^{-1}, 1-s) \quad \text{d'après la relation (1-10).}$$

C.Q.F.D.

§ 2. LE CAS p-ADIQUE.

Dans ce paragraphe le corps k est un corps ultramétrique (dont la caractéristique ne divise pas n) . Soit $\mathfrak{O}$ l'anneau des entiers de k, $\mathfrak{P}$ sont idéal maximal et π un générateur de $\mathfrak{P}$. Soit q le cardinal de $\mathfrak{O}/\mathfrak{P}$. Soit τ un caractère additif non trivial de k , fixé une fois pour toute, dt la mesure de Haar sur k , autoduale relativement à τ . Si $m(\tau)$ désigne l'ordre de τ , le volume du groupe des unités $\mathfrak{O}^*$ est :

$$\mathrm{vol}(\mathfrak{O}^*) = q^{-\frac{m(\tau)}{2}} \left(1 - \frac{1}{q}\right) .$$

Les caractères unitaires de k^* sont définis de la manière suivante. Pour chaque χ il existe un caractère unitaire α_χ de $\mathfrak{O}^*$ et un nombre réel σ_χ tels que $\chi(t) = \alpha_\chi(t)|t|^{i\sigma_\chi}$ où α_χ est étendu à tout k^* par $\alpha_\chi(\pi^{\ell} u) = \alpha_\chi(u)$. χ est dit ramifié si α_χ est non trivial et non ramifié si $\alpha_\chi = 1$. Nous noterons $\chi = (\alpha_\chi, \sigma_\chi)$ bien que σ_χ ne soit défini que modulo $\frac{2\pi}{\mathrm{Log}\, q}$.

Quitte à faire une translation sur s dans la fonction zeta, nous supposerons dans ce qui suit que $\chi = 1$ si χ n'est pas ramifié. Soit $m(\chi)$ le plus petit entier ≥ 0 t.q χ soit trivial sur $1 + \mathfrak{P}^{m(\chi)}$. Les facteurs $\rho(\chi, s)$ de Tate [13] sont des fractions rationnelles en q^s . De façon plus précise:

$$\rho(\chi,s) = \begin{cases} q^{m(\tau)(s-\frac{1}{2})} \times \dfrac{1-q^{s-1}}{1-q^{-s}} & \text{si } \chi = 1 \\[2ex] \dfrac{q^{(s+i\sigma_\chi)(m(\tau)+m(\chi)) - \frac{1}{2} m(\tau)} \times G(\chi,\tau)}{1-q^{-1}} & \text{si } \chi \text{ est ramifié} \end{cases}$$

($G(\chi,\tau)$ étant une constante non nulle).

PROPOSITION 2.1.-

a) Si χ est ramifié, $Z_f(\chi,s+n-1)$ se prolonge en une fonction entière.

b) Si $\chi = 1$, $Z_f(\chi,s+n-1)$ se prolonge en une fonction méromorphe sur $\mathbb{C}$ ayant des pôles simples aux points $0,-1,-2,\dots,-(n-1)$ (mod. $\frac{2i\pi}{\operatorname{Log} q}\mathbb{Z}$)

c) Dans ce dernier cas le résidu au point $s=-p+\frac{2i\pi k}{\operatorname{Log} q}$ vaut $\frac{\operatorname{vol}(\Theta^*)}{\operatorname{Log} q}\langle T_p,f\rangle$ où:

$$\langle T_p, f\rangle = \prod_{\ell=0}^{p-1}\rho(1,-p+\ell)\int_{(k^*)^n}\mathcal{F}_{a_{p+1}\dots a_1}\Psi_{f_1}\eta(\alpha_1,\dots,\alpha_{p+1},a_{p+2},\dots a_n)$$

$$\times\left(\prod_{k=1}^{p+1}|\alpha_k|^{2+p-k}\,d^*\alpha_k\right)\left(\prod_{j=p+2}^{n}|a_j|^{-p+j-1}\,d^*a_j\right).$$

Démonstration :

a) et b) résultent immédiatement du théorème 1-11 et de la forme particulière que prennent ici les facteurs gamma.

c) est une conséquence facile des relations (1-12).

THEOREME 2-2 : Soit $f\in\mathcal{S}(E_n)$.

a) La fonction $Z_f(\chi,s+n-1)$ est une fraction rationnelle en q^s . Elle est identiquement nulle sauf pour un nombre fini de caractères χ (à la multiplication par une puissance imaginaire du module près).

b) Si χ est ramifié $Z_f(\chi,s+n-1)$ est un polynôme en q^s et q^{-s} .

c) $Z_f(\chi,s+n-1)$ est la somme d'un polynôme en q^s et q^{-s} et de la fonction :

$$\mathrm{vol}(\Theta^*)\varepsilon(\chi)\left[\frac{1}{1-q^{-s}}<T_o,f>+\dots+\frac{1}{1-q^{-s-p}}<T_p,f>+\dots+\frac{1}{1-q^{-s-(n-1)}}<T_{n-1},f>\right]$$

avec $\varepsilon(\chi) = 0$ si χ est ramifié et $\varepsilon(1) = 1$.

Démonstration :

a) $Z_f(\chi,s+n-1)$ est une fonction méromorphe de période $2i\pi/_{\mathrm{Log}\,q}$, il existe donc une fonction méromorphe φ_f^χ sur $\mathbb{C}^*$ telle que :

$$\varphi_f^\chi(q^s) = Z_f(\chi,s+n-1) .$$

Pour montrer que φ_f^χ est une fraction rationnelle il suffit de montrer qu'elle est méroporphe à l'origine et à l'infini. Posons $E_n^r = \{x \in E_n \mid \text{ordre } (\det x) = r\}$. Comme $\mathrm{Supp}(f)$ est compact on a $\mathrm{Supp}(f) \cap E_n^r = \emptyset$ pour r négatif suffisamment petit. On peut alors écrire

$$\varphi_f^\chi(q^s) = \sum_{r \gg -\infty} q^{-r(s-1)} \int_{E_n^r} f(x)\chi(\det x)dx$$

$= \sum_{r \gg -\infty} \left(\frac{q}{q^s}\right)^r a_r$, cette série étant convergente pour $\mathrm{Re}(s) > 0$.

Or $\mathrm{Re}(s) > 0 \Leftrightarrow |q^s| > 1$, donc

$\varphi_f^\chi(z) = \sum_{r \gg -\infty} \left(\frac{q}{z}\right)^r a_r$ (série convergente pour $|z| > 1$) , d'où

$\varphi_f^\chi\left(\frac{1}{z}\right) = \sum_{r \gg -\infty} (qz)^r a_r$ (série convergente pour $|z| < 1$) , ce qui montre que φ_f^χ est méromorphe à l'infini.

D'autre part on sait $\prod_{\ell=0}^{n-1} \rho(\chi,s+\ell)$ est une fraction rationnelle

$R(q^s)$ en q^s. La relation (1-13) s'écrit alors $\varphi_f^\chi(z) = R(z)\varphi_{\hat f}^{\chi^{-1}}(\frac{q^{2-n}}{z})$.

Nous venons de démontrer que $\varphi_{\hat f}^{\chi^{-1}}(\frac{q^{2-n}}{z})$ est méromorphe en 0, donc φ_f^χ est méromorphe en 0.

$Z_f(\chi, s+n-1)$ est une fraction rationnelle en q^s.

Puisque $f \in \mathcal{S}(E_n)$ on sait qu'il existe un réseau L t.q $f(x+y) = f(x)$ pour tout $x \in E_n$ et tout $y \in L$. Soit $\| \|_L$ la norme associée à ce réseau. Il existe un entier $n_o > 0$ tel que si $t \in 1+\mathfrak{P}^{n_o}$ alors $|t-1| \leq \operatorname*{Inf}_{x \in \mathrm{Supp}(f)} \frac{1}{\|x\|_L}$ donc $f(tx) = f(x)$ pour $t \in 1+\mathfrak{P}^{n_o}$ et $x \in \mathrm{Supp}(f)$. On a alors :

$$Z_f(\chi, s+n-1) = \int_{GL_n(k)} f(x)\chi(\det x)|\det x|^{s+n-1} d^*x = \int_{GL_n(k)} f(tx)\chi(\det x)|\det x|^{s+n-1} d^*x$$

$$= \int_{GL_n(k)} f(x)\chi(\det(t^{-1}x))|\det(t^{-1}x)|^{s+n-1} d^*x = \chi(t^{-n})Z_f(\chi, s+n-1) .$$

$Z_f(\chi, s+n-1) = 0$ si χ^n est trivial sur $1+\mathfrak{P}^{n_o}$. $Z_f(\chi, s+n-1)$ n'est éventuellement non nulle que si χ^n est trivial sur $1+\mathfrak{P}^{n_o}$, c'est-à-dire que si χ^n est à un multiple du module près un caractère de $\mathcal{O}^*/_{1+\mathfrak{P}^{n_o}}$. L'ensemble de ces caractères étant un sous-groupe fini il suffit alors de démontrer que l'ensemble des caractères χ tels que $\chi^n = \chi_o$ où χ_o est un caractère trivial sur $1+\mathfrak{P}^{n_o}$ est fini. Remarquons alors que l'application $t \mapsto t^n$ de k^* dans k^* est ouverte : sa différentielle en t est nt^{n-1}, elle est non nulle puisque nous avons supposé que la caractéristique ne divisait pas n, et comme le théorème du difféomorphisme local est vrai pour les corps p-adiques [12], $t \mapsto t^n$ est ouverte. Donc l'image par cette application de $1+\mathfrak{P}^{n_o}$ est ouverte, elle contient alors un ensemble de la forme $1+\mathfrak{P}^{\alpha}$. Si $t \in 1+\mathfrak{P}^{\alpha}$, $t = t'^n$ avec $t' \in 1+\mathfrak{P}^{n_o}$, donc $\chi(t) = \chi^n(t') = \chi_o(t') = 1$. χ définit alors (à un multiple du module près) un caractère de $\mathcal{O}^*/_{1+\mathfrak{P}^{\alpha}}$, le nombre de tels χ est donc fini.

Démontrons b) :

Soit χ ramifié. La fonction $Z_f(\chi, s+n-1)$ est alors une fonction entière, donc la fraction rationnelle φ_f^{χ} a pour seul pôle possible le point 0. On en déduit $Z_f(\chi, s+n-1)$ est un polynôme en q^s et q^{-s}.

Démontrons c) :

$$\text{Si } \chi = 1 \text{ on a } \operatorname*{Res}_{s=-p} Z_f(1, s+n-1) = \frac{\operatorname{vol}(\mathcal{O}^*)}{\operatorname{Log} q} < T_p , f >$$

$$= \operatorname*{Res}_{s=-p} \left(\frac{\operatorname{vol}(\mathcal{O}^*)}{1-q^{-s-p}} < T_p , f > \right) .$$

$$\text{Donc } Z_f(1, s+n-1) - \operatorname{vol}(\mathcal{O}^*)\left[\frac{1}{1-q^{-s}} < T_o , f > + \dots + \frac{1}{1-q^{-s-(n-1)}} < T_{n-1}, f > \right]$$

est une fraction rationnelle en q^s n'ayant pas de pôles en s. C'est un polynôme en q^s et q^{-s}. C.Q.F.D.

Si X est une k-variété analytique, rappelons qu'une distribution sur X est une forme linéaire sur $\mathcal{D}(X)$.

THEOREME 2-3.- <u>Soit</u> $M_p = \bigcup_{k=o}^{p} \Gamma_p$ <u>$(0 \leq p \leq n-1)$. L'espace vectoriel</u> $\mathcal{D}'^{\natural}(M_p)$ <u>des distributions sur</u> E_n, <u>à support dans</u> M_p, <u>est de dimension $p+1$.</u>

(Les mesures ω_k, $0 \leq k \leq p$, sont alors une base de $\mathcal{D}'^{\natural}(M_p)$).

<u>Démonstration</u> : Elle va requérir plusieurs lemmes.

Soit $\Omega_p = \complement_{E_n} M_{p-1}$, Ω_p est un ouvert de E_n, Γ_p est fermé dans Ω_p et ouvert dans M_p. Désignons par $\mathcal{D}'^{\natural}(\Omega_p,\Gamma_p)$ l'espace vectoriel des distributions sur Ω_p, invariantes, à support dans Γ_p. Ω_p étant ouvert on peut restreindre une distribution sur E_n à Ω_p. Nous définissons ainsi une application linéaire de $\mathcal{D}'^{\natural}(M_p)$ dans $\mathcal{D}'^{\natural}(\Omega_p,\Gamma_p)$:

$$\begin{array}{ccc} \mathcal{D}'^{\natural}(M_p) & \longrightarrow & \mathcal{D}'^{\natural}(\Omega_p,\Gamma_p) \\ T & \longmapsto & T_{|\Omega_p} \end{array}$$

en posant pour $\varphi \in \mathcal{D}(\Omega_p)$, $\langle T_{|\Omega_p}, \varphi\rangle = \langle T, \tilde{\varphi}\rangle$ où $\tilde{\varphi}$ est la fonction localement constante sur E_n égale à φ sur Ω_p et nulle en dehors.

Il est facile de voir que si $T \in \mathcal{D}'^{\natural}(M_p)$ alors

$$(T_{|\Omega_p} = 0) \Leftrightarrow T \in \mathcal{D}'^{\natural}(M_{p-1}) .$$

L'application $T \to T_{|\Omega_p}$ se factorise

$$\begin{array}{ccc} \mathcal{D}'^{\natural}(M_p) & \longrightarrow & \mathcal{D}'^{\natural}(\Omega_p,\Gamma_p) \\ \downarrow & \nearrow_{\text{injection}} & \\ \dfrac{\mathcal{D}'^{\natural}(M_p)}{\mathcal{D}'^{\natural}(M_{p-1})} & & \end{array}$$

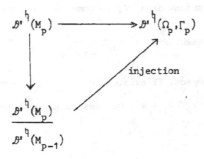

d'où $\dim \mathcal{D}'^{\natural}(M_p) \leq \dim \mathcal{D}'^{\natural}(M_{p-1}) + \dim \mathcal{D}'^{\natural}(\Omega_p, \Gamma_p)$.

Nous savons que $\dim \mathcal{D}'^{\natural}(M_o) = 1$ (la masse de Dirac en 0) . Si nous démontrons que $\mathcal{D}'^{\natural}(\Omega_p, \Gamma_p) = 1$, nous saurons par récurrence que $\dim \mathcal{D}'^{\natural}(M_p) \leq p+1$, ce qui démontrera le théorème étant donné que nous connaissons déjà $p+1$ éléments linéairement indépendants de $\mathcal{D}'^{\natural}(M_p)$, à savoir les ω_k, $0 \leq k \leq p$.

LEMME 2-4.-

a) Si φ est localement constante à support compact dans Ω_p , sa restriction à Γ_p est localement constante à support compact dans Γ_p .

b) Si φ est localement constante à support compact sur Γ_p , il existe une fonction Ψ (non unique), localement constante à support compact sur Ω_p telle que $\Psi_{|\Gamma_p} = \varphi$.

Démonstration :

a) Comme Γ_p est fermé dans Ω_p , c'est évident.

b) Supposons que la fonction φ prenne respectivement les valeurs $a_1, a_2, \dots, a_n$ non nulles sur les ouverts compacts disjoints $O_1, O_2, \dots, O_n$ de Γ_p et soit nulle ailleurs. Chacun des ouverts O_i est la trace sur Γ_p d'un ouvert V_i de Ω_p . Il existe pour chaque $x \in O_1$ un voisinage ouvert compact V_x^1 de x contenu dans V_1 . Comme O_1 est un compact de Ω_p , on en extrait un recouvrement fini : $O_1 \subset \bigcup_{k=1}^{n_1} V_{x_k}^1 = W_1$. On a $W_1 \subset V_1$, $W_1 \cap \Gamma_p = O_1$ et W_1 est ouvert compact. Il existe alors $W_2 \subset V_2$ ouvert compact de Ω_p tel que $W_2 \cap \Gamma_p = O_2$ et $W_2 \cap W_1 = \emptyset$. On construit ainsi une suite

W_i $(i = 1,\dots,n)$ d'ouverts compacts de Ω_p, disjoints deux à deux, et tels que $W_i \cap \Gamma_p = 0_i$. La fonction Ψ définie sur Ω_p par

$$\Psi(x) = \begin{cases} a_i & \text{si } x \in W_i \\ 0 & \text{sinon} \end{cases}$$

convient. C.Q.F.D.

LEMME 2.5.- Soit T une distribution sur une k-variété. Si $f = 0$ sur le support de T, alors $<T, f> = 0$.

(Autrement dit, dans le cas p-adique, il n'y a pas de "dérivées transversales").

Démonstration : Si f est localement constante à support compact on a

$$\mathrm{Supp}(f) = \{x | f(x) \neq 0\} .$$

Mais alors d'après les hypothèses $\mathrm{Supp}(f) \cap \mathrm{Supp}(T) = \phi$. Donc $<T, f> = 0$. C.Q.F.D.

Nous allons à présent définir une "restriction" des distributions de $\mathcal{D}'^{\natural}(\Omega_p, \Gamma_p)$ à Γ_p. Soit $\varphi \in \mathcal{D}(\Gamma_p)$ et $T \in \mathcal{D}'^{\natural}(\Omega_p, \Gamma_p)$, posons $<T_{|\Gamma_p}, \varphi> = <T, \Psi>$ où Ψ est une extension de φ au sens du lemme 2.4 b). Cela a bien un sens car si Ψ et Ψ' sont deux telles extensions, $(\Psi - \Psi')_{|\Gamma_p} = 0$ donc $<T, \Psi> = <T, \Psi'>$ d'après le lemme 2-5.

LEMME 2-6.- L'application $T \mapsto T_{|\Gamma_p}$ de $\mathcal{D}'^{\natural}(\Omega_p, \Gamma_p)$ dans l'espace $\mathcal{D}'^{\natural}(\Gamma_p)$ des distributions invariantes sur Γ_p est un isomorphisme.

Démonstration : Surjectivité : soit $S \in \mathcal{D}'^{\natural}(\Gamma_p)$. Soit $\varphi \in \mathcal{D}(\Omega_p)$. Posons

$<\tilde{S},\varphi> = <S,\varphi_{|\Gamma_p}>$. Soit alors $\Psi \in \mathcal{D}(\Gamma_p)$ et φ une extension de Ψ.

On a : $<\tilde{S}_{|\Gamma_p},\Psi> = <\tilde{S},\varphi> = <S,\varphi_{|\Gamma_p}> = <S,\Psi>$.

Injectivité : Supposons $T_{|\Gamma_p} = 0$, si $\varphi \in \mathcal{D}(\Omega_p)$ on a

$$0 = <T_{|\Gamma_p},\varphi_{|\Gamma_p}> = <T,\varphi> . \qquad \text{C.Q.F.D.}$$

On a $\dim \mathcal{D}'^{\natural}(\Gamma_p) = 1$; puisque Γ_p est homéomorphe à ${}^{G_n}/_{G_n(x_p)}$ il suffit de montrer que l'espace des distributions invariantes sur ${}^{G_n}/_{G_n(x_p)}$ est de dimension 1. Si $d\xi$ est une mesure de Haar sur $G_n(x_p)$ et si $\varphi \in \mathcal{D}(G_n)$ on pose $\pi(\varphi)(\overset{\circ}{y}) = \int_{G_n(x_p)} \varphi(y\xi)d\xi$ ($\overset{\circ}{y}$ désigne la classe de y dans ${}^{G_n}/_{G_n(x_p)}$. On sait ([5], prop. 10) que l'application $\varphi \longmapsto \pi(\varphi)$ est un homomorphisme surjectif de $\mathcal{D}(G_n)$ sur $\mathcal{D}({}^{G_n}/_{G_n(x_p)})$, donc son application transposée est injective de $\mathcal{D}'({}^{G_n}/_{G_n(x_p)})$ sur $\mathcal{D}'(G_n)$. De plus une distribution sur ${}^{G_n}/_{G_n(x_p)}$ invariante par l'action de G_n se transforme en une distribution sur G_n invariante par multiplication à gauche. Or l'espace des distributions sur G_n, invariantes par multiplication à gauche est de dimension 1 (voir [4], prop.3-1, page 123).

Finalement $\dim \mathcal{D}'^{\natural}(\Gamma_p) = \dim \mathcal{D}'^{\natural}(\Omega_p,\Gamma_p) = 1$, ce qui termine la démonstration du théorème 2-3.

LEMME 2-7.- <u>On peut normaliser les mesures ω_p sur Γ_p de sorte que</u>

$$\underline{(-1)^p\, \omega_{n-p-1} = T_p \quad (0 \le p \le n-1)} .$$

<u>Démonstration</u> : Etant donné que les distributions T_p apparaissent comme résidus de la fonction $Z_f(\chi,s+n-1)$, elles sont invariantes. Si $Supp(f)\subset GL_n(k)$ alors $Z_f(\chi,s+n-1)$ est une fonction entière de s , cela implique que T_p a son support inclus dans M_{n-1} . D'après le théorème précédent T_p est combinaison linéaire complexe des $\omega_o,\ldots,\omega_{n-1}$. Montrons que T_p est homogène d'ordre $-n(n-(p+1))$: pour $f\in\mathcal{S}(E_n)$ on pose $(tf)(x)=f(tx)$ $(t\in k)$. On établit facilement que $(tf)_1^\natural(x)=(tf_1^\natural)(x)$. D'autre part :

$$\Psi_{(tf)_1^\natural}(a_1,\ldots,a_n)=\Psi_{(tf_1^\natural)}(a_1,\ldots,a_n)=\int_U f_1^\natural\left(\begin{pmatrix} ta_1 & & tU \\ & \ddots & \\ 0 & & ta_n\end{pmatrix}\right)dU$$

$$|t|^{-\frac{n(n-1)}{2}}\int_U f\left(\begin{pmatrix} ta_1 & & U \\ & \ddots & \\ 0 & & ta_n\end{pmatrix}\right)dU=|t|^{-\frac{n(n-1)}{2}}\Psi_{f_1^\natural}(ta_1,\ldots,ta_n)\ .$$

d'où

$$\mathcal{F}_{a_{p+1}\ldots a_1}\Psi_{(tf)_1^\natural}(\alpha_1,\ldots,\alpha_{p+1},a_{p+2},\ldots,a_n)=\int_{k^{p+1}}\Psi_{(tf)_1^\natural}(a_1,\ldots,a_n)\tau\Big(\sum_{j=1}^{p+1}a_j\alpha_j\Big)\prod_{j=1}^{p+1}da_j$$

$$=|t|^{-\frac{n(n-1)}{2}}\int_{k^{p+1}}\Psi_{f_1^\natural}(ta_1,\ldots,ta_n)\tau\Big(\sum_{j=1}^{p+1}a_j\alpha_j\Big)\prod_{j=1}^{p+1}da_j\qquad (ta_j=a'_j\ \ 1\le j\le p+1)$$

$$=|t|^{-\frac{n(n-1)}{2}-p-1}\int_{k^{p+1}}\Psi_{f_1^\natural}(a'_1,\ldots,a'_{p+1},ta_{p+2},\ldots,ta_n)\tau\Big(\sum_{j=1}^{p+1}a'_j\frac{\alpha_j}{t}\Big)\prod_{j=1}^{p+1}da'_j$$

$$=|t|^{-\frac{n(n-1)}{2}-p-1}\mathcal{F}_{a_{p+1}\ldots a_1}\Psi_{f_1^\natural}\Big(\frac{\alpha}{t}{}_1,\ldots,\frac{\alpha}{t}{}_{p+1},ta_{p+2},\ldots,ta_n\Big)\ .$$

Donc :

$$<T_p,(tf)> = \prod_{\ell=0}^{p-1} \rho(1,-p+\ell) \int_{(k^*)^n} \mathcal{F}_{a_{p+1}\cdots a_1} \Psi_{(tf)_1} \natural(\alpha_1,\dots,\alpha_{p+1},a_{p+2},\dots,a_n)$$

$$\times \Big(\prod_{k=1}^{p+1} |\alpha_k|^{2+p-k} d^*\alpha_k\Big)\Big(\prod_{j=p+2}^{n} |a_j|^{-p+j-1} d^*a_j\Big)$$

$$= |t|^{\left(-\frac{n(n-1)}{2}-p-1\right)} \prod_{\ell=0}^{p-1} \rho(1,-p+\ell) \int_{(k^*)^n} \mathcal{F}_{a_{p+1}\cdots a_1} \Psi_{f_1} \natural\left(\frac{\alpha_1}{t},\dots,\frac{\alpha_{p+1}}{t}, ta_{p+2},\dots,ta_n\right)$$

$$\times \Big(\prod_{k=1}^{p+1} |\alpha_k|^{2+p-k} d^*\alpha_k\Big)\Big(\prod_{j=p+2}^{n} |a_j|^{-p+j-1} d^*a_j\Big)$$

en faisant le changement de variable $\alpha_i' = \frac{\alpha_i}{t}$ $a_i' = ta_i$ on obtient:

$$|t|^{-n(n-(p+1))} <T_p,f>.$$

Mais la démonstration de la proposition 1-3 nous montre que ω_p est homogène de degré $-np$. T_p ayant le même degré d'homogénéité que ω_{n-p-1} , il existe un nombre complexe a_p tel que $T_p = a_p\, \omega_{n-p-1}$. Pour achever la démonstration du lemme il suffit d'exhiber une fonction f positive telle que $(-1)^p <T_p,f>$ soit positif. Pour cela prenons $f = \chi_{M_n(\mathfrak{O})}$ (la fonction caractéristique de $M_n(\mathfrak{O})$) . Elle est bi-invariante par K et on a :

$$\Psi_{f_1}\natural(a_1,\dots,a_n) = \int_U \chi_{M_n(\mathfrak{O})}\left(\begin{pmatrix} a_1 & U \\ 0 & \ddots\; a_n\end{pmatrix}\right) dU = \prod_{i=1}^{n} \chi_{\mathfrak{O}}(a_i) \times \prod_{\ell<j} \Big(\int_k \chi_{\mathfrak{O}}(u_{\ell j}) du_{\ell j}$$

$$= q^{-\frac{1}{2} m(\tau)\left(\frac{n(n-1)}{2}\right)} \times \prod_{i=1}^{n} \chi_{\mathfrak{O}}(a_i) .$$

La transformée de Fourier de la fonction caractéristique de $\mathfrak{O}$ est positive (c'est un multiple positif de la fonction caractéristique de $\mathfrak{p}^{-m(\tau)}$), et comme le signe de $\prod_{\ell=0}^{p-1} \rho(1,-p+\ell)$ est $(-1)^p$, cela implique le résultat voulu.

PROPOSITION 2-8.- Soit $f\in \mathcal{S}(E_n)$. En normalisant les mesures ω_p comme dans le lemme précédent on a, au voisinage de 0 :

$$M_f(t) = \sum_{p=0}^{n-1} (-1)^p\, \omega_{n-p-1}(f)|t|^p \,.$$

Démonstration : Il faut montrer que au voisinage de 0 on a

$$M_f(t) = \sum_{p=0}^{n-1} \langle T_p, f\rangle |t|^p \,.$$

Nous utiliserons pour cela le

LEMME 2-9 : ([11]). Soit φ une application de k dans C localement constante sur k^* , à support compact dans k . Pour que φ soit nulle au voisinage de 0 , il faut et il suffit que les conditions suivantes soient satisfaites :

a) La transformée de Mellin

$$\mathcal{M}_\varphi(\chi,s) = \int_{k^*} \varphi(t)\chi(t)|t|^s\, d^*t$$ est définie pour $\mathrm{Re}(s)$ assez grand.

b) $\mathcal{M}_\varphi(\chi,s)$ est identiquement nulle sauf pour un nombre fini de caractères χ (à la multiplication par une puissance du module près).

c) $\mathcal{M}_\varphi(\chi,s)$ est pour tout χ un polynôme en q^s et q^{-s} .

Désignons par $\Psi_{\mathfrak{G}}$ la fonction caractéristique de $\mathfrak{G}$, soit

$$\Phi_f(t) = M_f(t) - \sum_{p=0}^{n-1} |t|^p \langle T_p, f\rangle \Psi_{\mathfrak{G}}(t) \,.$$

Φ_f est localement constante sur k^* et à support compact dans k (prop.1-8).

On a $\mathcal{M}_{\Phi_f}(\chi,s) = \mathcal{M}_{M_f}(\chi,s) - \sum_{p=0}^{n-1} <T_p,f> \int_{\mathcal{O}} |t|^{p+s} \chi(t)d^*t$, d'autre

part, d'après le théorème 1-4 et les remarques qui le suivent on a:

$$Z_f(\chi,s+n-1) = \mathcal{M}_{M_f}(\chi,s) .$$

On sait aussi que:

$$\int_{\mathcal{O}} |t|^s \chi(t)dt = \begin{cases} \mathrm{vol}(\mathcal{O}^*)/1-q^{-s} & \text{si } \chi = 1 \\ 0 & \text{si } \chi \text{ est ramifié.} \end{cases}$$

On obtient ainsi :

$$\mathcal{M}_{\Phi_f}(\chi,s) = Z_f(\chi,s+n-1) - \mathrm{vol}(\mathcal{O}^*)\varepsilon(\chi)\Big(\sum_{p=0}^{n-1} \frac{1}{1-q^{-s-p}} <T_p,f>\Big)$$

où $\varepsilon(\chi) = \begin{cases} 1 & \text{si } \chi = 1 \\ 0 & \text{si } \chi \text{ est ramifié.} \end{cases}$

On constate alors en utilisant le théorème 2-2 que $\mathcal{M}_{\Phi_f}(\chi,s)$ vérifie les conditions du lemme 2-9. Φ_f est donc nulle au voisinage de l'origine. C.Q.F.D.

Soit $\mathcal{S}_{\natural}(k)$ l'espace vectoriel des fonctions φ définies sur k , à support compact dans k , localement constantes sur k^* et telles qu'il existe un voisinage de l'origine sur lequel on ait:

$$\varphi(t) = c_o+c_1|t|+\dots+c_{n-1}|t|^{n-1} \quad \text{où les } c_i \in \mathbb{C} .$$

D'après ce qui précède, si $f \in \mathcal{S}(E_n)$, $M_f \in \mathcal{S}_\natural(k)$.

THEOREME 2-10 : <u>L'application</u> $f \longmapsto M_f$ <u>de</u> $\mathcal{S}(E_n)$ <u>dans</u> $\mathcal{S}_\natural(k)$ <u>est surjective.</u>

<u>Démonstration</u> : Soit $\varphi \in \mathcal{S}_\natural(k)$ et soient $c_o, c_1, \ldots, c_{n-1}$ les constantes définissant φ au voisinage de 0 . Puisque les n distributions $T_o, \ldots T_{n-1}$ sont linéairement indépendantes il existe $f \in \mathcal{S}(E_n)$ t.q. $< T_p, f > = c_p$ $(p = 0, \ldots n-1)$. D'après la proposition précédente la fonction $M_f - \varphi$ est localement constante sur k , à support inclus dans k^* . D'après le théorème 1-4 il existe une fonction $f' \in \mathcal{S}(E_n)$ t.q $M_{f'}(t) = M_f(t) - \varphi(t)$, c'est-à-dire $M_{f-f'} = \varphi$.

C.Q.F.D.

Considérons à présent l'application M^* transposée de M . Si T est une forme linéaire sur $\mathcal{S}_\natural(k)$ on a $< M^* T, f > = < T, M_f >$. Il est immédiat que $M^* T$ est une distribution invariante.

Désignons par $\mathcal{S}'_\natural(k)$ l'ensemble des formes linéaires sur $\mathcal{S}_\natural(k)$.

THEOREME 2-11.- <u>L'application</u> $T \mapsto M^* T$ <u>est une application linéaire bijective de</u> $\mathcal{S}'_\natural(k)$ <u>sur l'espace des distributions invariantes sur</u> E_n .

<u>Démonstration</u> : Il suffit de démontrer qu'elle est surjective. Considérons l'application Ψ de $G_n \times k^*$ sur $GL_n(k)$ définie par

$$\Psi(u,v,t) = u x_t v^{-1} \text{ (Rappelons que } x_t = \begin{pmatrix} t_1 & 0 \\ & \ddots & \\ 0 & & 1 \end{pmatrix} \text{).}$$

Cette application est partout submersive. En effet l'application

$s_u : GL_n(k) \to G_n \times k^*$ définie par $s_u(y) = (u, y^{-1} u x_{\mathrm{Det}\, y}, \mathrm{Det}\, y)$ est une section différentiable de Ψ ($\Psi \circ s_u(y) = y$) et en plus $s_u(u x_t v^{-1}) = (u,v,t)$. En passant aux applications linéaires tangentes on a :

$$\Psi_{*(u,v,t,)} \circ s_{u*(u x_t v^{-1})} = \mathrm{Id} .$$

Ce qui prouve bien que Ψ est submersive en chaque point.

Appliquons à nouveau [9] (théorème 1) : pour toute fonction $\alpha \in \mathcal{D}(G_n \times k^*)$, il existe une fonction $\rho_\alpha \in \mathcal{D}(GL_n(k))$ telle que pour toute $\varphi \in L^1_{Loc}(GL_n(k), dx)$ on ait :

$$\int_{G_n \times k^*} \alpha(u,v,t,)\varphi(u x_t v^{-1}) du\, dv\, dt = \int_{GL_n(k)} \rho_\alpha(x)\varphi(x)dx ,$$

(dx est la mesure additive sur E_n et non la mesure de Haar de $GL_n(k)$).

Prenons en particulier φ de la forme $\Phi \circ \det$ où $\Phi \in \mathcal{S}(k)$, on obtient :

$$\int_{G_n \times k^*} \alpha(u,v,t)\Phi(t) du\, dv\, dt = \int_{GL_n(k)} \rho_\alpha(x)\Phi(\mathrm{Det}\, x)dx ,$$ et en appliquant le théorème 1-4 :

$$= \int_k M_{\rho_\alpha}(t)\Phi(t)dt , \quad (M_{\rho_\alpha} \in \mathcal{S}(k^*)) .$$

Ces égalités prouvent alors que $\int_{G_n} \alpha(u,v,t,) du\, dv = M_{\rho_\alpha}(t)$.

Soit S une distribution invariante sur E_n. Pour $\alpha \in \mathcal{D}(G_n \times k^*)$ on pose $<\rho^* S, \alpha> = <S, \rho_\alpha>$. $\rho^* S$ définit une distribution sur $G_n \times k^*$ et le fait que S soit invariante implique que $\rho^* S$ est invariante par multiplication à gauche sur G_n. En effet montrons d'abord que si $\alpha_{u',v'}(u,v,t) = \alpha(u'u,v'v,t)$ alors $\rho_{\alpha_{u',v'}} = (\rho_\alpha)_{u',v'}$ où $(\rho_\alpha)_{u',v'}(x) = \rho_\alpha(u'xv'^{-1})$:

$$\int_{G_n \times k^*} \alpha_{u',v'}(u,v,t)\varphi(ux_t v^{-1})du\,dv\,dt = \int_{GL_n(k)} \rho_{\alpha_{u',v'}}(x)\varphi(x)dx ,$$

le membre de gauche est égal à $\int_{G_n \times k^*} \alpha(u,v,t)\varphi(u'^{-1}ux_t v^{-1}v')du\,dv\,dt$

$$= \int_{GL_n(k)} \rho_\alpha(x)\varphi(u'^{-1}xv')dx = \int_{GL_n(k)} (\rho_\alpha)_{u',v'}(x)\varphi(x)dx ,$$

ce qui montre bien que $\rho_{\alpha_{u',v'}} = (\rho_\alpha)_{u',v'}$.

D'où

$$<\rho^*S , \alpha_{u',v'}> = <S , \rho_{\alpha_{u',v'}}> = <S , (\rho_\alpha)_{u',v'}> = <S , \rho_\alpha>$$

$= <\rho^*S , \alpha>$: ρ^*S est invariante par les multiplications à gauche du groupe G_n .

On sait alors ([4] page 127) qu'il existe une distribution T_S sur k^* telle que

$$<\rho^*S,\alpha> = <T_S,\int_{G_n} \alpha(u,v,t)du\,dv>$$

c'est-à-dire que

$$<S,\rho_\alpha> = <T_S,M_{\rho_\alpha}>$$

L'application $\alpha \longmapsto \rho_\alpha$ étant surjective de $\mathcal{D}(G_n \times k^*)$ sur $\mathcal{D}(GL_n(k))$ on a :

$$<S,f> = <T_S, M_f> \ , \quad f \in \mathcal{D}(GL_n(k)) .$$

Comme les distributions T_p sont linéairement indépendantes, il existe des fonctions $\Psi_j \in \mathcal{S}(E_n)$ telles que $<T_i, \Psi_j> = \delta_{ij}$. Cela implique que $M_{\Psi_j} = |t|^j$ au voisinage de 0. Soit $f \in \mathcal{S}(E_n)$, d'après le choix des Ψ_p,

$$M_f - \sum_{p=o}^{n-1} <T_p, f> M_{\Psi_p} \in \mathcal{S}(k^*) .$$

En posant:

$$<\tilde{T}_S, M_f> = <T_S, M_f - \sum_{p=o}^{n-1} <T_p, f> M_{\Psi_p}> + \sum_{p=o}^{n-1} <T_p, f> <S, \Psi_p>,$$

on prolonge T_S à $\mathcal{S}_\natural(k)$.

LEMME 2-12.- <u>Si $f \in \mathcal{S}(E_n)$ et vérifie $<T_p, f> = 0$ $(p=o,\ldots,n-1)$ alors $<S, f> = <T_S, M_f>$.</u>

<u>Démonstration</u> : La distribution invariante $f \longmapsto <S, f> - <T_S, M_f>$ est à support dans $M_{n-1} = \{x \in E_n | \mathrm{Det}(x) = 0\}$. D'après le théorème 2-3, $<S, f> - <T_S, M_f> = \sum_{p=o}^{n-1} a_p <T_p, f> = 0$. C.Q.F.D.

Soit alors $f \in \mathcal{S}(E_n)$:

$$f = f - \sum_{p=o}^{n-1} <T_p, f> \Psi_p + \sum_{p=o}^{n-1} <T_p, f> \Psi_p$$

et $f - \sum_{p=o}^{n-1} <T_p, f> \Psi_p$ vérifie les conditions du lemme ci-dessus, donc

$$<S, f> = <T_S, M_f - \sum_{p=o}^{n-1} <T_p, f> M_{\Psi_p}> + \sum_{p=o}^{n-1} <T_p, f> <S, \Psi_p>$$

$$= <\tilde{T}_S, M_f> .$$

Le théorème 2-11 est démontré.

La structure de $\mathcal{S}'_\natural(k)$ est donnée par la

PROPOSITION 2-13.- Soit $\alpha \in \mathcal{S}(k)$, telle que $\alpha = 1$ sur un voisinage de 0, fixée une fois pour toute. Si $S \in \mathcal{S}'_\natural(k)$, il existe $S_o \in \mathcal{S}'(k^*)$ et des constantes complexes $\gamma_o,\dots,\gamma_{n-1}$ telles que si $\Phi \in \mathcal{S}_\natural(k)$ (avec le comportement $c_o(\Phi)+c_1(\Phi)|t|+\dots+c_{n-1}(\Phi)|t|^{n-1}$ à l'origine) on a :

$$<S,\Phi> = <S_o,\Phi - (\sum_{p=o}^{n-1} c_p(\Phi_p)|t|^p)\alpha> + \sum_{i=o}^{n-1} \gamma_i c_i(\Phi) .$$

Démonstration : Il est évident que la formule ci-dessus définit bien une forme linéaire sur $\mathcal{S}_\natural(k)$. Inversement si $S \in \mathcal{S}'_\natural(k)$, soit S_o sa restriction à $\mathcal{S}(k^*)$. Considérons la forme linéaire θ sur $\mathcal{S}_\natural(R)$ définie par

$<\theta,\Phi> = <S,\Phi> - <S_o, \Phi - (\sum_{p=1}^{n-1} c_p(\Phi)|t|^p)\alpha>$. Si $c_i(\Phi) = 0$ pour tout i, alors $\Phi \in \mathcal{S}(k^*)$ et $<\theta,\Phi> = 0$, d'où le résultat.

Si μ est une mesure nous désignerons par $\hat{\mu}$ sa transformée de Fourier au sens des distributions. Convenons de désigner par ω_n la mesure dx additive sur E_n. L'ensemble des mesures $\omega_o,\omega_1,\dots,\omega_n$ possède la propriété remarquable suivante :

PROPOSITION 2-14.- $$\widehat{\omega_{n-p}} = (-1)^{n-2} \frac{\prod_{\ell=o}^{p-2} \rho(1,-p+1+\ell)}{\prod_{\ell=o}^{n-p-2} \rho(1,-(n-p-1)+\ell)} \omega_p .$$

En particulier si n est pair :

$$\widehat{\omega_{\frac{n}{2}}} = \omega_{\frac{n}{2}} .$$

Démonstration : Nous avons vu (lemme 2-7) que $\omega_{n-p-1}(f)$

$$= (-1)^p \prod_{\ell=0}^{p-1} \rho(1,-p+\ell) \int_{(k^*)^n} \mathcal{F}_{a_{p+1}\cdots a_1} \Psi_{f_1} \natural(\alpha_1,\dots,\alpha_{p+1},a_{p+2},\dots,a_n)$$

$$\times \left(\prod_{k=1}^{p+1} |\alpha_k|^{2+p-k} d^*\alpha_k\right)\left(\prod_{j=p+2}^{n} |a_j|^{-p+j-1} d^*a_j\right).$$

En utilisant le lemme 1-14 on a :

$$\mathcal{F}_{a_{p+1}\cdots a_1} \Psi_{(\hat{f})_1} \natural(\alpha_1,\dots,\alpha_{p+1},a_{p+2},\dots,a_n) =$$

$$\int_{k^{p+1}} \widehat{\Psi_{f_1}\natural}(a_n,a_{n-1},\dots,a_1)\tau\left(\sum_{i=1}^{p+1} a_i\alpha_i\right)\left(\prod_{i=1}^{p+1} da_i\right) = \mathcal{F}_{\alpha_n\cdots\alpha_{p+2}} \Psi_{f_1} \natural(a_n\cdots a_{p+2},-\alpha_{p+1}\cdots-\alpha_1).$$

D'où $\omega_{n-p-1}(\hat{f})$

$$= (-1)^p \prod_{\ell=0}^{p-1} \rho(1,-p+\ell) \int_{(k^*)^n} \mathcal{F}_{\alpha_n\cdots\alpha_{p+2}} \Psi_{f_1} \natural(a_n,\dots,a_{p+2},-\alpha_{p+1},\dots,-\alpha_1)$$

$$\times \left(\prod_{k=1}^{p+1} |\alpha_k|^{2+p-k} d^*\alpha_k\right)\left(\prod_{j=p+2}^{n} |a_j|^{-p+j-1} d^*a_j\right).$$

En faisant les changements de variables $a_j = \alpha_{n-j+1}$ $(j = p+2,\dots,n)$ et $-\alpha_k = a_{n-k+1}$ $(k = 1,\dots,p+1)$ on obtient :

$$(-1)^p \prod_{\ell=0}^{p-1} \rho(1,-p+\ell) \int_{(k^*)^n} \mathcal{F}_{a_{n-p-1}\cdots a_1} \Psi_{f_1} \natural(\alpha_1,\dots,\alpha_{n-p-1},a_{n-p},\dots,a_n)$$

$$\times \left(\prod_{j=1}^{n-p-1} |\alpha_j|^{n-p-j} d^*\alpha_j\right)\left(\prod_{k=n-p}^{n} |\alpha_k|^{2+p-n+k-1} d^*\alpha_k\right)$$

$$= \frac{(-1)^p \prod_{\ell=0}^{p-1} \rho(1,-p+\ell)}{(-1)^{n-p-2} \prod_{\ell=0}^{n-p-3} \rho(1,-(n-p-2)+\ell)} \times \omega_{p+1}(f)$$

C.Q.F.D.

§ 3. LE CAS REEL.

Dans ce paragraphe le corps k est le corps des nombres réels. Nous choisissons le caractère $\tau = e^{2i\pi x}$ une fois pour toute. La mesure de Haar autoduale relativement à τ est alors la mesure de Lebesgue usuelle. Le symbole χ ne désignera plus n'importe quel caractère de R^* mais uniquement un des deux caractères $\chi_1(t) = 1$ où $\chi_{-1}(t) = \text{signe }(t)$.

Soit D l'opérateur de multiplication par $\mathrm{Det}(x)$ et $D(\delta)$ l'opérateur différentiel $\mathrm{Det}(\frac{\partial}{\partial x_{ij}})$. On montre ([10], page 19) que si $f \in C^n(R)$ et si $F(x) = f \circ \det(x)$ alors

$$D(\delta)F(x) = \left[\prod_{p=2}^{n} (u \frac{d}{du} + p)\right] \frac{d}{du} f(\det x) .$$

Désignons l'opérateur $\left[\prod_{p=2}^{n} (u \frac{d}{du} + p)\right] \frac{d}{du}$ par $\overline{D(\delta)}$.

PROPOSITION 3-1.- <u>Soit</u> $f \in \mathcal{S}(E_n)$, <u>on a les relations suivantes</u> :

a) $M_{Df}(t) = tM_f(t)$

b) $\widehat{M_{Df}}(t) = \frac{1}{2i\pi} (\frac{d}{dt} \widehat{M_f})(t)$

c) $M_{D(\delta)f}(t) = \frac{d}{dt} \prod_{p=2}^{n} (t \frac{d}{dt} - (p-1))M_f(t) \qquad t \neq 0$

d) $\widehat{M_{D(\delta)f}}(t) = (-1)^n \, 2i\pi \prod_{p=2}^{n} (t \frac{d}{dt} + p)\widehat{M_f}(t)$.

Démonstration :

a) Soit $\varphi \in \mathcal{D}(E_n)$ alors

$$\int_R M_{Df}(t)\,\varphi(t)\,dt = \int_{E_n} (\mathrm{Det}\,x)\,f(x)\,\varphi(\det x)\,dx = \int_R tM_f(t)\,\varphi(t)\,dt\ ,$$

d'où le résultat.

b) D'après a) on a $\widehat{M_{Df}}(t) = \int_R h\,M_f(h)\,e^{2i\pi ht}\,dh = \frac{1}{2i\pi}\,\frac{d}{dt}\,\widehat{M_f}(t)$.

c) Un calcul simple montre que si $\varphi \in \mathcal{D}(R)$ et $\Psi \in C^{\infty}(R)$ alors

$$\int_R \overline{D(\delta)}\,\varphi(u)\,\Psi(u)\,du = \int_R \varphi(u)\,\overline{D(\delta)}^*\,\Psi(u)\,du\ , \text{ où}$$

$$\overline{D(\delta)}^* = -\frac{d}{du}\left[\prod_{p=2}^{n}\left((p-1) - u\,\frac{d}{du}\right)\right].$$

D'autre part si h et g sont deux éléments de $\mathcal{S}(E_n)$ alors

$$\int_{E_n} D(\delta)\,h(x)\,g(x)dx = (-1)^n \int_{E_n} h(x)\,D(\delta)\,g(x)dx\ .$$

Soit $\varphi \in \mathcal{D}(R^*)$, on a:

$$\int_R M_{D(\delta)f}(t)\,\varphi(t)\,dt = \int_{E_n} D(\delta)\,f(x)\,\varphi\circ\det(x)dx = (-1)^n \int_{E_n} f(x)\,D(\delta)\,\varphi\circ\det(x)dx$$

$$= (-1)^n \int_{E_n} f(x)\,\overline{D(\delta)}\,\varphi(\det x)\,dx = (-1)^n \int_R M_f(t)\,\overline{D(\delta)}\,\varphi(t)\,dt$$

$$= (-1)^n \int_R \overline{D(\delta)}^*\,M_f(t)\,\varphi(t)\,dt\ ,$$ ce qui démontre c).

d) Cette dernière relation s'obtient à partir de la précédente par transformation de Fourier. Des calculs évidents donnent les relations suivantes, pour une distribution T sur R :

$$(3\text{-}2)\quad \widehat{\frac{d}{dt} T} = -2i\pi t \hat{T}$$

$$(3\text{-}3)\quad \widehat{\left((p-1) - t\frac{d}{dt}\right) T} = \left(p + t\frac{d}{dt}\right) \hat{T} .$$

M_f, étant intégrable, définit une distribution tempérée sur R.

Donc $(-1)^{n-1} \frac{d}{dt} \prod_{p=2}^{n} \left((p-1) - t\frac{d}{dt}\right) M_f$ est une distribution sur R.

On a d'après (3-2) : $\widehat{M_{D(\delta)f}} =$

$$\left((-1)^{n-1} \frac{d}{dt} \prod_{p=2}^{n} \left((p-1) - t\frac{d}{dt}\right) M_f\right)^{\wedge} = \left((-1)^{n} 2i\pi t \prod_{p=2}^{n} \left((p-1) - t\frac{d}{dt}\right) M_f\right)^{\wedge}$$

qui est égal d'après (3-3) à $(-1)^n 2i\pi t \left(t\frac{d}{dt} + 2\right)\left(\prod_{p=3}^{n} \left((p-1) - t\frac{d}{dt}\right) M_f\right)^{\wedge}$

et ainsi de suite on obtient $(-1)^n 2i\pi t \prod_{p=2}^{n} \left(t\frac{d}{dt} + p\right) \widehat{M_f}$.

Comme $\widehat{M_{D(\delta)f}}$ et $(-1)^n (2i\pi t) \prod_{p=2}^{n} \left(t\frac{d}{dt} + p\right) \widehat{M_f}$ sont des fonctions continues, l'égalité au sens des distributions implique l'égalité en tant que fonctions. C.Q.F.D.

PROPOSITION 3-4.- <u>Soit α un entier >0 et</u> $f \in \mathcal{S}(E_n)$. <u>On a les relations suivantes</u> :

a) $Z_{D^\alpha f}(\chi, s+n-1) = Z_f(\chi\chi_{-1}^{\alpha}, s+\alpha+n-1)$.

b) $Z_{D(\delta)^\alpha f}(\chi, s+n-1) = (-1)^{n\alpha} \prod_{u=2}^{\alpha+1} \prod_{p=1}^{n} (s+p-u) Z_f(\chi\chi_{-1}^{\alpha}, s-\alpha+n-1)$.

<u>Démonstration</u> :

a) $Z_{D^\alpha f}(\chi, s+n-1) = \int_{GL_n(R)} (\det x)^\alpha f(x) \chi(\det x) |\det x|^{s+n-1} d^*x$

$$= \int_{GL_n(R)} f(x) \chi\chi_{-1}^{\alpha}(\det x) |\det x|^{s+\alpha+n-1} d^*x = Z_f(\chi\chi_{-1}^{\alpha}, s+\alpha+n-1) .$$

b) Démonstration par récurrence sur α :

Si $\alpha = 1$:

$Z_{D(\delta)f}(\chi, s+n-1) = \int_{E_n} D(\delta) f(x) \chi(\det x) |\det x|^{s-1} dx$ et pour $Re(s)$ assez grand la fonction $t \longmapsto \chi(t)|t|^{s-1}$ est n fois continuement dérivable.

D'où $Z_{D(\delta)f}(\chi, s+n-1) = (-1)^n \int_{E_n} f(x) D(\delta)(\chi . | \ |^{s-1} \circ \det)(x) dx$

$$= (-1)^n \int_{E_n} f(x) \overline{D(\delta)}(\chi . | \ |^{s-1})(\det x) dx = (-1)^n \int_R M_f(t) \overline{D(\delta)}(\chi . | \ |^{s-1})(t) dt .$$

Or $\frac{d}{dt}(\chi . | \ |^{s-1})(t) = \chi\chi_{-1}(t)|t|^{s-2}(s-1)$ et $(t \frac{d}{dt} + p)(\chi\chi_{-1} | \ |^{s-2})(t)$

$\chi\chi_{-1}(t)(s+p-2)|t|^{s-2}$. D'où $Z_{D(\delta)f}(\chi, s+n-1)$

$$= (-1)^n \int_R M_f(t) \prod_{p=1}^{n} (s+p-2) \chi\chi_{-1}(t) |t|^{s-2} dt = (-1)^n \prod_{p=1}^{n} (s+p-2) Z_f(\chi\chi_{-1}, s+n-2) ,$$

ce qui démontre l'assertion dans le cas $\alpha = 1$. Supposons la démontrée pour α , pour $\alpha+1$ on a :

$$Z_{D(\delta)^{\alpha+1}f}(\chi, s+n-1) = Z_{D(\delta)^{\alpha}D(\delta)f}(\chi, s+n-1)$$

$$= \quad (-1)^{n\alpha} \prod_{u=2}^{\alpha+1} \prod_{p=1}^{n} (s+p-u)\, Z_{D(\delta)f}\,(\chi\chi_{-1}^{\alpha}, s-\alpha+n-1)$$

$$= (-1)^{n(\alpha+1)} \left[\prod_{u=2}^{\alpha+1} \prod_{p=1}^{n} (s+p-u) \right] \prod_{p=1}^{n} (s-\alpha+p-2) Z_f(\chi\chi_{-1}^{\alpha+1}, s-(\alpha+1)+n-1)$$

$$= (-1)^{n(\alpha+1)} \prod_{u=2}^{\alpha+2} \prod_{p=1}^{n} (s+p-u) \,.\, Z_f(\chi\chi_{-1}^{\alpha+1}, s-(\alpha+1)+n-1) \;.$$

C.Q.F.D.

PROPOSITION 3-5.- Soit $f \in \mathcal{S}(E_n)$. Pour tout $\rho \geq 0$ on a :

$$\lim_{|y| \to +\infty} \|Z_f(\chi, x+iy+n-1)\| \; |y|^{\rho} = 0 \;,$$

uniformément pour x variant dans une partie compacte de R .

Démonstration : Soit $s \in C$ tel que $0 < \sigma_1 < \mathrm{Re}(s) < \sigma_2$. Alors

$$\|Z_f(\chi, s+n-1)\| \leq \int_{E_n} \|f(x)\| \, |\det x|^{\mathrm{Re}(s)-1} \, dx$$

$$\leq \int_{\{|\mathrm{Det}\, x| \geq 1\}} \|f(x)\| \, |\det x|^{\sigma_2 - 1} dx + \int_{\{|\mathrm{Det}\, x| \leq 1\}} \|f(x)\| \, |\det x|^{\sigma_1 - 1} dx < +\infty \;.$$

$Z_f(\chi, s+n-1)$ est bornée dans toute bande $0 < \sigma_1 < \mathrm{Re}(s) < \sigma_2$.

D'après la proposition 3-4 (b), si $s = x + iy$, on a :

$$\|Z_f(\chi, s+n-1)\| = \prod_{u=2}^{\alpha+1} \prod_{p=1}^{n} \|x+iy+\alpha+p-u\|^{-1} \, \|Z_{D(\delta)^{\alpha}f}(\chi\chi_{-1}^{\alpha}, x+iy+\alpha+n-1)\| \;.$$

D'où $\|Z_f(\chi, x+iy+n-1)\| \leq |y|^{-n\alpha} \|Z_{D(\delta)^\alpha f}(\chi\chi_{-1}^{\alpha}, x+iy+\alpha+n-1)\|$.

Si x varie dans le compact K , nous allons choisir α tel que

$$\alpha + \mathrm{Inf}\,K > 0 \quad \text{et} \quad n\alpha > \rho .$$

Alors $x+\alpha$ varie dans une bande $0 < \sigma_1 < x+\alpha < \sigma_2$, d'où

$$\|Z_f(\chi, x+iy+n-1)\| \leq C_{K,\rho} |y|^{-n\alpha} \text{ , d'où}$$

$$\|Z_f(\chi, x+iy+n-1)\| \, |y|^{\rho} \leq C_{K,\rho} |y|^{\rho-n\alpha} .$$

C.Q.F.D.

D'après [13] les facteurs $\rho(\chi, s)$ sont :

$$\rho(\chi_1, s) = \pi^{\frac{1}{2}-s} \frac{\Gamma(\frac{s}{2})}{\Gamma(\frac{1-s}{2})}$$

$$\rho(\chi_{-1}, s) = - i\pi^{\frac{1}{2}-s} \frac{\Gamma(\frac{s+1}{2})}{\Gamma(1-\frac{s}{2})} .$$

PROPOSITION 3-6.-

1. <u>Si n est pair, le prolongement analytique de</u> $Z_f(\chi, s+n-1)$ <u>admet les pôles suivants</u> :

<u>deux pôles d'ordre $k+1$</u> $(0 \leq k \leq \frac{n}{2}-2)$ <u>pour</u>

$$s = -2k \quad \text{et} \quad s = -2k-1 \quad \text{si} \quad \chi = \chi_1$$

$$s = -2k-1 \quad \text{et} \quad s = -2k-2 \quad \text{si} \quad \chi = \chi_{-1} .$$

<u>une série de pôles d'ordre</u> $\frac{n}{2}$ <u>pour</u>

$$s = -\ell \begin{cases} \ell \geq n-2 & \text{si} \quad \chi = \chi_1 \\ \ell \geq n-1 & \text{si} \quad \chi = \chi_{-1} . \end{cases}$$

2. <u>Si n est impair, le prolongement analytique de</u> $Z_f(\chi, s+n-1)$ <u>admet les pôles suivants</u> :

<u>deux pôles d'ordre</u> $k+1$ $(0 \leq k \leq \frac{n-1}{2} - 1)$ <u>pour</u>

$$s = -2k \quad \text{et} \quad s = -2k-1 \quad \text{si} \quad \chi = \chi_1$$

$$s = -2k-1 \quad \text{et} \quad s = -2k-2 \quad \text{si} \quad \chi = \chi_{-1} .$$

<u>une série de pôles d'ordre</u> $\frac{n-1}{2}$ <u>pour</u>

$$s = -n-\alpha \begin{cases} \alpha \in 2\mathbb{N} & \text{si} \quad \chi = \chi_1 \\ \alpha \in 2\mathbb{N}+1 & \text{si} \quad \chi = \chi_{-1} . \end{cases}$$

<u>une série de pôles d'ordre</u> $\frac{n+1}{2}$ <u>pour</u>

$$s = -(n-1)-\beta \begin{cases} \beta \in 2\mathbb{N} & \text{si} \quad \chi = \chi_1 \\ \beta \in 2\mathbb{N}+1 & \text{si} \quad \chi = \chi_{-1} . \end{cases}$$

<u>Démonstration</u> : Elle se déduit facilement du théorème 1-11 et de la forme particulière que prennent ici les facteurs gamma.

Pour $0 \leq p \leq n-2$ et $-p-1 < \mathrm{Re}(s) < -p+1$ posons

$$< T_p(\chi, s), f > = \int_{(R^*)^n} \mathfrak{F}_{a_{p+1} \dots a_1} \Psi_{f_\chi}^{\natural}(\alpha_1, \dots, \alpha_{p+1}, a_{p+2}, \dots, a_n)$$

$$\times \left(\prod_{k=1}^{p+1} |\alpha_k|^{2-s-k} \chi^{-1}(\alpha_k) d^*\alpha_k \right) \left(\prod_{j=p+2}^{n} |a_j|^{s+j-1} \chi(a_j) d^* a_j \right)$$

et pour $\mathrm{Re}(s) < -n+2$ posons

$$< T_{n-1}(\chi,s), f > = Z_{\hat{f}}(\chi^{-1}, 1-s) = \int_{E_n} \hat{f}(x)\chi^{-1}(\det x)|\det x|^{1-s} d^*x .$$

Ces expressions définissent des distributions invariantes tempérées qui dépendent analytiquement de s dans la bande considérée. Les dérivées par rapport à s de ces distributions s'écrivent :

$$< T_p^{(i)}(\chi,s) f > = \int_{(R^*)^n} \mathcal{F}_{a_{p+1} \cdots a_1} \Psi_{f_\chi}^{\,\natural}(\alpha_1, \dots, \alpha_{p+1}, a_{p+2}, \dots, a_n) \left(\prod_{k=1}^{p+1} |\alpha_k|^{2-s-k} \chi^{-1}(\alpha_k) \right)$$

$$\times \left(\prod_{j=p+2}^{n} |a_j|^{s+j-1} \chi(a_j) \right) \mathrm{Log}^i \left(\frac{\prod_{j=p+2}^{n} |a_j|}{\prod_{k=1}^{p+1} |\alpha_k|} \right) \left(\prod_{k=1}^{p+1} d^*\alpha_k \right) \left(\prod_{j=p+2}^{n} d^* a_j \right)$$

et

$$< T_{n-1}^{(i)}(\chi,s), f > = \int_{E_n} \hat{f}(x)\chi^{-1}(\det x)|\det x|^{1-s} (-1)^i \mathrm{Log}^i(|\det x|) d^*x .$$

LEMME 3-7.- <u>Les distributions</u> $T_p^{(j)}(\chi,-p)$ $(0 \le p \le n-2, j \ge 0, \chi = \chi_{\pm 1})$ <u>et</u> $T_n^{(i)}(\chi,-\ell)$ $(\ell \ge n-1, i \ge 0, \chi = \chi_{\pm 1})$ <u>sont linéairement indépendantes.</u>

<u>Démonstration</u> : Remarquons, en reprenant la démonstration de la relation (1-10) que

$$Z_f(\chi, s+n-1) = \int_{(R^*)^n} \Psi_{f_\chi}^{d}(a_1, \dots, a_n) \left(\prod_{j=1}^{n} |a_j|^{s+j-1} \chi(a_j) d^* a_j \right)$$

avec $$f_\chi^d(x) = \int_K f(xh)\chi(\det h)dh .$$

Ce qui fait que les distributions $T_p^{(i)}(\chi,s)$ s'écrivent encore en remplaçant $\Psi_{f_\chi^\natural}$ par $\Psi_{f_\chi^d}$ dans l'intégrale qui les définit.

En posant alors $\alpha_t(f)(x) = f\left(\begin{pmatrix} t_1 & 0 \\ 0 & \ddots_1 \end{pmatrix} x\right)$, un calcul de même type que celui figurant dans la démonstration du lemme 2-7 nous donne les formules suivantes :

$$(3\text{-}8)\ \langle T_p^{(i)}(\chi,-p),\alpha_t(f)\rangle = |t|^{-n+p+1}\chi^{-1}(t)\left[\sum_{m=0}^{i} C_i^m \operatorname{Log}^{i-m}(|t|)(-1)^{i-m}\langle T_p^{(m)}(\chi,-p),f\rangle\right]$$

$$\langle T_{n-1}^{(j)}(\chi,-\ell),\alpha_t(f)\rangle = |t|^{-n+\ell+1}\chi^{-1}(t)\left[\sum_{m=0}^{j} C_j^m \operatorname{Log}^{j-m}(|t|)(-1)^{j-m}\langle T_{n-1}^{(m)}(\chi,-\ell),f\rangle\right]$$

Soient $\Omega_1,\Omega_2,\Omega_1'$ et Ω_2' des ensembles finis de couples d'indices avec les conditions $\underset{(p,i)\in\Omega_1}{\operatorname{Max} p} \leq n-2$, $\underset{(p,i)\in\Omega_1'}{\operatorname{Max} p} \leq n-2$

et $\underset{(\ell,j)\in\Omega_2}{\operatorname{Min} \ell} \geq n-1$ $\underset{(\ell,j)\in\Omega_2'}{\operatorname{Min} \ell} \geq n-1$

Soit une combinaison linéaire nulle de telles distributions :

$$0 = \sum_{(p,i)\in\Omega_1} a_{p,i}T_p^{(i)}(\chi_1,-p) + \sum_{(\ell,j)\in\Omega_2} b_{\ell,j}T_{n-1}^{(j)}(\chi_1,-\ell) + \sum_{(p,i)\in\Omega_1'} c_{p,i}T_p^{(i)}(\chi_{-1},-p)$$

$$+ \sum_{(\ell,j)\in\Omega_2'} d_{\ell,j}\,T_{n-1}^{(j)}(\chi_{-1},-\ell) .$$

Soit $t>0$, les formules 3-8 donnent :

$$0=\sum_{\Omega_1} a_{p,i}<T_p^{(i)}(\chi_1,-p),\alpha_t(f)>+\sum_{\Omega_2} b_{\ell,j}<T_{n-1}^{(j)}(\chi_1,-\ell),\alpha_t(f)>$$

$$+\sum_{\Omega_1'} c_{p,i}<T_p^{(i)}(\chi_{-1},-p),\alpha_t(f)>+\sum_{\Omega_2'} d_{\ell,j}<T_{n-1}^{(j)}(\chi_{-1},-\ell),\alpha_t(f)>$$

$$=\sum_{\Omega_1} a_{p,i}<T_p^{(i)}(\chi_1,-p,\alpha_{-t}(f)>+\sum_{\Omega_2} b_{\ell,j}<T_{n-1}^{(j)}(\chi_1,-\ell),\alpha_{-t}(f)>$$

$$+\sum_{\Omega_1'} c_{p,i}<T_p^{(i)}(\chi_{-1},-p),\alpha_{-t}(f)>+\sum_{\Omega_2'} d_{\ell,j}<T_{n-1}^{(j)}(\chi_{-1},-\ell),\alpha_{-t}(f)>$$

$$=\sum_{\Omega_1} a_{p,i}<T_p^{(i)}(\chi_1,-p),\alpha_t(f)>+\sum_{\Omega_2} b_{\ell,j}<T_{n-1}^{(j)}(\chi_1,-\ell),\alpha_t(f)>$$

$$-\sum_{\Omega_1'} c_{p,i}<T_p^{(i)}(\chi_{-1},-p),\alpha_t(f)>-\sum_{\Omega_2'} d_{\ell,j}<T_{n-1}^{(j)}(\chi_{-1},-\ell,\alpha_t(f)> .$$ D'où :

$$* \sum_{\Omega_1} a_{p,i}<T_p^{(i)}(\chi_1,-p),\alpha_t(f)>+\sum_{\Omega_2} b_{\ell,j}<T_{n-1}^{(j)}(\chi_1,-\ell),\alpha_t(f)>=0$$ <u>et</u>

$$\sum_{\Omega_1'} c_{p,i}<T_p^{(i)}(\chi_{-1},-p),\alpha_t(f)>+\sum_{\Omega_2'} d_{\ell,j}<T_{n-1}^{(j)}(\chi_{-1},-\ell),\alpha_t(f)>=0$$

Explicitons * :

$$0=\sum_{\Omega_1} a_{p,i}|t|^{-n+p+1}\left(\sum_{m=o}^{i} C_i^m(-1)^{i-m}\,\mathrm{Log}^{i-m}(|t|)<T_p^{(m)}(\chi_1,-p),f>\right)$$

$$+\sum_{\Omega_2} b_{\ell,j}|t|^{-n+\ell+1}\left(\sum_{m=o}^{j} C_j^m(-1)^{j-m}\,\mathrm{Log}^{j-m}(|t|)<T_{n-1}^{(m)}(\chi_1,-\ell),f>\right).$$

Soit $I_p=\{i|(p,i)\in\Omega_1\}$ $J_\ell=\{j|(\ell,j)\in\Omega_2\}$, on a

pour tout p : $\sum_{i\in I_p} a_{p,i}\left(\sum_{m=o}^{i} C_i^m(-1)^{i-m}\,\mathrm{Log}^{i-m}(|t|)<T_p^{(m)}(\chi_1,-p),f>\right)=0$, pour tout ℓ : $\sum_{j \in J_\ell} b_{\ell,j} \left(\sum_{m=o}^{j} C_j^m (-1)^{j-m} \operatorname{Log}^{j-m}(|t|) < T_{n-1}^{(m)}(\chi_1,-\ell), f > \right) = 0$.

Comme il existe f et f' dans $\mathcal{S}(E_n)$ tels que $< T_p^{(0)}(\chi_1,-p), f >$ et $< T_{n-1}^{(0)}(\chi_1,-\ell), f' >$ soient non nuls, les fonctions :

$$\varphi_i(t) = \sum_{m=o}^{i} C_i^m (-1)^{i-m} \operatorname{Log}^{i-m}(|t|) < T_p^{(m)}(\chi_1,-p), f >$$ sont linéairement indépendantes ainsi que les fonctions :

$$\Psi_j(t) = \sum_{m=o}^{j} C_j^m (-1)^{j-m} \operatorname{Log}^{j-m}(|t|) < T_{n-1}^{(m)}(\chi_1,-\ell), f' > .$$

Il en résulte que $a_{p,i} = 0$ pour tout $(p,i) \in \Omega_1$

et $b_{\ell,j} = 0$ pour tout $(\ell,j) \in \Omega_2$.

Un raisonnement analogue montre que

$c_{p,i} = 0$ pour tout $(p,i) \in \Omega_1'$

$d_{\ell,j} = 0$ pour tout $(\ell,j) \in \Omega_2'$.

C.Q.F.D.

Soit $O_p(\chi)$ l'ordre du pôle $-p$ de $Z_f(\chi, s+n-1)$($O_p(\chi)$ est donné par la proposition 3-6).Pour $0 \le h \le O_p(\chi)-1$, soit $< A_p^h(\chi), f >$ le coefficient de $\dfrac{1}{(s+p)^{O_p(\chi)-h}}$ dans le développement de Laurent de $Z_f(\chi, s+n-1)$ au point $-p$.

PROPOSITION 3-9.- <u>Les distributions</u> $A_p^h(\chi)$ <u>sont linéairement indépendantes.</u>

<u>Démonstration</u> : Les relations (1-12) et (1-13) montrent que :

$$A_p^h(\chi) = \sum_{k=o}^{h} \alpha_k \, T_p^{(k)}(\chi,-p)$$

(avec la convention que si $p \geq n-1$, $T_p^{(k)}(\chi,-p)$ désigne la distribution $T_{n-1}^{(k)}(\chi,-p))$.

De plus α_h est non nul dans la somme ci-dessus. Soit une combinaison linéaire nulle :

$$\sum_{\Omega} a_{p,h}(\chi_1)A_p^h(\chi_1)+\sum_{\Omega'} a_{p,h}(\chi_{-1})\,A_p^h(\chi_{-1}) = 0$$

$$= \sum_{\Omega} a_{p,h}(\chi_1)(\sum_{k=o}^{h} \alpha_k(p,h,\chi_1)T_p^{(k)}(\chi_1,-p))$$

$$+ \sum_{\Omega'} a_{p,h}(\chi_{-1})(\sum_{k=o}^{h} \alpha_k(p,h,\chi_{-1})T_p^{(k)}(\chi_{-1},-p)) .$$

D'après le lemme 3-7 cela implique que

$$\sum_{\Omega} a_{p,h}(\chi_1)(\sum_{k=o}^{h} \alpha_k(p,h,\chi_1)T_p^{(k)}(\chi_1,-p)) = 0$$

et

$$\sum_{\Omega'} a_{p,h}(\chi_{-1})(\sum_{k=o}^{h} \alpha_k(p,h,\chi_{-1})T_p^{(k)}(\chi_{-1},-p)) = 0 .$$

Soit P l'ensemble des indices p tel qu'il existe h tel que $(p,h) \in \Omega$. Pour $p \in P$ soit H_p l'ensemble des indices h tels que $(p,h) \in \Omega$.

On a alors :

$$0 = \sum_{p \in P} \sum_{k=o}^{\operatorname{Max} H_p} (\sum_{\substack{h \in H_p \\ h \geq k}} a_{p,h}(\chi_1)\alpha_k(p,h,\chi_1))T_p^{(k)}(\chi_1,-p) .$$

D'après le lemme 3-7 :

$$\sum_{\substack{h \in H_p \\ h \geq k}} a_{p,h}(\chi_1)\alpha_k(p,h,\chi_1) = 0 \qquad \text{(pour tout } p \in P \text{ et tout } k \leq \operatorname{Max} H_p) .$$

Appelons $h_p^o, h_p^1, \ldots, h_p^\ell$ les éléments de H_p rangés par ordre décroissant. Si $k = h_p^o$ on a

$$a_{p,h_p^o}(\chi_1)\alpha_{h_p^o}(p,h_p^o,\chi_1) = 0 .$$

Or $\alpha_{h_p^o}(p,h_p^o,\chi_1)$ est non nul, d'où $a_{p,h_p^o}(\chi_1) = 0$, cela permet de démontrer que $a_{p,h_p^1} = 0$ et ainsi de suite, pour tout $p \in P$ et tout $h \in H_p$, $a_{p,h}(\chi_1) = 0$.

Pour la combinaison linéaire en χ_{-1} , la démonstration est analogue.

C.Q.F.D.

Par la suite il va être commode de changer de notation en posant

$$B_p^h(\chi) = A_p^{O_p(\chi)-h}(\chi) .$$

Autrement dit $\langle B_p^h(\chi),f\rangle$ est le coefficient du terme en $\frac{1}{(s+p)^h}$ dans le développement de Laurent de $Z_f(\chi,s+n-1)$ au point $s = -p$.

On a le résultat suivant :

PROPOSITION 3-10.- <u>Quels que soient</u> p,h,χ, <u>il existe des polynômes</u> P_k, Q_h <u>dépendant de</u> p,h,χ , <u>tels que</u>

$$B_p^h(\chi) = \sum_{k=0}^{n-1} P_k(D(\delta))B_k^1(\chi_1) + \sum_{h=1}^{n-1} Q_h(D(\delta))B_h^1(\chi_{-1})$$

<u>Démonstration</u> : Par récurrence sur p .

Si $p = 0$ c'est évident car la seule distribution qui intervient est $B_0^1(\chi_1)$. Supposons l'hypothèse vérifiée pour p . La relation b) de la proposition 3-4 s'écrit

$$Z_{D(\delta)f}(\chi, s+n-1) = (-1)^n(s-1)s(s+1)\ldots(s+n-2)Z_f(\chi\chi_{-1}, s-1+n-1) .$$

On en déduit que :

$$\sum_{h=1}^{0_p(\chi_1)} \frac{\langle D(\delta)B_p^h(\chi_1), f\rangle}{(s+p)^h} + \Psi_1^f(s) = (s-1)\ldots(s+n-2)\Big[\sum_{h=1}^{0_{p+1}(\chi_{-1})} \frac{\langle B_{p+1}^h(\chi_{-1}), f\rangle}{(s+p)^h} + \Psi_2^f(s)\Big]$$

et

$$\sum_{h=1}^{0_p(\chi_{-1})} \frac{\langle D(\delta)B_p^h(\chi_{-1}), f\rangle}{(s+p)^h} + \Psi_3^f(s) = (s-1)\ldots(s+n-2)\Big[\sum_{h=1}^{0_{p+1}(\chi_1)} \frac{\langle B_{p+1}^h(\chi_{+1}), f\rangle}{(s+p)^h} + \Psi_4^f(s)\Big]$$

où $\Psi_1^f, \Psi_2^f, \Psi_3^f, \Psi_4^f$ sont des fonctions analytiques de s au voisinage de $-p$.

Si $p > n-2$ on obtient

$$B_{p+1}^h(\chi_{-1}) = \sum_{k=h}^{0_p(\chi_1)} \alpha_k D(\delta)B_p^k(\chi_1) \qquad (\alpha_k \in C)$$

$$B_{p+1}^h(\chi_1) = \sum_{k=h}^{0_p(\chi_{-1})} \beta_k D(\delta)B_p^k(\chi_{-1}) \qquad (\beta_k \in C) .$$

Si $p \leq n-2$, on obtient :

$$B^h_{p+1}(\chi_{-1}) = \sum_{k=h-1}^{O_p(\chi_1)} \alpha_k D(\delta) B^k_p(\chi_1) \qquad (\alpha_k \in C ,\ h > 1)$$

$$B^h_{p+1}(\chi_1) = \sum_{k=h-1}^{O_p(\chi_{-1})} \beta_k D(\delta) B^k_p(\chi_{-1}) \qquad (\beta_k \in C ,\ h > 1) .$$

D'après l'hypothèse de récurrence on obtient le résultat voulu.

Soit φ une fonction définie sur R telle que $\varphi(t)|t|^{s-1}$ soit intégrable pour $Re(s)$ suffisamment grand. La transformée de Mellin de φ est la fonction de χ et de s définie par

$$\mathcal{M}_\varphi(\chi,s) = \int_{R^*} \varphi(t)\chi(t)|t|^s d^*t .$$

Rappelons le résultat suivant :

PROPOSITION 3-11.[11]. Soient $F(\chi_{\pm 1}, s)$ <u>deux fonctions entières de s telles que pour tout</u> $\rho \geq 0$ $\lim_{|y| \to +\infty} |y|^\rho \|F(\chi,x+iy)\| = 0$ <u>uniformément pour x variant dans une partie compacte de R.</u>

<u>Alors il existe une fonction $\varphi \in \mathcal{S}(R^*)$ telle que</u>

$$F(\chi,s) = \mathcal{M}_\varphi(\chi,s) .$$

Nous pouvons alors démontrer la :

PROPOSITION 3-12.- <u>Soit</u> f appartenant à $\mathcal{S}(E_n)$.

1) <u>Si n est pair, il existe des fonctions</u> $\varphi_o, \varphi_1, \ldots, \varphi_{\frac{n}{2}-1}, \Psi_o, \ldots, \Psi_{\frac{n}{2}-1}$ <u>appartenant toutes à $\mathcal{S}(R)$ telles que</u>:

$$M_f(t) = \sum_{p=0}^{\frac{n}{2}-1} \varphi_p(t)|t|^{2p} \mathrm{Log}^p(|t|) + \sum_{p=0}^{\frac{n}{2}-1} \Psi_p(t)|t|^{2p+1} \mathrm{Log}^p(|t|) .$$

2) Si n est impair, il existe des fonctions $\varphi_0, \varphi_1, \ldots, \varphi_{\frac{n-1}{2}}, \Psi_0, \ldots, \Psi_{\frac{n-1}{2}-1}$ appartenant toutes à $\mathcal{S}(R)$ telles que :

$$M_f(t) = \sum_{p=0}^{\frac{n-1}{2}} \varphi_p(t)|t|^{2p} \mathrm{Log}^p(|t|) + \sum_{p=0}^{\frac{n-1}{2}-1} \Psi_p(t)|t|^{2p+1} \mathrm{Log}^p(|t|) .$$

Démonstration : D'après [8] (p.49) la distribution tempérée $\varphi \longmapsto \int_{R^*} \varphi(t)|t|^\alpha d^*t$, définie pour $\mathrm{Re}(\alpha) > 0$, se prolonge en une fonction méromorphe ayant des pôles simples aux points $\alpha = -2m (m \in \mathbb{N})$ et le résidu en ce point est égal à $\frac{2\varphi^{(2m)}(0)}{(2m)!}$. De même la distribution tempérée $\varphi \longmapsto \int_{R^*} \varphi(t)|t|^\alpha \chi_{-1}(t)\, d^*t$, se prolonge en une fonction méromorphe ayant des pôles simples aux points $\alpha = -2m+1$ $(m \geq 1)$ et le résidu en ce point vaut $\frac{2\varphi^{(2m-1)}(0)}{(2m-1)!}$.

En dérivant ces distributions par rapport à α on voit que la distribution $\varphi \longmapsto \int_{R^*} \varphi(t)|t|^\alpha \mathrm{Log}^k(|t|)\, d^*t$ n'a que des pôles d'ordre $k+1$ aux points $\alpha = -2m$, la partie singulière du développement de Laurent en ce point étant

$$\frac{(-1)^k k! \, \frac{2\varphi^{(2m)}(0)}{(2m)!}}{(\alpha+2m)^{k+1}}$$

et que la distribution $\varphi \longmapsto \int_{R^*} \varphi(t)|t|^\alpha \chi_{-1}(t) \mathrm{Log}^k(|t|) d^*t$ n'a que des pôles d'ordre $k+1$ aux points $\alpha = -2m+1$ $(m \geq 1)$, la partie singulière de son développement de Laurent en ce point étant :

$$\frac{(-1)^k k!\ \frac{2\varphi^{(2m-1)}(0)}{(2m-1)!}}{(\alpha+2m-1)^{k+1}} .$$

<u>Soit n pair</u>. Posons

$$\Phi(t) = \sum_{p=o}^{\frac{n}{2}-1} \varphi_p(t)|t|^{2p}\,\mathrm{Log}^p(|t|) + \sum_{p=o}^{\frac{n}{2}-1} \Psi_p(t)|t|^{2p+1}\mathrm{Log}^p(|t|) .$$

On déduit facilement de ce qui précède que $\mathcal{M}_\Phi(\chi,s)$ admet le prolongement méromorphe suivant :

il y a deux pôles d'ordre $k+1$ $(0 \le k \le \frac{n}{2}-2)$: pour $s = -2k$ et $s = -2k-1$ si $\chi = \chi_1$, dont les parties singulières du développement de Laurent sont respectivement

$$\sum_{\substack{(m+p)=k \\ m \geq o \\ p \leq \frac{n}{2}-1}} \frac{(-1)^p p!\ \frac{2\varphi_p^{(2m)}(0)}{(2m)!}}{(s+2k)^{p+1}}$$

et

$$\sum_{\substack{(m+p)=k \\ m \geq o \\ p \leq \frac{n}{2}-1}} \frac{(-1)^p p!\ \frac{2\Psi_p^{(2m)}(0)}{(2m)!}}{(s+2k+1)^{p+1}} ;$$

pour $s = -2k-1$ et $s = -2k-2$ si $\chi = \chi_{-1}$, dont les parties singulières du développement de Laurent sont respectivement

$$\sum_{\substack{(m+p)=k+1\\ m\geq 1\\ p\leq \frac{n}{2}-1}} \frac{(-1)^p p!\, \frac{2\varphi_p^{(2m-1)}(0)}{(2m-1)!}}{(s+2k+1)^{p+1}}$$

et
$$\sum_{\substack{(m+p)=k+1\\ m\geq 1\\ p\leq \frac{n}{2}-1}} \frac{(-1)^p p!\, \frac{2\Psi_p^{(2m-1)}(0)}{(2m-1)!}}{(s+2k+2)^{p+1}} .$$

Il y a une série de pôles d'ordre $\frac{n}{2}$:

- pour $s = -\ell$, $\ell \geq n-2$ si $\chi = \chi_1$, dont les parties singulières du développement de Laurent sont :

$$\sum_{\substack{(m+p)=\frac{\ell}{2}\\ m\geq 0\\ 0\leq p\leq \frac{n}{2}-1}} \frac{(-1)^p p!\, \frac{2\varphi_p^{(2m)}(0)}{(2m)!}}{(s+\ell)^{p+1}} \qquad \text{si } \ell \text{ est pair ,}$$

et
$$\sum_{\substack{(m+p)=\frac{\ell-1}{2}\\ m\geq 0\\ 0\leq p\leq \frac{n}{2}-1}} \frac{(-1)^p p!\, \frac{2\Psi_p^{(2m)}(0)}{(2m)!}}{(s+\ell)^{p+1}} \qquad \text{si } \ell \text{ est impair ,}$$

- pour $s = -\ell$, $\ell \geq n-1$, si $\chi = \chi_{-1}$, dont les parties singulières du développement de Laurent sont :

$$\sum_{\substack{(m+p)=\frac{\ell}{2} \\ m\geq 1 \\ 0\leq p\leq \frac{n}{2}-1}} \frac{(-1)^p p!\, \frac{2\Psi_p^{(2m-1)}(0)}{(2m-1)!}}{(s+\ell)^{p+1}} \quad \text{si } \ell \text{ est pair ,}$$

$$\text{et} \quad \sum_{\substack{(m+p)=\frac{\ell+1}{2} \\ m\geq 1 \\ 0\leq p\leq \frac{n}{2}-1}} \frac{(-1)^p p!\, \frac{2\varphi_p^{(2m-1)}(0)}{(2m-1)!}}{(s+\ell)^{p+1}} \quad \text{si } \ell \text{ est impair.}$$

Ainsi $\mathcal{M}_\Phi(\chi,s)$ a exactement les mêmes pôles avec les mêmes ordres de multiplicité que $Z_f(\chi,s+n-1)$. Si l'on se donne f de $\mathcal{S}(E_n)$ on peut choisir les fonctions φ_i et Ψ_j de sorte que les parties singulières du développement de Laurent de $\mathcal{M}_\Phi(\chi,s)$ soient les mêmes que celles du développement de $Z_f(\chi,s+n-1)$. D'autre part on a évidemment

$\lim\limits_{|y|\to+\infty} \|\mathcal{M}_\Phi(\chi,x+iy)\|\,|y|^\rho = 0$ uniformément pour x variant dans un compact de R .

Finalement la fonction $Z_f(\chi,s+n-1) - \mathcal{M}_\Phi(\chi,s) = \mathcal{M}_{M_f-\Phi}(\chi,s)$ est une fonction qui satisfait aux hypothèses de la proposition 3-11. Il existe donc $\alpha \in \mathcal{S}(R^*)$ telle que

$$\mathcal{M}_{M_f-\Phi}(\chi,s) = \mathcal{M}_\alpha(\chi,s) .$$

L'inversion de la transformée de Mellin démontre la proposition. La démonstration du cas impair se fait de la façon analogue.

Nous allons à présent, en nous inspirant de [14], définir certains espaces fonctionnels topologiques.

Soient, pour $1 \leq p \leq k$ et $0 \leq h \leq \ell$ les fonctions

$$\theta_p(t) = \mathrm{Log}^p(|t|) \quad \text{et} \quad \gamma_h(|t|) = \mathrm{Log}^h(|t|)\chi_{-1}(t) .$$

Le symbole M_v^p désignera un polynôme à coefficients complexes de degré $\leq v$ et divisible par t^{2p} et le symbole N_v^h désignera un polynôme à coefficients complexes divisible par t^{2h+1} et de degré $\leq v$. On aura évidemment $M_v^p = 0$ si $v < 2p$ et $N_v^h = 0$ si $v < 2h+1$.

On démontre qu'on a l'équivalence suivante :

$$(*) \qquad \sum_{p=1}^{k} \theta_p M_v^p + \sum_{h=o}^{\ell} \gamma_h N_v^h \in C^v(R) \Leftrightarrow \begin{cases} M_v^p = 0 & \text{pour} \quad 1 \leq p \leq k \\ N_v^h = 0 & \text{pour} \quad 0 \leq h \leq \ell . \end{cases}$$

Désignons par $\mathcal{S}_{k,\ell}(R)$ l'espace vectoriel des fonctions Φ définies sur R , de classe C^∞ en dehors de l'origine, à décroissance rapide à l'infini ainsi que toutes leurs dérivées et telles qu'il existe pour tout $v \geq 0$ des polynômes $M_v^p(\Phi)$ et $N_v^h(\Phi)$ tels que

$$\Phi - \sum_{p=1}^{k} M_v^p(\Phi)\theta_p - \sum_{h=o}^{\ell} N_v^h(\Phi)\gamma_h \in C^v(R) .$$

La relation (*) ci-dessus montre que les polynômes $M_v^p(\Phi)$ et $N_v^h(\Phi)$ sont déterminés de manière unique par Φ . D'autre part d'après la définition de ces polynômes on a

$$\tilde{\Phi} = \Phi - \sum_{p=1}^{k} M_o^p(\Phi)\theta_p - \sum_{h=o}^{\ell} N_o^h(\Phi)\gamma_h ,$$

ce qui montre que les éléments de $\mathcal{S}_{k,\ell}(R)$ sont continus à l'origine.

LEMME 3-13.- <u>Une fonction Φ définie sur R appartient à $\mathcal{S}_{k,\ell}(R)$ si et seulement si il existe des fonctions $\varphi_o,\varphi_1,\dots,\varphi_k,\Psi_o,\Psi_1,\dots,\Psi_\ell$ appartenant toutes à $\mathcal{S}(R)$ telles que</u>

$$\Phi = \varphi_o + \sum_{p=1}^{k} \varphi_p \theta_p t^{2p} + \sum_{h=o}^{\ell} \Psi_h \gamma_h t^{2h+1} .$$

<u>Démonstration</u> : Remarquons que $\mathcal{S}_{k,\ell}(R)$ est l'espace des fonctions C^∞ en dehors de l'origine, dont toutes les dérivées sont à décroissance rapide à l'infini et telles qu'il existe $k+\ell+1$ séries entières formelles :

$$S^p(\Phi)(t) = \sum_{j=o}^{\infty} g_j^p(\Phi)t^j \qquad 1 \leq p \leq k \ ; \ g_j^p(\Phi) = 0 \ \text{si} \ j < 2p \ .$$

$$T^h(\Phi)(t) = \sum_{j=o}^{\infty} f_j^h(\Phi)t^j \qquad 0 \leq h \leq \ell \ ; \ f_j^h(\Phi) = 0 \ \text{si} \ j < 2h+1 \ ,$$

dont les sommes partielles $S_v^p(\Phi)(t) = \sum_{j=o}^{v} g_j^p(\Phi)t^j$ et $T_v^h(\Phi)(t) = \sum_{j=o}^{v} f_j^h(\Phi)t^j$

vérifient

$$\Phi(t) - \sum_{p=1}^{k} S_v^p(\Phi)(t)\theta_p(t) - \sum_{h=o}^{\ell} T_v^h(\Phi)(t)\gamma_h(t) \in C^v(R) .$$

Il existe des fonctions $\varphi_1,\varphi_2,\dots,\varphi_k,\Psi_o,\dots,\Psi_\ell \in \mathcal{S}(R)$ telles que le développement en série de Taylor formelle de $t^{2p}\varphi_p(t)$ au point 0 soit $S^p(\Phi)(t)$ et que le développement de $t^{2h+1}\Psi_h(t)$ soit $T^h(\Phi)(t)$, (Théorème de Borel).

Mais alors

$$\Phi(t) - \sum_{p=1}^{k} \varphi_p(t) t^{2p} \theta_p(t) - \sum_{h=o}^{\ell} \Psi_h(t) t^{2h+1} \gamma_h(t) = \varphi_o(t) \in \mathcal{S}(R)$$

C.Q.F.D.

Les coefficients $g_j^p(\Phi)$ et $f_j^h(\Phi)$ définissent des formes linéaires sur $\mathcal{S}_{k,\ell}(R)$. Soit β une fonction de $\mathcal{D}(R)$, égale à 1 au voisinage de 0, choisie une fois pour toute. Munissons $\mathcal{S}_{k,\ell}(R)$ de la topologie définie par les semi-normes suivantes :

$$N_j^p(\Phi) = |g_j^p(\Phi)| \quad L_j^h(\Phi) = |f_j^h(\Phi)|$$

$$\text{et} \quad \nu_{m,v}(\Phi) = \sup_{\substack{t \in R \\ o \le r \le v}} \left| t^m \frac{d^r}{dt^r}\left[\Phi - \left(\sum_{p=1}^{k} S_v^p(\Phi)\theta_p + \sum_{h=o}^{\ell} T_v^h(\Phi)\gamma_h\right)\beta(t)\right]\right|$$

$(m \ge o, v \ge o)$.

LEMME 3-14.- L'espace $\mathcal{S}_{k,\ell}(R)$ muni de la topologie ci-dessus est un espace de Fréchet.

Démonstration : On voit facilement que $\mathcal{S}_{k,\ell}(R)$ est séparé : si Φ est non nulle alors $\nu_{o,o}(\Phi) = \operatorname{Sup}|\Phi|$ est différent de 0. Montrons que l'espace est complet :

soit Φ_n une suite de Cauchy. Les $g_j^p(\Phi_n)$ convergent vers un nombre $g_j^p(\Phi)$ et les $f_j^h(\Phi_n)$ convergent vers un nombre $f_j^h(\Phi)$.

Pour r et s suffisamment grands on a, en dehors de l'origine :

$$\left|t^m\left(\frac{d^v}{dt^v}\Phi_r(t) - \frac{d^v}{dt^v}\Phi_s(t)\right)\right| - \left|t^m \frac{d^v}{dt^v}\left[\left(\sum_{p=1}^{k} S_v^p(\Phi_r - \Phi_s)\theta_p + \sum_{h=o}^{\ell} T_v^h(\Phi_r - \Phi_s)\gamma_h\right)\beta(t)\right]\right|$$

$\le \nu_{m,v}(\Phi_r - \Phi_s) < \varepsilon$. Comme les coefficients des polynômes $S_v^p(\Phi_r - \Phi_s)$ et

$T_v^h(\Phi_r-\Phi_s)$ tendent vers 0, cette inégalité montre que les Φ_n convergent uniformément vers une fonction Φ continue, indéfiniment dérivable en dehors de l'origine dont toutes les dérivées sont à décroissance rapide à l'infini. La fonction $\Phi_n - (\sum_{p=1}^{k} S_v^p(\Phi_n)\theta_p - \sum_{h=o}^{\ell} T_v^h(\Phi_n)\gamma_h)\beta$ appartient à $C^v(R)$ et converge uniformément vers la fonction $\Phi - (\sum_{p=1}^{k} S_v^p(\Phi)\theta_p - \sum_{h=o}^{\ell} T_v^h(\Phi)\gamma_h)\beta$ où les coefficients des polynômes $S_v^p(\Phi)$ et $T_v^h(\Phi)$ sont les $g_j^p(\Phi)$ et $f_j^h(\Phi)$ précédemment définis. Le fait que $\nu_{o,v}(\Phi_r-\Phi_s)$ tende vers 0 implique que :

$$\Phi - \sum_{p=1}^{k} S_v^p(\Phi)\theta_p - \sum_{h=o}^{\ell} T_v^h(\Phi)\gamma_h \in C^v(R)\ , \text{ donc } \Phi \in \mathcal{S}_{k,\ell}(R)\ .$$

C.Q.F.D.

Remarque : La topologie induite sur $\mathcal{S}(R)$ par celle de $\mathcal{S}_{k,\ell}(R)$ est la topologie usuelle de $\mathcal{S}(R)$.

DEFINITION.- Si n est pair on pose $\mathcal{S}_\natural(R) = \mathcal{S}_{\frac{n}{2}-1,\frac{n}{2}-1}(R)$.

Si n est impair, $n>1$, on pose $\mathcal{S}_\natural(R) = \mathcal{S}_{\frac{n-1}{2},\frac{n-3}{2}}(R)$.

THEOREME 3-15 : L'application $f\mapsto M_f$ est une application linéaire, continue, et surjective de $\mathcal{S}(E_n)$ sur $\mathcal{S}_\natural(R)$.

Démonstration : D'après la proposition 3-12, M_f appartient bien à $\mathcal{S}_\natural(R)$. Nous allons d'abord démontrer la surjectivité. Pour cela nous aurons besoin du résultat suivant : pour toute suite $s = (s_p^h(\chi)$ $(p\in\mathbb{N}, h\in J_p(\chi)=\{1,2,\dots,0_p(\chi)\}$, $\chi\in\{\chi_{\pm 1}\})$ de nombres complexes il existe $f\in\mathcal{S}(E_n)$ tel que

$<B_p^h(\chi), f> = s_p^h(\chi)$. Nous utiliserons pour cela un théorème de F. Trèves. Donnons d'abord une

DEFINITION : Soit E un espace de Fréchet et E' son dual topologique. Une partie S de E' est dite équicontinue si l'une des deux propriétés équivalentes ci-dessous est satisfaite :

a) Il existe une semi-norme continue q sur E telle que pour toute forme linéaire p de S on ait $|p(x)| \leq q(x)$ pour tout x de E.

b) Pour tout x de E on a $\sup_{p \in S} |p(x)| < +\infty$.

(Pour l'équivalence voir [15]) .

On a alors le

THEOREME 3-16.- ([15], théorème 17.1).

Soient E et F deux espaces de Fréchet et $u : E \to F$ une application linéaire continue. Pour que u soit surjective il faut et il suffit que pour toute partie S équicontinue de E', $({}^t u)^{-1}(S)$ soit une partie équicontinue de F'.

Si $f \in \mathcal{S}(E_n)$ et $\xi \in R^*$, on pose $f_\xi(x) = f(\xi x)$. On a alors

$$Z_{f_\xi}(\chi, s+n-1) = \int_{GL_n(R)} f(\xi x)\chi(\det x)|\det x|^{s+n-1} d^*x$$

$$= \chi^{-1}(\xi^n)|\xi|^{-n(s+n-1)} Z_f(\chi, s+n-1)$$

$$= \chi^{-1}(\xi^n)|\xi|^{-n(n-1)}|\xi|^{-ns} \left(\sum_{h=1}^{O_p(\chi)} \frac{<B_p^h(\chi), f>}{(s+p)^h} + \Psi_f^\chi(s) \right).$$

(Ψ_f^χ est une fonction analytique au voisinage de $-p$) .

En développant $|\xi|^{-ns}$ au voisinage de $-p$ on obtient facilement la relation :

$$(3\text{-}17)\quad <B_p^h(\chi),f_\xi> = \chi^{-1}(\xi^n)|\xi|^{-n(n-1-p)}\left(\sum_{k=h}^{o_p(\chi)} \frac{<B_p^k(\chi),f>\operatorname{Log}^{k-h}(|\xi|^{-n})}{(k-h)!}\right).$$

Soit alors Σ l'ensemble des suites $s_p^h(\chi)$ ($p \in \mathbb{N}$, $h \in J_p(\chi) = \{1,\dots,o_p(\chi)\}$, $\chi \in \{\chi_{\pm 1}\}$) muni de la topologie définie par les semi-normes :

$$\nu_{\alpha_1,\alpha_2}(s) = \sum_{\substack{p\le\alpha_1\\ h\in J_p(\chi_1)}} |s_p^h(\chi_1)| + \sum_{\substack{p\le\alpha_2\\ h\in J_p(\chi_{-1})}} |s_p^h(\chi_{-1})| \quad (\alpha_1,\alpha_2 \in \mathbb{N}).$$

Σ est un espace de Fréchet dont le dual s'identifie à l'espace Σ_f des suites $c = (c_p^h(\chi))$ <u>finies</u> avec la dualité

$$<c,s> = \Sigma\, c_p^h(\chi)s_p^h(\chi).$$

L'application $u : f \longmapsto <B_p^h(\chi),f>$ est une application linéaire continue de $\mathcal{S}(E_n)$ dans Σ. Nous allons utiliser le théorème 3-16 pour montrer que u est surjective.

Soit S une partie équicontinue de $\mathcal{S}'(E_n)$ et soit $c \in \Sigma_f \cap ({}^tu)^{-1}(S)$, c'est-à-dire que ${}^tuc \in S$, et qu'il existe des constantes $c_1,\dots,c_k$ strictement positives et des multi-entiers $i_1,\dots i_k, j_1,\dots,j_k$ tels que pour tout $f \in \mathcal{S}(E_n)$ on ait :

$$|<{}^tuc,f>| \le \sum_{m=1}^{k} c_m \operatorname{Sup}\left|x^{i_m} \frac{\partial^{j_m}}{\partial x^{j_m}} f\right|.$$

Comme $<{}^tuc,f> = <c,u(f)>$, on obtient, si $c = (c_p^h(\chi))$:

$$|\Sigma\, c_p^h(\chi) < B_p^h(\chi), f > | \leq \sum_{m=1}^{k} c_m \operatorname{Sup} |x^{i_m} \frac{\partial^{j_m}}{\partial x^{j_m}} f|$$

d'où

$$|\Sigma\, c_p^h(\chi) < B_p^h(\chi), f_\xi > | \leq \sum_{m=1}^{k} c_m |\xi|^{|j_m|-|i_m|} \operatorname{Sup} |x^{i_m} \frac{\partial^{j_m}}{\partial x^{j_m}} f|$$

et le membre de droite de l'inégalité ci-dessus est inférieur à

$$\sum_{m=1}^{k} c_m |\xi|^{j_m} \operatorname{Sup} |x^{i_m} \frac{\partial^{j_m}}{\partial x^{j_m}} f| \quad \text{si} \quad |\xi| > 1 .$$

Soit $|j| = \underset{m=1,\dots,k}{\operatorname{Max}} |j_m|$. L'inégalité ci-dessus implique que

$c_p^h(\chi) = 0$ si $p > n-1+\frac{|j|}{n}$. Supposons le contraire, à savoir que

$p_o = \operatorname{Max}\{p \mid \exists\, c_p^h(\chi) \neq 0\}$ est strictement plus grand que $n-1+\frac{|j|}{n}$. Soient h_o

et χ_o tels que $c_{p_o}^{h_o}(\chi_o) \neq 0$.

Comme les distributions $B_p^h(\chi)$, $p \leq p_o$, sont linéairement indépendantes (proposition 3-9), il existe $f_c \in \mathcal{S}(E_n)$ telle que

$< B_{p_o}^{h_o}(\chi_o), f_c > = 1$ et $< B_p^h(\chi), f_c > = 0$ si $(p,h,\chi) \neq (p_o, h_o, \chi_o)$.

En utilisant la relation 3-17 on aura, pour $\xi > 1$:

$$\Big| \sum_{1 \leq h \leq h_o} c_{p_o}^h(\chi_o)\, \xi^{-n(n-1-p_o)} \frac{< B_{p_o}^{h_o}(\chi_o), f_c >}{(h_o-h)!} \operatorname{Log}^{h_o-h}(\xi^{-n}) \Big| \leq \sum_{m=1}^{k} c_m \xi^{|j_m|} \operatorname{Sup} |x^{i_m} \frac{\partial^{j_m}}{\partial x^{j_m}} f_c|$$

Mais si $p_o > n-1+\frac{|j|}{n}$, alors $-n(n-1-p_o) > |j|$ et en comparant les croissances en ξ dans l'inégalité ci-dessus on aboutit à une contradiction.

Donc $c_p^h(\chi) = 0$ si $p > n-1+\frac{|j|}{n}$.

Comme les distributions $B_p^h(\chi)$ $(p \leq n-1+\frac{|j|}{n})$ sont linéairement indépendantes, il existe $f_p^h(\chi) \in \mathcal{S}(E_n)$ telle que

$<B_p^h(\chi), f_p^h(\chi)> = 1$ et $<B_{p'}^{h'}(\chi'), f_p^h(\chi)> = 0$ si $(p',h',\chi') \neq (p,h,\chi)$

$(p' \leq n-1+|\underset{n}{j}|)$.

$$\text{Soit } \alpha_p^h(\chi) = \sum_{m=1}^{k} c_m \operatorname{Sup}|x^{i_m} \frac{\partial^{j_m}}{\partial x^{j_m}} f_p^h(\chi)| \text{ , on a : } |c_p^h(\chi)| < \alpha_p^h(\chi) \text{ .}$$

Finalement on obtient :

$$\sup_{c \in ({}^t u)^{-1}(S)} |\Sigma c_p^h(\chi) s_p^h(\chi)| \leq \sum_{p \leq n-1+|\underset{n}{j}|} \alpha_p^h(\chi)|s_p^h(\chi)| < +\infty .$$

Ceci montre que $({}^t u)^{-1}(S)$ est une partie équicontinue de Σ_f . D'après le théorème 3-16 l'application $f \mapsto (<B_p^h(\chi), f>)$ est surjective de $\mathcal{S}(E_n)$ sur Σ .

D'après ce qui précède on peut choisir $f \in \mathcal{S}(E_n)$ de telle manière que $Z_f(\chi, s+n-1)$ ait les mêmes pôles avec les mêmes parties singulières du développement de Laurent que $\mathcal{M}_\Phi(\chi,s)$. La proposition 3-11 nous dit alors que $M_f - \Phi \in \mathcal{S}(R^*)$. Pour démontrer la surjectivité il suffit donc de démontrer que $\mathcal{S}(R)$ appartient à l'image de $\mathcal{S}(E_n)$ par M , et pour cela il suffit de démontrer qu'il existe une fonction α de classe C^∞ sur E_n , vérifiant les propriétés :

a) $\operatorname{Supp}(\alpha) \cap \operatorname{Det}^{-1}(K)$ est compact pour tout compact K de R .

b) $M_\alpha(t) = 1 \quad (t \in R)$.

c) $\alpha \cdot \varphi \circ \det \in \mathcal{S}(E_n)$ pour toute fonction $\varphi \in \mathcal{S}(R)$.

(a) assure l'existence de $M_\alpha(t)$) .

En effet si cela est on a $M_{\alpha \cdot \varphi \circ \det}(t) = \varphi(t) M_\alpha(t) = \varphi(t)$, d'où la surjectivité.

Soit $\Psi \in \mathcal{D}(\Sigma_1)$ telle que $\int_{\Sigma_1} \Psi(x) d\mu_1(x) = 1$ et soit $E_n^+ =$ $\{x \in E_n \mid \det(x) > 0\}$. Pour $x \in E_n^+$, posons

$$\Psi_+(x) = \Psi\left(\frac{x}{(\det x)^{1/n}}\right)(\det x)^{-(n-1)} .$$

Cette fonction est de classe C^∞ sur E_n^+. Pour toute partie compacte K de R_+^*, le sous-ensemble $\det^{-1}(K) \cap \mathrm{Supp}(\Psi_+)$ est compact. Si $t > 0$ on a :

$$M_{\Psi_+}(t) = \int_{E_n} \Psi\left(\frac{x}{(\det x)^{1/n}}\right)(\det x)^{-(n-1)} d\mu_t(x) = \int_{E_n} \Psi\left(\frac{x}{t^{1/n}}\right) t^{-(n-1)} d\mu_t(x) ,$$

d'après la proposition 1-5 ceci est égal à

$$t^{-(n-1)} \, t^{(n-1)} \int_{E_n} \Psi(x) d\mu_1(x) = 1 .,$$

D'autre part on voit facilement que Ψ_+ est positivement homogène de degré $-n(n-1)$, donc pour tout polynôme de dérivation D, homogène de degré ℓ et pour tout polynôme P homogène de degré ℓ', la fonction

$$x \longmapsto P(x)(D\Psi_+)(x) \text{ est positivement homogène de degré } -n(n-1)-\ell+\ell' .$$

D'où pour $x \in E_n^+$:

$$P(x)(D\Psi_+)(x) = P\left(\frac{x}{(\det x)^{1/n}} (\det x)^{1/n}\right)(D\Psi_+)\left(\frac{x}{(\det x)^{1/n}}(\det x)^{1/n}\right)$$

$$= P\left(\frac{x}{(\det x)^{1/n}}\right)(D\Psi_+)\left(\frac{x}{(\det x)^{1/n}}\right) (\det x)^{-\left(\frac{n(n-1)+\ell-\ell'}{n}\right)} ,$$

ce qui montre qu'il existe une constante $C(P,D)$ telle que :

$$|P(x)D\Psi_+)(x)| \leq C(P,D)|\det x|^{-\frac{(n(n-1)+\ell-\ell')}{n}} .$$

Soit $E_n^- = \{x | \det x < 0\}$. Soit $\Psi' \in \mathcal{D}(\Sigma_{-1})$ et telle que

$\int_{E_n} \Psi'(x) d\mu_{-1}(x) = 1$.

Pour $x \in E_n^-$ on pose

$$\Psi_-(x) = \Psi'\left(\frac{x}{|\det x|^{1/n}}\right)|\det x|^{-(n-1)} .$$

Ψ_- possède des propriétés analogues à celles de Ψ_+.

Soit $v \in \mathcal{D}(R)$, $v = 1$ au voisinage de 0, fixée une fois pour toute. On sait d'après le théorème 1-4 qu'il existe $f \in \mathcal{D}(E_n^*)$ telle que $M_f = v$. Posons

$$\alpha(x) = \begin{cases} f(x) + (1-v(\det x))\,\Psi_+(x) & \text{si } x \in E_n^+ \\ f(x) & \text{si } \det x = 0 \\ f(x) + (1-v(\det x))\,\Psi_-(x) & \text{si } x \in E_n^- \end{cases}$$

α est de classe C^∞ sur E_n, de plus $\operatorname{Supp}\alpha \cap \operatorname{Det}^{-1}(K)$ est compact pour tout K compact de R. Un calcul évident montre que $M_\alpha(t) = 1$. Pour montrer que $\alpha.[\varphi \circ \det] \in \mathcal{S}(E_n)$ si $\varphi \in \mathcal{S}(R)$, il suffit de montrer que pour tout polynôme P et tout polynôme de dérivation D, la fonction $x \longmapsto P(x)(D(\alpha.\varphi \circ \det))(x)$ est bornée. Mais $P(x)(D(\alpha.\varphi \circ \det))(x) = \Sigma P_i(x)(D_i\alpha)(x)\varphi^{(i)}(\det x)$ où les P_i (respectivement les D_i) sont des monômes (respectivement des monômes de dérivation) indépendants de φ. On a alors

$$\operatorname{Sup}|P_i(x)(D_i\alpha)(x)\varphi^{(i)}(\det x)| \leq \sup_{K' = \operatorname{Det}^{-1}(\operatorname{Supp} v) \cap \operatorname{Supp}\alpha} |P_i(x)D_i(\alpha)(x)\varphi^{(i)}(\det x)|$$

$$+ \sup_{x \notin K'} |P_i(x)(D_i\alpha)(x)\varphi^{(i)}(\det x)|$$

$$\leq \sup_{K'} + \sup_{x \notin \mathrm{Det}^{-1}(\mathrm{Supp}\, v)}$$

$$\leq \sup_{K'} + \sup |P_i(x) D_i(f)(x)\varphi^{(i)}(\det x)| + \sup_{x \in E_n^+ \cap \complement \mathrm{Det}^{-1}(\mathrm{Supp}\, v)} C_1(P_i,D_i)\, |\det x|^{j_1(P_i,D_i)} |\varphi^{(i)}(\det x)|$$

$$+ \sup_{x \in E_n^- \cap \complement \mathrm{Det}^{-1}(\mathrm{Supp}\, v)} C_2(P_i,D_i)\, |\det x|^{j_2(P_i,D_i)} |\varphi^{(i)}(\det x)| < +\infty .$$

Ceci prouve la surjectivité et montre de plus que l'application $\varphi \to \alpha.\varphi \circ \det$ est continue de $\mathcal{S}(R)$ dans $\mathcal{S}(E_n)$.

Démontrons que $f \mapsto M_f$ est continue. Soit f_q une suite de fonctions tendant vers 0 dans $\mathcal{S}(E_n)$. Soit $\Phi^q = M_{f_q}$ la suite correspondante dans $\mathcal{S}_\natural(R)$. Il faut montrer que

$$\lim_{q \to +\infty} N_j^p(\Phi^q) = \lim_{q \to +\infty} L_i^h(\Phi^q) = \lim_{q \to +\infty} \nu_{m,v}(\Phi^q) = 0 .$$

Remarquons que si $\Phi(t) = \Sigma\, \varphi_p(t) t^{2p} \mathrm{Log}^p(|t|) + \Sigma\, \Psi_h(t)|t|^{2h+1}\mathrm{Log}^h(|t|)$ on a

$$S_v^p(\Phi)(t) = t^{2p}\Big(\sum_{j=o}^{v-2p} \frac{\varphi_p^{(j)}(0)t^j}{j!}\Big) \quad \text{et} \quad T_v^h(\Phi)(t) = t^{2h+1}\Big(\sum_{j=o}^{v-2h-1} \frac{\Psi_h^{(j)}(0)t^j}{j!}\Big) ,$$

ce qui entraîne que

$$g_j^p(\Phi) = \frac{\varphi_p^{(j-2p)}(0)}{(j-2p)!} \quad \text{et} \quad f_j^h(\Phi) = \frac{\Psi_h^{(j-2h-1)}(0)}{(j-2h-1)!} .$$

On voit ainsi que $g_j^p(\Phi^q)$ et $f_j^h(\Phi^q)$ sont proportionnels aux coefficients de la partie singulière du développement de Laurent aux différents pôles de cette dernière. Comme ces coefficients sont des distributions tempérées on a

$$\lim_{q\to+\infty} N_j^p(\Phi^q) = \lim_{q\to+\infty} L_i^h(\Phi^q) = 0 .$$

Reste le cas des semi-normes du type $\nu_{m,v}$.

Si $\Phi^q = \Sigma\, \varphi_p^q(t)t^{2p}\,\mathrm{Log}^p(|t|) + \Sigma\, \Psi_h^q(t)|t|^{2h+1}\,\mathrm{Log}^h(|t|)$, posons

$$\Phi_v^q(t) = \Phi^q(t) - \Big(\sum_{p\geq 1} S_v^p(\Phi^q)\mathrm{Log}^p(|t|) - \sum_h T_v^h(\Phi^q)(t)\chi_{-1}(t)\mathrm{Log}^h(|t|)\Big)\beta(t)$$

et

$$_o\Phi_v^q(t) = \Phi_v^q(t) - \Big(\sum_{s=0}^{v} \frac{\varphi_o^{q(s)}(0)t^s}{s!}\Big)\,\beta(t).$$

Alors $\Phi_v^q \in C^v(R)$ et $_o\Phi_v^q \in C^v(R)$ avec en plus $\dfrac{d^s}{dt^s}\,{}_o\Phi_v^q(0) = 0$ pour $0 \leq s \leq v$.

Si $\lim\limits_{q\to+\infty} \sup\limits_{\substack{0\leq s\leq v\\ t\in R}} \left|t^m \dfrac{d^s}{dt^s}\,{}_o\Phi_v^q\right| = 0$ alors $\lim\limits_{q\to+\infty} \nu_{m,v}(\Phi^q) = 0$.

Remarquons d'autre part que d'après la définition de $_o\Phi_v^q$ et puisque l'application $f \mapsto M_f$ est surjective il existe une suite $h_{v,q}$ d'éléments de $\mathcal{S}(E_n)$ tels que $M_{h_{v,q}} = {}_o\Phi_v^q$ et tels que $\lim\limits_{q\to+\infty} h_{v,q} = 0$ au sens de $\mathcal{S}(E_n)$.

D'autre part $_o\Phi_v^q$ ayant ses v premières dérivées en 0 nulles, la fonction $\mathcal{M}_{_o\Phi_v^q}(\chi,s) = Z_{h_{v,q}}(\chi,s+n-1)$ n'a pas de pôles pour $\mathrm{Re}(s) > -v-1$.

La formule d'inversion de Mellin donne :

$$|t^m \frac{d^s}{dt^s}\, {}_o\Phi_v^q| \le \operatorname{Sup}_{\chi=\chi_{\pm 1}} \int_{-\infty}^{+\infty} |\mathcal{M}_{t^m \frac{d^s}{dt^s}\, {}_o\Phi_v^q}(\chi, i\sigma)|\, d\sigma$$

et

$$\mathcal{M}_{t^m \frac{d^s}{dt^s}\, {}_o\Phi_v^q}(\chi, i\sigma) = \int_R t^m \frac{d^s}{dt^s}\, {}_o\Phi_v^q(t)\chi(t)|t|^{i\sigma-1}\, dt$$

$= \int_R \frac{d^s}{dt^s}\, {}_o\Phi_v^q(t)\chi(t)\chi_{-1}^m(t)|t|^{m+i\sigma-1}\, dt$. En faisant des intégrations par parties successives (licites puisque les dérivées de ${}_o\Phi_v^q$ sont nulles en 0) on obtient

$$(-1)^s \prod_{r=1}^{s} (m+i\sigma-r) \int_R {}_o\Phi_v^q(t)\chi(t)\chi_{-1}(t)^{m+v}|t|^{m-v+i\sigma-1}\, dt \,.$$

Finalement :

$$\int_{-\infty}^{+\infty} |\mathcal{M}_{t^m \frac{d^s}{dt^s}\, {}_o\Phi_v^q}(\chi, i\sigma)|\, d\sigma = \int_{-\infty}^{+\infty} \Big(\prod_{r=1}^{s} |m+i\sigma-r|\Big) \Big|\int_R {}_o\Phi_v^q(t)\chi(t)\chi_{-1}^{m+v}(t)|t|^{m-v+i\sigma-1}\, dt\Big|\, d\sigma$$

$$= \int_{-\infty}^{+\infty} \Big(\prod_{r=1}^{s} |m+i\sigma-r|\Big)\big(|Z_{h_{v,q}}(\chi\chi_{-1}^{m+v}, m-v+i\sigma+n-1)|\big)\, d\sigma \,.$$

La démonstration de la proposition 3-5 montre qu'il existe une constante $C(h_{v,q})$ qui tend vers 0 quand q tend vers l'infini telles que

$$|Z_{h_{v,q}}(\chi\chi_{-1}^{m+v}, m-v+i\sigma+n-1)| \le \frac{C(h_{v,q})}{|\sigma|^{s+2}} \,.$$

Ce qui donne la majoration :

$$\int_{-\infty}^{+\infty} |\mathcal{M}_{t^m \frac{d^s}{dt^s}\, {}_o\Phi_v^q}(\chi, i\sigma)| d\sigma \leq C(h_{v,q}) k(\varepsilon) + \int_{-\varepsilon}^{+\varepsilon} c\, |Z_{h_{v,q}}(\chi\chi_{-1}^{m+v}, m-v+i\sigma+n-1)| d\sigma \ . \ (c \in \mathbb{C}) \ .$$

Si $m > v$, $Z_{h_{v,q}}(\chi\chi_{-1}^{m+v}, m-v+i\sigma+n-1)$ est définie en tant qu'intégrale convergente et il est alors évident que

$$\lim_{q \to +\infty} \int_{-\varepsilon}^{+\varepsilon} |Z_{h_{v,q}}(\chi\chi_{-1}^{m+v}, m-v+i\sigma+n-1)| d\sigma = 0$$ ce qui démontre le résultat dans ce cas.

Si $m-v \leq 0$, la proposition 3-4 donne :

$$Z_{h_{v,q}}(\chi\chi_{-1}^{m+v}, m-v+i\sigma+n-1) = \frac{(-1)^{n(v-m+1)}}{\prod_{u=2}^{v-m+2} \prod_{p=1}^{n} (1+i\sigma+p-u)} Z_{D(\delta)^{v-m+1} h_{v,q}}(\chi\chi_{-1}^{2v+1}, 1+i\sigma+n-1) \ ,$$

c'est-à-dire qu'il existe un entier α et une fonction $R(\sigma)$ de classe C^∞ et non nulle sur $]-\varepsilon, \varepsilon[$ tels que :

$$Z_{h_{v,q}}(\chi\chi_{-1}^{m+v}, m-v+i\sigma+n-1) = R(\sigma) \frac{Z_{D(\delta)^{v-m+1} h_{v,q}}(\chi\chi_{-1}^{2v+1}, 1+i\sigma+n-1)}{\sigma^\alpha} \ .$$

Comme le membre de gauche a un sens pour $\sigma = 0$, on en déduit que les $\alpha-1$ premières dérivées de $Z_{D(\delta)^{v-m+1} h_{v,q}}(\chi\chi_{-1}^{2v+1}, 1+i\sigma+n-1)$ sont nulles en 0 et qu'il existe $\sigma_o \in]-\varepsilon, +\varepsilon[$ tel que

$$\frac{Z_{D(\delta)^{v-m+1} h_{v,q}}(\chi\chi_{-1}^{2v+1}, 1+i\sigma+n-1)}{\sigma^\alpha} = \frac{1}{\alpha!} \frac{d^\alpha}{d\sigma^\alpha}\Big(\int_{GL_n(\mathbb{R})} D(\delta)^{v-m+1} h_{v,q}(x) \chi\chi_{-1}^{2v+1}(\det x) |\det x|^{1+i\sigma+n-1} d^*x \Big)\Big|_{\sigma_o}$$

$$= \frac{1}{\alpha!}\int_{GL_n(R)} D(\delta)^{v-m+1} h_{v,q}(x)\chi\chi_{-1}^{2v+1}(\det x)|\det x|^{1+i\sigma+n-1} i^{\alpha}\mathrm{Log}^{\alpha}(|\det x|)\, d^*x \;.$$

Donc, pour σ appartenant à $]-\varepsilon,+\varepsilon[$, on a :

$$|Z_{h_{v,q}}(\chi\chi_{-1}^{m+v}, m-v+i\sigma+n-1)| \le \int_{GL_n(R)}^{\gamma} |D(\delta)^{v-m+1} h_{v,q}(x)||\det x|^{n} \mathrm{Log}^{\alpha}(|\det x|)d^*x, (\gamma \in C) ,$$

d'où

$$\lim_{q\to+\infty} \int_{-\varepsilon}^{+\varepsilon} |Z_{h_{v,q}}(\chi\chi_{-1}^{m+v}, m-v+i\sigma+n-1)|\, d\sigma = 0 \;.$$

Le théorème 3-15 est démontré.

THEOREME 3-18.- <u>Soit $\mathcal{S}'_\natural(R)$ le dual de $\mathcal{S}_\natural(R)$. L'application M^* transposée de M est une bijection linéaire de $\mathcal{S}'_\natural(R)$ dans l'espace vectoriel des distributions tempérées invariantes sur E_n</u> .

<u>Démonstration</u> : Il est évident que si $S \in \mathcal{S}'_\natural(R)$, M^*S est invariante. L'application M^* étant injective (car M est surjective), il reste à montrer que M^* est surjective.

Pour commencer montrons que toutes les distributions invariantes nulles sur $GL_n(R)$ appartiennent à l'image de M^*. Cela découle immédiatement d'un résultat dû à Raïs. Soit q un entier positif et soit $\mathcal{E}_q$ l'espace vectoriel des distributions T invariantes, nulles dans $GL_n(R)$ et telles que $(\det x)^q\, T = 0$.

LEMME 3-19.- ([10] pages 73-75).

<u>Toute distribution invariante nulle dans $GL_n(R)$ est tempérée, appartient à un $\mathcal{E}_q$, et</u> $\dim \mathcal{E}_q = nq$.

Rappelons que si n est pair tout élément de $\mathcal{S}_{\eta}(R)$ s'écrit

$$\Phi(t) = \sum_{o}^{\frac{n}{2}-1} \varphi_p(t)|t|^{2p} \operatorname{Log}^p(|t|) + \sum_{o}^{\frac{n}{2}-1} \Psi_h(t)|t|^{2h+1} \operatorname{Log}^h(|t|) ,$$

et que si n est impair les éléments de $\mathcal{S}_{\eta}(R)$ s'écrivent

$$\Phi(t) = \sum_{o}^{\frac{n-1}{2}} \varphi_p(t)|t|^{2p} \operatorname{Log}^p(|t|) + \sum_{o}^{\frac{n-1}{2}-1} \Psi_h(t)|t|^{2h+1} \operatorname{Log}^h(|t|) .$$

Dans les deux cas les nq formes linéaires continues sur $\mathcal{S}_{\eta}(R)$ définies pour $0 \leq \alpha \leq q-1$ et $0 \leq \beta \leq q-1$ par

$$<S^1_{p,\alpha},\Phi> = \varphi_p^{\alpha}(0) \quad \text{et} \quad <S^2_{p,\beta},\Phi> = \Psi_p^{(\beta)}(0) ,$$

sont linéairement indépendantes et vérifient $t^q S^i_{p,\alpha} = 0$. Leurs images par M^* sont formées de nq distributions linéairement indépendantes, nulles sur $GL_n(R)$, et qui vérifient $(\operatorname{Det} x)^q M^* S^i_{p,\alpha} = 0$. En définitive tout l'espace $\mathcal{E}_q$ appartient à l'image de M^* et ceci pour tout q, donc toutes les distributions invariantes nulles sur $GL_n(R)$ sont atteintes.

Soit à présent T une distribution tempérée invariante quelconque. La même démonstration que celle du théorème 2-11 montre qu'il existe $S \in \mathcal{D}'(R^*)$ telle que $<T,f> = <S,M_f>$ pour $f \in \mathcal{D}(GL_n(R))$. L'application $\varphi \mapsto \alpha.\varphi \circ \det$ précédemment construite est linéaire continue de $\mathcal{S}(R)$ dans $\mathcal{S}(E_n)$; de plus $M_{\alpha.\varphi\circ\det} = \varphi$ et si $\varphi \in \mathcal{D}(R^*)$ alors $\alpha.\varphi \circ \det \in \mathcal{D}(GL_n(R))$. En posant alors

$$<S,\varphi> = <T,\alpha.\varphi \circ \det>$$

on prolonge S en un élément de $\mathcal{S}'(R)$.

Si $\Phi \in \mathcal{S}_\natural(R)$ et si v est l'ordre de S sur le support de β, on prolonge S en un élément de $\mathcal{S}'_\natural(R)$ en posant :

$$<\tilde{S},\Phi> = <S,\Phi - (\sum_{p\geq 1} S_v^p(\Phi)(t)\theta_p(t) - \sum_h T_v^h(\Phi)(t)\gamma_h(t))\beta(t)> .$$

Mais alors $T - M^*\tilde{S}$ est une distribution tempérée invariante nulle dans $GL_n(R)$, elle appartient donc à l'image de M^*.

C.Q.F.D.

La structure de $\mathcal{S}'_\natural(R)$ est donnée par la

PROPOSITION 3-20.- <u>Soit</u> $S \in \mathcal{S}'_\natural(R)$. <u>Il existe alors</u> $S_o \in \mathcal{S}'(R)$ <u>telle que</u>

$$<S,\Phi> = <S_o,\Phi - (\sum_{p\geq 1} S_v^p(\Phi)\theta_p - \sum_h T_v^h(\Phi)\gamma_h)\beta>$$

$$+ \sum_{p\geq 1} \sum_j c_j^p g_j^p(\Phi) + \sum_h \sum_i d_i^h f_i^h(\Phi) , \quad (c_j^p \in C, d_i^h \in C)$$

<u>où v désigne l'ordre de S_o sur le support de β, et où les sommes intervenant dans le second membre sont finies.</u>

<u>Démonstration</u> : Il est évident que la formule ci-dessus définit bien un élément de $\mathcal{S}'_\natural(R)$. Inversement soit $S \in \mathcal{S}'_\natural(R)$ et soit S_o sa restriction à $\mathcal{S}(R)$. Alors $S_o \in \mathcal{S}'(R)$ et si v désigne l'ordre de S_o sur le support de β, soit $S_1 \in \mathcal{S}'_\natural(R)$ définie par

$$<S_1,\Phi> = <S_o,\Phi - (\sum_{p\geq 1} S_v^p(\Phi)\theta_p - \sum_h T_v^h(\Phi)\gamma_h)\beta> .$$

La distribution $M^*(S_1 - S)$ est nulle sur $GL_n(R)$, d'où le résultat.

Soit $\mathcal{D}_\natural(R)$ le sous-espace de $\mathcal{S}_\natural(R)$ constitué des fonctions à support compact et soit $\mathcal{D}_{\natural,K}(R)$ le sous-espace de $\mathcal{D}_\natural(R)$ des fonctions à support inclus dans K. Munissons $\mathcal{D}_{\natural,K}(R)$ de la topologie induite par celle de $\mathcal{S}_\natural(R)$ et $\mathcal{D}_\natural(R)$ de la topologie limite inductive des $\mathcal{D}_{\natural,K}(R)$.

Soit $\mathcal{D}'_\natural(R)$ le dual de $\mathcal{D}_\natural(R)$.

THEOREME 3-21.-

a) L'application $f \mapsto M_f$ est une application linéaire, continue et surjective de $\mathcal{D}(E_n)$ sur $\mathcal{D}_\natural(R)$.

b) L'application linéaire transposée est une bijection linéaire de $\mathcal{D}'_\natural(R)$ sur l'espace des distributions invariantes sur E_n.

Démonstration : Désignons par B la boule unité de E_n. La démonstration du lemme 3-7 ainsi que celle de la proposition 3-9 montrent que les restrictions des distributions $B_p^h(\chi)$ à l'espace $\mathcal{D}_B(E_n)$ des fonctions de $\mathcal{D}(E_n)$ à support dans B sont encore linéairement indépendantes. Pour montrer que l'application $f \mapsto \langle B_p^h(\chi), f\rangle$ de $\mathcal{D}(E_n)$ dans l'espace Σ des suites est surjective il suffit alors de se restreindre au Fréchet $\mathcal{D}_B(E_n)$.

Ces remarques faites, la démonstration du théorème ci-dessus se déduit de celles des théorèmes 3-15 et 3-18.

PROPOSITION 3-22.- On peut choisir les mesures ω_p $(0 \le p \le n-1)$ de sorte que $\omega_p = T_{n-p-1}(1, p+1-n)$. Désignons par ω_n la mesure additive dx sur E_n, on a alors les relations :

$$\widehat{\omega_p} = \omega_{n-p} \qquad (0 \leq p \leq n) .$$

En particulier si n est pair on a :

$$\widehat{\omega_{\frac{n}{2}}} = \omega_{\frac{n}{2}} .$$

Démonstration : Rappelons que pour $0 \leq p \leq n-1$,

$$<T_p(1,-p),f> = \int_{(R^*)^n} \mathcal{F}_{a_{p+1}\cdots a_1} \Psi_{\hat{f}_1}(\alpha_1,\ldots,\alpha_{p+1},a_{p+2},\ldots,a_n)\Big(\prod_{k=1}^{p+1} |\alpha_k|^{2+p-k} d^*\alpha_k\Big)$$

$$\times \Big(\prod_{j=p+2}^{n} |a_j|^{-p+j-1} d^*a_j\Big) .$$

Etant donné que $Z_{Df}(x, s+n-1) = Z_f(xx_{-1}, s+n)$, il est évident que la distribution $T_p(1,-p)$ vérifie $(\mathrm{Det}\, x)\, T_p(1,-p) = 0$; c'est-à-dire qu'elle appartient à $\mathcal{E}_1$. D'après le lemme 3-19, dim $\mathcal{E}_1 = n$.

D'autre part les mesures ω_p appartiennent à $\mathcal{E}_1$ (on en déduit que $\mathcal{E}_1$ est l'espace des mesures invariantes à support inclus dans $\bigcup_{k=o}^{n-1} \Gamma_p$) et la distribution $T_p(1,-p)$ à même degré d'homogénéité que ω_{n-p-1} (voir lemme 2-7). Pour montrer que $T_p(1,-p) = \omega_{n-p-1}$ il suffit de montrer qu'il existe une fonction positive f telle que $<T_p(1,-p),f>$ soit positif. La fonction $f(x) = e^{-\pi\, \mathrm{Tr}(x^t x)}$ convient.

La démonstration des relations $\widehat{\omega_p} = \omega_{n-p}$ est la même que celle de la proposition 2-14.

Soit A l'anneau $\mathbb{C}[D(\delta)]$ des opérateurs différentiels à coefficients constants invariants par l'action de G_n. Désignons par J l'espace vectoriel des distributions invariantes, nulles sur $GL_n(\mathbb{R})$. J est un A-module.

On a le résultat suivant :

THEOREME 3-23.-

a) <u>Le A-module J est engendré par la famille</u> $B_p^1(\chi)$ $(0 \leq p \leq n-1$ <u>si</u> $\chi = \chi_1$, $1 \leq p \leq n-1$ <u>si</u> $\chi = \chi_{-1})$.

b) <u>J n'est pas libre (on a notamment</u> $D(\delta)B_p^{0_p(\chi_1)}(\chi_1) = 0$ <u>pour</u> $0 \leq p \leq n-2)$.

<u>Démonstration</u> :

a) D'après ce qui précède les distributions $B_p^h(\chi)$ forment une base de A (en tant qu'espace vectoriel). La partie a) n'est alors qu'une traduction de la proposition 3-10.

b) découle des relations figurant dans la démonstration de la proposition 3-10 et du fait que l'on a toujours $0_p(\chi_1) = 0_{p+1}(\chi_{-1})$.

§ 4. LE CAS DECENTRE.

Désignons par $E_{p,q}$ l'espace vectoriel des matrices à coefficients dans k, de type p,q avec $p<q$ et par $G_{p,q}$ le groupe $SL_p(k) \times SL_q(k)$. Soit (u,v) un élément de $G_{p,q}$ et x un élément de $E_{p,q}$. On fait opérer le groupe $G_{p,q}$ sur $E_{p,q}$ en posant $(u,v).x = u x v^{-1}$.

LEMME 4.1.- Sous l'action de $G_{p,q}$, $E_{p,q}$ se décompose en $p+1$ orbites Γ_i qui sont :

$$\Gamma_i = \{x \in E_{p,q} | \text{rang}(x) = i\} \qquad i = 0,\ldots,p .$$

Démonstration : Il est clair que le rang d'une matrice est invariant sous l'action de $G_{p,q}$. Il reste donc à montrer qu'une matrice de rang i est conjuguée à la matrice

$$x_i = \begin{pmatrix} 1 & & & & \\ & \ddots & & & \\ & & 1 & & 0 \\ & & & 0 & \\ 0 & & & & \ddots \\ & & & & & 0 \end{pmatrix} \Big\}\, i$$

Soit une telle matrice, le sous-espace vectoriel de k^q orthogonal au sous-espace engendré par les p vecteurs lignes de x est de dimension $q-i$. Soit v une matrice de $SL_q(k)$ dont les $q-i$ derniers vecteurs colonnes forment une base de cet orthogonal. La matrice $y = x v$ est alors de la forme

$$y = \begin{pmatrix} * & & 0 \\ & & \end{pmatrix}$$

$$\underbrace{\qquad}_{i}$$

En multipliant y à gauche par des éléments quelconques de $SL_p(k)$ et à droite par des éléments de $SL_q(k)$ de la forme

$$p\left\{ \begin{pmatrix} * & & 0 \\ & & 1 \\ & & & 1 \\ 0 & & & \ddots \\ & & & & 1 \end{pmatrix} \right. ,$$

on fait opérer le groupe $SL_p(k) \times SL_p(k)$ sur la matrice de type (p,p) constituée par les p premiers vecteurs colonnes de y . D'après le lemme 1.1, nous savons que dans le cas $i < p$ nous pouvons ainsi obtenir la matrice

$$x_i = \begin{pmatrix} 1 & & & \\ & 1 & & \\ & & 1 & \\ & & & 0 & & 0 \\ & & & & 0 \\ & & 0 & & & \ddots \\ & & & & & & 0 \end{pmatrix} \Big\} i$$

ce qui démontre le lemme dans ce cas. Si $i = p$ nous obtenons la matrice

$$\begin{pmatrix} t_1 & & & & \\ & \ddots & & & 0 \\ & & \ddots & & \\ 0 & & & 1 & \end{pmatrix}$$

où t est égal au déterminant de la matrice de type (p,p) constituée des p premiers vecteurs colonnes de y.

En multipliant cette dernière matrice à droite par la matrice

$$p\left\{\left[\begin{pmatrix} \begin{matrix} t_1 & \\ & \ddots \\ & & 1 \end{matrix} & \\ & \begin{matrix} t_1^{-1} & & \\ & \ddots & \\ & & 1 \end{matrix} \end{pmatrix}\right]\right\} q$$

nous obtenons le résultat voulu.

Remarque 4-2 : Par transposition on obtient un résultat analogue concernant l'action de $SL_q(k) \times SL_p(k)$ sur les matrices de type (q,p) $(p<q)$.

LEMME 4-3.- Il existe sur Γ_p et Γ_o une mesure positive, non nulle, invariante par $G_{p,q}$, unique à la multiplication par une constante près. Il n'existe pas de telle mesure sur $\Gamma_i (0<i<p)$.

Démonstration : Il est évident que la restriction de la mesure de Haar de $E_{p,q}$ à Γ_p est une mesure invariante (Γ_p est un ouvert dense de $E_{p,q}$) et que la mesure de Dirac est une mesure invariante sur Γ_o. L'unicité résulte de [3] (chap 7, § 2, n° 6, théorème 3).

Reste le cas des orbites $\Gamma_i (0<i<p)$. D'après [3] (chap. 7, § 2, n° 6, corollaire 2), il suffit, pour démontrer le lemme, que le stabilisateur $G_{p,q}(x_i)$ de la matrice x_i ne soit pas unimodulaire.

On voit facilement que $G_{p,q}(x_i)$ est constitué des couples de matrices de la forme :

$$\left[\; i\{\overbrace{\begin{pmatrix} A & X \\ 0 & B \end{pmatrix}}^{i} \;;\; \begin{pmatrix} A & 0 \\ Y & C \end{pmatrix} \right] \quad \text{avec } (\det A).(\det B) = 1 \text{ et } (\det A).(\det C) = 1 .$$

$G_{p,q}(x_i)$ est le produit semi-direct des deux groupes G_1 et G_2 suivants :

Les éléments de G_1 sont de la forme :

$$\left[\; i\{\overbrace{\begin{pmatrix} A & 0 \\ 0 & B \end{pmatrix}}^{i} \;;\; \begin{pmatrix} A & 0 \\ 0 & C \end{pmatrix} \right] \quad \begin{aligned} &\text{avec } (\det A).(\det B) = 1 \\ &(\det A).(\det C) = 1 \end{aligned} \qquad (*)$$

Les éléments de G_2 sont de la forme :

$$\left[\left(\begin{array}{c|c} I_i & X \\ \hline 0 & I_{p-i} \end{array}\right) ; \left(\begin{array}{c|c} I_i & 0 \\ \hline Y & I_{q-i} \end{array}\right) \right]$$

Ces deux groupes sont unimodulaires, en effet G_2 est le produit de deux groupes trigonaux stricts, et G_1 s'identifie au sous-groupe de $GL_i(k) \times GL_{p-i}(k) \times GL_{q-i}(k)$ formé des triplets (A,B,C) vérifiant les relations $(*)$ ci-dessus, qui est un sous-groupe fermé distingué donc unimodulaire.

Pour montrer que $G_{p,q}(x_i)$ n'est pas unimodulaire, il suffit que le module de l'automorphisme :

$$(X,Y) \longmapsto (A^{-1} X B , C^{-1} Y A) ,$$

de $M_{i,p-i} \times M_{q-i,i}$ soit différent de 1 . ([3]. chap. VII § 2, n° 9 , prop.14 b)).
Or ce module vaut :

$$|\det(A^{-1})^{p-i} (\det B)^{i} (\det(C^{-1}))^{i} (\det A)^{q-i}| = |\det A|^{q-p} \neq 1 .$$

C.Q.F.D.

PROPOSITION 4-4.- <u>Si k est un corps p-adique, l'espace vectoriel des distributions sur</u> $E_{p,q}$ <u>invariantes par</u> $G_{p,q}$ <u>est de dimension</u> 2 .

<u>Démonstration</u> : identique à celle du théorème 2-3.

§ 5. REPRESENTATIONS INDUITES PAR LES QUASI-CARACTERES DES SOUS-GROUPES PARABOLIQUES MAXIMAUX DE $GL_m(k)$ (k p-adique).

Dans tout ce paragraphe le corps k sera p-adique.

Nous désignerons par sous-groupes paraboliques maximaux de $GL_m(k)$ les sous-groupes $P_{(p,q)}$ de la forme

$$\left(\begin{array}{c|c} \alpha & U \\ \hline 0 & \beta \end{array}\right) \qquad \begin{array}{l} \alpha \in GL_p(k) \\ \beta \in GL_q(k) \\ U \in M_{p,q}(k) . \end{array}$$

Si aucune confusion n'est à craindre, nous utiliserons la notation P au lieu de $P_{(p,q)}$. On remarquera que P est le produit semi-direct du sous-groupe A constitué des matrices de la forme

$$\left(\begin{array}{c|c} \alpha & 0 \\ \hline 0 & \beta \end{array}\right)$$

et du sous-groupe U des matrices de la forme

$$\left(\begin{array}{c|c} 1 \, \ddots \, 1 & U \\ \hline 0 & 1 \, \ddots \, 1 \end{array}\right) .$$

Tout quasi-caractère σ de P est défini de la manière suivante :

$$\sigma\left(\begin{array}{c|c} \alpha & U \\ \hline 0 & \beta \end{array}\right) = \lambda(\det\alpha)\mu(\det\beta)$$

où λ et μ sont des quasi-caractères de k^*. On écrira alors $\sigma = (\lambda,\mu)$.

Nous désignerons par δ le module de P :

$$\delta\left(\begin{array}{c|c} \alpha & U \\ \hline 0 & \beta \end{array}\right) = \frac{|\det\beta|^p}{|\det\alpha|^q} .$$

Définissons à présent la représentation $(\pi_\sigma, \mathcal{B}_\sigma)$ induite par σ. L'espace $\mathcal{B}_\sigma$ est l'espace des fonctions localement constantes sur $GL_m(k)$ à valeurs dans C qui vérifient en plus :

$$f(gau) = \delta(a)^{\frac{1}{2}}\, \sigma^{-1}(a)f(g) ,$$

pour tout $g \in GL_m(k)$, tout $a \in A$ et tout $u \in U$.

La représentation π_σ est alors définie par $(\pi_\sigma(g')f)(g) = f(g'^{-1}g)$.

Soit $\mathcal{B}_\delta$ l'espace des fonctions localement constantes de $GL_m(k)$ dans C qui vérifient $\varphi(gau) = \delta(a)\varphi(g)$.

Si $\Psi \in \mathcal{B}(GL_m(k))$ l'application $\Psi \mapsto \Psi_\delta$ définie par $\Psi_\delta(g) = \int_P \Psi(gp)\delta^{-1}(p)dp$ est surjective sur $\mathcal{B}_\delta$.

Cela permet de définir sur $\mathcal{B}_\delta$ une forme linéaire μ en posant

$$\mu(\Psi_\delta) = \int_{GL_m(k)} \Psi(g)dg = \int_K \Psi_\delta(k)dk .$$

Si $\varphi \in \mathcal{D}_\sigma$ et $\Psi \in \mathcal{D}_{\overline{\sigma^{-1}}}$ posons $f(g) = \varphi(g)\overline{\Psi(g)}$; il est facile de voir que $f \in \mathcal{D}_\delta$.

En posant

$$<\varphi,\Psi> = \mu(\varphi\overline{\Psi}) ,$$

on définit une forme hermitienne non dégénérée sur $\mathcal{D}_\sigma \times \mathcal{D}_{\overline{\sigma^{-1}}}$, qui vérifie

$$<\pi_\sigma(g)\varphi,\Psi> = <\varphi,\pi_{\overline{\sigma^{-1}}}(g^{-1})\Psi> .$$

Si σ est unitaire (c.à.d. si λ et μ sont unitaires), la forme bilinéaire ci-dessus munit $\mathcal{D}_\sigma$ d'une structure préunitaire.

Désignons par $\mathcal{H}_\sigma$ l'espace de Hilbert qui est le complété de $\mathcal{D}_\sigma$. Par prolongement la représentation π_σ dans $\mathcal{L}(\mathcal{H}_\sigma)$ est unitaire.

$\mathcal{H}_\sigma$ s'identifie à l'espace des fonctions mesurables de $GL_m(k)$ dans $\mathbb{C}$ qui vérifient $f(gau) = \delta(a)^{\frac{1}{2}}\ \sigma^{-1}(a)f(g)$ et telles que $\int_K |f(k)|^2 dk < +\infty$, quotienté par la relation d'équivalence qui identifie deux fonctions égales presque partout.

Supposons à nouveau σ quelconque et désignons par $V(p,q)$ le sous-groupe de $GL_m(k)$ composé des matrices de la forme :

$$\begin{pmatrix} I_p & 0 \\ v & I_q \end{pmatrix}$$

$V(p,q)$ est isomorphe en tant que groupe à $M_{q,p}(k)$.

Il est bien connu que l'ensemble $V(p,q).P(p,q)$ est un ouvert dense de $GL_m(k)$. Cela permet de faire la construction suivante :

si $\varphi \in \mathcal{D}(V)$ on définit la fonction φ^σ sur $GL_m(k)$ par

$$\begin{cases} \varphi^\sigma(vp) = \delta(p)^{\frac{1}{2}} \sigma^{-1}(p)\varphi(v) \\ \varphi^\sigma(g) = 0 \quad \text{si} \quad g \notin V.P \end{cases}$$

φ^σ appartient à $\mathcal{D}_\sigma$. Soit E_σ le sous-espace vectoriel de $\mathcal{D}_\sigma$ constitué des fonctions φ^σ, avec $\varphi \in \mathcal{D}(V)$; si O est un ouvert de V désignons par $E_\sigma(O)$ le sous-espace de $\mathcal{D}_\sigma$ formé des fonctions φ^σ avec $\varphi \in \mathcal{D}(O)$.

LEMME 5-1.- <u>Supposons σ unitaire.</u>

<u>Si O est dense dans V alors</u> $E_\sigma(O)$ <u>est dense dans</u> $\mathcal{H}_\sigma$.

<u>Démonstration</u> : Il suffit de montrer que si $\Psi \in \mathcal{D}_\sigma$ est telle que $<\varphi^\sigma, \Psi> = 0$ pour toute $\varphi^\sigma \in E_\sigma(O)$ alors Ψ est nulle.

$$0 = <\varphi^\sigma, \Psi> = \int_K \varphi^\sigma(k)\overline{\Psi(k)}\,dk = \int_{GL_m(k)} \varphi^\sigma(g)\overline{\Psi(g)}\,\chi_K(g)dg$$

(χ_K étant la fonction caractéristique de K)

$$= \int_{V.P} \chi_K(vp)\varphi^\sigma(vp)\overline{\Psi(vp)}\,\delta(p)^{-1}dvdp = \int_V \varphi(v)\overline{\Psi(v)}\left(\int_P \chi_K(vp)dp\right)dv ,$$

comme $P \cap v^{-1}K$ est un ouvert compact de P, la fonction $\int_K \chi_K(vp)dp$ est strictement positive, ce qui implique que Ψ est nulle sur O, mais Ψ étant localement constante, Ψ est nulle.

C.Q.F.D.

Il est bien connu que dans le cas unitaire, la représentation $(\pi_\sigma, \mathcal{H}_\sigma)$ est topologiquement irréductible si et seulement si la représentation $(\pi_\sigma, \mathcal{B}_\sigma)$ est algébriquement irréductible. ([7], p. I-58) .

Un opérateur d'entrelacement A entre les représentations $(\pi_\sigma, \mathcal{B}_\sigma)$ et $(\pi_{\sigma'}, \mathcal{B}_{\sigma'})$ induites par un même parabolique est une application linéaire de $\mathcal{B}_\sigma$ dans $\mathcal{B}_{\sigma'}$ qui vérifie

$$A\pi_\sigma(g) = \pi_{\sigma'}(g)A \quad \text{pour tout} \quad g \in GL_m(k) .$$

Soit $\varphi^\sigma \in E_\sigma$ et écrivons que

(5-2)

$$\left(A\pi_\sigma\left(\begin{array}{c|c} g_1 & 0 \\ \hline 0 & g_2 \end{array}\right)\varphi^\sigma\right)\left(\begin{array}{c|c} g_1 & 0 \\ \hline 0 & g_2 \end{array}\right) = \left(\pi_{\sigma'}\left(\begin{array}{c|c} g_1 & 0 \\ \hline 0 & g_2 \end{array}\right)A\varphi^\sigma\right)\left(\begin{array}{c|c} g_1 & 0 \\ \hline 0 & g_2 \end{array}\right)$$

Par définition de $\pi_{\sigma'}$ le membre de droite vaut $(A\varphi^\sigma)(I)$.

Pour calculer le membre de gauche évaluons

$$\pi_\sigma\left(\begin{array}{c|c} g_1 & 0 \\ \hline 0 & g_2 \end{array}\right)\varphi^\sigma(v) \qquad \left(\text{où} \quad v = \begin{array}{c|c} I_p & 0 \\ \hline v & I_q \end{array}\right)$$

$$= \varphi^\sigma\left[\left(\begin{array}{c|c} g_1^{-1} & 0 \\ \hline 0 & g_2^{-1} \end{array}\right)\left(\begin{array}{c|c} I_p & 0 \\ \hline v & I_q \end{array}\right)\right] = \varphi^\sigma\left[\left(\begin{array}{c|c} I_p & 0 \\ \hline g_2^{-1}vg_1 & I_q \end{array}\right)\left(\begin{array}{c|c} g_1^{-1} & 0 \\ \hline 0 & g_2^{-1} \end{array}\right)\right]$$

$$= \delta^{\frac{1}{2}}\left(\begin{array}{c|c} g_1^{-1} & 0 \\ \hline 0 & g_2^{-1} \end{array}\right) \cdot \sigma\left(\begin{array}{c|c} g_1 & 0 \\ \hline 0 & g_2 \end{array}\right) \cdot \varphi\left(\begin{array}{c|c} I_p & 0 \\ \hline g_2^{-1} v g_1 & I_q \end{array}\right)$$

Cela prouve que

$$\pi_\sigma\left(\begin{array}{c|c} g_1 & 0 \\ \hline 0 & g_2 \end{array}\right) \varphi^\sigma = \delta^{\frac{1}{2}}\left(\begin{array}{c|c} g_1^{-1} & 0 \\ \hline 0 & g_2^{-1} \end{array}\right) \cdot \sigma\left(\begin{array}{c|c} g_1 & 0 \\ \hline 0 & g_2 \end{array}\right) \cdot (\varphi_{g_2 g_1})^\sigma$$

avec $\varphi_{g_2 g_1}(v) = \varphi(g_2^{-1} v g_1)$.

Le membre de gauche de la relation (5-2) est donc égal à

$$\delta^{\frac{1}{2}}\left(\begin{array}{c|c} g_1^{-1} & 0 \\ \hline 0 & g_2^{-1} \end{array}\right) \sigma\left(\begin{array}{c|c} g_1 & 0 \\ \hline 0 & g_2 \end{array}\right) (A(\varphi_{g_2 g_1})^\sigma)\left(\begin{array}{c|c} g_1 & 0 \\ \hline 0 & g_2 \end{array}\right)$$

$$= \delta^{\frac{1}{2}}\left(\begin{array}{c|c} g_1^{-1} & 0 \\ \hline 0 & g_2^{-1} \end{array}\right) \sigma\left(\begin{array}{c|c} g_1 & 0 \\ \hline 0 & g_2 \end{array}\right) \delta^{\frac{1}{2}}\left(\begin{array}{c|c} g_1 & 0 \\ \hline 0 & g_2 \end{array}\right) \sigma'^{-1}\left(\begin{array}{c|c} g_1 & 0 \\ \hline 0 & g_2 \end{array}\right) A(\varphi_{g_2 g_1})^\sigma(I)$$

D'où finalement l'égalité :

$$(5\text{-}3) \qquad A(\varphi_{g_2 g_1})^\sigma(I) = \sigma'\left(\begin{array}{c|c} g_1 & 0 \\ \hline 0 & g_2 \end{array}\right) \sigma^{-1}\left(\begin{array}{c|c} g_1 & 0 \\ \hline 0 & g_2 \end{array}\right) (A\varphi^\sigma)(I) .$$

THEOREME 5-4.- Si σ est unitaire, les représentations $(\pi_\sigma, \mathcal{H}_\sigma)$ de $GL_n(k)$ sont irréductibles.

Démonstration :

1er cas : le cas "décentré" , c'est-à-dire que les représentations considérées sont induites par un parabolique maximal de type (p,q) avec $p \neq q$.

Nous allons utiliser le lemme de Schur. Soit $A \in \mathcal{L}(\mathcal{H}_\sigma)$ un opérateur qui commute à la représentation, la relation 5-3 s'écrit

$$A(\varphi_{g_2 g_1})^\sigma(I) = (A\varphi^\sigma)(I) \ . \tag{5-5}$$

Ce qui montre que si nous considérons φ comme étant définie sur $M_{q,p}(k)$ la distribution $\varphi \mapsto (A\varphi^\sigma)(I)$ est en particulier invariante par l'action de $G_{p,q}$. Or nous savons d'après la proposition 4-4 que la mesure de Haar additive sur $M_{q,p}(k)$ et la mesure de Dirac en 0 forment une base de l'espace vectoriel des distributions invariantes. Parmi ces deux distributions seule la mesure de Dirac en 0 vérifie la relation (5-5).

Soient maintenant deux opérateurs A et A' qui commutent à π_σ et T_A et $T_{A'}$ les distributions associées $\varphi \mapsto (A\varphi^\sigma)(I)$ et $\varphi \mapsto (A'\varphi^\sigma)(I)$.

D'après ci-dessus il existe $\alpha \in \mathbb{C}$ tel que $T_A = \alpha T_{A'}$. Les relations

$$(A\varphi^\sigma)(v) = \pi_{\sigma'}(v^{-1})A\varphi^\sigma(I) = A\pi_\sigma(v^{-1})\varphi^\sigma(I) = A\varphi_v^\sigma(I)$$

(où $\varphi_v(v') = \varphi(vv')$) impliquent que A est déterminé sur E_σ par T_A . Le lemme 5-1 montre alors que A est entièrement déterminé par T_A . D'où $A = \alpha A'$. C.Q.F.D.

2e cas : le cas centré , la représentation $(\pi_\sigma, \mathcal{H}_\sigma)$ est réalisée sur $GL_{2n}(k)$ et induite par le parabolique maximal de type (n, n) . Si A

est un opérateur qui commute à la représentation, la relation (5-5) montre que la distribution $<T_A,\varphi> = (A\varphi^{\sigma})(I)$ est en particulier invariante au sens du § 2. Dans ce dernier paragraphe nous avons déterminé toutes les distributions invariantes, il faut donc "fouiller" parmi ces dernières pour trouver celles qui vérifient (5-5).

LEMME 5-6.- <u>L'espace vectoriel des distributions sur</u> E_n , <u>invariantes par</u> G_n , <u>vérifiant (5-5) est de dimension 1 . (Il est donc engendré par la mesure de Dirac en 0 .</u>

<u>Démonstration</u> : Soit S la forme linéaire sur $\mathcal{S}_{\natural}(k)$ associée à la distribution $<T,\varphi> = A\varphi^{\sigma}(I) : <S,M_{\varphi}> = <T,\varphi> \quad (\varphi \in \mathcal{D}(V))$.

Calculons $M_{\varphi_{g_2 g_1}}$; pour cela on pose

$$(\alpha_{t',t''}\varphi)\begin{pmatrix} x_{11} & x_{12} & \cdots & x_{1n} \\ x_{21} & & x_{ij} & \\ \vdots & & & \\ x_{n1} & & & \end{pmatrix} = \varphi\begin{pmatrix} t't''x_{11} & t'x_{12} & \cdots & t'x_{1n} \\ t''x_{21} & & x_{ij} & \\ \vdots & & & \\ t''x_{n1} & & & \end{pmatrix} (t',t'' \in k^*)$$

Si $f \in \mathcal{D}(k)$ on a :

$$\int_k M_{\alpha_{t',t''}\varphi}(t)\, f(t)\, dt = \int_{E_n} (\alpha_{t',t''}\varphi)(x)\, f(\det x)\, dx \, .$$

En faisant le changement de variable $\begin{pmatrix} t't''x_{11} & t'x_{12} \cdots t'x_{1n} \\ t''x_{21} & \\ \vdots & \\ t''x_{n1} & x_{ij} \end{pmatrix} = (X_{ij})$

on obtient :

$$\int_{E_n} \varphi(X)\, f(\frac{\det X}{t't''}) \frac{1}{|t't''|^n}\, dX = \frac{1}{|t't''|^n} \int_k M_\varphi(t)\, f(\frac{t}{t't''})\, dt$$

$$= \frac{1}{|t't''|^{n-1}} \int_k M_\varphi(t't''T)\, f(T)\, dT \,.$$

Donc $$M_{\alpha_{t',t''}\varphi}(t) = \frac{1}{|t't''|^{n-1}} M_\varphi(t't''t) \,.$$

On remarque d'autre part que $M_{\varphi_{g_2 g_1}} = M_{\alpha_{\frac{1}{\det g_2}, \det g_1}\varphi}(t)$.

S vérifie alors pour tout g_1 et tout g_2 dans $GL_n(k)$ les relations suivantes :

$$< S, M_\varphi > = < T, \varphi > = < T, \varphi_{g_2 g_1} > = < S, M_{\varphi_{g_2 g_1}} > = < S, M_{\alpha_{\frac{1}{\det g_2}, \det g_1}\varphi} >$$

$$= \left|\frac{\det g_2}{\det g_1}\right|^{n-1} < S, M_\varphi(\frac{\det g_1}{\det g_2} t) > .$$

Ce qui revient à dire que S vérifie la condition d'homogénéité suivante :

(5-7) $$< S, f(t't) > = |t'|^{n-1} < S, f > \quad \forall f \in \mathcal{S}_\natural(k) \,.$$

Il ne nous reste plus qu'à démontrer que le sous-espace de $\mathcal{S}'_\natural(k)$ des formes linéaires sur $\mathcal{S}_\natural(k)$ vérifiant (5-7) est de dimension 1 . La restriction d'une telle forme linéaire à $\mathcal{S}(k^*)$ ne peut être que de la forme $c \dfrac{dt}{|t|^n}$ (puisque $|t|^{n-1} S$ est proportionnel à la mesure de Haar de k^*) . D'après la proposition 2-13

$$<S,f> = c\int_{k^*} \left(\frac{f - \Sigma c_i(f)|t|^i\alpha}{|t|^n}\right)dt + \sum_{i=0}^{n-1} \gamma_i c_i(f) \ .$$

Prenons à présent $f(t) = \chi_{\mathcal{O}}(t)|t|^{n-1}$ où $\chi_{\mathcal{O}}$ désigne la fonction caractéristique de l'anneau des entiers.

On a alors $c_i(f) = 0$ si $i = 0,\dots,n-2$ et $c_{n-1}(f) = 1$.

$$f(t't) = \chi_{\mathcal{O}}(t't)|t|^{n-1}|t'|^{n-1}$$

$$<S,f(t't)> = c\int_{k^*} \frac{[f(t't)-|t'|^{n-1}|t|^{n-1}\alpha(t)]}{|t|^n} dt + \gamma_{n-1}|t'|^{n-1}$$

$$= |t'|^{n-1}\left[c\int_{k^*} \frac{\chi_{\mathcal{O}}(t't)-\alpha(t)}{|t|} dt + \gamma_{n-1}\right],$$

mais d'après la relation (5-7) cette dernière expression est égale à

$$|t'|^{n-1} <S,f> = |t'|^{n-1}\left[c\int_{k^*} \frac{\chi_{\mathcal{O}}(t)-\alpha(t)}{|t|} dt + \gamma_{n-1}\right].$$

Ce qui donne

$$c|t'|^{n-1}\int_{k^*} \frac{\chi_{\mathcal{O}}(t't)-\chi_{\mathcal{O}}(t)}{|t|} dt = 0 \text{ pour tout } t' \neq 0 \ .$$

Si $t' \notin \mathcal{O}^*$ l'intégrale ci-dessus est non nulle, cela implique que $<S,f> = \gamma_{n-1}c_{n-1}(f)$, ce qui démontre le lemme et termine la démonstration du théorème 5-4.

THEOREME 5-8.- <u>Soit</u> $P(p,q)$ <u>un parabolique maximal</u>, $\sigma = (\lambda,\mu)$ et $\sigma' = (\lambda',\mu')$ <u>deux quasi-caractères de</u> $P(p,q)$. <u>Soient</u> $(\pi_\sigma,\mathcal{B}_\sigma)$ <u>et</u> $(\pi_{\sigma'},\mathcal{B}_{\sigma'})$ <u>les deux</u>

<u>représentations induites correspondantes</u>.

- <u>Soit $p \neq q$, s'il existe un entrelacement</u> $A : \mathcal{B}_\sigma \to \mathcal{B}_{\sigma'}$ <u>non nul sur</u> E_σ <u>alors</u> $\sigma = \sigma'$ <u>ou</u> $\sigma = (\lambda, \lambda|t|^{-\frac{m}{2}})$ <u>et</u> $\sigma' = (\lambda|t|^{-q}, \lambda|t|^{\frac{m}{2}-q})$.

- <u>Soit $p = q$, s'il existe un entrelacement</u> $A : \mathcal{B}_\sigma \to \mathcal{B}_{\sigma'}$ <u>non nul sur</u> E_σ <u>alors</u> $\sigma' = \sigma^W = (\mu, \lambda)$ <u>ou alors il existe $h \in [0,1,\dots,n-1]$ tel que</u> $\sigma' = (\lambda|t|^{-h}, \mu|t|^{h})$.

<u>Démonstration</u> :

<u>Supposons d'abord</u> $p \neq q$.

Soit A un opérateur d'entrelacement : $A\pi_\sigma = \pi_{\sigma'}A$. La distribution sur V définie par $<T,\varphi> = (A\varphi^\sigma)(I)$ vérifie la relation :

$$\begin{array}{l}\forall g_1 \in GL_p(k)\\ \forall g_2 \in GL_q(k)\end{array} \quad <T,\varphi_{g_2 g_1}> = \frac{\lambda'(\det g_1)\mu'(\det g_2)}{\lambda(\det g_1)\mu(\det g_2)} <T,\varphi> \quad \text{(relation (5-3))}.$$

T est en particulier invariante au sens du § 4. D'après la proposition 4-4 il n'y a que deux possibilités :

- soit $T = \gamma\,\delta_0$ et alors on voit immédiatement que $\sigma = \sigma'$.

- soit $T = \gamma' dv$ et on a $<T,\varphi_{g_2 g_1}> = \dfrac{|\det g_2|^p}{|\det g_1|^q} <T,\varphi>$.

On obtient alors les conditions $\frac{\mu'}{\mu}(t) = |t|^p$ et $\frac{\lambda'}{\lambda}(t) = |t|^{-q}$.

D'autre part les relations

$$(A\varphi^\sigma)(v) = A\pi_\sigma(v^{-1})\varphi(I) = \int_V \pi_\sigma(v^{-1})\varphi(v')dv' = \int_V \varphi(v')dv'$$

$= (A\varphi^\sigma)(I)$ montrent que $\mathcal{B}_{\sigma'}$ contient les fonctions constantes sur V , cela va nous donner une condition supplémentaire sur σ' .

La décomposition suivante est bien connue [7] :

$$\left(\begin{array}{cc|cc} I_p & & 0 & \\ \hline 0\ldots 0 & x & & \\ & 0 & & \\ 0 & \vdots & I_q & \\ & 0 & & \end{array}\right) = \left(\begin{array}{cc|cc} 1 & & 0 & 0 \\ \ddots & & \vdots & \\ & x^{-1} & -1 & 0\ldots 0 \\ \hline 0\ldots 0 & 1 & 0 & \\ & 0 & 1 & \\ 0 & \vdots & & \ddots \\ & 0 & & 1 \end{array}\right) \left(\begin{array}{c|cc} & 0 & \\ I_p & \vdots & 0 \\ & x & 0\ldots 0 \\ \hline 0 & I_q & \end{array}\right) \left(\begin{array}{cc|cc} 1 & & 0 & \\ \ddots & & & \\ & x & & \\ \hline & & x^{-1} & \\ 0 & & & \ddots \\ & & & 1 \end{array}\right)$$

Si $\varphi \in \mathcal{D}_{\sigma'}$ on a alors

$$\varphi\left(\begin{array}{cc|c} I_p & & 0 \\ \hline 0\ldots 0 & x & \\ & 0 & \\ 0 & \vdots & I_q \\ & 0 & \end{array}\right) = \frac{1}{|x|^{\frac{m}{2}}}\, \frac{\mu'(x)}{\lambda'(x)}\, \varphi\left(\begin{array}{cc|cc} 1 & & 0 & 0 \\ \ddots & & \vdots & \\ 1 & x^{-1} & -1 & 0\ldots 0 \\ \hline 0\ldots 0 & 1 & 0 & \\ & 0 & 1 & \\ 0 & \vdots & & \ddots \\ & 0 & & 1 \end{array}\right)$$

Comme φ est localement constante on a pour $|x|$ suffisamment grand :

$$\varphi\left(\begin{array}{cc|cc} 1 & & 0 & 0 \\ \ddots & & 0 & \\ & x^{-1} & -1 & 0\ldots 0 \\ \hline 0\ldots 0 & 1 & 0 & \\ & 0 & 1 & \\ 0 & \vdots & & \ddots \\ & 0 & & 1 \end{array}\right) = \varphi\left(\begin{array}{cc|cc} 1 & & 0 & 0 \\ \ddots & & \vdots & \\ 1 & 0 & -1 & 0\ldots 0 \\ \hline 0\ldots 0 & 1 & 0 & \\ & 0 & 1 & \\ 0 & \vdots & & \ddots \\ & 0 & & 1 \end{array}\right) .$$

On voit alors que si $\mathcal{D}_{\sigma'}$ contient les fonctions constantes sur V nécessairement on doit avoir :

$$\frac{\mu'}{\lambda'}(t) = |t|^{\frac{m}{2}} .$$

Les trois relations obtenues $\frac{\mu}{\mu}(t) = |t|^p$, $\frac{\lambda'}{\lambda}(t) = |t|^{-q}$ et $\frac{\mu'}{\lambda'}(t) = |t|^{\frac{m}{2}}$ impliquent alors que

$$\sigma = (\lambda, \lambda|t|^{-\frac{m}{2}}) \quad \text{et} \quad \sigma' = (\lambda|t|^{-q}, \lambda|t|^{\frac{m}{2}-q}) .$$

Supposons à présent que $p = q = n$.

Si A est un opérateur d'entrelacement la distribution $<T,\varphi> = A\varphi^{\sigma}(I)$ vérifie toujours

$$<T,\varphi_{g_2 g_1}> = \frac{\lambda'(\det g_1)\mu'(\det g_2)}{\lambda(\det g_1)\mu(\det g_2)} <T,\varphi> \quad \forall\, g_1, g_2 \in GL_n(k) .$$

Appelons S la forme linéaire sur $\mathcal{S}_{\mathfrak{h}}(k)$ associée à T : $<T,\varphi> = <S,M_{\varphi}>$.

Nous avons démontré précédemment que

$<S,M_{\varphi_{g_2 g_1}}(t)> = \left|\frac{\det g_2}{\det g_1}\right|^{n-1} <S,M_{\varphi}(\frac{\det g_1}{\det g_2}\, t)>$. La relation ci-dessus s'écrit :

$$\forall\, g_1, g_2 \in GL_n(k),\ <S,M_{\varphi}(\frac{\det g_1}{\det g_2} t)> = \left|\frac{\det g_1}{\det g_2}\right|^{n-1} \frac{\lambda'(\det g_1)\mu'(\det g_2)}{\lambda(\det g_1)\mu(\det g_2)} <S,M_{\varphi}> .$$

On en déduit qu'il est nécessaire que $\frac{\lambda'}{\lambda} = \frac{\mu}{\mu'}$, et finalement S doit satisfaire la condition d'homogénéité suivante :

(5-9) $$<S,\Phi(t't)> = |t'|^{n-1} \frac{\lambda'}{\lambda}(t) <S,\Phi(t)> \qquad \Phi \in \mathcal{S}_{\mathfrak{h}}(k),\ t' \in k .$$

Supposons pour commencer que la distribution T soit non nulle sur l'ouvert des matrices de la forme :

$$\begin{pmatrix} I_n & 0 \\ v & I_n \end{pmatrix} \quad \text{avec} \quad v \in GL_n(k) .$$

Nous noterons cet ouvert $GL_n(V)$.

Cette dernière hypothèse implique que si $\mathrm{Supp}(\varphi) \subset GL_n(V)$ on a à une constante près :

$$<T,\varphi> = \int_V \varphi(x) \frac{\lambda(\det x)}{\lambda'(\det x)} \frac{1}{|\det x|^n} dx .$$

Supposons qu'il existe un élément $v \in V$ (V considéré en tant qu'espace vectoriel) telle que la fonction φ_v définie par $\varphi_v(x) = \varphi(x+v)$ ait son support dans $GL_n(V)$. Dans ce cas

$$(A\varphi^\sigma)(v) = (\pi_{\sigma'}(v^{-1})A\varphi^\sigma)(I) = (A\pi_\sigma(v^{-1})\varphi^\sigma)(I) = (A\varphi_v^\sigma)(I)$$

$$= \int_V \varphi(x+v) \frac{\lambda(\det x)}{\lambda'(\det x)|\det x|^n} dx = \int_V \varphi(v-x) \frac{\lambda(\det x)}{\lambda'(\det x)|\det x|^n} \frac{\lambda(\det(-I))}{\lambda'(\det(-I))} dx$$

$$= \frac{\lambda(\det(-I))}{\lambda'(\det(-I))} (\mathcal{J} * \varphi)(v) \quad \text{où} \quad \mathcal{J}(x) = \frac{\lambda(\det x)}{\lambda'(\det x)} \frac{1}{|\det x|^n} .$$

$GL_n(V)$ étant un ouvert dense de V , il en est de même de

$$U = [(GL_n(V)+I) \cap GL_n(V)] \cap [(GL_n(V)+I) \cap GL_n(V)]^{-1} .$$

Soit K un compact inclus dans U . Etant donné la définition de U on a $K-I \subset GL_n(V)$ et $K^{-1}-I \subset GL_n(V)$.

Soit d'autre part l'élément

$$w = \left(\begin{array}{c|c} 0 & I \\ \hline I & 0 \end{array}\right) \qquad \text{(on a } w^{-1} = w) .$$

Si $x \in GL_n(V)$ on a :

$$(5\text{-}10) \qquad w\left(\begin{array}{c|c} I & 0 \\ \hline x & I \end{array}\right) = \left(\begin{array}{c|c} I & 0 \\ \hline x^{-1} & I \end{array}\right)\left(\begin{array}{c|c} x & 0 \\ \hline 0 & -x^{-1} \end{array}\right)\left(\begin{array}{c|c} I & x^{-1} \\ \hline 0 & I \end{array}\right)$$

Soit $\varphi \in \mathcal{B}(V)$ dont le support K est inclus dans U. Ecrivons que

$$(A\pi_\sigma(w)\varphi^\sigma)\left(\begin{array}{c|c} I & 0 \\ \hline I & I \end{array}\right) = (\pi_{\sigma'}(w)A\varphi^\sigma)\left(\begin{array}{c|c} I & 0 \\ \hline I & I \end{array}\right)$$

Appelons G et D les membres de gauche et de droite de cette égalité.

$$D = (A\varphi^\sigma)\left(w\left(\begin{array}{c|c} I & 0 \\ \hline I & I \end{array}\right)\right) = \mu'(\det(-I))(A\varphi^\sigma)\left(\begin{array}{c|c} I & 0 \\ \hline I & I \end{array}\right) \quad \text{d'après (5-10).}$$

Comme le support de la fonction $x \mapsto \varphi(I+x)$ est inclus dans $K-I$ qui est inclus dans $GL_n(V)$ on a :

$$D = \mu'(\det(-I))\,\frac{\lambda(\det(-I))}{\lambda'(\det(-I))}\int_V \varphi(I-x)\mathfrak{I}(x)dx = \mu'(\det(-I))\,\frac{\lambda(\det(-I))}{\lambda'(\det(-I))}\int_V \varphi(x)\mathfrak{I}(I-x)dx .$$

Si $x \in GL_n(V)$: $\pi_\sigma(w)\varphi^\sigma\left(\begin{array}{c|c} I & 0 \\ \hline x & I \end{array}\right) = \dfrac{1}{|\det x|^n}\,\dfrac{\mu(\det(-x))}{\lambda(\det(x))}\,\varphi(x^{-1})$

d'après 5-10), ce qui fait que la fonction

$x \mapsto (\pi_\sigma(w)\varphi^\sigma)\begin{pmatrix} I & 0 \\ x+I & I \end{pmatrix}$ a son support inclus dans $K^{-1}-I \subset GL_n(V)$,

d'où

$$G = \frac{\lambda(\det(-I))}{\lambda'(\det(-I))} \int_V (\pi_\sigma(w)\varphi^\sigma)(I-x)\mathcal{J}(x)dx$$

$$= \frac{\lambda(\det(-I))}{\lambda'(\det(-I))} \int_V (\pi_\sigma(w)\varphi^\sigma)(I-x)\mathcal{J}(x)dx$$

$$= \frac{\lambda(\det(-I))}{\lambda'(\det(-I))} \int_V (\pi_\sigma(w)\varphi^\sigma)(x)\mathcal{J}(I-x)dx$$

$$= \frac{\lambda(\det(-I))}{\lambda'(\det(-I))} \int_V \frac{1}{|\det(x)|^n} \frac{\mu(\det(-x^{-1}))}{\lambda(\det(x^{-1}))} \varphi(x)\mathcal{J}(I-x^{-1})dx .$$

D'où pour tout $x \in U$:

$$\mu'(\det(-I))\mathcal{J}(I-x) = \frac{1}{|\det x|^n} \frac{\mu(\det(-x^{-1}))}{\lambda(\det(x^{-1}))} \mathcal{J}(I-x^{-1}) ,$$

c'est-à-dire

$$\frac{\mu'(\det(-I))\lambda(\det(I-x))}{\lambda'(\det(I-x))|\det(I-x)|^n} = \frac{\mu(\det(-I))\ \lambda(\det x)\ \lambda(\det(I-x)^{-1})}{|\det x|^n\,\mu(\det x)\ \lambda'(\det(I-x^{-1}))|\det(I-x^{-1})|^n} ,$$

ce qui donne

$$\frac{\mu'(\det(-I))\lambda'(\det(-I))}{\mu\ (\det(-I))\lambda\ (\det(-I))} = \frac{\lambda'}{\mu}(\det x) \quad \forall\, x \in U .$$

Comme U est dense, on en déduit que $\lambda' = \mu$. Comme d'autre part $\frac{\lambda'}{\lambda} = \frac{\mu}{\mu'}$, on a $\lambda = \mu'$, c'est-à-dire $\sigma^w = \sigma'$.

<u>Supposons à présent que T soit nulle sur $GL_n(V)$</u> .

Alors d'après le théorème 2-3, T est combinaison linéaire des mesures ω_p invariantes sur Γ_p, c'est-à-dire que la forme linéaire S correspondante est combinaison linéaire des n formes linéaires $c_i(\Phi)$ (Φ étant de la forme $\sum_{i=o}^{n-1} c_i(\Phi)|t|^i$ au voisinage de O) qui vérifient

$$c_i(\Phi(t't)) = |t'|^i \; c_i(\Phi) .$$

D'après la relation (5-9) cela implique qu'il existe $h = 0,1,\ldots,n-1$ tel que $\frac{\lambda}{\lambda'}(t) = |t|^h$, comme $\frac{\lambda}{\lambda'} = \frac{\mu'}{\mu}$, on obtient le résultat voulu.

C.Q.F.D.

COROLLAIRE 5-11.- <u>Soit σ un caractère non unitaire</u> de $P_{(p,q)}$, avec $p \neq q$. <u>Si σ n'est pas de la forme</u> $(\alpha|t|^{\frac{q}{2}}, \alpha|t|^{-\frac{p}{2}})$, α <u>étant un caractère unitaire, alors</u> π_σ <u>n'appartient pas à la série complémentaire</u>.

<u>Démonstration</u> : Soit σ un quasi-caractère non unitaire. On sait qu'une condition nécessaire pour que π_σ appartienne à la série complémentaire est que les représentations $\pi_{\bar{\sigma}}$ et $\pi_{\sigma^{-1}}$ soient équivalentes ([7] p.I-60). Ceci n'est possible, d'après la première partie du théorème 5-8, que si σ est de la forme ci-dessus.

BIBLIOGRAPHIE.

[1] BOURBAKI N. Intégration, chap.1-4, Paris, Hermann, deuxième édition. (Act. scient. et ind. 1175).

[2] BOURBAKI N. Intégration, chap. 5, Paris, Hermann, deuxième édition. (Act. scient. et ind. 1244).

[3] BOURBAKI N. Intégration, chap.7-8, Paris, Hermann, (Act. scient. et ind. 1306) .

[4] BRUHAT F. Sur les représentations induites des groupes de Lie, Bull. Soc. Math. France t. 84 1956.

[5] BRUHAT F. Distributions sur un groupe localement compact et applications à l'étude des représentations des groupes p-adiques, Bull. Soc. Math. France t. 89 1961, p. 43 à 75.

[6] GODEMENT R. et JACQUET H. Zeta functions of simple algebras. Lectures notes in Mathematics, Vol. 260, Springer-Verlag.

[7] GODEMENT R. Notes on Jacquet Langlands Theory. (The Institute for Advanced Study, Princeton 1970).

[8] GUELFAND I.M. et CHILOV G.E. Les distributions, Tome 1, Paris, Dunod 1962.

[9] HARISH CHANDRA — Invariant distributions on Lie algebras, Amer. J. Math. 86, 1964, p. 271-309.

[10] RAÏS M. — Distributions homogènes sur des espaces de matrices. Thèse Sc. Math. Paris, 1970. Bull. Soc. Math. France, Mémoire 30, 1972.

[11] RALLIS S. et SCHIFFMANN G. — Distributions invariantes par le groupe orthogonal, voir dans le présent volume.

[12] SERRE J.P. — Lie algebras and Lie groups, 1964, Lectures Given at Harvard University, Benjamin New-York 1965.

[13] TATE J.T. — Fourier analysis in number fields and Hecke's zeta-functions, dans CASSELS J.W.S. and FRÖHLICH A., Algebraic Number Theory 1967, Academic Press, London and New-York.

[14] TENGSTRAND A. — Distributions invariant under an orthogonal group of arbitrary signature, Math. Scand. 8 (1960), 201-218.

[15] TREVES F. — Locally convex spaces and linear partial differential equations. Die Grundlehren der mathematischen Wissenschaften in Einzeldarstellungen, Band 146, Springer-Verlag 1967.

DISTRIBUTIONS INVARIANTES PAR LE GROUPE ORTHOGONAL.

par

S. RALLIS

et

G. SCHIFFMANN

Soient k un corps local, de caractéristique différente de 2, et E un espace vectoriel sur k, de dimension finie, muni d'une forme quadratique non dégénérée Q. Si M désigne le groupe métaplectique (revêtement de SL_2) et G le groupe orthogonal de Q, on doit à A. Weil la construction d'une représentation de $G \times M$ dans $L^2(E)$. C'est cette représentation ou plutôt son analogue global qui est à la base de la construction des séries θ des formes quadratiques. L'objet de la première partie de ce travail est de traiter quelques questions préliminaires à l'étude locale de cette représentation. Nous nous proposons de déterminer les distributions sur E qui sont invariantes par G et en particulier d'étudier les distributions

$$f \longmapsto Z_f(\chi, s) = \int_E f(X)\chi(Q(X))|Q(X)|^{s-n/2}\, dX$$

où s est un nombre complexe et χ un caractère unitaire de k^*. A cet effet, munissons les quadriques

$$\Gamma_t = \{X \in E | Q(X) = t\}$$

de mesures μ_t, invariantes par G. On peut normaliser ces mesures de telle sorte que

$$\int_E f(X)\,dX = \int_k dt \int_{\Gamma_t} f(X)\,d\mu_t(X) .$$

Soit

$$\int_{\Gamma_t} f(X)\,d\mu_t(X) = M_f(t) .$$

Si f est une fonction de Schwartz-Bruhat sur E , alors la fonction M_f est régulière sur k^* mais est singulière à l'origine. De plus Z_f est la transformée de Mellin de M_f .

Le point de départ de notre étude est la formule, due à A. Weil, qui donne la transformée de Fourier d'un caractère quadratique ; elle équivaut à une équation fonctionnelle liant $\hat{M}_f$ et $M_{\hat{f}}$. Appliquant deux fois la thèse de Tate, on en déduit le prolongement analytique de Z_f . Un résultat élémentaire sur la transformation de Mellin nous permet alors de déterminer le comportement de M_f à l'origine et en fait de caractériser l'image de l'application $f \mapsto M_f$, la fonction f étant de Schwartz-Bruhat. Les distributions invariantes sont celles qui se factorisent à travers l'application M_f .

La théorie globale correspondante est celle des fonctions ζ des formes quadratiques. Si k est un corps de nombres, l'étude des résidus de certaines fonctions ζ globales permet, on le sait, de calculer le nombre de Tamagawa de G . Mais il était à peu près clair que pour les formes quadratiques indéfinies, il devait être possible de construire globalement les fonctions ζ de Siegel. La question était d'ailleurs posée par A. Weil aussi bien à la fin de [11] que de [14]. Nous montrons qu'en fait ces fonctions ζ de Siegel s'obtiennent en combinant convenablement certaines des fonctions ζ introduites dans [11]. L'identification finale repose sur la "formule de Siegel".

Contrairement à la première partie où l'on a essayé de présenter des résultats aussi complets que possible, cette deuxième partie a été, faute de compétence limitée au minimum nécessaire pour atteindre l'objectif qu'on vient de décrire.

La brève énumération qui précède montre que les prétentions à l'originalité de ce travail ne peuvent être que réduites. Dans le cas local archimédien, les résultats présentés sont bien connus. Mais surtout, nous avons fait de très nombreux emprunts aux idées et aux méthodes introduites par A. Weil dans la théorie analytique des formes quadratiques (cf. par ex. § 7 et 8).

TABLE DES MATIERES.

PREMIERE PARTIE : LA THEORIE LOCALE.

§ 1. CARACTERES QUADRATIQUES.

On va rappeler et préciser sur quelques points les résultats de A. Weil [13] concernant la transformée de Fourier d'un caractère quadratique.

Soient G un groupe abélien localement compact et G^* son groupe dual. Une application continue φ de G dans le groupe des nombres complexes de module 1 est un caractère quadratique de G si l'application

$$(x,y) \longmapsto \varphi(x+y)\varphi(x)^{-1}\varphi(y)^{-1}$$

est un caractère de $G \times G$. On peut alors poser :

$$\varphi(x+y) = \varphi(x)\varphi(y) < x, \rho y >$$

où ρ est un homomorphisme continu et symétrique de G dans G^*. On dit que φ et ρ sont associés ; le caractère quadratique φ est non dégénéré si ρ est un isomorphisme de G sur G^*.

Soit dx une mesure de Haar de G. Pour $u \in L^1(G)$, la transformée de Fourier u^* est définie par :

$$u^*(x) = \int_G u(x) < x, x^* > dx$$

et il existe une unique mesure de Haar dx^* sur G^* telle que, pour u^* intégrable on ait :

$$u(x) = \int_{G^*} u^*(x^*) < x, -x^* > dx^* .$$

Si φ est non dégénéré, le module de ρ est défini par :

$$|\rho| \int_G f(\rho x)\,dx = \int_{G^*} f(x^*)\,dx^*, \; f \in L^1(G^*) .$$

C'est un nombre positif qui dépend du choix de dx .

THEOREME 1-1 (A.WEIL).- <u>Soit</u> φ <u>un caractère quadratique non dégénéré de</u> G . <u>Il existe une constante</u> $\gamma(\varphi)$ <u>de module</u> 1 <u>telle que, pour</u> u <u>et</u> u^* <u>intégrables, on ait</u> :

$$\int_G \varphi(x)\,u^*(\rho x)\,dx = \gamma(\varphi)\,|\rho|^{-\frac{1}{2}} \int_G \overline{\varphi(x)}\,u(x)\,dx . \tag{1-1}$$

Notons que $\gamma(\varphi)$ ne dépend pas du choix de dx . On trouvera une démonstration directe de ce théorème dans [1].

Dans la suite, il sera commode de choisir pour dx l'unique mesure de Haar telle que $|\rho| = 1$; cette mesure sera dite adaptée à φ . Si l'on identifie G et G^* à l'aide de ρ , la transformation de Fourier est donnée par

$$\hat{u}(y) = \int_G u(x) < x, \rho y > dx$$

et la formule d'inversion s'écrit :

$$u(x) = \int_G \hat{u}(x) < x, -\rho y > dy .$$

La formule (1-1) devient :

$$\int_G \varphi(x)\,\hat{u}(x)\,dx = \gamma(\varphi) \int_G \overline{\varphi(x)}\,u(x)\,dx . \tag{1-2}$$

Autrement dit la transformée de Fourier de la distribution $\varphi(x)dx$ est la distribution $\gamma(\varphi)\,\overline{\varphi(x)}\,dx$.

Les deux propriétés suivantes de $\gamma(\varphi)$ sont démontrées dans [13].

PROPOSITION 1-2.- S'il existe un sous-groupe fermé H de G tel que :

a) $\varphi(x) = 1$ pour $x \in H$

b) $<H, \rho x> = 1$ implique $x \in H$,

alors $\gamma(\varphi) = 1$.

PROPOSITION 1-3.- Soient G_1 (resp. G_2) un groupe localement compact et φ_1 (resp. φ_2) un caractère quadratique non dégénéré de G_1 (resp. de G_2) . L'application :

$$\varphi_1 \otimes \varphi_2 : (x_1, x_2) \longmapsto \varphi_1(x_1)\varphi_2(x_2)$$

est un caractère quadratique non dégénéré de $G_1 \times G_2$ et :

$$\gamma(\varphi_1 \otimes \varphi_2) = \gamma(\varphi_1)\gamma(\varphi_2) .$$

Soit maintenant k un corps local de caractéristique différente de 2 . Choisissons un caractère additif continu non trivial τ de k . Soient E un espace vectoriel sur k , de dimension finie n , et E^* son dual algébrique. On identifie E^* et le groupe dual du groupe additif de E , en posant

$$<e, e^*> = \tau([e, e^*])$$

où $[e, e^*]$ est la dualité algébrique.

Si Q est une forme quadratique non dégénérée sur E , alors $\tau \circ Q$ est un caractère quadratique non dégénéré du groupe additif de E . Posons

$$B(e, e') = Q(e+e') - Q(e) - Q(e') \text{ , } e \text{ et } e' \in E .$$

La forme B est une forme bilinéaire symétrique non dégénérée sur E et l'isomorphisme ρ de E sur E^* , associé à $\tau \circ Q$ est défini par :

$$<e, \rho e'> = \tau(B(e,e')) .$$

Identifions E et E^* à l'aide de ρ et choisissons pour mesure de Haar de E, l'unique mesure de Haar adaptée à $\tau \circ Q$. La transformation de Fourier est alors définie par :

(1-3) $$\hat{u}(y) = \int_E u(x)\tau(B(x,y))\,dx \quad , \quad u \in L^1(E)$$

et si de plus $\hat{u}$ est intégrable, alors

$$u(x) = \int_E \hat{u}(y)\tau(-B(x,y))\,dy .$$

Il existe une constante de module 1, $\gamma(\tau \circ Q)$, telle que

(1-4) $$\int_E \hat{u}(x)\tau(Q(x))\,dx = \gamma(\tau \circ Q) \int_E u(x)\tau(-Q(x))\,dx .$$

Cette formule est valable pour u et $\hat{u}$ intégrables donc en particulier pour $u \in \mathcal{S}(E)$ espace des fonctions de Schwartz-Bruhat sur E. La constante $\gamma(\tau \circ Q)$ dépend du choix de τ ; on la note $\gamma_\tau(Q)$ où simplement $\gamma(Q)$ lorsqu'aucune confusion n'est possible. On va la calculer en fonction des invariants de Q et du symbole de Hilbert de k. Rappelons la définition de ce dernier.

On pose, pour $a, b \in k^*$,

$$(a,b) = \begin{cases} +1 & \text{si } a \text{ appartient au groupe des normes de } k(b^{\frac{1}{2}}) \\ -1 & \text{si } a \text{ n'appartient pas au groupe des normes de } k(b^{\frac{1}{2}}) . \end{cases}$$

Ce symbole a les propriétés suivantes :

1) $(a,b) = (b,a)$

2) $(ac^2,b) = (a,b)$

3) $(a,1) = 1$

4) $(a,bc) = (a,b)(a,c)$

5) $(a,-a) = 1$ et $(a,a) = (a,-1)$

6) si quel que soit b, on a $(a,b) = 1$, alors a est un carré de k.

En particulier on peut considérer le symbole de Hilbert comme défini sur $k^*/k^{*2} \times k^*/k^{*2}$. Si à tout élément a de k^*/k^{*2} on associe le caractère

$$\chi_a(b) = (a,b) \tag{1-5}$$

de k^*/k^{*2}, alors $a \mapsto \chi_a$ est un isomorphisme du groupe abélien fini k^*/k^{*2} sur son dual.

<u>Remarque</u> : Conformément à l'usage on note de la même façon le symbole de Hilbert considéré comme fonction sur $k^* \times k^*$ ou sur $k^*/k^{*2} \times k^*/k^{*2}$. De même χ_a désigne aussi le caractère de k^* trivial sur k^{*2} associé au caractère (1-5).

Pour calculer $\gamma(Q)$ commençons par le cas où E est de dimension 1. Prenons $E = k$ et soit q_1 la forme quadratique

$$q_1(x) = x^2 .$$

Posons :

$$\alpha(a) = \gamma(aq_1) \quad \text{pour} \quad a \in k^* .$$

Comme pour $c \in k^*$, les formes quadratiques ac^2q_1 et aq_1 sont équivalentes, on a $\alpha(ac^2) = \alpha(a)$ et on peut donc considérer α comme une application de k^*/k^{*2} dans le groupe des nombres complexes du module 1.

Le résultat fondamental suivant est dû à A. Weil [13].

PROPOSITION 1-4.- Soient a et b deux éléments de k^*. Considérons sur k^4 la forme quadratique

$$Q(x) = x_1^2 - ax_2^2 - bx_3^2 + abx_4^2 .$$

On a

$$\gamma(Q) = (a,b) .$$

Notons que dans ce cas $\gamma(Q)$ ne dépend pas du choix de τ. En combinant ce résultat avec la proposition 1-3, on obtient

$$(a,b) = \alpha(1)\alpha(-a)\alpha(-b)\alpha(ab) .$$

D'une manière générale on a, pour toute forme quadratique Q la relation

$$\gamma(Q)\gamma(-Q) = 1 ,$$

d'où en particulier

$$\alpha(a)\alpha(-a) = 1 .$$

Par suite la proposition 1-4 équivaut à la relation

$$\frac{\alpha(ab)}{\alpha(1)} = \frac{\alpha(a)}{\alpha(1)} \frac{\alpha(b)}{\alpha(1)} (a,b) . \tag{1-6}$$

Si on pose $G = k^*/k^{*2}$ et si on identifie G à son dual comme il a été dit plus haut, alors la formule (1-6) signifie que

$$\varphi(x) = \alpha(x)/\alpha(1)$$

est un caractère quadratique de G associé à l'isomorphisme identité. On va calculer sa transformée de Fourier. Soit $r = \text{Card}(G)$. La mesure de Haar de G adaptée à φ est

$$r^{-\frac{1}{2}} \sum_{a \in G} \delta_a$$

où δ_a est la mesure de Dirac au point a . Il existe une constante $\gamma(\varphi)$, de module 1 , telle que, pour toute fonction u définie sur G , on ait

$$\sum_{x \in G} \varphi(x)\, \hat{u}(x) = \gamma(\varphi) \sum_{x \in G} \overline{\varphi(x)}\, u(x) .$$

Posons

$$\varphi(x) = \sum_{a \in G} \beta_a(x,a)$$

et prenons pour u la fonction caractéristique de $\{b\}$ où $b \in G$. On a

$$\hat{u}(x) = r^{-\frac{1}{2}} (x,b)$$

et il vient

$$r^{-\frac{1}{2}} \sum_{a,x} \beta_a(x,ab) = \gamma(\varphi)\, \overline{\varphi(b)} .$$

On en tire

$$\beta_b = r^{-\frac{1}{2}} \gamma(\varphi)\, \overline{\varphi(b)} .$$

En résumé :

PROPOSITION 1-5.- <u>Il existe une constante</u> c , <u>de module</u> $\left[\mathrm{Card.}(k^*/k^{*2})\right]^{-\frac{1}{2}}$ <u>telle que</u>

(1-7) $$\alpha(x) = c \sum_{a \in k^*/k^{*2}} \bar{\alpha}(a)(x,a) .$$

Avec les notations précédentes on a

(1-8) $$c = r^{-\frac{1}{2}} \gamma(\varphi)\alpha(1)/\bar{\alpha}(1) .$$

La constante c dépend du choix de τ . On peut aussi noter la relation

$$\gamma(\varphi) = r^{-\frac{1}{2}} \sum_{a \in G} \varphi(a) .$$

Remarque : Dans un § ultérieur on reliera la fonction α aux facteurs gamma locaux de la thèse de Tate.

Passons maintenant au cas général. Soit n la dimension de E. La forme quadratique Q étant non dégénérée, on peut trouver un système de coordonnées dans E tel que

$$Q(x) = a_1x_1^2+\ldots+a_nx_n^2 .$$

Supposons k non archimédien ; la forme quadratique Q est alors caractérisée par trois invariants : la dimension n, le discriminant D et l'invariant de Hasse h. Rappelons que

$$h = \prod_{i<j} (a_i, a_j)$$

et que

$$D = a_1\ldots a_n k^{*2} .$$

PROPOSITION 1-6 (k non archimédien). On a :

$$\gamma(Q) = \alpha(1)^{n-1}\alpha(D)\, h .$$

En effet

$$\gamma(Q) = \alpha(a_1)\ldots\alpha(a_n)$$

et il suffit d'appliquer $n-1$ fois la formule (1-6).

Si k est archimédien, le calcul de $\gamma(Q)$ est aisé. Si $k = \mathbf{C}$, on a toujours $\gamma(Q) = 1$. Si $k = \mathbf{R}$ et si

$$\tau(x) = e^{2i\pi x}$$

alors

$$\gamma(Q) = e^{i\pi(p-q)/4}$$

où (p,q) est le type d'intertie de Q.

Dans la suite, la forme quadratique Q étant donnée et non dégénérée nous aurons à évaluer, pour $x \in k^*$, le nombre $\gamma(xQ)$. En tant que fonction de $x, \gamma(xQ)$ est invariante par le sous-groupe k^{*2} de k^*. On peut donc poser

$$(1\text{-}9) \qquad \gamma(xQ) = \sum_{a \in k^*/k^{*2}} \beta_a(Q)\,\chi_a(x) .$$

Si D est le discriminant de Q (k archimédien ou non) on pose

$$\Delta = (-1)^r D$$

où r est la partie entière de $n/2$.

PROPOSITION 1-7.- <u>Si</u> n <u>est pair, on a</u> :

$$\gamma(xQ) = \gamma(Q)\,\chi_\Delta(x) .$$

<u>Si</u> n <u>est impair, on a</u>

$$\gamma(xQ) = \gamma(Q)c\bar{\alpha}(1) \sum_{a \in k^*/k^{*2}} \bar{\alpha}(a\Delta)\,\chi_a(x) .$$

Supposons k non archimédien. D'après la proposition 1-6, on a

$$\gamma(xQ) = \gamma(Q)(x,(-1)^{n(n-1)/2})(x^{n-1},D)\alpha(x^n D)/\alpha(D) .$$

Si $n = 2r$ est pair, alors

$$\gamma(xQ) = \gamma(Q)(x,(-1)^r)(x,D) = \gamma(Q)(x,\Delta) .$$

Si $n = 2r+1$ est impair, il vient :

$$\gamma(xQ) = \gamma(Q)(x,(-1)^r)\alpha(xD)/\alpha(D) .$$

Appliquons la proposition 1-5 ; on obtient :

$$\gamma(xQ) = \gamma(Q)(x,(-1)^r)\, c \sum_a \bar{\alpha}(a)\bar{\alpha}(D)(x,a)(D,a) .$$

Mais

$$(D,a)\bar{\alpha}(a)\bar{\alpha}(D) = \bar{\alpha}(1)\bar{\alpha}(aD)$$

d'où

$$\gamma(xQ) = \gamma(Q)\, c\, \bar{\alpha}(1) \sum_a \bar{\alpha}(aD)(x,(-1)^r a) ,$$

ce qui en remplaçant a par $(-1)^r a$ donne le résultat annoncé.

Le calcul précédent reste valable si k est archimédien ; on peut aussi vérifier directement la proposition à partir des formules explicites qui donnent $\gamma(Q)$ dans ce cas.

Pour terminer, notons que si dx est la mesure de Haar adaptée à Q , alors, pour $t \in k^*$, on a

(1-10) $$\int_E \tau(tQ(x))\, u(x)\, dx = \gamma(tQ)|t|^{-n/2} \int_E \tau(-Q(x)/t)\, \hat{u}(x)\, dx .$$

Cette formule est valable pour u et $\hat{u}$ intégrables et $\hat{u}$ est définie par (1-3).

§ 2. L'EQUATION FONCTIONNELLE LOCALE.

Soit toujours k un corps local de caractéristique différente de 2 . Soient E un espace vectoriel sur k , de dimension n et Q une forme quadratique sur E , non dégénérée. On note $O(Q)$ le groupe orthogonal de Q . Pour $t \in k^*$ soit :

$$\Gamma_t = \{X \in E \mid Q(X) = t\}$$

et, pour $t = 0$, soit Γ_0 l'ensemble des vecteurs isotropes non nuls. D'après le théorème de Witt, $O(Q)$ opère transitivement sur Γ_t . Si Q est anisotrope, certains des Γ_t peuvent être vides.

LEMME 2-1.- Le groupe $O(Q)$ est unimodulaire.

En effet, soit Δ le module de $O(Q)$. Pour toute symétrie g, on a $\Delta(g)^2 = 1$ donc $\Delta(g) = 1$. Comme les symétries engendrent $O(Q)$ on a bien $\Delta = 1$.

PROPOSITION 2-2.- Sur chaque orbite Γ_t de $O(Q)$ il existe une mesure non nulle, positive, invariante, unique à la multiplication par un facteur constant près.

On peut supposer Γ_t non vide. Si $t \neq 0$, soit $e \in \Gamma_t$ et E' l'orthogonal du sous-espace ke, relativement à la forme bilinéaire associée à Q. Le centralisateur $O(Q)_e$ de e dans $O(Q)$ est isomorphe au groupe orthogonal de la restriction de Q à E' ; en particulier il est unimodulaire. Il existe donc sur l'espace homogène $O(Q)/O(Q)_e$ une mesure positive non nulle, invariante, unique à la multiplication par une constante près. Comme l'application canonique de $O(Q)/O(Q)_e$ sur Γ_t est un homéomorphisme commutant à l'action de G, la proposition en résulte dans ce cas. Si Γ_o est non vide, soit $e \in \Gamma_o$. Le centralisateur dans $O(Q)$ de la droite ke est un sous-groupe parabolique de $O(Q)$. Le centralisateur de e dans $O(Q)$ est le produit semi-direct de la partie semi-simple de ce sous-groupe parabolique par son radical unipotent. Il est donc unimodulaire et la démonstration s'achève comme dans le cas général.

Pour tout t soit μ_t une mesure positive, invariante non nulle sur Γ_t. Si $t \neq 0$, alors Γ_t est fermé dans E donc on peut considérer μ_t comme une mesure sur E. Si $t = 0$, alors à priori μ_o définit seulement une mesure sur $E_* = E - \{0\}$.

PROPOSITION 2-3.- Si (E,Q) n'est pas un plan hyperbolique alors μ_o définit une mesure tempérée sur E.

Remarquons d'abord que si (E,Q) est un plan hyperbolique alors, pour un système de coordonnées convenable, on a $Q(X) = x_1x_2$ et, à un facteur constant près :

$$\mu_o(f) = \int_{k^*} f(x_1,0)d^*x_1 + \int_{k^*} f(0,x_2)d^*x_2$$

de sorte que μ_o n'est visiblement pas une mesure sur E.

Ce cas étant écarté et le problème n'ayant d'intérêt que si Q est isotrope, on peut supposer $n \geq 3$. Rappelons que la forme bilinéaire associée à Q est définie par :

$$B(X,Y) = Q(X+Y) - Q(X) - Q(Y) .$$

Soient e_1 et e_2 deux vecteurs isotropes tels que $B(e_1,e_2) = 1$ et F l'orthogonal du plan hyperbolique $ke_1 + ke_2$. Soient M le centralisateur dans $O(Q)$ de e_1 et de e_2 et A le sous-groupe, ensemble des éléments a_t définis pour $t \in k^*$ par

$$a_t(e_1) = t^{-1}e_1 , a_t(e_2) = te_2 \quad \text{et} \quad a_{t|F} = \mathrm{Id} .$$

Enfin, pour tout élément y de F soit u_y l'élément de $O(Q)$ défini par :

$$u_y(e_1) = e_1 - Q(y)e_2 + y ,$$

$$u_y(e_2) = e_2 ,$$

$$u_y(z) = z - B(y,z)e_2 \quad \text{pour } z \in F .$$

L'ensemble des u_y est un sous-groupe fermé de $O(Q)$; on le note U. On voit facilement que $P = MAU$ est le centralisateur de la droite ke_2

et que MU est le centralisateur de e_2 . On a les relations usuelles :

$$ma = am\,,\; mu_y m^{-1} = u_{m(y)} \text{ et } a_t u_y a_t^{-1} = u_{ty} .$$

Le sous-groupe U est le radical unipotent de P ; il est abélien $(u_y u_{y'} = u_{y+y'})$. Le module du groupe localement compact P est donné par :

$$\Delta(ma_t u) = |t|^{-(n-2)} .$$

La formule précédente conduit à poser

$$\rho = \tfrac{1}{2}(n-2) \qquad n \geq 3 .$$

Soit alors $\mathcal{C}$ l'espace des applications continues de $O(Q)$ dans $\mathbb{C}$ telles que

$$\varphi(gma_t u) = |t|^{-2\rho}\varphi(g) .$$

Il existe sur $\mathcal{C}$ une forme linéaire positive non nulle ν , invariante par translations à gauche, unique à la multiplication par un facteur constant près (Bourbaki Intégration ch. 7 § 2 prop. 3). On note

$$\nu(\varphi) = \oint_{O(Q)} \varphi(g)\, d\nu(g)$$

cette forme linéaire.

Si f est une fonction continue à support compact sur $\Gamma_o \approx O(Q)/MU$, alors la forme linéaire

$$f \longmapsto \oint_{O(Q)} d\nu(g) \int_{k^*} f(ga_t)|t|^{n-2} d^*t$$

est positive non nulle et invariante par translations à gauche. Elle est donc proportionnelle à μ_o . Si l'on considère ν comme une forme linéaire positive sur l'espace des fonctions continues φ définies sur Γ_o et telles que

$$\varphi(tX) = |t|^{-2\rho}\varphi(X) ,$$

alors, à un facteur constant près on aura

$$\int_{\Gamma_o} f(X)\,d\mu_o(X) = \oint_{\Gamma_o} d\nu(X) \int_{k^*} f(tX)|t|^{n-2}d^*t .$$

Comme $n \geq 3$, la formule précédente montre que μ_o est une mesure tempérée sur E .

On va désintégrer la mesure de Haar de E suivant les mesures μ_t .

Soit τ un caractère additif continu, non trivial, de k . Soit dX la mesure de Haar de E adaptée au caractère quadratique $\tau \circ Q$ et soit dt la mesure de Haar de k autoduale relativement à τ . Pour toute k-variété analytique M , on note $\mathcal{D}(M)$ l'espace des applications continues de M dans C , à support compact, localement constantes si k est ultramétrique, de classe C^∞ si k est archimédien. Remarquons que $Q(E_*)$ est toujours une partie ouverte de k ; en effet, si Q est isotrope alors $Q(E_*) = k$ et si Q est anisotrope alors $Q(E_*)$ est réunion de classes de k^* modulo k^{*2} .

THEOREME 2-4.- Il existe une application $f \longmapsto M_f$ de $\mathcal{D}(E_*)$ sur $\mathcal{D}(Q(E_*))$ telle que pour $\varphi \in \mathcal{D}(Q(E_*))$, on ait

$$\text{(2-1)} \qquad \int_E \varphi(Q(X))\,f(X)\,dX = \int_{Q(E_*)} \varphi(t)\,M_f(t)\,dt .$$

De plus $\operatorname{supp.}(M_f) \subset Q(\operatorname{supp.} f)$ et, dans le cas archimédien, l'application $f \longmapsto M_f$ est continue.

Comme l'application $Q : E_* \to Q(E_*)$ est partout submersive, ceci n'est qu'un cas particulier d'un théorème général d'Harish-Chandra ([4]

page 49 et [3] page 274). La formule (2-1) reste valable en supposant seulement φ localement intégrable.

Dans (2-1) supposons $f \geq 0$; la mesure $M_f(t)\,dt$ est positive ou nulle donc la fonction M_f est positive ou nulle. Si $t \in Q(E_*)$, l'application $f \mapsto M_f(t)$ est donc une forme linéaire positive sur $\mathcal{D}(E_*)$, continue dans le cas archimédien. Elle définit donc une mesure T_t sur E_* . La propriété $\operatorname{supp.}(M_f) \subset Q(\operatorname{sup.} f)$ montre que le support de cette mesure est contenu dans Γ_t . Comme Γ_t est fermé dans E , on peut considérer T_t comme une mesure sur E . Cette mesure est invariante par $O(Q)$ et non nulle puisque l'application $f \mapsto M_f$ est surjective ; elle est donc proportionnelle à μ_t . Dans toute la suite, on normalise μ_t en prenant $\mu_t = T_t$. Cette normalisation dépend du choix de dX et de dt c'est-à-dire du choix de τ . On a alors

$$(2\text{-}2) \qquad \int_E f(X)\,dX = \int_{Q(E_*)} M_f(t)\,dt$$

à priori pour $f \in \mathcal{S}(E)$; en fait une version suffisamment générale du théorème de Fubini (Bourbaki Intégration ch. 5 § 3 n° 4) montre que (2-2) reste valable pour f intégrable. Dans ce cas la fonction M_f est définie presque-partout et est intégrable. Enfin de la relation

$$dtX = |t|^n\,dX$$

on déduit facilement que l'image de $\mu_{t'}$ par l'homothétie de rapport t est la mesure $|t|^{-(n-2)}\mu_{t^2t'}$. Autrement dit :

$$(2\text{-}3) \qquad \int_{\Gamma_{t'}} f(tX)\,d\mu_{t'}(X) = |t|^{-(n-2)} \int_{\Gamma_{t^2t'}} f(X)\,d\mu_{t^2t'}(X) .$$

Examinons maintenant le cas où $f \in \mathcal{S}(E)$, espace des fonctions de Schwartz-Bruhat sur E .

PROPOSITION 2-5.- A l'exception du cas où (E,Q) est un plan hyperbolique et où $t = 0$, les mesures μ_t sont tempérées.

Dans le cas ultramétrique $\mathcal{D}(E) = \mathcal{S}(E)$ et, par convention, toute mesure est tempérée. Supposons donc k archimédien. Le cas $t = 0$ a déjà été traité. Choisissons une norme sur E. Pour r et ε positifs, posons :

$$\varphi_r(X) = \begin{cases} 0 & \text{si } \|X\| \leq \varepsilon \\ \|X\|^{-r} & \text{si } \|X\| > \varepsilon \end{cases}$$

et soit

$$\eta = \sup\|Q(X)\| \quad \text{pour} \quad \|X\| \leq \varepsilon .$$

Pour éviter des confusions on note $|t|_k$ le module au sens de la théorie des corps locaux. Dans le cas complexe on a donc $|t|_k = |t|^2$ où $|t|$ est le module usuel. La fonction φ_r est intégrable pour r assez grand ; elle est donc μ_t intégrable pour presque tout t. Mais pour $|t| > \eta$, on a $\varphi_r(X) = \|X\|^{-r}$ pour $X \in \Gamma_t$, donc $\|X\|^{-r}$ est μ_t-intégrable pour presque tout t de module supérieur à η. Comme en faisant tendre ε vers 0, on peut rendre η arbitrairement petit, la fonction $\|X\|^{-r}$ est μ_t-intégrable pour presque tout t (pour r assez grand). La formule (2-3) donne

$$\text{(2-4)} \qquad \int_{\Gamma_t} \|X\|^{-r} d\mu_t(X) = |t'|_k^{-(n-2)+r'} \int_{\Gamma_{t',2_t}} \|X\|^{-r} d\mu_{t',2_t}(X)$$

où $r' = r$ si $k = \mathbb{R}$ et $r' = \frac{1}{2}r$ si $k = \mathbb{C}$. On en déduit que la fonction $\|X\|^{-r}$ est, pour r assez grand et t non nul μ_t-intégrable. Soit alors $f \in \mathcal{S}(E)$; il existe une semi-norme continue ν_r sur $\mathcal{S}(E)$ telle que

$$|f(X)| \leq \nu_r(f)\|X\|^{-r} .$$

On a donc

$$\int_{\Gamma_t} |f(X)|\, d\mu_t(X) \leq \nu_t(f) \int_{\Gamma_t} \|X\|^{-r}\, d\mu_t(X) < +\infty$$

ce qui prouve la proposition. Compte tenu de (2-4) et quitte à multiplier ν_r par une constante, on a

$$(2\text{-}5) \qquad |M_f(t)| \leq \nu_r(f)\,|t|_k^{\rho - r'/2} \quad , \quad t \neq 0 .$$

La fonction M_f est donc à décroissance rapide à l'infini.

<u>Remarque</u> : Si (E,Q) n'est pas un plan hyperbolique, la fonction M_f est, pour $f \in \mathcal{S}(E)$, définie pour $t \in Q(E_*)$. Si Γ_t est vide c'est-à-dire si $t \notin Q(E_*)$ on pose $M_f(t) = 0$; en particulier si Q est anisotrope alors $M_f(0) = 0$. Si (E,Q) est un plan hyperbolique $M_f(0)$ n'est pas défini.

PROPOSITION 2-6.- <u>Supposons k ultramétrique. Pour $f \in \mathcal{S}(E)$, la fonction M_f est à support compact dans k et est localement constante sur k^*.</u>

En effet la fonction Q est bornée sur le support de f donc la restriction de f à Γ_t est identiquement nulle pour t assez grand ce qui établit la première assertion. D'autre part, pour $\varepsilon > 0$, soit L un réseau dans E tel que

$$\sup_{x \in L} |Q(X)| \leq \varepsilon$$

et soit χ_L la fonction caractéristique de L. La fonction $(1-\chi_L)f$ appartient à $\mathcal{D}(E_*)$, donc $M_{(1-\chi_L)f}$ appartient à $\mathcal{D}(k)$. Mais pour $|t| > \varepsilon$, on a

$$M_f(t) = M_{(1-\chi_L)f}(t)$$

ce qui prouve que M_f est localement constante pour $|t| > \varepsilon$. Comme ε est arbitraire la fonction M_f est localement constante sur k .

Le cas archimédien est un peu plus compliqué.

PROPOSITION 2-7.- <u>Supposons que</u> $k = R$. <u>Pour</u> $f \in \mathcal{S}(E)$, <u>la fonction</u> M_f <u>est de classe</u> C^∞ <u>sur</u> k^* . <u>De plus, pour tout entier</u> p <u>positif ou nul et pour tout nombre</u> $m > 1$, <u>il existe une semi-norme continue</u> $\nu_{m,p}$ <u>sur</u> $\mathcal{S}(E)$ <u>telle que</u> :

$$|(d^p/dt^p) M_f(t)| \leq \nu_{m,p}(f)|t|^{-m-p} . \tag{2-6}$$

La fonction M_f est donc à décroissance rapide à l'infini ainsi que toutes ses dérivées.

En effet, la formule (2-5) est valable pour $r > n$ ce qui donne (2-6) pour $p = 0$. Pour établir les autres assertions considérons l'opérateur d'Euler L :

$$Lf(X) = (d/dt)f(tX)\Big|_{t=1} .$$

La formule de Taylor avec reste intégral donne

$$f(sX) = f(X) + (s-1)(Lf)(X) + \int_1^s (s-u)(d^2/du^2)f(uX)\,du .$$

Intégrons sur Γ_t ; en utilisant (2-3) il vient :

$$|s|^{-(n-2)} M_f(s^2 t) = M_f(t) + (s-1)M_{Lf}(t) + (s-1)^2 O(1) .$$

Ceci prouve que M_f est continue au point t et que la fonction

$$s \longmapsto |s|^{-(n-2)} M_f(s^2 t)$$

est dérivable pour $s = 1$. Il en résulte que M_f est dérivable pour t non nul et que

$$t(d/dt)M_f(t) = \rho\, M_f(t) + \tfrac{1}{2} M_{Lf}(t) . \tag{2-7}$$

La démonstration s'achève alors trivialement par récurrence sur p.

Il nous reste à examiner le cas complexe. Rappelons que $|t|_C = t\bar{t} = |t|^2$.

PROPOSITION 2-8.- Supposons que $k = C$. Pour $f \in \mathcal{S}(E)$, la fonction M_f est de classe C^∞ sur k^*. De plus, pour tout couple (p,q) d'entiers positifs ou nuls et pour tout nombre $m > 1$, il existe une semi-norme continue $\nu_{m,p,q}$, sur $\mathcal{S}(E)$ telle que

(2-8) $$|(\partial^{p+q}/\partial t^p \partial \bar{t}^q) M_f(t)| \leq \nu_{m,p,q}(f)|t|^{-2m-p-q}.$$

La démonstration procède comme dans le cas réel. On part cette fois des relations

(2-9) $$t(\partial/\partial t) M_f(t) = (n-2)M_f(t) + \tfrac{1}{2} M_{Lf}(t)$$

$$\bar{t}(\partial/\partial\bar{t}) M_f(t) = (n-2)M_f(t) + \tfrac{1}{2} M_{\bar{L}f}(t)$$

où les opérateurs L et $\bar{L}$ sont définis par

(2-10) $$Lf(X) = \tfrac{1}{2}\left[(d/dt)f(tX)_{|t=1} - i(d/dt)f(e^{it}X)_{|t=0}\right]$$

$$\bar{L}f(X) = \tfrac{1}{2}\left[(d/dt)f(tX)_{|t=1} + i(d/dt)f(e^{it}X)_{|t=0}\right].$$

Si $f \in L^1(E)$ et si on convient à nouveau de poser $M_f(t) = 0$ si $\Gamma_t = \emptyset$ alors la fonction M_f est définie presque partout sur k. L'égalité (1-10) se reformule comme suit :

THEOREME 2-9.- Soit $f \in L^1(E)$ telle que $\hat{f} \in L^1(E)$. Pour t non nul, on a :

(2-11) $$\hat{M}_f(t) = \gamma(tQ)|t|^{-n/2}\hat{M}_{\hat{f}}(-1/t).$$

COROLLAIRE 2-10.- Soit $f \in L^1(E)$ telle que $\hat{f} \in L^1(E)$. Si $n \geq 3$ alors la fonction M_f est égale presque partout à une fonction continue qui tend vers 0 à l'infini.

En effet, comme $M_f^\wedge$ est intégrable, la fonction $\hat{M}_f^\wedge$ est bornée. La formule (2-11) montre alors que

$$|\hat{M}_f(t)| < |t|^{-n/2} .$$

Comme $\hat{M}_f$ est continue, elle est intégrable pour $n \geq 3$. Le corollaire en résulte. En particulier si $f \in \mathcal{S}(E)$, alors on sait déjà que la fonction M_f est continue sur k^* ; le corollaire précédent montre que M_f à une limite quand t tend vers 0. On va préciser ce point.

PROPOSITION 2-11.- Supposons $n \geq 3$. Si $f \in \mathcal{S}(E)$, la fonction M_f est continue pour $t = 0$.

Si Q est anisotrope, alors $O(Q)$ est compact et les orbites Γ_t aussi. Pour $f \in \mathcal{S}(E)$ posons

$$\varphi_f(X) = \int_{O(Q)} f(gX)\, dg$$

où on normalise dg par

$$\int_{O(Q)} dg = 1 .$$

La fonction φ_f appartient à $\mathcal{S}(E)$ et on a

$$M_f(Q(X)) = \|\mu_{Q(X)}\| \varphi_f(X) .$$

De plus :

$$\|\mu_{t^2 a}\| = |t|^{n-2} \|\mu_a\| .$$

Comme k^*/k^{*2} est fini (la caractéristique de k est différente de 2) on en déduit qu'il existe une constante C telle que

(2-12) $$|M_f(t)| \leq C|t|^{(n-2)/2} \quad (Q \text{ anisotrope et } n \geq 1) .$$

Si $n \geq 3$, alors $M_f(t)$ tend vers 0 quand t tend vers 0 ; comme dans ce cas Γ_0 est vide, on a $M_f(0) = 0$ ce qui démontre notre assertion.

Supposons maintenant Q isotrope et $n \geq 3$. Pour $f \in \mathcal{S}(E)$ soit

$$\nu(f) = \lim_{t \to 0} M_f(t)$$

On a

$$\nu(f) = \int_k \hat{M}_f(t)\, dt ,$$

donc

$$|\nu(f)| \leq \int_k |\hat{M}_f(t)|\, dt .$$

Mais d'une part

$$|\hat{M}_f(t)| \leq \int_k |M_f(t)| dt = \int_k M_{|f|}(t)\, dt = \|f\|_{L^1}$$

et, d'autre part

$$|\hat{M}_f(t)| = |t|^{-n/2} |\hat{M}_{\hat{f}}(-1/t)| \leq |t|^{-n/2} \|\hat{f}\|_{L^1} .$$

On a donc :

$$|\nu(f)| \leq \int_k \inf.(\|f\|_{L^1}, \|\hat{f}\|_{L^1} |t|^{-n/2})\, dt$$

ce qui dans le cas archimédien montre que ν est une forme linéaire continue sur $\mathcal{S}(E)$ donc une distribution tempérée. Comme ν est positive, c'est une mesure tempérée. Si $f \in \mathcal{D}(E_*)$ alors M_f est continue donc $\mu_0(f) = \nu(f)$. La mesure $\nu - \mu_0$ est donc concentrée à l'origine ; si δ est la mesure de Dirac, posons

$$\nu = \mu_0 + c\,\delta .$$

La mesure μ_0 étant tempérée, la démonstration sera terminée si on prouve que c est nul. Or si $u \in k^*$, on a, pour $f \in \mathcal{B}(E)$,

$$M_{f(u.)}(t) = |u|^{-(n-2)} M_f(u^2 t) .$$

En faisant tendre t vers 0 , on en déduit que

$$d\nu(uX) = |u|^{n-2} d\nu(X) .$$

La mesure μ_o vérifie la même relation d'homogénéité. La mesure $c\,\delta$ doit donc aussi vérifier cette condition ce qui n'est possible que si $c = 0$.

Cela étant soit χ un caractère unitaire de k et s un nombre complexe. Pour $f \in \mathcal{S}(E)$, on pose

$$Z_f(\chi,s) = \int_E f(X)\chi(Q(X))|Q(X)|^s \frac{dX}{|Q(X)|^{n/2}} . \tag{2-13}$$

PROPOSITION 2-12.- <u>L'intégrale</u> (2-13) <u>est absolument convergente pour</u>

$\mathrm{Re}(s) > 0$ <u>si</u> Q <u>est anisotrope,</u>

$\mathrm{Re}(s) > n/2 - 1$ <u>si</u> Q <u>est isotrope.</u>

<u>La fonction</u> $Z_f(\chi,s)$ <u>est analytique dans le demi-plan de convergence.</u>

En intégrant d'abord sur les quadriques Γ_t , on a :

$$\int_E |f(X)|\ |Q(X)|^{\mathrm{Re}(s)-n/2}\, dX = \int_k M_{|f|}(t)|t|^{\mathrm{Re}(s)-n/2} dt .$$

Dans tous les cas la fonction $M_{|f|}$ est à décroissance rapide à l'infini. En effet si k est ultramétrique elle est à support compact et si k est archimédien, il suffit de noter que (2-5) est valable pour $|f|$. Il faut donc regarder la convergence à l'origine. Si Q est anisotrope, la formule 2-12 qui est à nouveau valable pour $M_{|f|}$ montre qu'il y a convergence pour $Re(s)>0$. Si Q est isotrope soit φ une fonction définie sur E telle que φ et $\hat{\varphi}$ soient intégrables et que $|f|\leq\varphi$. On a donc $M_{|f|}\leq M_{\varphi}$; si $n\geq 3$, alors la fonction M_{φ} reste bornée au voisinage de 0 et il en est donc de même de $M_{|f|}$ ce qui montre qu'il y a convergence pour $Re(s)>n/2-1$. Il reste le cas où Q est isotrope et $n = 2$, c'est-à-dire le cas où (E,Q) est un plan hyperbolique. Dans un système de coordonnées convenables on a :

$$Z_f(\chi,s) = \int_{k^*k^*} f(x_1,x_2)\chi(x_1)\chi(x_2)|x_1|^s|x_2|^s\, d^*x_1 d^*x_2 ,$$

intégrale qui est absolument convergente pour $Re(s)>0$. Enfin on démontre comme d'habitude que $Z_f(\chi,s)$ est analytique dans le demi-plan de convergence. On va montrer que Z_f se prolonge analytiquement. Pour cela rappelons tout d'abord le résultat local de la thèse de Tate. Il existe un facteur "gamma" $\rho(\chi,s)$ tel que, pour toute fonction $\varphi\in\mathcal{S}(k)$ on ait, pour $0<Re(s)<1$, l'égalité

$$\text{(2-14)}\qquad \int_{k^*} \varphi(t)\chi(t)|t|^s\, d^*t = \rho(\chi,s)\int_{k^*}\hat{\varphi}(t)\chi^{-1}(t)|t|^{1-s}\, d^*t .$$

Plus généralement, soit φ une application mesurable de k dans C ; la fonction $\varphi(t)|t|^{Re(s)-1}$ est intégrable pour $Re(s)\in I_1$ où I_1 est un intervalle de R . Supposons que $1\in I_1$ donc que la fonction soit intégrable. La fonction $\hat{\varphi}(t)|t|^{-Re(s)}$ est intégrable pour $Re(s)\in I_2$ où I_2 est un intervalle de R . L'égalité (2-14) est alors valable pour $Re(s)\in I_1\cap I_2$.

Revenons à la fonction Z_f . On a

$$\text{(2-15)}\qquad Z_f(\chi,s) = \int_{k^*} M_f(t)\chi(t)|t|^{s-n/2+1}\, dt .$$

Cette intégrale converge pour $Re(s)>0$ si Q est anisotrope et pour $Re(s)>n/2-1$ si Q est isotrope. La fonction $\hat{M}_f$ est continue et, on a

$$|\hat{M}_f(t)| < |t|^{-n/2}$$

lorsque $|t|$ tend vers l'infini. La fonction $|\hat{M}_f(t)|\,|t|^{-Re(s)-1-n/2}$ est donc intégrable pour $0<Re(s)<n/2$. Sous la condition

$$(2\text{-}16)\qquad n/2 > Re(s) > \begin{cases} 0 & \text{si } Q \text{ est anisotrope} \\ n/2-1 & \text{si } Q \text{ est isotrope ,} \end{cases}$$

on a donc

(2-17)

$$\int_{k^*} M_f(t)\chi(t)|t|^{s-n/2+1}\, d^*t = \rho(\chi, s-n/2+1)\int_{k^*} \hat{M}_f(t)\chi(t^{-1})|t|^{n/2-s}\, d^*t .$$

Ceci montre déjà que $Z_f(\chi,s)$ se prolonge en une fonction méromorphe dans le demi-plan $Re(s)>0$.

En appliquant la formule (2-11), il vient :

$$\int_{k^*} \hat{M}_f(t)\chi(t^{-1})|t|^{n/2-s}\, d^*t = \int_{k^*} \hat{M}_{\hat{f}}(t)\,\overline{\gamma(tQ)}\,\chi(-t)|t|^s\, d^*t .$$

Posons comme au § 1

$$\gamma(tQ) = \sum_{a\in k^*/k^{*2}} \beta_a(Q)\chi_a(t) .$$

On a donc, sous la condition (2-16)

$$Z_f(\chi,s) = \rho(\chi,s-n/2+1)\chi(-1)\sum_{a\in k^*/k^{*2}} \bar{\beta}_a(Q)\int_{k^*} \hat{M}_{\hat{f}}(t)(\chi\chi_a)(t)|t|^s\, d^*t .$$

La fonction $|M_{\hat{f}}(t)|\,|t|^{1-s}$ est intégrable pour $Re(s)<n/2$ si Q est anisotrope et pour $Re(s)<1$ si Q est isotrope. Appliquant à nouveau la thèse de Tate, on a donc :

$$\int_{k^*} \hat{M}_{\hat{f}}(t)(\chi\chi_a)(t)|t|^s\, dt = \rho(\chi\chi_a,s)(\chi\chi_a)(-1)\int_{k^*} M_{\hat{f}}(t)(\chi\chi_a)(t^{-1})|t|^{1-s}\, d^*t ,$$

sous la condition

$$0<Re(s)<\begin{cases} n/2 & \text{si } Q \text{ est anisotrope} \\ 1 & \text{si } Q \text{ est isotrope .} \end{cases}$$

Ceci permet de prolonger Z_f en une fonction méromorphe dans tout le plan complexe.

En résumé :

THEOREME 2-13.- Pour $f \in \mathcal{S}(E)$ et χ unitaire, la fonction

$$Z_f(\chi,s) = \int_E f(X)\chi(Q(X))|Q(X)|^{s-n/2}\,dX$$

se prolonge en une fonction méromorphe de s et satisfait à l'équation fonctionnelle

(2-18)

$$Z_f(\chi,s) = \rho(\chi,s-n/2+1)\sum_{a\in k^*/k^{*2}}\overline{\beta}_a(Q)\chi_a(-1)\rho(\chi\chi_a,s)Z_{\hat{f}}(\chi^{-1}\chi_a^{-1},n/2-s)\,.$$

Suivant les valeurs de s, le nombre $Z_f(\chi,s)$ est défini par l'une des expression (2-15), (2-17) ou (2-18).

Remarquons que si l'on pose

$$\tilde{Z}_f(\chi,s) = Z_f(\chi,s)/\rho(\chi,s-n/2+1)$$

alors (2-18) s'écrit :

(2-19) $$\tilde{Z}_f(\chi,s) = \chi(-1)\sum_{a\in k^*/k^{*2}}\overline{\beta}_a(Q)\tilde{Z}_{\hat{f}}(\chi^{-1}\chi_a^{-1},n/2-s)\,.$$

Si n est pair et si D est le discriminant de Q, posons $\Delta = (-1)^{n/2}D$. On a vu que $\beta_a(Q) = 0$ si $a \neq \Delta$ et que $\beta_\Delta(Q) = \gamma(Q)$. Dans ce cas l'équation fonctionnelle s'écrit donc :

(2-20) $$Z_f(\chi,s) = \overline{\gamma(Q)}\,\chi(-1)\rho(\chi,s-n/2+1)\rho(\chi\chi_\Delta,s)Z_{\hat{f}}(\chi^{-1}\chi_\Delta^{-1},n/2-s)\,.$$

Les formules se simplifient également si Q est anisotrope. Par exemple si $k = R$ et si Q est positive non dégénérée, alors, pour tout

$X \in E$, on a

$$\chi_1(Q(X)) = \chi_{-1}(Q(X)) .$$

On a donc

$$Z_f(\chi\chi_1, s) = Z_f(\chi\chi_{-1}, s)$$

et on peut regrouper les deux termes du second membre de l'équation fonctionnelle. On a des remarques analogues si k est ultramétrique et Q anisotrope (donc $n \leq 4$) . Les fonctions $\rho(\chi, s)$ étant connues explicitement, la détermination des pôles et des résidus de Z_f est triviale. Comme Z_f est la transformée de Mellin de M_f on en déduira le comportement de M_f à l'origine et on utilisera ces résultats pour étudier les distributions invariantes par le groupe $O(Q)$.

Terminons par un résultat facile qui nous servira pour des calculs explicites. Soient E_1 et E_2 deux espaces vectoriels sur k , de dimension finie et Q_1 et Q_2 des formes quadratiques non dégénérées sur E_1 et E_2 respectivement. Considérons l'espace $E = E_1 + E_2$, muni de la forme quadratique $Q = Q_1 + Q_2$. Soit alors $f_1 \in \mathcal{S}(E_1)$ et $f_2 \in \mathcal{S}(E_2)$ et posons

$$f(X) = f_1(X_1) f_2(X_2) \quad \text{pour} \quad X = X_1 + X_2 .$$

PROPOSITION 2-14.- <u>On a</u> :

$$M_f = M_{f_1} * M_{f_2}$$

$$\hat{M}_f = \hat{M}_{f_1} \hat{M}_{f_2} .$$

En effet si $\varphi \in \mathcal{S}(k)$, on a

$$\int_k \varphi(t) M_f(t) dt = \int_E \varphi(Q(X)) f(X) dX$$

$$= \int_{E_1 \times E_2} \varphi(Q_1(X_1) + Q(X_2)) f_1(X_1) f_2(X_2) dX_1 dX_2$$

$$= \int_{k\times k} \varphi(t_1+t_2) M_{f_1}(t_1) M_{f_2}(t_2)\, dt_1\, dt_2$$

ce qui implique la première relation. La deuxième résulte de la première et est d'ailleurs évidente directement si on note que

$$\hat{M}_f(t) = \int_E f(X)\tau(tQ(X))\, dX .$$

§ 3. LE CAS ULTRAMETRIQUE.

Dans ce § le corps k est supposé ultramétrique et on note θ l'anneau des entiers de k, $\underline{p}$ son idéal maximal et π un générateur de $\underline{p}$. Soit q le cardinal de $\theta/\underline{p}$. Le caractère additif τ de k est fixé ; soit ν son ordre. Soit toujours dt la mesure de Haar de k, autoduale relativement à τ. Le volume du groupe des unités θ^* est :

$$\mathrm{vol}(\theta^*) = q^{-\nu/2}\,(1 - 1/q) .$$

Le facteur gamma $\rho(\chi,s)$ est une fraction rationnelle en q^s. Si χ est ramifié c'est un polynôme en q^s et q^{-s}. Si $\chi = \chi_1$ est le caractère trivial, on a

$$\rho(\chi_1,s) = q^{\nu(s-\frac{1}{2})}\,\frac{1-q^{s-1}}{1-q^{-s}} .$$

Il y a donc un pôle pour $q^s = 1$; ce pôle est simple et le résidu vaut

$$\underset{s=0}{\mathrm{Res.}}\,\rho(\chi,s) = \mathrm{vol}(\theta^*)\, \underset{s=0}{\mathrm{Res.}}\,(1/(1-q^{-s})) = \mathrm{vol}(\theta^*)/\mathrm{Log}\, q .$$

D'autre part

$$\rho(\chi,s)\rho(\chi^{-1},1-s) = \chi(-1)$$

et par suite $\rho(\chi,s)$ n'a de zéros que si χ est non ramifié. Pour $\chi = \chi_1$ les zéros sont simples et obtenus pour $q^s = q$. Enfin on note ε l'unique élément de k^*/k^{*2} tel que

$$\chi_\varepsilon(t) = (-1)^{\mathrm{ord}(t)} .$$

Les caractères χ_1 et χ_ε sont les seuls caractères non ramifiés parmi les caractères associés au symbole de Hilbert.

On reprend les notations du § 2

PROPOSITION 3-1.- *Soit* $f \in \mathcal{S}(E)$.

a) *La fonction* $Z_f(\chi,s)$ *est une fraction rationnelle en* q^s *; elle est identiquement sauf pour un nombre fini de* χ *(à la multiplication par une puissance du module près).*

b) *Si* χ^2 *est ramifié* $Z_f(\chi,s)$ *est un polynôme en* q^s *et* q^{-s}.

c) *Si* $\chi = \chi_a$ *est l'un des caractères associés au symbole de Hilbert, alors, pour* $n \geq 3$, $Z_f(\chi,s)$ *est la somme d'un polynôme en* q^s *et* q^{-s} *et de la fonction*

$$\mathrm{vol}(\theta^*)\left\{ \eta \frac{M_f(0)}{1-q^{-s-1+n/2}\chi_a(\pi)} + f(0)\left[\frac{\overline{\beta}_a(Q)}{\rho(\chi_a,n/2)}\cdot\frac{1}{1-q^{-s}} + \frac{\overline{\beta}_{a\varepsilon}(Q)}{\rho(\chi_{a\varepsilon},n/2)}\cdot\frac{1}{1+q^{-s}}\right]\right\}$$

où $\eta = 1$ *si* χ_a *est non ramifié et* $\eta = 0$ *si* χ_a *est ramifié.*

Prouvons a). La fonction $Z_f(\chi,s)$ est une fonction méromorphe de s, de période $2i\pi/\mathrm{Log}\, q$. Il existe donc une fonction φ définie et méromorphe dans $\mathbb{C}$ telle que

$$\varphi(q^s) = Z_f(\chi,s) .$$

Pour montrer que φ est une fraction rationnelle il suffit de prouver qu'elle est méromorphe à l'origine et à l'infini. Pour $r \in \mathbb{Z}$, soit

$$E_r = \{X \in E \mid \text{ord.}(Q(X)) = r\} .$$

Comme le support de f est compact, on a

$$\text{supp.}(f) \cap E_r = \emptyset$$

pour r négatif assez grand. Par suite, pour $\mathrm{Re}(s) > n/2 - 1$, on a

$$\varphi(q^s) = \sum_{r >> -\infty} q^{r(n/2-s)} \int_{E_r} f(X)\chi(Q(X))\, dX$$

ce qui montre que φ est méromorphe à l'infini. L'équation fonctionnelle de $Z_f(\chi, s)$ implique que φ est aussi méromorphe à l'origine.

D'autre part, comme $f \in \mathcal{S}(E)$, il existe un réseau L dans E tel que

$$f(X+Y) = f(X) \quad \text{pour} \quad X \in E \quad \text{et} \quad Y \in L .$$

Soit $\| \ \|_L$ la norme associée à ce réseau. Si $t \in k$ est tel que

$$|t-1| \leq \inf_{X \in \text{supp}(f)} \|X\|_L^{-1}$$

alors, pour tout X appartenant au support de f on a

$$f(tX) = f(X) .$$

Il existe donc un entier positif α tel que

$$f(tX) = f(X) \quad \text{pour} \quad t \in 1 + \underline{p}^{\alpha} \quad \text{et} \quad X \in \text{supp.}(f) .$$

Cela étant, on a pour $\mathrm{Re}(s) > n/2-1$,

$$Z_f(\chi, s) = \int_E f(X)\chi(Q(X))|Q(X)|^{s-n/2}\, dX ,$$

donc, pour $t \in 1 + \underline{p}^{\alpha}$,

$$Z_f(\chi, s) = \int_E f(tX)\chi(Q(X)|Q(X)|^{s-n/2}\, dX$$

ou encore

$$Z_f(\chi,s) = |t|^{-2s}\chi(t^{-2})Z_f(\chi,s)$$
$$= \chi(t^{-2})Z_f(\chi,s) .$$

Si χ^2 n'est pas trivial sur $1+\underline{p}^{\alpha}$, la fonction $Z_f(\chi,s)$ est donc identiquement nulle, ce qui prouve la seconde assertion de a).

Le point b) est trivial. En effet si χ^2 est ramifié alors χ est ramifié ainsi que $\chi\chi_a$ pour tout $a \in k^*/k^{*2}$. Les facteurs gamma qui figurent dans l'équation fonctionnelle sont donc des polynômes en q^s et q^{-s}, ils n'introduisent pas de pôle. Les seuls pôles possibles pour φ sont donc l'origine et l'infini et par suite φ est un polynôme en z et $1/z$ (avec $z = q^s$) .

Prouvons c). Si χ^2 est non ramifié, alors quitte à le multiplier par une puissance du module, on peut le supposer trivial. Le caractère χ est alors trivial sur k^{*2} et on peut donc supposer que $\chi = \chi_a$ pour un élément $a \in k^*/k^{*2}$. L'équation fonctionnelle montre que les seuls pôles possibles sont obtenus pour

$$q^{s-n/2+1} = \pm 1 \quad \text{ou} \quad q^s = \pm 1 .$$

Comme $n \geq 3$, ces deux cas sont distincts. Tout d'abord si $q^{s-n/2+1} = \pm 1$, on a $Re(s) = n/2-1$ et $Z_f(\chi,s)$ est donnée par (2-17). Pour qu'il y ait un pôle, il faut que χ_a soit non ramifié c'est-à-dire que $a = 1$ ou ε . Dans le premier cas on doit prendre $q^{s-n/2+1} = 1$ et dans le deuxième $q^{s-n/2-1} = -1$. Dans les deux cas, l'intégrale qui figure au second membre de (2-17) est régulière et vaut $M_f(0)$. On a donc :

$$\text{pour}\quad a = 1 \quad \operatorname*{Res.}_{s=n/2-1} \left[Z_f(\chi_a,s) \right] = \text{vol.}(\theta^*)\, M_f(0) \operatorname*{Res.}_{s=n/2-1} \left[\frac{1}{1-q^{-s+n/2-1}} \right]$$

$$\text{pour}\quad a = \varepsilon \quad \operatorname*{Res.}_{s=n/2-1+i\pi/\text{Log}\, q} \left[Z_f(\chi_a,s) \right] = \text{vol.}(\theta^*)\, M_f(0) \operatorname*{Res.}_{s=n/2-1} \left[\frac{1}{1+q^{-s+n/2-1}} \right].$$

Il y a donc un pôle simple si $M_f(0)$ est non nul. En particulier si Q est anisotrope on a toujours $M_f(0) = 0$ donc il n'y a pas de pôles pour ces valeurs de s. Par contre si Q est isotrope, on a $M_f(0) = \mu_0(f)$ et en général, il y a un pôle. Si maintenant $q^s = 1$, alors $Z_f(\chi,s)$ est défini par (2-18) et le seul terme qui peut fournir un pôle est

$$\overline{\beta}_a(Q)\rho(\chi_a^2,s)Z_{\hat{f}}(\chi_a^{-2}, n/2-s) .$$

Comme

$$Z_{\hat{f}}(\chi_1,n/2) = f(0),$$

on a :

$$\operatorname*{Res.}_{s=0} Z_f(\chi_a,s) = \frac{\overline{\beta}_a(Q)}{\rho(\chi_a,n/2)} f(0)\,\text{vol.}(\theta^*) \operatorname*{Res.}_{s=0} \frac{1}{1-q^{-s}} .$$

Il y a donc un pôle simple si $\overline{\beta}_a(Q)f(0)$ est non nul. Si n est pair $\beta_a(Q) = 0$ sauf si $a = (-1)^{n/2}D$ où D est le discriminant de Q et il n'y a donc de pôles que pour cette valeur de a et $f(0)$ différent de zéro. Par contre si n est impair on a $\beta_a(Q) \neq 0$ et il y a en général un pôle.

On a des conclusions analogues pour $q^{-s} = -1$. Les remarques précédentes impliquent l'assertion c) de la proposition.

Il nous reste à examiner les cas $n = 1,2$.

Supposons d'abord $n = 1$. On peut dans ce cas procéder directement. Prenons $E = k$ et $Q(X) = uX^2$. La mesure d_Qx adaptée à Q est

$$d_Q x = |2u|^{\frac{1}{2}}\, dx$$

où dx est la mesure autoduale relativement à τ. On pose, pour $f \in \mathcal{S}(k)$,

$$\hat{f}(x) = \int_k f(y)\,\tau(xy)\,dy$$

et

$$\hat{f}_Q(x) = \int_k f(y)\,\tau(2uxy)\,d_Q y = |2u|^{\frac{1}{2}}\,\hat{f}(2ux)\,.$$

Par définition

$$Z_f(\chi,s) = \int_k f(x)\chi(ux^2)|ux^2|^{s-\frac{1}{2}}\,d_Q x$$

$$= |2u|^{\frac{1}{2}}\,\chi(u)|u|^{s-\frac{1}{2}}\int_{k^*} f(x)\chi^2(x)|x|^{2s}\,d^*x\,.$$

En appliquant la thèse de Tate, il vient :

$$Z_f(\chi,s) = \chi(1/4)|2|^{\frac{1}{2}-s}\,|u|^{-\frac{1}{2}}\,\rho(\chi^2,2s)Z_{\hat{f}_Q}(\chi^{-1},\tfrac{1}{2}-s)\,.$$

Pour $\chi = \chi_a$, on obtient donc un pôle pour $q^s = \pm 1$. Si $q^s = 1$, on a

$$Z_{\hat{f}_Q}(\chi_a^{-1},\tfrac{1}{2}-s) = \chi_a(u)f(0)$$

et si $q^s = -1$, alors

$$Z_{\hat{f}_Q}(\chi_a^{-1},\tfrac{1}{2}-s) = (-1)^{\mathrm{ord}.u}\,\chi_a(u)f(0)\,.$$

Comme $\chi_a(1/4) = 1$, on a

PROPOSITION 3-2.- <u>Si</u> $n = 1$ <u>alors</u> $Z_f(\chi_a,s)$ <u>est la somme d'un polynôme en</u> q^s <u>et</u> q^{-s} <u>et de la fonction</u> :

$$\tfrac{1}{2}|2|^{\frac{1}{2}}|u|^{-\frac{1}{2}}\,\mathrm{vol}(\theta^*)f(0)\left[\frac{\chi_a(u)}{1-q^{-s}} + \frac{\chi_{a\varepsilon}(u)}{1+q^{-s}}\right].$$

Supposons maintenant que $n = 2$ et que Q est anisotrope de discriminant D et d'invariant de Hasse $h(Q)$. L'équation fonctionnelle s'écrit

$$Z_f(\chi,s) = \overline{\gamma(Q)}\chi_{-D}(-1)\rho(\chi,s)\rho(\chi\chi_{-D},s)Z_{\hat{f}}(\chi^{-1}\chi_{-D}^{-1},1-s).$$

Il n'apparaît de pôles que si χ ou $\chi\chi_{-D}$ est non ramifié. Comme $D \neq -1$, il n'y a pas de pôles doubles. Supposons par exemple χ trivial. Il y a un pôle pour $s = 0$ si et seulement si

$$Z_{\hat{f}}(\chi_{-D},1) = \int_E \hat{f}(X)\,\chi_{-D}(Q(X))\,dX \neq 0 .$$

Or, dans un système de coordonnées convenables, on a

$$Q(X) = ux^2 + vy^2$$

donc $D = uv$ et

$$\chi_{-D}(Q(X)) = (-uv, ux^2 + vy^2) = (-v/u, u(x^2 + vu^{-1}y^2)) .$$

Par hypothèse $-v/u$ n'est pas un carré donc, par définition même du symbole de Hilbert, on a

$$\chi_{-D}(Q(X)) = (-v/u,u) = (u,v) = h(Q) .$$

On a donc

$$Z_{\hat{f}}(\chi_{-D},1) = h(Q)f(0) .$$

Le résidu au point $s = 0$ est

$$h(Q)\,\overline{\gamma(Q)}\,\chi_{-D}(-1)\rho(\chi_{-D},0)f(0)\,\mathrm{vol}(\theta^*)\,\operatorname*{Res.}_{s=0}\frac{1}{1-q^{-s}} .$$

Si $\chi = \chi_{-D}$, il y a un pôle simple pour $s = 0$, de résidu

$$\overline{\gamma(Q)}\,\chi_{-D}(-1)\,\rho(\chi_{-D},0)f(0)\,\mathrm{vol.}(\theta^*)\,\operatorname*{Res.}_{s=0}\frac{1}{1-q^{-s}} .$$

Remarquons que si $D = -\varepsilon$, alors $Z_f(\chi_1,s)$ a deux pôles simples, un pour $q^s = 1$ et un pour $q^s = -1$.

PROPOSITION 3-3.- Si $n = 2$ et si Q est anisotrope, alors $Z_f(\chi_a, s)$ est la somme d'un polynôme en q^s et q^{-s} et de la fonction :

$$\overline{\gamma(Q)}\,\chi_{-D}(-1)\,\mathrm{vol}(\theta^*)f(0)\rho(\chi_{-D},0)\left[\eta\,\frac{h(Q)}{1-\chi_a(\pi)q^{-s}} + \eta'\,\frac{1}{1-\chi_{-aD}(\pi)q^{-s}}\right]$$

où

$$\eta = \begin{cases} 1 & \text{si } \chi_a \text{ est non ramifié} \\ 0 & \text{si } \chi_a \text{ est ramifié} \end{cases}$$

et

$$\eta' = \begin{cases} 1 & \text{si } \chi_{-aD} \text{ est non ramifié} \\ 0 & \text{si } \chi_{-aD} \text{ est ramifié.} \end{cases}$$

Il reste le cas où (E,Q) est un plan hyperbolique. Dans ce cas, $D = -1$ et $\gamma(Q) = 1$. L'équation fonctionnelle s'écrit

$$Z_f(\chi,s) = \rho(\chi,s)^2\, Z_{\hat{f}}(\chi^{-1},1-s)\ .$$

Il n'y a de pôles que si χ est non ramifié. Si $\chi = \chi_1$ on aura un pôle pour $q^s = 1$ et si $\chi = \chi_\varepsilon$ pour $q^s = -1$; en général ces pôles sont doubles. Pour ces valeurs de (χ,s) on a

$$Z_{\hat{f}}(\chi,1-s) = f(0)\ .$$

On définit alors la distribution $\mathrm{v.p.}(\mu_o)$, en posant

$$Z_f(\chi_1,s) = \mathrm{vol}(\theta^*)^2\, f(0)\,\frac{1}{(1-q^{-s})^2} + \mathrm{vol}(\theta^*)\mathrm{vp.}\mu_o(f)\,\frac{1}{1-q^{-s}}$$

$$+ \text{ une fonction de } s \text{ régulière pour } q^s = 1\ .$$

Cette distribution sera appelée valeur principale de μ_o. On vérifie qu'elle coïncide avec μ_o et si $f \in \mathcal{D}(E_*)$. On peut la préciser comme suit. Dans un système de coordonnées convenables, on a $Q(X) = x_1 x_2$ et $dX = dx_1\, dx_2$. Si φ est la fonction caractéristique du réseau des points à coordonnées entières, alors un calcul direct donne

$$Z_\varphi(\chi_1, s) = \mathrm{vol}(\theta^*)^2 \frac{1}{(1-q^{-s})^2} .$$

On a donc $vp.\mu_o(\varphi) = 0$ et par suite

$$vp\ \mu_o(f) = \mu_o(f - f(0)\varphi)\ ,\ f \in \mathcal{S}(E) .$$

PROPOSITION 3-4.- Si (E,Q) est un plan hyperbolique, alors $Z_f(\chi, s)$ est la somme d'un polynôme en q^s et q^{-s} et de la fonction

$$\eta\ \mathrm{vol}(\theta^*)^2 \frac{f(0)}{(1-\chi_a(\pi)q^{-s})^2} + \eta\ \mathrm{vol}(\theta^*) \frac{vp.\mu_o(f)}{1-\chi_a(\pi)q^{-s}}$$

où $\eta = 1$ si χ_a est non ramifié et $\eta = 0$ si χ_a est ramifié.

Ces résultats nous permettent de déterminer le comportement de M_f au voisinage de 0 .

PROPOSITION 3-5.- Soit $f \in \mathcal{S}(E)$.

a) La fonction M_f est à support compact dans k et est localement constante dans k^* .

b) Si $n \geq 3$, alors au voisinage de 0 , on a

$$M_f(t) = M_f(0) + f(0)|t|^{n/2-1} \sum_{a \in k^*/k^{*2}} \frac{\beta_a(Q)}{\rho(\chi_a, n/2)} \chi_a(t) .$$

c) Si $n = 1$ et $E = k$ et $Q(x) = ux^2$, alors, au voisinage de 0 , on a

$$M_f(t) = \tfrac{1}{2}|2|^{\frac{1}{2}}|u|^{-\frac{1}{2}} f(0)|t|^{-\frac{1}{2}} \begin{cases} 0 & \text{si } t \notin Q(E) \\ \mathrm{Card.}(k^*/k^{*2}) & \text{si } t \in Q(E) . \end{cases}$$

d) Si $n = 2$ et si Q est anisotrope de discriminant D et d'invariant de Hasse $h(Q)$ alors, au voisinage de 0, on a

$$M_f(t) = \overline{\gamma(Q)}\, \chi_{-D}(-1)\, \rho(\chi_{-D},0)(h(Q) + \chi_{-D}(t)f(0) .$$

e) Si (E,Q) est un plan hyperbolique, alors, au voisinage de 0, on a

$$M_f(t) = \mathrm{vol}(\theta^*)(1 + \mathrm{ord}.t)f(0) + \mathrm{vp}.\mu_0(f) .$$

Le a) a déjà été prouvé. Les autres assertions résultent des propositions 3-1 à 3-4 et du lemme élémentaire suivant :

LEMME 3-6.- Soit φ une application localement constante de k^* dans $\mathbb{C}$, à support compact dans k. Pour que φ soit nulle au voisinage de 0, il faut et il suffit que les conditions suivantes soient satisfaites :

a) La transformée de Mellin

$$\mathcal{M}_\varphi(\chi,s) = \int_{k^*} \varphi(t)\,\chi(t)\,|t|^s\, d^*t$$

est définie pour $\mathrm{Re}(s)$ assez grand.

b) $\mathcal{M}_\varphi(\chi,s)$ est identiquement nulle, sauf pour un nombre fini de χ (à la multiplication près par une puissance du module).

c) $\mathcal{M}_\varphi(\chi,s)$ est, pour tout χ, un polynôme en q^s et q^{-s}.

On peut maintenant caractériser l'image de $\mathcal{S}(E)$ par l'application M_f. Soit $\mathcal{S}_Q(k)$ l'espace des applications φ de k^* dans $\mathbb{C}$, localement constantes dans k^*, à support compact dans k et telles qu'il existe deux constantes c_1 et c_2 telles que, au voisinage de 0, on ait

$$\varphi(t) = c_2 + c_1 |t|^{n/2-1} \sum_{a \in k^*/k^{*2}} \frac{\overline{\beta_a(Q)}}{\rho(\chi_a, n/2)}\, \chi_a(t) \quad \text{si } n \geq 3 \text{ et } Q \text{ isotrope,}$$

$$\varphi(t) = c_1 |t|^{n/2-1} \sum_{a \in k^*/k^{*2}} \frac{\beta_a(Q)}{\rho(\chi_a, n/2)} \chi_a(t) \quad \text{si } n \geq 3 \text{ et } Q \text{ anisotrope}$$

$$\varphi(t) = c_1 |t|^{-\frac{1}{2}} \begin{cases} 0 & \text{si } t \notin Q(E) \\ 1 & \text{si } t \in Q(E) \end{cases} \quad \text{si } n = 1$$

$$\varphi(t) = c_1 (h(Q) + \chi_{-D}(t)) \quad \text{si } n = 2 \text{ et } Q \text{ anisotrope ,}$$

$$\varphi(t) = c_2 + c_1 (1 + \mathrm{ord}.t) \quad \text{si } n = 2 \text{ et } Q \text{ isotrope.}$$

Enfin si Q est anisotrope, nous supposerons de plus que $\varphi(t) = 0$ si t est non nul et Γ_t vide. Il convient de vérifier que cette dernière condition est compatible avec le comportement à l'origine que nous avons imposé. Soient par exemple L un réseau dans E et f sa fonction caractéristique. D'après la proposition précédente la fonction M_f appartient à $\mathcal{S}_Q(k)$. Si Q est anisotrope la constante c_2 n'intervient pas et c_1 est un multiple non nul de $f(0) = 1$. Or si t est non nul et Γ_t vide, alors $M_f(t) = 0$ donc le coefficient de c_1 est nul pour cette valeur de t. Par exemple si $n = 2$ et Q anisotrope et si Q ne représente pas t, alors $h(Q) + \chi_{-D}(t) = 0$.

THEOREME 3-7.- <u>L'application</u> $f \mapsto M_f$ <u>est une application linéaire surjective de</u> $\mathcal{S}(E)$ <u>sur</u> $\mathcal{S}_Q(k)$.

La proposition 3-5 montre que l'image de $\mathcal{S}(E)$ est contenue dans $\mathcal{S}_Q(k)$. De plus on sait déjà que l'application est surjective de $\mathcal{D}(E_*)$ sur $\mathcal{D}(Q(E_*))$. Or dans tous les cas si $\varphi \in \mathcal{S}_Q(k)$ est telle que c_1 soit non nul, alors $\mathcal{S}_Q(k)$ est somme directe de $\mathcal{D}(Q(E_*))$ et de $\mathbb{C}\varphi$. Il suffit donc de prouver qu'il existe une fonction f appartenant à $\mathcal{S}(E)$ telle que c_1 soit différent de 0. Il suffit de prendre la fonction caractéristique d'un réseau.

Soit T une forme linéaire sur $\mathcal{S}_Q(k)$. Pour $f \in \mathcal{S}(E)$, on pose

$$M'_T(f) = T(M_f) .$$

On obtient ainsi une distribution sur E , invariante par $O(Q)$.

THEOREME 3-8.- <u>L'application</u> $T \mapsto M'_T$ <u>est une application linéaire bijective de</u> $\mathcal{S}'_Q(k)$, <u>dual de</u> $\mathcal{S}_Q(k)$, <u>sur l'espace des distributions sur</u> E , <u>invariantes par</u> $O(Q)$.

Il faut démontrer que l'application est surjective. Supposons d'abord Q isotrope. La démonstration est identique à celle donnée par Harish-Chandra dans un cas analogue ([4]) . Soient e_1 et e_2 deux vecteurs isotropes tels que $B(e_1,e_2) = 1$; on a donc $Q(e_1 + te_2) = t$. Soit $G = O(Q)$. L'application de $G \times k$ sur E définie par

$$(g,t) \longmapsto g(e_1 + te_2)$$

est partout submersive. Pour toute fonction $\alpha \in \mathcal{D}(G \times k)$ il existe donc une fonction f_α appartenant à $\mathcal{D}(E_*)$ telle que, pour toute fonction φ définie et localement intégrable sur E_* , on ait

$$\int_{G \times k} \alpha(g,t)\,\varphi(g(e_1 + te_2))\,dt\,dg = \int_{E_*} f_\alpha(X)\,\varphi(X)\,dX .$$

En particulier si $\psi \in \mathcal{S}(k)$, alors

$$\int_{G \times k} \alpha(g,t)\,\psi(t)\,dt\,dg = \int_E f_\alpha(X)\,\psi(Q(X))\,dX ,$$

ce qui s'écrit

$$\int_k \psi(t)dt \int_G \alpha(g,t)dg = \int_k M_{f_\alpha}(t)\,\psi(t)\,dt .$$

On a donc

$$M_{f_\alpha}(t) = \int_G \alpha(g,t)\,dt .$$

Soit alors S une distribution sur E, invariante par G. Posons $T_1(\alpha) = S(f_\alpha)$. On construit ainsi une distribution T_1 sur $G \times k$ et l'invariance de S signifie que T_1 est invariante à gauche par translations suivant les éléments de G. Il existe donc une distribution T sur k telle que

$$T_1(\alpha) = \langle T , \int_G \alpha(g,t)\, dg \rangle ,$$

c'est-à-dire que

$$T(M_{f_\alpha}) = S(f_\alpha) .$$

Comme l'application $\alpha \longmapsto f_\alpha$ est surjective de $\mathcal{D}(G \times k)$ sur $\mathcal{D}(E_*)$ on a donc la relation $S(f) = T(M_f)$ pour $f \in \mathcal{D}(E_*)$. Fixons alors un réseau L dans E et soit φ sa fonction caractéristique. Pour toute fonction $f \in \mathcal{S}(E)$, on a

$$S(f) = S(f - f(0)\varphi) + f(0)S(\varphi) .$$

Par suite

$$S(f) = T(M_{f - f(0)\varphi}) + f(0)S(\varphi) .$$

Si on prolonge T en une forme linéaire sur $\mathcal{S}_Q(k)$ en posant $T(M_\varphi) = S(\varphi)$, alors on aura bien $S = M_T^!$.

Supposons maintenant Q anisotrope. Le groupe $G = O(Q)$ est alors compact. Normalisons dg par $\mathrm{vol}(G) = 1$ et, pour $f \in \mathcal{S}(E)$ posons

$$\varphi_f(X) = \int_G f(gX)\, dg .$$

On a donc

$$M_f(Q(X)) = \|\mu_{Q(X)}\| \varphi_f(X) .$$

Si S est une distribution invariante, on a $S(f) = S(\varphi_f)$ et par suite S est nulle sur le noyau de l'application $f \mapsto M_f$ ce qui implique notre assertion.

§ 4. LE CAS ULTRAMETRIQUE : CALCULS EXPLICITES.

On va donner quelques indications permettant de calculer explicitement Z_f lorsque f est la fonction caractéristique d'un réseau. Notons de suite que Z_f est pratiquement indépendante du choix de τ. Plus précisément, seul intervient l'ordre de τ et si on remplace un caractère d'ordre 0 par un caractère d'ordre ν, on ne fait que multiplier $d_Q X$ donc aussi Z_f par $q^{-n\nu/2}$. Dans ce § nous supposerons τ d'ordre 0.

Les facteurs $\rho(\chi_a, s)$ ont alors les valeurs suivantes :

(4-1) $$a = 1 \qquad \rho(\chi_1, s) = \frac{1-q^{s-1}}{1-q^{-s}},$$

(4-2) $$a = \varepsilon \qquad \rho(\chi_\varepsilon, s) = \frac{1+q^{s-1}}{1+q^{-s}}.$$

Si χ_a est ramifié soit $o(a)$ le plus petit entier r tel que χ_a soit trivial sur le sous-groupe $1+\underline{p}^r$. On a

(4-3) $$\chi_a \text{ ramifié } \rho(\chi_a, s) = q^{(s-1)o(a)} G(a,\tau),$$

où $G(a,\tau)$ est une somme de Gauss que nous n'aurons pas à expliciter. Si χ_a est non ramifié on pose $o(a) = 0$.

D'autre part soit q_1 la forme quadratique sur k définie par $q_1(x) = x^2$. Comme au § 1 on pose $\alpha(t) = \gamma(tq_1)$ pour $t \in k^*$ et on sait que

(4-4) $$\alpha(t) = c \sum_{a \in k^*/k^{*2}} \bar{\alpha}(a)\, \chi_a(t),$$

où c est une constante non nulle.

PROPOSITION 4-1.- (τ d'ordre 0)

1) On a

$$c\bar{\alpha}(a) = \frac{|2|^{\frac{1}{2}}}{2\rho(\chi_a,\frac{1}{2})} \quad \text{et} \quad \alpha(a\varepsilon) = (-1)^{\text{ord.}(a)}\alpha(a) \text{ .}$$

2) Pour tout élément a de k^*/k^{*2}, on a $o(a) \equiv \text{ord.}(a) \ (2)$.

3) Si la caractéristique résiduelle p de k est différente de 2, alors

$$c = \tfrac{1}{2} \quad \text{et} \quad \alpha(1) = \alpha(\varepsilon) = 1 \text{ .}$$

On notera que si a est un élément de k^*/k^{*2} alors tous ses représentants dans k ont des ordres de même parité.

Pour démontrer cette proposition, on va calculer Z_f en prenant pour f la fonction caractéristique d'un réseau particulier L. On note simplement Z_L pour Z_f et de même M_L pour M_f etc... Prenons $E = k$, $L = \theta$ et $Q = q_1$.

LEMME 4-2.-

1) Si χ^2 est ramifié, alors $Z_L(\chi,s) = 0$.

2) Si $\chi = \chi_a$, alors

$$Z_L(\chi_a,s) = |2|^{\frac{1}{2}} \frac{1-1/q}{1-q^{-2s}} \text{ .}$$

En effet, pour $\text{Re}(s)$ assez grand, on a

$$Z_L(\chi,s) = |2|^{\frac{1}{2}} \int_\theta \chi^2(x)|x|^{2s}\, d^*x \text{ ,}$$

où $d^*x = dx/|x|$ et où dx est la mesure autoduale relativement à τ. La première assertion du lemme est alors évidente. Si $\chi = \chi_a$, on a

$$Z_L(\chi_a,s) = |2|^{\frac{1}{2}} \int_\theta |x|^{2s} d^*x = |2|^{\frac{1}{2}} \mathrm{vol}(\theta^*) \frac{1}{1-q^{-2s}} .$$

LEMME 4-3.- On a

$$\hat{M}_L(t) = \begin{cases} |2|^{\frac{1}{2}} & \text{si } t \in \theta \\ \alpha(t)|t|^{-\frac{1}{2}} & \text{si } 4t \notin \theta . \end{cases}$$

Sauf si $p = 2$, la fonction M_L est donc explicitement connue. Pour établir le lemme il suffit de noter que

$$\hat{M}_L(t) = |2|^{\frac{1}{2}} \int_\theta \tau(tx^2)\, dx .$$

Si t est entier alors tx^2 est entier pour x entier et l'intégrale ci-dessus a pour valeur le volume de θ c'est-à-dire 1 . D'autre part, en appliquant la formule (1-10), il vient

$$\hat{M}_L(t) = |2|^{\frac{1}{2}} |2t|^{-\frac{1}{2}} \alpha(t) \int_\theta \tau(-x^2/4t)\, dx ,$$

car la fonction caractéristique de θ est sa propre transformée de Fourier. Si $-1/4t$ est entier on a donc

$$\hat{M}_L(t) = \alpha(t)|t|^{-\frac{1}{2}} .$$

Cela étant, la fonction $\hat{M}_L$ est localement constante sur k donc, si φ désigne la fonction caractéristique de θ , on a

$$\hat{M}_L(t) - |2|^{\frac{1}{2}} \varphi(t) - \alpha(t)|t|^{-\frac{1}{2}} \varphi(t^{-1}) \in \mathcal{B}(k^*) .$$

Or

$$Z_L(\chi,s) = \rho(\chi,s+\tfrac{1}{2}) \int_{k^*} \hat{M}_L(t)\, \chi^{-1}(t)|t|^{\frac{1}{2}-s} d^*t , \tag{4-5}$$

sous la condition $0 < \mathrm{Re}(s) < \frac{1}{2}$. La partie singulière du développement au point $s = 0$ du membre de droite de (4-5) est, pour $\chi = \chi_a$,

$$c\,\bar{\alpha}(a)\mathrm{vol}(\theta^*)\rho(\chi_a,\tfrac{1}{2})\,\frac{1}{1-q^{-s}}\ .$$

En comparant avec la proposition 3-2, on en déduit que

(4-6) $$c\,\bar{\alpha}(a) = \frac{|2|^{\frac{1}{2}}}{2\rho(\chi_a,\frac{1}{2})}\ .$$

D'autre part la relation (1-6) donne

(4-7) $$\alpha(a\varepsilon) = \alpha(a)\alpha(\varepsilon)(\varepsilon,a)/\alpha(1)\ .$$

Les formules (4-1), (4-2) et (4-6) donnent

$$c\,\bar{\alpha}(1) = c\,\bar{\alpha}(\varepsilon) = \tfrac{1}{2}|2|^{\frac{1}{2}}$$

donc en particulier $\alpha(1) = \alpha(\varepsilon)$. La relation (4-7) se réduit donc à

(4-8) $$\alpha(a\varepsilon) = (-1)^{\mathrm{ord.}(a)}\alpha(a)\ .$$

Pour démontrer la deuxième partie de la proposition on remarque que

$$\rho(\chi_a,\tfrac{1}{2}) = \rho(\chi_a,\tfrac{1}{2} + i/\mathrm{Log}\,q)\ .$$

Si χ_a est ramifié, la formule (4-3) donne donc

$$\rho(\chi_a,\tfrac{1}{2}) = (-1)^{o(a)}\ \rho(\chi_a,\tfrac{1}{2})$$

d'où

$$\alpha(a\varepsilon) = (-1)^{o(a)}\alpha(a)$$

et il suffit de comparer avec (4-8). Si χ_a est ramifié le résultat est clair. Enfin supposons p différent de 2. Si a est une unité $(a = 1$ ou $\varepsilon)$, on a

$$\int_\theta \tau(ax^2)dx = \alpha(a)\int_\theta \tau(-x^2/4a)\,dx .$$

Comme les deux intégrales ci-dessus valent 1 , on a $\alpha(a) = 1$. Prenant $a = 1$, on en tire $c = \frac{1}{2}$. La constante "$\gamma(\varphi)$" qui figure dans (1-8) vaut donc 1 .

<u>Remarque</u> : Pour $p = 2$, la situation est moins simple. Prenons par exemple $k = \mathbb{Q}_2$ et

$$\tau(x) = e^{2i\pi u(x)} ,$$

où $u(x)$ est la partie singulière du développement de x suivant les puissances de 2 . On peut prendre $\varepsilon = 5$ et on vérifie que

$$\alpha(1) = \alpha(5) = e^{i\pi/4} , \quad c = 2^{-3/2}e^{-i\pi/4} \quad \text{et} \quad \gamma(\varphi) = -e^{-i\pi/4} .$$

Revenons au cas général. Soit L un réseau ; le réseau dual L' est l'ensemble des éléments X de E tels que $B(X,L) \subset 2\theta$. Pour $r \in \mathbb{Z}$, on dit que L est $\underline{p}^r$-modulaire si $\underline{p}^r L' = L$ (unimodulaire si $r = 0$) . Pour tout réseau L , il existe une décomposition de E en somme directe orthogonale

$$E = E_1 \perp E_2 \perp \dots \perp E_m$$

telle que les réseaux $L_i = L \cap E_i$ soient $\underline{p}^{r_i}$-modulaires avec

$$r_1 < r_2 < \dots < r_m$$

et

$$L = L_1 \perp L_2 \perp \dots \perp L_m .$$

Les entiers m , $\dim.(E_i)$ et r_i ne dépendent pas de la décomposition choisie. Enfin rappelons qu'on appelle norme de L et qu'on note $\mathrm{Norm.}(L)$ l'idéal fractionnaire de k engendré par $Q(L)$. Pour un réseau

$\underline{p}^r$ - modulaire et en caractéristique résiduelle différente de 2 , on a $\mathrm{Norm.}(L) = \underline{p}^r$.

Cela étant, pour calculer Z_L , il suffit de calculer $\hat{M}_L$. Comme, avec les notations ci-dessus, on a

$$\hat{M}_L = \hat{M}_{L_1} . \hat{M}_{L_2} \dots \hat{M}_{L_m} \tag{4-9}$$

il suffit en fait de considérer le cas d'un réseau $\underline{p}^r$ - modulaire et on peut même se ramener au cas unimodulaire en remplaçant la forme Q par son multiple $\pi^r Q$.

PROPOSITION 4-4.- (τ <u>d'ordre</u> 0) . <u>Si</u> L <u>est</u> $\underline{p}^r$ - <u>modulaire, alors</u>

$$\hat{M}_L(t) = \begin{cases} |2|^{n/2} \, q^{-\frac{1}{2}rn} & \text{si } t\,\mathrm{Norm.}(L) \subset \theta \\ \gamma(tQ)|t|^{-n/2} & \text{si } 4t \notin \pi^{-2r}\,\mathrm{Norm.}(L) \, . \end{cases}$$

La démonstration est analogue à celle du lemme 4-3. Notons que si $\mathrm{Norm.}(L)$ est égal à $\underline{p}^\alpha$, alors $r + \mathrm{ord.}(2) \geq \alpha \geq r$ et la proposition précédente détermine complètement $\hat{M}_L$ si et seulement si $r + \mathrm{ord.}(2) = \alpha$. Il en est en particulier ainsi si la caractéristique résiduelle de k est différente de 2 , ce que nous supposerons pour l'instant.

PROPOSITION 4-5.- ($p \neq 2$) . <u>La fonction</u> $Z_L(\chi,s)$ <u>est nulle si</u> χ^2 <u>est ramifié. De plus, deux réseaux</u> L_1 <u>et</u> L_2 <u>son conjugués par le groupe orthogonal de</u> Q <u>si et seulement si, pour tout</u> (χ,s) <u>on a</u> $Z_{L_1}(\chi,s) = Z_{L_2}(\chi,s)$.

Le premier point résulte immédiatement des formules données pour $\hat{M}_L$ et du fait que $\gamma(tQ)$ est une combinaison linéaire des caractères associés au symbole de Hilbert. Pour le second point il est clair que deux réseaux conjugués ont même fonction Z_L . Réciproquement considérons un réseau L et introduisons comme plus haut une décomposition de L en somme directe orthogonale de réseaux modulaires. Soient $n_i = \dim.(E_i)$, $Q_i = Q_{|E_i}$ et $d_i \in k^*/\theta^{*2}$ le discriminant de L_i . Comme p est différent de 2 , on sait ([8]) que les invariantes (m, n_i, r_i, d_i) caractérisent la classe de conjugaison de L . Or Z_L est la transformée de Mellin de $\hat{M}_L$ donc il suffit de vérifier que $\hat{M}_L$ détermine ces invariants. On a

$$(4\text{-}10) \qquad \hat{M}_L(t) = \begin{cases} q^{-\frac{1}{2}(r_1 n_1 + \dots + r_n n_m)} & \text{si } |t| \le q^{r_1} \\ q^{-\frac{1}{2}(r_{i+1} n_{i+1} + \dots + r_m n_m)} \gamma(tQ_1) \dots \gamma(tQ_i) |t|^{-\frac{1}{2}(n_1 + \dots + n_i)} & \\ \qquad\qquad \text{si } q^{r_i} < t \le q^{r_{i+1}} & \\ \gamma(tQ) |t|^{-n/2} & \text{si } |t| > q^{r_m} . \end{cases}$$

Les invariants m_i, r_i et m sont donc bien déterminés par $\hat{M}_L$. Pour d_i les formules ci-dessus permettent de calculer $\gamma(tQ_i)$ donc, à l'aide des résultats du § 1 , le discriminant D_i de Q_i . Or d_i est d'ordre $n_i r_i$ et sa classe modulo k^{*2} est D_i . Il est donc aussi déterminé par $\hat{M}_L$.

Remarque : Ce résultat n'est, bien entendu, qu'une autre manière de formuler la classification des réseaux à l'aide de sommes de Gauss ([7]).

Dans le cas $p \neq 2$, le calcul de Z_L ne présente plus aucune difficulté. Donnons le résultat pour un réseau $\underline{p}^r$ modulaire. Dans ce cas

$$(4\text{-}11) \qquad \hat{M}_L(t) = \begin{cases} q^{-\frac{1}{2}rm} & \text{si } |t| \le q^r \\ \gamma(tQ)|t|^{-n/2} & \text{si } |t| > q^r . \end{cases}$$

Si D est le discriminant de Q , on pose

$$(4\text{-}12) \qquad \Delta = \begin{cases} (-1)^{n/2} D & \text{si } n \text{ est pair} \\ (-1)^{(n-1)/2} D & \text{si } n \text{ est impair .} \end{cases}$$

THEOREME 4-6.- ($p\neq 2$ et τ d'ordre 0) . Soit L un réseau p^r-modulaire.

1) Si n est pair, on a

$$Z_L(\chi_\pi, s) = 0$$

$$Z_L(\chi_1, s) = (1-1/q)\, q^{-rs} \frac{1-(\Delta,\pi)q^{-n/2}}{(1-(\Delta,\pi)q^{-s})(1-q^{-1-s+n/2})} .$$

2) Si n est impair, on a

$$Z_L(\chi_1, s) = (1-1/q)\, q^{-rs} \frac{1-q^{-s-n/2}}{(1-q^{-2s})(1-q^{-1-s+n/2})}$$

$$Z_L(\chi_\pi, s) = (1-1/q)\, q^{-rs}\, (\Delta,\pi)\, q^{(1-n)/2} \frac{1}{1-q^{-2s}} .$$

La démonstration n'est qu'une suite de calculs élémentaires. En particulier, on évalue $\gamma(tQ)$ à l'aide des formules du § 1 et de celles du début de ce §.

Il nous reste à examiner le cas $p = 2$. Pour $a \in k^*/k^{*2}$, posons

$$I_{o(a)}(t) = \begin{cases} 1 & \text{si } \operatorname{ord.}(t) \leq -o(a) \\ 0 & \text{si } \operatorname{ord}(t) > -o(a) . \end{cases}$$

Prenons $E = k$, pour réseau l'anneau des entiers de k et $Q(x) = ux^2$.

LEMME 4-7.- On a

$$(4\text{-}13) \qquad \hat{M}_L(t) = \begin{cases} |2u|^{\frac{1}{2}} & \text{si } |ut| \leq 1 \\[2ex] \frac{1}{2}|2|^{\frac{1}{2}} \displaystyle\sum_{a \in k^*/k^{*2}} \frac{\chi_a(ut)}{\rho(\chi_a, \frac{1}{2})} I_{o(a)}(ut)\, |t|^{-\frac{1}{2}} & \text{si } |ut| > 1 . \end{cases}$$

On se ramène de suite au cas où $\dot{u} = 1$. Soit alors $f(t)$ le membre de droite de (4-13). D'après le lemme 4-3 la fonction $f - \hat{M}_L$ appartient à $\mathcal{B}(k^*)$. Il suffit de vérifier que $\hat{M}_L$ et f on même transformée de Mellin ou encore que

$$Z_L(\chi,s) = \rho(\chi,s+\tfrac{1}{2}) \int_{k^*} f(t)\chi^{-1}(t)|t|^{\frac{1}{2}-s} d^*t .$$

La fonction $Z_L(\chi,s)$ est donnée par le lemme 4-2 et la vérification est facile.

Nous supposerons désormais que k est une <u>extension non ramifiée</u> de $\mathbb{Q}_2$. On a donc

$$1 + 4\underline{p} = 1 + 8\theta \subset k^{*2}$$

et $o(a)$ ne peut prendre que les valeurs $0,1,2$ ou 3. On a $o(a) = 0$ si et seulement si χ_a est non ramifié c'est-à-dire si $a = 1$ ou ε. Si a est d'ordre pair, alors $o(a)$ est pair donc égal à 0 ou 2 donc égal à 2 sauf si $a = 1$ ou ε. Si a est d'ordre impair, alors $o(a) = 1$ ou 3. Mais on sait que $\varepsilon \in 1+4\theta$ et, pour a d'ordre impair $\varepsilon(a) = -1$ donc χ_a n'est pas trivial sur $1+4\theta$ donc $o(a) = 3$.

Enfin on a la remarque suivante : si t est d'ordre pair, alors

$$\sum_{o(a)\equiv 1(2)} \frac{\chi_a(t)}{\rho(\chi_a,\frac{1}{2})} = 0 .$$

En effet $\chi_{a\varepsilon}(t) = \chi_a(t)$ et $\rho(\chi_{a\varepsilon},\frac{1}{2}) = -\rho(\chi_a,\frac{1}{2})$ donc

$$\frac{\chi_a(t)}{\rho(\chi_a,\frac{1}{2})} + \frac{\chi_{a\varepsilon}(t)}{\rho(\chi_{a\varepsilon},\frac{1}{2})} = 0$$

et par addition on obtient le résultat. D'autre part $\rho(\chi_1,\frac{1}{2}) = \rho(\chi_\pi,\frac{1}{2}) = 1$.

Sous les hypothèses du lemme 4-7, on peut remplacer la formule (4-13) par

$$\hat{M}_L(t) = \begin{cases} |2u|^{\frac{1}{2}} & \text{si } |ut| \leq 1 \\ 0 & \text{si } |ut| = q \\ \gamma(tQ)|t|^{\frac{1}{2}} & \text{si } |ut| \geq q^2 . \end{cases} \tag{4-14}$$

Considérons maintenant un réseau $\underline{p}^r$ - modulaire L . Posons Norm.(L) = $\underline{p}^\alpha$. Comme 2 est d'ordre 1 , on a $r+1 \geq \alpha \geq r$. Si $\alpha = r+1$, ce qui ne se produit qu'en dimension paire, alors la fonction $\hat{M}_L$ est déterminée par la proposition 4-4. Si $\alpha = r$, alors on sait que L est somme directe orthogonale de réseaux $\underline{p}^r$ - modulaires de dimension 1 et $\hat{M}_L$ s'obtient à partir de (4-14). Le calcul de Z_L s'achève alors aisément. Donnons le résultat pour un réseau unimodulaire. Pour tout entier q , on note [q/4] la partie entière de q/4 ; soit h(Q) l'invariant de Hasse de Q .

THEOREME 4-8.- (p = 2 , τ <u>d'ordre</u> 0 <u>et</u> $k/\mathbb{Q}_2$ <u>non ramifiée</u>). <u>Soit</u> L <u>un réseau unimodulaire</u>.

1) <u>Si</u> n <u>est pair et si</u> Norm.(L) = $\underline{p}$, <u>alors</u> χ_Δ <u>est non ramifié et</u>

$$Z_L(\chi_1,s) = (1-1/q)\, q^{-s} \frac{1-(\Delta,\pi)q^{-n/2}}{(1-(\Delta,\pi)q^{-s})(1-q^{-s-1+n/2})}$$

<u>et pour</u> χ_a <u>ramifié</u> $Z_L(\chi_a,s) = 0$.

2) <u>Si</u> n <u>est pair, si</u> Norm.(L) = θ <u>et si</u> χ_Δ <u>est ramifié, alors</u>

$$Z_L(\chi_1,s) = (1-1/q)\, \frac{q^{-n/2}}{1-q^{-s-1+n/2}}$$

$$Z_L(\chi_\Delta,s) = (1-1/q)q^{1-n}((-1)^{1+n/2},\Delta)h(q)(-1,-1)^{[n/4]} \frac{1}{1-q^{-s}} .$$

Si a est différent de $1, \varepsilon, \Delta, \Delta\varepsilon$ alors $Z_L(\chi_a, s) = 0$.

3) Si n est pair, si $\mathrm{Norm.}(L) = \theta$ et si χ_Δ est non ramifié, alors

$$Z_L(\chi_1, s) = (1-1/q)\,\frac{q^{-n/2}+\gamma(Q)q^{-2s} - q^{-s-n/2}((\Delta,\pi)+\gamma(Q))}{(1-(\Delta,\pi)q^{-s})(1-q^{-s-1+n/2})}$$

avec $\gamma(Q) = (-1,-1)^{[n/4]}h(Q)$. Si χ_a est ramifié alors $Z_L(\chi_a, s) = 0$.

4) Si n est impair, on a

$$Z_L(\chi_1, s) = (1-1/q)\,\frac{q^{-n/2}(1-q^{-2s})+q^{-\frac{1}{2}}h(Q)((-1)^{(n-1)/2},\Delta)(-1,-1)^{n/4}q^{-2s}(1-q^{s-n/2})}{(1-q^{-2s})(1-q^{-1-s+n/2})}$$

et, pour χ_a ramifié

$$Z_L(\chi_a, s) = (1-1/q)q^{\frac{1}{2}(1-n)o(a)-\frac{1}{2}}((-1)^{(n-1)/2}a,\Delta)(-1,-1)^{[n/4]}h(Q)\,\frac{1}{1-q^{-2s}}\,.$$

§ 5. LE CAS REEL.

Dans tout ce § le corps de base est le corps $\mathbb{R}$ des nombres réels. Les distributions invariantes par le groupe orthogonal d'une forme quadratique sont dans ce cas bien connues ([2][6][10]). De même on trouve des résultats complets sur le prolongement analytique des distributions $|Q(X)|^s$ par exemple dans [2]. Si nous nous sommes permis de revenir sur la question c'est à la fois pour disposer d'une référence commode et parce que la méthode que nous suivons permet de traiter un cas plus général que le cas classique. On notera toutefois que pour la deuxième partie de ce § (distributions invariantes) notre exposé est très proche de celui de Tengstrand.

On choisit comme caractère de base le caractère

$$\tau(x) = e^{2i\pi x} .$$

On considère un espace vectoriel réel E , de dimension n , muni d'une forme quadratique non dégénérée Q , de type d'inertie (p,q) . On note G le groupe orthogonal de Q . Soit S l'algèbre des fonctions polynomiales complexes sur E . Soit I la sous-algèbre de S formée des polynômes invariants par G . On introduit l'opérateur différentiel $Q(\partial)$ par

(5-1) $$(4i\pi)^2 \, (Qf)^\wedge = Q(\partial)\hat{f} \qquad f \in \mathcal{S}(E) .$$

Rappelons que la transformation de Fourier est définie à partir de la forme bilinéaire

(5-2) $$B(X,Y) = Q(X+Y) - Q(X) - Q(Y) .$$

Un polynôme P est harmonique si $Q(\partial)P = 0$. Soit H le sous-espace vectoriel des polynômes harmoniques ; il est invariant par G et les résultats suivants sont classiques :

1) l'application canonique de $I \otimes H$ dans S est un isomorphisme de G-modules.

2) pour tout entier $r \geq 0$, soit H_r l'espace des polynômes harmoniques homogènes de degré r . Le groupe G laisse H_r invariant et ce dernier est un G-module irréductible ; on note π_r la représentation ainsi obtenue.

3) les polynômes

(5-3) $$P_\xi(X) = B(X,\xi)^r \qquad \xi \text{ vecteur isotrope complexe}$$

engendrent H_r, sauf si $n = 1$.

Notons que si $n = 1$, l'espace H_r est réduit à (0) sauf si

$r = 0\ ,\ 1$.

Fixons un entier $r \geq 0$ et posons, pour $f \in \mathcal{S}(E)$ et $P \in H_r$

$$(5\text{-}4) \qquad M_{f,r}(t,P) = \int_{\Gamma_t} f(X)P(X)d\mu_t(X) .$$

Ceci a un sens sauf si (E,Q) est un plan hyperbolique et $t = 0$. Rappelons que si $\Gamma_t = \emptyset$ alors par convention $\mu_t = 0$. Soit H'_r le dual de H_r. Soit

$$M_{f,r}(t) : P \longmapsto M_{f,r}(t,P) ;$$

c'est un élément de H'_r. On obtient ainsi une application $M_{f,r}$ de R dans H'_r sauf si (E,Q) est un plan hyperbolique auquel cas $M_{f,r}$ est définie seulement sur R^*. Remarquons que

$$(5\text{-}5) \qquad M_{f,r}(t,P) = M_{fP}(t) ,$$

ce qui permet d'appliquer les résultats du § 2. En particulier $M_{f,r}$ est de classe C^∞ sur R^* et pour tout entier positif ou nul α et pour tout nombre réel $m > 1$, il existe une semi-norme continue $\nu_{m,\alpha,r}$ sur $\mathcal{S}(E)$ telle que

$$(5\text{-}6) \qquad \|(d^\alpha/dt^\alpha)M_{f,r}(t)\| \leq \nu_{m,\alpha,r}(f)|t|^{-\alpha-m} ,\quad t \in R^* .$$

PROPOSITION 5-1.- <u>Pour toute fonction</u> $f \in \mathcal{S}(E)$, <u>on a</u>

$$(5\text{-}7) \qquad \hat{M}_{f,r}(t) = \gamma(tQ)|t|^{-n/2}\, t^{-r}\, \hat{M}_{\hat{f},r}(-1/t) .$$

Il faut montrer que si $P \in H_r$, alors

$$\int_E f(X)P(X)e^{2i\pi tQ(X)}dX = \gamma(tQ)|t|^{-n/2}\, t^{-r} \int_E \hat{f}(X)P(X)\,e^{-2i\pi Q(X)/t}dX .$$

Pour $r = 0$, on retrouve la formule de Weil. Sauf si $n = r = 1$, on peut supposer que $P(X) = B(X,\xi)^r$ où ξ est un vecteur isotrope complexe et la démonstration est immédiate par récurrence sur r . Le cas $n = r = 1$ est trivial.

COROLLAIRE 5-2.- <u>Si</u> $r+n/2>1$, <u>la fonction</u> $M_{f,r}(t)$ <u>a une limite quand</u> t <u>tend vers</u> 0 <u>et si</u> $n \geq 3$, <u>la fonction</u> $M_{f,r}$ <u>est continue à l'origine.</u>

En effet $\hat{M}_{f,r}$ est continue et bornée ; d'après (5-7) on a lorsque t tend vers l'infini

$$\|\hat{M}_{f,r}(t)\| < |t|^{-r-n/2} .$$

Cette fonction est donc intégrable si $r+n/2>1$; sa transformée de Fourier est donc continue. Comme $M_{f,r}$ est presque partout égale à cette transformée de Fourier et qu'elle est continue sur R , elle a une limite pour $t = 0$. Si $n \geq 3$, on a, d'après la proposition 2-11,

$$\lim_{t \to o} M_{f,r}(t,P) = \lim_{t \to o} M_{fP}(t) = \mu_o(fP) = M_{f,r}(0,P) .$$

Ceci prouve la continuité à l'origine. Il reste le cas où $n = 1$ ou 2 et $r+n/2>1$. Supposons d'abord que (E,Q) soit un plan hyperbolique. La mesure μ_o qui est définie sur E_* se prolonge en une forme linéaire sur les fonctions de $\mathcal{S}(E)$ qui sont nulles à l'origine . Si $P \in H_r$ avec $r>1$, on peut donc définir une distribution tempérée T_P sur E en posant $T_P(f) = \mu_o(fP)$. Soit $\nu(f) = \lim_{t \to o} M_{f,r}(t,P)$; c'est aussi une distribution tempérée sur E et son support est contenu dans $\bar{\Gamma}_o$. De plus si f est nulle au voisinage de 0 , alors $\nu(f) = T_P(f)$. La distribution $\nu - T_P$ a donc son support contenu dans $\{0\}$. De plus, pour tout $u \in R^*$, on a

$$\nu(f(u.)) = u^{-(n-2)} u^{-r} \nu(f)$$

et de même pour T_P donc aussi pour leur différence. Or la seule distribution de support contenu dans $\{0\}$ et qui vérifie cette condition d'homogénéité est la distribution nulle ; on a donc $\nu = T_p$. Dans les autres cas où $n = 1$ ou 2 et $r+n/2 > 2 > 1$, la forme Q est anisotrope et on vérifie soit par la méthode précédente soit directement que $M_{f,r}(t)$ tend vers 0 quand t tend vers 0. En résumé si, pour $r+n/2 > 1$, on pose

$$(5\text{-}8) \qquad \mu_{o,r}(f) : P \longmapsto \mu_o(fP) \quad , \quad P \in H_r \text{ et } f \in \mathcal{S}(E)$$

on obtient une distribution tempérée $\mu_{o,r}$, à valeurs dans H'_r et on a

$$(5\text{-}9) \qquad \lim_{t \to o} M_{f,r}(t) = \mu_{o,r}(f) .$$

Avec ces conventions et pour $r+n/2-1 > 0$, la fonction $M_{f,r}$ est continue à l'origine.

Cela étant soit $f \in \mathcal{S}(E)$. Pour $P \in H_r$, posons

$$(5\text{-}10) \qquad Z_{f,r}(\chi,s,P) = \int_E f(X)P(X)\chi(Q(X))|Q(X)|^{s-n/2}\,dX .$$

Soit $Z_{f,r}$ l'application du dual du groupe R^* dans H'_r définie par

$$(5\text{-}11) \qquad Z_{f,r}(\chi,s) : P \longmapsto Z_{f,r}(\chi,s,P) .$$

On a

$$(5\text{-}12) \qquad Z_{f,r}(\chi,s) = \int_{R^*} M_{f,r}(t)\chi(t)|t|^{s-n/2+1}\,d^*t .$$

Ces intégrales convergent pour $\operatorname{Re}(s) > n/2-1$ et définissent des fonctions analytiques de s. Exactement comme au § 2 on prouve que $Z_{f,r}$ se prolonge en une fonction méromorphe de s. Plus précisément, posons

$$\chi_1(t) = 1 \quad \text{et} \quad \chi_{-1}(t) = \text{signe}(t) ;$$

ce sont les deux caractères associés au symbole de Hilbert. Comme au § 1, on a

$$\gamma(tQ) = \beta_1(Q)\chi_1(t) + \beta_{-1}(t)\chi_{-1}(t) .$$

Le prolongement analytique est donné par

$$(5\text{-}13) \qquad Z_{f,r}(\chi,s) = \rho(\chi,s-n/2+1)\int_{R^*}\hat{M}_{f,r}(t)\chi^{-1}(t)|t|^{-s+n/2}d^*t$$

pour $-r<\mathrm{Re}(s)<n/2$ et par les équations fonctionnelles

$$(5\text{-}14) \quad Z_{f,r}(\chi,s) = \rho(\chi,s-n/2+1)\Big[\overline{\beta_1(Q)}\rho(\chi\chi_{-1}^{r},r+s)Z_{\hat{f},r}(\chi^{-1}\chi_{-1}^{r},n/2-s-r)$$
$$-\overline{\beta_{-1}(Q)}\rho(\chi\chi_{-1}^{r+1},r+s)Z_{\hat{f},r}(\chi^{-1}\chi_{-1}^{r+1},n/2-s-r)\Big]$$

pour $\mathrm{Re}(s)<1-r$.

Pour étudier les pôles du prolongement nous aurons besoin de quelques remarques.

PROPOSITION 5-3.- Pour toute fonction $f\in\mathcal{S}(E)$, on a

1) $M_{Qf,r}(t) = t\,M_{f,t}(t)$.

2) $\hat{M}_{Qf,r}(t) = (1/2i\pi)\,\frac{d}{dt}\,\hat{M}_{f,r}$.

3) $\hat{M}_{Q(\partial)f,r}(t) = 2i\pi(t(r+n/2)\hat{M}_{f,r} + t^2\,\frac{d}{dt}\,\hat{M}_{f,r})$

4) $M_{Q(\partial)f,r} = (t\,\frac{d^2}{dt^2}\,M_{f,r} - \frac{1}{2}(n+2r-4)\,\frac{d}{dt}\,M_{f,r})$.

Les formules 1) et 2) sont évidentes. La formule 3) s'obtient en partant de la formule 2) appliquée à $\hat{f}$ et en utilisant (5-7) . Enfin la formule 4) se déduit de la précédente à l'aide du formalisme élémentaire de la transformation de Fourier.

COROLLAIRE 5-4.- Soit α un entier tel que $0\le\alpha<n/2+r-1$. On a

(5-15) $$\mu_{o,r}(Q(\partial)^{\alpha}f) = (i\pi)^{\alpha} \prod_{u=1}^{\alpha} (n+2r-2-2u) \int_R \hat{M}_{f,r}(t)\, t^{\alpha}\, dt .$$

<u>De plus si</u> f <u>est nulle au voisinage de</u> 0 , <u>alors cette formule est valable pour tout entier positif</u>.

On peut supposer $n/2+r-1$ positif ; la fonction $M_{Q(\partial)^{\alpha}f,r}$ est donc continue à l'origine et

$$M_{Q(\partial)^{\alpha}f,r}(0) = \mu_{o,r}(Q(\partial)^{\alpha}f) .$$

De plus $\hat{M}_{Q(\partial)^{\alpha}f,r}$ est intégrable, donc

$$\mu_{o,r}(Q(\partial)^{\alpha}f) = \int_R \hat{M}_{Q(\partial)^{\alpha}f,r}(t)\, dt .$$

Pour $\alpha = 0$ ceci donne la formule annoncée. Pour $\alpha < n/2+r-1$, on procède par récurrence, à partir de la formule ci-dessus et à l'aide de la troisième formule de la proposition 5-3. Ce calcul est justifié car la fonction $\hat{M}_{f,r}(t)\, t^{\alpha}$ est intégrable pour $0 \leq \alpha < n/2+r-1$. Si f est nulle au voisinage de 0 , alors $M_{f,r}$ est régulière à l'origine donc $\hat{M}_{f,r}$ est à décroissance rapide à l'infini. Le calcul précédent reste alors valable pour tout $\alpha \geq 0$.

COROLLAIRE 5-5.- <u>Pour tout entier positif ou nul</u> α , <u>on a</u>

(5-16) $$Z_{Q^{\alpha}f}(\chi,s) = Z_{f,r}(\chi\chi_{-1}^{\alpha}, s+\alpha) .$$

(5-17) $$Z_{Q(\partial)^{\alpha}f,r}(\chi,s) = \prod_{1}^{\alpha} (s-n/2+1-u)(s+r-u)\, Z_{f,r}(\chi\chi_{-1}^{\alpha}, s-\alpha) .$$

La première formule est évidente ; la deuxième s'obtient à partir de la quatrième formule de la proposition 5-3.

COROLLAIRE 5-6.- <u>Soit</u> $f \in \mathcal{S}(E)$. <u>Pour tout nombre réel positif</u> ρ , <u>on a</u>

$$\lim_{|y| \to +\infty} \| Z_{f,r}(\chi, x+iy)\, y^{\rho} \| = 0 ,$$

<u>uniformément pour</u> x <u>variant dans une partie compacte de</u> $\mathbb{R}$.

Soient σ_1 et σ_2 deux membres réels positifs tels que $n/2-1 < \sigma_1 < \sigma_2$. L'intégrale

$$\int_E |f(X)|\ |Q(X)|^{\sigma} dX$$

est convergente pour $\sigma_1 \leq \sigma \leq \sigma_2$. Sous cette condition on a

$$\int_E |f(X)||Q(X)|^{\sigma} dX \leq \int_{|Q(X)| \geq 1} |f(X)||Q(X)|^{\sigma_2} dX + \int_{|Q(X)| < 1} |f(X)||Q(X)|^{\sigma_1} dX < +\infty .$$

La fonction $Z_{f,r}(\chi,s)$ est donc bornée dans toute bande $\sigma_1 \leq \sigma \leq \sigma_2$ si $n/2-1 < \sigma_1$.

La formule (5-17) peut s'écrire

(5-18) $$Z_{f,r}(\chi,s) = \prod_{0}^{\alpha-1} (s-n/2+1+i)^{-1}(s+r+i)^{-1}\, Z_{Q(\partial)^{\alpha} f,r}(\chi\chi_{-1}^{\alpha}, s+\alpha) .$$

Par suite si $s = x+iy$ et si x varie dans une partie compacte U de $\mathbb{R}$, on a lorsque y tend vers l'infini, une majoration du type

$$\|Z_{f,r}(\chi,s)\| < |y|^{-2\alpha} \|Z_{Q(\partial)^{\alpha} f,r}(\chi\chi_{-1}^{\alpha}, s+\alpha)\|$$

uniforme en x . En prenant α tel que

$$2\alpha > \rho \quad \text{et} \quad \alpha + \mathrm{Inf}(U) > n/2-1$$

on obtient

$$\| |y|^{\rho}\, Z_{f,r}(\chi,s) \| < |y|^{\rho-2\alpha}$$

uniformément pour $x \in U$.

L'étude des pôles et des résidus de $Z_{f,r}$ est maintenant triviale.

On a

(5-19) $$\gamma(tQ) = \text{Exp.}(i\pi(p-q)\text{sg.}(t)/4)$$

donc

(5-20) $$\beta_1(Q) = \cos(\pi(p-q)/4) \quad \text{et} \quad \beta_{-1}(Q) = i\sin(\pi(p-q)/4) .$$

De plus

(5-21) $$\rho(\chi_1,s) = \pi^{-s+\frac{1}{2}} \frac{\Gamma(s/2)}{\Gamma(\frac{1}{2}(1-s))}$$

(5-22) $$\rho(\chi_{-1},s) = -i\pi^{-s+\frac{1}{2}} \frac{\Gamma((1+s)/2)}{\Gamma(1-s/2)} .$$

Pour tout polynôme P , homogène de degré r , on définit l'opérateur différentiel $P(\partial)$ par

$$(4i\pi)^r (Pf)\hat{} = P(\partial)\hat{f} \quad , \quad f \in \mathcal{S}(E) .$$

<u>Premier cas</u> : Q isotrope et n impair.

Il y a deux séries de pôles simples. La première pour

$$s = -r-\beta \ , \ \beta \in \mathbb{N}$$

et la deuxième pour

$$s = \begin{cases} n/2-1-\beta & \beta \in 2\mathbb{N} \quad \text{si} \quad \chi = \chi_1 \\ n/2-1-\beta & \beta \in 2\mathbb{N}+1 \quad \text{si} \quad \chi = \chi_{-1} . \end{cases}$$

Si $s = -r-\beta$, on a

(5-23) $$\text{Res}_{Z_{f,r}(\chi_1,s)}{}^{(-r-\beta)} = (-1)^q \, \text{Res}_{Z_{f,r}(\chi_{-1},s)}{}^{(-r-\beta)}$$

et ces résidus sont proportionnels à la forme linéaire sur H_r définie par

$$P \longmapsto (P(\partial)Q(\partial)^\beta f)(0) .$$

Pour $s = n/2-1-\beta$, le résidu est proportionnel à

$$\mu_{o,r}(Q(\partial)^{\beta}f) .$$

Deuxième cas : Q isotrope et p et q pairs.

Il y a deux séries de pôles simples. La première pour

$$s = -r-\beta \ , \ \beta \in \mathbb{N} \ \text{ et } \begin{cases} \beta \equiv r+n/2 \ (2) & \text{si } \chi = \chi_1 \\ \beta \equiv r+n/2+1 \ (2) & \text{si } \chi = \chi_{-1} \end{cases}$$

et la deuxième pour

$$s = n/2-1-\beta \ , \ \beta \in \mathbb{N} \ \text{ et } \begin{cases} \beta \ \text{pair si } \chi = \chi_1 \\ \beta \ \text{impair si } \chi = \chi_{-1} . \end{cases}$$

Pour $s = -r-\beta$, le résidu est proportionnel à

$$P \longmapsto (P(\partial)Q(\partial)^{\beta}f)(0) .$$

Pour $s = n/2-1-\beta$, avec $\beta < n/2+r-1$, le résidu est proportionnel à

$$\mu_{o,r}(Q(\partial)^{\beta}f)(0)$$

et pour $s = n/2-1-\beta$ avec $\beta \geq n/2+r-1$, il est proportionnel à

$$P \longmapsto \int_E \hat{f}(X)P(X)\chi_{-1}(Q(X))^{-n/2-r+\beta}|Q(X)|^{-n/2-r+\beta+1}dX .$$

Troisième cas : Q isotrope et p et q impairs.

Il y a un nombre fini de pôles simples pour

$$s = n/2-1-\beta \ , \ \beta \in \mathbb{N} \ , \ \beta < n/2+r-1 \ \text{ et } \begin{cases} \beta \ \text{pair si } \chi = \chi_1 \\ \beta \ \text{impair si } \chi = \chi_{-1} \end{cases}$$

et une série de pôles doubles pour

$$s = -r-\beta \ , \ \beta \in \mathbb{N} \quad \text{et} \quad \begin{cases} \beta \equiv n/2+r+1 \ (2) & \text{si} \quad \chi = \chi_1 \\ \beta \equiv n/2+r \ (2) & \text{si} \quad \chi = \chi_{-1} \ . \end{cases}$$

Pour les pôles simples le résidu est proportionnel à

$$\mu_{o,r}(Q(\partial)^{\beta} f)(0)$$

et pour les pôles doubles, le coefficient du terme dominant du développement de $Z_{f,r}(\chi,s)$ est proportionnel à

$$P \longmapsto (P(\partial)Q(\partial)^{\beta} f)(0) \ .$$

Quatrième cas : Q anisotrope. Si

$$\varepsilon = \begin{cases} +1 & \text{pour} \ Q \ \text{positive non dégénérée} \\ -1 & \text{pour} \ Q \ \text{négative non dégénérée} \end{cases}$$

alors

$$Z_{f,r}(\chi,s) = \varepsilon Z_{f,r}(\chi_{-1},s)$$

et il suffit d'étudier le cas $\chi = \chi_1$. Il y a alors une seule série de pôles simples pour

$$s = -r-\beta \ , \ \beta \in \mathbb{N} \ ,$$

le résidu étant proportionnel à

$$P \longmapsto (P(\partial)Q(\partial)^{\beta} f)(0) \ .$$

Nous allons maintenant suivre le même plan que dans le cas ultramétrique. Commençons donc par un résultat (semi-classique) sur la transformation de Mellin. On note $\mathcal{S}(R^*)$ l'espace des applications de R^* dans C, indéfiniment dérivables et à décroissance rapide, ainsi que toutes leurs dérivées à l'origine et à l'infini.

PROPOSITION 5-7.- Soit

$$\lambda_i(t) = \chi_{-1}^{\varepsilon_i}(t)|t|^{\alpha_i} \qquad i = 1,2,\ldots,n$$

n quasi-caractères de R^*. On suppose que, pour $i \neq j$, on a

$$\alpha_i - \alpha_j \notin \begin{cases} 2Z & \text{si } \varepsilon_i \equiv \varepsilon_j \ (2) \\ 2Z+1 & \text{si } \varepsilon_i \equiv \varepsilon_j + 1 \ (2). \end{cases}$$

1) Soient $(\psi_{i,j})_{\substack{i = 1,\ldots,n \\ j = 0,\ldots,u_i}}$ une famille d'éléments de $\mathcal{S}(R)$ et

(5-24) $$f(t) = \sum_{i,j} \lambda_i(t) \operatorname{Log}^j |t| \varphi_{i,j}(t).$$

Posons, pour $\chi = \chi_{\pm 1}$,

$$F_f(\chi,s) = \int_{R^*} f(t)\chi(t)|t|^s d^*t.$$

Dans ces conditions

a) la fonction $F_f(\chi,s)$ est définie et analytique pour $\operatorname{Re}(s) > \sup -\operatorname{Re}(\alpha_i)$ et elle se prolonge en une fonction méromorphe dans C.

b) Pour tout nombre positif ρ on a

$$\lim_{|y| \to \infty} | \, |y|^{\rho} F_f(\chi, x+iy)| = 0,$$

uniformément pour x variant dans une partie compacte de R.

c) Pour qu'au point s_o, la fonction $F_f(\chi,s)$ admette un pôle, il faut qu'il existe $i \in \{1,2,\ldots,n\}$ tel que

$$-s_o - \alpha_i \in \begin{cases} 2N & \text{si } \chi = \chi_{-1}^{\varepsilon_i} \\ 2N+1 & \text{si } \chi = \chi_{-1}\chi_{-1}^{\varepsilon_i}. \end{cases}$$

L'indice i est alors unique et, au point s_o, la fonction $F_f(\chi,s)$ a un pôle d'ordre au plus u_i+1. Plus précisément la partie singulière du développement de $F_f(\chi,s)$ au point s_o est

$$\sum_{j=o}^{u_i} \frac{2(-1)^j j!}{k!} \frac{\varphi_{i,j}^{(k)}(0)}{(s+\alpha_i+k)^{j+1}}, \quad k=-s_o-\alpha_i . \tag{5-25}$$

2) Réciproquement si $F(\chi_{\pm},s)$ sont deux fonctions satisfaisant aux conditions a) b) c), alors il existe une fonction f de la forme (5-24) et une fonction g appartenant à $\mathcal{S}(R^*)$ telle que

$$F(\chi,s) = F_f(\chi,s) + \int_{R^*} g(t)\chi(t)|t|^s \, d^*t .$$

La démonstration de 1) est triviale, pour la réciproque, à l'aide de (5-25) on choisit des fonctions $\varphi_{i,j}$ telles que

$$F(\chi,s) - F_f(\chi,s) = G(\chi,s)$$

soit une fonction entière de s. La fonction G satisfait encore à la condition b) et tout revient à prouver qu'elle est la transformée de Mellin d'une fonction de $\mathcal{S}(R^*)$; il suffit d'appliquer la formule d'inversion de Mellin. La proposition précédente s'étend aux fonctions à valeurs dans un espace vectoriel de dimension finie (sur R ou C).

Soit $\mathcal{S}_r(R)$ l'espace des fonctions définies sur R, à valeurs dans H_r', indéfiniment dérivables et à décroissance rapide à l'infini ainsi que toutes leurs dérivées.

Soit $\mathcal{S}_{Q,r}(R)$ l'espace des applications de R dans H_r', de la forme

$\varphi(t) = \varphi_1(t)+\chi_{-1}(t)t^{r+n/2-1}\varphi_2(t)$ si Q est isotrope et p et q pairs

$\varphi(t) = \varphi_1(t)+t^{r+n/2-1}\operatorname{Log}|t|\varphi_2(t)$ si Q est isotrope et p et q impairs

$\varphi(t) = \varphi_1(t)+(1+(-1)^q\chi_{-1}(t))|t|^{r+n/2-1}\ \varphi_2(t)$ si Q est isotrope, n impair

$\varphi(t) = |t|^{r+n/2-1}\ (1+\chi_{-1}(t))\varphi_2(t)$ si Q est positive non dégénéré"

$\varphi(t) = |t|^{r+n/2-1}\ (1-\chi_{-1}(t))\varphi_2(t)$ si Q est négative non dégénérée.

Dans tous les cas φ_1 et φ_2 appartiennent à $\mathcal{S}_r(R)$. On pose $L_\alpha(\varphi) = \varphi_2^{(\alpha)}(0)$ et $N_\alpha(\varphi) = \varphi_1^{(\alpha)}(0)$. Par abus de notation, soit

$$Z_\varphi(\chi,s) = \int_{R^*} \varphi(t)\chi(t)|t|^{s-n/2+1} d^*t .$$

On munit $\mathcal{S}_{Q,r}(R)$ de la topologie définie par les semi-normes suivantes :

$$\lambda_\alpha(\varphi) = \|\varphi_2^{(\alpha)}(0)\|,\ \nu_\alpha(\varphi) = \|\varphi_1^{(\alpha)}(0)\|$$

$$\lambda_{m,K}(\psi) = \sup\|Z_\psi(\chi,s)(1+Im.(s))^m\| \quad \text{pour} \quad \chi = \chi_{\pm 1},\ Re(s)\in K$$

où $m \geq 0$ et où K est une partie compacte de R ne contenant aucun des pôles éventuels de Z_φ. On montre que cette topologie coïncide sur $\mathcal{S}_{q,r}(R)\cap\mathcal{S}_r(R)$ avec la topologie induite par la topologie usuelle de $\mathcal{S}_r(R)$. On trouvera une définition plus directe de cette topologie dans [10].

THEOREME 5-8.- <u>L'application</u> $M_r : f \longmapsto M_{f,r}$ <u>est une application linéaire, continue et surjective de</u> $\mathcal{S}(E)$ <u>sur</u> $\mathcal{S}_{Q,r}(R)$.

Pour $r = 0$, ce théorème est dû à Tengstrand [10]. La fonction $M_{f,r}$ appartient à $\mathcal{S}_{Q,r}(R)$; en effet à une translation près sur s, sa transformée de Mellin est $Z_{f,r}(\chi,s)$ et il suffit d'appliquer la proposition 5-7 en tenant compte des relations éventuelles entre les résidus (pour n impair ou Q anisotrope). La continuité s'obtient à partir de la formule 5-18 et de la description explicite des résidus. Il reste à montrer que l'application est surjective ce qui est plus délicat. On sait que, dans tous les cas, $L_\alpha(M_{f,r})$ est proportionnel à la forme linéaire

$$P \longmapsto (P(\partial)Q(\partial)^\alpha f)(0) \, .$$

Il existe donc une constante c_α telle que

$$<P, L_\alpha(M_{f,r})> = c(P(\partial)Q(\partial)^\alpha f)(0) \, .$$

Soit alors $\varphi \in \mathcal{S}_{Q,r}(R)$ et soit $f \in \mathcal{D}(E)$ telle que

$$<P, L_\alpha(\varphi)> = c_\alpha(P(\partial)Q(\partial)^\alpha f)(0) \, .$$

La fonction $\varphi - M_{f,r}$ appartient à $\mathcal{S}_r(R)$. Si Q est anisotrope, son support est contenu dans $Q(E)$. Tout revient à prouver que de telles fonctions appartiennent à l'image de M_r.

LEMME 5-9.- (Q <u>isotrope</u>). <u>Soit</u> U <u>un ouvert de</u> $E_* = E - \{0\}$ <u>tel que, pour tout</u> t <u>on ait</u> $\Gamma_t \cap U \neq \emptyset$. <u>Soit</u> $\varphi_0, \varphi_1, \ldots \varphi_m$ <u>des applications de classe</u> C^∞ <u>de</u> U <u>dans</u> C <u>possédant la propriété suivante : si</u> $t \in R$ <u>et si</u> V <u>est une partie ouverte de</u> U <u>telle que</u> $\Gamma_t \cap V \neq \emptyset$, <u>alors les fonctions</u> $\varphi_j|_{\Gamma_t \cap V}$ <u>sont</u> C-<u>linéairement indépendantes. Dans ces conditions, pour toute fonction</u> $u \in \mathcal{D}(R)$, <u>il existe une fonction</u> $f \in \mathcal{D}(U)$ <u>telle que</u>

$$M_{\varphi_j} f = \begin{cases} u & \text{si } j = 0 \\ 0 & \text{si } j \, 0 \, . \end{cases}$$

Soient $t_0 \in R$ et $X_0 \in \Gamma_{t_0} \cap U$. Comme $U \subset E_*$, l'application $Q_{|U}$ est submersive. Il existe donc un voisinage ouvert V de X_0 dans U, un voisinage ouvert W de 0 dans R^{n-1} et un voisinage ouvert A de t_0 dans

R tels qu'on puisse trouver un difféomorphisme θ de V sur $W \times A$ satisfaisant à la condition

$$Q(\theta^{-1}(Y,t)) = t \quad \text{pour} \quad Y \in W \quad \text{et} \quad t \in A .$$

Soit $\alpha(Y,t)dYdt$ l'image par θ de $(dX)_{|V}$. On a donc, pour $f \in \mathcal{D}(V)$

$$M_f(t) = \int_W (f \circ \theta^{-1})(Y,t)\alpha(Y,t)dY .$$

Posons

$$\psi_j(Y,t) = \alpha(Y,t)(\varphi_j \circ \theta^{-1})(Y,t) .$$

On va prouver qu'il existe une fonction $g \in \mathcal{D}(W \times A)$ et un voisinage $B(t_o)$, ouvert, de t_o tels que

$$\int_W g(Y,t)\psi_j(Y,t)dt = \begin{cases} 1 & \text{si } j = 0 \\ 0 & \text{si } j > 0 . \end{cases}$$

Pour cela, considérons pour $h_o, h_1, \ldots, h_m \in \mathcal{D}(W)$ le déterminant

$$\mathrm{Det}\left(\int_W h_i(Y)\psi_j(Y,t_o)dY\right) .$$

S'il était nul, quelles que soient $h_o, \ldots, h_m$, alors, en faisant "tendre" $h_o, \ldots, h_m$ vers les mesures de Dirac en des points $Y_o, \ldots, Y_m$ de W, on en déduirait que

$$\mathrm{Det}(\psi_j(Y_i,t_o)) = 0$$

quels que soient les points Y_i de W. Les fonctions $\psi_j(Y,t_o)$ étant $\mathbb{C}$-linéairement indépendantes, ceci est impossible. On peut donc choisir $h_o, \ldots, h_m$ telles que le déterminant

$$\mathrm{Det}\left(\int_W h_i(Y)\psi_j(Y,t)dY\right)$$

soit non nul pour $t = t_o$; il est donc non nul dans un voisinage $A' \subset A$ de t_o. Posons alors

$$g(Y,t) = a_o(t)h_o(Y)+\ldots+a_m(t)h_m(Y) .$$

Les fonctions a_i doivent être solutions du système linéaire

$$\sum_{i=o}^{m} \left(\int_W h_i(Y)\psi_j(Y,t)dY\right)a_i(t) = \begin{cases} 1 & \text{si } j = 0 \\ 0 & \text{si } j > 0 . \end{cases}$$

Pour $t \in A'$, le déterminant de ce système est non nul ; il admet donc une solution unique. Les fonctions a_i ainsi déterminées sont de classe C^∞. En les multipliant par une fonction de $\mathcal{D}(A')$ égale à 1 dans un voisinage $B(t_o)$ de t_o, on obtient une fonction g qui a les propriétés requises.

Soit $f_{t_o} = g \circ \theta$. La fonction f_{t_o} appartient à $\mathcal{D}(V)$ et

$$M_{f_{t_o}\varphi_j}(t) = \begin{cases} 1 & \text{si } j = 0 \text{ et } t \in B(t_o) \\ 0 & \text{si } j > 0 \text{ et } t \in B(t_o) . \end{cases}$$

Si $u \in \mathcal{D}(R)$, associons à tout point t de son support une fonction f_t et un voisinage $B(t)$ ouvert, ayant les propriétés ci-dessus. Recouvrons le support de u par un nombre fini de ces voisinages :

$$\mathrm{supp}(u) \subset B(t_1) \cup \ldots \cup B(t_\ell)$$

et soit $(\alpha_i)_{i=1,\ldots,\ell}$ une partition de l'unité subordonnée à ce recouvrement.

On a donc

$$u = u\alpha_1+\ldots+u\alpha_\ell \quad \text{et} \quad \mathrm{supp}(u\alpha_i) \subset B(t_i) .$$

La fonction

$$f = (\alpha_1 u \circ Q) f_{t_1} + \dots + (\alpha_\ell \circ u\, Q) f_{t_\ell}$$

répond aux conditions du lemme.

LEMME 5-10.- Soient U un ouvert de E et $\varphi_o, \dots \varphi_m$ des applications de classe C^∞ de U dans C. On suppose

1) que si Γ_t est non vide, alors $\Gamma_t \cap U$ est non vide,

2) que pour tout ouvert $V \subset U$ et pour tout t tels que $\Gamma_t \cap V$ soit non vide, les fonctions $\varphi_j|V \cap \Gamma_t$ sont C-linéairement indépendantes.

3) que U est invariant par les homothéties de rapport positif et que les fonctions φ_j sont positivement homogènes de degré r_j.

Dans ces conditions, il existe une application α de E dans C, de classe C^∞ et ayant les propriétés suivantes :

a) si Q est isotrope, on a $\mathrm{supp}(\alpha) \subset U$; si Q est anisotrope on a $\mathrm{supp}(\alpha) \subset U \cup \{0\}$.

b) pour toute partie compacte K de R, le sous-ensemble $Q^{-1}(K) \cap \mathrm{supp}(\alpha)$ est compact.

c) si $\Gamma_t \neq \emptyset$, alors

$$M_{\varphi_j \alpha}(t) = \begin{cases} 1 & \text{si } j = 0 \\ 0 & \text{si } j > 0 \end{cases}$$

d) si Q est isotrope et si $u \in \mathcal{S}(R)$ alors $\alpha(u \circ Q) \in \mathcal{S}(E)$;

si Q est positive (resp. négative) non dégénérée et si $u \in \mathcal{S}(R)$ est identiquement nulle pour $t \leq 0$ (resp. $t \geq 0$), alors $\alpha(u \circ Q) \in \mathcal{S}(E)$.

Supposons Γ_1 non vide et soit $E_+ = \{X \in E | Q(X) > 0\}$. Comme dans la démonstration du lemme précédent, on peut construire une fonction $\psi \in \mathcal{D}(\Gamma_1 \cap U)$ telle que

$$\int_{\Gamma_1} \psi(X)\varphi_j(X)d\mu_1(X) = \begin{cases} 1 & \text{si } j = 0 \\ 0 & \text{si } j > 0 . \end{cases}$$

Posons

$$\psi_+(X) = \psi(XQ(X)^{-\frac{1}{2}})Q(X)^{-(r_o+n-2)/2} \quad \text{pour } X \in E_+ .$$

La fonction ψ_+ est définie dans E_+ et est de classe C^∞ ; pour toute partie compacte $K \subset R_+$, le sous-ensemble $Q^{-1}(K) \cap \operatorname{supp}(\psi_+)$ est compact et, enfin, pour $t > 0$, on a

$$M_{\psi_+\varphi_j}(t) = \begin{cases} 1 & \text{si } j = 0 \\ 0 & \text{si } j > 0 . \end{cases}$$

D'autre part, pour tout polynôme de dérivation D, homogène de degré ℓ, la fonction $D\psi_+$ est positivement homogène de degré $-r_o-(n-2)-\ell$. Si P est un polynôme homogène de degré ℓ', on a donc une majoration de la forme

$$|P(X)(D\psi_+)(X)| < Q(X)^{-(r_o+n-2+\ell-\ell')/2} .$$

Si $E_- = \{X \in E | Q(X) < 0\}$ est non vide, on construit une fonction ψ_- ayant des propriétés analogues.

Supposons Q isotrope et soit $v \in \mathcal{D}(R)$ égale à 1 au voisinage de 0. D'après le lemme 5-9 il existe une fonction $f \in \mathcal{D}(U)$ telle que

$$M_{\varphi_j f} = \begin{cases} v & \text{si } j = 0 \\ 0 & \text{si } j > 0 . \end{cases}$$

Posons

$$\alpha(X) = \begin{cases} f(X) + (1-v(Q(X))\psi_+(X) & \text{si } X \in E_+ \\ f(X) & \text{si } Q(X) = 0 \\ f(X) + (1-v(Q(X))\psi_-(X) & \text{si } X \in E_- . \end{cases}$$

La fonction α est de classe C^∞ et vérifie les conditions a) b) c) du lemme. De plus tout polynôme P et pour toute dérivation D on a une majoration du type

$$|P(X)(D\alpha)(X)| < Q(X)^{j(D,P)}$$

où $j(D,P)$ est un entier qui dépend de P et de D. En effet $Q^{-1}(\mathrm{supp}(v)) \cap \mathrm{supp}(\alpha)$ est compact et, en dehors de ce compact on a $\alpha = f + \psi_\pm$. Comme $f \in \mathcal{B}(E)$, il suffit d'utiliser les majorations obtenues pour $\psi_\pm$. Si $u \in \mathcal{S}(R)$, $\alpha(u \circ Q)$ est de classe C^∞ et, pour toute dérivation D, on a une formule du type

$$D(\alpha(u \circ Q)) = \Sigma\, P_i(D_i\alpha)\, u^{(i)} \circ Q$$

où les P_i et les D_i sont indépendants de u. Pour tout polynôme P, il existe donc une semi-norme continue $\nu_{P,D}$ sur $\mathcal{S}(R)$ telle que

$$\sup |P(X)(D(\alpha(u \circ Q)))(X)| \le \nu_{P,D}(u),$$

ce qui prouve d) et même que l'application $u \longmapsto \alpha(u \circ Q)$ est continue de $\mathcal{S}(R)$ dans $\mathcal{S}(E)$.

Si Q est anisotrope et, par exemple, positive non dégénérée, on prend simplement $\alpha = \psi_+$. Le seul point nouveau à vérifier est que la fonction $\alpha(u \circ Q)$ est bien de classe C^∞ à l'origine. Comme u est nulle ainsi que toutes ses dérivées pour $t = 0$, la fonction $u^{(j)}(t)\, t^{-\ell}$ est bornée au voisinage de 0 , quels que soient les entiers positifs ou nuls j et ℓ . On en déduit qu'au voisinage de 0 , on a, pour toute dérivation D , une majoration de la forme

$$|D(\alpha(u \circ Q))(X)| < Q(X)^{\ell}$$

où ℓ est un entier positif quelconque. La forme quadratique Q étant positive non dégénérée ceci montre que $\alpha(u \circ Q)$ et toutes ses dérivées sont à décroissance rapide à l'origine. En particulier $\alpha(u \circ Q)$ est de classe C^{∞} à l'origine. Ici encore l'application $u \mapsto \alpha(u \circ Q)$ qui est définie sur un sous-espace fermé de $\mathcal{S}(R)$ et à valeurs dans $\mathcal{S}(E)$ est continue.

Revenons à la démonstration du théorème, en supposant d'abord que (E,Q) n'est pas un plan hyperbolique. Soit $(P_o, P_1, \ldots, P_m)$ une base de H_r ; chaque P_i est donc homogène de degré r . Soit

$$U = \{X \in E \,|\, (P_o P_1 \ldots P_m)(X) \neq 0\} .$$

C'est un ouvert de E invariant par homothéties.

Soit Γ_t une orbite non vide et V une partie ouverte de U telle que $\Gamma_t \cap V$ soit non vide. Supposons qu'il existe des constantes c_j telle que le polynôme $P = c_o P_o + \ldots + c_m P_m$ soit nul sur $\Gamma_t \cap V$. Comme P est homogène, il est nul sur le cône de sommet 0 et de base $\Gamma_t \cap V$. Si t est non nul, ce cône est ouvert et par conséquent $P = 0$. Si $t = 0$, alors comme Γ_o est une variété algébrique irréductible (on a écarté le cas du plan hyperbolique), le polynôme P est nul sur Γ_o . Supposons P non nul ; comme $O(Q)$ opère irréductiblement dans H_r le polynôme P est cyclique. Pour $g \in O(Q)$, le polynôme $P(gX)$ serait nul sur Γ_o , donc finalement tout élément de H_r serait nul sur Γ_o . Ceci est impossible comme on le voit, par exemple, en prenant les polynômes $B(X,\xi)^r$ où ξ est un vecteur isotrope complexe. Les autres conditions étant trivialement satisfaites on peut donc appliquer le lemme 5-10 avec

$\varphi_i = P_i$. Pour tout j , il existe donc une fonction α_j ayant les propriétés a) b) d) du lemme et telle que

$$M_{P_j \alpha_i} = \begin{cases} 1 & \text{si } i = j \\ 0 & \text{si } i \neq j . \end{cases}$$

En particulier le support de α_j est contenu dans U (resp. $U \cup \{0\}$) si Q est isotrope (resp. anisotrope).

Soit alors $\varphi \in \mathcal{S}_r(R)$ telle que $\mathrm{supp}(\varphi) \subset Q(E)$. Posons

$$\alpha_\varphi(X) = \sum_o^m \alpha_j(X) < \varphi(Q(X)), P_j > .$$

D'après le lemme 5-10, la fonction α_φ appartient à $\mathcal{S}(E)$ et à son support contenu dans U (ou dans $U \cup \{0\}$) . De plus

$$M_{\alpha_{\varphi}, r}(t, P_j) = \sum_o^m M_{P_j \alpha_i}(t) < \varphi(t), P_i > = < \varphi(t), P_j > .$$

Comme les P_i forment une base de H_r , on a $M_{\alpha_\varphi} = \varphi$ ce qui achève la démonstration du théorème. Notons de plus que l'application $\varphi \longmapsto \alpha_\varphi$ est continue.

Il reste le cas où (E,Q) est un plan hyperbolique. Soit (x_1, x_2) un système de coordonnées tel que $Q(X) = x_1 x_2$. Si $r = 0$, la démonstration générale s'applique. Si $r > 0$, alors les deux polynômes

$$P_1(X) = x_1^r \quad \text{et} \quad P_2(X) = x_2^r$$

forment une base de H_r . Soit U_1 le demi-plan $x_1 > 0$ et appliquons le lemme 5-10 avec les deux fonctions $\varphi_1(X) = x_1^r$ et $\varphi_2(X) = x_1^{-r}$. Il existe une fonction α_1 ayant les propriétés a) b) d) et telle que

$$M_{\alpha_1 \varphi_j} = \begin{cases} 1 & \text{si } j = 1 \\ 0 & \text{si } j = 2 . \end{cases}$$

Mais $P_2(X) = Q(X)^r \varphi_2(X)$, donc

$$M_{\alpha_1} P_j = \begin{cases} 1 & \text{si } j = 1 \\ 0 & \text{si } j = 2 . \end{cases}$$

De même il existe une fonction α_2 , à support dans le demi-plan $x_2 > 0$, telle que

$$M_{\alpha_2} P_j = \begin{cases} 0 & \text{si } j = 1 \\ 1 & \text{si } j = 2 . \end{cases}$$

La démonstration s'achève comme dans le cas général. On obtient à nouveau une application linéaire continue $\varphi \mapsto \alpha_\varphi$ de $\mathcal{S}_r(R)$ dans $\mathcal{S}(E)$; de plus le support de α_φ est contenu dans la réunion des deux demi-plans $x_1 > 0$ et $x_2 > 0$.

Il nous reste à étudier les distributions invariantes. Soit π_r' la représentation contragrédiente de la représentation π_r de $G = O(Q)$ dans H_r . Soit $\mathcal{S}'_{r,Q}(R)$ l'espace vectoriel des applications linéaires continues S de $\mathcal{S}_{r,Q}(R)$ dans H_r' telles que, pour $g \in G$, on ait

(5-26) $$S(\pi_r'(g)\varphi) = \pi_r'(g)S(\varphi) .$$

Soit $\mathcal{S}_r'(E)$ l'espace vectoriel des applications linéaires continues de $\mathcal{S}(E)$ dans H_r' telles que, pour $g \in G$, on ait

(5-27) $$T(gf) = \pi_r'(g)T(f) \quad \text{où} \quad gf(X) = f(g^{-1}X) .$$

$\mathcal{S}_r'(E)$ est donc l'espace des distributions à valeurs dans H_r' , tempérées et invariantes. Il est immédiat que si $S \in \mathcal{S}'_{r,Q}(R)$, alors la distribution

$$M_r^t(S) : f \longmapsto S(M_{f,r})$$

appartient à $\mathcal{S}'_r(E)$.

THEOREME 5-11.- <u>L'application</u> M_r^t <u>est une application linéaire bijective de</u> $\mathcal{S}'_{r,Q}(R)$ <u>sur</u> $\mathcal{S}'_r(E)$.

D'après le théorème 5-8 elle est injective ; pour démontrer qu'elle est surjective, nous aurons besoin de quelques préliminaires.

Soient G un groupe de Lie et H un sous-groupe fermé de G . Soit dg (resp. dh) une mesure de Haar à gauche de G (resp. de H) . Soit π une représentation de G , irréductible de dimension finie, d'espace F . Pour toute fonction $\varphi \in \mathcal{D}(G)$, on pose

$$\varphi^{\#}(g) = \int_H \varphi(gh)\,dh .$$

La fonction $\varphi^{\#}$, considérée comme fonction sur G/H appartient à $\mathcal{D}(G/H)$. Si U est un ouvert non vide de G/H et si V est son image réciproque dans G , alors l'application $\#$ est une application linéaire, continue et surjective de $\mathcal{D}(V)$ sur $\mathcal{D}(U)$. On fait opérer G sur les fonctions par translations à gauche.

LEMME 5-12.- <u>Soit</u> L <u>une distribution sur</u> U , <u>à valeurs dans</u> F , <u>telle que</u>

$$L(g\psi) = \pi(g)L(\psi)$$

<u>pour toute fonction</u> $\psi \in \mathcal{D}(U)$ <u>et tout élément</u> g <u>de</u> G <u>tel que</u> $g\psi \in \mathcal{D}(U)$. <u>Dans ces conditions, il existe un vecteur</u> $a \in F$, <u>invariant par</u> H <u>et tel que</u>

$$L(\varphi^{\#}) = \pi(\varphi)a \quad \text{pour} \quad \varphi \in \mathcal{D}(V) .$$

En effet, posons $L^{\natural}(\varphi) = L(\varphi^{\#})$ pour $\varphi \in \mathcal{D}(V)$. La distribution $L^{\natural}$ vérifie la condition d'invariance $L^{\natural}(g\varphi) = \pi(g)L^{\natural}(\varphi)$ chaque fois que $g\varphi \in \mathcal{D}(V)$. Soit W_n un système fondamental de voisinages de l'élément neutre e et, pour tout n soit $f_n \in \mathcal{D}(W_n)$, positive ou nulle, d'intégrale égale à 1 . Supposons de plus que le support K_n de f_n contienne e et soit symétrique : $K_n = K_n^{-1}$. Soit alors V_n l'ouvert ensemble des $y \in G$ tels que $yK_n \subset V$; on a $V = \cup V_n$. Pour $y \in V_n$, posons

$$\alpha_n(y) = \int_V f_n(x^{-1}y)dL^{\natural}(x) .$$

L'invariance de $L^{\natural}$, montre qu'il existe $a_n \in F$ tel que $\alpha_n(y) = \pi(y)a_n$. Pour $\varphi \in \mathcal{D}(V)$, on a alors

$$\langle \varphi, L^{\natural} * f_n \rangle = \pi(\varphi)a_n .$$

Si n tend vers l'infini, le membre de gauche de cette égalité tend vers $L^{\natural}(\varphi)$. En prenant φ telle que $\pi(\varphi)$ soit inversible on en déduit que la suite a_n a une limite a et que, pour tout φ , on a $L^{\natural}(\varphi) = \pi(\varphi)a$. Il reste à voir que a est invariant par H . Or, pour $h \in H$, on a $(\varphi * \varepsilon_h)^{\#} = \varphi^{\#}$ donc $L^{\natural}(\varphi * \varepsilon_h) = L^{\natural}(\varphi)$ ou encore $\pi(\varphi)\pi(h)a = \pi(\varphi)a$. En prenant φ telle que $\pi(\varphi)$ soit inversible on en tire $\pi(h)a = a$.

Notons que, pour $\psi \in \mathcal{D}(U)$ on a, en supposant G et H unimodulaires,

$$L(\psi) = \int_{G/H} \psi(x)\pi(x)a\, dx$$

où dx est la mesure quotient de dg par dh .

Nous appliquerons ce lemme en prenant pour G le groupe orthogonal de Q , pour H le stabilisateur dans G d'un élément X de E et pour la représentation π'_r .

LEMME 5-13.- <u>Si</u> (E,Q) <u>n'est pas un plan hyperbolique, alors la restriction de</u> π'_r <u>à</u> H , <u>contient exactement une fois la représentation triviale de</u> H .

Si X n'est pas isotrope, alors H est un groupe orthogonal et on se ramène de suite au cas $O(n)\supset O(n-1)$. Le lemme est alors un cas particulier d'un résultat classique ("branching theorem"). Si X est isotrope, introduisons deux vecteurs isotropes e_1 et e_2 tels que $B(e_1,e_2) = 1$. Soit F l'orthogonal du plan hyperbolique $\mathbb{R}e_1 + \mathbb{R}e_2$. Prenons $X = e_2$. Le sous-groupe H est de la forme MU où M est le centralisateur de e_1 et e_2 dans G et U le sous-groupe, ensemble des éléments u_y, $y\in F$, définis par

$$u_y(e_1) = e_1 - Q(y)e_2 + y \ , \ u_y(e_2) = e_2 \text{ et, pour } z\in F \ , \ u_y(z) = z - B(y,z)e_2 \ .$$

La représentation π_r est équivalente à sa contragrédiente (on construit explicitement un opérateur d'entrelacement à l'aide de B). Il faut donc prouver qu'il existe un polynôme harmonique de degré r, invariant par H, unique à la multiplication par un facteur constant près. Comme (E,Q) n'est pas un plan hyperbolique, le cône isotrope est irréductible et on a vu que par restriction on obtient une application injective de H_r sur un espace de fonctions sur ce cône Γ_o. Mais l'ensemble des vecteurs isotropes ξ de la forme

$$\xi = tu_y e_1 \qquad t\in \mathbb{R}^* \text{ et } y\in F$$

est un ouvert dense de Γ_o. Pour $P\in H_r$, on a $P(\xi) = t^r P(u_y e_1)$ donc si P est invariant par U, il est déterminé par sa valeur en e_1. Ceci montre que le sous-espace des polynômes harmoniques de degré r, invariant par MU est de dimension au plus 1. Comme $B(X,e_2)^r$ est un tel polynôme, ce sous-espace est de dimension 1.

Si (E,Q) est un plan hyperbolique, le lemme reste vrai si X n'est pas isotrope. Pour démontrer le théorème considérons d'abord une distribution $T\in S'_r(E)$ de support l'origine. Il existe donc une application polynomiale R de E dans H'_r telle que

$$T(f) = \int_E \hat{f}(X)R(X)dX$$

et si T est invariante, R doit vérifier la condition

$$R(gX) = \pi_r'(g)R(X) .$$

Soit S l'algèbre des fonctions polynomiales sur E. Pour $P \in H_r$, posons

$$U_P(X) = \langle R(X), P \rangle .$$

On a $U_{\pi(g)P} = gU_P$ donc U est un opérateur d'entrelacement de π_r et de la représentation de G dans S. Si I est la sous-algèbre des polynômes invariants, l'image de U est contenue dans $I \otimes H_r$ et, plus précisément, il existe $u \in I$ tel que $U_P = u \otimes P$. La distribution T est donc proportionnelle à la distribution

$$(P,f) \longmapsto (P(\partial)(v \circ Q)(\partial)f)(0)$$

où v est l'unique polynôme tel que $v \circ Q = u$. On sait que ces distributions sont des combinaisons linéaires des formes linéaires L_α sur $\mathcal{S}_{r,Q}(R)$ ce qui prouve le théorème dans ce cas.

Supposons maintenant Q isotrope et $\operatorname{supp}(T) \subset \bar{\Gamma}_0$. Considérons la restriction de T à l'ouvert E_*. Cette restriction est portée par Γ_0 et a donc, au voisinage de chaque point X_0 de Γ_0 un ordre transversal $\ell(X_0)$; comme T est invariante, cet ordre est en fait indépendant de X_0, notons le ℓ. On va montrer par récurrence sur ℓ qu'il existe un polynôme v de degré ℓ tel que

$$T(f) = (v(d/dt)M_{f,r})(0) \qquad f \in \mathcal{D}(E_*) . \tag{5-28}$$

Si $\ell = 0$, alors $T_{|E_*}$ est une distribution sur Γ_0. Soient

$X_o \in \Gamma_o$ et H son stabilisateur dans G. Considérons $T_{|E_*}$ comme une distribution sur G/H. Elle est invariante et en appliquant le lemme 5-12 on voit qu'il existe $a \in H'_r$, invariant par H et tel que

$$T(f) = \pi'_r(f)a \quad \text{pour} \quad f \in \mathcal{D}(G/H) .$$

Si (E,Q) n'est pas un plan hyperbolique, alors a est l'unique vecteur invariant par H (à un facteur constant près) ; il est donc proportionnel à la forme linéaire sur H_r donnée par $P \longmapsto P(X_o)$. Par suite, pour $f \in \mathcal{D}(E_*)$, $T(f)$ est proportionnel à la forme linéaire

$$P \longmapsto \int_{G/H} f(gX_o)(\pi_r(g^{-1})P)(X_o)d\mu_o(gX_o) = M_{f,r}(0,P) .$$

On vérifie directement qu'il en est encore ainsi si (E,Q) est un plan hyperbolique. L'assertion est donc vraie pour $\ell = 0$. Supposons-la établie pour $0,1,\ldots,\ell-1$ et prouvons-la pour ℓ. Soit $X_o \in \Gamma_o$; soit $x = (x_1,\ldots,x_{n-1})$ et $t = Q(X)$ un système de coordonnées locales dans un voisinage ouvert U de X_o. Il existe des distributions $S_o,\ldots,S_\ell$ sur $\Gamma_o \cap U$ telles que

$$T(f) = \sum_{o}^{\ell} S_i((\partial^i/\partial t^i)f(x,0)) \quad \text{pour} \quad f \in \mathcal{D}(U) .$$

Montrons que S_ℓ est invariante. Soit $\alpha \in \mathcal{D}(U \cap \Gamma_o)$ et prenons f de la forme

$$f(x,t) = \alpha(x)\beta(t) \quad \text{où} \quad \beta(0) = \beta'(0) = \ldots = \beta^{(\ell-1)}(0) = 0 \quad \text{et} \quad \beta^{(\ell)}(0) = 1 .$$

On a donc $T(f) = S_\ell(\alpha)$. Soit $g \in G$ tel que $\operatorname{supp}(g\alpha) \subset U \cap \Gamma_o$; si $X = (x,t)$ posons $g^{-1}X = (\xi(g,x,t),t)$. On a donc

$$(gf)(x,t) = \alpha(\xi(g,x,t))\beta(t)$$

et, compte tenu des conditions imposées à β

$$T(gf) = S_\ell(\alpha(\xi(g,x,0)) = S_\ell(g\alpha).$$

Comme T est invariante, cette égalité montre que S_ℓ est invariante au sens du lemme 5-12. D'après ce lemme, il existe une constante c telle que, pour $f \in \mathcal{D}(U)$ on ait $S_\ell(f) = c\, M_{f,r}(0)$ (cf. la première partie de la démonstration) . La distribution invariante

$$f \longmapsto T(f) - c(\frac{d^\ell}{dt^\ell} M_{f,r})(0)$$

est au voisinage de X_o d'ordre transversal $\ell-1$ au plus ; comme elle est invariante, elle est d'ordre transversal au plus $\ell-1$ et on peut lui appliquer l'hypothèse de récurrence.

La distribution $T_{|E_*}$ est donc donnée par (5-28) . La forme linéaire continue

$$\varphi \longmapsto (v(d/dt)\varphi)(0)$$

sur $\mathcal{S}_r(R)$ se prolonge, de manière non unique, en une forme linéaire continue sur $\mathcal{S}_{r,0}(R)$, de support l'origine. Soit S un tel prolongement. La distribution $T - M_r^t(S)$ est une distribution invariante dont le support est contenu dans $\{0\}$; d'après la première partie de la démonstration, elle appartient à l'image de M_r^t. Il en est donc de même de T .

Enfin soit T une distribution invariante quelconque. L'application

$$(t,X) \longmapsto tX$$

est un difféomorphisme de $R_+^* \times \Gamma_1$ sur E_+ . Considérons les fonctions f de la forme

$$f(tX) = \beta(X)\alpha(t) \quad \beta \in \mathcal{D}(\Gamma_1) \ , \ \alpha \in \mathcal{D}(R_+^*) \ ;$$

elles sont denses dans $\mathcal{D}(E_+)$. Pour α fixé, la forme linéaire continue $\beta \mapsto T(f)$ est à valeurs dans H'_r et est invariante. D'après les lemmes 5-11 et 5-12, il existe une constante $\sigma(\alpha)$ telle que

$$<P,T(\alpha\otimes\beta)> = \sigma(\alpha)\int_{\Gamma_1} \beta(X)P(X)d\mu_1(X)$$

et σ est une distribution scalaire sur R_+. Soit $\mathcal{D}_r(R_+^*)$ l'espace des applications C^∞ à support compact de R_+^* dans H'_r. On a

$$\mathcal{D}_r(R_+^*) = \mathcal{D}(R_+^*)\otimes H'_r$$

et $\tilde{\sigma} = \sigma\otimes I$ est une application linéaire continue de $\mathcal{D}_r(R_+)$ dans H'_r, qui commute à π'_r. Il vient

$$T(f) = \tilde{\sigma}\left[|t|^{-(n+r-2)} M_{f,r}(t^2)\right] \qquad f\in\mathcal{D}(E_+) .$$

Il existe donc $S_+ \in \mathcal{D}'_r(R_+^*)$, commutant à π'_r, telle que, pour $f\in\mathcal{D}(E_+)$, on ait $T(f) = S_+(M_{f,r})$. De même, il existe une distribution S_- telle que, pour $f\in\mathcal{D}(E_-)$, on ait $T(f) = S_-(M_{f,r})$. La distribution $S = (S_+,S_-)$ sur R^* a les propriétés d'invariance requises et, pour $f\in\mathcal{D}(E_+\cup E_-)$, on a $T(f) = S(M_{f,r})$.

D'autre part, on a construit une fonction α, définie et de classe C^∞ sur E et une application linéaire, continue et injective $\varphi\mapsto\alpha_\varphi$ de $\mathcal{S}_r(R)$ dans $\mathcal{S}(E)$, telle que $M_{\alpha_\varphi,r} = \varphi$. Pour $\varphi\in\mathcal{D}_r(R^*)$, on a donc

$$S(\varphi) = T(\alpha_\varphi) .$$

Le membre de droite de cette égalité a un sens pour $\varphi\in\mathcal{S}_r(R)$ ce qui permet de prolonger S en un élément de $\mathcal{S}'_r(R)$ et on montre aisément que S se prolonge à nouveau en un élément de $\mathcal{S}'_{r,Q}(R)$; notons toujours S ce prolongement. La distribution $T-M_r^t(S)$ est invariante et son support est contenu dans $\bar{\Gamma}_o$; elle appartient donc à l'image de M_r^t et il en est de même de T ce qui achève la démonstration.

Pour $r = 0$, ce théorème est dû à Tengstrand [10]. Notons que l'hypothèse "tempérée" n'est pas essentielle. Plus précisément, soit $\mathcal{D}_{r,Q}(R)$ le sous-espace de $\mathcal{S}_{r,Q}(R)$ ayant pour éléments les fonctions à support compact et, pour toute partie compacte K de R , soit $\mathcal{D}_{r,Q}(R,K)$ le sous-espace des fonctions à support compact contenu dans K . On munit $\mathcal{D}_{r,Q}(R,K)$ de la topologie induite par celle de $\mathcal{S}_{r,Q}(R)$ et $\mathcal{D}_{r,Q}(R)$ de la topologie limite inductive. Soit $\mathcal{D}'_{r,Q}(R)$ l'espace des applications linéaires continues de $\mathcal{D}_{r,Q}(R)$ dans H'_r qui vérifient la condition (5-26). De même soit $\mathcal{D}'_r(E)$ l'espace des applications linéaires continues de $\mathcal{D}(E)$ dans H'_r qui vérifient la condition (5-27). On a alors deux applications linéaires

$$M_r : \mathcal{D}(E) \longrightarrow \mathcal{D}_{r,Q}(R) \quad \text{et} \quad M_r^t : \mathcal{D}'_{r,Q}(R) \longrightarrow \mathcal{D}'_r(E) .$$

THEOREME 5-14.-

1) M_r <u>est une application linéaire continue et surjective de</u> $\mathcal{D}(E)$ sur $\mathcal{D}_{r,Q}(R)$.

2) M_r^t <u>est une bijection linéaire de</u> $\mathcal{D}'_{r,Q}(R)$ <u>sur</u> $\mathcal{D}'_r(E)$.

La démonstration est pratiquement contenue dans celles des deux théorèmes précédents. Nous ne la détaillerons pas.

Terminons ce § par quelques remarques sur les distributions invariantes de support $\Gamma_0 \cup \{0\}$. Nous nous limiterons au cas $r = 0$. Soit alors J l'espace vectoriel des distributions invariantes de support $\Gamma_0 \cup \{0\}$. On peut considérer J comme un module sur l'anneau $A = \mathbb{C}[Q(\partial)]$ des opérateurs différentiels à coefficients constants, invariants par G .

<u>Premier cas</u> : Q anisotrope. On a $\Gamma_0 \cup \{0\} = \{0\}$. Le A-module J est libre, de rang 1 et admet comme base la mesure de Dirac δ , à

l'origine. Si par abus de notation, on pose $L_\alpha(f) = L_\alpha(M_f)$, alors la distribution L_α est un multiple non nul de la distribution $Q(\partial)^\alpha \delta$; on a donc $Q(\partial)L_\alpha = c_\alpha L_{\alpha+1}$ où c_α est une constante non nulle.

Si Q est isotrope, alors la fonction M_f est de la forme $\varphi_1 + \theta\varphi_2$ où φ_1 et φ_2 appartiennent à $\mathcal{S}(R)$ et où θ est une fonction qui ne dépend que de Q . On pose

$$L_\alpha(M_f) = \varphi_2^{(\alpha)}(0) , N_\alpha(M_f) = \varphi_1^{(\alpha)}(0)$$

et, par abus de notation $L_\alpha(f) = L_\alpha(M_f)$ et $N_\alpha(f) = N_\alpha(M_f)$. Les distributions L_α et N_α forment une base de l'espace vectoriel J . Les distributions L_α sont de support l'origine. Il existe à nouveau des constantes c_α non nulles, telles que $Q(\partial)L_\alpha = c_\alpha L_{\alpha+1}$ et L_α est un multiple non nul de $Q(\partial)^\alpha\delta$. Pour étudier l'action de $Q(\delta)$ sur N_α nous distinguerons différents cas.

<u>Deuxième cas</u> : Q isotrope et n impair. On a donc $n \geq 3$. Pour $f \in \mathcal{S}(E)$, $N_\alpha(f)$ est le produit par une constante non nulle, indépendante de f ; du résidu de $Z_f(\chi,s)$ au point $s = n/2 - 1 - \alpha$ avec $\chi = \chi_1$ si α est pair et $\chi = \chi_{-1}$ si α est impair. La distribution N_α est donc un multiple de $Q(\partial)^\alpha \mu_o$. Il existe des constantes d_α telles que $Q(\partial)N_\alpha = d_\alpha N_{\alpha+1}$ et d_α est non nul. Le A-module J est donc libre, de rang 2 et admet (δ,μ_o) comme base.

<u>Troisième cas</u> : Q isotrope, p et q pairs. On a donc $n \geq 4$. Comme dans le cas précédent, on voit que si $0 \leq \alpha < n/2-1$, alors N_α est proportionnelle à $Q(\partial)^\alpha \mu_o$; pour $0 \leq \alpha < n/2-2$ on a donc $Q(\partial)N_\alpha = d_\alpha N_{\alpha+1}$ où d_α est non nul. Par contre, on a $Q(\partial)N_{n/2-2} = 0$. En effet, évaluons $N_{n/2-2}$. Cette distribution est proportionnelle au résidu de $Z_f(\chi,s)$ au point $s = 1$, avec $\chi = \chi_1$ si $n/2$ est pair et $\chi = \chi_{-1}$ si $n/2$ est impair. Or,

au voisinage de 1 , on a

$$Z_f(\chi,s) = \rho(\chi,s+1-n/2) \int_{R^*} \hat{M}_f(t)\chi^{-1}(t)|t|^{-s+n/2} d^*t$$

et, pour $s = 1$, le facteur $\rho(\chi,s+1-n/2)$ a un pôle simple. Par suite $N_{n/2-2}(f)$ est un multiple non nul et indépendant de f de

$$\int_{R^*} \hat{M}_f(t)\chi^{-1}(t)|t|^{-1+n/2} d^*t$$

ou encore de

$$\int_R \overline{\gamma(tQ)}\chi(t)\hat{M}_{\hat{f}}(t)\,dt .$$

Si $n/2$ est pair, alors $\chi = \chi_1$ et $\gamma(tQ) = \pm 1$; si $n/2$ est impair, alors $\chi = \chi_{-1}$ et $\gamma(tQ) = \pm i\,\chi_{-1}(t)$. Dans les deux cas la distribution considérée est finalement proportionnelle à la distribution $f \longmapsto M_{\hat{f}}(0) = \mu_o(\hat{f})$. Autrement dit, il existe une constante non nulle c telle que

$$\hat{N}_{n/2-2} = c\mu_o .$$

Comme $Q\mu_o = 0$, il en résulte bien que $Q(\partial)N_{n/2-2} = 0$. Le module J n'est pas libre. Pour déterminer sa structure, il nous reste à évaluer $Q(\partial)N_\alpha$ pour $\alpha \geq n/2-1$. La distribution N_α est toujours donnée par le résidu de $Z_f(\alpha,s)$ au point $s = n/2-1-\alpha$. Sa transformée de Fourier est donc proportionnelle à la distribution

$$Q(X)^{\alpha+1-n/2}\,\chi_{-1}(Q(X))\,dX .$$

On en déduit qu'il existe des constantes non nulles d_α telles que $Q(\partial)N_\alpha = d_\alpha N_{\alpha+1}$ pour $\alpha \geq n/2-1$. Si on pose $S = N_{n/2-1}$, alors δ, μ_o et S engendrent le A-module J .

<u>Quatrième cas</u> : Q isotrope, p et q impairs. La situation est

différente de celle du cas précédent. La distribution N_α est toujours donnée par le résidu de $Z_f(\chi,s)$ au point $s = n/2-1-\alpha$. Il n'y a rien de changé pour $0 \leq \alpha < n/2-1$. Par contre, on a cette fois $Q(\partial)N_{n/2-2} = c\,\delta$, avec $c \neq 0$. On peut le voir par la méthode du cas précédent ou, un peu plus directement, en partant de la formule (5-15) . Si on pose à nouveau $S = N_{n/2-1}$, alors S et plus généralement les distributions N_α pour $\alpha \geq n/2-1$ sont encore des résidus de $Z_f(\chi,s)$ mais en des points où il y a un pôle double ; le calcul de leur transformée de Fourier est donc plus compliqué. On peut éviter ce calcul en utilisant la formule (5-18) pour $s = n/2-1-\alpha$ avec $\alpha > n/2-1$ et $\chi = \chi_{\pm 1}$ suivant la parité de α . On trouve que $Q(\partial)N_\alpha \in d_\alpha N_{\alpha+1} + A\delta$ avec $d_\alpha \neq 0$. Tout ceci s'applique au cas d'un plan hyperbolique.

En résumé :

THEOREME 5-15.-

1) <u>Si</u> Q <u>est anisotrope</u>, J <u>est un</u> A-<u>module libre de rang</u> 1 <u>admettant</u> $\{\delta\}$ <u>comme base</u>.

2) <u>Si</u> Q <u>est isotrope et si</u> n <u>est impair, le</u> A-<u>module</u> J <u>est libre de rang</u> 2 <u>et admet</u> $\{\delta,\mu_o\}$ <u>comme base</u>.

3) <u>Si</u> Q <u>est isotrope et si</u> p <u>et</u> q <u>sont pairs, le</u> A-<u>module</u> J <u>est engendré par</u> δ,μ_o <u>et</u> S . <u>On a</u> $Q(\partial)^{n/2-1}\mu_o = 0$ <u>et le sous-module engendré par</u> δ <u>et</u> S <u>est libre</u>.

4) Si Q est isotrope, p et q impairs et $n \geq 4$, alors le A-<u>module</u> J <u>est libre de rang</u> 2 <u>et admet</u> $\{\mu_o, S\}$ <u>comme base</u>.

5) <u>Si</u> (E,Q) <u>est un plan hyperbolique, alors le</u> A-<u>module</u> J <u>est libre de rang</u> 2 <u>et admet</u> $\{\delta,S\}$ <u>comme base</u>.

§ 6. LE CAS COMPLEXE.

Dans tout ce §, le corps de base est le corps des nombres complexes ; on rappelle que $|z|_C = |z|^2$ où $|z|$ est le module usuel. On choisit comme caractère de base le caractère

$$\tau(z) = e^{2i\pi(z+\bar{z})} .$$

La mesure de Haar de C, autoduale relativement à τ est la mesure

$$dz\, d\bar{z} = 2\, dx\, dy \qquad (z = x+iy) .$$

On considère un espace vectoriel E, sur C, de dimension n sur C et une forme quadratique Q sur E, non dégénérée. Dans un système de coordonnées convenable

$$Q(X) = z_1^2+\ldots+z_n^2 .$$

La mesure adaptée à Q est

$$dX = 2^n\, dz_1\, d\bar{z}_1 \ldots dz_n\, d\bar{z}_n .$$

La transformée de Fourier est donc définie par

$$\hat{f}(Z') = 2^n \int_{C^n} f(Z)\, e^{8i\,\mathrm{Re}(z_1 z_1' \ldots z_n z_n')}\, dz_1\, d\bar{z}_1 \ldots dz_n\, d\bar{z}_n .$$

Soient S l'algèbre des fonctions polynomiales sur E (c'est-à-dire des polynômes en $z_1,\ldots,z_n$) et $\bar{S}$ l'algèbre des fonctions polynomiales sur l'espace conjugué $\bar{E}$ de E (c'est-à-dire des polynômes en $\bar{z}_1,\ldots,\bar{z}_n$). L'algèbre $S \otimes_C \bar{S}$ est l'algèbre des fonctions polynomiales sur l'espace vectoriel réel sous-jacent à E. Si p et q sont deux entiers positifs ou nuls, un élément $P \in S \otimes \bar{S}$ est dit homogène de type (p,q) si $P(tX) = t^p\, \bar{t}^q\, P(X)$.

Pour un tel polynôme, on définit l'opérateur différentiel $P(\partial)$ par

$$P(\partial)\,\hat{f} = (4i\pi)^{p+q}\,(Pf)\hat{}\ .$$

Le groupe $G = O(Q)$ opère dans S, dans $\bar{S}$ et dans $S\otimes\bar{S}$. La représentation de S se décompose comme suit

$$S = I\otimes(\oplus H_p)$$

où I est la sous-algèbre des invariants et H_p le sous-espace des polynômes harmoniques homogènes de degré p. La représentation π_p de G dans H_p est une représentation holomorphe irréductible de G. De même, on a une décomposition

$$\bar{S} = \bar{I}\otimes(\oplus\bar{H}_q)$$

et une représentation antiholomorphe irréductible $\bar{\pi}_q$ de G dans $\bar{H}_q$. La représentation $\pi_p\otimes\bar{\pi}_q$ de G dans $H_p\otimes\bar{H}_q$ est irréductible. On pose

$$H_{p,q} = H_p\otimes\bar{H}_p \quad \text{(polynômes harmoniques de de type } (p,q)).$$

On notera que si $n = 1$, on a

$$H_{0,0} = \mathbb{C}\,1\,,\ H_{0,1} = \mathbb{C}\,\bar{z}\,,\ H_{1,0} = \mathbb{C}\,z\,,\ H_{1,1} = \mathbb{C}\,z\bar{z}$$

et les autres $H_{p,q}$ sont réduits à (0) ; de plus les représentations $\pi_{0,0}$ et $\pi_{1,1}$ sont équivalentes de même que les représentations $\pi_{1,0}$ et $\pi_{0,1}$. Par contre si $n>1$, les représentations $\pi_{p,q}$ sont deux à deux inéquivalentes.

Nous suivrons exactement le même plan que dans le cas réel. Comme les démonstrations sont pratiquement les mêmes, elles seront systématiquement omises. Si $P\in H_{p,q}$ et $f\in\mathcal{S}(E)$, on pose

(6-1) $$M_{f,p,q}(t,P) = \int_E f(X)P(X)\,d\mu_t(X) .$$

Ceci a un sens sauf si $t = 0$ et $n = 2$. On a

(6-2) $$M_{f,p,q}(t,P) = M_{fP}(t) .$$

Comme $M_{f,p,q}(t,P)$ dépend linéairement de P on obtient une application $M_{f,p,q}$ de C (ou de C^* si $n = 2$) dans le dual $H'_{p,q}$ de $H_{p,q}$. D'après la proposition 2-8, la fonction $M_{f,p,q}$ est de classe C^∞ sur C^* et , pour tout couple d'entiers (α,β) et tout nombre $m > 1$, il existe une semi-norme continue $\nu_{m,p,q,\alpha,\beta}$ sur $\mathcal{S}(E)$ telle que

$$\left\| \frac{\partial^{\alpha+\beta}}{\partial t^\alpha \partial \bar{t}^\beta} M_{f,p,q}(t) \right\| \leq \nu_{m,p,q,\alpha,\beta}(f) |t|^{-2m-\alpha-\beta} .$$

Les fonctions $M_{f,p,q}$ sont donc à décroissance rapide à l'infini ainsi que toutes leurs dérivées.

PROPOSITION 6-1.- <u>Pour</u> $f \in \mathcal{S}(E)$, <u>on a</u>

(6-3) $$\hat{M}_{f,p,q}(t) = |t|_C^{-n/2}\, t^{-p}\, \bar{t}^{-q} \hat{M}_{\hat{f},p,q}(-1/t) .$$

Comme dans le cas complexe $\gamma(tQ) = 1$, on retrouve bien pour $p = q = 0$, la formule de Weil. Dans le cas général, on procède par récurrance sur p et q , en utilisant le fait que pour $n\ 1$, les polynômes

(6-4) $$B(X,\xi)^p\, \overline{B(X,\eta)}^q$$

forment, pour ξ et η isotropes, un système de générateurs de $H_{p,q}$.

COROLLAIRE 6-2.- Si $n+p+q > 2$, <u>alors la fonction</u> $M_{f,p,q}$ <u>a une limite quand</u> t <u>tend vers</u> 0 . <u>Si</u> $n \geq 3$, <u>elle est continue à l'origine</u>.

Si $n \geq 3$, posons

$$\mu_{o,p,q}(f) : P \longmapsto \mu_o(Pf) \quad \text{pour} \quad P \in H_{p,q} .$$

C'est la valeur à l'origine de $M_{f,p,q}$.

Si $n = 2$, comme dans le cas réel, la mesure μ_o sur E_* se prolonge en une forme linéaire continue sur le sous-espace de $\mathcal{S}(E)$ formé des fonctions nulles à l'origine. Pour $p+q>0$, on définit comme plus haut la distribution $\mu_{o,p,q}$ et on montre comme dans le cas réel que

$$\lim_{t \mapsto o} M_{f,p,q}(t) = \mu_{o,p,q}(f) .$$

On pose

$$M_{f,p,q}(0) = \mu_{o,p,q}(f) .$$

Le cas $n = 1$ est sans objet puisqu'on peut se limiter aux couples $(p,q) = (0,0)$ et $(1,0)$ pour lesquels $n+p+q \leq 2$.

Soient $f \in \mathcal{S}(E)$ et $P \in H_{p,q}$. Pour tout caractère unitaire χ de $\mathbb{C}^*$, on pose

$$Z_{f,p,q}(\chi,s,P) = \int_E f(X)P(X)\chi(Q(X))|Q(X)|_{\mathbb{C}}^{s-n/2}\, dX .$$

Soit $Z_{f,p,q}$ l'application du dual de $\mathbb{C}^*$ dans $H'_{p,q}$ définie par

$$Z_{f,p,q}(\chi,s) : P \longmapsto Z_{f,p,q}(\chi,s,P) .$$

On a

$$(6\text{-}5) \qquad Z_{f,p,q}(\chi,s) = \int_{\mathbb{C}^*} M_{f,p,q}(t)\chi(t)|t|_{\mathbb{C}}^{1+s-n/2}\, d^*t$$

où $d^*t = dt/|t|_{\mathbb{C}}$ et où dt est la mesure additive de $\mathbb{C}$ autoduale relativement à τ . Ces intégrales convergent pour $\mathrm{Re}(s) > n/2-1$ et sont analytiques dans ce demi-plan. Elles se prolongent en des fonctions méromorphes dans $\mathbb{C}$.

Pour $m \in \mathbb{Z}$, posons

$$\chi_m(t) = (t/|t|)^m .$$

Le prolongement analytique est donné par

$$(6\text{-}6) \qquad Z_{f,p,q}(\chi,s) = \rho(\chi,s-n/2+1) \int_{\mathbb{C}^*} \hat{M}_{f,p,q}(t)\chi^{-1}(t)|t|_{\mathbb{C}}^{-s+n/2} d^*t$$

pour $-(p+q)/2 < \mathrm{Re}(s) < n/2$ et par l'équation fonctionnelle

$$(6\text{-}7)\ Z_{f,p,q}(\chi,s) = \rho(\chi,s-n/2+1)\rho(\chi\chi_{p-q},s+(p+q)/2)Z_{\hat{f}}(\chi^{-1}\chi_{p-q}^{-1},n/2-s-(p+q)/2)$$

pour $\mathrm{Re}(s) < 1-(p+q)/2$.

PROPOSITION 6-3.- <u>Soit</u> f (E) ; <u>on a</u>

1) $M_{Qf,p,q}(t) = t\, M_{f,p,q}(t)$ et $M_{\bar{Q}f,p,q}(t) = \bar{t}\, M_{f,p,q}(t)$

2) $\hat{M}_{Qf,p,q}(t) = (1/2i\pi) \frac{\partial}{\partial t} \hat{M}_{f,p,q}(t)$ et $\hat{M}_{\bar{Q}f,p,q}(t) =$

$(1/2i\pi) \frac{\partial}{\partial \bar{t}} \hat{M}_{f,p,q}(t)$

3) $\hat{M}_{Q(\partial)f,p,q}(t) = (2i\pi) \left[(\frac{n}{2}+p) t\, \hat{M}_{f,p,q}(t) + t^2 \frac{\partial}{\partial t} \hat{M}_{f,p,q}(t) \right]$

$\hat{M}_{\bar{Q}(\partial)f,p,q}(t) = (2i\pi) \left[(\frac{n}{2}+q) \bar{t}\, \hat{M}_{f,p,q}(t) + \bar{t}^2 \frac{\partial}{\partial \bar{t}} \hat{M}_{f,p,q}(t) \right]$

4) $M_{Q(\partial)f,p,q}(t) = t \frac{\partial^2}{\partial t^2} M_{f,p,q}(t) - (\frac{n}{2}+p-2) \frac{\partial}{\partial t} M_{f,p,q}(t)$

$M_{\bar{Q}(\partial),p,q}(t) = \bar{t} \frac{\partial^2}{\partial \bar{t}^2} M_{f,p,q}(t) - (\frac{n}{2}+q-2) \frac{\partial}{\partial \bar{t}} M_{f,p,q}(t)$.

PROPOSITION 6-4.- <u>Soient</u> α <u>et</u> β <u>deux nombres positifs tels que</u> $0 \le \alpha + \beta < n+p+q-2$. <u>Si</u> $f \in \mathcal{S}(E)$, <u>on a</u>

$$\mu_{o,p,q}(Q(\partial)^{\alpha}\bar{Q}(\partial)^{\beta}f) = (2i\pi)^{\alpha+\beta}\prod_{u=1}^{\alpha}(\tfrac{n}{2}+p-1-u)\prod_{u=1}^{\beta}(\tfrac{n}{2}+q-1-u)\int_C \hat{M}_{f,p,q}(t)t^{\alpha}\bar{t}^{\beta}dt .$$

Si f est nulle au voisinage de 0 , alors cette formule est valable quels que soient les entiers positifs α et β .

COROLLAIRE 6-5.- Pour tout couple (α,β) d'entiers positifs ou nuls, on a

$$Z_{Q^{\alpha}\bar{Q}^{\beta}f,p,q}(\chi,s) = Z_f(\chi\chi_{\alpha-\beta},s+(\alpha+\beta)/2)$$

$$Z_{Q(\partial)^{\alpha}\bar{Q}(\partial)^{\beta}f,p,q}(\chi_m,s) = \prod_{1}^{\alpha}(s+(m-n)/2+1-u)(s+p+m/2\ -u)\ \times$$

$$\prod_{1}^{\beta}(s-(m+n)/2+1-v)(s+q-m/2\ -v)\ \times$$

$$Z_{f,p,q}(\chi_{m-\alpha+\beta},s-(\alpha+\beta)/2) .$$

COROLLAIRE 6-6.- Soit $f\in\mathcal{S}(E)$. On a, quels que soient les entiers positifs r et ρ ,

$$\lim_{|y|+|m|\to+\infty} |m|^r|y|^{\rho}\|Z_{f,p,q}(\chi_m,x+iy)\| = 0$$

la limite étant uniforme pour x variant dans une partie compacte de R .

Précisons maintenant les pôles et les résidus de $Z_f(\chi_m,s)$. On a

$$\text{(6-8)}\qquad \rho(\chi_m,s) = i^{-m}(2\pi)^{1-2s}\,\frac{\Gamma(s+m/2)}{\Gamma(1-s+m/2)}$$

Le facteur ρ a donc une série de pôles simples pour $s=-|m|/2-\beta$ avec $\beta\in\mathbb{N}$ et une série de zéros simples pour $s=|m|/2+1+\beta$ avec $\beta\in\mathbb{N}$. Pour tout nombre réel x , on définit x_+ et x_- par $x=x_+-x_-$ et $|x|=x_++x_-$.

Premier cas : n impair. Il y a deux séries de pôles simples.

La première pour

$$s = n/2-1-|m|/2-\beta \quad \text{avec} \quad \beta \in \mathbb{N}$$

et la deuxième pour

$$s = -(p+q)/2-|m+p-q|/2-\beta \quad \text{avec} \quad \beta \in \mathbb{N} \; .$$

Pour la première série le résidu est proportionnel à

$$(6\text{-}9) \qquad \mu_{o,p,q}(Q(\partial)^{m_- +\beta}\, \bar{Q}(\partial)^{m_+ +\beta}\, f)$$

pour $\beta < n/2-1-|m|/2+(p+q)/2$ et à la forme linéaire

$$(6\text{-}10) \qquad P \longmapsto \int_E \hat{f}(X)P(X)\, Q(X)^{m_- +\beta -p}\, \bar{Q}(X)^{m_+ +\beta-q}\, |Q(X)|_C^{1-n/2}\, dX \; .$$

dans le cas contraire.

<u>Remarque</u> : On notera que si $n = 1$, alors $|Q(X)|_C^{\frac{1}{2}}$ est une fonction polynomiale sur E de sorte que la distribution ci-dessus est une distribution de support l'origine. Pour la deuxième série de pôles le résidu est proportionnel à la forme linéaire

$$(6\text{-}11) \qquad P \longmapsto (Q(\partial)^{(m+p-q)_- +\beta}\, \bar{Q}(\partial)^{(m+p-q)_+ +\beta}\, Pf)(0) \; .$$

<u>Deuxième cas</u> : n pair. Il y a un nombre fini de pôles simples pour

$$s = n/2-1-|m|/2-\beta \quad \text{avec} \quad \beta \in \mathbb{N} \quad \text{et} \quad \beta < n/2-1+[|m+p-q|+(-|m|+p+q)]/2 \; .$$

Le résidu est donné par (6-9) . De plus il y a une série de pôles doubles pour

$$s = -(p+q)/2-|m+p-q|/2-\beta \quad \text{avec} \quad \beta \in \mathbb{N} \; ,$$

le coefficient du développement du terme dominant étant donné par (6-11).

Pour caractériser l'image de $f \mapsto M_f$ nous aurons, comme dans les autres cas besoin d'un résultat élémentaire sur la transformation de Mellin.

PROPOSITION 6-7.- Soient u un nombre complexe, a un entier de signe quelconque et j un entier positif ou nul.

1) Soit $\varphi \in \mathcal{S}(C)$; posons

$$f(t) = \chi_a(t)|t|_C^u \operatorname{Log}^j|t|\varphi(t) \tag{6-12}$$

et

$$F_f(\chi_m, s) = \int_{C^*} f(t)\chi_m(t)|t|_C^s d^*t .$$

Dans ces conditions :

a) La fonction $F_f(\chi_m, s)$ est définie et analytique dans le demi-plan $\operatorname{Re}(s) > -\operatorname{Re}(u)$. Elle se prolonge en une fonction méromorphe dans C.

b) si r et ρ sont deux nombres positifs alors

$$\lim_{|y|+|m| \to +\infty} |m|^r |y|^\rho |F_f(\chi_m, x+iy)| = 0$$

uniformément pour x variant dans une partie compacte de R.

c) Pour que $F_f(\chi_m, s)$ possède un pôle au point s_o, il faut que $u+s_o+|m+a|/2 \in -\mathbb{N}$. Ce pôle est alors d'ordre $j+1$ et la partie singulière du développement de $F_f(\chi_m, s)$ au point s_o ne comporte qu'un seul terme non nul, celui en $(s-s_o)^{-j-1}$.

d) plus précisément si $s = -u-|m+a|/2-\beta$, alors la partie singulière s du développement de $F_f(\chi_m, s)$ au point s_o se réduit à

$$(-1)^j\, j!\, \frac{2}{((m+a)_- +\beta)!\,((m+a)_+ +\beta)!}\, \frac{\partial^{|m+a|+2\beta}\varphi}{\partial t^{(m+a)_- +\beta}\partial \bar{t}^{(m+a)_+ +\beta}}(0)\, \frac{1}{(2s-2s_o)^{j+1}} .$$

2) Réciproquement si $(F(\chi_m,s))_{m\in Z}$ est une famille de fonctions vérifiant les conditions a) b) et c) du 1) alors il existe une fonction f de la forme (6-12) et une fonction $\psi \in \mathcal{S}(C^*)$ telles que

$$F(\chi_m,s) = F_f(\chi_m,s) + F_\psi(\chi_m,s) .$$

Soit alors $\mathcal{S}_{p,q}(C)$ l'espace des applications de C dans $H'_{p,q}$ de classe C^∞ à décroissance rapide à l'infini ainsi que toutes leurs dérivées. Soit $\mathcal{S}_{p,q,Q}(C)$ l'espace des applications de C^* dans $H'_{p,q}$ de la forme

$$\varphi(t) = \varphi_1(t) + t^p \bar{t}^q |t|_C^{n/2-1} \varphi_2(t) \qquad \text{si } n \text{ est impair,}$$

$$\varphi(t) = \varphi_1(t) + t^p \bar{t}^q |t|_C^{n/2-1} \operatorname{Log}|t| \varphi_2(t) \quad \text{si } n \text{ est pair.}$$

Dans les deux cas, φ_1 et φ_2 appartiennent à $\mathcal{S}_{p,q}(C)$.

Si u et v sont deux entiers positifs ou nuls, on pose

$$N_{u,v}(\varphi) = \frac{\partial^{u+v}}{\partial t^u \partial \bar{t}^v} \varphi_1(0) \quad \text{et} \quad L_{u,v}(\varphi) = \frac{\partial^{u+v}}{\partial t^u \partial \bar{t}^v} \varphi_2(0) .$$

On munit $\mathcal{S}_{p,q,Q}(C)$ de la topologie définie par les semi-normes

$$\lambda_{u,v}(\varphi) = \|N_{u,v}(\varphi)\| , \ \nu_{u,v}(\varphi) = \|L_{u,v}(\varphi)\|$$

et

$$\eta_{r,\rho,K}(\varphi) = \sup_{\substack{m\in Z \\ \operatorname{Re}(s)\in K}} \left[(1+|m|)^r (1+|\operatorname{Im}(s)|)^\rho \|Z_\varphi(\chi_m,s)\| \right]$$

où r et ρ sont deux nombres positifs,

$$Z_\varphi(\chi_m,s) = \int_{C^*} \varphi(t)\chi_m(t)|t|_C^{n/2+s+1} d^*t$$

et où K est une partie compacte de R ne contenant aucun des pôles éventuels de Z_φ . On vérifie que sur $\mathcal{S}_{p,q}(C)$ cette topologie coïncide avec la topologie usuelle.

THEOREME 6-8.- L'application $M_{p,q} : f \longmapsto M_{f,p,q}$ est une application linéaire, continue et surjective de $\mathcal{S}(E)$ sur $\mathcal{S}_{p,q,Q}(C)$.

Soit $\pi'_{p,q}$ la représentation contragrédiente de $\pi_{p,q}$. Soit $\mathcal{S}'_{p,q,Q}(C)$ l'espace des applications linéaires continues de $\mathcal{S}_{p,q,Q}(C)$ dans $H'_{p,q}$ telles que

$$(6\text{-}13) \qquad S(\pi'_{p,q}(g)\varphi) = \pi'_{p,q}(g)S(\varphi)$$

et soit $\mathcal{S}'_{p,q}(E)$ l'espace des applications linéaires continues de $\mathcal{S}(E)$ dans $H'_{p,q}$ telles que

$$(6\text{-}14) \qquad T(gf) = \pi'_{p,q}(g)T(f) \quad \text{où} \quad gf(X) = f(g^{-1}X) .$$

Il est immédiat que si $S \in \mathcal{S}'_{p,q,Q}(C)$ alors

$$M^t_{p,q}(S) : f \longmapsto S(M_{f,p,q})$$

appartient à $\mathcal{S}'_{p,q}(E)$.

THEOREME 6-9.- L'application $M^t_{p,q}$ est une application linéaire bijective de $\mathcal{S}'_{p,q,Q}(C)$ sur $\mathcal{S}'_{p,q}(E)$.

Exactement comme dans le cas réel, ces deux théorèmes restent vrais si on remplace les espaces $\mathcal{S}$ et $\mathcal{S}'$ par les espaces $\mathcal{D}$ et $\mathcal{D}'$, respectivement.

Enfin l'étude des distributions invariantes de support $\Gamma_0 \cup \{0\}$ ne présente aucune difficulté (sinon de calcul...). Soit A l'anneau des opérateurs différentiels sur E , à coefficients constants, invariants par G . Nous supposerons $n > 1$. L'anneau A est alors isomorphe à l'anneau $\mathbb{C}[Q(\partial),\bar{Q}(\partial)]$. Soit J le A-module des distributions invariantes de support Γ_0 . Limitons-nous au cas $p = q = 0$. Si n est impair, $n \geq 3$, J est un A-module libre de rang 2 admettant (δ,μ_o) comme base. Pour n pair la situation est moins simple. Posons

$$L_{u,v}(f) = L_{u,v}(M_f) \quad \text{et} \quad N_{u,v}(f) = N_{u,v}(M_f) \; .$$

On obtient ainsi une base de l'espace vectoriel J. Les distributions $L_{u,v}$ sont de support l'origine. En fait $L_{u,v}$ est un multiple de $Q(\partial)^u \bar{Q}(\partial)^v \delta$. L'action de A est alors donnée par les formules suivantes où les constantes $d_{u,v}$ ne sont jamais nulles.

$$Q(\partial)N_{u,v} = d_{u,v}\, N_{u+1,v} \quad \text{si} \quad \inf(u,v) < n/2-1 \quad \text{et} \quad u \neq n/2-2$$

$$Q(\partial)N_{n/2-2,v} = d_{u,v}\, L_{u+1,v} \quad \text{si} \quad v \geq n/2-1$$

$$Q(\partial)N_{n/2-2,v} = 0 \quad \text{si} \quad v \leq n/2-2$$

$$Q(\partial)N_{u,v} \in d_{u,v}\, N_{u+1,v} + A\,\delta \quad \text{si} \quad \inf(u,v) \geq n/2-1$$

et des formules analogues pour $\bar{Q}(\partial)$.

DEUXIEME PARTIE : LA THEORIE GLOBALE.

§ 7. PRELIMINAIRES.

Soit k un corps global de caractéristique différente de 2. Soient E_k un espace vectoriel sur k, de dimension finie n et Q une forme quadratique non dégénérée sur E_k. Soit S l'ensemble des places de k ; on note S_f l'ensemble des places finies et S_∞ l'ensemble des places infinies.

Pour toute place v de k, soit k_v le complété de k à la place v. Soit $E_v = E_k \otimes_k k_v$. On note Q_v ou simplement Q, le prolongement de Q à E_v. D'une manière générale on utilisera les notations de la théorie locale, affectées d'un indice v. Soit k_A l'anneau des adèles de k. Soit E_A l'adélisé de E_k ; on plonge E_k dans E_A, c'est un sous-groupe discret à quotient compact. Si G est le groupe orthogonal de Q, on introduit de même les groupes G_k, G_v et G_A.

Pour tout adèle t, soit

$$\Gamma_t = \{X \in E_A \mid Q(X) = t\} .$$

Si $t = (t_v)_{v \in S}$, introduisons, comme au § 2 les quadriques locales Γ_{t_v}. Fixons un réseau L dans E_k et soit, pour v finie, L_v son complété dans E_v. Comme L_v est ouvert et compact, $L_v \cap \bar{\Gamma}_{t_v}$ est une partie ouverte et compacte de $\bar{\Gamma}_{t_v}$ et on peut donc construire le produit restreint

$$\prod_{v \in S}' \bar{\Gamma}_{t_v}$$

relativement à ce système de parties compactes. Or E_A est le produit restreint des E_v relativement aux L_v donc on a une application canonique de

$\prod'_{v \in S} \bar{\Gamma}_{t_v}$ dans Γ_t .

LEMME 7-1.- <u>L'application canonique de</u> $\prod'_{v \in S} \bar{\Gamma}_{t_v}$ <u>dans</u> Γ_t <u>est un homéomorphisme</u>.

C'est évident.

Soit τ un caractère additif continu de k_A , non trivial, mais trivial sur k . L'application $\tau \circ Q$ de E_A dans C est un caractère quadratique non dégénéré de E_A ; soit $d_A X$ ou dX_A l'unique mesure de Haar de E_A adaptée à ce caractère. D'autre part soit $\tau = \pi \tau_v$ la décomposition de τ en produit de caractères locaux. Soit $d_v X$ (ou dX_v) la mesure de Haar de E_v adaptée au caractère quadratique $\tau_v \circ Q_v$.

LEMME 7-2.- <u>Le système de mesures</u> $(dX_v)_{v \in S}$ <u>est cohérent ; son produit est la mesure</u> dX_A <u>et cette dernière est la mesure de Tamagawa de</u> E_A .

Soit L un réseau dans E_k . Soit $(e_1,\dots,e_n)$ une base de E_k telle que, en notant $(x_1,\dots,x_n)$ le système de coordonnées correspondant, on ait

$$Q(X) = a_1 x_1^2 + \dots + a_n x_n^2 \ , \ a_i \in k^* .$$

Pour tout v soit $d_v x$ la mesure de Haar de k_v autoduale relativement à τ_v . On a

$$dX_v = |2|_v^{n/2} \, |a_1 \dots a_n|_v^{\frac{1}{2}} \, d_v x_1 \dots d_v x_n .$$

Pour presque tout v finie, τ_v est d'ordre 0 et par suite, θ_v désignant l'anneau des entiers de k_v , on a $\mathrm{vol}(\theta_v) = 1$. Egalement pour presque tout v

$$|2|_v^{n/2} |a_1 \dots a_n|_v^{\frac{1}{2}} = 1$$

et

$$L_v = \theta_v e_1 + \dots + \theta_v e_n .$$

Par suite, sauf pour un nombre fini de places, on a $\mathrm{vol}(L_v) = 1$, le système de mesures $(dX_v)_{v\in S}$ est cohérent. La mesure produit est la mesure

$$\prod_{v\in S} |2|_v^{n/2} |a_1 \ldots a_n|_v^{\frac{1}{2}} d_A x_1 \ldots d_A x_n = d_A x_1 \ldots d_A x_n$$

où $d_A x$ est la mesure produit des mesures $d_v x$, c'est-à-dire la mesure autoduale relativement à τ ou encore la mesure de Tamagawa de k_A . Il est clair que

$$d_A X = d_A x_1 \ldots d_A x_n$$

ce qui implique les assertions restantes du lemme.

On va maintenant introduire des mesures sur les quadriques adéliques Γ_t . Nous supposerons pour commencer $n \geq 5$. Les mesures dX_v et dx_v étant choisies comme ci-dessus, on définit comme au § 2 les mesures invariantes μ_{t_v} sur les quadriques locales. Comme $n \geq 5$ ces mesures peuvent être considérées comme des mesures sur $\bar{\Gamma}_{t_v}$. Rappelons que si Q_v est anisotrope, on prend $\mu_{o_v} = 0$. Soit L un réseau de E_k .

LEMME 7-3.- $(n \geq 5)$. <u>Pour tout adèle</u> $t = (t_v)_{v\in S}$, <u>le produit infini</u>

$$\prod_{v\in S_f} \mu_{t_v}(L_v \cap \bar{\Gamma}_{t_v})$$

<u>est absolument convergent</u>.

En effet, avec les notations du § 4, ce produit s'écrit

$$\prod_{v\in S_f} M_{L_v}(t_v) .$$

On a

$$M_{L_v}(t) = \int_{k_v} \hat{M}_{L_v}(x_v) \tau_v(-x_v t_v)\, dx_v .$$

En éliminant un nombre fini de places, on peut supposer que k_v n'est pas de caractéristique résiduelle 2 , que τ_v est d'ordre 0 , que L_v est unimodulaire et que t_v est entier. Dans ces conditions

$$\hat{M}_{L_v}(x_v) = 1 \text{ pour } |x_v| \leq 1 \text{ et } |\hat{M}_{L_v}(x_v)| = |x|_v^{-n/2} \text{ pour } |x|_v > 1 .$$

Par suite

$$M_{L_v}(t_v) = \int_{\theta_v} dx_v + \int_{|x|_v > 1} \hat{M}_{L_v}(x_v)\tau_v(-t_v x_v)\,dx_v$$

$$= 1 + \int_{|x|_v > 1} \hat{M}_{L_v}(x_v)\tau_v(-t_v x_v)\,dx_v$$

ou encore, en notant q_v le cardinal du corps résiduel de k_v ,

$$|M_{L_v}(t_v) - 1| \leq \int_{|x|_v > 1} |x|_v^{-n/2}\,dx_v = \frac{1}{q_v^{n/2-1} - 1} .$$

Le produit considéré est donc absolument convergent si $n/2-1 > 1$, soit $n \geq 5$, ce qui est bien l'hypothèse faite.

Soit alors μ_t la mesure sur μ_t produit des mesures locales μ_{t_v}. Soit $\mathcal{S}(E_A)$ l'espace des fonctions de Schwartz-Bruhat sur E_A .

LEMME 7-4.- $(n \geq 5)$. <u>Soit</u> $f \in \mathcal{S}(E_A)$. <u>Pour tout adèle</u> t , <u>la fonction</u> f <u>est</u> μ_t - intégrable et si on pose

$$M_f(t) = \int_{\Gamma_t} f(X)\,d\mu_t(X)$$

<u>alors</u> M_f <u>est intégrable et</u>

$$\int_{E_A} f(X)\,d_A X = \int_{k_A} M_f(t)\,d_A t . \tag{7-1}$$

Il suffit de considérer le cas où la fonction f est décomposée :

$f = \pi f_v$. Pour tout v, la fonction f_v est un élément de $\mathcal{S}(E_v)$. De plus si L est un réseau de E_k, alors, pour presque tout v finie, f_v est la fonction caractéristique de L_v. La fonction f_v est μ_{t_v}-intégrable pour tout v. Soit P_o une partie finie de l'ensemble S des places de k, contenant les places à l'infini et telle que, pour v n'appartenant pas à P_o, les conditions suivantes soient satisfaites : k_v n'est pas de caractéristique résiduelle 2, τ_v est d'ordre 0, le réseau L_v est unimodulaire et f_v est la fonction caractéristique de L_v.

Soit $t \in k_A$; posons

$$\Gamma_t(P_o) = \prod_{v \in P_o} \bar{\Gamma}_{t_v} \times \prod_{v \notin P_o} L_v \cap \bar{\Gamma}_{t_v} .$$

Le support de $f_{|\Gamma_t}$ est contenu dans $\Gamma_t(P_o)$ donc

$$\int_{\Gamma_t} |f(X)| d\mu_t(X) = \int_{\Gamma_t(P_o)} |f(X)| d\mu_t(X) = \prod_{v \in P_o} \int_{\Gamma_{t_v}} |f_v(X_v)| d\mu_{t_v}(X_v) \times \prod_{v \notin P_o} \mathrm{vol}(L_v \cap \bar{\Gamma}_{t_v})$$

est fini puisqu'on vient de voir que le produit $\prod \mathrm{vol}(L_v \cap \Gamma_{t_v})$ était absolument convergent. La fonction f est donc μ_t-intégrable et

$$\int_{\Gamma_t} f(X) d\mu_t(X) = \prod_v \int_{\Gamma_{t_v}} f_v(X_v) d\mu_{t_v}(X_v) .$$

On a donc

$$M_f(t) = \prod_v M_{f_v}(t_v) \tag{7-2}$$

et ce produit est absolument convergent. Chacune des fonctions M_{f_v} étant continue et S étant dénombrable, il en résulte en particulier que la fonction M_f est borélienne. Soit

$$Y = \prod_{v \notin P_o} \theta_v \quad \text{et} \quad k_A(P_o) = Y \times \prod_{v \in P_o} k_v \; .$$

Soit dy la mesure sur Y produit des restrictions aux θ_v des mesures dt_v. Si $v \notin P_o$, le réseau L_v est unimodulaire donc $Q(L_v) \subset \theta_v$ et par suite le support de $M_{f_v} = M_{L_v}$ est contenu dans θ_v ; le support de M_f est donc contenu dans $k_A(P_o)$. Si $y = (y_v)_{v \notin P_o}$ est un élément de Y , posons

$$\varphi(y) = \prod_{v \notin P_o} M_{f_v}(y_v) \; .$$

On a

$$\int_{k_A} |M_f(t)| d_A(t) = \int_{k_A(P_o)} |M_f(t)| d_A(t) = \prod_{v \in P_o} \int_{k_v} |M_{f_v}(t_v)| dt_v \int_Y \varphi(y)\, dy \, .$$

Pour prouver que M_f est intégrable, il suffit donc de montrer que φ l'est. Or, φ est borélienne et, pour $v \notin P_o$, on a vu que

$$M_{f_v}(t_v) = M_{L_v}(t_v) \leq 1 + \frac{1}{q_v^{n/2-1} - 1} \qquad (t_v \in \theta_v) \; .$$

Par suite

$$0 \leq \varphi(y) \leq \prod_{v \notin P_o} \left(1 + \frac{1}{q_v^{n/2-1} - 1}\right) < +\infty \; .$$

La fonction φ est bornée donc intégrable. On a ensuite

$$\int_{k_A} M_f(t)\, dt = \prod_{v \in P_o} \int_{k_v} M_{f_v}(t_v)\, dt_v \int_Y \varphi(y)\, dy \, .$$

Considérons l'ensemble des parties finies de S . Muni de la relation d'inclusion c'est un ensemble ordonné filtrant ; soit $\mathfrak{F}$ le filtre correspondant ; il est à base dénombrable. Pour toute partie finie $P \supset P_o$ soit

$$\varphi_P(y) = \prod_{v \in P-P_o} M_{f_v}(y_v) \quad \text{pour } y = (y_v) \in Y .$$

On a $\lim_{\mathfrak{F}} \varphi_P(y) = \varphi(y)$ et de plus

$$|\varphi_P(y)| = \varphi_P(y) \leq \prod_{v \notin P_o} \left(1 + \frac{1}{q_v^{n/2-1}-1}\right) < +\infty .$$

On peut donc appliquer le théorème de convergen ce dominée

$$\int_Y \varphi(y)\,dy = \lim_{\mathfrak{F}} \int_Y \varphi_P(y)\,dy = \lim_{\mathfrak{F}} \prod_{v \in P-P_o} \int_{\theta_v} M_{L_v}(t_v)\,dt_v = \lim_{\mathfrak{F}} \prod_{v \in P-P_o} \mathrm{vol}(L_v)$$

$$= 1 .$$

On a finalement

$$\int_{k_A} M_f(t)\,dt = \prod_{v \in P_o} \int_{k_v} M_{f_v}(t_v)\,dt_v = \prod_{v \in S} \int_{k_v} M_{f_v}(t_v)dt_v$$

$$= \prod_{v \in S} \int_{E_v} f_v(X_v)\,dX_v = \int_{E_A} f(X)\,d_AX .$$

LEMME 7-5.- $(n \geq 5)$. <u>Si</u> $f \in \mathcal{S}(E_A)$, <u>alors</u> $\hat{M}_f$ <u>est intégrable</u>.

Prenons à nouveau f décomposée et gardons les notations de la démonstration précédente. Le filtre $\mathfrak{F}$ étant à base dénombrable, on a par convergence monotone

$$\int_{k_A} |\hat{M}_f(t)|\,dt = \lim_{\mathfrak{F}} \int_{k_A(P)} |\hat{M}_f(t)|\,dt .$$

Pour $v \notin P_o$, on a $\hat{M}_{f_v}(t_v) = 1$ pour $|t_v| \leq 1$; chacune des fonctions $\hat{M}_{f_v}$ étant intégrable, on a

$$\int_{k_A(P)} |\hat{M}_f(t)|\,dt = \prod_{v \in P} \int_{k_v} |\hat{M}_{f_v}(t_v)|\,dt_v .$$

Dans la démonstration du lemme 7-3, on a vu que, pour $v \notin P_o$, on a

$$\left|\int_{k_v} |\hat{M}_{f_v}(t_v)| dt_v - 1\right| \leq \frac{1}{q_v^{+n/2-1} - 1}$$

Le produit infini

$$\prod_{v \in S} \int_{k_v} |\hat{M}_{f_v}(t_v)| dt_v$$

est donc absolument convergent, donc converge suivant le filtre $\mathfrak{F}$. Ceci prouve le lemme. De plus, par convergence dominée, on a

$$\int_{k_A} \hat{M}_f(t) dt = \lim_{\mathfrak{F}} \int_{k_A(P)} \hat{M}_f(t) dt = \prod_{v \in S} \int_{k_v} \hat{M}_{f_v}(t_v) dt_v ,$$

ce dernier produit étant convergent suivant le filtre $\mathfrak{F}$ et en fait absolument convergent puisque presque tous ses facteurs sont égaux à $\mathrm{vol}(L_v \cap \bar{\Gamma}_{o_v})$.

Pour $n \geq 1$, la caractère quadratique $\tau(tQ(X))$ est, pour tout idèle t , non dégénéré. Il existe donc un nombre complexe de module 1 , noté $\gamma_A(tQ)$, tel que, pour $f \in \mathcal{S}(E_A)$ on ait

$$(7\text{-}3) \qquad \int_{E_A} f(X)\tau(tQ(X))\, d_A X = \gamma_A(tQ) |t|_A^{-n/2} \int_{E_A} \hat{f}(X)\tau(-1/tQ(X))\, d_A X .$$

Prenant f décomposée, on voit que

$$(7\text{-}4) \qquad \gamma_A(tQ) = \prod_{v \in S} \gamma_v(t_v Q) .$$

Dans ce produit presque tous les facteurs sont égaux à 1 . Plus précisément soit D le discriminant de Q . Si n est pair, posons $\Delta = (-1)^{n/2} D$. On a vu que

$$\gamma_v(t_v Q) = \gamma_v(Q)(t_v, \Delta)_v .$$

L'idèle t étant fixé, on vérifie, à l'aide de la proposition 1-2

$(H = L_v)$, que, sauf pour un nombre fini de places on a $\gamma_v(Q) = 1$ et $\gamma_v(t_v Q) = 1$. De plus on sait que $\gamma(Q) = 1$ d'où

$$\gamma_A(tQ) = (t,\Delta)_A \quad (n \text{ pair}) . \tag{7-5}$$

Si $n = 2r+1$ est impair, on pose $\Delta = (-1)^r D$. On a encore $\gamma_v(Q) = \gamma_v(t_v Q) = 1$ pour presque tout v mais cette fois

$$\gamma_v(t_v Q) = \gamma_v(Q)(t_v,(-1)^r)_v \frac{\alpha_v(t_v D)}{\alpha_v(D)}$$

où α_v est défini au § 1 . On en tire

$$\gamma_A(tQ) = (t,\Delta)_A\, \alpha_A(t) \quad (n \text{ impair}) \tag{7-6}$$

avec

$$\alpha_A(t) = \prod_{v \in S} \alpha_v(t_v) \quad (t \in k_A^*) .$$

On notera que pour n pair, $\gamma_A(tQ)$ est un caractère continu de k_A^* , trivial sur $k^* k_A^{*2}$. Par contre si n est impair, on a pour $\xi \in k^*$

$$\gamma_A(t\xi Q) = \gamma_A(tQ)(t,\xi)_A .$$

D'après les propriétés générales du symbole de Hilbert global on en déduit que $\gamma_A(tQ)$ est un caractère quadratique non dégénéré de k_A^*/k_A^{*2}. Ceci permet théoriquement d'exprimer $\gamma_A(tQ)$ à l'aide des caractères de ce groupe mais il intervient des caractères <u>non triviaux</u> sur k^* .

Ces remarques étant faites, on a le théorème suivant, analogue global du théorème 2-9.

THEOREME 7-6.- $(n \geq 5)$. <u>Si</u> $f \in \mathcal{S}(E_A)$, <u>alors les fonctions</u> M_f <u>et</u> $\hat{M}_f$ <u>sont continues intégrables et tendent vers</u> 0 <u>à l'infini. De plus, pour tout idèle</u> t , <u>on a</u>

$$(7\text{-}7) \qquad \hat{M}_f(t) = \gamma_A(tQ)|t|_A^{-n/2}\, \hat{M}_{\hat{f}}(-1/t)\ .$$

Le seul point non trivial est de montrer que la fonction M_f est continue. A priori elle est seulement égale presque partout à une fonction continue. On a

$$M_f(t) = \prod_{v\in S} M_{f_v}(t_v)$$

et ce produit est absolument convergent. Comme chacune des fonctions M_{f_v} est continue, il suffit de prouver que le produit infini converge uniformément sur toute partie compacte de A. Soit U une telle partie compacte. Il existe une partie finie P de S telle que $U\subset k_A(P)$ et on peut supposer que, pour $v\notin P$, les conditions suivantes sont satisfaites : v est finie, τ_v est d'ordre 0, la caractéristique résiduelle de k_v n'est pas 2 ; de plus si L est un réseau dans E_k et si $f = \pi f_v$ est décomposée, on peut supposer que, pour $v\notin P$, le réseau L_v est unimodulaire et que f_v est la fonction caractéristique de L_v. Dans ces conditions, pour $v\notin P$ et $t\in U$, on a, comme dans la démonstration du lemme 7-3

$$|M_{f_v}(t_v)-1| \leq \frac{1}{q_v^{n/2-1}-1}$$

ce qui implique notre assertion.

On va partiellement étendre ces résultats au cas $n = 4$. Soit toujours L un réseau dans E_k.

LEMME 7-7.- ($n = 4$). <u>Soit</u> $t = (t_v)_{v\in S}$ <u>un idèle. Le produit infini</u>

$$\prod_{v\in S} \mathrm{vol}(L_v \cap \overline{\Gamma}_{t_v})$$

<u>est absolument convergent.</u>

En effet, comme dans le cas $n \geq 5$, on a

$$\mathrm{vol}(L_v \cap \bar{\Gamma}_{t_v}) = M_{L_v}(t_v) = \int_{k_v} \hat{M}_{L_v}(x_v)\,\tau_v(-t_v x_v)\,dx_v .$$

En éliminant un nombre fini de places, on peut supposer que k_v n'est pas de caractéristique résiduelle 2, que L_v est unimodulaire, que τ_v est d'ordre 0, que $\gamma_v(Q) = 1$ et que $|\Delta|_v = |t|_v = 1$. On a alors

$$M_{L_v}(t_v) = \mathrm{vol}(\theta_v) + \int_{|x|_v > 1} |x_v|^{-2}(x_v,\Delta)_v\,\tau_v(-t_v x_v)\,dx_v .$$

Un calcul élémentaire donne

$$M_{L_v}(t_v) = 1-q_v^{-2}\left[(\pi_v,\Delta)_v + \frac{1-q_v}{q_v-(\pi_v,\Delta)_v}\right].$$

Pour presque tout v, on a donc

$$\mathrm{vol}(L_v \cap \bar{\Gamma}_{t_v}) = 1+c_v q_v^{-2},$$

où c_v reste bornée quand v varie. Le lemme en résulte.

Pour tout idèle t, on peut donc définir une mesure produit μ_t sur la quadrique adélique Γ_t. Si $f \in \mathcal{S}(E_A)$, on montre comme pour $n \geq 5$, que f est μ_t-intégrable ; on pose

$$M_f(t) = \int_{\Gamma_t} f(X)\,d\mu_t(X) .$$

La fonction M_f est donc définie sur k_A^*. On ne peut pas introduire directement sa transformée de Fourier par contre, pour $n \geq 1$, on peut poser

$$F_f(t) = \int_{E_A} f(X)\,\tau(tQ(X))\,dX .$$

C'est une fonction continue sur k_A et (7-3) donne

$$(7\text{-}8) \qquad F_f(t) = \gamma_A(tQ)|t|_A^{-n/2}\, F_{\hat f}(-1/t) \qquad t \in k_A^* .$$

Précisons maintenant le choix des mesures multiplicatives. Nous <u>modifierons</u> le choix des mesures locales multiplicatives sur k_v^* en posant

$$d^*t_v = (1-1/q_v)^{-1}\frac{dt_v}{|t_v|} \text{ pour } v \text{ finie et}$$

$$d^*t_v = \frac{dt_v}{|t_v|} \text{ pour } v \text{ infinie.}$$

La seule conséquence pratique est qu'au § 4 , il faut diviser par $(1-1/q_v)$ les valeurs explicites données pour Z_{L_v}. On prend comme mesure de Haar multiplicative sur k_A^* la mesure d_A^*t ou d^*t_A qui est le produit des mesures précédentes.

Soit E_A^* l'ensemble des points X de E_A tels que $Q(X)$ soit un idèle. On va munir E_A^* d'une topologie plus fine que la topologie induite et définir sur E_A^* une mesure multiplicative. Soit L un réseau dans E_k et posons

$$E_v^* = \{X_v \in E_v | Q(X_v) \neq 0\} \text{ et, pour } v \text{ finie } L_v^0 = \{X_v \in L_v | Q(X_v) \in \theta_v^*\} .$$

L_v^0 est une partie ouverte et compacte de E_v^*. L'ensemble E_A^* s'identifie au produit restreint des E_v^* relativement à ce système de parties compactes. Nous munirons E_A^* de la topologie limite inductive ; elle ne dépend pas du choix de L. On voit aisément que l'injection canonique de E_A dans E_A^* est continue de sorte que la topologie qu'on vient de définir est plus fine que la topologie induite. Elle est même strictement plus fine car, par exemple, Q considérée comme application de E_A^* dans k_A^* est continue pour la topologie limite inductive mais pas pour la topologie induite.

Cela étant nous choisirons comme mesures multiplicatives locales les mesures

$$d^*X_v = (1-1/q_v)^{-1} \frac{dX_v}{|Q(X_v)|^{n/2}} \quad \text{si } v \text{ est finie et}$$

$$d^*X_v = \frac{dX_v}{|Q(X_v)|^{n/2}} \quad \text{si } v \text{ est infinie.}$$

Notons vol^* les volumes multiplicatifs.

LEMME 7-8.- Si $n \geq 3$, le produit infini

$$\prod_{v \in S_f} \mathrm{vol}^*(L_v^0)$$

est absolument convergent.

Pour $r \in Z$, soit

$$E_v^r = \{X_v \in E_v \mid |Q(X_v)| = q_v^{-r}\} \quad \text{et} \quad L_v^r = E_v^r \cap L_v \; .$$

Si on pose, pour $\mathrm{re}(s) > n/2$

$$Z_{L_v}(s) = \int_{L_v} |Q(X_v)|^s \, dX_v$$

alors, en décomposant l'intégrale, il vient

$$Z_{L_v}(s) = \sum_{-\infty}^{+\infty} \mathrm{vol}^*(L_v^r)\, z^r \quad \text{avec} \quad z = q_v^{-s} \; .$$

D'après les résultats du § 4 , on a, si n est pair et pour presque toute place v

$$Z_{L_v}(s) = \frac{1-(\Delta,\pi_v)_v\, q_v^{-n/2}}{(1-(\Delta,\pi_v)_v z)(1-q_v^{n/2-1} z)} \; .$$

C'est une fonction holomorphe à l'origine. En calculant son terme constant, on obtient

$$\mathrm{vol}(L_v^0) = 1-(\Delta,\pi_v)_v\, q_v^{-n/2}$$

pour presque tout v. Comme le produit infini $\Pi(1-q_v^{-n/2})$ est absolument convergent pour $n \geq 3$, le lemme est démontré dans ce cas. Si n est impair, on a de même, pour presque tout v

$$Z_{L_v}(s) = \frac{1-q_v^{-n/2}z}{(1-z^2)(1-q_v^{n/2-1}z)}$$

d'où l'on tire

$$\mathrm{vol}(L_v^0) = 1$$

et le lemme en résulte.

Pour $n \geq 3$, on peut donc définir la mesure produit d_A^*X ou d^*X_A sur E_A^*.

§ 8. LES FONCTIONS Z_f GLOBALES.

Conservons les notations du § précédent. Soient $f \in \mathcal{S}(E_A)$ et χ un caractère unitaire de k_A^*, continu et trivial sur k^*. Pour s complexe, on pose

$$(8\text{-}1) \qquad Z_f(\chi,s) = \int_{E_A^*} f(X)\chi(Q(X))|Q(X)|_A^s \, d_A^*X .$$

PROPOSITION 8-1.- Si $n \geq 3$, alors l'intégrale (8-1) converge absolument dans le demi-plan $\mathrm{Re}(s) > n/2$ et dans ce demi-plan $Z_f(\chi,s)$ est analytique. Si $n \geq 4$, on a

$$(8\text{-}2) \qquad Z_f(\chi,s) = \int_{k_A^*} M_f(t)\chi(t)|t|_A^{s-n/2+1} \, d_A^*t .$$

Il suffit de considérer le cas où f est décomposée $f = \pi f_v$. D'après la théorie locale, la fonction $|f_v(X_v)|\ |Q(X_v)|_v^{\mathrm{Re}(s)}$ est

d^*X_v - intégrable pour $\mathrm{Re}(s)>n/2$. Soit L un réseau dans E_k. Soit P_o une partie finie de S, contenant les places à l'infini et telle que, pour $v\notin P_o$, les conditions suivantes soient satisfaites : k_v n'est pas 2-adique, τ_v est d'ordre 0, le réseau L_v est unimodulaire, f_v est la fonction caractéristique de L_v et enfin la composante locale χ_v de χ est non ramifiée. Pour toute partie finie P de S contenant P_o, posons

$$E_A^*(P) = \prod_{v\in P} E_v \times \prod_{v\notin P} L_v^0 .$$

Par croissance monotone, on a

$$\int_{E_A^*} |f(X)|\ |Q(X)|_A^{\mathrm{Re}(s)} d_A^* X = \lim_{\mathfrak{F}} \int_{E_A^*(P)} |f(X)|\ |Q(X)|_A^{\mathrm{Re}(s)} d_A^* X$$

c'est-à-dire

$$\lim_{\mathfrak{F}}\Big[\prod_{v\in P} \int_{E_v^*} |f_v(X_v)|\ |Q(X_v)|_v^{\mathrm{Re}(s)} d^*X_v \cdot \prod_{v\notin P} \mathrm{vol}(L_v^0)\Big] .$$

Si $v\notin P_o$, alors d'après les calculs locaux du § 4, on a

$$\int_{E_v} |f_v(X_v)|\ |Q(X_v)|_v^{\mathrm{Re}(s)} d^*X_v = \frac{1-(\Delta,\pi_v)_v\, q_v^{-n/2}}{(1-(\Delta,\pi_v)_v q_v^{-\mathrm{Re}(s)})(1-q_v^{n/2-1-\mathrm{Re}(s)})}$$

pour n pair et, pour n impair, on a

$$\int_{E_v} |f_v(X_v)|\ |Q(X_v)|_v^{\mathrm{Re}(s)} d^*X_v = \frac{1-q_v^{-\mathrm{Re}(s)-n/2}}{(1-q_v^{-2\mathrm{Re}(s)})(1-q_v^{n/2-1-\mathrm{Re}(s)})} .$$

Par suite, pour $\mathrm{Re}(s)>n/2$, le produit infini

$$\prod_{v\in S} \int_{E_v} |f_v(X_v)|\ |Q(X_v)|_v^{\mathrm{Re}(s)} d^*X_v$$

est absolument convergent. Comme $n\geq 3$, il en est de même du produit

$\Pi \operatorname{vol}(L_v^{0})$. Il en résulte que la fonction $f(X)\chi(Q(X))|Q(X)|_A^s$ est intégrable pour $\operatorname{Re}(s) > n/2$. On montre comme d'habitude que Z_f est analytique dans ce demi-plan. Par convergence dominée, on a alors

$$Z_f(\chi,s) = \lim_{\mathfrak{F}} \left[\prod_{v\in P} \int_{E_v^*} f_v(X_v)\chi_v(Q(X_v))|Q(X_v)|_v^s \, d^*X_v \prod_{v\notin P} \operatorname{vol}(L_v^{0}) \right]$$

c'est-à-dire

$$Z_f(\chi,s) = \prod_{v\in S} \int_{k_v^*} M_{f_v}(t_v)\chi_v(t_v)|t_v|_v^{s-n/2+1} \, d^*t_v$$

ce dernier produit étant convergent suivant $\mathfrak{F}$. En fait les formules locales rappelées ci-dessus montrent qu'il est absolument convergent (ou ce qui revient au même qu'il converge suivant $\mathfrak{F}$ et que son terme général tend vers 1). Remarquons que cette égalité peut s'écrire

$$Z_f(\chi,s) = \prod_{v\in S} Z_{f_v}(\chi_v,s) .$$

Pour obtenir (8-2), considérons pour $n \geq 4$, l'intégrale

$$\int_{k_A^*} |M_f(t)| \, |t|_A^{\operatorname{Re}(s)-n/2+1} \, d_A^* t .$$

On a

$$\int_{k_A^*} |M_f(t)| \, |t|_A^{\operatorname{Re}(s)-n/2+1} \, d_A^* t = \lim_{\mathfrak{F}} \int_{k_A^*(P)} |M_f(t)| \, |t|_A^{\operatorname{Re}(s)-n/2+1} \, d_A^* t .$$

Supposons que $P \supset P_0$ et considérons sur l'espace compact $\prod_{v\notin P} \theta_v^*$ la fonction $\prod_{v\notin P} M_{f_v}(t_v)$. Comme pour $v \notin P$, la fonction f_v est la fonction caractéristique de L_v, on sait qu'il existe $\alpha > 1$ et une constante C, indépendante de v tels que

$$|M_{f_v}(t_v)| \leq 1 + c\, q_v^{-\alpha} .$$

La fonction $\prod_{v\notin P} M_{f_v}(t_v)$ est donc bornée sur $\prod_{v\notin P} \theta_v^*$; comme elle est borélienne, elle est intégrable pour la mesure produit des restrictions aux θ_v^* des mesures d^*t_v et son intégrale est $\prod_{v\notin P} \mathrm{vol}^*(L_v^0)$. On en tire

$$\int_{k_A^*} |M_f(t)|\,|t|_A^{\mathrm{Re}(s)+1-n/2}\, d_A^*t = \lim_{\mathcal{F}} \Big[\prod_{v\in P} \int_{k_v^*} |M_{f_v}(t_v)|\,|t_v|_v^{\mathrm{Re}(s)+1-n/2} d^*t_v \prod_{v\notin P} \mathrm{vol}(L_v^0)\Big].$$

Dans la première partie de la démonstration, on a vu que ce produit était absolument convergent. La fonction $M_f(t)\chi(t)|t|_A^{s-n/2+1}$ est donc, pour $\mathrm{Re}(s) > n/2$, intégrable sur k_A^*. En reprenant le même calcul, sans valeurs absolues il vient

$$\int_{k_A^*} M_f(t)\chi(t)|t|_A^{s-n/2+1}\, d_A^*t = Z_f(\chi, s) .$$

On désire prolonger analytiquement $Z_f(\chi,s)$. Le premier pas est classique, on applique la formule de Poisson à M_f . Ceci est justifié pour $n \geq 5$ ([5],[14]) .

PROPOSITION 8-2.- $(n\geq 5)$. <u>Soient</u> $f \in \mathcal{S}(E_A)$ <u>et</u> $z \in k_A^*$. <u>Les séries</u>

$$\sum_{\xi\in k} |M_f(z(x+\xi))| \quad \text{et} \quad \sum_{\xi\in k} |\hat{M}_f(z(x+\xi))|$$

<u>convergent uniformément pour</u> x <u>appartenant à une partie compacte de</u> k_A .

Supposons f décomposée : $f = \prod f_v$. Pour la série associée à M_f , il suffit d'adapter la méthode de [15], page 111. Supposons d'abord k de caractéristique non nulle. Toutes les places étant finies, toutes les fonctions f_v sont à support compact. Les fonctions M_{f_v} sont donc aussi à support compact, ainsi que leur produit M_f . Soient C le support de M_f et C'

une partie compacte de k_A. Si $x \in C'$, une condition nécessaire pour que $M_f(z(x+\xi))$ soit non nul est que

$$z(C'+\xi) \cap C \neq \emptyset$$

c'est-à-dire que

$$\xi \in k \cap [z^{-1} C - C'] .$$

Or $z^{-1} C - C'$ est compacte et k est une partie discrète de k_A. La série étudiée se réduit donc, pour $x \in C'$, à la somme finie

$$\sum_{\xi \in k \cap [z^{-1} C' - C]} |M_f(z(x+\xi))| .$$

Elle converge uniformément.

Supposons maintenant k de caractéristique nulle. Soit C une partie compacte de k_A. Il existe une partie finie P_o de S, contenant les places à l'infini et telle que

$$C \subset k_A(P_o) = \prod_{v \in P_o} k_v \prod_{v \notin P_o} \theta_v .$$

De plus on peut supposer que, pour $v \notin P_o$, on a supp.$(M_{f_v}) \subset \theta_v$ et $z_v \in \theta_v^*$. Quelle que soit v finie, la fonction M_{f_v} est à support compact et si $x \in C$, alors x_v varie dans une partie compacte de k_v. Par suite il existe un entier r_v tel que $M_{f_v}(z_v(x_v+\xi)) \neq 0$ implique $|\xi|_v \leq q_v^{r_v}$ et, si $v \notin P_o$, on peut prendre $r_v = 0$. Soit alors

$$R = \bigcap_{v \in S_f} k \cap \underline{p}_v^{-r_v} ,$$

c'est un idéal fractionnaire de k et, pour $x \in C$, on a

$$\sum_{\xi\in k} |M_f(z(x+\xi))| = \sum_{\xi\in R} |M_f(z(x+\xi))| .$$

D'autre part pour tout v finie, la fonction M_{f_v} est bornée et pour presque tout v finie on a vu que

$$|M_{f_v}(x_v)| \leq 1 + \frac{1}{q_v^{n/2-1}-1} \quad \text{pour} \quad |x_v| \leq 1 .$$

De plus, pour $v \notin P_o$ et $|x_v| > 1$ on a $M_{f_v}(x_v) = 0$. Il en résulte que

$$\prod_{v\in S_f} |M_{f_v}(x_v)|$$

est bornée sur k_A ; soit N un majorant. On a donc

$$\sum_{\xi\in k} |M_f(z(x+\xi))| \leq N \sum_{\xi\in R} \prod_{v\in S_\infty} |M_{f_v}(z_v(x_v+\xi))| .$$

Soit $k_\infty = k \otimes_Q R$. En tant qu'espace vectoriel sur Q, on peut identifier k_∞ et $\prod_{v\in S_\infty} k_v$. Soit $M_{f_\infty} = \prod_{v\in S_\infty} M_{f_v}$; considérée comme une fonction sur k_∞, elle continue et à décroissance rapide à l'infini. L'idéal fractionnaire R s'identifie à un réseau de l'espace vectoriel réel k_∞. Si $x_\infty = (x_v)_{v\in S_\infty}$ et $z_\infty = (z_v)_{v\in S_\infty}$, alors tout revient à vérifier que la série

$$\sum_{\xi\in R} |M_{f_\infty}(z_\infty(x_\infty+\xi))|$$

converge uniformément pour x appartenant à une partie compacte de k_∞ ce qui est évident puisque M_{f_∞} est à décroissance rapide à l'infini.

Etudions maintenant la série associée à $\hat{M}_f$. Pour tout idèle t , posons $$\alpha_f(t) = \prod_{v\in S_f} \sup.(|t_v|_v, |t_v|_v^{-1})$$

$$\alpha_\infty(t) = \prod_{v\in S_\infty} \sup.(|t_v|_v, |t_v|_v^{-1})$$

et $\alpha(t) = \alpha_f(t)\alpha_\infty(t)$.

LEMME 8-3.- $(n \geq 5)$. <u>La série</u>

$$\sum_{\xi\in k^*} \alpha(\xi)^{-n/4}$$

<u>est convergente</u>.

En effet, pour s réel, considérons sur k_A^*, la fonction α^{-s} . Elle est mesurable et

$$\int_{k_A^*} \alpha(t)^{-s} d_A^*t = \lim_{\mathfrak{F}} \int_{k_A^*(P)} \alpha(t)^{-s} d_A^*t$$

$$= \lim_{\mathfrak{F}} \prod_{v\in P} \int_{k_v^*} (\sup(|t_v|_v, |t_v|_v^{-1})^{-s} d^*t_v \prod_{v\notin P} \mathrm{vol}(\theta_v^*) .$$

Les intégrales locales convergent pour $s>0$ et, pour v finie

$$\int_{k_v} (\sup(|t_v|_v, |t_v|_v^{-1})^{-s} = \mathrm{vol}(\theta_v^*)(1 + \frac{2}{q_v^s - s}) .$$

Comme $\mathrm{vol}(\theta_v^*) = 1$ pour presque tout v finie, la fonction α^{-s} est intégrable dès que le produit infini

$$\prod_{v\in S_f} (1 + \frac{2}{q_v^{-s} - 1})$$

converge, c'est-à-dire que pour $s>1$. En particulier $\alpha(t)^{-n/4}$ est intégrable. Or k^* est un sous-groupe discret de k_A^* donc, pour presque tout idèle t , la série

$$\sum_{\xi \in k^*} \alpha(t\xi)^{-n/4}$$

converge. Soit $\Omega = \prod_{v \in S_\infty} k_v \prod_{v \in S_f} \theta_v^*$; c'est une partie ouverte de k_A^* , de mesure non nulle. Pour presque tout $t \in \Omega$, on a donc

$$\sum_{\xi \in k^*} \alpha(t\xi)^{-n/4} = \sum_{\xi \in k^*} \alpha_f(\xi)^{-n/4} \alpha_\infty(t\xi)^{-n/4} < +\infty .$$

Si k est de caractéristique non nulle, alors $S_\infty = \emptyset$ et le lemme est démontré. Sinon, pour toute partie J de S_∞ , soit k_J^* l'ensemble des $\xi \in k^*$ tels que

$$|\xi|_v \geq 1 \text{ pour } v \in J \text{ et } |\xi|_v < 1 \text{ pour } v \in S_\infty - J .$$

La série extraite

$$\sum_{\xi \in k_J^*} \alpha_f(\xi)^{-n/4} \alpha_\infty(t\xi)^{-n/4}$$

converge pour presque tout t . Choisissons t tel que la série converge et que

$$|t_v|_v \geq 1 \text{ pour } v \in J \text{ et } |t_v|_v > 1 \text{ pour } v \in S_\infty - J .$$

Si $\xi \in k_J^*$, on a alors $|t_v\xi|_v \geq 1$ si $v \in J$ et $|t_v\xi|_v > 1$ si $v \in S_\infty - J$, donc $\alpha_\infty(t\xi) = \alpha_\infty(t)\alpha_\infty(\xi)$. La série

$$\sum_{\xi \in k_j^*} \alpha(\xi)^{-n/4} = \alpha_\infty(t)^{n/4} \sum_{\xi \in k_J^*} \alpha_f(\xi)^{-n/4} \alpha_\infty(t\xi)^{-n/4}$$

est donc convergente et il en est de même de la série

$$\sum_{\xi \in k^*} \alpha(\xi)^{-n/4} = \sum_J \sum_{\xi \in k_J^*} \alpha(\xi)^{-n/4} .$$

Revenons à la démonstration de la proposition. Soit C une partie compacte de k_A. Il existe une partie finie P_o de S telle que $C \subset k_A(P_o)$, que $S_\infty \subset P_o$ et que, pour $v \notin P_o$, on ait

$$|\hat{M}_{f_v}(t_v)| = \begin{cases} 1 & \text{si } |t_v|_v \leq 1 \\ |t_v|_v^{-n/2} & \text{si } |t_v|_v > 1 . \end{cases}$$

Pour $v \notin P_o$ et $x \in C$, on a donc

$$|\hat{M}_{f_v}(z_v(x_v+\xi))| = \begin{cases} 1 & \text{si } |\xi|_v \leq 1 \\ |\xi|_v^{-n/2} & \text{si } |\xi|_v > 1 . \end{cases}$$

D'autre part, pour $v \in P_o$ (et en fait pour tout v) on a

$$|\hat{M}_{f_v}(z_v(x_v+\xi))| = |z_v(x_v+\xi)|^{-n/2} |\hat{M}_{\hat{f}_v}(z_v^{-1}(x_v+\xi)^{-1})| .$$

Les fonctions $\hat{M}_{f_v}$ et $\hat{M}_{\hat{f}_v}$ sont continues bornées ; si $x \in C$, alors x_v varie dans une partie compacte de k_v. Il existe donc, pour tout $v \in P_o$ une constante c_v telle que

$$|\hat{M}_{f_v}(z_v(x_v+\xi))| \leq c_v \begin{cases} 1 & \text{si } |\xi|_v \leq 1 \\ |\xi|_v^{-n/2} & \text{si } |\xi|_v > 1 . \end{cases}$$

La proposition sera donc prouvée si on vérifie que la série

$$\sum_{\xi \in k^*} \prod_{v \in S} [\sup(1, |\xi|_v)]^{-n/2}$$

converge. Or $\xi \in k^*$, donc $\prod_{v \in S} |\xi|_v = 1$, d'où

$$\prod_{v \in S} \sup(1, |\xi|_v) \cdot \prod_{v \in S} \inf(1, |\xi|_v) = 1 .$$

On a donc

$$\alpha(\xi) = \prod_{v\in S} \sup(|\xi|_v, |\xi|_v^{-1}) = \Big[\prod_{v\in S} \sup(1,|\xi|_v)\Big]^2$$

et il suffit d'appliquer le lemme.

Le prolongement analytique de Z_f se fait suivant le procédé de Tate. Avec quelques modifications évidentes, il suffit de suivre pas à pas la démonstration de [15] (ch. 7 § 5). Pour évaluer de façon précise les résidus de Z_f nous aurons besoin d'expliciter la relation entre la mesure d_A^*t que nous avons choisie et celles introduites par A. Weil. Soit donc, pour v finie, γ_v l'unique mesure de Haar de k_v^* telle que $\gamma_v(\theta_v^*) = 1$; pour v réel soit $\gamma_v = dt_v/|t|_v$ où dt_v est la mesure de Lebesgue de $\mathbb{R}$; enfin pour v complexe on prend $\gamma_v = dt_v/|t|_v$ où dt_v est le double de la mesure de Lebesgue de $\mathbb{C} = \mathbb{R}^2$. Soit γ la mesure produit des mesures γ_v . On a ([15] page 113)

$$\gamma = |D|^{\frac{1}{2}}\, d_A^*t \quad \text{si } k \text{ est un corps de nombres de discriminant } D ,$$

$$\gamma = q^{g-1}\, d_A^*t \quad \text{si } k \text{ est un corps de fonctions, de genre } g \text{, de corps des constantes } \mathbb{F}_q .$$

Soit $G_k = k_A^*/k$. Si k_A^1 est le groupe des adèles de module 1 , alors $G_k^1 = k_A^1/k$ est un sous-groupe compact de G_k . Le module définit un isomorphisme de G_k/G_k^1 sur un sous-groupe fermé M de $\mathbb{R}_+^*$. On a $M = \mathbb{R}_+^*$ si k est un corps de nombres et $M = q^{\mathbb{Z}}$ si k est un corps de fonctions. Si $M = \mathbb{R}_+^*$, on pose $d^*m = dm/m$ et si $M = q^{\mathbb{Z}}$ on choisit d^*m telle que $\mathrm{vol}(\{1\}) = 1$. Prenons sur G_k^1 la mesure de Haar ν de masse totale 1 et sur G_k la mesure produit $d\rho = d\nu\, d^*m$. Dans ces conditions, on a la formule d'intégration

$$\int_{k_A^*} \varphi(t) d_A^* t = c_k \int_{G_k} \Big(\sum_{\xi \in k^*} \varphi(t\xi) \Big) d\rho(t) ,$$

où la constante c_k se calcule comme suit. Si k est un corps de nombres, on a

$$c_k = |D|^{-\frac{1}{2}} \, 2^{r_1} (2\pi)^{r_2} hR/e$$

où D est le discriminant de k, r_1 le nombre de places réelles, r_2 le nombre de places complexes, h le nombre de classes d'idéaux, R le régulateur et e le cardinal du groupe des racines de l'unité contenues dans k.

Si k est un corps de fonctions, on a

$$c_k = q^{1-g} \, h/(q-1)$$

où $\mathbb{F}_q$ est le corps des constantes, g le genre et h le nombre de classes de diviseurs de degré 0.

Prenons $n \geq 5$ et soit $f \in \mathcal{S}(E_A)$. Pour $\operatorname{Re}(s) > n/2$, la fonction $Z_f(\chi,s)$ est définie par

$$Z_f(\chi,s) = \int_{k_A^*} M_f(t) \chi(t) |t|_A^{s-n/2+1} \, d_A^* t .$$

Posons

$$\tilde{Z}_f(\chi,s) = \int_{k_A^*} \hat{M}_f(t) \chi^{-1}(t) |t|_A^{n/2-s} \, d_A^* t .$$

Cette fonction est définie et analytique dans la bande $1 < \operatorname{Re}(s) < n/2-1$. En procédant exactement comme dans [15] page 122, on obtient le théorème suivant :

THEOREME 8-4.- $(n \geq 5)$. <u>Soit</u> $f \in \mathcal{S}(E_A)$.

1) <u>La fonction</u> $Z_f(\chi,s)$ <u>se prolonge en une fonction méromorphe dans le demi-plan</u> $\operatorname{Re}(s) > 1$. <u>Tous ses pôles sont simples. Pour</u> $1 < \operatorname{Re}(s) < n/2-1$,

on a

$$Z_f(\chi,s) = \int_{k_A^*} \hat{M}_f(t)\chi^{-1}(t)|t|_A^{n/2-s}\, d_A^* t \;.$$

2) Si la restriction de χ au sous-groupe k_A^1 des idèles de module 1 est non triviale, alors $Z_f(\chi,s)$ est holomorphe dans le demi-plan $\mathrm{Re}(s) > 1$.

3) Si $\chi = \chi_1$ est le caractère trivial de k_A et si k est un corps de nombres, alors, dans le demi-plan $\mathrm{Re}(s) > 1$, la fonction $Z_f(\chi_1,s)$ a au plus deux pôles, pour $s = n/2$ et $s = n/2-1$. On a

$$\lim_{s\to n/2} (s-n/2)Z_f(\chi_1,s) = c_k \hat{M}_f(0)$$

$$\lim_{s\to n/2-1} (s-n/2+1)Z_f(\chi_1,s) = -c_k M_f(0) \;.$$

4) Si $\chi = \chi_1$ est le caractère trivial de k_A et si k est un corps de fonctions alors la fonction $Z_f(\chi_1,s)$ n'a de pôles que pour les valeurs s telles que $q^s = q^{n/2}$ ou $q^s = q^{n/2-1}$ et elle est la somme d'une fonction holomorphe dans le demi-plan $\mathrm{Re}(s) > 1$ et de la fonction

$$c_k \frac{\hat{M}_f(0)}{1-q^{-(s-n/2)}} - c_k \frac{M_f(0)}{1-q^{-(s-n/2+1)}} \;.$$

Pour $1 < \mathrm{Re}(s) < n/2-1$, on a donc

$$\begin{aligned} Z_f(\chi,s) &= \int_{k_A^*} \hat{M}_f(t)\chi^{-1}(t)|t|_A^{n/2-s}\, d_A^* t \\ &= \int_{k_A^*} \hat{M}_{\hat{f}}(-1/t)\chi^{-1}(t)|t|_A^{-s}\, \gamma_A(tQ) d_A^* t \\ &= \int_{k_A^*} \hat{M}_{\hat{f}}(t)\chi(-t)|t|_A^{s}\, \overline{\gamma_A(tQ)}\, d_A^* t \;. \end{aligned}$$

Supposons n pair. On a dans ce cas $\gamma_A(tQ) = (t,\Delta)_A = \chi_\Delta(t)$. Il vient donc puisque $\chi(-1) = 1$,

$$Z_f(\chi,s) = \int_{k_A^*} \hat{M}_{\hat{f}}(t)(\chi\chi_\Delta)(t)|t|_A^s \, d_A^* t .$$

On peut appliquer le théorème précédent à $\hat{f}$ en remplaçant s par $n/2-s$ et χ par $(\chi\chi_\Delta)^{-1}$. La fonction $Z_{\hat{f}}(\chi^{-1}\chi_\Delta^{-1}, n/2-s)$ se prolonge donc en une fonction méromorphe dans le demi-plan $\mathrm{Re}(s) < n/2-1$ et, pour $1 < \mathrm{Re}(s) < n/2-1$, on a

$$Z_{\hat{f}}(\chi^{-1}\chi_\Delta^{-1}, n/2-s) = \int_{k_A^*} \hat{M}_{\hat{f}}(t)(\chi\chi_\Delta)(t)|t|_A^s \, d_A^* t$$

$$= Z_f(\chi,s) .$$

D'où :

THEOREME 8-5.- (n pair ≥ 6). <u>Soit</u> $f \in \mathcal{S}(E_A)$. <u>La fonction</u> $Z_f(\chi,s)$ <u>se prolonge en une fonction méromorphe dans</u> $\mathbb{C}$ <u>et satisfait à l'équation fonctionnelle</u>

$$Z_f(\chi,s) = Z_{\hat{f}}(\chi^{-1}\chi_\Delta^{-1}, n/2-s) .$$

Les pôles de Z_f sont tous simples et le théorème 8-4 permet de les expliciter ainsi que les résidus.

Dans le cas n impair on n'a pas obtenu d'équation fonctionnelle. Nous allons modifier la construction précédente et obtenir pour une fonction $f \in \mathcal{S}(E_A)$ une "fonction zeta" ayant une équation fonctionnelle pour n pair ou impair $(n \geq 5)$.

Soient $f \in \mathcal{S}(E_A)$, χ un caractère de k_A^* trivial sur k^* et s un nombre complexe. On pose :

$$(8\text{-}3)\qquad W_f(\chi,s) = \sum_{\xi\in k^*/k^{*2}} \int_{k_A^*} M_f(t^2\xi)\chi(t)|t^2|_A^{s-n/2+1}\, d_A^*t$$

et

$$(8\text{-}4)\qquad W_f'(\chi,s) = \sum_{\xi\in k^*/k^{*2}} \int_{k_A^*} \hat{M}_{\hat{f}}(t^2\xi)\chi^{-1}(t)|t^2|_A^{n/2-s}\, d_A^*t \,.$$

PROPOSITION 8-6.- ($n\geq 5$) . <u>La fonction</u> $W_f(\chi,s)$ <u>est définie et analytique pour</u> $Re(s)>n/2$; <u>la fonction</u> $W_f'(\chi,s)$ <u>est définie et analytique pour</u> $1<Re(s)<n/2-1$.

Aux notations près ces fonctions ont été introduites par A.Weil ([11]). Rappelons brièvement le principe de la démonstration de la proposition. On peut supposer f décomposée : $f = \pi f_v$. Soit L un réseau dans E (un système cohérent de réseaux locaux si k est un corps de fonctions...). Il existe une partie finie P_o de S , contenant les places à l'infini et telle que, pour $v\notin P_o$, les conditions suivantes soient satisfaites : τ_v est d'ordre 0 , L_v est unimodulaire, χ_v est non ramifié, f_v est la fonction caractéristique de L_v et k_v n'est pas 2 - adique. De plus si

$$H = k_A^{*2} \prod_{v\notin P_o} \theta_v^* ,$$

on peut supposer que Hk^* est un sous-groupe ouvert de k_A^* d'indice $2^{Car(P_o)}$ et que $H\cap k^* = k^{*2}$. Comme Hk^* est ouvert dans k_A^* , on a

$$\int_{Hk^*} |M_f(t)|\, |t|_A^{Re(s)-n/2+1}\, d_A^*t < +\infty \quad\text{pour}\quad Re(s)>n/2 \,.$$

Or

$$Hk^* = \bigcup_{\xi\in k^*/k^{*2}} H\xi \qquad \text{(réunion disjointe)}$$

donc, pour $Re(s)>n/2$, on a

$$\sum_{\xi \in k^*} \int_H |M_f(t\xi)|\,|t|_A^{\mathrm{Re}(s)-n/2-1}\, d_A^* t < +\infty ,$$

la convergence étant uniforme sur toute partie compacte du demi-plan $\mathrm{Re}(s) > n/2$. A l'aide des formules locales du § 4, on compare les intégrales

$$\int_H |M_f(t\xi)|\,|t|_A^{\mathrm{Re}(s)-n/2+1}\, d_A^* t \quad \text{et} \quad \int_{k_A^*} |M_f(t^2\xi)|\,|t^2|_A^{\mathrm{Re}(s)-n/2+1}\, d_A^* t$$

et on vérifie que, pour toute partie compacte U du demi-plan $\mathrm{Re}(s) > n/2$, il existe deux constantes non nulles c et C telles que

$$c \int_h |M_f(t\xi)|\,|t|_A^{\mathrm{Re}(s)-n/2+1}\, d_A^* t \le \int_{k_A^*} |M_f(t^2\xi)|\,|t^2|_A^{\mathrm{Re}(s)-n/2+1} d_A^* t$$

$$\le C \int_H |M_f(t\xi)|\,|t|_A^{\mathrm{Re}(s)-n/2+1}\, d_A^* t$$

pour tout ξ et toute $s \in U$. La première assertion de la proposition en résulte. La deuxième se démontre de façon analogue.

Pour prolonger analytiquement W_f, on applique à nouveau la thèse de Tate. En effet

$$W_f(\chi, s) = \int_{k_A^*/k^*} \sum_{\xi \in k^*} M_f(t^2\xi)\chi(t)|t^2|_A^{s-n/2+1}\, d_A^* t$$

et, comme $n \ge 5$, on peut appliquer la formule de Poisson. La fonction $W_f(\chi, s)$ se prolonge donc en une fonction méromorphe dans le demi-plan $\mathrm{Re}(s) > 1$ et, pour $1 < \mathrm{Re}(s) < n/2-1$, on a

$$W_f(\chi, s) = W_f'(\chi, s) .$$

De plus, pour $\mathrm{Re}(s) > 1$, la fonction $W_f(\chi, s)$ n'a de pôles que si χ restreint à k_A^1 est trivial. Si χ est le caractère trivial de k_A alors $W_f(\chi, s)$ a en général deux pôles simples, un pour $s = n/2$ de résidu proportionnel à $M_f(0)$ et un pour $s = n/2-1$ de résidu proportionnel à

$M_f(0)$ et un pour $s = n/2-1$ de résidu proportionnel à $\hat{M}_f(0) = \hat{f}(0)$.

Pour $1 < \mathrm{Re}(s) < n/2-1$, on a

$$W_f(\chi,s) = \sum_{k^*/k^{*2}} \int_{k_A^*} \hat{M}_{\hat{f}}(-t^{-2}\xi^{-1})\chi^{-1}(t)|t^2|_A^{-s}\, \gamma_A(t^2\xi Q)\, d_A^*t$$

$$= \sum_{k^*/k^2} \int_{k_A^*} \hat{M}_{\hat{f}}(t^2\xi)\chi(t)|t^2|_A^{s}\, \overline{\gamma_A(t^2\xi Q)}\, d_A^*t\ .$$

Mais la forme quadratique ξQ est rationnelle donc $\gamma_A(t^2\xi Q) = 1$, donc

$$W_f(\chi,s) = \sum_{k^*/k^{*2}} \int_{k_A^*} \hat{M}_{\hat{f}}(t^2\xi)\chi(t)|t^2|_A^{s}\, d_A^*t\ .$$

En appliquant une dernière fois la thèse de Tate, on obtient le théorème suivant :

THEOREME 8-7.- $(n \geq 5)$. <u>Soit</u> $f \in \mathcal{S}(E_A)$. <u>La fonction</u>

$$W_f(\chi,s) = \sum_{\xi\in k^*/k^{*2}} \int_{k_A^*} M_f(t^2\xi)\chi(t)|t^2|_A^{s-n/2+1}\, d_A^*t$$

<u>est définie et analytique pour</u> $\mathrm{Re}(s) > n/2$. <u>Elle se prolonge en une fonction méromorphe dans</u> $\mathbb{C}$ <u>et vérifie l'équation fonctionnelle</u>

$$W_f(\chi,s) = W_{\hat{f}}(\chi^{-1},n/2-s)\ .$$

<u>Si</u> χ <u>n'est pas trivial sur</u> k_A^1 , <u>alors</u> $W_f(\chi,s)$ <u>est une fonction entière</u>. Si $\chi = \chi_1$ <u>est le caractère trivial alors</u> $W_f(\chi_1,s)$ <u>a au plus quatre pôles simples pour</u> $s = n/2\ ,\ n/2-1\ ,\ 1\ ,\ 0$. <u>De plus</u>

$$\lim_{s\to n/2} (s-n/2)W_f(\chi_1,s) = c_k\, \hat{M}_f(0)$$

$$\lim_{s\to n/2-1} (s-n/2+1)W_f(\chi_1,s) = -c_k\, M_f(0)$$

$$\lim_{s \to 1} (s-1) W_f(\chi_1, s) = c_k \, M_{\hat{f}}(0)$$

$$\lim_{s \to 0} s W_f(\chi_1, s) = -c_k \, \hat{M}_{\hat{f}}(0) \; .$$

§ 9. LES FONCTIONS ZETA DE SIEGEL.

L'objet de ce § est de montrer comment on peut, à l'aide des fonctions W_f introduites au § précédent obtenir les fonctions ζ des formes quadratiques indéfinies (Siegel [9]).

Le corps k est désormais de caractéristique 0 ; c'est donc un corps de nombres. Soient θ l'anneau des entiers de k et θ^* le groupe des unités. Soient S l'ensemble des places de k et S_e le sous-ensemble des places finies. On note $w_1, \dots, w_{r_2}$ les places complexes.

Soit E un espace vectoriel sur k, de dimension finie $n \geq 5$, muni d'une forme quadratique non dégénérée Q. Une place réelle v est dite anisotrope (resp. isotrope) si Q, considérée comme forme quadratique sur le complété E_v de E à la place v, est anisotrope (resp. isotrope). On note $a_1, \dots, a_{r'_1}$ les places réelles anisotropes et $i_1, \dots, i_{r''_1}$ les places réelles isotropes. Posons

$$k_C^* = \prod_1^{r_2} k_{w_j}^* \; , \; k_a^* = \prod_1^{r'_1} k_{a_j}^* \; , \; k_i = \prod_1^{r''_1} k_{i_j}^* \; , \; k_R^* = k_a^* \times k_i^*$$

$$\text{et} \quad k_\infty^* = k_R^* \times k_C^* \; .$$

Si χ est un caractère de k_A, trivial sur k^*, on pose de même $\chi_C = \prod_1^{r_2} \chi_{w_j}$, etc... . On note toujours χ_1 le caractère trivial d'un groupe et χ_{-1} le caractère "signe" de $\mathbb{R}$.

Pour une place réelle anisotrope, on pose $\alpha_j = +1$ (resp. $\alpha_j = -1$) si Q est positive (resp. négative) à la place a_j . Considérons le groupe $(\mathbb{Z}/2\mathbb{Z})^{r''_1}$; un élément $\varepsilon = (\varepsilon_1,\dots,\varepsilon_{r''_1})$ de ce groupe est donc une suite d'entiers modulo 2 . A un tel élément, on associe le caractère ν_ε de k_i^* défini par

$$\nu_\varepsilon(t_1,\dots,t_{r''_1}) = \chi_{-1}^{\varepsilon_1}(t_1)\dots\chi_{-1}^{\varepsilon_{r''_1}}(t_{r''_1}) .$$

Pour simplifier, si $\xi \in k^*$ on pose

$$\nu_\varepsilon(\xi) = \nu_\varepsilon(\xi,\dots,\xi) .$$

Pour toute place réelle v , soit $sg_v(\xi) = \chi_{-1}(\xi)$ où $\xi \in k^*$ est considéré comme élément de k_v , puis

$$sg_a(\xi) = (sg_{a_1}(\xi),\dots,sg_{a_{r'_1}}(\xi)) \in k_a^* \quad \text{etc...}$$

On désigne toujours par τ un caractère additif non trivial de k_A , trivial sur k . Les diverses mesures de Haar sont normalisées à partir de τ et de Q comme dans les § précédents (cf. notamment § 8). De plus si v est une place réelle, nous poserons

$$\tau_v(x) = e^{2i\pi u_v x} .$$

Le facteur ρ_v de la thèse de Tate s'obtient alors, à partir du facteur $\rho_{\mathbb{R}}$ explicité au § 5, par la formule

$$\rho_v(\chi_v,s) = \chi_v^{-1}(u_v)|u_v|^{\frac{1}{2}-s}\,\rho_{\mathbb{R}}(\chi_v,s) . \tag{9-1}$$

Soit d_v l'indice d'inertie de Q à la place v . On pose

$$\gamma_v(tQ) = \beta_{1,v}(Q)\chi_1(t) + \beta_{-1,v}(Q)\chi_{-1}(t) .$$

On a alors

$$\beta_{1,v}(Q) = \cos(\pi d_v/4) \quad \text{et} \quad \beta_{-1,v}(Q) = i\chi_{-1}(u_v)\sin(\pi d_v/4) .$$

De même si w est une place complexe on pose

$$\tau_w(x) = e^{2i\pi(u_w x + \bar{u}_w \bar{x})}$$

et on a

$$\rho_w(\chi_w, s) = \chi_w^{-1}(u_w)|u_w|^{\frac{1}{2}-s} \; \rho_C(\chi_w, s) .$$

Soit $\Omega_\infty = k_\infty^* \prod_{v \in S_e} \theta_v^*$; c'est un sous-groupe ouvert de k_A^* et le groupe quotient k_A^*/Ω_∞ s'identifie canoniquement au groupe des idéaux fractionnaires de k. Le groupe des idéaux fractionnaires principaux de k est $k^*/k^* \cap \Omega_\infty$ c'est-à-dire k^*/θ^*. Soit h l'ordre du groupe $k_A^*/k^*\Omega_\infty$ des classes d'idéaux. On note $\lambda_1, \ldots, \lambda_h$ les h caractères distincts de ce groupe et on les considère comme des caractères de k_A^* triviaux sur $k^*\Omega_\infty$.

Soit $f \in \mathcal{S}(E_A)$; supposons f décomposée : $f = \pi f_v$. On pose

$$f_C = \prod_1^{r_2} f_{w_j} \quad \text{etc...}$$

Nous supposerons que, pour toute place finie v, la fonction f_v vérifie la condition

$$f_v(tX) = \chi_v^{-2}(t)\, f_v(X) \quad \text{pour} \quad |t|_v = 1 . \tag{9-3}$$

On a alors

$$M_{f_v}(t^2x) = \chi_v(t^{-2})M_{f_v}(x) \quad \text{pour} \quad |t|_v = 1 . \tag{9-4}$$

On considère les h fonctions

$$W_f(\chi^2\lambda_m,s) = \sum_{k^*/k^{*2}} \int_{k_A^*} M_f(t^2\xi)\chi(t^2)\lambda_m(t)|t^2|_A^{s-n/2+1}\, d_A^*t$$

et on suppose pour l'instant que $\mathrm{Re}(s)>n/2$. On a

$$\int_{k_A^*} M_f(\xi t^2)\chi(t^2)\lambda_m(t)|t^2|_A^{s-n/2+1}\, d_A^*t =$$

$$\sum_{\eta\in k_A/\Omega_\infty} \chi(\eta^2)\lambda_m(\eta)|\eta^2|_A^{s-n/2+1} \int_{\Omega_\infty} M_f(\xi\eta^2 t^2)\,\chi(t^2)|t^2|_A^{s-n/2+1}\, d_A^*t \,.$$

Evaluons l'intégrale sur Ω_∞ :

(9-5)
$$\int_{\Omega_\infty} M_f(\xi\eta^2 t^2)\,\chi(t^2)|t^2|_A^{s-n/2+1}\, d_A^*t =$$

$$\prod_{v\in S_\infty} \int_{k_v^*} M_{f_v}(\xi\eta_v^2 t_v^2)\chi_v(t_v^2)|t_v^2|_v^{s-n/2+1}\, d^*t_v$$

$$\times \prod_{v\in S_e} \int_{\theta_v^*} M_{f_v}(\xi\eta_v^2 t_v^2)\,\chi_v(t_v^2)\, d^*t_v \,.$$

Examinons séparément les différents types de place. Si v est une place finie, on a, d'après (9-4)

$$\int_{\theta_v^*} M_{f_v}(\xi\eta_v^2\, t_v^2)\,\chi_v(t_v^2)\, d^*t_v = \mathrm{vol}(\theta_v^*)M_{f_v}(\xi\eta_v^2) \,.$$

Si, pour tout adèle t , on pose

$$M_{f_e}(t) = \prod_{v\in S_e} M_{f_v}(t_v) \,,$$

la contribution dans (9-5) des places finies est donc

$$\prod_{v\in S_e} \mathrm{vol}(\theta_v^*)M_{f_e}(\xi\eta^2) \,.$$

Si w est une place complexe, on a

$$\int_{k_w^*} M_{f_w}(\xi\eta_w^2 t_w^2)\chi_w(t_w^2)|t_w^2|_w^{s-n/2+1} d^*t_w =$$

$$\chi_w^{-1}(\xi\eta_w^2)|\xi\eta_w^2|_w^{-(s-n/2+1)} \int_{k_w^*} M_{f_w}(t_w^2)\chi_w(t_w^2)|t_w^2|_w^{s-n/2+1} d^*t_w$$

$$= 2\,\chi_w^{-1}(\xi\eta_w^2)|\xi\eta_w^2|_w^{-(s-n/2+1)} Z_{f_w}(\chi_w, s) .$$

Si

$$Z_{f_C}(\chi_C, s) = \prod_1^{r_2} Z_{f_{w_j}}(\chi_{w_j}, s) ,$$

alors la contribution dans (9-5) des places complexes est

$$2^{r_2} \chi_C^{-1}(\xi\eta^2)|\xi\eta^2|_C^{-(s-n/2+1)} Z_{f_C}(\chi_C, s) .$$

Si v est une place réelle on a cette fois

$$\int_{k_v^*} M_{f_v}(\xi\eta_v^2 t_v^2)\chi_v(t_v^2)|t_v^2|_v^{s-n/2+1} d^*t_v =$$

$$\chi_v^{-1}(\xi\eta_v^2)|\xi\eta_v^2|_v^{-(s-n/2+1)} \chi_v(sg_v(\xi))\left[Z_{f_v}(\chi_v, s)+sg_v(\xi)Z_{f_v}(\chi_v\chi_{-1}, s)\right] .$$

Si Q est anisotrope à la place v, on a pour $v = a_j$

$$Z_{f_v}(\chi_v\chi_{-1}, s) = \alpha_j Z_{f_v}(\chi_v, s) .$$

La contribution des places réelles anisotropes est donc

$$\alpha_1 \dots \alpha_{r_1'} \chi_a^{-1}(\xi\eta^2)|\xi\eta^2|_a^{-(s-n/2+1)} \chi_a(sg_a(\xi))$$

$$\times \prod_1^{r_1'} (1+\alpha_j\, sg_{a_j}(\xi))Z_{f_a}(\chi_a, s) .$$

La contribution des places réelles où Q est isotrope est

$$\chi_i^{-1}(\xi\eta^2)|\xi\eta^2|_i^{-(s-n/2+1)}\ \chi_i(sg_i(\xi))\sum_{\varepsilon}\nu_\varepsilon(\xi)Z_{f_i}(\chi_i\nu_\varepsilon,s)\ .$$

Au total on obtient

(9-6)
$$W_f(\chi^2\lambda_m,s) = 2^{r_2}\prod_{v\in S_e}\mathrm{vol}(\theta_v^*)Z_{f_C}(\chi_C,s)Z_{f_a}(\chi_a,s)$$

$$\times\sum_{\xi\in k^*/k^{*2}}\ \sum_{\eta\in k_A^*/\Omega_\infty}\ \sum_{\varepsilon}\frac{M_{f_e}(\xi\eta^2)\chi(\eta^2)\lambda_m(\eta)|\eta^2|_A^{s-n/2+1}}{\chi_\infty(\xi\eta^2)|\xi\eta^2|_\infty^{s-n/2+1}}$$

$$\times\ \chi_R(sg_R(\xi))\nu_\varepsilon(\xi)Z_{f_i}(\chi_i\nu_\varepsilon,s)\prod_1^{r_1'}(1+\alpha_j\, sg_{a_j}(\xi))\ .$$

Remarquons que

$$\sum_1^h\lambda_m(\eta) = \begin{cases} 0 & \text{si}\quad \eta\notin k^*\Omega_\infty\\ h & \text{si}\quad \eta\in k^*\Omega_\infty\ .\end{cases}$$

En utilisant la formule du produit d'Artin, on en déduit que

$$h^{-1}\sum_1^h W_f(\chi^2\lambda_m,s) = 2^{r_2}\prod_{v\in S_e}\mathrm{vol}(\theta_v^*)Z_{f_C}(\chi_C,s)Z_{f_a}(\chi_a,s)$$

$$\times\sum_{\xi\in k^*/k^{*2}}\ \sum_{\eta\in k^*/\theta^*}\ \sum_{\varepsilon}\frac{M_{f_e}(\xi\eta^2)}{\chi_\infty(\xi\eta^2)|\xi\eta^2|_\infty^{s-n/2+1}}$$

$$\times\ \chi_R(sg_R(\xi))\nu_\varepsilon(\xi)\prod_1^{r_1'}(1+\alpha_j\, sg_{a_j}(\xi))Z_{f_i}(\chi_i\nu_\varepsilon,s)\ .$$

Ceci peut encore s'écrire

$$2^{r_2+1}\prod_{v\in S_e}\mathrm{vol}(\theta_v^*)Z_{f_C}(\chi_C,s)Z_{f_a}(\chi_a,s)$$

$$\times \sum_{\xi\in k^*/\theta^{*2}} \sum_{\varepsilon} \frac{M_{f_e}(\xi)}{|\xi|_\infty^{s-n/2+1}\ \chi_\infty(\xi)}\ \chi_R(sg_R(\xi)) \prod_1^{r'_1} (1+\alpha_j\, sg_j(\xi))$$

$$\times\ \nu_\varepsilon(\xi) Z_{f_i}(\chi_i\nu_\varepsilon, s)\ .$$

Posons

$$(9\text{-}6)\qquad a_f(\xi) = M_{f_e}(\xi)|\xi|_\infty^{n/2-1} \prod_1^{r'_1} (1+\alpha_j\, sg_j(\xi))$$

puis

$$(9\text{-}7)\qquad \zeta_f(\chi,\varepsilon,s) = \sum_{k^*/\theta^{*2}} \frac{a_f(\xi)}{\chi_\infty(\xi)|\xi|_\infty^s}\ \chi_R(sg_R(\xi))\nu_\varepsilon(\xi)\ .$$

Cette série est absolument convergente pour $Re(s) > n/2$ et on notera qu'elle ne dépend pas des composantes à l'infini de f. Quel que soit le choix de ces composantes, on a

$$(9\text{-}8)\qquad h^{-1}\sum_1^h W_f(\chi^2\lambda_m, s) = 2^{r_2+1} \prod_{v\in S_e} vol(\theta_v^*) Z_{f_C}(\chi_C, s) Z_{f_a}(\chi_a, s)$$

$$\times \sum_{\varepsilon} \zeta_f(\chi,\varepsilon,s) Z_{f_i}(\chi_i\ \nu_\varepsilon, s)\ .$$

THEOREME 9-1.-

1) <u>La fonction</u> $\zeta_f(\chi,\varepsilon,s)$ <u>se prolonge en une fonction méromorphe dans</u> $\mathbf{C}$; <u>tous ses pôles sont simples.</u>

2) <u>Si</u> χ^2 <u>n'est pas trivial sur</u> $k_A^1 \cap \Omega_\infty$ <u>alors</u> $\zeta_f(\chi,\varepsilon,s)$ <u>est une fonction entière de</u> s . <u>Si</u> χ^2 <u>est trivial sur</u> $k_A^1\cap\Omega_\infty$ <u>alors</u> $\zeta_f(\chi,\varepsilon,s)$ <u>a au plus deux pôles pour</u> $s = n/2$ <u>et pour</u> $s = 1$.

On donnera au cours de la démonstration des conditions nécessaires et suffisantes pour que ces pôles existent et on calculera les résidus.

Nous choisirons comme suit la fonction f_∞. Si v est une place complexe ou réelle anisotrope, on suppose que $f_v \in \mathcal{D}(E_v^*)$; les fonctions Z_{f_C} et Z_{f_a} sont donc des fonctions entières et pour s_o donné on peut choisir les f_v telles que $Z_{f_C}(\chi_C, s_o) Z_{f_a}(\chi_a, s_o)$ soit non nul. Pour toute place réelle isotrope i_j soit $\theta_j \in \mathcal{D}(k_{i_j}^*)$ et paire et soit $\varphi_j \in \mathcal{D}(E_{i_j}^*)$ telle que $M_{\varphi_j} = \theta_j$. Pour un ε fixé, on pose

$$f_{i_j}(X) = \varphi_j(X) \chi_{i_j}^{-1}(Q(X)) \chi_{-1}^{\varepsilon_j}(Q(X)) .$$

On a alors

$$Z_{f_i}(\chi_i \nu_{\varepsilon'}, s) = 0 \quad \text{si} \quad \varepsilon \neq \varepsilon'$$

et

$$Z_{f_i}(\chi_i \nu_\varepsilon, s) = \prod_1^{r_1''} \int_{k_{i_j}^*} \theta_j(t) |t|_{i_j}^{s-n/2+1} d_{i_j}^* t .$$

La fonction $Z_{f_i}(\chi_i \nu_\varepsilon, s)$ est une fonction entière et pour un s_o donné, on peut choisir les θ_j telles qu'elle soit non nulle pour $s = s_o$.

L'égalité (9-8) s'écrit

$$\text{(9-9)} \quad h^{-1} \sum_1^h W_f(\chi^2 \lambda_m, s) = 2^{r_2+1} \prod_{v \in S_e} \mathrm{vol}(\theta_v^*) Z_{f_C}(\chi_C, s) Z_{f_a}(\chi_a, s) Z_{f_i}(\chi_i \nu_\varepsilon, s)$$

$$\zeta_f(\chi, \varepsilon, s) .$$

D'après le théorème 8-7, le membre de gauche se prolonge en une fonction méromorphe de s ; il en est donc de même du membre de droite. Comme

$$\text{(9-10)} \qquad Z_{f_C}(\chi_C, s) Z_{f_a}(\chi_a, s) Z_{f_i}(\chi_i \nu_\varepsilon, s)$$

est une fonction entière de s, il en résulte que $\zeta_f(\chi, \varepsilon, s)$ se prolonge en une fonction méromorphe dans $\mathbb{C}$. Passons maintenant à l'étude des pôles. Pour $s_o \in \mathbb{C}$, on peut choisir f_∞ telle que (9-10) soit non nul ; une condition nécessaire pour que s_o soit pôle de $\zeta_f(\chi,\varepsilon,s)$ est donc que s_o soit pôle du membre de gauche de (9-9) et les multiplicités seront les mêmes. Ceci montre déjà que tous les pôles de $\zeta_f(\chi,\varepsilon,s)$ sont simples et qu'il y en a au plus quatre.

Pour que $W_f(\chi^2\lambda_m,s)$ ait au moins un pôle, il faut que $\chi^2\lambda_m$ soit trivial sur k_A^1 . Comme $k_A = k_A^1\Omega_\infty$ il en sera ainsi pour au plus un indice m et pour exactement un si et seulement si χ^2 est trivial sur $k_A^1 \cap \Omega_\infty$. Si cette condition n'est pas satisfaite alors $\zeta_f(\chi,\varepsilon,s)$ est une fonction entière de s . Sinon, quitte à multiplier χ par une puissance du module, on peut supposer qu'il existe m tel que $\chi^2 = \lambda_m^{-1}$. C'est ce que nous supposerons dans la suite de la discussion. Le caractère χ^2 est donc trivial sur Ω_∞ . Pour une place complexe w , il en résulte que χ_w est trivial. Pour une place réelle v , on a $\chi_v = \chi_{-1}^{\eta_v}$ avec $\eta_v \in \mathbb{Z}/2\mathbb{Z}$. Nous poserons

$$\eta(\chi) = \eta = (\eta_{i_1},\dots,\eta_{i_{r_1''}}) \in (\mathbb{Z}/2\mathbb{Z})^{r_1''} .$$

L'égalité (9-9) peut s'écrire

$$(9\text{-}11) \qquad h^{-1}\, W_f(\chi_1,s) = 2^{r_2+1} \prod_{v\in S_e} \mathrm{vol}(\theta_v^*) \prod_1^{r_1'} \alpha_j^{\eta_{aj}}\; Z_{f_c}(\chi_1,s) Z_{f_a}(\chi_1,s)$$

$$Z_{f_i}(\nu_{\varepsilon+\eta},s)\zeta_f(\chi,\varepsilon,s) + \text{fonction entière.}$$

Soit s_o tel que $W_f(\chi_1,s)$ ait en général un pôle pour $s = s_o$; soit $R(f)$ le résidu. Dans les quatre cas possibles $R(f)$ se décompose: $R(f) = R_e(f_e)R_\infty(f_\infty)$. Pour que $\zeta_f(\chi,\varepsilon,s)$ ait un pôle pour $s = s_o$ il faut et il suffit d'une part que $R_e(f_e)$ soit non nul et d'autre part que pour f_∞ satisfaisant aux conditions énumérées au début de la discussion, la condition

$$Z_{f_C}(\chi_1,s_o)Z_{f_a}(\chi_1,s_o)Z_{f_i}(\nu_{\varepsilon+\eta},s_o)\neq 0$$

implique $R(f_\infty)\neq 0$. Examinons séparément les quatre cas.

Premier cas : $s = n/2$.

Le résidu de $W_f(\chi_1,s)$ est

$$c_k \hat{M}_f(0) = \prod_S \int_{E_v} f_v(X_v)\,dX_v \,.$$

Si v est complexe ou réelle anisotrope, on peut toujours choisir f_v telle que

$$Z_{f_v}(\chi_1,n/2) = \int_{E_v} f_v(X_v)dX_v$$

soit non nul. Par contre si i_j est une place réelle isotrope, on a

$$M_{f_{i_j}}(t) = \theta_j(t)\chi_{-1}^{\varepsilon_j+\eta_j}(t)$$

avec θ_j paire. Si $\varepsilon_j \equiv \eta_j(2)$, alors on a

$$Z_{f_{i_j}}(\chi_{-1}^{\varepsilon_j+\eta_j},n/2) = \int_{E_{i_j}} f_{i_j}(X)d_{i_j}(X \,.$$

Par contre si $\varepsilon_j \not\equiv \eta_j(2)$, alors on peut choisir f_{i_j} telle que

$$Z_{f_{i_j}}(\chi^{\varepsilon_j+\eta_j},n/2) = \int_{k_{i_j}} \theta_j(t)d_{i_j} t \neq 0$$

et on a, quelle que soit θ_j paire

$$\int_{E_{i_j}} f_{i_j}(X)d_{i_j}(X) = \int_{k_{i_j}} \theta_j(t)\chi_{-1}^{\varepsilon_j+\eta_j}(t)d_{i_j} t = 0 .$$

En résumé

PROPOSITION 9-2.- $(\chi^2 = \lambda_m^{-1})$. Pour que $\zeta_f(\chi,\varepsilon,s)$ admette un pôle pour $s = n/2$ il faut et il suffit que $\varepsilon = \eta(\chi)$ et que

$$\prod_{S_e} \hat{M}_{f_v}(0) = \prod_{S_e} \int_{E_v} f_v(X_v)dX_v \neq 0 .$$

ce pôle est alors simple et le résidu est

$$\frac{2^{-r_2-1} c_k}{h \prod_{S_e} \mathrm{vol}(\theta_v^*)} \prod_1^{r''_1} \alpha_j^{\eta_{a_j}} \prod_{S_e} \int_{E_v} f_v(X_v)\, dX_v .$$

Deuxième cas : $s = n/2-1$.

Le résidu de $W_f(\chi_1,s)$ est proportionnel à $M_f(0)$. Comme pour toute place infinie on doit prendre $f_v \in \mathcal{B}(E_v^*)$, le résidu $M_f(0)$ est toujours nul. En choisissant f_∞ telle

$$Z_{f_C}(\chi_1,n/2-1)Z_{f_a}(\chi_1,n/2-1)Z_{f_i}(\chi_i\nu_\varepsilon,n/2-1) \neq 0$$

on voit que $\zeta_f(\chi,\varepsilon,s)$ n'a pas de pôle pour $s = n/2-1$.

Troisième cas : $s = 0$.

Le résidu de $W_f(\chi_1,s)s)$ est proportionnel à $f(0)$. Comme dans le cas précédent et pour la même raison il n'y a pas de pôle.

Quatrième cas : $s = 1$.

Le résidu de $W_f(\chi_1,s)$ est

$$c_k\, M_{\hat f}(0) = c_k \prod_S M_{\hat f_v}(0)\ .$$

Soit v une place quelconque ; on a

$$M_{\hat f_v}(0) = \int_{k_v} \hat M_{\hat f_v}(t) d_v t = \int_{k_v^*} \hat M_{f_v}(t)\, \overline{\gamma_v(tQ)}\, |t|_v^{n/2-1}\, d_v^* t\ .$$

Si w est une place complexe, on a $\gamma_w(tQ) = 1$ et comme on suppose que $M_{f_w} \in \mathcal{D}(k_w^*)$ on a

$$M_{\hat f_w}(0) = \rho_w(\chi_1, n/2-1) \int_{k_w^*} M_{f_w}(t) |t|_w^{2-n/2}\, d_w^* t\ .$$

Si

$$Z_{f_w}(\chi_1, 1) = \int_{k_w^*} M_{f_w}(t) |t|_w^{2-n/2}\, d_w^* t \neq 0\ ,$$

on aura $M_{\hat f_w}(0) \neq 0$ si et seulement si

$$\rho_w(\chi_1, n/2-1) \neq 0$$

c'est-à-dire si n est impair.

Considérons maintenant le cas d'une place réelle anisotrope a_j. On a dans ce cas $M_g(0) = 0$ pour toute fonction $g \in \mathcal{S}(E_{a_j})$. Par suite, s'il existe de telles places alors $\zeta_f(\chi, \varepsilon, s)$ n'a pas de pôle pour $s = 1$.

Enfin soit i_j une place réelle isotrope. On a

$$M_{\hat f_{i_j}}(0) = \cos(\pi d_{i_j}/4) \rho_{i_j}(\chi_1, n/2-1) \int_{k_{i_j}^*} \theta_j(t) \chi_{-1}^{\varepsilon_j + \eta_j}(t) |t|_{i_j}^{2-n/2}\, d_{i_j}^* t$$

$$+\ i\, sg(u_{i_j}) \sin(\pi d_{i_j}/4) \rho_{i_j}(\chi_{-1}, n/2-1) \int_{k_{i_j}^*} \theta_j(t) \chi_{-1}^{\varepsilon_j + \eta_j + 1} |t|_{i_j}^{2-n/2}\, d_{i_j}^* t\ .$$

Si n est impair et si $\varepsilon_j \equiv \eta_j(2)$, on a

$$M_{\hat{f}_{i_j}}(0) = \cos(\pi d_{i_j}/4)\rho_{i_j}(\chi_1, n/2-1) Z_{f_{i_j}}(\chi_{-1}^{\varepsilon_j+\eta_j}, 1)$$

et comme $\cos(\pi d_{i_j}/4)\rho_{i_j}(\chi_1, n/2-1) \neq 0$, la condition $Z_{f_{i_j}}(\chi^{\varepsilon_j+\eta_j}, 1) \neq 0$ implique $M_{f_{i_j}}(0) \neq 0$. Cette conclusion reste valable si n est impair et $\varepsilon_j \not\equiv \eta_j(2)$. Si n est pair et si $\varepsilon_j \equiv \eta_j(2)$, alors $\cos(\pi d_{i_j}/4)\rho_{i_j}(\chi_1, n/2-1) \neq 0$ si et seulement si $n \equiv 2(4)$ et $d_{i_j} \equiv 0(4)$. Si n est pair et si $\varepsilon_j \not\equiv \eta_j(2)$ alors $\sin(\pi d_{i_j}/4)\rho_{i_j}(\chi_{-1}, n/2-1) \neq 0$ si et seulement si $n \equiv 0(4)$ et $d_{i_j} \equiv 2(4)$.

En résumé

PROPOSITION 9-3.- $(\chi^2 = \lambda_m^{-1})$. <u>Pour que</u> $\zeta_f(\chi, \varepsilon, s)$ <u>ait un pôle pour</u> $s = 1$, <u>il faut que les conditions suivantes soient satisfaites</u> :

a) k <u>n'a pas de places réelles anisotropes</u>.

b) <u>si</u> n <u>est pair</u> k <u>n'a pas de places complexes</u>.

c) <u>pour toute place réelle isotrope</u> i_j, <u>si</u>

$n \equiv 0(4)$ <u>alors</u> $\varepsilon_j \not\equiv \eta_j(2)$ <u>et</u> $d_j = 2(4)$

$n \equiv 2(4)$ <u>alors</u> $\varepsilon_j \equiv \eta_j(2)$ <u>et</u> $d_j \equiv 0(4)$

$\zeta_f(\chi, \varepsilon, s)$ <u>a alors effectivement un pôle pour</u> $s = 1$ <u>si et seulement si</u>

$$\prod_{S_e} M_{\hat{f}_v}(0) \neq 0,$$

<u>ce pôle est simple et le résidu est</u>

$$\frac{c_k\, 2^{-r_2-1}}{h \prod_{S_e} \mathrm{vol}(\theta_v^*) \prod_1^{r_2} \rho_{w_j}(\chi_1, n/2-1) \prod_1^{r_1''} b_j} \prod_{S_e} M_{\hat{f}_v}(0)$$

où

$$b_j = \begin{cases} \cos(\pi d_{i_j}/4)\, \rho_{i_j}(\chi_1, n/2-1) & \text{si } \eta_j \equiv \varepsilon_j(2) \\ i\, sg(u_{i_j}) \sin(\pi d_{i_j}/4)\, \rho_{i_j}(\chi_{-1}, n/2-1) & \text{si } \varepsilon_j \not\equiv \eta_j(2) . \end{cases}$$

On va maintenant établir une équation fonctionnelle pour $\zeta_f(\chi, \varepsilon, s)$. Remarquons que la fonction $\hat{f}$ vérifie la condition (9-3) où l'on remplace χ par χ^{-1} . Dans (9-8) remplaçons χ par χ^{-1} , f par $\hat{f}$ et s par $n/2-s$; comme $\lambda_m \mapsto \lambda_m^{-1}$ est une permutation de $\{\lambda_1, \dots, \lambda_h\}$, on obtient

$$h^{-1} \sum_1^h W_{\hat{f}}(\chi^{-2}\lambda_m^{-1}, n/2-s) = 2^{r_2+1} \prod_{S_e} \mathrm{vol}(\theta_v^*) Z_{\hat{f}_C}(\chi_C^{-1}, n/2-s) Z_{\hat{f}_a}(\chi_a^{-1}, n/2-s)$$

$$\sum_\varepsilon \zeta_{\hat{f}}(\chi^{-1}, \varepsilon, n/2-s) Z_{\hat{f}_i}(\chi_i^{-1}\nu_\varepsilon, n/2-s) .$$

L'équation fonctionnelle de W_f donne donc

$$Z_{\hat{f}_C}(\chi_C^{-1}, n/2-s) Z_{\hat{f}_a}(\chi_a^{-1}, n/2-s) \sum_\varepsilon \zeta_{\hat{f}}(\chi^{-1}, \varepsilon, n/2-s) Z_{\hat{f}_i}(\chi_i^{-1}\nu_\varepsilon, n/2-s)$$

$$= Z_{f_C}(\chi_C, s) Z_{f_a}(\chi_a, s) \sum_\varepsilon \zeta_f(\chi, \varepsilon, s) Z_{f_i}(\chi_i \nu_\varepsilon, s) .$$

Si w est une place complexe, on a

$$Z_{f_w}(\chi_w, s) = \rho_w(\chi_w, s-n/2+1) \rho_w(\chi_w, s) Z_{\hat{f}_w}(\chi_w^{-1}, n/2-s)$$

ce qui, pour les places complexes donne

$$Z_{f_C}(\chi_C,s)=\chi_C(-1)\chi_C^{-2}(u_C)|u_C|_C^{n/2-2s}\prod_1^{r_2}\frac{\rho_C(\chi_{w_j},s)}{\rho_C(\chi_{w_j}^{-1},n/2-s)}Z_{\hat f_C}(\chi_C^{-1},n/2-s)\ .$$

Pour une place réelle, on a

$$Z_{f_v}(\chi_v,s)=\rho_v(\chi_v,s-n/2+1)\Big[\overline{\beta_{1,v}(Q)}\rho_v(\chi_v,s)Z_{\hat f_v}(\chi_v^{-1},n/2-s)-$$

$$\overline{\beta_{-1,v}(Q)}\rho_v(\chi_v\chi_{-1},s)Z_{\hat f_v}(\chi_v^{-1}\chi_{-1}^{-1},n/2-s)\Big]\ .$$

Posons

$$|\chi_v(t)\chi_v=|t|_v^{\sigma_v}$$

et

$$G(\alpha)=(2\pi)^{-\alpha}\Gamma(\alpha)\ .$$

Pour les places réelles anisotropes, on obtient

$$Z_{f_a}(\chi_a,s)=\chi_a^{-2}(u_a)|u_a|_a^{n/2-2s}\prod_1^{r_1'}\frac{G(s+\sigma_{a_j})}{G(n/2-s-\sigma_{a_j})}Z_{\hat f_a}(\chi_a^{-1},n/2-s)\ .$$

Introduisons, comme au § 2, les fonctions

$$\tilde Z_{f_v}(\chi_v,s)=Z_{f_v}(\chi_v,s)/\rho_v(\chi_v,s-n/2+1)$$

et posons pour un instant

$$\tilde\zeta_f(\chi,\varepsilon,s)=\zeta_f(\chi,\varepsilon,s)\prod_1^{r_1''}\rho_{i_j}(\chi_{i_j}\chi_{-1}^j,s-n/2+1)\ .$$

On a donc, en utilisant (2-13) ,

$$\sum_\varepsilon\zeta_f(\chi,\varepsilon,s)Z_{f_i}(\chi_i\nu_\varepsilon,s)=\sum_\varepsilon\tilde\zeta_f(\chi,\varepsilon,s)\tilde Z_{f_i}(\chi_i\nu_\varepsilon,s)$$

$$= \chi_i(-1) \sum_{\varepsilon,\varepsilon'} \tilde{\zeta}_f(\chi,\varepsilon,s)\nu_\varepsilon(-1) \prod_1^{r_1''} \Big[\overline{\beta_{1,i_j}(Q)}\, \tilde{Z}_{\hat{f}_{i_j}}(\chi_{i_j}^{-1}\chi_{-1}^{\varepsilon_j}, n/2-s)$$

$$+ \overline{\beta_{-1,i_j}(Q)}\tilde{Z}_{\hat{f}_{i_j}}(\chi_{i_j}^{-1}\chi_{-1}^{\varepsilon_j+1}, n/2-s)\Big] .$$

Posons

$$\beta_{\varepsilon,i}(Q) = \prod_1^{r_1''} \beta_{(-1)^{\varepsilon_j},i_j}(Q)\, sg(u_{i_j})^{\varepsilon_j} .$$

Il vient

$$\Sigma\, \zeta_f(\chi,\varepsilon,s) Z_{f_i}(\chi_i\nu_\varepsilon,s) = \chi_i(-1) \sum_{\varepsilon,\varepsilon'} \tilde{\zeta}_f(\chi,\varepsilon,s)\nu_\varepsilon(-1)\nu_{\varepsilon'+\varepsilon}(u_i)\overline{\beta_{\varepsilon'+\varepsilon,i}(Q)}$$

$$\times \tilde{Z}_{f_i}(\chi_i^{-1}\nu_{\varepsilon'}, n/2-s) .$$

Or les $2^{r_1''}$ formes linéaires

$$f_i \longmapsto Z_{f_i}(\chi_i\nu_\varepsilon, n/2-s)$$

sont linéairement indépendantes donc, en rassemblant le tout, on obtient

$$\zeta_{\hat{f}}(\chi^{-1},\varepsilon',n/2-s) = \chi_C(-1)\chi_i(-1)\chi_\infty^{-2}(u_\infty)|u_\infty|_\infty^{n/2-2s}\nu_{\varepsilon'}(-1)$$

$$\times \prod_1^{r_2} \frac{\rho_C(\chi_{w_j},s)}{\rho_C(\chi_{w_j}^{-1},n/2-s)} \cdot \prod_1^{r_1'} \frac{G(s+\sigma_{a_j})}{G(n/2-s-\sigma_{a_j})}$$

$$\times \sum_\varepsilon \zeta_f(\chi,\varepsilon,s)\overline{\beta_{\varepsilon'+\varepsilon,i}(Q)} \prod_1^{r_1''} \frac{\rho_R(\chi_{i_j}\chi_{-1}^{\varepsilon_j'},s)}{\rho_R(\chi_{i_j}^{-1}\chi_{-1}^{\varepsilon_j},n/2-s)} .$$

Pour écrire simplement l'équation fonctionelle, posons

$$\Xi(\chi_\infty,\varepsilon,s) = \prod_1^{r_2} \rho_C(\chi_{w_j},s) \prod_1^{r'_1} G(s+\sigma_{a_j}) \Big/ \prod_1^{r''_1} \rho_R(\chi_{i_j}^{-1}\chi_{-1}^{\varepsilon_j},n/2-s)$$

et

$$\varphi_f(\chi,\varepsilon,s) = \Xi(\chi,\varepsilon,s)\zeta_f(\chi,\varepsilon,s) .$$

THEOREME 9-4.- La fonction $\varphi_f(\chi,\varepsilon,s)$ vérifie l'équation fonctionnelle

$$\varphi_{\hat{f}}(\chi^{-1},\varepsilon',n/2-s) = \chi_C(-1)\chi_i(-1)\chi_\infty^{-2}(u_\infty)|u_\infty|_\infty^{n/2-2s}\, \nu_{\varepsilon'}(-1)$$

$$\times \sum_\varepsilon \overline{\beta_{\varepsilon'+\varepsilon,i}(Q)}\varphi_f(\chi,\varepsilon,s) .$$

Nous allons expliciter le cas particulier conduisant aux fonctions zéta de Siegel. Nous supposons le caractère χ^2 non ramifié en toute place finie ; soit L un réseau dans E_k. Rappelons que

$$B(X,Y) = Q(X+Y)-Q(X)-Q(Y) .$$

Soit $L^\#$ le réseau dual de L relativement à B ; on sait qu'il existe une base $e_1,\dots,e_n$ de E_k et des idéaux fractionnaires $q_1,\dots,q_n$ de k tels que

$$L = q_1e_1+\dots+q_ne_n .$$

Si $e_1^*,\dots e_n^*$ est la base duale relativement à B , on a alors

$$L^\# = q_1^{-1} e_1^* +\dots+ q_n^{-1} e_n^* .$$

Par suite, pour toute place finie v , on a $(L^*)_v = (L_v)^\#$. Pour toute place infinie v , définissons u_v comme précédemment et, pour v finie soit u_v un élément de k_v de même ordre que τ_v. Soit $u = (u_v)_{v\in S}$; u définit un idéal fractionnaire $\mathfrak{v}$ de k. On pose

$$\hat{L} = \mathfrak{d}^{-1} L^{\#} .$$

Cela étant, pour v finie, on prend pour f_v la fonction caractéristique I_{L_v} du réseau local L_v. La condition (9-3) est satisfaite et de plus

$$\hat{f}_v = \mathrm{vol}(L_v)\, I_{\hat{L}_v} .$$

Par définition, pour $\xi \in k^*$ on a

$$a_f(\xi) = \prod_{S_e} \frac{M_{f_v}(\xi)}{|\xi|_v^{n/2-1}} \times \prod_1^{r_1'} (1+\alpha_j sg_j(\xi)) .$$

Comme $n \geq 5$, la forme quadratique Q représente ξ en toute place, sauf peut-être aux places réelles anisotropes ; en une telle place, Q représente ξ si et seulement si $\alpha_j = sg_j(\xi)$. Par suite, d'après le théorème de Hasse, pour que $a_f(\xi)$ soit non nul, il faut que Q représente ξ globalement. Si tel est le cas

$$a_f(\xi) = 2^{r_1'} \prod_{S_e} M_{f_v}(\xi)|\xi|_v^{1-n/2} .$$

Posons

$$a_L(\xi) = \begin{cases} 0 & \text{si } Q \text{ ne représente pas } \xi \text{ globalement} \\ \prod_{S_e} M_{L_v}(\xi)|\xi|_v^{1-n/2} & \text{si } Q \text{ représente } \xi \text{ globalement .} \end{cases}$$

D'autre part, si Q représente globalement ξ, on a $\chi_a(sg_a(\xi)) = \alpha_1 \ldots \alpha_{r_1'}$.

Posons

$$\zeta_L(\chi,\varepsilon,s) = 2^{-r'_1}\,\chi_{a_1}(\alpha_1)\ldots\chi_{a_1}(\alpha_{a_{r'_1}})\,\zeta_f(\chi,\varepsilon,s)\,.$$

Enfin, à χ_i , on associe l'élément $\eta(\chi) = (\eta_1,\ldots,\eta_{r''_1})$ de $(Z/2Z)^{r''_1}$ défini par

$$\eta_{i_j} = \begin{cases} 0 \text{ si } \chi_{i_j}(-1) = 1 \\ 1 \text{ si } \chi_{i_j}(-1) = -1\,. \end{cases}$$

On a donc

$$\zeta_L(\chi,\varepsilon,s) = \sum_{k^*/\theta^{*2}} \frac{a_L(\xi)}{|\xi|_\infty^s\,\chi_\infty(\xi)}\,\nu_{\varepsilon+\eta(\chi)}(\xi)\,.$$

La fonction $\zeta_L^\wedge(\chi^{-1},\varepsilon,s)$ est définie de façon identique. Soit D_k le discriminant de k ; on sait que $|u_\infty|_\infty = D_k^{-1}\,\mathrm{Norm}(\mathfrak{v})$; posons $D_L^{-1} = \Pi\,\mathrm{vol}(L_v)$.

Le théorème 9-4 admet le corollaire suivant :

COROLLAIRE 9-5.- <u>La fonction</u> $\zeta_L(\chi,\varepsilon,s)$ <u>se prolonge en une fonction méromorphe dans</u> $\mathbb{C}$ <u>et satisfait à l'équation fonctionnelle</u>

$$\Xi(\chi^{-1},\varepsilon,n/2-s)\zeta_L^\wedge(\chi^{-1},\varepsilon,n/2-s) = \chi_{\mathbb{C}}(-1)\chi_i(-1)\chi_\infty^{-2}(u_\infty)D_L\,\nu_\varepsilon(-1)$$

$$(D_k^{-1}\,\mathrm{Norm}(\mathfrak{v}))^{n/2-2s}\sum_{\varepsilon'}\overline{\beta_{\varepsilon+\varepsilon',i}(Q)}\,\Xi(\chi,\varepsilon',s)\zeta_L(\chi,\varepsilon',s).$$

Les pôles et les résidus s'obtiennent à partir des propositions (9-3) et (9-4). En particulier, le corollaire s'applique si on prend pour χ le caractère associé à une extension quadratique de k ; si $\alpha\in k^*$, on posera $\chi(t) = (t,\alpha)_A$. Le caractère χ^2 est trivial donc non ramifié en toute place.

Exemple : On prend $k = \mathbb{Q}$ et $E = \mathbb{Q}^n$, soit $e_1,\dots,e_n$ la base canonique de $\mathbb{Q}^n$. Soit donc Q une forme quadratique sur $\mathbb{Q}^n$, non dégénérée. On choisit $L = Z^n$ et χ trivial. Soit S la matrice

$$S = (\tfrac{1}{2}B(e_i,e_j)) .$$

On a alors, en notant a_S au lieu de a_L et ζ_S au lieu de ζ_L

$$\zeta_S(\chi_1,0,s) = \sum_{Q^*} a_S(\xi)|\xi|_\infty^{-s}$$

et

$$\zeta_S(\chi_1,1,s) = \sum_{Q^*} a_S(\xi)|\xi|_\infty^{-s}\, sg(\xi) .$$

On peut choisir τ tel que τ_v soit d'ordre 0 en toute place finie et que $u_v = 1$ pour la place à l'infini ; on a alors $\mathfrak{v} = (1)$. Soit $e_1^*,\dots e_n^*$ la base duale relativement à B . On a $L^\# = \hat{L} = Z e_1^* + \dots + Z e_n^*$. La matrice de Q dans la base (e_1^*) , c'est-à-dire la matrice $(\tfrac{1}{2}B(e_1^*,e_j^*))$ est $S^{-1}/4$. Notons que

$$\zeta_{\hat{L}}(\chi_1,\varepsilon,s) = \zeta_{S^{-1}/4}(\chi_1,\varepsilon,s) = 4^s\ \zeta_{S^{-1}}(\chi_1,\varepsilon,s) .$$

Enfin, on a

$$D_L = 2^{n/2}|(\mathrm{Det})|^{\frac{1}{2}} .$$

On pose

$$\psi_S(\chi_1,0,s) = (\pi^{-s}\Gamma(s)/\cos(\pi(n/2-s)/2)\,\zeta_S(\chi_1,0,s)$$

et

$$\psi_S(\chi_1,1,s) = (\pi^{-s}\Gamma(s)/\sin(\pi(n/2-s)/2)\,\zeta_S(\chi_1,1,s) .$$

Supposons Q <u>indéfinie</u> et soit d son indice d'inertie. Un calcul élémentaire donne

$$\psi_S(\chi_1,0,s) = |\mathrm{Det}(S)|^{-\frac{1}{2}}\Big[(\cos \pi d/4)\psi_{S^{-1}}(\chi_1,0,n/2-s)+\sin(\pi d/4)\,\psi_{S^{-1}}(\chi_1,1,n/2-s)\Big]$$

$$\psi_S(\chi_1,1,s) = |\mathrm{Det}(S)|^{-\frac{1}{2}}\Big[(\sin(\pi d/4)\,\psi_{S^{-1}}(\chi_1,0,n/2-s)-\cos(\pi d/4)\psi_{S^{-1}}(\chi_1,n/2-s)\Big] .$$

Ce sont exactement les équations fonctionnelles obtenues par Siegel [9] pour les fonctions ζ des formes quadratiques indéfinies. Pour montrer qu'on a bien obtenu ces fonctions il faut comparer les coefficients $a_S(\xi)$ au "volume" au sens de Siegel de l'ensemble des solutions de l'équation $Q(x) = \xi$. Il suffit pour cela d'utiliser la "formule de Siegel" sous la forme que lui a donné A. Weil dans [12] . On notera que l'introduction du facteur $|\xi|_v^{n/2-1}$ dans la définition de $a_L(\xi)$ revient en fait à normaliser, pour les places finies, les mesures μ_{t_v} de telle sorte que μ_{t_v} et $\mu_{u^2 t_v}$ se correspondent par l'homothétie $X \longmapsto uX$.

BIBLIOGRAPHIE.

[1] P. CARTIER — Über einige Integralformen in der Theorie der quadratischen Formen, Math. Zeitschr. 84, 93-100, 1964.

[2] I.M. GUELFAND et G.E. CHILOV — Les distributions Tome 1, Paris Dunod, 1962.

[3] HARISH-CHANDRA — Invariant distributions on Lie algebras, Amer. J. Math., 86, 1964.

[4] HARISH-CHANDRA — Harmonic analysis on reductive p-adic groups. (Notes by DIJK(G. Van)), Springer-Verlag, 1970, lecture notes in Math. 162.

[5] J.G.M. MARS — The Siegel formule for orthogonal groups I, II, in algebraic groups and discontinuous subgroups, Proceedings of symposia in pure Math. Vol IX, A.M.S., 1966.

[6] P.D. METHEE — Sur les distributions invariantes dans le groupe des rotations de Lorentz, Comment. Math. Helv. 28, 225-269, 1954.

[7] O.T. O'MEARA — Local characterization of integral quadratic forms by Gauss sums, Amer. J. Math. 1957, 687-709.

[8] O'MEARA — Introduction to quadratic forms, Springer-Verlag 1963, die Grundlehren der math. Wiss. Bd 117.

[9] C.L. SIEGEL — Uber die Zetafunktionen indefiniter quadratischer Formen I, II, Gesammelte Abhandlungen Bd.2, Springer-Verlag 1963.

[10] A. TENGSTRAND — Distributions invariant under an orthogonal group of arbitrary signature, Math. Scand. 8, 1960, 201-218.

[11] A. WEIL — Adeles and algebraic groups, lecture notes, the Institute for Advanced Study, Princeton N.J., 1961.

[12] A. WEIL — Sur la théorie des formes quadratiques, in Coll. Théorie des groupes algébriques, Bruxelles 1962, librairie universitaire Louvain, Gauthier-Villars Paris.

[13] A. WEIL — Sur certains groupes d'opérateurs unitaires, Acta Math. 111, 1964.

[14] A. WEIL — Sur la formule de Siegel dans la théorie des groupes classiques, Acta Math. 113,1965.

[15] A. WEIL — Basic number theory, Springer-Verlag, 1967, die Grundlehren der math. Wiss. Bd. 144.

APERÇU DE LA THEORIE DES HYPERGROUPES

par

René SPECTOR

L'idée d'étudier la structure d'hypergroupe est suggérée par la rencontre de diverses algèbres de convolution, issues en général de la théorie des groupes : qu'il s'agisse de l'algèbre des mesures bornées sur un groupe, de l'algèbre des mesures centrales, de celle des mesures biinvariantes par rapport à un sous-groupe compact, ou encore des mesures radiales sur un groupe euclidien, il nous a paru commode de définir un cadre dans lequel ces diverses algèbres puissent s'étudier de manière unifiée. Bien entendu, nous sommes partis d'une structure axiomatique abstraite, sans rapport a priori avec les groupes (sinon sur un plan heuristique) et nous avons des exemples effectifs d'hypergroupes qui ne se rattachent pas aux groupes.

Après un exposé des traits fondamentaux de la théorie des hypergroupes, nous abordons les problèmes de représentation et la dualité : théorème "de Peter-Weyl" pour les hypergroupes compacts, caractères des hypergroupes commutatifs. Une partie de l'analyse harmonique des groupes localement compacts se retrouve, mais certains résultats ne sont pas valables dans le cas général. Comme on peut s'y attendre, cette démarche permet de retrouver diverses fonctions spéciales liées à la théorie des groupes, et fournit même une interprétation naturelle pour certaines classes de fonctions qui échappent à la théorie des groupes (fonctions de Bessel d'indice ≥ 0 quelconque, par exemple).

Plusieurs travaux, ceux de DUNKL et DUNKL-RAMIREZ entre autres, ont été consacrés récemment à la théorie des hypergroupes. Nous avons mené notre étude simultanément et indépendamment. Notre axiomatique et les résultats que nous obtenons se rattachent à ceux de ces deux auteurs (nous étudions fondamentalement les mêmes objets), mais il y a des différences notables : c'est ainsi, par exemple, qu'à partir d'une axiomatique que nous croyons raisonnable, nous obtenons comme théorème (I.5.1) une propriété fondamentale que Dunkl met au nombre des axiomes d'une classe particulière d'hypergroupes.

Bien que nous ne nous en soyons pas directement inspirés, il convient de mentionner également des travaux déjà anciens de DELSARTE et de LEVITAN sur les translations généralisées et leurs relations avec les équations différentielles et aux dérivées partielles.

Dans cet exposé, nous énonçons de manière détaillée les définitions et les principaux théorèmes, sans donner en général les démonstrations complètes pour lesquelles nous fournissons le plus souvent des indications succinctes. Les démonstrations du § I.5 sont cependant, à titre d'exemple, données intégralement.

I. PROPRIETES GENERALES.

I.0. Notations.

X étant un espace localement compact, nous désignons par $M(X)$ l'espace de Banach des mesures de Radon complexes bornées sur X, $M_p(X)$ l'ensemble des mesures de probabilité sur X, $K(X)$ l'espace des fonctions continues à support compact sur X, $C_o(X)$ l'espace de Banach des fonctions continues sur X nulles à l'infini, $C_b(X)$ l'espace de Banach des fonctions continues et bornées sur X.

Nous écrirons M, M_p, K, C_o, C_b lorsque aucune confusion ne sera à craindre. Nous noterons M^+, K^+, etc... les sous-ensembles des ensembles précédents formés des éléments positifs.

La mesure de masse 1 concentrée au point x est notée δ_x. Si μ est une mesure et f une fonction μ-intégrable, l'intégrale de f par rapport à μ est notée $\mu(f)$, $< \mu, f >$ ou $\int f\,d\mu$. Si μ est une mesure de Radon sur X, nous notons $S(\mu)$ son support.

I.1. Notion d'hypergroupe.

On appelle hypergroupe, un espace localement compact X tel que $M(X)$ soit muni d'une structure d'algèbre de Banach par la donnée, outre la structure vectorielle, d'une loi de composition interne associative, notée "$*$" et appelée "convolution", qui vérifie les propriétés suivantes :

(H_1) $M_p * M_p \subset M_p$.

(H_2) La convolution est séparément continue de $M_p \times M_p$ dans M_p pour la topologie faible définie par la dualité entre M et C_o.

(H_3) L'application $(x,y) \mapsto \delta_x * \delta_y$ est continue de $X \times X$ dans M muni de la topologie faible.

(H_4) Il existe un point e de X, nécessairement unique, appelé "élément neutre de l'hypergroupe X", tel que δ_e soit élément neutre pour la convolution.

(H_5) Il existe un homéomorphisme involutif de X sur X, noté $x \mapsto \check{x}$, dont le prolongement naturel à $M(X)$ vérifie $(\mu * \nu)^{\vee} = \check{\nu} * \check{\mu}$; en particulier, $\check{e} = e$.

(H_6) Pour deux points x et y de X, les conditions " $x = y$ " et " $e \in S(\delta_x * \delta_{\check{y}})$ " sont équivalentes.

(H_7) Pour tout compact K de X et tout voisinage V de K, il existe un voisinage U de e tel que

1) $S(\mu) \subset K$ et $S(\nu) \subset U$ impliquent $S(\mu * \nu) \subset V$ et $S(\nu * \mu) \subset V$.

2) $S(\mu) \subset K$ et $S(\nu) \subset \complement V$ impliquent que les supports de $\mu * \check{\nu}$, $\check{\mu} * \nu$, $\nu * \check{\mu}$ et $\check{\nu} * \mu$ soient disjoints de U.

La signification et l'utilité de ces axiomes apparaîtront avec les exemples et les propriétés que nous rencontrerons. On peut interpréter la première partie de (H_7) comme une sorte de "continuité géométrique" de la convolution, et remarquer que la seconde partie de (H_7) précise (H_6) qui lui-même est un substitut à la présence de l'inverse d'un élément d'un groupe.

Avant de donner des exemples, énonçons deux propriétés fondamentales.

THEOREME I.1.1. <u>Si</u> μ <u>et</u> ν <u>appartiennent à</u> M <u>et</u> f <u>à</u> C_o, <u>on a l'égalité</u>

$$< \mu * \nu , f > = \iint < \delta_x * \delta_y , f > d\mu(x)\, d\nu(y) .$$

Par linéarité, il suffit de supposer μ et ν dans M_p et $f \geq 0$. (H_3) implique que le second membre a un sens (éventuellement $+\infty$). L'égalité s'établit d'abord lorsque μ et ν sont à support fini, puis par un double passage à la limite faible.

<u>Notation</u> : Si A et B sont deux parties de X, on désigne par $A.B$ l'adhérence de la réunion des $S(\delta_x * \delta_y)$, $x \in A$ et $y \in B$.

THEOREME I.1.2. <u>Si</u> μ <u>et</u> ν <u>appartiennent à</u> $M(X)$, <u>on a</u> $S(\mu * \nu) \subset S(\mu).S(\nu)$. <u>Si</u> μ <u>et</u> ν <u>sont positives, l'inclusion est une égalité.</u>

Immédiat à l'aide du théorème I.1.1.

I.2. Exemples.

Exemple I.2.1 : Soit X un groupe localement compact. En considérant la convolution habituelle, en prenant pour e l'élément neutre du groupe et en posant $\check{x} = x^{-1}$, on obtient un hypergroupe.

Exemple I.2.2 : Soit G un groupe localement compact et H un sous-groupe compact de G . Pour tout x de G , on considère l'ensemble compact HxH , double-classe de x selon H . Ces doubles-classes constituent une partition de G . Soit X l'espace quotient de G par la relation d'équivalence correspondante : c'est un espace localement compact. Les mesures de Radon bornées sur X sont en bijection naturelle avec les mesures de Radon bornées sur G biinvariantes par H . Comme ces dernières forment une algèbre, on en déduit la loi de convolution sur $M(X)$. En appelant e l'image dans X de l'élément neutre du groupe et en définissant l'involution " $\vee$ " par passage au quotient de l'inverse dans G , on obtient sur X une structure d'hypergroupe. Remarquons que si H est un sous-groupe distingué de G , X n'est autre que le groupe quotient G/H . D'autre part, il est bien connu que si G est un groupe de Lie semi-simple non compact à centre fini et H un sous-groupe compact maximal, l'hypergroupe obtenu est commutatif.

Exemple I.2.3 : Soit G un groupe localement compact, et soit H un groupe compact d'automorphismes de G (on exige que l'application $(h,x) \mapsto h(x)$ de $H \times G$ dans G soit continue). Les orbites $Hx = \{h(x), h \in H\}$ forment une partition de G . Soit X l'espace localement compact quotient de G par la relation d'équivalence correspondante. On voit facilement que $M(X)$ est en bijection naturelle avec la sous-algèbre de $M(G)$ des mesures invariantes par H . Si l'on définit l'élément e et l'involution " $\vee$ " comme dans l'exemple ci-dessus, on obtient sur X une structure d'hypergroupe.

Exemple I.2.4 : Cas particulier du précédent obtenu en prenant pour G un groupe compact et pour H le groupe des automorphismes intérieurs de G . X est alors l'espace des classes de conjugaison dans G et $M(X)$ est isomorphe à l'algèbre des mesures centrales sur G .

Exemple I.2.5 : Cas particulier de I.2.3 obtenu en prenant $G = \mathbb{R}^n$ et pour H le groupe des rotations de $\mathbb{R}^n$. L'espace X s'identifie alors topologiquement à la demi-droite $[0,+\infty[$ et M(X) n'est autre que l'algèbre des mesures radiales bornées sur $\mathbb{R}^n$. Notons que dans ce cas, l'involution " V " se réduit à l'identité.

Exemple I.2.6 : Soit X un ensemble à deux éléments notés e et x . Pour définir sur X une structure d'hypergroupe, il suffit de poser (en remarquant que l'opération " V " ne peut être que l'identité) :

$$\delta_e * \delta_e = \delta_e ,$$

$$\delta_e * \delta_x = \delta_x * \delta_e = \delta_x ,$$

$$\delta_x * \delta_x = t\delta_e + (1-t)\delta_x ,$$

avec t réel, appartenant à l'intervalle $]0,1]$. La condition $t > 0$ exprime (H_6) et, pour $t = 1$, on retrouve le groupe à deux éléments.

Notons qu'ici encore, sauf pour des valeurs exceptionnelles de t , l'hypergroupe obtenu ne provient pas d'un groupe.

Exemple I.2.7 : Soit X un ensemble à trois éléments notés e , x et y . Pour définir sur X une structure d'hypergroupe, prenons e comme élément neutre et l'identité comme opération " V ". Il suffit de poser

$$\delta_x * \delta_x = a\delta_e + b\delta_x + c\delta_y ,$$

$$\delta_y * \delta_y = a'\delta_e + c'\delta_x + b'\delta_y ,$$

$$\delta_x * \delta_y = q\delta_x + q'\delta_y ,$$

en remarquant que (H_5) implique la commutativité, que (H_1) et (H_6) impliquent les relations $a > 0$, $a' > 0$; b , c , b' , c' non négatifs ; $a + b + c = a' + b' + c' = q + q' = 1$. Quant à l'associativité, on vérifie qu'elle s'exprime par les relations $a'c = aq$, $ac' = a'q'$. Tous les axiomes sont alors vérifiés. On obtient alors une famille d'hypergroupes dépendant de trois paramètres réels.

Si l'on considère l'exemple I.2.4, en prenant pour G le groupe des permutations de trois objets, on obtient un hypergroupe du type I.2.7 caractérisé (à la permutation près éventuelle de x et de y) par les valeurs suivantes des coefficients :

$$a = 1/3 , b = 0 , c = 2/3 , a' = 1/2 , b' = 1/2 , c' = 0 , q = 1 , q' = 0 .$$

Exemple I.2.8 : Soit encore X un ensemble formé de trois éléments e , x et y . Prenons e comme élément neutre et posons $\check{e} = e$, $\check{x} = y$, $\check{y} = x$. Pour munir X d'une structure d'hypergroupe, posons

$$\delta_x * \delta_x = p\delta_x + q\delta_y ,$$

$$\delta_y * \delta_y = q\delta_x + p\delta_y ,$$

$$\delta_x * \delta_y = a\delta_e + b\delta_x + b\delta_y ,$$

$$\delta_y * \delta_x = a'\delta_e + b'\delta_x + b'\delta_y ,$$

compte tenu de (H_5) , avec tous les coefficients ≥ 0 , a et a' positifs, $p + q = a + 2b = a' + 2b' = 1$ d'après (H_1) et (H_6) . Quant à l'associativité, elle se traduit par les relations

$$a = a' = q - p , \quad b = b' = p ,$$

ce qui montre en particulier qu'un tel hypergroupe est nécessairement commutatif. Ces conditions suffisent en fait pour que tous les axiomes soient vérifiés. On obtient ainsi une famille d'hypergroupes dépendant d'un paramètre réel : on peut prendre, par exemple, p assujetti à la condition $0 \leq p < \frac{1}{2}$; pour $p = 0$, on trouve d'ailleurs le groupe à trois éléments.

Remarque I.2.9 : Les exemples I.2.7 et I.2.8 nous donnent tous les hypergroupes à trois éléments. On constate qu'ils sont tous commutatifs. On peut d'ailleurs vérifier que (comme pour les groupes) tous les hypergroupes d'ordre ≤ 5 sont commutatifs et que (à la différence des groupes) il existe, pour tout entier n supérieur à 5, un hypergroupe non commutatif d'ordre n.

D'autre part, sauf exceptions, les hypergroupes finis ne proviennent pas par passage au quotient de structures de groupes. Il en est a fortiori de même pour les hypergroupes généraux.

I.3. Translation des fonctions.

Nous considérons désormais un hypergroupe X.

DEFINITION I.3.1. Soient f un élément de $C_o(X)$, μ un élément de $M(X)$. On appelle translatée à gauche (resp. à droite) de f par μ la fonction $_\mu f$ (resp. f_μ) définie sur X par $_\mu f(x) = \langle \check{\mu} * \delta_x, f \rangle$ (resp. $f_\mu(x) = \langle \delta_x * \check{\mu}, f \rangle$).

Si μ est la mesure δ_a, nous écrirons $_a f$ (resp. f_a) au lieu de $_{\delta_a} f$ (resp. f_{δ_a}).

THEOREME I.3.2. $_\mu f$ et f_μ appartiennent à $C_o(X)$.

C'est une conséquence immédiate de (H_2).

THEOREME I.3.3. Soient $f \in C_o(X)$, $\mu \in M(X)$, $\sigma \in M(X)$. On a

$$\langle \sigma, {}_\mu f \rangle = \langle \check{\mu} * \sigma, f \rangle ,$$

$$\langle \sigma, f_\mu \rangle = \langle \sigma * \check{\mu}, f \rangle .$$

Les deux égalités sont en effet évidentes lorsque σ est à support fini, et les quatre termes écrits sont, sur M_p, des fonctions faiblement continues de σ ; on en déduit les égalités pour σ quelconque.

THEOREME I.3.4. Soient $f \in C_o(X)$, $\mu \in M(X)$, $\nu \in M(X)$. On a

$$_{\mu * \nu} f = {}_\mu({}_\nu f) \quad \text{et} \quad f_{\mu * \nu} = (f_\mu)_\nu .$$

Immédiat en appliquant I.3.3.

THEOREME I.3.5. <u>Soient</u> $f \in C_b(X)$ <u>et</u> $\mu \in M(X)$.

1) <u>La fonction</u> φ <u>définie, pour</u> $x \in X$, <u>par</u> $\varphi(x) = \langle \check{\mu} * \delta_x, f \rangle$ <u>appartient à</u> C_b <u>et</u> $\|\varphi\|_\infty \leq \|f\|_\infty$. <u>Notons</u> ${}_\mu f$ <u>cette fonction (ceci coïncide avec la notation antérieure lorsque</u> $f \in C_o$).

2) <u>Soient</u> $f \in C_b$, μ <u>et</u> $\nu \in M$. <u>On a</u> ${}_{\mu * \nu}f = {}_\mu({}_\nu f)$.

Pour la démonstration, on peut supposer que μ et ν appartiennent à M_p . Pour le premier point, il s'agit de prouver que φ est continue ; cela s'établit en "approchant" f par des fonctions de $K(X)$ et en utilisant (H_7) . Le même principe de démonstration s'applique pour le deuxième point.

THEOREME I.3.6. <u>La convolution est séparément faiblement continue de</u> $M \times M$ <u>dans</u> M .

Remarquons que ce résultat est plus fort que l'axiome (H_2) . Pour la démonstration, on applique I.3.2 et I.3.3.

I.4. <u>Mesures invariantes.</u>

DEFINITION I.4.1. <u>Une mesure de Radon positive (non nécessairement bornée)</u> σ <u>sur un hypergroupe</u> X <u>est dite invariante à gauche (resp. à droite) si elle n'est pas nulle et si, quelles que soient</u> $f \in K(X)$ <u>et</u> $\mu \in M_p(X)$, ${}_\mu f$ <u>(resp.</u> f_μ<u>)</u> <u>est</u> σ<u>-intégrable et si son intégrale par rapport à</u> σ <u>est égale à celle de</u> f .

Nous ignorons si tout hypergroupe possède une mesure invariante (à gauche par exemple). C'est le cas lorsque l'hypergroupe est soit compact, soit discret, soit commutatif.

<u>Remarque I.4.2</u> : Si σ est une mesure invariante à gauche, $\check{\sigma}$ est une mesure invariante à droite.

<u>Remarque I.4.3</u> : Soit σ une mesure invariante à gauche sur X . Quelles que soient $f \in K(X)$ et $\mu \in M(X)$, on a l'égalité $\langle \sigma, {}_\mu f \rangle = \langle \sigma, f \rangle \int d\mu$.

Exemple I.4.4 : Sur chacun des hypergroupes mentionnés au § I.2, il existe une mesure invariante à gauche. En effet, dans chacun des exemples I.2.1 à I.2.5, X est le quotient d'un groupe localement compact et la surjection canonique est une application propre qui transforme une mesure de Haar à gauche en une mesure invariante à gauche. Pour les exemples I.2.6 à I.2.8, cela résulte du théorème I.4.6 ci-dessous.

THEOREME I.4.5. Si l'hypergroupe X possède une mesure invariante, celle-ci a pour support X tout entier.

Cela résulte essentiellement de (H_6) et de I.1.2.

THEOREME I.4.6. Sur un hypergroupe compact, il existe une mesure invariante à gauche. Une telle mesure est unique à un facteur scalaire près et est invariante à droite.

On peut adapter une démonstration classique dans le cas des groupes compacts, qui consiste à montrer que, pour toute f continue, il existe une fonction constante et une seule de la forme $_{\mu}f$, $\mu \in M_P$.

THEOREME I.4.7. Sur tout hypergroupe commutatif, il existe une mesure invariante.

La démonstration, assez ardue, utilise le théorème du point fixe de Markov-Kakutani.

THEOREME I.4.8. Sur tout hypergroupe discret, il existe une mesure invariante à gauche, unique à un coefficient scalaire près.

Donnons la démonstration complète de ce théorème.

Soit X un hypergroupe discret. La loi de convolution est parfaitement déterminée par la donnée des mesures $\delta_x * \delta_y$ (x et y parcourant X), qui sont de la forme

$$\delta_x * \delta_y = \sum_{z \in X} c^z_{x,y} \delta_z .$$

D'après (H_1) , les $c^z_{x,y}$ sont ≥ 0 et leur somme, pour x et y fixés, est égale à 1 ; (H_5) et (H_6) impliquent que, pour tout choix de x , y et z , $c^z_{x,y} = c^{\check{z}}_{\check{y},\check{x}}$ et que, pour tout x , $c^e_{x,\check{x}}$ est positif et $c^e_{x,y}$ est nul si y est distinct de $\check{x}$.

Quant à l'associativité, elle s'exprime par les relations

$$\sum_u c^u_{x,y}\, c^t_{u,z} = \sum_v c^v_{y,z}\, c^t_{x,v}$$

quels que soient les points x , y , z et t de X ; on obtient en particulier, en faisant $t = e$,

$$c^{\check{z}}_{x,y}\, c^e_{\check{z},z} = c^{\check{x}}_{y,z}\, c^e_{x,\check{x}} ,$$

ou encore, en changeant x en $\check{x}$,

$$c^z_{\check{y},x}\, c^e_{\check{z},z} = c^x_{y,z}\, c^e_{\check{x},x}$$

Soit f^z la fonction qui vaut 1 au point z de X et 0 ailleurs. Pour qu'une mesure $\mu \geq 0$, non nulle, soit invariante à gauche, il faut et il suffit que, quels que soient y et z dans X , $< \mu, {}_y f^z > = < \mu, f^z >$. Or la valeur en x de ${}_y f^z$ est $c^z_{\check{y},x}$ de sorte que, si la mesure μ s'écrit sous la forme $\sum_{x\in X} \alpha_x\, \delta_x$, cette mesure est invariante à gauche si et seulement si $\alpha_z = \sum_x \alpha_x\, c^z_{\check{y},x}$ quels que soient y et z . En particulier, pour $z = e$, nous obtenons $\alpha_e = \alpha_y\, c^e_{\check{y},y}$, de sorte que μ est nécessairement proportionnelle à la mesure positive $\nu = \sum_y (1/c^e_{\check{y},y})\delta_y$. D'où l'unicité. Il reste à vérifier que ν est effectivement une mesure invariante à gauche, c'est-à-dire que, quels que soient y et z , $c^e_{\check{x},x} = \sum_x c^e_{\check{z},z}\, c^z_{\check{y},x}$, ce qui résulte des égalités déjà écrites $c^z_{\check{y},x}\, c^e_{\check{z},z} = c^x_{y,z}\, c^e_{\check{x},x}$ et $\sum_x c^x_{y,z} = 1$.

<u>Remarque I.4.9</u> : Questions ouvertes :

a) Existe-t-il sur tout hypergroupe une mesure invariante à gauche ? L'unicité se démontre assez aisément (voir théorème I.5.6).

b) Une mesure qui satisfait la condition d'invariance sans être nécessairement positive est-elle en fait porportionnelle à une mesure positive ?

c) Existe-t-il sur tout hypergroupe une mesure possédant la propriété d'invariance sans être nécessairement positive ? Y a-t-il unicité dans ce cas ?

I.5. Propriétés des mesures invariantes.

Nous considérons dans ce paragraphe un hypergroupe X qui possède une mesure invariante à gauche σ. Nous noterons L^1 ou $L^1(X)$ l'espace des (classes de) fonctions σ-intégrables sur X, et de manière analogue les divers espaces $L^p(\sigma)$, $1 \leq p \leq \infty$.

Les résultats essentiels concernant les mesures invariantes font l'objet du :

THEOREME I.5.1. Soit μ une mesure de Radon bornée sur X.

1) L'opérateur λ_μ de translation à gauche par $\mu : f \mapsto {}_\mu f = \lambda_\mu(f)$, initialement défini de K dans C_o, se prolonge de manière unique, pour tout réel $p \geq 1$, en un opérateur continu de L^p dans lui-même, de norme $\leq \|\mu\|$ (nous noterons encore $f \mapsto {}_\mu f$ ou $f \mapsto \lambda_\mu(f)$ cet opérateur prolongé).

2) Le transposé de l'opérateur λ_μ de L^1 est un opérateur de L^∞ qui coïncide sur $L^1 \cap L^\infty$ et sur C_b avec l'opérateur $\lambda_{\overset{\vee}{\mu}}$ déjà défini (nous noterons encore $f \mapsto {}_{\overset{\vee}{\mu}}f = \lambda_{\overset{\vee}{\mu}}(f)$ cet opérateur de L^∞).

3) Quels que soient $p \in [1, +\infty]$, $f \in L^p$, $g \in L^q$ $(1/p + 1/q = 1)$, on a :

$$\int ({}_\mu f) g \, d\sigma = \int f ({}_{\overset{\vee}{\mu}}g) \, d\sigma .$$

4) Quelle que soit f dans L^1, $({}_\mu f)\sigma = \mu * (f\sigma)$.

Dans le cas des groupes ces propriétés sont immédiates et on peut facilement les étendre aux hypergroupes des exemples I.2.1 à I.2.5 ; on peut aussi les démontrer par un calcul direct (le point essentiel étant le 2) lorsque f et g appartiennent à $K(X)$) pour les hypergroupes discrets. Dans le cas général, la démonstration est assez longue et nous la décomposons en plusieurs lemmes. Nous donnons la démonstration complète de ce théorème.

L'existence d'un prolongement de λ_μ en un opérateur continu de L^1, de norme $\leq \|\mu\|$, résulte immédiatement de la notion de mesure invariante à gauche (on l'établit d'abord pour une fonction et une mesure positives, puis par linéarité dans le cas général). La propriété 4) découle de 3) en prenant f dans L^1, g dans K et en appliquant le théorème I.3.1. La propriété 1) s'obtient à partir du cas particulier $p = 1$ et du 2) en utilisant le théorème d'interpolation de Riesz-Thorin. Pour établir 2) et 3) il suffit de prouver l'égalité

$$(*) \qquad \int ({}_\mu f) g \, d\sigma = \int f({}_{\check{\mu}} g) \, d\sigma$$

lorsque f appartient à K et g à C_b.

Supposons d'abord que g appartient à C_b ; les deux membres de (*) sont alors, en vertu de I.3.6, (H_5) et I.3.3, des fonctions faiblement continues de μ ; il suffit donc de prouver l'égalité lorsque μ est de la forme $\mu = h\sigma$, avec h dans $K(X)$, puisque les mesures de ce type forment une partie faiblement dense dans $M(X)$.

LEMME I.5.2. <u>Soient</u> ν <u>une mesure bornée et, pour tout voisinage</u> U <u>de</u> e, <u>une fonction</u> f^U <u>nulle hors de</u> U, <u>positive, continue et d'intégrale</u> 1 <u>(par rapport à</u> σ <u>). Alors les mesures</u> $({}_\nu f^U)$ <u>tendent faiblement vers</u> ν <u>selon le filtre des voisinages de</u> e ; <u>plus précisément, pour toute</u> g <u>dans</u> $C_o(X)$, <u>pour tout</u> $\varepsilon > 0$, <u>il existe un voisinage</u> U <u>de</u> e <u>tel que, pour toute fonction</u> φ <u>continue, positive, à support dans</u> U <u>et d'intégrale</u> 1, <u>on ait</u>

$$\left| \int ({}_\nu \varphi) g \, d\sigma - \nu(g) \right| < \varepsilon .$$

En effet, si $\varphi \in K(X)$, on peut écrire

$$\int ({}_\nu \varphi) g \, d\sigma = \int \langle \check{\nu} * \delta_x, \varphi \rangle \, g(x) \, d\sigma(x) \; ;$$

comme les mesures $({}_\nu \varphi)$ forment une famille bornée dans M, il suffit de raisonner en supposant que g appartient à $K(X)$; soit alors K le support de g

et soit L un voisinage compact de K ; fixons $\varepsilon > 0$. On peut trouver des ouverts relativement compacts en nombre fini V_k et W_k $(k = 1,2,\ldots,n)$ tels que les W_k recouvrent L et que, pour tout k, $\overline{W_k} \subset V_k$, et tels que l'oscillation de g sur chacun des V_k soit $< \varepsilon/2$. On peut alors écrire $\nu = \nu_o + \sum_{1\leq k\leq n} \nu_k$, avec $\|\nu\| = \|\nu_o\| + \sum_k \|\nu_k\|$, $S(\nu_o) \subset \complement L$, $S(\nu_k) \subset W_k$ pour tout k. D'après (H_7), il existe un voisinage U de e tel que, pour tout x de K, $S(\check{\nu}_o * \delta_x)$ soit disjoint de U, ainsi que $S(\check{\nu}_k * \delta_x)$ pour tout x n'appartenant pas à V_k $(k = 1,2,\ldots,n)$, de sorte que, si φ est une fonction positive, continue, nulle hors de U et d'intégrale 1, on a ${}_{\nu_o}\varphi = 0$ sur K, ${}_{\nu_k}\varphi = 0$ hors de V_k et, par conséquent, $\int ({}_\nu\varphi) g \, d\sigma = \sum \int_{V_k} ({}_{\nu_k}\varphi) g \, d\sigma$, d'où l'on déduit, compte tenu du choix des V_k, que, pour $1 \leq k \leq n$, $\left| \int_{V_k} ({}_{\nu_k}\varphi) g \, d\sigma - \nu_k(g) \right|$ est $< \varepsilon \|\nu_k\|$, donc $\left| \int ({}_\nu\varphi) g \, d\sigma - \nu(g) \right|$ est inférieur à $\varepsilon\|\nu\|$, ce qui établit le lemme.

LEMME I.5.3. <u>Appelons provisoirement</u> L_ν <u>l'opérateur de</u> L^∞ <u>transposé de l'opérateur</u> λ_ν <u>de</u> L^1. <u>Pour toute</u> g <u>de</u> C_o, <u>la fonction</u> $L_\nu(g)$ <u>est</u> σ<u>-presque partout égale à une fonction continue au point</u> e <u>et prenant en</u> e <u>la valeur</u> $\nu(g)$.

Il suffit, en effet, de montrer que, pour tout $\varepsilon > 0$, il existe un voisinage U de e tel que, pout toute fonction positive, continue, nulle hors de U et d'intégrale 1, on ait $\left| \int \varphi \, L_\nu(g) \, d\sigma - \nu(g) \right| < \varepsilon$; or, (par définition) $\int \varphi \, L_\nu(g) \, d\sigma = \int ({}_\nu\varphi) g \, d\sigma$ et l'inégalité à prouver n'est qu'une reformulation du lemme I.5.2.

LEMME I.5.4. <u>Soit</u> h <u>une fonction appartenant à</u> $K(X)$; <u>notons</u> ν <u>la mesure</u> $h\sigma$. <u>Pour tout</u> $\varepsilon > 0$, <u>il existe un voisinage</u> U <u>de</u> e <u>tel que, pour toute fonction</u> φ <u>de</u> $K^+(U)$ <u>d'intégrale</u> 1, ${}_\nu\varphi$ <u>soit nulle hors d'un voisinage donné du support de</u> h <u>et que</u> $\|{}_\nu\varphi - h\|_\infty < \varepsilon$.

Soit, en effet, V un voisinage compact du support K de h. On peut trouver des ouverts relativement compacts en nombre fini, V_k et W_k $(k = 1,2,\ldots,n)$, tels que les W_k recouvrent V, que sur chacun des V_k

l'oscillation de h soit $< \varepsilon/2$, et que, pour tout k, $\overline{W_k} \subset V_k$. L'axiome (H_7) entraîne l'existence d'un voisinage U de e tel que, si $x \notin V$ et $y \in K$, $S(\delta_{\check{y}} * \delta_x)$ soit disjoint de U et que, si $x \in W_k$ et $y \notin V_k$, $S(\delta_{\check{y}} * \delta_x)$ soit aussi disjoint de U ; de sorte qu'en prenant φ dans $K^+(U)$, d'intégrale 1, on a ${}_\nu\varphi(x) = 0$ hors de V et $|{}_\nu\varphi(x) - h(x)| < \varepsilon$ sur V.

LEMME I.5.5. <u>Soit</u> u <u>une fonction appartenant à</u> L^∞, <u>telle que, pour toute mesure</u> ν <u>de la forme</u> $h\sigma$ <u>avec</u> $h \in K(X)$, $L_\nu(u)$ <u>soit</u> σ<u>-presque-partout égale à une fonction continue au point</u> e <u>et s'annulant en ce point. Alors</u> $u = 0$.

En effet, pour tout $\varepsilon > 0$, il existe un voisinage U de e tel que, pour toute fonction φ appartenant à $K^+(U)$ et d'intégrale 1, on ait $|\int \varphi\, L_\nu(u)\, d\sigma| = |\int u({}_\nu\varphi) d\sigma| < \varepsilon$; mais, d'après le lemme I.5.4, ceci implique que $|\int uh\, d\sigma|$ est $\leq \varepsilon$; comme c'est vrai pour tout $\varepsilon > 0$, on en déduit $\int uh\, d\sigma = 0$ pour toute h de $K(X)$, d'où $u = 0$.

Revenons à la démonstration du théorème proprement dit. Soit $g \in K(X)$ et soit μ une mesure de la forme $h\sigma$, avec $h \in K(X)$. Pour toute mesure ν, on a $L_\nu L_\mu(g) = L_{\mu * \nu}(g)$ et ceci est, d'après le lemme I.5.3, une fonction (presque-partout égale à une fonction) continue en e, prenant en e la valeur $<\mu * \nu, g>$; d'autre part, ${}_{\check{\mu}}g$ appartient à C_o d'après I.3.2 et $L_\nu({}_{\check{\mu}}g)$ est continue en e et prend en ce point la valeur $<\nu, {}_{\check{\mu}}g> = <\mu * \nu, g>$ d'après I.5.3 et I.3.3 ; le lemme I.5.5 appliqué à la fonction $L_\mu(g) - {}_{\check{\mu}}g$ montre que l'on a $L_\mu(g) = {}_{\check{\mu}}g$; or, cette dernière égalité n'est que la relation (*) que nous cherchions à établir, dans le cas où g est à support compact.

Il reste à étendre (*) lorsque $f \in K(X)$ et $g \in C_b(X)$. Pour cela, il suffit de montrer que l'on peut trouver une fonction h dans $K(X)$ telle que $|\int ({}_\mu f)(g-h)\, d\sigma|$ et $|\int f{}_{\check{\mu}}(g-h)\, d\sigma|$ soient arbitrairement petits. Or, la première de ces conditions sera réalisée en prenant h de la forme ug, avec $u \in K(X)$, à valeurs entre 0 et 1, égale à 1 sur un compact assez grand pour porter, à ε près, toute la masse de $({}_\mu f)\sigma$. Pour la seconde condition, soit K le support de f ; étant donné $\varepsilon > 0$, il existe un compact L qui porte, à ε

près, toute la masse de $\mu * \delta_x$, quel que soit x dans K (ceci s'obtient, en fait, au cours de la démonstration du théorème I.3.5), de sorte que la seconde condition sera réalisée en prenant h de la forme ug, avec $u \in K(X)$, à valeurs entre 0 et 1, valant 1 sur L. Il ressort de là que les deux conditions peuvent être réalisées simultanément. Ceci achève la démonstration du théorème I.5.1.

Nous sommes maintenant en mesure de prouver l'unicité des mesures invariantes.

THEOREME I.5.6. <u>Si un hypergroupe possède une mesure invariante à gauche, toute mesure invariante à gauche est proportionnelle à celle-ci</u>.

Nous adaptons la méthode utilisée par Bourbaki (Intégration, ch. 7, § 1) dans le cas des groupes.

Soit X un hypergroupe possédant une mesure invariante à gauche σ ; désignons par τ une mesure invariante à droite (il en existe, $\check{\sigma}$ par exemple). Il suffit évidemment de montrer que $\check{\tau}$ est proportionnelle à σ.

Compte tenu des relations suivantes, valables quels que soient x et y dans X et la fonction φ appartenant à $K(X)$:

$$< \delta_{\check{y}} * \delta_x, \varphi > = < \delta_{\check{x}} * \delta_y, \check{\varphi} > = {}_y\varphi(x) = \varphi_{\check{x}}(\check{y}) = {}_x\check{\varphi}(y) = \check{\varphi}_{\check{y}}(\check{x}) ,$$

et compte tenu des conventions usuelles concernant les intégrales, éventuellement infinies, des fonctions positives, on a, pour f et g dans $K^+(X)$:

$$\begin{aligned} \sigma(f)\,\tau(g) &= \iint f(x)\, g(y) d\sigma(x) d\tau(y) \\ &= \iint f(x)\, g_{\check{x}}(y) d\sigma(x) d\tau(y) \\ &= \iint f(x)\, {}_{\check{y}}g(x) d\sigma(x) d\tau(y) \\ &= \iint {}_y f(x)\, g(x) d\sigma(x) d\tau(y) \qquad \text{(par I.5.1)} . \\ &= \iint f_{\check{x}}(\check{y})\, g(x) d\sigma(x) d\tau(y) \\ &= \int g(x) \{ \int f_{\check{x}}(\check{y}) d\tau(y) \} d\sigma(x) \end{aligned}$$

Si f n'est pas nulle, alors $\sigma(f)$ est > 0 ; en posant $D_f(x) = \{\int f_x(\check{y})\, d\tau(y)\}/\sigma(f)$, fonction de x pouvant prendre la valeur $+\infty$, on voit que $D_f(x)$ est finie pour σ-presque tout x et que les mesures τ et $D_f\sigma$ sont égales. Par conséquent, si on remplace f par une autre fonction f' de K^+ , non identiquement nulle, on a $D_f\sigma = D_{f'}\sigma$, de sorte que les fonctions D_f et $D_{f'}$ sont σ-presque partout égales.

LEMME I.5.7. <u>La fonction</u> D_f <u>est finie en tout point de</u> x <u>et est continue en</u> e . <u>Toutes les fonctions de ce type sont égales en</u> e .

En effet, désignons par $\mathcal{K}$ la famille des compacts de X . Pour toute fonction f , non identiquement nulle, de K^+ , et tout compact K , posons $D_f^K(x) = \{\int_K f_x(\check{y})\, d\tau(y)\}/\sigma(f)$; c'est une fonction continue de x en vertu de (H_3) et, comme $D_f(x) = \sup_{K\in\mathcal{K}} D_f^K(x)$, la fonction D_f est semi-continue inférieurement.

D'autre part, pour tout compact K de X , il existe une fonction φ appartenant à $K^+(X)$, telle que $D_\varphi(x)$ soit continue sur K : soit en effet L un voisinage compact de K ; d'après (H_7) , il existe un voisinage U de e tel que, si $x\in K$ et $y\notin L$, le support de $\delta_{\check{y}} * \delta_x$ soit disjoint de U ; il suffit alors de prendre φ à support dans U . Par conséquent, $D_f - D_\varphi$ est une fonction semi-continue inférieurement sur K , et nulle σ-presque partout sur K ; l'ensemble des points intérieurs à K où $D_f - D_\varphi$ est 0 est ouvert et σ-négligeable, donc vide puisque le support de σ est X (théorème I.4.5). Ceci montre déjà que $D_f(x)$ est partout finie ; quant à la continuité en e , c'est encore une conséquence de (H_7) : pour tout voisinage compact L de support K de f , il existe un voisinage U de e tel que, pour tout x dans U , le support de f_x soit contenu dans L . Il en résulte bien que toutes les fonctions D_f prennent en e la même valeur.

Soit a cette valeur commune. Pour toute fonction f non identiquement nulle appartenant à K^+ , on a, en utilisant l'expression qui définit $D_f(e)$, $\int f_e(\check{y})\, d\tau(y) = \int f(y)\, d\check{\tau}(y) = a\sigma(f)$ et, cette dernière relation s'étendant par linéarité à toutes les fonctions de $K(X)$, ceci prouve que $\check{\tau} = \sigma$. Le théorème est donc ainsi établi.

THEOREME I.5.8. Soit X un hypergroupe possédant une mesure invariante à gauche σ .

1) Pour tout $x \in X$, l'opérateur ρ_x de translation à droite par $x : f \mapsto f_x = \rho_x(f)$, défini de K dans C_o , se prolonge en un opérateur (que nous noterons encore de la même manière) de L^p dans L^p , pour tout p tel que $1 \leq p \leq +\infty$.

2) Il existe une fonction unique Δ , continue sur X , telle que, pour toute f dans L^1 et tout x dans X , on ait $\sigma(f_x) = \Delta(x)\,\sigma(f)$; Δ ne prend que des valeurs strictement positives.

3) Pour tout p tel que $1 \leq p \leq \infty$ et toute $f \in L^p$, on a $\|f_x\|_{L^p} \leq \Delta(x)^{\frac{1}{p}} \|f\|_{L^p}$ et on a l'égalité si f est ≥ 0 .

4) Pour toute f appartenant à L^1 , $\check{\check{f}}\Delta$ appartient à L^1 et $\sigma(f) = \sigma(\check{\check{f}}\Delta)$.

5) L'ensemble $\mathcal{M}$ des mesures μ de M^+ telles que f_μ appartienne à L^1 pour toute f de K est stable par convolution et coïncide avec l'ensemble des μ de M^+ par rapport auxquelles Δ est intégrable.

6) Si $\mu \in \mathcal{M}$, la translation $\rho_\mu : f \mapsto f_\mu = \rho_\mu(f)$ se prolonge en un opérateur continu de L^p dans L^p (que nous noterons encore de la même manière), pour tout p tel que $1 \leq p \leq \infty$.

7) Si $\mu \in \mathcal{M}$ et $f \in L^1$, on a $\sigma(f_\mu) = \mu(\Delta)\,\sigma(f)$ et, pour tout p tel que $1 \leq p \leq \infty$, et toute $f \in L^p$, on a $\|f_\mu\|_{L^p} \leq \mu(\Delta)^{\frac{1}{p}} \|f\|_{L^p}$, et on a l'égalité si f est ≥ 0 .

8) Si μ et ν appartiennent à $\mathcal{M}$, on a $\mu * \nu(\Delta) = \mu(\Delta)\,\nu(\Delta)$ et, pour tout $x \in X$, on a $\Delta(x)\,\Delta(\check{x}) = 1$.

Reprenons les notations utilisées lors de la démonstration du théorème I.5.6 et du lemme I.5.7. Soit f , non $\equiv 0$, appartenant à K^+ ; la fonction D_f , que nous définissons maintenant en prenant pour τ la mesure $\check{\sigma}$, est presque partout égale à une fonction continue que nous désignons par $D(x)$, et lui est partout inférieure ou égale. Nous avons, par conséquent, quels que soient $f \in K^+$ et $x \in X$, $\int f_x^\vee(\check{y})\, d\check{\sigma}(y) = \int f_x^\vee(y)\, d\sigma(y) = D(x)\,\sigma(f)$ et cette relation s'étend par linéarité à $K(X)$ tout entier. On en déduit la propriété 1) dans le cas $p = 1$; pour $p = +\infty$, le théorème I.5.1 entraîne la propriété cherchée, mais dans $L^\infty(\check{\sigma})$ au lieu de $L^\infty(\sigma)$; mais c'est en fait la même chose car, d'après la démonstration précédente, σ et $\check{\sigma}$ sont absolument continues l'une par rapport à l'autre ; le théorème d'interpolation de Riesz-Thorin permet d'obtenir 1) pour toutes les valeurs de p.

Il résulte de ce qui précède que, pour $f \in L^1$ et $x \in X$, $f_x^\vee$ est σ-intégrable ; on vérifie aussitôt que l'application qui, à $f \in K(X)$, associe $\sigma(f_x^\vee)$ est une mesure invariante à gauche, donc proportionnelle à σ d'après I.5.6. Or la démonstration du lemme I.5.7 nous a montré que, si le support de f est assez voisin de e , le facteur de proportionalité ne peut être que $D(x)$. D'où le 2) en posant $\Delta = \check{D}$. Le 3) s'en déduit immédiatement. Quant au 4), c'est une conséquence immédiate de la relation $\check{\sigma} = \Delta\sigma$.

Soit $\mathcal{M}$ l'ensemble des mesures μ appartenant à M^+ et telles que, pour toute f dde K , f_μ appartienne à L^1. Quelles que soient f dans K^+ et μ dans $\mathcal{M}$, on a

$$\int f_\mu\, d\sigma = \int < \delta_x * \check{\mu}, f > d\sigma(x) = \iint < \delta_x * \delta_{\check{y}}, f > d\sigma(x)d\mu(y)$$

$$= \int f_y(x)\, d\sigma(x)d\mu(y) = \int \Delta(y)\, d\mu(y) \int f(x)\, d\sigma(x)$$

et ces expressions sont finies, de sorte que Δ est μ-intégrable ; les mêmes égalités permettent d'établir la réciproque. D'autre part, ces mêmes égalités s'étendent aux fonctions f intégrables et positives, d'où l'on déduit sans peine la stabilité de $\mathcal{M}$ par convolution. Ceci prouve donc la propriété 5).

Les propriétés 6) et 7) s'établissent comme 1), 2) et 3). Quant à la propriété 8), elle résulte de la relation $\check{\sigma} = \check{\Delta}\sigma$ et de $\sigma = \Delta\check{\sigma}$ qui s'en déduit.

Remarquons que nous pouvons maintenant affirmer que la fonction $D_f(x)$ du lemme I.5.7 est continue sur X.

DEFINITION I.5.9. Pour un hypergroupe X qui possède une mesure invariante à gauche, la fonction Δ introduite ci-dessus est appelée fonction modulaire ou module de X. Un hypergroupe dont le module est identiquement égal à 1 (il suffit pour cela que ce module soit borné) est dit unimodulaire.

Un hypergroupe compact est unimodulaire ; cela résulte du théorème I.4.6 mais également de la continuité de Δ et de I.5.8, 8)). Par contre, contrairement à ce qui se passe dans le cas des groupes, un hypergroupe discret peut ne pas être unimodulaire.

Le théorème I.5.1 nous permet de définir maintenant de manière raisonnable la convolution des fonctions :

THEOREME et DEFINITION I.5.10. Soit X un hypergroupe muni d'une mesure invariante à gauche σ et soient f et g deux fonctions σ-intégrables. Alors la mesure $(f\sigma)*(g\sigma)$ est absolument continue par rapport à σ et sa densité par rapport à σ est une fonction intégrable notée $f*g$, appelée produit de convolution de f par g, égale à ${}_{(f\sigma)}g$ et définie, pour σ-presque tout x, par

$$(f*g)(x) = \int f(y)\ {}_{y}g(x)\ d\sigma(y) .$$

Il suffit de reformuler I.5.1, 4) et d'expliciter la valeur de ${}_{(f\sigma)}g(x)$.

Remarque I.5.11 : Il résulte de ce qui précède que la convolution munit $L^1(X,\sigma)$ d'une structure d'algèbre de Banach. En fait, l'injection $f \mapsto f\sigma$ de L^1 dans M identifie L^1 à un idéal à gauche de M.

II. QUELQUES POINTS DE THEORIE DE LA DUALITE.

II.1. Représentations des hypergroupes.

DEFINITION II.1.1. Soit X un hypergroupe. Une représentation hermitienne de X dans un espace de Hilbert H est un homomorphisme continu T de l'algèbre de Banach unitaire $M(X)$ dans l'algèbre de Banach unitaire $\mathcal{L}(H)$ des endomorphismes de H, telle que $T(\tilde{\mu}) = T(\mu)^*$ pour toute $\mu \in M(X)$ (où $\tilde{\mu}$ désigne la mesure $\check{\bar{\mu}}$ et A^* l'opérateur adjoint de A).

Remarque II.1.2 : Il suffit de connaître T pour les mesures ponctuelles.

Remarque II.1.3 : Si X est un groupe, on retrouve la notion classique de représentation continue unitaire.

Les notions de représentation irréductible et d'équivalence de représentations sont évidemment les mêmes que dans le cas classique (il s'agit toujours des représentations d'une algèbre de Banach involutive).

Pour les hypergroupes compacts, la théorie des représentations hermitiennes se calque sur celle des représentations unitaires des groupes compacts. Une différence notable, cependant, est qu'il n'est plus possible de définir le produit tensoriel de deux représentations comme une nouvelle représentation, mais seulement comme une intégrale directe hilbertienne.

De même que pour les groupes compacts, on démontre que toute représentation hermitienne d'un hypergroupe compact, irréductible, est de dimension finie. De même que pour les groupes commutatifs, toute représentation hermitienne irréductible d'un hypergroupe commutatif est de dimension 1 .

On obtient également, dans le cas compact, un théorème qui généralise parfaitement le théorème de Peter-Weyl.

II.2. Caractères des hypergroupes commutatifs.

DEFINITION II.2.1. Si X est un hypergroupe commutatif, on appelle caractère de X toute fonction χ continue, bornée, non $\equiv 0$, telle que l'on ait, quels que soient x et y dans X, $\chi(x)\,\chi(y) = < \delta_x * \delta_y, \chi >$. Le caractère χ est hermitien si l'on a de plus $\chi(\check{x}) \equiv \overline{\chi(x)}$.

La fonction 1 est toujours un caractère hermitien. Si χ est un caractère (éventuellement hermitien), il en est de même pour $\overline{\chi}$. Pour des mesures bornées quelconques μ et ν, $< \mu * \nu, \chi > = < \mu, \chi > < \nu, \chi >$. Pour tout caractère χ, on a $\chi(e) = 1$ et $\|\chi\|_\infty = 1$.

THEOREME II.2.2. Soient X un hypergroupe commutatif compact, σ une mesure invariante sur X. On a les propriétés suivantes :

1) Tout caractère de X est hermitien.

2) Si χ est un caractère $\not\equiv 1$, $\int \chi d\sigma = 0$.

3) Si χ et φ sont deux caractères distincts, $\int \chi\, \overline{\varphi}\, d\sigma = 0$.

En effet, remarquons d'abord que, pour tout point a de X, ${}_a\chi(x) = < \delta_{\check{a}} * \delta_x, \chi > = \chi(\check{a})\,\chi(x)$. Par conséquent, compte tenu de I.5.1, $\chi(\check{a}) \int \chi\, \overline{\varphi} = \int ({}_a\chi)\overline{\varphi} = \int \chi \overline{({}_{\check{a}}\varphi)} = \overline{\varphi(a)} \int \chi\, \overline{\varphi}$. Si d'abord $\chi = \varphi$, l'intégrale n'est pas nulle et on obtient $\chi(\check{a}) = \overline{\chi(a)}$, c'est-à-dire le 1). Si χ est distinct de φ, l'égalité, obtenue pour tout a, entraîne que l'intégrale est nulle, d'où le 3) dont le 2) n'est qu'un cas particulier.

THEOREME II.2.3. Soient X un hypergroupe commutatif, σ une mesure invariante sur X. Soit h un caractère de l'algèbre de Banach commutative $L^1(X,\sigma)$, hermitien (c'est-à-dire tel que $h(\tilde{f}) = \overline{h(f)}$). Il existe alors un caractère hermitien unique, χ, de l'hypergroupe X tel que, pour toute f de L^1, on ait $h(f) = \int f\, \overline{\chi}\, d\sigma$. La correspondance ainsi définie entre les caractères hermitiens de $L^1(X,\sigma)$ et les caractères hermitiens de l'hypergroupe X est bijective.

La démonstration de ce théorème est tout à fait analogue à celle que que l'on fait dans le cas des groupes.

THEOREME II.2.4. Si l'ensemble des caractères hermitiens de l'algèbre $L^1(X)$ est

<u>muni de la topologie de Gelfand, et l'ensemble des caractères hermitiens de l'hypergroupe commutatif</u> X <u>de la topologie de la convergence uniforme sur tout compact, la bijection du théorème précédent est un homéomorphisme.</u>

La démonstration classique pour les groupes s'adapte.

DEFINITION II.2.5. <u>On appelle dual de l'hypergroupe commutatif</u> X <u>l'espace localement compact</u> $\hat{X}$, <u>ensemble des caractères hermitiens de</u> $L^1(X)$ <u>muni de la topologie de Gelfand, identifié à l'ensemble des caractères hermitiens de l'hypergroupe</u> X <u>muni de la topologie de la convergence uniforme sur tout compact.</u>

THEOREME II.2.6. <u>Si</u> X <u>est un hypergroupe commutatif compact,</u> $\hat{X}$ <u>est discret.</u> <u>Si</u> X <u>est un hypergroupe commutatif discret,</u> $\hat{X}$ <u>est compact.</u>

Si X est compact, soit χ un caractère. Il s'agit de montrer qu'il existe $\varepsilon > 0$ tel que, pour tout caractère φ distinct de χ , $\|\chi - \varphi\|_\infty \geq \varepsilon$; posons $\varphi = \chi + u$; on a $\int \chi\bar{\varphi} = 0 = \int |\chi|^2 + \int \chi\,\bar{u}$, d'où $\int |\chi|^2 = |\int \chi\bar{u}| \leq \|u\|_\infty \int |\chi|$, d'où $\|u\|_\infty \geq \int |\chi|^2 / \int |\chi|$. Si X est discret, l'algèbre $L^1(X)$ est unitaire et son spectre est compact.

II.3. <u>Exemples.</u>

<u>Exemple II.3.1</u> : X est un groupe localement compact commutatif : on obtient les caractères usuels (qui sont automatiquement hermitiens).

<u>Exemple II.3.2</u> : X est l'ensemble des orbites d'un groupe compact pour les automorphismes intérieurs (classes de conjugaison) ; les caractères de X sont alors, à un facteur scalaire près, les caractères du groupe qui passent au quotient.

<u>Exemple II.3.3</u> : G est un groupe de Lie connexe semi-simple non compact à centre fini, H un sous-groupe compact maximal, X l'espace des doubles-classes. Les caractères (hermitiens) sont alors, après passage au quotient, les fonctions sphériques (hermitiennes).

Remarque II.3.4 : Ce dernier exemple montre, puisqu'il existe des fonctions sphériques non hermitiennes, qu'un hypergroupe commutatif peut posséder des caractères non hermitiens.

Exemple II.3.5 : Un calcul direct montre que tout hypergroupe à trois éléments (cf. les exemples I.2.7 et I.2.8) possède trois caractères.

Remarque II.3.6 : Il résulte du théorème II.5.11 ci-dessous que tout hypergroupe fini d'ordre n possède exactement n caractères. Mais, alors que tout groupe fini est isomorphe (non canoniquement) à son dual, il n'en va pas de même pour les hypergroupes finis, même pour ceux qui sont "de type D " et pour lesquels on établit une théorie de la dualité (cf. § II.6) .

II.4. Fonctions de type positif.

DEFINITION II.4.1. Soit X un hypergroupe. Une fonction f , continue et bornée sur X , est de type positif si elle est hermitienne (c'est-à-dire $f(\check{x}) = \overline{f(x)}$) et si, pour toute mesure bornée μ , $< \mu * \tilde{\mu}, f > \geq 0$.

Tout caractère hermitien est une fonction de type positif.

Pour toute fonction de type positif f , $f(e)$ est positif et $\|f\|_\infty = f(e)$.

DEFINITION II.4.2. Soit X un hypergroupe commutatif. Pour toute mesure de Radon bornée sur l'espace localement compact $\hat{X}$, μ , on appelle transformée de Fourier-Stieltjes de μ la fonction $\hat{\mu}$ définie sur X par $\hat{\mu}(x) = \int \overline{\chi(x)}\, d\mu(\chi)$.

On voit aisément que $\hat{\mu}$ est continue.

On obtient, comme pour les groupes commutatifs, le résultat fondamental ci-dessous :

THEOREME II.4.3. Soit X un hypergroupe commutatif. Pour qu'une fonction définie sur X soit de type positif, il faut et il suffit que ce soit la transformée de Fourier-Stieltjes d'une mesure bornée positive sur $\hat{X}$.

Remarquons que ce théorème signifie que les caractères hermitiens (qui sont les transformées de Fourier-Stieltjes des mesures ponctuelles de masse 1) sont les points extrêmaux de l'ensemble convexe des fonctions de type positif qui prennent la valeur 1 au point e .

Remarquons enfin que toute fonction de la forme $\varphi * \widetilde{\varphi}$, où $\varphi \in L^1 \cap L^\infty(X)$, est de type positif.

II.5. Transformation de Fourier.

DEFINITION II.5.1. Soit X un hypergroupe commutatif. Pour toute mesure μ bornée sur X , on appelle transformée de Fourier-Stieltjes de μ la fonction $\hat{\mu}$ définie sur $\hat{X}$ par $\hat{\mu}(\chi) = \int \overline{\chi(x)}\, d\mu(x)$.

THEOREME II.5.2. La fonction $\hat{\mu}$ est continue sur $\hat{X}$.

Remarque II.5.3 : Si f est intégrable (par rapport à une mesure invariante σ sur X), la transformée de Fourier-Stieltjes de la mesure $f\sigma$ n'est autre que la transformée de Gelfand (encore appelée transformée de Fourier) de f .

THEOREME II.5.4. Si μ et ν sont des mesures bornées sur X , on a $(\mu * \nu)^\wedge = \hat{\mu}\hat{\nu}$.

Immédiat.

THEOREME II.5.5. Si $\mu \in M(\hat{X})$ et $\hat{\mu} = 0$, alors $\mu = 0$.

On utilise le fait que les fonctions $\hat{f}$ constituent une partie dense de $C_o(\hat{X})$ lorsque f parcourt $L^1(X)$.

THEOREME II.5.6. Si f est une fonction de type positif intégrable, la fonction $\hat{f}$ est ≥ 0 .

Cela se voit directement lorsque X est compact et résulte, dans le cas général, du théorème ci-dessous :

THEOREME II.5.7. Soit X un hypergroupe commutatif et soit σ une mesure invariante sur X. Il existe sur $\hat{X}$ une mesure positive unique $\hat{\sigma}$ ayant la propriété suivante : pour toute fonction f sur X, σ-intégrable et de type positif, soit μ_f la mesure positive sur $\hat{X}$ telle que $f = \hat{\mu}_f$; alors $\mu_f = \hat{f}\hat{\sigma}$. De plus, le support de $\hat{\sigma}$ est $\hat{X}$ tout entier.

DEFINITION II.5.8. Soit $f \in L^1(\hat{X},\hat{\sigma})$. On appelle transformée de Fourier de f la fonction $\hat{f}$ définie sur X par $\hat{f}(x) = \int f(\chi)\,\overline{\chi(x)}\,d\hat{\sigma}(\chi)$.

THEOREME II.5.9. Si $f \in L^1(\hat{X},\hat{\sigma})$, $\hat{f} \in C_o(X)$.

THEOREME II.5.10. Soient $f \in L^1(X,\sigma)$ et $g \in L^1(\hat{X},\hat{\sigma})$. Alors $\int_X f\hat{g}\,d\sigma = \int_{\hat{X}} \hat{f}g\,d\hat{\sigma}$. Plus généralement, si μ et ν sont des mesures bornées sur X et $\hat{X}$ respectivement, $\int \hat{\nu}\,d\mu = \int \hat{\mu}\,d\nu$.

C'est immédiat.

Enonçons maintenant un "théorème de Plancherel" :

THEOREME II.5.11. Si f appartient à $L^1 \cap L^2(X,\sigma)$, $\hat{f}$ appartient à $L^2(\hat{X},\hat{\sigma})$ et $\|f\|_2 = \|\hat{f}\|_2$, d'où une extension de la transformation de Fourier en une isométrie de $L^2(X,\sigma)$ sur $L^2(\hat{X},\hat{\sigma})$.

On obtient aussi un théorème de réciprocité :

THEOREME II.5.12. Soit f une fonction σ-intégrable sur X et telle que $\hat{f}$ soit $\hat{\sigma}$-intégrable sur $\hat{X}$. Alors $f(x) = \int \hat{f}(\chi)\,\chi(x)\,d\hat{\sigma}(\chi)$.

Même énoncé en échangeant les rôles de X et de $\hat{X}$.

Les deux derniers théorèmes indiqués se démontrent, à partir de ce qui précède, le manière tout à fait analogue à ce qui se fait dans le cas des groupes localement compacts commutatifs.

Terminons ce paragraphe par une caractérisation de la mesure $\hat{\sigma}$ lorsque X est compact.

THEOREME II.5.13. Soit X un hypergroupe commutatif compact et soit σ la mesure invariante sur X normalisée par la condition $\int d\sigma = 1$. Alors la mesure $\hat{\sigma}$ sur l'espace discret $\hat{X}$ est définie par $\hat{\sigma}(\{\chi\}) = 1/\int |\chi|^2 \, d\sigma$.

Cela résulte, par un calcul simple, de la définition de $\hat{\sigma}$.

II.6. Hypergroupes de type D.

DEFINITION II.6.1. Soit X un hypergroupe commutatif. Nous dirons que X est un hypergroupe de type D (D pour "dualité") si le produit de deux fonctions de type positif est une fonction de type positif.

Remarquons que cela équivaut à dire que le produit de deux caractères hermitiens est une fonction de type positif.

Pour un hypergroupe compact, cette condition exprime que le produit de deux caractères est une combinaison linéaire (éventuellement infinie) à coefficients positifs de caractères.

Tout groupe commutatif est un hypergroupe de type D. Mais il existe des hypergroupes qui ne sont pas de type D, même parmi les hypergroupes compacts ou discrets. En fait, on peut trouver des hypergroupes finis qui ne sont pas de type D : c'est le cas pour l'hypergroupe à trois éléments de l'exemple I.2.7 correspondant à des valeurs convenablement choisies des coefficients.

Soit X un hypergroupe de type D. Munissons $M(\hat{X})$ d'une structure d'algèbre en posant $\mu * \nu = \rho$, ρ étant définie par $\hat{\rho} = \hat{\mu}\hat{\nu}$ d'abord lorsque μ et ν sont positives (grâce aux théorèmes II.4.3 et II.5.5), puis par linéarité. Il est clair que sont alors vérifiés sur X les axiomes (H_1) ; (H_5) en prenant pour $\check{\chi}$ le caractère $\overline{\chi}$; (H_4) en prenant pour élément neutre le caractère 1 ; quant à (H_2) et (H_3), leur démonstration utilise les résultats du § II.5.

Les axiomes (H_6) et (H_7), par contre, ne sont pas toujours satisfaits. Si, en effet, ces deux axiomes étaient vérifiés sur $\hat{X}$, l'algèbre $L^1(X)$ serait régulière sur son spectre $\hat{X}$; or, ceci est en défaut pour les fonctions intégrables sphériques sur $SL(2,\mathbb{R})$ dont les transformées de Gelfand sont analytiques sur une bande de $\mathbb{C}$.

Par conséquent, le dual d'un hypergroupe commutatif, même de type D , ne peut pas toujours être muni d'une structure d'hypergroupe (à moins d'affaiblir les axiomes des hypergroupes, ce qui ne serait pas, à notre avis, sans inconvénients). Cependant, un tel espace (dual d'un hypergroupe de type D) possède suffisamment de propriétés pour que l'on puisse y travailler ; en particulier, la mesure $\hat{\sigma}$ est invariante et l'analogue du théorème I.5.1 est vérifié. (En fait, l'un des points essentiels d'intérêt des axiomes (H_6) et (H_7) est de permettre la démonstration de l'existence d'une mesure invariante vérifiant I.5.1 ; lorsque ce fait est acquis directement, comme dans le cas du dual d'un hypergroupe de type D , on peut à la rigueur se passer de ces deux axiomes ; c'est le point de vue adopté par Dunkl qui met l'existence d'une mesure satisfaisant à I.5.1 au nombre des axiomes d'une classe d'hypergroupes qu'il appelle *-hypergroupes.)

Enonçons maintenant des théorèmes de dualité lorsque c'est possible, c'est-à-dire lorsque le dual d'un hypergroupe de type D est lui-même un hypergroupe.

THEOREME II.6.2. <u>Soit</u> X <u>un hypergroupe commutatif compact de type</u> D . <u>Alors</u> $\hat{X}$ <u>est un hypergroupe discret de type</u> D <u>et</u> $\hat{\hat{X}}$ <u>s'identifie à</u> X <u>de manière naturelle</u>.

Ici l'axiome (H_7) est trivialement satisfait et (H_6) découle du théorème II.2. De plus, X apparaît immédiatement comme un sous-espace ("sous-hypergroupe") de $\hat{\hat{X}}$, et le théorème de Plancherel appliqué deux fois montre que $\hat{\hat{\sigma}}$ (mesure invariante sur $\hat{\hat{X}}$) ne charge pas le complémentaire de X dans $\hat{\hat{X}}$ qui est ouvert ; ceci contredit, si $X \neq \hat{\hat{X}}$, le fait que le support de $\hat{\hat{\sigma}}$ est $\hat{\hat{X}}$.

THEOREME II.6.3. <u>Soit</u> X <u>un hypergroupe de type</u> D . <u>Si</u> $\hat{X}$ <u>est un hypergroupe (c'est-à-dire si</u> (H_6) <u>et</u> (H_7) <u>sont vérifiés sur</u> $\hat{X}$), <u>c'est un hypergroupe de type</u> D <u>et</u> $\hat{\hat{X}}$ <u>s'identifie à</u> X <u>de manière naturelle</u>.

Se voit assez facilement si X est discret. Dans le cas général, la démonstration, inspirée de celle du théorème de Pontrjagin pour les groupes, est plus ardue.

II.7. Exemples.

Exemple II.7.1 : Si X est l'espace des classes de conjugaison (pour les automorphismes intérieurs) d'un groupe compact, c'est un hypergroupe de type D. La convolution sur $\hat{X}$ correspond à la table de multiplication des caractères du groupe, c'est-à-dire aux coefficients de Clebsch-Gordan (après normalisation liée aux degrés des représentations). Dans ce cas, le théorème de Plancherel correspond au théorème de Peter-Weyl pour les fonctions centrales.

Exemple II.7.2 : Soit $X = \mathbb{R}^+$, avec $\check{x} = x$ et la structure d'hypergroupe déduite de la convolution des mesures radiales sur $\mathbb{R}^n$ (cf. exemple I.2.5). La mesure invariante σ est définie (à un facteur scalaire près) par $\sigma(f) = \int_0^\infty f(x)x^{n-1}dx$, et les caractères sont les fonctions $\chi_t(x) = \lambda \int_{-\frac{\pi}{2}}^{\frac{\pi}{2}} e^{itx \sin u} \cos^{n-2}u\, du$, où λ est une constante de normalisation et t un paramètre ≥ 0. La convolution est définie par $< \delta_a * \delta_b, f > = \lambda \int_{-\frac{\pi}{2}}^{\frac{\pi}{2}} f(\sqrt{a^2+b^2+2ab \sin u}) \cos^{n-2}u\, du$. Le dual de X s'identifie à $\mathbb{R}^+$ et la loi de convolution dans $\hat{X}$ est la même que dans X, de sorte que dans ce cas la dualité est en évidence.

En fait, tout ceci se voit très facilement sur le groupe $\mathbb{R}^n$. Notons que les caractères $\chi_t(x)$, qui s'écrivent $F(tx)$, s'expriment simplement à l'aide l'aide de la fonction de Bessel $J_{n-2/2}$.

Exemple II.7.3 : Soit encore $X = \mathbb{R}^+$, et $\check{x} = x$. Soit ν un nombre positif fixé. Définissons sur X une structure de convolution en posant $< \delta_a * \delta_b, f > = \lambda \int_{-\frac{\pi}{2}}^{\frac{\pi}{2}} f(\sqrt{a^2+b^2+2ab \sin u}) \cos^{2\nu}u\, du$ avec $\lambda = \{\int_{-\frac{\pi}{2}}^{\frac{\pi}{2}} \cos^{2\nu}u\, du\}^{-1}$. Cela suffit à munir X d'une structure d'hypergroupe commutatif (lorsque 2ν est entier, on retombe sur l'exemple précédent). La mesure invariante σ est définie par $\sigma(f) = \int_0^\infty f(x)\, x^{2\nu+1}\, dx$ et les caractères sont les fonctions

$\chi_t(x) = \lambda \int_{-\frac{\pi}{2}}^{\frac{\pi}{2}} e^{itx \sin u} \cos^{2\nu} u \, du$ où λ est la constante précédente et t un paramètre ≥ 0. L'hypergroupe dual est encore $\mathbb{R}^+$ muni de la même structure de convolution.

Remarquons que les caractères $\chi_t(x) = F(tx)$ s'expriment de manière simple à partir de la fonction de Bessel J_ν.

Remarque II.7.4 : Cet exemple présente l'intérêt de fournir une interprétation des fonctions de Bessel d'indice ≥ 0 quelconque à l'aide des caractères d'hypergroupes bien choisis. Pour les fonctions de Bessel d'indice demi-entier cette interprétation se ramène à l'interprétation classique par les fonctions radiales sur $\mathbb{R}^n$; la considération de la structure générale d'hypergroupe permet donc, en quelque sorte, d'interpoler entre les valeurs entières la dimension d'un espace euclidien.

BIBLIOGRAPHIE

[1] DELSARTE — Sur une extension de la formule de Taylor. J. de Math. Pures et Appliquées (9) 17 (1938), p. 213-231.

[2] DELSARTE — Une extension nouvelle de la théorie des fonctions presque-périodiques de Bohr. Acta Matematica 69 (1938), p. 259-317.

[3] DUNKL — The measure algebra of a locally compact hypergroup. Trans. Am. Math. Soc. 179 (1973), p. 331.

[4] DUNKL — Structure hypergroups for measure algebras. Pacific J. of Math., Vol. 47, n° 2 (1973).

[5] DUNKL-RAMIREZ — A family of countably compact P_*-hypergroups.

[6] LEVITAN

The application of generalized displacement operators to linear differential equations of the second order.
Uspehi Mat. Nauk (NS) 4, 29 (1949) ;
AMS Translations Ser. 1, vol. 10 (1951).

FORMULE DE SELBERG ET FORMES D'ESPACES HYPERBOLIQUES COMPACTES

de

Nelson SUBIA

INTRODUCTION

La formule de Poisson classique

$$\sum_{k \in \mathbb{Z}} e^{ikt} = \sum_{m \in \mathbb{Z}} \delta(t-2\pi m)$$

que l'on peut aussi écrire pour toute fonction f dans $S(\mathbb{R})$:

$$\sum_{k \in \mathbb{Z}} \hat{f}(k) = 2\pi \sum_{m \in \mathbb{Z}} f(2\pi m)$$

peut s'interpréter comme une relation entre le spectre $\lambda_k = k^2$ $(k = 0,1,\ldots)$ du laplacien $-d^2/dx^2$ du tore plat $\mathbb{R}/2\pi\mathbb{Z}$ et les longueurs $2\pi m$ $(m = 0,1,\ldots)$ des géodésiques fermées de cette variété, c'est-à-dire des cercles.

La première formule a été généralisée par J. Chazarain ([1]) à une variété riemanienne connexe, compacte.

La deuxième formule a été généralisée par Selberg ([2]) aux variétés riemanniennes compactes qui s'obtiennent comme quotient d'un espace faiblement symétrique par un sous-groupe discret d'isométries qui opère proprement.

Dans cet exposé, on s'occupe de la formule de Selberg pour les formes d'espace hyperbolique compactes. Après avoir montré que la formule de Selberg est valable pour les fonctions de l'espace de Schwartz $S^{\natural}(G)$, on adapte à ce cas plus général (en la simplifiant) une méthode de H. Huber pour en déduire le comportement asymptotique du spectre des longueurs. Finalement, on montre la formule de Chazarain à l'aide de la formule de Selberg.

TABLE DES MATIERES.

§ 0. PRELIMINAIRES.

0.1. Le groupe de Lorentz et l'espace hyperbolique.

DEFINITION.- L'espace hyperbolique H est le demi-espace :

$$H = \{x = (x_1,\dots,x_d) \in R^d \mid x_d > 0\}$$

muni du tenseur métrique :

$$(ds)^2 = \frac{(dx_1)^2+\dots+(dx_d)^2}{x_d^2}$$

dont la distance correspondante est donnée par :

$$\operatorname{chd}(x,y) = 1 + \frac{\|x-y\|^2}{2x_d y_d}$$

$\|.\|$ étant la norme euclidienne de R^d .

H est alors une v.r. connexe et simplement connexe, de courbure constante -1 .

Avec les notations de R. Takahashi ([3]), l'espace hyperbolique s'identifie au quotient G/K du groupe de Lorentz $SO_o(1,d) = G = NAK$ par l'application suivante :

$$\Pi(g) = \Pi(na_r k) = (\xi_1,\dots,\xi_{d-1},e^r)$$

et le groupe G opère comme groupe d'isométries de H par :

$$g.x = \Pi(gna_r) \ , \quad \text{si} \quad x = \Pi(na_r) \ .$$

Soit m un élément de M, centralisateur de A dans K, il est alors de la forme :

$$m = \begin{pmatrix} 1 & & \\ & 1 & \\ & & \hat{m} \end{pmatrix} \quad \text{avec} \quad \hat{m} \in SO(d-1)$$

et on a :

$$m.(x_1,\dots,x_{d-1},x_d) = (x'_1,\dots,x'_{d-1},x_d) \quad \text{avec} \quad x' = \hat{m}x \ . \tag{0.1}$$

De même, on a pour tout élément a_s dans A :

$$a_s.x = e^s x \ . \tag{0.2}$$

0.2. <u>Formes d'espace hyperbolique compactes.</u>

Soit V une forme d'espace hyperbolique compacte de dimension $d \geq 2$ (i.e. une variété riemannienne connexe, compacte, de courbure constante -1), d'après le théorème de Killing-Hopf ([4] p.68), il existe un sous-groupe discret Γ de G, qui opère sur H sans points fixes, tel que V soit isométrique au quotient $_\Gamma\backslash H$.

L'étude de la v.r. V se ramène donc à l'étude du groupe Γ.

DEFINITION.- <u>On définit la longueur</u> $\ell(\gamma)$ <u>d'un élément</u> γ <u>de</u> Γ,

$\gamma \neq e$, par :

$$\ell(\gamma) = \inf_{x \in H} d(x, \gamma x) \, .$$

Alors $\ell(\gamma)$ est strictement positif et ne dépend que de la classe de conjugaison (γ) de γ dans Γ .

LEMME.- Pour tout γ dans $\Gamma, \gamma \neq e$, il existe une unique géodésique A_γ de H globalement invariante par γ . Cette géodésique est appelée l'axe de γ et l'on a :

$$A_\gamma = \{x \in H \mid d(x, \gamma x) = \ell(\gamma)\} \, .$$

Démonstration.- L'ensemble A_γ n'est pas vide car Γ est discret et l'adhérence d'un domaine fondamental de Γ est compacte. Soit donc $x \in A_\gamma$, alors $\gamma x \in A_\gamma$ et si l'on note C_x la géodésique de H passant par x et γx on a : $C_x \subset A_\gamma$ et C_x est globalement invariante par γ , or, d'après un résultat de Preissmann ([5] p.204) il y a dans un espace simplement connexe à courbure strictement négative au plus une géodésique globalement invariante par une isométrie non triviale, donc $C_x = A_\gamma$. C.Q.F.D.

DEFINITION.- On dit qu'un élément δ appartenant à Γ est primitif, s'il ne s'écrit pas comme puissance strictement plus grande que 1 d'un autre élément de Γ .

PROPOSITION 1.- Le centralisateur Γ_γ de γ est un groupe cyclique isomorphe à $\mathbb{Z}$ et pour tout élément γ de $\Gamma, \gamma \neq e$, il existe un unique élément δ primitif et un unique entier $\mu(\gamma) \geq 1$ tels que :

$$\gamma = \delta^{\mu(\gamma)}$$

$\mu(\gamma)$ est appelée la multiplicité de γ et elle ne dépend que de sa classe de conjugaison. On a :

$$\ell(\gamma) = \mu(\gamma)\ell(\delta) .$$

2) Le groupe Γ s'écrit comme réunion disjointe :

$$\Gamma = \{e\} \bigcup_{p=1}^{\infty} \bigcup_{\delta \in \mathcal{P}} \{\alpha\delta^p\alpha^{-1}, \alpha \in \Gamma/\Gamma_\delta\}$$

où $\mathcal{P}$ est un ensemble de représentants des classes de conjugaison des éléments primitifs et chaque élément n'apparaît qu'une seule fois.

3) Les éléments Γ sont conjugués (dans G) à des éléments de de la forme ma où $m \in M$ et $a \in A$.

Démonstration : 1) Du fait que Γ n'a pas de points fixes, on déduit que deux éléments de Γ ont le même axe si et seulement s'ils commutent. Par conséquent, les éléments de Γ_γ sont des isométries de H ayant le même axe, ce qui implique que le groupe Γ_γ est isomorphe à $\mathbb{Z}$, le reste en découle.

3) On prend pour modèle d'espace hyperbolique l'hyperboloïde à une nappe :

$$X = \{x \in R^{d+1} \mid x_o^2 - x_1^2 - \dots - x_d^2 = 1 , x_o > 0\} ,$$

sur lequel G opère matriciellement. Alors pour tout $\gamma \in \Gamma, \gamma \neq e$, on peut par conjugaison dans G transformer γ en $g\gamma g^{-1}$ d'axe :

$$gA_\gamma = \{(\mathrm{ch}r, \mathrm{sh}r, 0, \dots, 0), r \in R\} ,$$

il est aisé de vérifier que $g\gamma g^{-1} = ma$. C.Q.F.D.

Ces résultats s'interprêtent en termes de géodésiques fermées.

On montre que le groupe d'homotopie $\pi_1(V)$ est en bijection avec l'ensemble des classes de conjugaison de Γ .

Dans toute classe d'homotopie non triviale il existe une unique géodésique fermée, qui est le lacet de plus petite longueur dans la classe.

Pour voir cela, notons (γ) la classe de conjugaison associée à la classe d'homotopie considérée et soit $t \to A_\gamma(t)$ un paramétrage de A_γ proportionnel à la longueur, tel que $A_\gamma(1) = \gamma A_\gamma(0)$. Alors la projection sur V de $A_\gamma(t)$, $s_\gamma(t)$, est la géodésique fermée cherchée.

On dira qu'une géodésique fermée s' est la q-ième itérée de la géodésique fermée s si l'on a $s'(t) = s(tq - [tq])$ ($t \to s(t)$ étant un paramétrage de s proportionnel à la longueur). Une géodésique fermée est dite primitive si elle n'est pas la q-ième itérée d'une autre géodésique fermée, avec $q \geq 2$.

Il est alors facile de voir que : toute géodésique fermée de V est la q-ième itérée d'une géodésique fermée primitive, q est la multiplicité de la géodésique et on la note $\mu(s)$. La géodésique fermée s_γ est primitive si et seulement si γ est primitif et on a $\mu(s_\gamma) = \mu(\gamma)$.

DEFINITION.- On appelle spectre des longueurs de la variété V l'ensemble des longueurs des géodésiques fermées : $0 < \ell_1 \leq \ell_2 \leq \ldots \leq \ell_n \leq \ldots$ comptées avec leur ordre de multiplicité.

0.3. La Transformation de Fourier sphérique et la transformation d'Abel sur $S^\natural(G)$.

Notation : Les fonctions définies sur G et bi-invariantes par K s'identifient aux fonctions définies sur H qui ne dépendent que de la distance au point $o = (0,\ldots,0,1)$, ou encore, aux fonctions définies sur $\mathbb{R}$ et paires. Dans les trois cas on utilisera la même notation. On notera aussi Δ le laplacien de H .

DEFINITION.- La fonction sphérique φ_ν, $\nu \in \mathbb{C}$ est la solution bi-invariante de l'équation différentielle :

$$\Delta\varphi + (\nu^2 + \rho^2)\varphi = 0 \text{ , où } \rho = \frac{d-1}{2} \qquad (0.3)$$

qui vérifie la condition initiale $\varphi(e) = 1$.

Remarque 1 : On montre que si f est une solution de 0.3 invariante à droite par K , elle vérifie l'équation fonctionnelle :

$$\int_K f(gkh)\,dk = f(g)\,\varphi_\nu(h) . \qquad (0.4)$$

DEFINITION.- Soit f une fonction de $\mathbb{L}_1^\natural(G)$ (i.e. $f \in \mathbb{L}_1(G)$ et f est bi-invariante), sa transformée de Fourier sphérique $\hat{f}$ est définie par :

$$\hat{f}(\nu) = \int_G f(g)\,\varphi_\nu(g)\,dg .$$

La transformée d'Abel de f est la fonction F_f définie par :

$$F_f(s) = e^{\rho s} \int_N f(a_s n)\,dn .$$

Remarque 2 : A l'aide de la formule d'Harish-Chandra pour les fonctions sphériques, on montre que la transformation de Fourier sphérique est la composée de la transformation d'Abel et de la transformation de Fourier usuelle :

$$\hat{f}(\nu) = \mathcal{F}(F_f)(\nu) = \int_R F_f(s)\,e^{i\nu s}\,ds .$$

Remarque 3 : Si on note $f(s) = f[\mathrm{ch}s]$, on montre à l'aide de la forme explicite de la mesure de Haar de G donnée par Takahashi ([3]), que :

$$F_f(s) = \int_{R^{d-1}} f[\mathrm{ch}s + \tfrac{1}{2}(\xi_1^2 + \dots + \xi_{d-1}^2)]\,d\xi_1 \dots d\xi_{d-1} . \qquad (0.5)$$

DEFINITIONS.- 1) L'espace $S^\natural(G)$ est l'ensemble des fonctions définies sur R , à valeurs complexes, paires, indéfiniment dérivables et telles que les semi-normes :

$$N_{k,m}(f) = \sup_{r} \sup_{p \leq m} (1+r^{2k}) \mathrm{ch}^{d-1} r |f^{(p)}(r)|$$

soient finies.

2) On note Σ_B l'espace des fonctions à valeurs complexes, définies sur la bande $\bar{B} = \{\nu \in \mathbb{C} | \mathrm{Im}(\nu) \leq \rho\}$, paires, holomorphes dans la bande ouverte B, continues dans $\bar{B}$ et telles que les semi-normes :

$$P_{k,m}(\varphi) = \sup_{\nu \in B} \sup_{p \leq m} |(1+\nu^{2k}) \varphi^{(p)}(\nu)|$$

soient finies. On munit ces deux espaces de la topologie définie par la famille de semi-normes correspondante.

On sait que la transformation de Fourier sphérique $f \to \hat{f}$ est une application linéaire, bijective et bicontinue de $S^{\natural}(G)$ sur Σ_B (voir [6] p.147).

Remarque 4 : On montre facilement pour les fonctions f de $S^{\natural}(G)$ les formules d'inversion suivantes :

$$f[x] = (-1/2\pi)^m F_f^{(m)}[x] \qquad \text{si } d = 2m+1$$

$$f[x] = 2(-1/2\pi)^m \int_0^\infty F_f^{(m)}[x+s^2/2]\, ds \qquad \text{si } d = 2m . \tag{0.6}$$

0.4. Exemples de fonctions de $S^{\natural}(G)$.

Exemple 1 : $f_s(r) = \mathrm{ch}^{-s} r$, $\mathrm{Re}(s) > 2\rho = d-1$. On a :

$$F_f(u) = (2\pi)^\rho \frac{\Gamma(s-\rho)}{\Gamma(s)} \mathrm{ch}^{\rho-s} u$$

$$\hat{f}(\nu) = \frac{2^{s-1}\pi^\rho}{\Gamma(s)} \Gamma(\tfrac{1}{2}(s-\rho+i\nu))\Gamma(\tfrac{1}{2}(s-\rho-i\nu)) . \tag{0.7}$$

En effet, d'après la remarque 3 :

$$F_f(u) = \frac{2\pi^\rho}{\Gamma(\rho)} \int_0^\infty f[\mathrm{ch}u + r^2/2]r^{d-2}\,dr$$

en posant $\mathrm{ch}u + r^2/2 = \mathrm{ch}t$:

$$F_f(u) = \frac{(2\pi)^\rho}{\Gamma(\rho)} \int_u^\infty \mathrm{ch}^{-s}t(\mathrm{ch}t - \mathrm{ch}u)^{\rho-1}\mathrm{sh}t\,dt$$

si maintenant on pose $\frac{\mathrm{ch}u}{\mathrm{ch}t} = v$, il vient :

$$F_f(u) = \frac{(2\pi)^\rho}{\Gamma(\rho)} \mathrm{ch}^{\rho-s}u \int_0^1 v^{s-\rho-1}(1-v)^{\rho-1}\,dv$$

on conclut en remarquant que l'intégrale est $\beta(s-\rho,\rho)$. Par ailleurs,

$$\hat{f}(\nu) = \mathfrak{F}(F_f)(\nu) = 2(2\pi)^\rho \frac{\Gamma(s-\rho)}{\Gamma(s)} \int_0^\infty \mathrm{ch}^{\rho-s} \cos \nu u\,du$$

il suffit d'interpréter cette formule à l'aide d'une formule classique démontrée dans Magnus und Oberhettinger : Formeln und Sätze für die speziellen Funktionen der mathematischen Physik, p.5.

<u>Exemple</u> 2 : La solution élémentaire de l'équation de la chaleur sur H , $p_t(r)$. On a :

$$F_{p_t}(u) = \frac{e^{-\rho^2 t}}{\sqrt{4\pi t}} e^{-u^2/4t}$$

$$\hat{p}_t(\nu) = e^{-t(\nu^2+\rho^2)} . \tag{0.8}$$

En effet, par transformation de Fourier sphérique, $\hat{p}_t$ vérifie l'équation différentielle :

$$\frac{d}{dt} \hat{p}_t(\nu) + (\nu^2 + \rho^2)\hat{p}_t(\nu) = 0 ,$$

d'où l'expression de $\hat{p}_t$, sur laquelle on voit que $\hat{p}_t$ appartient à Σ_B , et par conséquent que $p_t \in S^\natural(G)$. L'expression de F_{p_t} s'obtient de la précédente par transformation de Fourier usuelle.

§ 1. LA FORMULE DE SELBERG.

Soit $V = {}_{\Gamma}\backslash G/_K$ une forme d'espace hyperbolique compacte.

G opère à droite sur l'espace compact ${}_{\Gamma}\backslash G$ et il existe une unique mesure positive $d\bar{g}$ sur ${}_{\Gamma}\backslash G$ (à un facteur scalaire près) invariante par cette opération. On normalise $d\bar{g}$ de manière à avoir :

$$\int_G f(g)\,dg = \int_{\Gamma\backslash G} \Big(\sum_{\gamma\in\Gamma} f(\gamma g)\Big)\,d\bar{g} \qquad (1.1)$$

DEFINITION.- <u>L'espace</u> $\mathbb{L}_2(V)$ <u>est l'espace des fonctions</u> $\varphi : G \mapsto \mathbb{C}$ <u>telles que l'on ait pour tout</u> γ <u>dans</u> Γ, g <u>dans</u> G <u>et</u> k <u>dans</u> K :

i) $\varphi(\gamma g k) = \varphi(g)$

ii) $\int_{\Gamma\backslash G} |\varphi(g)|^2\,d\bar{g} = \|\varphi\|^2_{2,V}$ <u>est fini</u>

$\mathbb{L}_2(V)$ <u>muni de la norme</u> $\|.\|_{2,V}$ <u>est un espace de Hilbert séparable</u>.

Comme la projection de H sur V est une isométrie locale, le laplacien de V, Δ_V, s'identifie à la restriction de Δ, laplacien de H, à $\mathbb{L}_2(V)$.

V est une v.r. compacte, donc $-\Delta_V$ est un opérateur auto-adjoint positif dont les valeurs propres sont $0 = \lambda_0 < \lambda_1 < \dots < \lambda_i < \dots$ chacune étant de multiplicité finie n_i, avec $n_0 = 1$.

DEFINITION.- <u>Pour toute fonction</u> f <u>appartenant à</u> $S^\natural(G)$ <u>on définit l'opé-</u>
$T_f : \mathbb{L}_2(V) \to \mathbb{L}_2(V)$ <u>par</u> :

$$T_f\,\varphi(g) = (\varphi * f)(g) = \int_G \varphi(gh^{-1})\,f(h)\,dh$$

que l'on peut aussi écrire (f est bi-invariante) :

$$T_f\,\varphi(g) = \int_G \varphi(gh)\,f(h)\,dh\ .$$

En utilisant la formule 1.1. on vérifie que les opérateurs T_f sont à noyau, c'est-à-dire :

$$T_f\,\varphi(g) = \int_{\Gamma\backslash G} \varphi(h)\,K_f(g,h)\,d\bar{h} \qquad (1.2)$$

avec

$$K_f(g,h) = \sum_{\gamma\in\Gamma} f(g^{-1}\gamma h)\ .$$

On a pour les noyaux K_f :

$$K_{f_1 * f_2}(g,h) = \int_{\Gamma\backslash G} K_{f_1}(g,u)K_{f_2}(u,h)\,d\bar{u}\ . \qquad (1.3)$$

On rappelle que f étant bi-invariante, si l'on note $x = \Pi(g)$ et $y = \Pi(h)$ on a :

$$K_f(g,h) = \sum_{\gamma\in\Gamma} f(d(x,\gamma y))\ .$$

Avec ces notations on a la proposition :

PROPOSITION 1.1.- Pour toute fonction f appartenant à $S^{\natural}(G)$, la série

$$K_f(x,y) = \sum_{\gamma\in\Gamma} f(d(x,\gamma y))$$

converge absolument et uniformément sur tout compact de $H\times H$.

Démonstration : Soit C un compact de H , notons $\delta = \max_{x\in C} d(o,x)$. On a pour tout $x,y \in C$ et tout $\gamma \in \Gamma$:

$$d(x,\gamma y) \geq d(o,\gamma o) - 2\delta \text{ .}$$

Comme Γ est discret et opère sur H sans points fixes, il existe $c, 0<c<1$ tel que les boules $B(\gamma o,c)$ de centre γo et de rayon c soient disjointes. Notons $\Gamma_r = \{\gamma \in \Gamma \mid d(o,\gamma o) \leq r\}$ et $N(r)$ son cardinal, on a :

$$\bigcup_{\gamma \in \Gamma_r} B(\gamma o,c) \subset B(o,r+1)$$

on en déduit, en prenant les volumes :

$$N(r) \leq \text{Cte}.\text{ch}^{d-1} r \text{ .} \qquad (1.4)$$

Comme f appartient à $S^{\natural}(G)$ on a pour tout r :

$$|f(r)| \leq h(r) = \frac{M}{(1+r^2)\text{ch}^{d-1} r} \text{ .} \qquad (1.5)$$

Notons $\Gamma o = \{\gamma \in \Gamma \mid d(o,\gamma o) \geq [2\delta]+1 = q_o\}$, donc le cardinal de $\Gamma - \Gamma o$ est fini et on a :

$$\sum_{\gamma \in \Gamma o} |f(d(x,\gamma y))| \leq \sum_{\gamma \in \Gamma o} h(d(o,\gamma o) - 2\delta) =$$

$$= \sum_{q \geq q_o} \sum_{\Gamma_{q+1} - \Gamma_q} h(d(o,\gamma o) - 2\delta) \leq$$

$$\leq \sum_{q \geq q_o} N(q+1)\, h(q-2\delta)$$

quantité qui est finie, grâce à 1.4 et 1.5 . C.Q.F.D.

PROPOSITION 1.2.- <u>L'ensemble</u> $\Lambda = \{T_f, f \in S^{\natural}(G)\}$ <u>est une algèbre commutative d'opérateurs compacts, fermée par passage à l'adjoint, et telle qu'il existe une suite</u> (f_n) <u>de fonctions de</u> $S^{\natural}(G)$ <u>vérifiant</u> :

$$\lim_{n\to\infty} \|T_{f_n}\varphi - \varphi\|_{2,V} = 0 \text{ , pour tout } \varphi \in \mathbb{L}_2(V) .$$

Démonstration :

a) Λ est une algèbre commutative car $S^{\natural}(G)$ est une algèbre de convolution commutative, Λ est formée d'opérateurs compacts (car ils sont de Hilbert-Schmidt, d'après la prop.1.1). Λ est fermée par passage à l'adjoint car on a :

$$(T_f)^* = T_{f*} \quad \text{où} \quad f*(g) = \overline{f(g^{-1})} = \overline{f(g)} .$$

b) Soient p_t la solution élémentaire de l'équation de la chaleur sur H, et T_{p_t} l'opérateur sur $\mathbb{L}_2(V)$, de noyau K_{p_t} qui lui est associé. K_{p_t} est alors la solution élémentaire de l'équation de la chaleur sur V et T_{p_t} le semi-groupe de Gauss. Il est alors facile de voir que les opérateurs T_{p_t} approchent l'identité de $\mathbb{L}_2(V)$. C.Q.F.D.

On montre alors la proposition suivante :

PROPOSITION 1.3.- Décomposition Hilbertienne de $\mathbb{L}_2(V)$

$$\mathbb{L}_2(V) = \bigoplus_{i\geq 0} \mathcal{H}_i ,$$

où les espaces $\mathcal{H}_i$ vérifient :

1) Chaque espace $\mathcal{H}_i$ est de dimension finie, n_i.

2) Chaque $\mathcal{H}_i$ possède une base orthonormée φ_{ij}, $1 \leq j \leq n_i$ où les fonctions φ_{ij} sont fonctions propres de tous les opérateurs de l'algèbre Λ

3) Les fonctions φ_{ij} sont C^{∞}, et on a pour toute fonction

$f \in S^{\natural}(G)$:

$$T_f \varphi_{ij} = \varphi_{ij} * f = \alpha_i(f)\varphi_{ij}$$

et

$$\Delta \varphi_{ij} = -\lambda_i \varphi_{ij} .$$

On en déduit le corollaire :

COROLLAIRE.- Soient ν_i des nombres complexes telles que $\nu_i^2 + \rho^2 = \lambda_i$ et φ_{ν_i} la fonction sphérique associée à ν_i. Pour toute fonction f appartenant à $S^{\natural}(G)$ on a :

$$T_f \varphi_{ij} = \hat{f}(\nu_i)\varphi_{ij} .$$

Démonstration.- En utilisant le fait que $T_f \varphi_{ij}$ est invariant à droite par K et la formule 0.4. on a :

$$T_f \varphi_{ij}(g) = \int_K \varphi_{ij} * f(gk)dk = \int_G \int_K \varphi_{ij}(gkh)dk\, f(h)\, dh$$

$$= \varphi_{ij}(g) \int_G \varphi_{\nu_i}(h) f(h)\, dh = \hat{f}(\nu_i)\varphi_{ij}(g) \qquad \text{C.Q.F.D.}$$

Note : Admettons pour l'instant que pour toute fonction $f \in S^{\natural}(G)$ la série

$$\sum_{i \geq 0} n_i \hat{f}(\nu_i)$$

converge absolument (voir corollaire du théorème 3).

On a le théorème suivant :

THEOREME 1.4.- Formule de Selberg.

Soit $_{\Gamma}\backslash G/_{K} = V$ une forme d'espace hyperbolique compacte. On note $0 = \lambda_o < \lambda_1 < \ldots < \lambda_i < \ldots$ les valeurs propres de $-\Delta_V$, de multiplicités respectives n_i, avec $n_o = 1$.

Pour toute fonction f appartenant à $S^{\natural}(G)$ on a l'identité ($\lambda_i = \rho^2 + \nu_i^2$) :

$$\int_{\Gamma\backslash G} K_f(g,g)\,d\bar{g} = \sum_{i \geq o} n_i \hat{f}(\nu_i) \qquad (1.6)$$

et ces deux séries convergent absolument.

Démonstration.-

a) D'après le théorème de développement de Mercer le théorème est vrai pour les fonctions du type $f * f^*$, où $f \in S^{\natural}(G)$. On en déduit qu'il est vrai pour les fonctions du type $f_1 * f_2$ où $f_1, f_2 \in S^{\natural}(G)$.

b) On a donc :

$$\int_{\Gamma\backslash G} K_{f * p_t}(g,g)\,d\bar{g} = \sum_{i \geq o} n_i \hat{f}(\nu_i) e^{-t(\nu_i^2 + \rho^2)} .$$

Par ailleurs, on a dans l'espace de Hilbert $\mathbb{L}_2(V) \times \mathbb{L}_2(V)$:

$$K_{f * p_t}(g,h) = \sum_{i \geq o} \sum_{j=1}^{n_i} \hat{f}(\nu_i) \exp(-t(\nu_i^2 + \rho^2))\, \varphi_{ij}(g)\, \overline{\varphi_{ij}(h)}$$

$$\text{d'où } |K_{f * p_t}(g,g)| \leq \sum_{i \geq o} \sum_{j=1}^{n_i} |\hat{f}(\nu_i)|\, |\varphi_{ij}(g)|^2 \quad \text{p.p.}$$

donc le premier membre est majoré p.p. par une fonction intégrable (voir note ci-dessus) qui ne dépend pas de t. Comme K_f est continu et K_{p_t} est la solution élémentaire de l'équation de la chaleur de V on a :

$$K_f = \lim_{t \to 0} K_{f * p_t} , \text{ d'où}$$

$$\lim_{t \to 0} \int_{\Gamma\backslash G} K_{f * p_t}(g,g)\,d\bar{g} = \int_{\Gamma\backslash G} K_f(g,g)\,d\bar{g} .$$

De même :

$$\lim_{t\to 0} \sum_{i\geq o} n_i \hat{f}(\nu_i) \exp(-t(\nu_i^2+\rho^2)) = \sum_{i\geq o} n_i \hat{f}(\nu_i)$$

et ces deux limites sont égales. C.Q.F.D.

§ 2. LA FORMULE DE SELBERG EXPLICITE.

Il s'agit d'expliciter le premier membre de la formule 1.6. Si D désigne un domaine fondamental de Γ dans H, on a :

$$\int_{\Gamma\backslash G} K_f(g,g)d\bar{g} = \int_D K_f(x,x)dx = \sum_{\gamma\in\Gamma} \int_D f(d(x,\gamma x))\,dx$$

$$= |V|f(0) + \sum_{\delta\in P} \sum_{p=1}^{\infty} \sum_{\alpha\in\Gamma_\delta\backslash\Gamma} \int_D f(d(x,\alpha^{-1}\delta^p\alpha x))\,dx$$

posons
$$D_\delta = \bigcup_{\alpha\in\Gamma_\delta\backslash\Gamma} \alpha D\,.$$

On vérifie que D_δ est un domaine fondamental de Γ_δ. On a :

$$\sum_{\alpha\in\Gamma_\delta\backslash\Gamma} \int_D f(d(x,\alpha^{-1}\delta^p\alpha x))\,dx = \int_{D_\delta} f(d(x,\delta^p x))\,dx \qquad (2.1)$$

D'après la prop. 0.1. on peut supposer δ de la forme :

$$\delta(\xi_1,\ldots,\xi_{d-1},x_d) = e^{\ell(\delta)}(\xi'_1,\ldots,\xi'_{d-1},x_d)$$

avec
$$\xi' = \hat{m}(\delta)\xi\,.$$

Il est alors facile de voir que :

$$D_\delta = \{x\in H \,|\, 1 < x_d < e^{\ell(\delta)}\}$$

est un domaine fondamental de Γ_δ .

Posons $\beta = \delta^p$; $\ell = \ell(\delta^p)$; $m = \hat{m}(\delta^p)$. On a alors :

$$\operatorname{ch} d(x,\beta x) = 1 + \frac{\|x-\beta x\|^2}{2e^{\ell}x_d^2} = \operatorname{ch}\ell + \frac{\|\xi - e^{\ell}m\xi\|^2}{2e^{\ell}x_d^2} .$$

Dans 2.1. faisons le changement de variable $\xi \longmapsto x_d\xi$:

$$\int_{D_\delta} f(d(x,\beta x))dx = \ell(\delta)\int_{R^{d-1}} f[\operatorname{ch}\ell + \frac{\|\xi - e^{\ell}m\xi\|^2}{2e^{\ell}}]\, d\xi .$$

Posons $u = e^{-\ell/2}(\xi - e^{\ell}m\xi)$, il vient :

$$\int_{D_\delta} f(d(x,\beta x))dx = \ell(\delta)2^{-\rho}\operatorname{ch}^{-\rho}\ell\, Q(\beta)\, F_f(\ell)$$

où $$Q(\beta) = \|\det(I_{d-1} - \frac{m+{}^tm}{2\operatorname{ch}\ell})\|^{-\frac{1}{2}} .$$

D'où le théorème :

THEOREME 2.- Formule de Selberg explicite.

Soit $V = {}_\Gamma\backslash G/_K$ une forme d'espace hyperbolique compacte. On note $0 = \lambda_o < \lambda_1 < \ldots < \lambda_i < \ldots$ les valeurs propres de $-\Delta_V$, de multiplicités respectives n_i , avec $n_o = 1$.

Pour toute fonction f appartenant à $S^\natural(G)$ on a l'identité :

$$\sum_{i\geq o} n_i\hat{f}(\nu_i) = |V|\, f(0) + 2^{-\rho}\sum_{\delta\in P}\sum_{p=1}^{\infty}\ell(\delta)\, Q(\delta^p)\operatorname{ch}^{-\rho}\ell(\delta^p)\, F_f(\ell(\delta^p))$$

et les deux séries convergent absolument.

§ 3. COMPORTEMENT ASYMPTOTIQUE DU SPECTRE DU LAPLACIEN.

THEOREME 3.- Soit V une forme d'espace hyperbolique compacte de dimension $d \geq 2$. On note $N(\lambda)$ le nombre de valeurs propres de $-\Delta_V$ (comptées avec leur ordre de multiplicité) inférieures ou égales à λ. On a alors l'estimation :

$$N(\lambda) \sim \frac{|V| \lambda^{d/2}}{(4\pi)^{d/2} \Gamma(d/2+1)}$$

quand λ tend vers l'infini.

Démonstration : Soit p_t la solution élémentaire de l'équation de la chaleur sur H, comme $p_t = p_{t/2} * p_{t/2}$, le noyau K_{p_t} est de type positif et grâce au théorème de développement de Mercer on vérifie qu'il est à trace. On a donc d'après la démonstration du théorème 2 et en utilisant les formules 0.8 :

$$\sum_{i \geq 0} n_i \exp(-t\lambda_i) = |V| p_t(0) +$$

$$+ \frac{2^{-\rho_c - \rho^2 t}}{(4\pi t)^{\frac{1}{2}}} \sum_{\delta \in \mathcal{P}} \sum_{k \geq 1} \ell(\delta) Q(\delta^k) \operatorname{ch}^{-\rho} \ell(\delta^k) e^{-\ell^2(\delta^k)/4t} .$$

(formule 3.1).

Quand t tend vers 0, les termes de la série du second membre tendent en décroissant vers zéro, et on a par le théorème de convergence dominée de Lebesgue, quand $t \to 0$:

$$\sum_{i \geq 0} n_i \exp(-t\lambda_i) = \int_0^\infty e^{-\lambda t} dN(\lambda) \sim |V| p_t(0) . \qquad (3.2)$$

Soit $\omega(\nu) d\nu$ la mesure de Plancherel de G pour les fonctions bi-invariantes, on a alors :

$$p_t(0) = \int_0^\infty e^{-t(\nu^2+\rho^2)} \omega(\nu) d\nu = \tfrac{1}{2} e^{-\rho^2 t} \int_0^\infty e^{-st} s^{-\frac{1}{2}} \omega(s^{\frac{1}{2}}) ds .$$

(3.3)

Posons $$M(r) = \frac{1}{2}\int_0^r s^{-\frac{1}{2}}\omega(s^{\frac{1}{2}})\,ds .$$

Grâce à l'expression explicite de ω (voir [3], p. 334) on a :

$$M(r) \sim \frac{r^{d/2}}{(4\pi)^{d/2}\,\Gamma(d/2+1)} \quad \text{quand} \quad r \to \infty .$$

Appliquons le théorème abélien de Karamata à 3.3 :

$$p_t(0) = e^{-\rho^2 t}\int_0^\infty e^{-rt}\,dM(r) \sim (4\pi t)^{-d/2} \quad \text{quand} \quad t \to 0 .$$

Il suffit alors d'appliquer le théorème taubérien de Karamata à 3.2. C.Q.F.D.

COROLLAIRE.- <u>Pour toute fonction</u> f <u>appartenant à</u> $S^{\natural}(G)$ <u>on a la convergence absolue de la série</u> :

$$\sum_{i \geq 0} n_i\,\hat{f}(\nu_i) .$$

<u>Démonstration</u> : On a :

$$\sum_{i \geq 0} n_i\,\hat{f}(\nu_i) = \sum_{\lambda_i \leq \rho^2} n_i\,\hat{f}(\nu_i) + \int_{\rho^2}^\infty \hat{f}(\sqrt{\lambda - \rho^2})\,dN(\lambda) .$$

Le second membre converge absolument : la première série n'a qu'un nombre fini de termes, tandis que pour la deuxième il suffit d'utiliser le théorème précédent et le fait que $\hat{f} \in \Sigma_B$. C.Q.F.D.

<u>Remarque</u> : Dans [7] page 236, Mc.Kean conjecture que pour une surface de Riemann compacte, orientable, de courbure constante -1 il n'y a pas de valeurs propres dans l'intervalle $]0,\frac{1}{4}[$, or, Randol a montré récemment (voir [8]) qu'on peut construire à l'aide de la formule de Selberg 3.1. des surfaces ayant autant de valeurs propres que l'on désire dans $]0,\frac{1}{4}[$.

§ 4. COMPORTEMENT ASYMPTOTIQUE DU SPECTRE DES LONGUEURS.

On va utiliser une méthode de H. Huber (voir [9]), que nous simplifions, pour démontrer le théorème suivant :

THEOREME 4.- Soit V une forme d'espace hyperbolique compacte, de dimension $d \geq 2$. On note $\omega(r)$ (resp. $\pi(r)$) le nombre de géodésiques fermées (resp. de géodésiques fermées primitives) de longueur inférieure ou égale à r. On a alors les équivalences :

$$\pi(r) \sim \omega(r) \sim \frac{e^{(d-1)r}}{(d-1)r} \quad \text{quand} \quad r \to \infty .$$

Démonstration : La formule de Selberg appliquée à la fonction $f_s(r) = \mathrm{ch}^{-s} r$ conduit à étudier la série de Dirichlet à coefficients positifs (cf. th. 2 et formules 0.7) :

$$H(s) = \sum_{\delta \in \mathcal{P}} \sum_{p \geq 1} \ell(\delta)\, Q(\delta^p)\, \mathrm{ch}^{-s} \ell(\delta^p)$$

qui converge pour $\mathrm{Re}(s) > 2\rho$.

Pour pouvoir appliquer le théorème taubérien de Ikehara à cette série de Dirichlet il suffit de montrer que H se prolonge en une fonction méromorphe pour $\mathrm{Re}(s) > 2\rho - \varepsilon$ $(\varepsilon > 0)$, admettant un seul pôle au point $s = 2\rho$ et de calculer le résidu de H en ce pôle.

D'après la formule de Selberg, on a pour $\mathrm{Re}(s) > 2\rho$:

$$H(s) = \frac{-|V|\,\Gamma(s)}{\pi^{\rho}\,\Gamma(s-\rho)} + \frac{2^{s-1}}{\Gamma(s-\rho)} \sum_{q \geq 0} n_q\, \Gamma(\tfrac{1}{2}(s-\rho+i\nu_q))\,\Gamma(\tfrac{1}{2}(s-\rho-i\nu_q)) .$$

Comme $\nu_0 = i\rho$, il suffit de montrer que la série :

$$\sum_{q \geq 1} n_q\, \Gamma(\tfrac{1}{2}(s-\rho+i\nu_q))\,\Gamma(\tfrac{1}{2}(s-\rho-i\nu_q)) \qquad (4.1)$$

converge uniformément sur tout compact de $\mathrm{Re}(s) > 2\rho - \varepsilon$.

a) On a pour f_s :

$$\Delta f_s + s(2\rho - s) f_s = -s(s+1) f_{s+2} \ . \qquad (4.2)$$

Prenons la transformée de Fourier sphérique de 4.2 :

$$\{s(2\rho - s) - (\nu^2 + \rho^2)\} \hat{f}_s(\nu) = -s(s+1)\hat{f}_{s+2}(\nu) \ . \qquad (4.3)$$

Posons

$$u_q(s) = \Gamma(\tfrac{1}{2}(s-\rho+i\nu_q))\,\Gamma(\tfrac{1}{2}(s-\rho-i\nu_q))$$

on en déduit :

$$u_q(s+2) = \tfrac{1}{4}\{(s-\rho)^2 + \nu_q^2\}\, u_s(s) \ . \qquad (4.4)$$

Si on a $\sigma = \mathrm{Re}(s) > 2\rho$ et $q \geq 1$, il existe $\varepsilon > 0$ tel que :

$$|s - \rho + i\nu_q| > 3\varepsilon \ .$$

On a alors pour s dans le demi-plan $\sigma \geq 2\rho - \varepsilon$:

$$|u_q(s)| \leq 4/\varepsilon^2 |u_q(s+2)| \ . \qquad (4.5)$$

b) D'un autre côté on a la majoration :

$$|\hat{f}_s(\nu)| \leq \hat{f}_\sigma(i\rho) = \frac{2^{\sigma-1}\pi^\rho}{\Gamma(\sigma)}\, \Gamma(\sigma/2)\,\Gamma(\sigma/2 - \rho) \ .$$

Donc, on a pour $2\rho < a \leq \sigma \leq b$:

$$|\hat{f}_s(\nu)| \leq M \ .$$

Compte tenu de ceci et de la formule 4.3. on en déduit l'existence de constantes M_k telles que l'on ait pour $2\rho < a \leq \sigma \leq b$:

$$|\hat{f}_s(\nu)| \leq \frac{M_k}{(1+|\nu|^2)^k} \ . \qquad (4.6)$$

En mettant ensemble 4.5. et 4.6. on déduit l'existence de constantes M'_k (indépendantes de q) telles que l'on ait pour $2\rho-\varepsilon \leq \sigma \leq b$:

$$|u_q(s)| \leq \frac{M'_k}{(1+|v_q|^2)^k} .$$

Grâce au théorème 3 il suffit de prendre k assez grand pour montrer que la série

$$\sum_{q\geq 1} n_q \, u_q(s)$$

converge absolument et uniformément dans la bande $2\rho - \varepsilon \leq \mathrm{Re}(s) \leq b$.

c) On peut donc appliquer le théorème de Ikehara à H , comme le résidu au point $s = 2\rho$ est $2^{2\rho}$ on en déduit :

$$\sum_{D_r} \ell(\delta)\, Q(\delta^p) \sim \frac{e^{2\rho r}}{2\rho} \quad \text{quand} \quad r\to\infty \tag{4.7}$$

où l'on a posé :

$$D_r = \{\gamma = \delta^p \mid \delta \in \mathcal{P},\ p\geq 1 \ \text{ et } \ \ell(\gamma) = p\ell(\delta) \leq r\} .$$

Posons aussi :

$$E_r = \{\delta \in \mathcal{P} \mid \ell(\delta) \leq r\} .$$

On a donc :

$$\varpi(r) = \mathrm{card}(D_r) \quad \text{et} \quad \pi(r) = \mathrm{card}(E_r) .$$

Si l'on se réfère à la définition de $Q(\gamma)$ on a :

$$\left(\frac{\mathrm{ch}\,\ell(\gamma)}{\mathrm{ch}\,\ell(\gamma)+1}\right)^{\rho} \leq Q(\gamma) \leq \left(\frac{\mathrm{ch}\,\ell(\gamma)}{\mathrm{ch}\,\ell(\gamma)-1}\right)^{\rho} \tag{4.8}$$

dont on déduit que $Q(\gamma)\to 1$ quand $\ell(\gamma)\to\infty$.

A partir de 4.7. et 4.8. on a :

$$\psi(r) = \sum_{D_r} \ell(\delta) \sim \frac{e^{2\rho r}}{2\rho} \quad \text{quand} \quad r \to \infty . \qquad (4.9)$$

Notons ℓ la plus petite longueur du spectre, et $N(r) = [r/\ell]$.

Si l'on définit la fonction θ par :

$$\theta(r) = \sum_{E_r} \ell(\delta) ,$$

on a :

$$\psi(r) = \theta(r) + \sum_{n=2}^{N} \theta(r/n) .$$

Cela entraîne l'existence de $c > 0$ tel que quel que soit r :

$$\theta(r) \leq \psi(r) \leq c e^{2\rho r}$$

donc :

$$\sum_{n=2}^{N} \theta(r/n) \leq c \sum_{n=2}^{N} e^{2\rho r/n} \leq c \int_{1}^{r/\ell} e^{2\rho r/x} dx = cr \int_{\ell}^{r} x^{-2} e^{2\rho x} dx$$

or, par intégration par partie on obtient l'équivalence :

$$\int_{\ell}^{r} x^{-2} e^{2\rho x} dx \sim \frac{e^{2\rho r}}{r^2} , \quad \text{quand} \quad r \to \infty .$$

Par conséquent :

$$\sum_{n=2}^{N} \theta(r/n) = O\left(\frac{e^{2\rho r}}{r}\right)$$

et donc

$$\psi(r) \sim \theta(r) \sim \frac{e^{2\rho r}}{2\rho} \quad \text{quand} \quad r \to \infty . \qquad (4.10)$$

Par définition de θ on a :

$$\pi(r) = \int_{\ell}^{r} \frac{d\theta(x)}{x} = \frac{\theta(r)}{r} + \int_{\ell}^{r} x^{-2} \theta(x) \, dx$$

et donc, quand $r \to \infty$:

$$\pi(r) - \frac{e^{2\rho r}}{2\rho r} \sim \int_{\ell}^{r} \frac{e^{2\rho x}}{2\rho x^2} dx \sim \frac{e^{2\rho r}}{2\rho r^2} .$$

D'où l'estimation :

$$\pi(r) \sim \frac{e^{2\rho r}}{2\rho r} \quad \text{quand} \quad r \to \infty .$$

Pour avoir l'estimation de ω , il suffit de remarquer que :

$$\omega(r) = \pi(r) + \sum_{n=2}^{N} \pi(r/n)$$

et d'appliquer le raisonnement précédent. C.Q.F.D.

§ 5. LA FORMULE DE SELBERG ET LA FORMULE DE CHAZARAIN.

Soit V une forme d'espace hyperbolique compacte. On note $\mathcal{L}$ l'ensemble des longueurs (et de leurs opposés) des géodésiques fermées de V , le théorème de Chazarain (voir [1]) s'énonce :

THEOREME 5.- Soit V une forme d'espace hyperbolique compacte et S la distribution définie par :

$$S(t) = \sum_{k \geq 0} n_k \cos\sqrt{\lambda_k}\, t$$

alors

$$\text{supp.sing}\, S \subset \mathcal{L} \cup \{0\}$$

et

$$S = \sum_{\ell \in \mathcal{L} \cup \{0\}} T_\ell \qquad (\text{au sens de } \mathcal{D}'(\mathbb{R}))$$

où T_ℓ est une distribution dans un petit voisinage de ℓ , qui admet en ℓ une singularité que l'on décrit à l'aide de développements asymptotiques.

On va voir que ce théorème se démontre à l'aide de la formule de Selberg.

Comme S est une distribution paire, il suffit de faire la démonstration pour les fonctions $\alpha \in \mathcal{D}(R)$ paires.

a) On note $e(r,t)$ la solution élémentaire de l'équation des ondes sur H, solution du problème :

$$(I) \begin{cases} \Delta e = \dfrac{\partial^2 e}{\partial t^2} \\ e(r,0) = \delta(r) \\ \dfrac{\partial e}{\partial t} \Big|_{t=0} = 0 \end{cases}$$

On a donc par transformation de Fourier sphérique du problème :

$$\hat{e}(t,\nu) = \cos t\sqrt{\nu^2+\rho^2} . \qquad (5.1)$$

Soit $\alpha \in \mathcal{D}(R)$, paire. On note :

$$f(r) = \int_R e(r,t)\alpha(t)\,dt$$

on a donc :

$$\hat{f}(\nu) = \int_R \cos t\sqrt{\nu^2+\rho^2}\,\alpha(t)\,dt = \mathcal{F}\alpha((\nu^2+\rho^2)^{\frac{1}{2}}) \qquad (4.2)$$

où $\mathcal{F}$ désigne la transformation de Fourier usuelle sur R. Comme $\hat{f}$ appartient à Σ_B, la fonction f appartient à $S^\natural(G)$.

Il s'agit d'appliquer la formule de Selberg à f, pour cela, il faut calculer $f(0)$ et F_f.

b) Pour calculer la transformée d'Abel de e, résolvons le problème de Cauchy suivant :

$$(II) \begin{cases} \dfrac{\partial^2 u}{\partial x^2} - \rho^2 u = \dfrac{\partial^2 u}{\partial t^2} \\ u(x,0) = h(x) \\ \dfrac{\partial u}{\partial t}(x,0) = 0 \end{cases}$$

que l'on résoud par la méthode de Riemann :

$$u(x,t) = \tfrac{1}{2}\{h(x+t)+h(x-t)\} - \tfrac{1}{4}\rho t \int_{-t}^{t} h(x-y) \frac{J_1(\rho\sqrt{t^2-y^2})}{\sqrt{t^2-y^2}}\, dy$$

on en déduit l'expression de F_f :

$$F_f(x) = \alpha(x) - \tfrac{1}{2}\rho \int_x^{\infty} \frac{tJ_1(\rho\sqrt{t^2-x^2})}{\sqrt{t^2-x^2}}\, \alpha(t)\, dt\,. \qquad (4.3)$$

Un examen de la distribution $\alpha \to f(0)$ à l'aide des formules d'inversion de la transformation d'Abel (formules 0.6) permet de voir que le support singulier de cette distribution est le point 0. D'où le

COROLLAIRE.- Si V est une forme d'espace hyperbolique compacte on a :

$$\text{supp. sing. } S = \mathcal{L} \cup \{0\}\,.$$

BIBLIOGRAPHIE.

[1] J. CHAZARAIN — Formule de Poisson pour les variétés riemanniennes. Invent. Math. vol 24 (1974), p. 65-82.

[2] A. SELBERG — Harmonic analysis and discontinuos groups in weakly symmetric riemannian spaces with applications to Dirichlet series. J. Indian Math. Soc. vol 20 (1956), p. 47-87.

[3] R. TAKAHASHI — Sur les représentations unitaires des groupes de Lorentz généralisés. Bull. Soc. Math. France, vol 91 (1963), p. 289-433.

[4] J. WOLF — Spaces of constant curvature. Mc. Graw-Hill, 1967.

[5] A. PREISSMANN — Quelques propriétés globales des espaces de Riemann. Comment. Math. Helv. vol 15 (1943) p. 175-216.

[6] M. FLENSTED-JENSEN — Paley-Wiener type theorems for a differential operator connected with symmetric spaces. Arkiv för Matematik vol 10 (1972).

[7] H.P. Mc KEAN — Selberg's trace formula as applied to a compact Riemann surface. Comment. Pure and Applied Math. vol 25 (1972), p. 225-246.

[8] B. RANDOL — Small eigenvalues of the Laplace operator on compact Riemann surfaces. Preprint.

[9] H. HUBER — Zur analytischen Theorie hyperbolischen Raumformen und Bewegungsgruppen. Math. Ann. vol 138 (1959), p. 1-26.

FONCTIONS DE JACOBI
ET
REPRESENTATIONS DES GROUPES DE LIE

par

Reiji TAKAHASHI

On a constaté depuis longtemps qu'il existait une analogie frappante entre les séries de Fourier et les développements en séries associés aux certains systèmes de polynômes orthogonaux, par exemple, les séries de Fourier-Gegenbauer associées aux polynômes de Gegenbauer (ou ultrasphériques). Dans ces cas, il y a une convolution définissant une structure d'algèbre de Banach et on peut développer les principaux théorèmes d'analyse harmonique pour ces polynômes orthogonaux ; tous les cas où on a su définir cette convolution provenaient des espaces riemanniens symétriques, par exemple les sphères S_{n-1} dans R^n pour les polynômes de Gegenbauer $C_\ell^{\frac{1}{2}(n-2)}$, $\ell \in \mathbb{N}$. En général, cette convolution n'existe pas et les analystes se sont demandés pour quelle classe de polynômes de Jacobi $P_\ell^{(\alpha,\beta)}$, $\ell \in \mathbb{N}$, associés à la mesure $(1-X)^\alpha (1+X)^\beta dX$ dans l'intervalle $-1 \leq X \leq +1$, il en était ainsi (les polynômes de Gegenbauer $C_\ell^{\frac{1}{2}(n-2)}$ ne sont autres que, à un facteur constant près, $P_\ell^{(\alpha,\beta)}$ avec $\alpha = \beta = \frac{1}{2}(n-3)$) . Je me propose d'exposer ici les principaux points de cette question.

Une variété riemannienne (connexe) M est dite <u>isotrope</u> (ou biponctuellement homogène) si, étant donnés deux couples de points (p_1,p_2), (q_1,q_2) tels que $d(p_1,p_2) = d(q_1,q_2)$, il existe une isométrie g de M telle que

$$g \cdot p_1 = q_1 \quad \text{et} \quad g \cdot p_2 = q_2 .$$

Il revient au même de dire que le groupe d'isométrie est transitif sur M et que le sous-groupe d'isotropie d'un point O de M opère transitivement sur toute sphère géodésique du centre O. Les variétés riemanniennes isotropes sont classifiées par H.C. Wang (cas compact) et J. Tits (cas non compact) : ce sont les espaces euclidients $\mathbb{R}^n$, le cercle S_1 et les espaces riemanniens symétriques de rang 1 (pour une démonstration directe de ce résultat, voir une note de H. Matsumoto aux Comptes Rendus Acad. Sc. Paris, <u>272</u> (1971) 316-319), c'est-à-dire

<u>Cas compact</u> :

M	G	K	α	β	
S_1	$SO(2)$	$\{1\}$	$-\frac{1}{2}$	$-\frac{1}{2}$	
S_n	$SO(n+1)$	$SO(n)$	$\frac{1}{2}n-1$	$-\frac{1}{2}$	$n \geq 2$
$P_n(\mathbb{R})$	$SO(n+1)$	$O(n)$	$\frac{1}{2}n-1$	$-\frac{1}{2}$	$n \geq 2$
$P_n(\mathbb{C})$	$SU(n+1)$	$S(U(1) \times U(n))$	$n-1$	0	$n \geq 2$
$P_n(\mathbb{H})$	$S_p(n+1)$	$Sp(1) \times Sp(n)$	$2n-1$	1	$n \geq 2$
$P_2(\mathbb{O})$	$F_{4(-52)}$	$Spin(9)$	7	3	

<u>Cas non compact</u> :

M	G	K	α	β	
$H_n(\mathbb{R})$	$SO_o(n,1)$	$SO(n)$	$\frac{1}{2}n-1$	$-\frac{1}{2}$	$n \geq 2$
$H_n(\mathbb{C})$	$SU(n,1)$	$S(U(1) \times U(n))$	$n-1$	0	$n \geq 2$
$H_n(\mathbb{H})$	$Sp(n,1)$	$Sp(1) \times Sp(n)$	$2n-1$	1	$n \geq 2$
	$F_{4(-20)}$	$Spin(9)$	7	3	
$\mathbb{R}^n$	$SO(n).\mathbb{R}^n$	$SO(n)$			$n \geq 1$

Le corps de base K étant $\mathbb{R}$, $\mathbb{C}$ ou $\mathbb{H}$, on désigne par $U(n+1,K)$ le groupe orthogonal de la forme quadratique $(x|x) = \bar{x}_0x_0 + \bar{x}_1x_1 + \dots + \bar{x}_nx_n$ dans K^{n+1} et on pose : $SO(n+1) = U(n+1,\mathbb{R}) \cap SL(n+1,\mathbb{R})$, $SU(n+1) = U(n+1,\mathbb{C}) \cap SL(n+1,\mathbb{C})$ et $Sp(n+1) = U(n+1,\mathbb{H})$. En prenant la forme quadratique indéfinie $[x,x] = -\bar{x}_0x_0 + \bar{x}_1x_1 + \dots + \bar{x}_nx_n$ dans K^{n+1} , on définit le groupe orthogonal $U(n,1;K)$: c'est le groupe formé des matrices $g \in M_{n+1}(K)$ telle que $[g.x,g.x] = [x,x]$ quel que soit x dans K^{n+1} ; on désigne par $SO_o(n,1)$ la composante connexe de 1 dans $U(n,1;\mathbb{R})$ et on pose $SU(n,1) = U(n,1;\mathbb{C}) \cap SL(n+1,\mathbb{C})$ et $Sp(n,1) = U(n,1;\mathbb{H})$. Le groupe exceptionnel compact $F_{4(-52)}$ est défini comme le groupe d'automorphismes de l'algèbre de Jordan exceptionnelle $J(3,0)$ d'ordre 3 des matrices hermitiennes d'ordre 3 à coefficients dans l'algèbre de division $\mathbb{O}$ des octaves de Cayley ; quant à la forme non compacte $F_{4(-20)}$, il ne semble pas qu'on connaisse une description simple. Enfin, on désigne par $H_n(K)$ l'espace hyperbolique de dimension n sur K , c'est-à-dire le sous-espace de K^{n+1} défini par $[x,x] = -1$, deux points x et y étant identifiés s'il existe un $\lambda \in K$ tel que $y = \lambda x, |\lambda| = 1$.

Soit donc M une variété riemannienne isotrope que l'on écrit G/K , avec un groupe d'isométrie G de M et un sous-groupe d'isotropie (compact) K d'un point o , de manière que le point $g.o$ s'identifie à la classe gK . Il s'agit d'analyse harmonique des fonctions <u>radiales</u> sur M , c'est-à-dire des fonctions définies sur M et qui ne dépendent que de la distance au point o . En relevant sur le groupe, ces fonctions correspondent aux fonctions qui sont biinvariantes par K ; en fixant une mesure de Haar dans G , on peut donc considérer la sous-algèbre $A^1 = L^1(G//K)$ de $L^1(G)$ des fonctions biinvariantes par K . La symétrie de l'espace M (ou plutôt l'homogénéité biponctuelle) entraîne la symétrie des doubles classes : $KgK = Kg^{-1}K$

pour tout $g \in G$; on a donc $f = \check{f}$ pour toute fonction f biinvariante ; comme $f \mapsto \check{f}$ est une involution de $L^1(G)$, cela entraîne la <u>commutativité</u> de A^1 et on peut lui appliquer la théorie spectrale à la Gelfand. Les caractères χ de A^1, i.e. les homomorphismes de A^1 dans C, sont définis par les fonctions continues bornées φ par la formule : $\chi(f) = \int f(g)\varphi(g^{-1})dg$; ce sont par définition les fonctions <u>sphériques</u> (zonales) bornées et elles sont des solutions bornées de l'équation fonctionnelle

$$\varphi(g)\varphi(h) = \int_K \varphi(gkh)dk \,. \tag{1}$$

Les fonctions sphériques φ de type positif correspondent aux classes de représentations unitaires irréductibles <u>sphériques</u> (ou de classe 1) de G par rapport à K, à savoir des représentations π admettant des vecteurs (de longeur 1) ξ invariants par $\pi(K)$ et on a : $\varphi(g) = (\xi | \pi(g)\xi)$ pour $g \in G$.

<u>Cas compact</u> : dans ce cas, toute fonction sphérique bornée est de type positif. Il existe un sous-groupe à un paramètre $A = (u_\theta)$ dans G tel que $G = KAK$, ou, de façon plus précise, tout $g \in G$ se met sous la forme $g = ku_\theta k'$ avec $k, k' \in K$ et $0 \leq \theta \leq \frac{1}{2}\pi$, les k, k' étant uniques modulo le centralisateur M de A dans K pour $g \in G-K$; lorsqu'il en est ainsi, $\cos\theta$ est la distance de $p = gK$ à o (dans une normalisation convenable de la métrique bien entendu) ; les fonctions biinvariantes f sur G correspondent ainsi aux fonctions F de la variable $\cos\theta$ ou plutôt de $\cos 2\theta$ (pour des raisons de notations) ; les fonctions sphériques zonales sont paramétrées par les entiers naturels $\ell \in \mathbb{N}$ (sauf dans le cas de l'espace projectif réel, où $\ell \in 2\mathbb{N}$) et sont données par certaines fonctions hypergéométriques

$${}_2F_1(-\ell, \ell+\alpha+\beta+1; \alpha+1; \sin^2\theta),$$

qui ne sont autres que les polynômes de Jacobi normés $R_\ell^{(\alpha,\beta)}(\cos 2\theta)$ $= P_\ell^{(\alpha,\beta)}(\cos 2\theta)/P_\ell^{(\alpha,\beta)}(1)$ avec $P_\ell^{(\alpha,\beta)}(1) = \binom{\ell+\alpha}{\ell}$.

Compte tenu de la formule d'intégration correspondant à la décompostion de Cartan $G = KAK$:

$$\int_G f(g)dg = \frac{2\Gamma(\alpha+\beta+2)}{\Gamma(\alpha+1)\Gamma(\beta+1)} \int_K\int_0^{\frac{\pi}{2}}\int_K f(ku_\theta k')\sin^{2\alpha+1}\theta\cos^{2\beta+1}\theta\, dkd\theta dk' ,$$

l'espace de Banach A^1 est isomorphe à $L^1([-1,+1]\,;\mu^{\alpha,\beta})$, où la mesure $\mu^{\alpha,\beta}$ est définie par

$$d\mu^{\alpha,\beta}(X) = \frac{\Gamma(\rho+1)}{2^\rho\Gamma(\alpha+1)\Gamma(\beta+1)}(1-X)^\alpha(1+X)^\beta\, dX \;;\; \rho = \alpha+\beta+1 \;;$$

en transportant la convolution de A^1, on obtient une "convolution" dans ce dernier espace de Banach de la manière suivante.

Ecrivons d'abord la convolution dans A^1 sous une autre forme, en utilisant la translation généralisée $f(g;h)$ définie par

$$f(g;h) = \int_K f(gkh)dk \;;$$

à cause de l'invariance par K, on a alors $(f_1 * f_2)(g) = \int_G f_1(g;h)f_2(h)dh$; si F correspond à f et si $X = \cos 2\theta$, $Y = \cos 2\varphi$: on pose $F(X;Y) = f(u_\theta\,;u_\varphi)$, c'est-à-dire

$$F(X;Y) = \int_K f(u_\theta k u_\varphi)dk \;;$$

en écrivant $u_\theta k u_\varphi = \ell u_\psi \ell'$, $0 \leq \psi \leq \frac{1}{2}\pi$, $\ell, \ell' \in K$ et en remarquant que ψ est une fonction de θ, φ et de la double classe MkM de k dans $K//M$, on fait le changement de variable : $MkM \mapsto \psi$ et trouve

$$(2) \qquad F(X;Y) = \int_{-1}^{1} F(Z)\,K^{\alpha,\beta}(X,Y,Z)\,d\mu^{\alpha,\beta}(Z) ,$$

en posant $Z = \cos 2\psi$, avec un noyau $K^{\alpha,\beta}(X,Y,Z)$ <u>symétrique</u> et <u>positif</u>. A titre d'exemple, donnons le cas de la sphère S_{n-1} :

$$K^{\alpha,\beta}(X,Y,Z) = (1-X^2-Y^2-Z^2+2XYZ)_+^{\frac{1}{2}(n-3)}/((1-X^2)(1-Y^2)(1-Z^2))^{\frac{1}{2}(n-2)}$$

où $a_+ = a$ si $a>0$ et $= 0$ si $a \leq 0$.

Si F_1, F_2 et F correspondent respectivement aux fonctions f_1, f_2 et $f_1 * f_2$, on obtient donc

$$(3) \qquad F(X) = \int_{-1}^{1} F_1(X;Y)F_2(Y)d\mu(Y) = \int_{-1}^{1}\int_{-1}^{1} F_1(Y)F_2(Z)K(X,Y,Z)d\mu(Y)d\mu(Z) .$$

Par ailleurs, l'équation fonctionnelle (1) des fonctions sphériques s'écrit maintenant sous la forme suivante :

$$(4) \qquad \Phi(X)\Phi(Y) = \Phi(X;Y) = \int_{-1}^{1} \Phi(Z)K(X,Y,Z)d\mu(Z) ,$$

si $\varphi(u_\theta) = \Phi(X), X = \cos 2\theta$. En particulier, si on prend la fonction sphérique triviale 1, il vient

$$(5) \qquad \int_{-1}^{1} K(X,Y,Z)d\mu(Z) = 1 .$$

Tout cela est donc valable pour les valeurs du couple (α,β) associés aux différents espaces M ci-dessus. Maintenant, pour (α,β) avec $\alpha \geq -\frac{1}{2}$, $\beta \geq -\frac{1}{2}$, considérons $L^1([-1,+1] ; \mu^{\alpha,\beta})$. Les fonctions (essentiellement les polynômes de Jacobi)

$$\Phi_\ell^{\alpha,\beta}(X) = {}_2F_1(-\ell, \ell+\alpha+\beta+1 ; \alpha+1 ; \frac{1-X}{2}) , \ \ell \in \mathbb{N} ,$$

forment une base orthogonale dans $L^2([-1,+1] ; \mu^{\alpha,\beta})$ et l'on a le développement en séries de Fourier-Jacobi :

$$F(X) \sim \sum_{\ell \in \mathbb{N}} h_\ell^{\alpha,\beta} \hat{F}(\ell)\Phi_\ell^{\alpha,\beta}(X) ,$$

où

$$(h_{\ell}^{\alpha,\beta})^{-1} = \int_{-1}^{1} \Phi_{\ell}^{\alpha,\beta}(X)^2 \, d\mu^{\alpha,\beta}(X) ,$$

et l'analogue du théorème de Parseval ; en particulier, les coefficients $\hat{F}(\ell)$ de Fourier-Jacobi déterminent F. Si on peut trouver un noyau $K = K^{\alpha,\beta}$ vérifiant (4) pour les fonctions $\Phi = \Phi_{\ell}^{\alpha,\beta}$, $\ell \in \mathbb{N}$, on peut définir la translation généralisée par (2) et la "convolution" par (3), en écrivant $F = F_1 * F_2$; on obtient ainsi une structure d'algèbre de Banach dans $L^1([-1,+1];\mu)$; en effet,

$$\|F_1 * F_2\|_1 = \int \left| \iint F_1(Y)F_2(Z)K(X,Y,Z)d\mu(Y)d\mu(Z) \right| d\mu(X)$$
$$\leq \int |F_1(Y)|d\mu(Y) \int |F_2(Z)|d\mu(Z) = \|F_1\|_1 \|F_2\|_1 ,$$

en vertu du théorème de Fubini et de (5). Quant à l'associativité de la convolution, elle résulte de $((F_1 * F_2) * F_3)\hat{} = (F_1 * (F_2 * F_3))\hat{} = \hat{F}_1 . \hat{F}_2 . \hat{F}_3$, qui résulte également en changeant l'ordre d'intégration et en utilisant (5) ; à cause de l'unicité des coefficients.

Pour quels couples (α,β) existe-t-il un tel noyau ? G. Gasper vient de montrer l'existence pourvu que $\alpha \geq \beta \geq -\frac{1}{2}$.

G. Gasper, Positivity and the convolution structure for Jacobi series, Ann. of Math., 93 (1971), 112-118 ;

——, Banach algebras for Jacobi series and positivity of a kernel, ibid., 95 (1972), 261-280.

Dans le cas de SU(n+1) ou Sp(n+1), le sous-groupe compact K est isomorphe à un produit direct $U \times SU(n)$ ou $U \times Sp(n)$, avec $U \approx U(1)$ ou Sp(1) ; en considérant les fonctions sphériques dans les espaces homogènes SU(n+1)/SU(n) ou Sp(n+1)/Sp(n), qui se transforment suivant une représentation unitaire irréductible de U, on trouve dans ces deux cas des polynômes de Jacobi <u>associés</u>, d'où l'on peut tirer des résultats analogues pour $(\alpha,\beta+p)$, $p\in\mathbb{N}$, α et β étant les paramètres associés aux groupes $SU(n+1)$ ou $Sp(n+1)$ suivant le cas.

T.H. Koornwinder, The addition formula for Jacobi polynomials, I, II, III, Amsterdam, 1972 ;

———, The addition formula for Jacobi polynomials and spherical harmonics, Amsterdam, 1972 ;

N.Ja.Vilenkin & R.L. Šapiro, Irreducible representations of the group $SU(n)$ of class one with respect to $SU(n-1)$, Izv. Vyss. Ucebn. Zaved. Matematika, 62 (1967), 9-20 (en russe) ;

R.L. Šapiro, The special functions connected with the representations of the group $SU(n)$ of class one with respect to $SU(n-1)$ $(n\geq 3)$, ibid., 71(1968), 97-107 (en russe).

Le cas de $Sp(n+1)$ est dû au conférencier (voir l'article cité ci-dessous).

<u>Cas non compact</u> : Nous laissons de côté le cas euclidien qui conduit aux fonctions de Bessel (Delsarte, Levitan, Vilenkin). Dans le cas des groupes simples de rang réel 1, on a la <u>décomposition d'Iwasawa</u> : il existe un sous-groupe à un paramètre $A=(a_t)$ et un sous-groupe nilpotent N et l'on a la décomposition $G=KAN$: tout $g\in G$ se met uniquement sous la forme $g=ka_tx$, $k\in K$, $t\in\mathbb{R}$, $x\in N$. De plus, on a aussi la décomposition de Cartan : $G=KAK$, i.e. tout $g\in G$ se met sous la forme $g=ka_tk'$, $t>0$, $k,k'\in K$; t est unique et si $g\in G-K$, k,k' sont uniques modulo le centralisateur M de A dans K. En normalisant les mesures de Haar convenablement, on a les formules d'intégration suivantes :

$$\int_G f(g)dg=\int_K\int_R\int_N f(ka_tx)\,e^{2(\alpha+\beta+1)t}\,dk\,dt\,dx$$

$$=\frac{2\pi^{\alpha+1}}{\Gamma(\alpha+1)}\int_K\int_0^\infty\int_K f(ka_tk')\,\mathrm{sh}^{2\alpha+1}t\,\mathrm{ch}^{2\beta+1}t\,dk\,dt\,dk' .$$

Ici encore les fonctions radiales sur $M = G/K$ ne sont autres que, en les relevant sur le groupe, les fonctions biinvariantes et, par conséquent, ce sont des fonctions de la variable $X = \mathrm{ch}2t$, variant dans $[1,+\infty[$. Comme dans le cas compact, on peut exprimer la convolution dans $A^1 \approx L^1([+1,\infty[\,;\mu)$ à l'aide d'un noyau symétrique et positif ; dans le cas de l'espace hyperbolique réel, il est donné par une expression analogue à celle de $SO(n+1)$, en remplaçant le dénominateur par $((X^2-1)(Y^2-1)(Z^2-1))^{\frac{1}{2}(n-2)}$.

Dans le cas non compact, on a une formule intégrale due à Harish-Chandra, qui donne toutes les solutions de l'équation fonctionnelle (1), en utilisant la décomposition d'Iwasawa :

$$\varphi_s(g) = \int_K \exp(-s.t(g^{-1},k))\,dk\,,\ s \in \mathbb{C}\,,$$

où la fonction $(g,k)\mapsto t(g,k)$ de $G\times K$ dans $\mathbb{R}$ est définie par $t(g,k) = t'$ si $gk = k'a_{t'}x'$ avec $k'\in K$, $t'\in\mathbb{R}$ et $x'\in N$.

A l'aide des formules d'intégration ci-dessus, on peut calculer explicitement ces fonctions sphériques :

$$\varphi_s(ka_tk') = \varphi_s(a_t) = \mathrm{ch}^{-s}t\ {}_2F_1(\tfrac{1}{2}s, \tfrac{1}{2}s-\beta; \alpha+1; \mathrm{th}^2t)$$

$$= R^{(\alpha,\beta)}_{-\frac{1}{2}s}(\mathrm{ch}2t) = {}_2F_1(\tfrac{1}{2}s, -\tfrac{1}{2}s+\alpha+\beta+1; \alpha+1; -\mathrm{sh}^2t)\,,$$

c'est-à-dire les fonctions de Jacobi normées.

D'après cette formule, on voit que les fonctions $\varphi_s^{\alpha\beta}$, avec $0\le \mathrm{Re}(s)\le 2\rho$, avec $\rho = \alpha+\beta+1$, sont bornées (cas particulier du théorème de Helgason-Johnson). On a de plus : $\varphi_s = \varphi_{2\rho-s}$ et d'après Kostant, on sait lesquelles de ces φ_s sont de type positif (il y a une curieuse différence de comportement entre les cas réels et complexes d'une part et les cas quaternioniens et exceptionnel). Dans les deux premiers cas, les fonctions de type positif sont celles qui sont paramétrées par s avec soit $\mathrm{Re}(s) = \rho$ ou soit s réel et $0 \leq s \leq 2\rho$; dans les deux derniers cas, ce sont celles pour lesquelles soit $\mathrm{Re}(s) = \rho$, soit s réel et $2\beta \leq s \leq 2\alpha + 2$ (c'est un intervalle strictement contenu dans $[o, 2\rho]$!).

Pour la transformée sphérique $F \mapsto \hat{F}$, où

$$\hat{F}(\nu) = \int_G f(g)\varphi_{\rho+i\nu}(g^{-1})dg = \int_1^{+\infty} F(X)\Phi_{\rho+i\nu}(X)d\mu(X) ,$$

on a l'analogue de la formule de Plancherel :

$$\int |f(g)|^2 dg = \int_1^{\infty} |F(X)|^2 d\mu(X) = \int_0^{\infty} |\hat{F}(\nu)|^2 dm(\nu) ,$$

où la mesure de Plancherel $m = m^{\alpha,\beta}$ est explicitement connue.

Le problème de la recherche d'un noyau pour (α, β) non nécessairement lié aux espaces symétriques, vient d'être résolu par Flensted-Jensen et Koornwinder ; ils obtiennent la réponse affirmative dans le cas où $\alpha \geq \beta \geq -\frac{1}{2}$.

M. Flensted-Jensen & T.H. Koornwinder, The convolution structure for Jacobi function expansions, Copenhague, 1972.

Ici encore, on peut considérer les fonctions sphériques plus générales dans les espaces $SU(n,1)/SU(n)$ et $Sp(n,1)/Sp(n)$ et on obtient des résultats analogues portant sur les fonctions de Jacobi associées.

M. Flensted-Jensen, The spherical functions of the universal covering of $SU(n-1,1)/SU(n-1)$, Copenhague, 1973 ;

R. Takahashi, Sur les fonctions sphériques dans $Sp(n,1)/Sp(n)$, à paraître.

Vol. 342: Algebraic K-Theory II, "Classical" Algebraic K-Theory, and Connections with Arithmetic. Edited by H. Bass. XV, 527 pages. 1973.

Vol. 343: Algebraic K-Theory III, Hermitian K-Theory and Geometric Applications. Edited by H. Bass. XV, 572 pages. 1973.

Vol. 344: A. S. Troelstra (Editor), Metamathematical Investigation of Intuitionistic Arithmetic and Analysis. XVII, 485 pages. 1973.

Vol. 345: Proceedings of a Conference on Operator Theory. Edited by P. A. Fillmore. VI, 228 pages. 1973.

Vol. 346: Fučík et al., Spectral Analysis of Nonlinear Operators. II, 287 pages. 1973.

Vol. 347: J. M. Boardman and R. M. Vogt, Homotopy Invariant Algebraic Structures on Topological Spaces. X, 257 pages. 1973.

Vol. 348: A. M. Mathai and R. K. Saxena, Generalized Hypergeometric Functions with Applications in Statistics and Physical Sciences. VII, 314 pages. 1973.

Vol. 349: Modular Functions of One Variable II. Edited by W. Kuyk and P. Deligne. V, 598 pages. 1973.

Vol. 350: Modular Functions of One Variable III. Edited by W. Kuyk and J.-P. Serre. V, 350 pages. 1973.

Vol. 351: H. Tachikawa, Quasi-Frobenius Rings and Generalizations. XI, 172 pages. 1973.

Vol. 352: J. D. Fay, Theta Functions on Riemann Surfaces. V, 137 pages. 1973.

Vol. 353: Proceedings of the Conference on Orders, Group Rings and Related Topics. Organized by J. S. Hsia, M. L. Madan and T. G. Ralley. X, 224 pages. 1973.

Vol. 354: K. J. Devlin, Aspects of Constructibility. XII, 240 pages. 1973.

Vol. 355: M. Sion, A Theory of Semigroup Valued Measures. V, 140 pages. 1973.

Vol. 356: W. L. J. van der Kallen, Infinitesimally Central Extensions of Chevalley Groups. VII, 147 pages. 1973.

Vol. 357: W. Borho, P. Gabriel und R. Rentschler, Primideale in Einhüllenden auflösbarer Lie-Algebren. V, 182 Seiten. 1973.

Vol. 358: F. L. Williams, Tensor Products of Principal Series Representations. VI, 132 pages. 1973.

Vol. 359: U. Stammbach, Homology in Group Theory. VIII, 183 pages. 1973.

Vol. 360: W. J. Padgett and R. L. Taylor, Laws of Large Numbers for Normed Linear Spaces and Certain Fréchet Spaces. VI, 111 pages. 1973.

Vol. 361: J. W. Schutz, Foundations of Special Relativity: Kinematic Axioms for Minkowski Space-Time. XX, 314 pages. 1973.

Vol. 362: Proceedings of the Conference on Numerical Solution of Ordinary Differential Equations. Edited by D.G. Bettis. VIII, 490 pages. 1974.

Vol. 363: Conference on the Numerical Solution of Differential Equations. Edited by G. A. Watson. IX, 221 pages. 1974.

Vol. 364: Proceedings on Infinite Dimensional Holomorphy. Edited by T. L. Hayden and T. J. Suffridge. VII, 212 pages. 1974.

Vol. 365: R. P. Gilbert, Constructive Methods for Elliptic Equations. VII, 397 pages. 1974.

Vol. 366: R. Steinberg, Conjugacy Classes in Algebraic Groups (Notes by V. V. Deodhar). VI, 159 pages. 1974.

Vol. 367: K. Langmann und W. Lütkebohmert, Cousinverteilungen und Fortsetzungssätze. VI, 151 Seiten. 1974.

Vol. 368: R. J. Milgram, Unstable Homotopy from the Stable Point of View. V, 109 pages. 1974.

Vol. 369: Victoria Symposium on Nonstandard Analysis. Edited by A. Hurd and P. Loeb. XVIII, 339 pages. 1974.

Vol. 370: B. Mazur and W. Messing, Universal Extensions and One Dimensional Crystalline Cohomology. VII, 134 pages. 1974.

Vol. 371: V. Poenaru, Analyse Différentielle. V, 228 pages. 1974.

Vol. 372: Proceedings of the Second International Conference on the Theory of Groups 1973. Edited by M. F. Newman. VII, 740 pages. 1974.

Vol. 373: A. E. R. Woodcock and T. Poston, A Geometrical Study of the Elementary Catastrophes. V, 257 pages. 1974.

Vol. 374: S. Yamamuro, Differential Calculus in Topological Linear Spaces. IV, 179 pages. 1974.

Vol. 375: Topology Conference. Edited by R. F. Dickman Jr. and P. Fletcher. X, 283 pages 1974.

Vol. 376: I. J. Good and D. B. Osteyee, Information, Weight of Evidence. The Singularity between Probability Measures and Signal Detection. XI, 156 pages. 1974.

Vol. 377: A. M. Fink, Almost Periodic Differential Equations. VIII, 336 pages. 1974.

Vol. 378: TOPO 72 – General Topology and its Applications. Proceedings 1972. Edited by R. A. Alò, R. W. Heath and J. Nagata. XIV, 651 pages. 1974.

Vol. 379: A. Badrikian et S. Chevet, Mesures Cylindriques, Espaces de Wiener et Fonctions Aléatoires Gaussiennes. X, 383 pages. 1974.

Vol. 380: M. Petrich, Rings and Semigroups. VIII, 182 pages. 1974.

Vol. 381: Séminaire de Probabilités VIII. Edité par P. A. Meyer. IX, 354 pages. 1974.

Vol. 382: J. H. van Lint, Combinatorial Theory Seminar Eindhoven University of Technology. VI, 131 pages. 1974.

Vol. 383: Séminaire Bourbaki – vol. 1972/73. Exposés 418–435. IV, 334 pages. 1974.

Vol. 384: Functional Analysis and Applications, Proceedings 1972. Edited by L. Nachbin. V, 270 pages. 1974.

Vol. 385: J. Douglas Jr. and T. Dupont, Collocation Methods for Parabolic Equations in a Single Space Variable (Based on C^1-Piecewise-Polynomial Spaces). V, 147 pages. 1974.

Vol. 386: J. Tits, Buildings of Spherical Type and Finite BN-Pairs. X, 299 pages. 1974.

Vol. 387: C. P. Bruter, Eléments de la Théorie des Matroïdes. V, 138 pages. 1974.

Vol. 388: R. L. Lipsman, Group Representations. X, 166 pages. 1974.

Vol. 389: M.-A. Knus et M. Ojanguren, Théorie de la Descente et Algèbres d' Azumaya. IV, 163 pages. 1974.

Vol. 390: P. A. Meyer, P. Priouret et F. Spitzer, Ecole d'Eté de Probabilités de Saint-Flour III – 1973. Edité par A. Badrikian et P.-L. Hennequin. VIII, 189 pages. 1974.

Vol. 391: J. W. Gray, Formal Category Theory: Adjointness for 2-Categories. XII, 282 pages. 1974.

Vol. 392: Géométrie Différentielle, Colloque, Santiago de Compostela, Espagne 1972. Edité par E. Vidal. VI, 225 pages. 1974.

Vol. 393: G. Wassermann, Stability of Unfoldings. IX, 164 pages. 1974.

Vol. 394: W. M. Patterson, 3rd, Iterative Methods for the Solution of a Linear Operator Equation in Hilbert Space – A Survey. III, 183 pages. 1974.

Vol. 395: Numerische Behandlung nichtlinearer Integrodifferential- und Differentialgleichungen. Tagung 1973. Herausgegeben von R. Ansorge und W. Törnig. VII, 313 Seiten. 1974.

Vol. 396: K. H. Hofmann, M. Mislove and A. Stralka, The Pontryagin Duality of Compact O-Dimensional Semilattices and its Applications. XVI, 122 pages. 1974.

Vol. 397: T. Yamada, The Schur Subgroup of the Brauer Group. V, 159 pages. 1974.

Vol. 398: Théories de l'Information, Actes des Rencontres de Marseille-Luminy, 1973. Edité par J. Kampé de Fériet et C.-F. Picard. XII, 201 pages. 1974.

Vol. 399: Functional Analysis and its Applications. Proceedings 1973. Edited by H. G. Garnir, K. R. Unni and J. H. Williamson. II, 584 pages. 1974.

Vol. 400: A Crash Course on Kleinian Groups. Proceedings 1974. Edited by L. Bers and I. Kra. VII, 130 pages. 1974.

Vol. 401: M. F. Atiyah, Elliptic Operators and Compact Groups. V, 93 pages. 1974.

Vol. 402: M. Waldschmidt, Nombres Transcendants. VIII, 277 pages. 1974.

Vol. 403: Combinatorial Mathematics. Proceedings 1972. Edited by D. A. Holton. VIII, 148 pages. 1974.

Vol. 404: Théorie du Potentiel et Analyse Harmonique. Edité par J. Faraut. V, 245 pages. 1974.

Vol. 405: K. J. Devlin and H. Johnsbråten, The Souslin Problem. VIII, 132 pages. 1974.

Vol. 406: Graphs and Combinatorics. Proceedings 1973. Edited by R. A. Bari and F. Harary. VIII, 355 pages. 1974.

Vol. 407: P. Berthelot, Cohomologie Cristalline des Schémas de Caracteristique p > o. II, 604 pages. 1974.

Vol. 408: J. Wermer, Potential Theory. VIII, 146 pages. 1974.

Vol. 409: Fonctions de Plusieurs Variables Complexes, Séminaire François Norguet 1970–1973. XIII, 612 pages. 1974.

Vol. 410: Séminaire Pierre Lelong (Analyse) Année 1972–1973. VI, 181 pages. 1974.

Vol. 411: Hypergraph Seminar. Ohio State University, 1972. Edited by C. Berge and D. Ray-Chaudhuri. IX, 287 pages. 1974.

Vol. 412: Classification of Algebraic Varieties and Compact Complex Manifolds. Proceedings 1974. Edited by H. Popp. V, 333 pages. 1974.

Vol. 413: M. Bruneau, Variation Totale d'une Fonction. XIV, 332 pages. 1974.

Vol. 414: T. Kambayashi, M. Miyanishi and M. Takeuchi, Unipotent Algebraic Groups. VI, 165 pages. 1974.

Vol. 415: Ordinary and Partial Differential Equations. Proceedings 1974. XVII, 447 pages. 1974.

Vol. 416: M. E. Taylor, Pseudo Differential Operators. IV, 155 pages. 1974.

Vol. 417: H. H. Keller, Differential Calculus in Locally Convex Spaces. XVI, 131 pages. 1974.

Vol. 418: Localization in Group Theory and Homotopy Theory and Related Topics. Battelle Seattle 1974 Seminar. Edited by P. J. Hilton. VI, 172 pages 1974.

Vol. 419: Topics in Analysis. Proceedings 1970. Edited by O. E. Lehto, I. S. Louhivaara, and R. H. Nevanlinna. XIII, 392 pages. 1974.

Vol. 420: Category Seminar. Proceedings 1972/73. Edited by G. M. Kelly. VI, 375 pages. 1974.

Vol. 421: V. Poénaru, Groupes Discrets. VI, 216 pages. 1974.

Vol. 422: J.-M. Lemaire, Algèbres Connexes et Homologie des Espaces de Lacets. XIV, 133 pages. 1974.

Vol. 423: S. S. Abhyankar and A. M. Sathaye, Geometric Theory of Algebraic Space Curves. XIV, 302 pages. 1974.

Vol. 424: L. Weiss and J. Wolfowitz, Maximum Probability Estimators and Related Topics. V, 106 pages. 1974.

Vol. 425: P. R. Chernoff and J. E. Marsden, Properties of Infinite Dimensional Hamiltonian Systems. IV, 160 pages. 1974.

Vol. 426: M. L. Silverstein, Symmetric Markov Processes. X, 287 pages. 1974.

Vol. 427: H. Omori, Infinite Dimensional Lie Transformation Groups. XII, 149 pages. 1974.

Vol. 428: Algebraic and Geometrical Methods in Topology, Proceedings 1973. Edited by L. F. McAuley. XI, 280 pages. 1974.

Vol. 429: L. Cohn, Analytic Theory of the Harish-Chandra C-Function. III, 154 pages. 1974.

Vol. 430: Constructive and Computational Methods for Differential and Integral Equations. Proceedings 1974. Edited by D. L. Colton and R. P. Gilbert. VII, 476 pages. 1974.

Vol. 431: Séminaire Bourbaki – vol. 1973/74. Exposés 436–452. IV, 347 pages. 1975.

Vol. 432: R. P. Pflug, Holomorphiegebiete, pseudokonvexe Gebiete und das Levi-Problem. VI, 210 Seiten. 1975.

Vol. 433: W. G. Faris, Self-Adjoint Operators. VII, 115 pages. 1975.

Vol. 434: P. Brenner, V. Thomée, and L. B. Wahlbin, Besov Spaces and Applications to Difference Methods for Initial Value Problems. II, 154 pages. 1975.

Vol. 435: C. F. Dunkl and D. E. Ramirez, Representations of Commutative Semitopological Semigroups. VI, 181 pages. 1975.

Vol. 436: L. Auslander and R. Tolimieri, Abelian Harmonic Analysis, Theta Functions and Function Algebras on a Nilmanifold. V, 99 pages. 1975.

Vol. 437: D. W. Masser, Elliptic Functions and Transcendence. XIV, 143 pages. 1975.

Vol. 438: Geometric Topology. Proceedings 1974. Edited by L. C. Glaser and T. B. Rushing. X, 459 pages. 1975.

Vol. 439: K. Ueno, Classification Theory of Algebraic Varieties and Compact Complex Spaces. XIX, 278 pages. 1975

Vol. 440: R. K. Getoor, Markov Processes: Ray Processes and Right Processes. V, 118 pages. 1975.

Vol. 441: N. Jacobson, PI-Algebras. An Introduction. V, 115 pages. 1975.

Vol. 442: C. H. Wilcox, Scattering Theory for the d'Alembert Equation in Exterior Domains. III, 184 pages. 1975.

Vol. 443: M. Lazard, Commutative Formal Groups. II, 236 pages. 1975.

Vol. 444: F. van Oystaeyen, Prime Spectra in Non-Commutative Algebra. V, 128 pages. 1975.

Vol. 445: Model Theory and Topoi. Edited by F. W. Lawvere, C. Maurer, and G. C. Wraith. III, 354 pages. 1975.

Vol. 446: Partial Differential Equations and Related Topics. Proceedings 1974. Edited by J. A. Goldstein. IV, 389 pages. 1975.

Vol. 447: S. Toledo, Tableau Systems for First Order Number Theory and Certain Higher Order Theories. III, 339 pages. 1975.

Vol. 448: Spectral Theory and Differential Equations. Proceedings 1974. Edited by W. N. Everitt. XII, 321 pages. 1975.

Vol. 449: Hyperfunctions and Theoretical Physics. Proceedings 1973. Edited by F. Pham. IV, 218 pages. 1975.

Vol. 450: Algebra and Logic. Proceedings 1974. Edited by J. N. Crossley. VIII, 307 pages. 1975.

Vol. 451: Probabilistic Methods in Differential Equations. Proceedings 1974. Edited by M. A. Pinsky. VII, 162 pages. 1975.

Vol. 452: Combinatorial Mathematics III. Proceedings 1974. Edited by Anne Penfold Street and W. D. Wallis. IX, 233 pages. 1975.

Vol. 453: Logic Colloquium. Symposium on Logic Held at Boston, 1972–73. Edited by R. Parikh. IV, 251 pages. 1975.

Vol. 454: J. Hirschfeld and W. H. Wheeler, Forcing, Arithmetic, Division Rings. VII, 266 pages. 1975.

Vol. 455: H. Kraft, Kommutative algebraische Gruppen und Ringe. III, 163 Seiten. 1975.

Vol. 456: R. M. Fossum, P. A. Griffith, and I. Reiten, Trivial Extensions of Abelian Categories. Homological Algebra of Trivial Extensions of Abelian Categories with Applications to Ring Theory. XI, 122 pages. 1975.